ディジタル移動通信技術のすべて

工学博士 赤岩 芳彦 著

コロナ社

まえがき

　私は 1997 年に著書, "Digital Mobile Communication" を英語で出版した。当時は移動通信のディジタル化が導入の端緒にあったので, その基本技術の紹介を試みたのである。日本語版もすぐに出す計画であったものの, 新しい技術とシステムがつぎつぎと登場したので, これらをできるだけ多く含めるために, 時間をおくことにした。新しい技術の例としては, W-CDMA, ターボ符号, MIMO 伝送, G.729 音声符号化, OFDM(A)システム, 周波数領域等化, パケット伝送スケジューリング, プレディストータによる非線形歪み補償, などが挙げられる。新しい技術は今後も登場すると思われるものの, いわゆる 4G 方式に至って, その峠は越えたものと私は考えている。これらのディジタル移動通信技術の進歩は, 英語版を執筆した 15 年前の著者の予想をはるかに凌いでいる。これを可能にしたのは, 半導体技術の発展であることをここに明記しておきたい。

　移動通信サービスは世界中で進展した。サービス内容は, 従来の音声主体からインターネットに接続してのデータおよび画像通信へ移行しつつある。これに伴い, 例えば, 最近のスマートホン端末は, 音声に加えてパソコンとしての機能を備えており, その性能は年々強化されている。これにより, 利用者は, 場所の制約から解放されてインターネット接続を楽しめる。インターネットへの無線接続は, 通信サービスの究極の形態であり, その機能の向上は今後とも続くであろう。

　ディジタル移動通信は通信の利便性の向上に加えて, 新しいビジネス環境の一つとして, 世界経済の拡大および効率化に貢献している。端末/システムの供給企業, 通信サービスの提供者およびコンテンツ作成業者などが, 多くの働き口を創出した。

まえがき

本書の目的は，ディジタル移動通信にかかわる要素技術とシステムの双方について，できるだけ幅広く含めて，基礎から応用までをできるだけ平易に解説することである。ここで，根拠を提示しないで結果だけを示す，いわゆる天下り記述は極力避けた。このような目的のためには，複数の著者がそれぞれの専門分野を分担して執筆することが望ましい。私が単独で書くことは，含める内容および記述の深さの全体的なバランスの点で不利である。ただし，著者の考え方および説明の仕方の統一性の点で，読者の興味および理解を増すのに役に立つと信じている。私が心掛けたことは，技術とシステムの本質をいかにわかりやすく書くかである。システムの詳細な記述は，世界中で多数出版されている専門書に当たっていただきたい。ここでは，古くなって現在は使用されていないシステムもそのまま含めたものがある。システム技術の進歩を読者が実感できる記念碑として有効であると思ったからである。

ディジタル移動通信技術の進展を眺めてきて，私は基本概念の重要性について改めて認識した。基本概念の本質を押さえておけば，新しい技術を理解することはさほど困難ではない。技術の本質を捕えるためには，物理的直感と数学モデルによる理解を組み合わせることが有効である。私はこれをできるだけ試みた。そのための一つとして，信号とシステムの基礎から記述を始めることにして，その応用例を実際のシステムで言及した。本書は大学院の教科書および社会人向けの基礎的な専門書を意図している。初心者は，全体を一読してディジタル移動通信の技術とシステムの全体像をつかんでいただきたい。すでに理解を終えている研究者，技術者に対しても，理解の再確認や備忘録として役に立つものと期待している。ここでは，英語版での序文も参考までに再録した。英語版からの主な変更点は，2章の信号とシステムの記述を充実したこと，新しい技術である，ターボ符号，MIMO伝送，G.729音声符号化，OFDM(A)システム，周波数領域等化，パケット伝送スケジューリング，プレディストータによる非線形歪み補償などを加えたこと，および第3世代システムの進化について述べたことなどである。さらには，各章の構成も一部変更するとともに，一部の話題は割愛した。

まえがき

　本書を完成させるまでには，英語版の作成にあたって協力してくださった方々に加えてたくさんの人に助けていただいた。共同研究者であった九州大学の牟田修氏には，ターボ符号の原稿の改善とともに，図表の作成提供および旧版原稿の管理でお世話になった。電気通信大学の学生，馬岳林君，岩城晃二君には，本書で使用した図表の一部について，計算と作成を行っていただいた。北海道大学の大鐘武雄氏と電気通信大学の谷口哲樹氏には，MIMOシステムの原稿に目を通していただき，意見をいただいた。東北大学の安達文幸教授，東京都市大学の佐和橋衛教授には，最新の技術について長時間の携帯電話での会話を含めて，いつも快く教えていただいた。電気通信大学の皆様，特に，中嶋信生教授には私を先端ワイヤレスコミュニケーション研究センターに招いていただき，この本の執筆の便宜を図っていただいた。最後に，コロナ社は執筆が遅れたのにもかかわらず，親切な対応をしていただいた。助力いただいた方々の代表者としてここに記して感謝します。

2013年1月

電気通信大学
赤岩　芳彦

英語版序文

　ディジタ化は通信のみならず，他の分野，例えばディジタルオーディオ（コンパクトディスク）やディジタル制御を用いた機器などでの技術趨勢である。ディジタル化したシステムは，精度および安定性の点でアナログシステムに勝る。ディジタル化を支えるものは，システムを実現するための大規模集積回路や計算機の進歩である。通信分野のディジタル化では，電話交換網でのデータおよびディジタル音声伝送，ディジタルマイクロ波通信，ディジタル光ファイバ通信が先行した。移動通信のディジタル化はこれらの分野に比べて遅れた。しかし，近年，ディジタル移動通信の研究開発が爆発的に活発化しているので，その遅れを早急に挽回すると思える。この動きは，パーソナル通信，モバイルコンピューティング，モバイルマルチメディアなどのディジタル移動通信サービスによってさらに加速するであろう。

　ディジタル技術はどのような分野にも共通に応用できるものがある。しかし，分野ごとに要求条件が異なるので，直接的に応用できないものもある。移動通信における要求条件は，高速フェージングに対する強さ，周波数および電源の効率性，装置の小型，低価格性などである。これらの要求条件を満たすための技術としては，電波を使用することからして，変調および復調で代表される無線伝送技術である。本書では，ディジタル伝送技術を重点において，ディジタル移動通信技術の全体を紹介する。

　1章では，ディジタル移動通信とはなにか，なぜ移動通信をディジタル化するかについて述べる。ディジタル移動通信におけるさまざまな技術について，全体的に大まかな知識を与えることを目指している。

　2章は，信号，雑音および信号システムについて，数学的な解析を行う。信号解析では，デルタ関数，フーリエ変換，相関関数，ディジタル信号の表現，

平均電力，電力スペクトル密度，変調信号の表現，および直交信号について述べる。雑音解析においては，雑音指数，雑音温度，雑音の統計的性質について説明する。

　3章はディジタル通信方式の基礎を扱う。符号間干渉を生じないナイキスト基準，パーシャル応答方式，整合フィルタおよび最適受信機について述べる。

　4章は移動通信回線を扱う。レイリーフェージング，周波数選択性フェージング，シャドーフェージングおよび遠近問題などの移動通信に特徴的な事柄について述べる。

　5章はディジタル変調について説明する。ディジタル変調の基礎，変調信号の電力スペクトル，復調および誤り率の解析について述べる。

　6章では，移動通信におけるディジタル変調方式について詳しく述べる。まず，定包絡線ディジタル変調方式から始める。これには，MSK，TFM，GMSK，ナイキスト多値FM，PLL-QPSK，CCPSK，デュオカテナリFM，相関PSK，ディジタルFMが含まれる。つぎに，線形変調方式について述べる。線形変調方式を移動通信に適応することの重要性とそのときの問題性にふれたのち，$\pi/4$シフトQPSK，8PSK，16QAMなどの線形ディジタル変調について説明する。

　7章では，ディジタル移動通信における，その他の技術について述べる。耐多重波変調方式，マルチキャリア伝送方式，スペクトル拡散通信，ダイバーシチ通信，適応等化器，誤り制御，トレリス符号化変調，適応干渉除去，音声符号化を取り上げている。

　8章では，装置と回路の実現法について述べる。基地局および移動機の構成について説明した。ここでは，スーパーヘテロダインおよび直接変換による受信機の構成，送受信アンテナ共用回路，周波数合成回路，送信回路，受信回路，直流遮断およびオフセットへの対処法などが含まれる。

　9章では，ディジタル移動通信システムについて述べる。まず，セルラーシステムの概念，多重アクセス方式，回線割当て方式などの要素技術を説明する。つぎに，アナログFMにおけるディジタル伝送，無線呼出し方式，ディジ

タル無線電話，データサービスシステム，ディジタルコードレス電話，ディジタルセルラー電話システム，無線 LAN，移動衛星通信システムを紹介する。

この本を書くにあたって，つぎのような目標を立てた。

- 記述の深さは異なるものの，重要な技術のほとんどすべてを網羅する。
- 信号とシステムおよびディジタル通信基礎から始めることで，初心者でも理解しやすくする。
- 厳密な議論よりも，技術の意味するところの直感的な理解を与えることを優先する。
- ディジタル移動通信システムを設計する技術者に役立てるために，回路実現法を含める。

ディジタル移動通信において，現在進められている研究開発の新しい成果により，本書のある部分は近い将来に陳腐化する運命にある。ただし，この本を執筆しているこの時期において，ディジタル移動通信について網羅的，体系的に説明した本がないので，技術者，研究者に必ずや役に立つものと信じている。

技術（工学）は科学と違うところがある。科学とは異なって，工学ではよく知られている技術を組み合わせることによって，あるいは他の分野で開発された技術を導入することによって，その分野での新しい技術がもたらされる。新しい技術が提示された後では，その動作，重要性，動機を理解することは比較的にやさしい。しかし，新しい技術を創り出すことはかなり難しい。カギとなる技術についてその背景も含めて，徹底的な理解が重要である。創造的な技術者および科学者にとって，最も大事なことは，目標達成へ向けた意欲と忍耐を持続することである。本書が，比較的に新しい分野であるディジタル移動通信の研究者，技術者に役に立つことを願っている。

1996 年 12 月

赤岩　芳彦

目　　　　次

1.　序　　　論

1.1　ディジタル移動無線通信方式 ································· *1*
1.2　移動無線通信ディジタル化の目的 ····························· *5*

2.　信号と線形システムの基礎

2.1　信　号　解　析 ·· *10*
　2.1.1　デルタ関数 ·· *10*
　2.1.2　フーリエ解析 ·· *16*
　2.1.3　信　　　　号 ·· *27*
　2.1.4　ディジタル信号 ·· *33*
　2.1.5　変　調　信　号 ·· *36*
　2.1.6　等価ベースバンド複素表現 ······························ *38*
2.2　雑　音　解　析 ·· *40*
　2.2.1　通信システムにおける雑音 ······························ *40*
　2.2.2　雑音の統計的性質 ······································ *42*
　2.2.3　雑音の電力スペクトル密度 ······························ *44*
　2.2.4　フィルタ通過後の雑音の自己相関関数 ···················· *45*
　2.2.5　帯　域　通　過　雑　音 ································ *46*
　2.2.6　帯域通過雑音を含んだ正弦波信号の包絡線と位相 ·········· *49*
　2.2.7　相関を有する確率変数の生成とその確率密度関数 ·········· *51*
2.3　線形システム ·· *53*
　2.3.1　線形時不変システム ···································· *53*

2.3.2　線形システムの応答 …………………………………………………… *54*
　　2.3.3　システムの微分方程式による記述 ……………………………………… *63*
　　2.3.4　線形システムの例 ………………………………………………………… *66*
2.4　離散時間システム …………………………………………………………………… *75*
　　2.4.1　標本化と標本化定理 ……………………………………………………… *76*
　　2.4.2　離散時間信号のエネルギー，電力，相関 ……………………………… *79*
　　2.4.3　離散時間信号のフーリエ変換 …………………………………………… *80*
　　2.4.4　離散時間システムの応答 ………………………………………………… *88*
　　2.4.5　差分方程式による表現 …………………………………………………… *96*
　　2.4.6　ディジタルフィルタ ……………………………………………………… *98*
　　2.4.7　ダウンサンプリング，アップサンプリングおよびサブサンプリング … *103*
　　2.4.8　逆　　回　　路 …………………………………………………………… *106*
　　2.4.9　窓　関　数 ………………………………………………………………… *107*
　　2.4.10　離散フーリエ変換（DFT） ……………………………………………… *108*
　　2.4.11　高速フーリエ変換（FFT） ……………………………………………… *112*
2.5　最適化問題の解法と適応信号処理 ………………………………………………… *115*
　　2.5.1　最適化問題の解法 ………………………………………………………… *115*
　　2.5.2　適応信号処理 ……………………………………………………………… *119*

3.　ディジタル通信方式の基礎

3.1　パ ル ス 整 形 ………………………………………………………………………… *135*
　　3.1.1　ナイキストの第 1 基準 …………………………………………………… *136*
　　3.1.2　ナイキストの第 2 基準 …………………………………………………… *140*
　　3.1.3　ナイキストの第 3 基準 …………………………………………………… *141*
　　3.1.4　その他のパルス整形法 …………………………………………………… *142*
3.2　線　路　符　号 ……………………………………………………………………… *143*
　　3.2.1　単極性（オン・オフ）符号と極性符号 ………………………………… *143*
　　3.2.2　多　値　符　号 …………………………………………………………… *144*
　　3.2.3　グ レ イ 符 号 ……………………………………………………………… *145*
　　3.2.4　マンチェスター（スプリットフェーズ）符号 ………………………… *146*
　　3.2.5　同期周波数偏移変調符号（同期 FSK 符号） …………………………… *147*

3.2.6 相関符号化 ………………………………………………… 148
3.2.7 差動符号化 ………………………………………………… 155
3.3 信号検出 ………………………………………………………… 155
3.3.1 C/N, S/N, および E_b/N_0 ……………………………… 156
3.3.2 ビット誤り率 ……………………………………………… 157
3.3.3 NRZ 信号の積分放電フィルタ検出方式 ………………… 162
3.3.4 ナイキスト I 信号方式 …………………………………… 163
3.3.5 整合フィルタ ……………………………………………… 164
3.3.6 送受信フィルタの同時最適化 …………………………… 169
3.3.7 最適受信機 ………………………………………………… 171
3.3.8 最尤受信機とビタビアルゴリズム ……………………… 178
3.3.9 符号間干渉がない場合の最適受信機 …………………… 181
3.4 同期 ……………………………………………………………… 183
3.4.1 シンボルタイミング再生 ………………………………… 183
3.4.2 フレーム同期 ……………………………………………… 185
3.5 スクランブル …………………………………………………… 186
3.6 公開鍵暗号方式 ………………………………………………… 189
3.7 多重伝送 ………………………………………………………… 191
3.8 通信路容量 ……………………………………………………… 193

4. 移動無線通信伝送路

4.1 伝搬損 …………………………………………………………… 197
4.2 シャドウイング ………………………………………………… 199
4.3 レイリーフェージング ………………………………………… 200
4.3.1 高周波電力スペクトル …………………………………… 202
4.3.2 同相・直交成分の相関 …………………………………… 203
4.3.3 包絡線の相関 ……………………………………………… 203
4.3.4 包絡線の空間的相関 ……………………………………… 204
4.3.5 ランダム周波数変調（ランダム FM）…………………… 205

4.4 遅延広がりと周波数選択性フェージング……………………………………… 206
　4.4.1 コヒーレント帯域………………………………………………………… 209
　4.4.2 周波数選択制フェージング……………………………………………… 210
4.5 遠 近 問 題………………………………………………………………… 211
4.6 同一チャネル干渉……………………………………………………………… 212
　4.6.1 レイリーフェージング環境下…………………………………………… 213
　4.6.2 シャドウイング環境下…………………………………………………… 213
　4.6.3 レイリーフェージングとシャドウイングの組合せ…………………… 213
　4.6.4 議　　　　論……………………………………………………………… 214

5. ディジタル変調の基礎

5.1 ディジタル変調信号…………………………………………………………… 216
5.2 線形変調と定振幅変調………………………………………………………… 217
5.3 ディジタル変調………………………………………………………………… 218
　5.3.1 位相偏移変調（PSK）…………………………………………………… 218
　5.3.2 周波数偏移変調（FSK）………………………………………………… 222
　5.3.3 定包絡線位相偏移変調（定包絡線PSK）……………………………… 225
　5.3.4 直交振幅変調（QAM）…………………………………………………… 226
5.4 ディジタル変調信号の電力スペクトル密度………………………………… 226
　5.4.1 線　形　変　調…………………………………………………………… 227
　5.4.2 ディジタル周波数変調（ディジタルFM）……………………………… 228
5.5 復　　　　　調………………………………………………………………… 230
　5.5.1 同　期　検　波…………………………………………………………… 230
　5.5.2 包　絡　線　検　波……………………………………………………… 243
　5.5.3 差動（同期）検波………………………………………………………… 243
　5.5.4 周波数弁別検波…………………………………………………………… 248
　5.5.5 フェージング回線における誤り率……………………………………… 262
5.6 ディジタル通信システムの計算機シミュレーション……………………… 270

6. 移動無線通信におけるディジタル変調

- 6.1 アナログFM無線通信システム用ディジタル変調 ……… *277*
- 6.2 定包絡線変調 ……… *278*
  - 6.2.1 最小偏移変調（MSK） ……… *278*
  - 6.2.2 パーシャルレスポンスディジタルFM ……… *289*
  - 6.2.3 ナイキスト帯域制限ディジタルFM ……… *301*
  - 6.2.4 特性比較 ……… *305*
- 6.3 線形変調 ……… *306*
  - 6.3.1 π/4シフトQPSK ……… *309*
  - 6.3.2 8値PSK ……… *314*
  - 6.3.3 16QAM，64QAM ……… *314*
- 6.4 スペクトル拡散方式 ……… *315*
- 6.5 マルチキャリア伝送 ……… *323*
  - 6.5.1 直交周波数分割多重（OFDM） ……… *324*
  - 6.5.2 マルチキャリアディジタル信号の生成と復調 ……… *332*
  - 6.5.3 マルチキャリア伝送における受信 ……… *337*
- 6.6 単一搬送波周波数分割変調 ……… *340*

7. ディジタル移動無線通信におけるその他の関連技術

- 7.1 ダイバーシチ通信方式 ……… *343*
  - 7.1.1 SN比の確率密度関数 ……… *346*
  - 7.1.2 平均誤り率 ……… *349*
  - 7.1.3 複数基地局送信ダイバーシチ ……… *356*
  - 7.1.4 アンテナ選択ダイバーシチ ……… *360*
- 7.2 MIMOシステム ……… *365*
  - 7.2.1 最大比合成ダイバーシチ ……… *366*
  - 7.2.2 時空間符号 ……… *375*

xii 目次

- 7.2.3 空間分割多重伝送 ……………………………………………… 377
- 7.3 適応自動等化器 ………………………………………………………… 394
  - 7.3.1 線形等化器 …………………………………………………… 395
  - 7.3.2 等化における特性評価基準 …………………………………… 398
  - 7.3.3 判定帰還等化器 ……………………………………………… 402
  - 7.3.4 ビタビ等化器 ………………………………………………… 403
  - 7.3.5 適応アルゴリズムと予測アルゴリズム ……………………… 404
  - 7.3.6 予 等 化 ……………………………………………………… 404
  - 7.3.7 周波数領域等化器 …………………………………………… 412
  - 7.3.8 ターボ等化器 ………………………………………………… 413
  - 7.3.9 歪み等化器に関する議論 …………………………………… 414
  - 7.3.10 移動無線通信への適用 ……………………………………… 416
- 7.4 誤り制御技術 …………………………………………………………… 417
  - 7.4.1 線形ブロック符号 …………………………………………… 420
  - 7.4.2 巡 回 符 号 …………………………………………………… 422
  - 7.4.3 たたみ込み符号 ……………………………………………… 424
  - 7.4.4 連 接 符 号 …………………………………………………… 426
  - 7.4.5 ターボ復号 …………………………………………………… 426
  - 7.4.6 低密度パリティ検査（LDPC）符号 ………………………… 441
  - 7.4.7 事前確率と誤り率の現象論的表現 …………………………… 446
  - 7.4.8 自動再送要求（ARQ） ……………………………………… 449
  - 7.4.9 移動無線通信への適用 ……………………………………… 451
- 7.5 トレリス符号化変調 …………………………………………………… 452
- 7.6 適応干渉抑圧 …………………………………………………………… 455
- 7.7 音 声 符 号 化 …………………………………………………………… 463
  - 7.7.1 パルス符号変調（PCM） …………………………………… 463
  - 7.7.2 デルタ変調 …………………………………………………… 465
  - 7.7.3 適応差分 PCM（ADPCM） ………………………………… 466
  - 7.7.4 適応予測符号化 ……………………………………………… 467
  - 7.7.5 マルチパルス符号化 ………………………………………… 469
  - 7.7.6 符号励振 LPC（CELP） …………………………………… 472
  - 7.7.7 LPC ボコーダ ………………………………………………… 477

7.7.8　移動無線通信への適用 …………………………………………… *478*

8.　ディジタル移動無線システムの装置と回路

8.1　基　　地　　局 ……………………………………………………………… *481*
8.2　移　　動　　局 ……………………………………………………………… *482*
8.3　スーパーヘテロダインと直接変換受信 …………………………………… *483*
8.4　送信と受信の多重 …………………………………………………………… *489*
8.5　周波数合成器 ………………………………………………………………… *490*
8.6　送　信　回　路 ……………………………………………………………… *492*
　　　8.6.1　ディジタル信号波形発生器 …………………………………………… *492*
　　　8.6.2　FSK 変調器 …………………………………………………………… *494*
　　　8.6.3　線形電力増幅器 ……………………………………………………… *496*
　　　8.6.4　送信電力制御 ………………………………………………………… *516*
8.7　受　信　回　路 ……………………………………………………………… *518*
　　　8.7.1　AGC 回路 ……………………………………………………………… *518*
　　　8.7.2　論理回路を用いた信号処理 …………………………………………… *520*
　　　8.7.3　復　調　器 …………………………………………………………… *522*
8.8　直流遮断および直流オフセットへの対策 ………………………………… *527*

9.　ディジタル移動無線通信システム

9.1　基本的な概念 ………………………………………………………………… *529*
　　　9.1.1　セルラー方式 ………………………………………………………… *529*
　　　9.1.2　多重アクセス ………………………………………………………… *537*
　　　9.1.3　回線割当て …………………………………………………………… *541*
　　　9.1.4　FDMA, TDMA, CDMA ……………………………………………… *550*
　　　9.1.5　セル間干渉の抑圧 …………………………………………………… *552*
　　　9.1.6　中継伝送方式 ………………………………………………………… *553*
9.2　アナログ移動無線通信システムにおけるディジタル伝送 ……………… *554*

9.3 無線呼出しシステム（ページング） ... 555
9.4 双方向ディジタル移動無線 ... 557
9.5 移動無線データシステム ... 558
 9.5.1 MOBITEX ... 558
 9.5.2 テレターミナルシステム ... 558
 9.5.3 アナログセルラー方式における移動無線データシステム ... 559
9.6 ディジタルコードレス電話 ... 560
 9.6.1 CT-2 ... 560
 9.6.2 DECT ... 561
 9.6.3 PHS ... 561
9.7 ディジタル移動電話システム ... 562
 9.7.1 GSM 方式 ... 563
 9.7.2 北米におけるディジタルセルラーシステム ... 567
 9.7.3 日本におけるディジタルセルラーシステム ... 571
 9.7.4 第2世代システムの進化 ... 572
 9.7.5 第3世代システム ... 573
 9.7.6 3Gシステムの進化 ... 577
 9.7.7 WiMAX ... 583
9.8 無線LAN ... 584

付 録 ... 594

付録2.1 ディリクレ型のデルタ関数 ... 594
付録2.2 デルタ関数に対する試験関数の条件 ... 594
付録2.3 三角関数の公式 ... 595
付録4.1 電波伝搬公式 ... 596
付録4.2 式(4.21)の導出 ... 598
付録4.3 式(4.24)の導出 ... 598
付録5.1 非線形回路における変調信号の歪み ... 599
付録5.2 周波数弁別におけるガウス雑音電力の期待値の導出 ... 600
付録5.3 M系列発生回路 ... 601
付録6.1 直交周波数分割多重方式（OFDM） ... 601
付録7.1 同期検波を適用した場合の最大比合成ダイバーシチの平均誤り率 ... 604

付録 7.2　近似確率密度関数を適用した場合の最大比合成ダイバーシチの
　　　　　平均誤り率………………………………………………………………… *605*
付録 8.1　1/4 波長線路………………………………………………………………… *606*
付録 9.1　ポアソン到着率……………………………………………………………… *606*

引用・参考文献 …………………………………………………………………… *608*
索　　　引 ………………………………………………………………………… *637*

1 序論

この章ではディジタル移動無線通信方式と移動無線通信の意義について簡単に述べる。

1.1 ディジタル移動無線通信方式

ディジタル移動無線通信方式の概略ブロック図を図 1.1 に示す。音声信号は音声符号器によりディジタル信号に変換される。ディジタル化された音声信号はディジタル移動無線伝送路により送信され，受信機において元のアナログ音声信号に変換される。音声符号化技術の目標は受容できる音声信号品質を確保しながらより低速の符号化速度を達成することである。ディジタル信号は論理

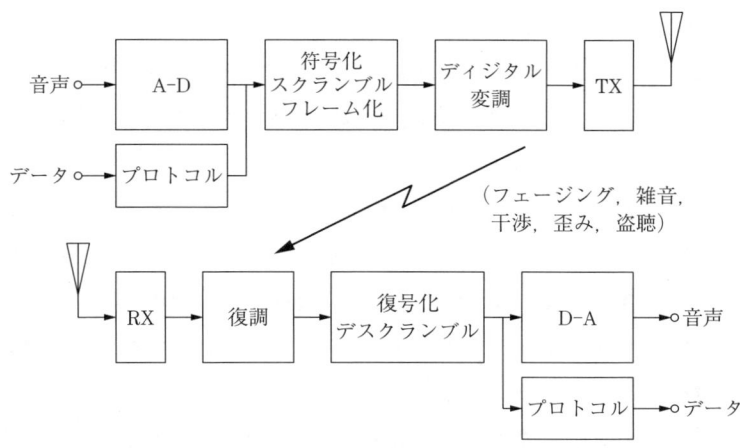

図 1.1 ディジタル移動無線通信方式

回路に通すことにより，伝送路符号化，スクランブル，あるいはフレーム化など，システムの要件に応じて処理される。伝送路符号化とは，伝送誤りを訂正したり検出するために，余分なビットを挿入することである。スクランブルは認められた受信者のみが知っている複雑な変換を施すことによって第三者に対して伝送信号を隠すために行われる。フレーム化とは**図 1.2** に示すように情報信号を他の信号とまとめて一かたまりにすることである。フレーム化の目的は，異なる信号を時間軸上で多重化したり，伝送路符号化を行ったり，同期型スクランブルを可能にするためである。

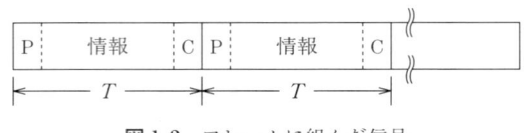

図 1.2 フレームに組んだ信号

　送信機のつぎの段階はディジタル変調である。ディジタル変調とアナログ変調は原理的にはなんら相違はない。どちらにせよ，変調は振動している搬送波信号の振幅か位相，あるいはこれらの双方を変調入力信号に比例させて変化させる操作である。（被）変調信号の帯域は狭いのが望ましい。そのため，低域通過フィルタあるいはこれと等価な帯域通過フィルタを，変調入力信号の帯域を制限するために用いる。ディジタル伝送においては，低域通過フィルタの伝達関数あるいはこれと等価なインパルス応答は，3 章に述べるように特別な特性になるように設計する。変調のつぎには高周波信号への周波数変換，電力増幅，およびアンテナからの送信が続く。

　アンテナで受信した信号は，増幅，中間周波への周波数変換を行ったのち，帯域通過フィルタで帯域制限する。復調器は送信ベースバンド信号を出力する。この信号は雑音および送信機，伝送路，受信機の特性の不完全性により多少とも劣化している。ディジタル変調信号の復調の原理はアナログ変調のそれと同じである。すなわち，同期検波あるいは非同期検波が可能である。ディジタル変調のあるものは，変調信号が定まった位相点をとるので，同期検波に必

要な搬送波信号を受信信号から再生することができる。

　復調された信号を判定回路に入力し，ここで，標本化したのち，送信で許されているディジタル値のうちの一つの値に離散化する。タイミング再生回路は標本化タイミング信号を出力する。タイミング信号は，受信されたディジタル信号レベルのクロック周波数での変化を検出することで抽出する。受信機側での主要な関心事は判定誤り率である。判定はディジタル伝送方式に特有な処理である。判定処理の原理はディジタル信号がいくつかの離散値しかとらないことによっている。もし，判定誤りがなければ，雑音，干渉および歪みは信号伝送になんの影響も与えない。このことは，中継局で信号の受信，再生，送信を行う多中継伝送方式において特に重要になる。このとき，ディジタル伝送では雑音，歪み，および干渉の蓄積が起こらないからである。アナログ伝送ではこうはならない。

　判定回路の出力は論理信号の形態をとる。伝送路復号，逆スクランブル，フレーム化された信号の分解などを，伝送路符号化，スクランブル，フレーム化などの逆の処理として，論理回路によって行う。

　ディジタル音声信号は音声復号器によってアナログ信号に変換される。音声信号を考えるかぎり，伝達関数の位相特性はさほど重要でない。人間の耳は音声信号の位相に鈍感であるからである。他方，ディジタル伝送における判定誤りは伝達関数の振幅・位相特性の双方に敏感である。これが，パルス波形を歪みなしで伝送しなければならない理由である。

　データ信号の伝送は音声信号の伝送とはいくつかの点で異なる。データ伝送では，例えば銀行振込みサービスなどでは，正確な伝送が要求されるので，きわめて低い誤り率が必要となる。対照的に，会話信号の伝送においては，かなり高い誤り率でも許される。なぜなら，音声信号は冗長性が高く，また，人間は知能が高い通信端末であるからだ。通信内容が不明な場合，われわれはもう一度話してくれと頼むことができるし，語や節の意味を確かめることができるし，また，発音や意味を推察することもできる。

　データ通信における'知能'はデータ端末に埋め込まれているプロトコルに

よる。プロトコルによって，データ伝送の効率が，たとえ伝送路の特性が同じであっても，異なることになる。誤り率特性がいつも良好とはいえない移動無線伝送路におけるデータ伝送では，誤りを検出し，自動的に再送を行う ARQ（automatic repeat request）が不可欠である。データ伝送においては音声伝送と異なり，通信の即時性はさほど問題とはならない。

移動無線伝送路の特徴は見通し外伝搬となることである。移動端末が速く動くと，伝送される信号は高速フェージングを受ける。フェージングの深さは数 10 dB に達する。フェージングの速さは搬送波周波数と移動速度に比例する。例えば，搬送波周波数が 900 MHz で，車速が毎時 100 km のとき，最大ドップラー周波数は 90 Hz と高くなる。受信機はこのような高速フェージングに対処できなければならない。他方で，携帯端末は移動速度が遅いのでフェージング速度がとても低くなる。これにより，新たな問題，すなわちフェージングの期間が長くなるという問題が起こる。この場合，通信を長い間行うことができなくなる。

ディジタル伝送速度が高くなるに従い，伝送路は周波数選択性フェージングを呈することになる。このときフェージングにおけるレベル低下の程度が周波数によって異なることになり，その結果，伝送路の伝達関数は無歪み特性を示さなくなる。周波数選択性フェージング伝送路における信号歪みは符号間干渉のためビット誤り率特性を劣化させることとなる。

雑音は通信において一般的な問題である。移動無線通信では，搬送波の周波数は VHF 帯や UHF 帯であることが多い。これらの周波数帯はマイクロ波帯に比べて，人工雑音や大気雑音がやや高い。高い受信感度を得るために，低雑音の受信機を用いたとしても，その雑音レベルを伝送路雑音に比べて低くしても効果が少ない。雑音の多い伝送路で通信を確実にするという課題に対して，ディジタル通信では誤り制御を行うことで解決できる。

移動無線通信において，送信信号が防護（秘話）されていないとすれば，第三者が通話を盗聴することが起こり得る。送信電波は四方に広がるので，周波数掃引受信機を使えば盗聴が容易に行える。アナログ通信においても，通信の

防護を行うことができるけれども，秘話の程度あるいは音質という点で不十分である．ディジタル通信では，十分に安全でかつ高音質の音声を保ちながら盗聴を防ぐことができる．

移動無線通信装置はある意味で民生機器と似たようなものである．移動端末の市場における数は，民生機器と同様，衛星通信やマイクロ波通信などの非民生通信機器のそれに比べて多い．移動端末はポケットに入るように小型であり，かつ消費者が簡単に買える価格である．ところで，ディジタル化によって，移動無線端末の価格や大きさが上昇するのは，そのサービスが同じであるかぎり，市場は許さないだろう．

移動無線通信機器と民生機器との最大の相違は，前者は大きなシステムに支えられているのに対して後者はそうでないことである．移動電話システムを考えてみよう．移動電話交換局，多数の基地局および端末機がシステムを構成している．ところで，交換局やこれを接続する有線通信装置は，基地局や移動端末に先だってディジタル化が行われた．この本は，基地局と移動端末機との間の，すなわち（無線）空中インタフェースの通信を主な対象としている．これには，ディジタル変復調や，多数の使用者が必要に基づいて共有の回線を使用する方法や，基地局と加入者移動端末間のその他の信号伝送に関する技術が含まれる．

ディジタル移動通信は世界中に普及するまでになった．また，これに関わるビジネスが成長し，世界の経済活動の拡大に貢献している．

1.2 移動無線通信ディジタル化の目的

データ伝送，音声信号の秘話，周波数利用効率などが移動通信のディジタル化に向けての主要な動機となっている．目的によってこれらに対する重点の置き方が異なる．

〔1〕 **データ通信** 先進的な移動データ通信は，移動通信システムの制御において大きな役割を演じている．例として，移動電話システムでの呼設定，

終話のための制御が挙げられる．ここでは，データ伝送の速度はそんなに速くないものの，高い信頼性が要求される．不安定な移動無線通信回線での信頼性のあるデータ伝送なくしては，移動通信システムは実現できない．

ディジタル呼出しシステムにおいては，無線局はデータ信号の形で呼出し信号を放送する．無線呼出しシステムは移動通信のディジタル化の最初の例であろう．ディジタル無線呼出しシステムは回線当り3万の加入者を収容できる．この数は，従来のトーン信号伝送方式の3倍の多さである．昔は先進的であったこのシステムは，ディジタル携帯電話の普及によってすでに役割を終えている．

移動データ端末と中央計算機との間のデータ伝送も行われている．この例として，販売員が商売上のデータを車の中からディジタル無線伝送装置を使って送信すると，彼が事務所に帰るまでに，それらのデータがすでに処理され，請求書などの書類がすでにでき上がっていることになる．他の例として，車の配車を移動無線データ通信により効率化することも挙げられる．

表示付無線呼出し端末（ページング）は移動メッセージ通信の先駆となったものである（図1.3）．ディジタル移動無線によるメッセージ通信は電子メールが普及するにつれて重要になった．メッセージ通信は通信の受け手の仕事の邪魔をしないこと，周波数利用効率が高いことの点で通話よりも有利である．

インターネットの高性能化とその普及は通信サービスを激変させた．この

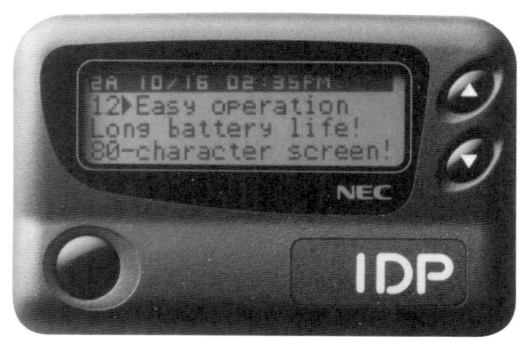

図1.3　表示無線呼出し端末（写真はNECのご厚意による）

サービスを移動無線通信に拡張することを目的にして，ディジタル移動無線システムは新しい技術をつぎつぎと導入して来た．その性能として，伝送速度を考えると，ここ 20 年間において，初期の 10 kbps から最新の LTE 端末では 100 Mbps へと 1 万倍に増加した．また，端末も，PC（パーソナルコンピュータ）の機能を取り入れてきて，現在，いわゆるスマートフォンが主流になりつつある．

〔2〕 **音声スクランブル**　　移動無線通信において盗聴防止は軍用や警察通信では通信の安全性の点で最重要事になる．移動電話やコードレス電話といった公衆通信においても，これらが普及するにつれて音声スクランブルは重要視されている．アナログ通信においても，盗聴から音声を保護する技術が知られてはいるものの，盗聴防止あるいは音声品質の程度が十分でない．ディジタル通信を用いた音声スクランブルはこれらの欠点を補っている．すなわち，会話が行われているかどうかも第三者にはまずわからないぐらいであり，同時に音質の劣化も少ない．

〔3〕 **周波数利用効率**　　周波数帯域は限りある一種の天然資源であることから，周波数スペクトルの有効利用は無線通信においては重要事である．一般的に，ディジタル通信はアナログ通信に比べて，より広い帯域を必要とする．例えば音声信号を 64 kbps のパルス符号化変調（PCM）で符号化し，2 値伝送するとすれば，最低でも 32 kHz のベースバンド信号帯域を必要とする．これは，アナログ通信に比べてほぼ 8 倍の帯域となる．移動通信のディジタル化が有線通信や固定マイクロ波通信に比べて遅れていたのは，周波数スペクトルの有効利用に対する条件が厳しく，これに対処できる技術がこれまで開発されていなかったからである．最近のディジタル移動通信における進歩はこの問題の克服に成功していることを意味している．

スペクトル有効利用においてディジタル変調と音声符号化が主要な役割を果たす．図 1.4 は音声符号化速度とディジタル変調の効率の関数として，チャネル当りの帯域，言い換えれば，ディジタル音声伝送に必要なチャネル間隔という観点からスペクトル効率を表したものである．ディジタル変調の効率〔bps/

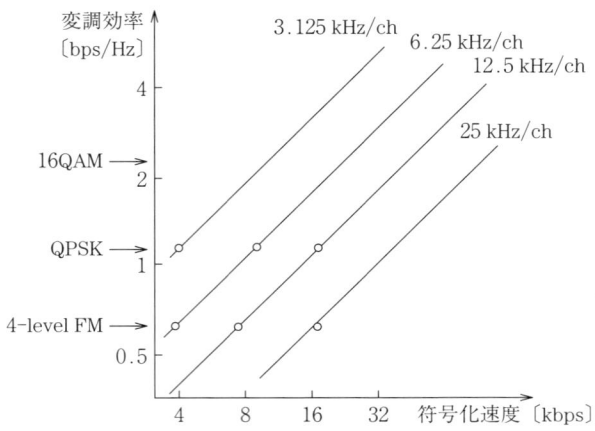

図 1.4 変調効率と情報源（音声）符号化率による回線当りに必要な帯域

Hz〕は，単位帯域幅〔Hz〕当りの伝送速度〔bps〕で定義される。アナログ FM 通信で最も広く用いられる 25 kHz のチャネル間隔が 4 値 FM と 16 kbps の音声符号化，例えば適応デルタ変調（adaptive delta modulation, ADM）により達成できる。もし，8 kbps の音声符号化あるいは線形 4 相位相変調（QPSK）などの 2 倍のスペクトル効率のディジタル変調を用いれば，12.5 kHz のチャネル間隔が可能となる。もし，これらの両者を使えば 6.25 kHz チャネル間隔となる。後で述べるように，現在の技術からすると，チャネル当り 3.125 kHz が可能となっている。

　セルラー方式においては，スペクトル効率を決めるものとして他の要素，すなわち周波数あるいはチャネル再利用距離がある。短い再利用距離が望ましい。ディジタル方式は，同一チャネル干渉を低減する干渉抑圧技術，誤り訂正技術，あるいは回線状態に応じて使用するチャネルを適応的に割り当てる，などにより，再利用距離を短くすることができる。さらには，同じ周波数を同一の場所で用いて，独立な複数の信号を同時に並列伝送することが，複数のアンテナを用いて（multi input multi output, MIMO）チャネル間の干渉を抑圧することにより，可能となった。

〔**4**〕 **システムコスト**　通信システムをディジタル化するとその費用は増加することがある。しかし，Nチャネル時分割多重アクセス（TDMA）のディジタル伝送により，基地局の送受信器の費用は低下する。その理由は，送受信器の数が周波数分割多重アクセス（FDMA）を用いた従来のアナログシステムに比べて$1/N$に減少するからである。さらには，TDM方式用に開発された共通増幅の導入により基地局の価格は劇的に低下している。端末機の価格としては，ディジタル移動電話は従来のアナログ移動電話に比べて高いこともあるだろう。しかし，システム帯域幅が与えられたとして，チャネル当りの相対的な端末費用を考えてみると，たとえ総費用は高くなったとしても，ディジタル化によるチャネル総数の増加は，チャネル当りの費用を低減することになる。

2

信号と線形システムの基礎

　この章では後の章で用いられる信号と雑音，および信号処理システムの基礎を与えておく。これらの基礎的な事柄について理解している読者は，次章へ進んでいただいてよい。

2.1 信 号 解 析

2.1.1 デルタ関数

　デルタ関数は物理学者ディラック（Dirac）が量子力学を数学的に記述する際に発明した[1]。直観的な解釈は容易であるものの，後で述べるように，数学的にはそれまでの概念になじまない性質を有しているので，超関数（distribution あるいは hyperfunction）と呼ばれている。超関数としての取扱いは高度に抽象化されており[2]〜[4]，その応用を目的とする研究者あるいは技術者にとって取っ付きにくい。工学の教科書においては，逆に数学的な記述が不十分である。ここでは，超関数の議論にはふれることなく，通常の関数の（一般化）極限として，統一的な説明を加える。デルタ関数はフーリエ解析の理論展開においても，あるいは信号とシステムの解析においても，重要な役割を果たしている。

　〔1〕 **デルタ関数の定義**　　デルタ関数 $\delta(t)$ はつぎのように，積分を介して定義される。

$$\int_{-\infty}^{\infty} f(t)\delta(t)dt = f(0) \tag{2.1}$$

ここで，$f(t)$ は $t=0$ で連続な任意の関数である。$f(t)$ として，つぎのような関数を考えよう。$f(t)=f_1(t)$ $(a \leq t \leq b)$，$f(t)=0$ $(t<a, t>b)$。これを式(2.1)に代入することにより，次式を得る。

$$\int_{-\infty}^{\infty} f(t)\delta(t)dt = \int_{a}^{b} f_1(t)\delta(t)dt = \begin{cases} f_1(0) & (ab<0) \\ 0 & (その他) \end{cases} \quad (2.2)$$

ここで，a, b は任意の（小さくてもよい）定数であり，共に零をとらないとする。a あるいは b のどちらかが零である場合には，$\int_{a}^{b} f_1(t)\delta(t)dt = f_1(0)/2$ となる。これより，$f(t)$ が $t=0$ で不連続の場合については，次式が成立する。

$$\int_{-\infty}^{\infty} f(t)\delta(t)dt = \frac{f(0^+)+f(0^-)}{2} \quad (2.3)$$

ここで，$f(0^+)$，$f(0^-)$ はそれぞれ右側および左側の極限値である。

デルタ関数として，通常，知られているインパルス関数，すなわち $\delta(t)=0$ $(t \neq 0)$ および $\int_{-\infty}^{\infty} \delta(t)dt = 1$ を用いると，式(2.2)において $a, b \to 0$ とした場合の結果を説明できる。ただし，$\delta(t)=0$ $(t \neq 0)$ とするこの仮定は，後の例で示すように不要である。

ここまで説明を加えたところで，デルタ関数についての理解はさほど得られないであろう。実は，定義式(2.1)を満足する通常の関数は存在しない。通常の関数で表現するためには，つぎのような一般化極限を考えなければならない。

$$\lim_{n \to N} \int_{-\infty}^{\infty} f(t)\delta_n(t)dt = f(0) \quad (2.4)$$

ここで，N は極限値，$\delta_n(t)$ は通常の関数列である。

〔2〕 **デルタ関数に移行する関数の例**

(1) <u>ディラック型</u>： これは広く知られているデルタ関数の例である。

$$\delta_\varepsilon(t) = \begin{cases} \dfrac{1}{\varepsilon} & \left(|t| \leq \dfrac{\varepsilon}{2}\right) \\ 0 & (その他) \end{cases}$$

この関数は**図2.1**に示すように，$\varepsilon \to 0$ のとき，面積を1に保ったまま，

12　　2. 信号と線形システムの基礎

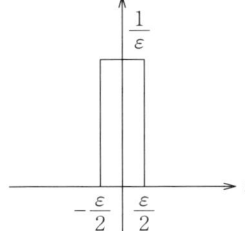

図 2.1　ディラック型の
デルタ関数に移行す
る関数

$\delta_\varepsilon(t) = 0$ $(t \neq 0)$, $\delta_\varepsilon(0) = \infty$ となる。$\delta_\varepsilon(t)$ $(\varepsilon \to 0)$ は $t=0$ において収束しないので，極限を積分の中に入れると，$\int_{-\infty}^{\infty} \lim_{\varepsilon \to 0} \delta_\varepsilon(t) f(t) dt$ は実行不可能となる。極限を積分の外に出して

$$\lim_{\varepsilon \to 0} \int_{-\infty}^{\infty} f(t) \delta_\varepsilon(t) dt = \lim_{\varepsilon \to 0} \int_{-\varepsilon/2}^{\varepsilon/2} f(t) \frac{1}{\varepsilon} dt = \lim_{\varepsilon \to 0} f(0) \int_{-\varepsilon/2}^{\varepsilon/2} \frac{1}{\varepsilon} dt$$
$$= f(0)$$

となる。われわれは，関数 $\delta_\varepsilon(t)$ について，式(2.4)を満足するという（一般化極限）意味で，$\lim_{\varepsilon \to 0} \delta_\varepsilon(t) = \delta(t)$ と表記する。$\lim_{\varepsilon \to 0} \delta_\varepsilon(t)$ について，式(2.3)が成立することは容易に確かめられる。

(2) **ディリクレ積分型**：　これはつぎのように与えられる。

$$\lim_{\Omega \to \infty} \delta_\Omega(t) = \delta(t), \qquad \delta_\Omega(t) = \frac{\sin \Omega t}{\pi t} \tag{2.5}$$

$\delta_\Omega(t)$ の面積も 1 であることを以下に示す。$x = \Omega t$ とおけば

$$\int_{-\infty}^{\infty} \delta_\Omega(t) dt = \int_{-\infty}^{\infty} \frac{\sin x}{\pi x} dx = 1$$

ここで，公式，$\int_{-\infty}^{\infty} (\sin x)/x \, dx = \pi$ を使った。

$\Omega \to \infty$ とするとき，ほとんどの t に対して $\delta_\Omega(t) \neq 0$ であり，かつすべての t において収束しない（**図 2.2**）。ただし，一般化極限は，関数 $f(t)$ がある条件を満足するとき収束して，$f(0)$ となる（付録2.1）。$\lim_{\Omega \to \infty} \delta_\Omega(t)$ についても，式(2.3)が成立することは，付録2.1に示した。

$\delta_\Omega(t)$ はつぎのようにも与えられる。

$$\delta_\Omega(t) = \frac{1}{2\pi} \int_{-\Omega}^{\Omega} e^{j\omega t} d\omega = \frac{1}{2\pi} \int_{-\Omega}^{\Omega} \cos \omega t \, d\omega$$

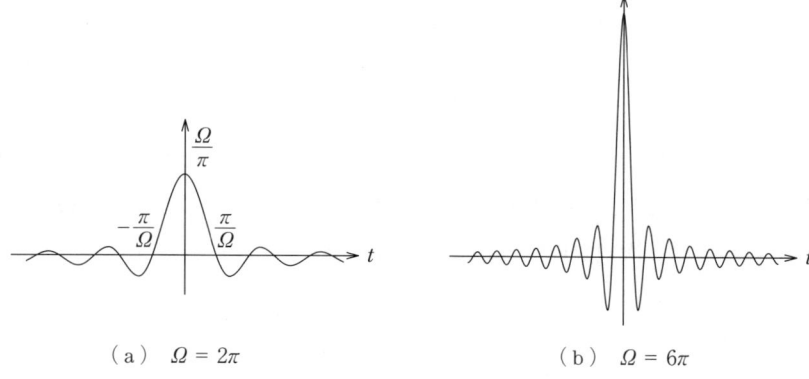

(a) $\Omega = 2\pi$ (b) $\Omega = 6\pi$

図 2.2 関数 $\sin\Omega t/\pi t$

このように，$\lim_{\Omega\to\infty}\delta_\Omega(t)$ はすべての周波数の三角関数を同位相で加算（積分）したものとなっている。デルタ関数に移行する関数はその他にも例えば，$\lim_{\sigma\to 0}(1/\sqrt{2\pi})e^{-\frac{x^2}{2\sigma^2}}$ $(-\infty<x<\infty)$ など，多数，考えられる。

〔3〕 **デルタ関数の性質** 仮に t を確率変数とすると，例(1), (2) は確率密度関数 $p(t)$ と考えられる。このとき，$t_1\leqq t\leqq t_2$ をとる確率は $\int_{t_1}^{t_2}p(t)dt$ であり，全確率は，$\int_{-\infty}^{\infty}p(t)dt=1$ である（式(2.1)において $f(t)=1$）。これより，式(2.1)は $f(t)$ の確率平均を表しているとも解釈できる。ディラック型のデルタ関数で与えられる確率密度は1点だけに集中している。ディリクレ積分型は無限大に広がっている。それにもかかわらず，確率平均をとると，あたかも確率密度が1点に集中したのと同じ結果を与える。このような意味からも，$\delta(t)$ は通常の関数（function）ではなく，超関数（distribution, generalized function あるいは hyperfunction）と呼ばれる。

例(1), (2) の $\delta(t)$ は，通常の関数としての振舞いは大きく異なるにもかかわらず，式(2.4)（一般化極限）で与えられる演算結果は同一になる。

〔4〕 **デルタ関数に関する公式**

$$\int_{-\infty}^{\infty}\delta(t)dt=1 \tag{2.6}$$

$$\int_{-\infty}^{\infty} f(t)\delta(t-t_0)dt = f(t_0) \tag{2.7}$$

$$\int_{-\infty}^{\infty} \delta(at)f(t)dt = \frac{1}{|a|}f(0) \tag{2.8}$$

$\delta(-t)=\delta(t)$ より，$\delta(t)$ は偶関数である。$\delta(t)$ は偶関数であるから，この性質と式(2.6)より，$\int_{-\infty}^{0}\delta(t)dt = \int_{0}^{\infty}\delta(t)dt = 1/2$ となる。この半無限積分が収束するためには，次式が成立しなければならない。

$$\delta(\pm\infty)=0$$

$$f(t)\delta(t)=f(0)\delta(t) \tag{2.9}$$

この式は，$\int_{-\infty}^{\infty} f(t)\delta(t)dt = \int_{-\infty}^{\infty} f(0)\delta(t)dt \left(=f(0)\right)$ を表すものと解釈する。デルタ関数は積分を行って初めて意味をもつので，前もって形式的にこのように表現しておくものである。

$$\int_{-\infty}^{\infty} f(t)\frac{d}{dt}\delta(t)dt = -f'(0)$$

これは，つぎの部分積分

$$\int_{-\infty}^{\infty} f(t)\frac{d}{dt}\delta(t)dt = \left[f(t)\delta(t)\right]_{-\infty}^{\infty} - \int_{-\infty}^{\infty} f'(t)\delta(t)dt$$

において右辺の第1項を零にしたものとなっている。このためには，$f(\pm\infty) < \infty$ であればよい（$\delta(\pm\infty)=0$）。同様にして n 回微分は，つぎのようになる。

$$\int_{-\infty}^{\infty} f(t)\frac{d^n}{dt^n}\delta(t)dt = (-1)^n f^{(n)}(0)$$

$\delta^2(t)$ は定義されないが，たたみ込み積分（定義は式(2.37)）はつぎのように与えられる。

$$\delta(t-t_1)*\delta(t-t_2) = \int_{-\infty}^{\infty}\delta(\tau-t_1)\delta(t-\tau-t_2)d\tau = \delta(t-t_1-t_2)$$

〔5〕 **関数のデルタ関数による積分表示** 関数 $f(t)$ はつぎのように（階段）近似できる。

$$f(t) \cong \sum_{n=-\infty}^{\infty} f(n\Delta T)p_{\Delta T}(t-n\Delta T)$$

ここで

$$p_{\Delta T}(t) = \begin{cases} 1 & \left(|t| \leq \dfrac{\Delta T}{2}\right) \\ 0 & (その他) \end{cases}$$

である。$\lim_{\Delta T \to 0} p_{\Delta T}(t)/\Delta T = \delta(t)$ となるから，上式より，$\Delta T \to 0$ のとき，$\Delta T = d\tau$，$n\Delta T = \tau$ とおいて

$$\lim_{\Delta T \to 0} \sum_{n=-\infty}^{\infty} \frac{f(n\Delta T) p_{\Delta T}(t - n\Delta T) \Delta T}{\Delta T} = \int_{-\infty}^{\infty} f(\tau) \delta(t - \tau) d\tau = f(t)$$

となり，$f(t)$ を $\delta(t)$ とのたたみ込み積分で表せた。

〔6〕 **不連続部における微分のデルタ関数による表示**　関数 $f(t)$ が $t = t_0$ において，有限な跳躍 J_0 の不連続を示すものとする。このとき，つぎのように表される。

$$f(t) = f_c(t) + J_0 u(t - t_0) \tag{2.10}$$

ここで，$f_c(t)$ は連続関数であり，$u(t)$ は単位階段関数であり，式(2.45)′で定義される。不連続部における微分を $f'(t)$ とすれば

$$\int_{t_0 - \varepsilon}^{t_0 + \varepsilon} f'(t) dt = J_0 \qquad (\varepsilon \to 0)$$

となるから，次式を得る。

$$f'(t) = f_c'(t) + J_0 \delta(t - t_0)$$

これより不連続部における微分を，デルタ関数を用いて表すことができた。

この式と式(2.10)より，次式を得る。

$$\frac{d}{dt} u(t) = \delta(t)$$

この式を積分すれば，デルタ関数の性質（式(2.2)）によりつぎの結果が得られる。

$$u(t) = \int_{-\infty}^{t} \delta(\tau) d\tau$$

$\int_{-\infty}^{0} \delta(\tau) d\tau = 1/2$ を考えると，$u(t) = 1/2 \, (t = 0)$ となる。

2.1.2 フーリエ解析

ここでは,フーリエ級数とフーリエ積分について簡単な説明を行う。フーリエ積分をフーリエ級数の定義域を素直に拡張したものとして扱う。その後,周期関数のフーリエ積分を再びフーリエ級数として論じる。

〔1〕 **三角関数の和の関数の表現** 三角関数の和はつぎのように書ける。

$$f(t) = \sum_{n=0}^{\infty} A_n \cos(\omega_n t + \theta_n)$$

三角関数の公式により,上式はつぎのように書き換えられる。

$$f(t) = \sum_{n=0}^{\infty} \left[A_n \cos\theta_n \cos\omega_n t - A_n \sin\theta_n \sin\omega_n t \right]$$

$$= \sum_{n=0}^{\infty} \left[a_n \cos\omega_n t + b_n \sin\omega_n t \right]$$

ここで,$a_n = A_n \cos\theta_n$,$b_n = -A_n \sin\theta_n$ とおいた。$e^{j\omega t} \equiv \cos\omega t + j\sin\omega t$ とおけば

$$\cos\omega t = \frac{e^{j\omega t} + e^{-j\omega t}}{2}, \quad \sin\omega t = \frac{e^{j\omega t} - e^{-j\omega t}}{2j}$$

となるので,$f(t)$ はつぎのように表される。

$$f(t) = \sum_{n=0}^{\infty} c_n e^{j\omega_n t} + \sum_{n=0}^{\infty} c_n^* e^{-j\omega_n t}$$

ここで,$c_n = (a_n - jb_n)/2$ とおいた。もし $\omega_0 = 0$ であり,$c_0 = \mathrm{Re}(a_0 - jb_0)$,$c_{-n} = c_n^*$,$\omega_{-n} = -\omega_n$($n > 0$)と表せば,つぎのように簡単になる。

$$f(t) = \sum_{n=-\infty}^{\infty} c_n e^{j\omega_n t}$$

係数 c_n はスペクトルと呼ばれる。

〔2〕 **フーリエ級数** 関数 $f(t)$ が区間 ($-T/2 \sim T/2$) で定義されているとしよう。フーリエ級数展開は上式において,$\omega_n = n\omega_0$($\omega_0 = 2\pi/T$,$n = 0, \pm 1, \pm 2, \cdots$)とおいて次式で与えられる。

$$f(t) = \sum_{n=-\infty}^{\infty} c_n e^{jn\omega_0 t} \quad \left(-\frac{T}{2} \leq t \leq \frac{T}{2}\right) \tag{2.11}$$

$$c_n = \frac{1}{T}\int_{-T/2}^{T/2} f(t)e^{-jn\omega_0 t}dt \tag{2.12}$$

展開係数 c_n がこのように与えられることは，以下のようにして示される。式(2.11)の両辺に $(1/T)e^{-jm\omega_0 t}$ を乗じて $-T/2 \sim T/2$ の区間で積分すると次式を得る。

$$\frac{1}{T}\int_{-T/2}^{T/2} f(t)e^{-jm\omega_0 t}dt = \sum_{n=0}^{\infty}\frac{c_n}{T}\int_{-T/2}^{T/2} e^{j(n-m)\omega_0 t}dt = c_m \quad \left(\omega_0 = \frac{2\pi}{T}\right)$$

ここで，つぎの直交関係式を用いた。

$$\int_{-T/2}^{T/2} e^{j(n-m)\omega_0 t}dt = \begin{cases} T & (m=n) \\ 0 & (m\neq n) \end{cases}$$

これより，フーリエ級数展開は三角関数を用いた直交関数展開であるといえる。a_n と b_n が実数として $c_n=(a_n-jb_n)/2$，$c_{-n}=c_n^*$ とおけば，式(2.11)はつぎのように書き換えられる。

$$f(t) = \frac{a_0}{2} + \sum_{n=1}^{\infty}\left[a_n\cos n\omega_0 t + b_n\sin \omega_0 t\right]$$

ここまで，$f(t)$ が式(2.11)のように展開できるものとして，話を進めてきた。しかし，この級数展開が一意に $f(t)$ に収束するかどうかは，吟味しておかなければならないことである。そのために，式(2.12)を式(2.11)の右辺に代入して

$$\lim_{N\to\infty}\sum_{n=-N}^{N}\frac{1}{T}\int_{-T/2}^{T/2} f(x)e^{-jn\omega_0 x}dx\, e^{jn\omega_0 t} \to f(t)$$

となることを示そう。積分と和の順序を交換することにより次式を得る。

$$\lim_{N\to\infty}\sum_{n=-N}^{N}\frac{1}{T}\int_{-T/2}^{T/2} f(x)e^{jn\omega_0(t-x)}dx = \lim_{N\to\infty}\frac{1}{T}\int_{-T/2}^{T/2} f(x)D_N(t-x)dx \tag{2.13}$$

ここで，$D_N(t) = \sum_{n=-N}^{N} e^{jn\omega_0 t}$ であり，ディリクレ（Dirichlet）核と呼ばれる。$D_N(t)$ は周期を T とする周期関数であり，つぎのように変形できる。

$$D_N(t) = \frac{e^{-jN\omega_0 t} - e^{j(N+1)\omega_0 t}}{1 - e^{j\omega_0 t}} = \frac{\sin\{(N+1/2)\omega_0 t\}}{\sin(\omega_0 t/2)}$$

$D_N(t)/T$ はさらにつぎのように変形される。

$$\frac{D_N(t)}{T} = \frac{1}{T}\frac{\pi t}{\sin(\omega_0 t/2)}\frac{\sin \Omega t}{\pi t} = \frac{\omega_0 t/2}{\sin(\omega_0 t/2)}\frac{\sin \Omega t}{\pi t}$$

ここで，$\Omega = (N+1/2)/\omega_0$ とおいた。ところで，$\lim_{N\to\infty}\sin \Omega t/\pi t = \delta(t)$ である（付録 2.1）。$(\omega_0 t/2)/\sin(\omega_0 t/2)$ は $\lim_{\Omega\to\infty}\sin \Omega t/\pi t$ で与えられるデルタ関数を定義する関数 $f(t)$ の条件（付録 2.2）を，$|t| < T/2$ において満足するので，デルタ関数の性質 $f(t)\delta(t) = f(0)\delta(t)$（式(2.9)）より，$|t| < T/2$ において

$$\lim_{N\to\infty}\frac{1}{T}D_N(t) = \frac{\omega_0 t/2}{\sin(\omega_0 t/2)}\delta(t) = \delta(t)$$

となる（$-\infty \leq t \leq \infty$ においては $\sum_{n=-\infty}^{\infty}\delta(t-nT)$ となる）。この結果を式(2.13)に用いることにより，次式を得る。

$$\lim_{N\to\infty}\frac{1}{T}\int_{-T/2}^{T/2}f(x)D_N(t-x)dx = \int_{-T/2}^{T/2}f(x)\delta(t-x)dx = f(t)$$

ここで，式(2.2)，(2.7)で与えられるデルタ関数の性質を用いた。$f(t)$ は $\lim_{\Omega\to\infty}\sin \Omega t/\pi t$ で与えられるデルタ関数を定義する試験関数の条件（付録 2.2）を満足しなければならないことに注意しておきたい。$f(t)$ が不連続な場合には，両側極限値の平均値 $\{f(t^+) + f(t^-)\}/2$ に収束する（式(2.3)）。

〔3〕 **フーリエ積分** 変数 $F(n\omega_0) = Tc_n$ を導入することにより，式(2.11)と式(2.12)はつぎのように変形される。

$$f(t) = \sum_{n=-\infty}^{\infty}\frac{1}{T}F(n\omega_0)e^{jn\omega_0 t} \qquad \left(-\frac{T}{2} \leq t \leq \frac{T}{2}\right)$$

$$F(n\omega_0) = \int_{-T/2}^{T/2}f(t)e^{-jn\omega_0 t}dt$$

ここで，$\omega_0 = 2\pi/T$ である。

$T \to \infty$ のとき，$2\pi/T = d\omega$，$n\omega_0 = \omega$ とおけば，上式はつぎの積分に移行する。

$$f(t) = \frac{1}{2\pi}\int_{-\infty}^{\infty} F(\omega)e^{j\omega t}d\omega \qquad (-\infty \leq t \leq \infty) \quad (フーリエ逆変換) \tag{2.14}$$

$$F(\omega) = \int_{-\infty}^{\infty} f(t)e^{-j\omega t}dt \qquad (フーリエ変換) \tag{2.15}$$

$f(t)$ と $F(\omega)$ の関係をフーリエ変換対と呼び，以後，$f(t) \leftrightarrow F(\omega)$ と表現する。

フーリエ変換対が存在するためには，上の二つの式が同時に成立しなければならない。ここでは，式(2.15)を式(2.14)の右辺に代入して，これが $f(t)$ となることを示してみよう。そのための条件の一つは $f(t)$ が絶対可積分，すなわち $\int_{-\infty}^{\infty}|f(t)|dt < \infty$ であることが知られている[4]。この条件は厳しいので，例えば，工学上重要な，三角関数 $f(t) = A\cos\omega_0 t$ ($-\infty \leq t \leq \infty$) には，そのままでは適用できない。そこで，本書においては，極限移行に際して，つぎのように制限を加える。

$$f(t) = \lim_{T, \Omega \to \infty} \frac{1}{2\pi}\int_{-\Omega}^{\Omega} F(\omega)e^{j\omega t}d\omega \tag{2.16}$$

$$F(\omega) = \lim_{T \to \infty}\int_{-T/2}^{T/2} f(t)e^{-j\omega t}dt \tag{2.17}$$

ここで，$\lim_{T, \Omega \to \infty}$ については，フーリエ級数展開（式(2.11)，(2.12)）において，有限な T に対して，$n\omega_0$ は無限大になっている事実を反映して，$\lim_{T, \Omega \to \infty} T/\Omega = 0$ となるように制限する。フーリエ積分の一般的な定義式(2.14)，(2.15)では，積分の上限および下限，さらには Ω と T は独立にとるものとされている。前述の定義式(2.16)，(2.17)では，積分範囲を対称にとっている（コーシーの主値積分）。この定義はこの点からもさらに制限を加えていることになる。このような制限は，絶対可積分という条件を外すために必要となった。フーリエ積分を応用する場合に，この制限が不都合になることは考えられない。

式(2.17)を式(2.16)の右辺に代入し，積分の順序を交換すれば

$$\lim_{T,\Omega\to\infty}\frac{1}{2\pi}\int_{-\Omega}^{\Omega}\int_{-T/2}^{T/2}f(x)e^{-j\omega x}dxe^{j\omega t}d\omega$$

$$=\lim_{T,\Omega\to\infty}\int_{-T/2}^{T/2}f(x)dx\frac{1}{2\pi}\int_{-\Omega}^{\Omega}e^{j\omega(t-x)}d\omega$$

$$=\lim_{T,\Omega\to\infty}\int_{-T/2}^{T/2}f(x)\frac{\sin\Omega(t-x)}{\pi(t-x)}dx$$

となる。$\lim_{\Omega\to\infty}\sin\Omega(t-x)/\pi(t-x)=\delta(t-x)$(式(2.5))であるから,上式は $[f(t^+)+f(t^-)]/2$ になる。ここで,$f(t)$ に対する条件の一つは,付録 2.1,2.2 で示されているように,$f(t)$ および $f'(t)$ が有界であればよい。これにより,$f(t)=e^{j\omega t}$($-\infty\leqq t\leqq\infty$)のように絶対可積分でない関数にも適用できる。

ω の代わりに $f(=\omega/2\pi)$ を導入すれば,フーリエ変換対は係数 $1/2\pi$ がとれて,つぎのように,対称性のよい表現となる。

$$f(t)=\int_{-\infty}^{\infty}F(2\pi f)e^{j2\pi ft}df$$

$$F(2\pi f)=\int_{-\infty}^{\infty}f(t)e^{-j2\pi ft}dt$$

$T\to\infty$ のとき,スペクトル c_n は連続的になるので,これを $c(\omega)$ と表せば

$$F(\omega)=\frac{2\pi c(\omega)}{d\omega}=\frac{c(2\pi f)}{df}\qquad(\omega=2\pi f)$$

となる。これより,$F(\omega)$ は $c(\omega)$ の密度,すなわちスペクトル密度を表している。$c(\omega)$ の単位を仮に電圧 V とし,ω を角周波数とすれば,$F(\omega)$ の単位は〔V/Hz〕となる。

スペクトル密度 $F(\omega)$ は無限大になることがあり,また無限大となったとしても,その積分は有限になることがある。例として,$f(t)=e^{j\omega_1 t}$($-\infty\leqq t\leqq\infty$)を考える。このとき,$F(\omega)=2\pi\delta(\omega-\omega_1)$(式(2.22))となり,$\omega=\omega_1$ で無限大になるのに対して,フーリエ級数の展開係数 c_n は $T\to\infty$ のとき

$$c_n=\begin{cases}1 & (n\omega_0=\omega_1)\\ 0 & (n\omega_0\neq\omega_1)\end{cases}\qquad(T\to\infty)$$

となり,$c_n\equiv c(\omega)$ が無限大になることがない。また,フーリエ級数展開も一

義的に定まる。以上より，フーリエ積分における無限大の値が生じるという特異性は，フーリエ級数からの拡張において，$F(n\omega_0) = Tc_n$ なる密度関数を導入したことから生じているといえる。

〔4〕 **周期関数のフーリエ積分** 周期を T とする周期関数は，$f(t) = \sum_{n=-\infty}^{\infty} f_T(t-nT) = f_T(t) * \sum_{n=-\infty}^{\infty} \delta(t-nT)$ と表される。ここで，記号 '*' はたたみ込み積分（定義は式(2.37)）を示し，$|t| > T/2$ で $f_T(t) = 0$ と仮定する。デルタ関数の周期関数 $\sum_n \delta(t-nT)$ はサンプリング関数と呼ばれる。準備として，この関数のフーリエ変換がつぎのように，デルタ関数の周期関数（**図 2.3**）になることを示す。

$$\sum_{n=-\infty}^{\infty} \delta(t-nT) \leftrightarrow \omega_0 \sum_{n=-\infty}^{\infty} \delta(\omega-n\omega_0) \quad \left(\omega_0 = \frac{2\pi}{T}\right) \quad (2.18)$$

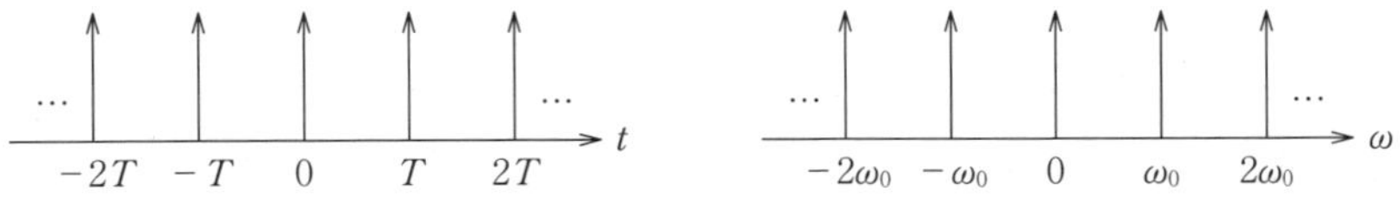

（a） デルタ関数列 $\sum \delta(t-nT)$　　（b） フーリエ変換 $\omega_0 \sum \delta(\omega-n\omega_0)$

図 2.3　デルタ関数列のフーリエ変換（$\omega_0 = 2\pi/T$）

証明　$\sum_{-\infty}^{\infty} \delta(t-nT)$ のフーリエ変換はつぎのようになる。

$$\sum_{n=-\infty}^{\infty} \int_{-\infty}^{\infty} \delta(t-nT) e^{-j\omega t} dt = \sum_{n=-\infty}^{\infty} e^{-jn\omega T}$$

この関数は，周期を $\omega_0 = 2\pi/T$ とする周期関数である。したがって，これが $|\omega| \leq \omega_0/2$ において，$\omega_0 \delta(\omega)$ となることを示せばよい。$\sum_{n=-N}^{N} e^{-jn\omega T}$ をつぎのように変形する。

$$\sum_{n=-N}^{N} e^{-jn\omega T} = \frac{e^{jN\omega T} - e^{-j(N+1)\omega T}}{1 - e^{-j\omega T}} = \frac{\sin\{(N+1/2)\omega T\}}{\sin(\omega T/2)}$$

$$= \frac{\omega T/2}{\sin(\omega T/2)} \frac{2\pi \sin\{(N+1/2)\omega T\}}{\pi \omega T}$$

ここで，$\lim_{N \to \infty} \sin\{(N+1/2)\omega T\}/\pi\omega T = \delta(\omega T) = \delta(\omega)/T$（式(2.5)と式(2.8)）であるから

$$\sum_{n=-\infty}^{\infty} e^{-jn\omega T} = \lim_{N\to\infty}\sum_{n=-N}^{N} e^{-jn\omega T} = \frac{\omega T/2}{\sin(\omega T/2)} 2\pi \frac{\delta(\omega)}{T}$$

$$= \omega_0 \delta(\omega) \qquad \left(|\omega| \leq \frac{\omega_0}{2}\right) \tag{2.19}$$

となる。ここで，デルタ関数の性質（式(2.9)）を用いた。上の証明は，後で示される周期関数のフーリエ変換（級数）の結果（式(2.20), (2.21)）を用いると容易である。

さて，$f(t)$ のフーリエ変換 $F(\omega)$ を求めよう。上の結果およびフーリエ変換の性質（式(2.38)），およびデルタ関数の性質式(2.9)よりつぎのようになる。

$$F(\omega) = F_T(\omega) \cdot \omega_0 \sum_{n=-\infty}^{\infty} \delta(\omega - n\omega_0) = \frac{2\pi}{T}\sum_{n=-\infty}^{\infty} F_T(n\omega_0)\delta(\omega-n\omega_0)$$

ここで，$F_T(\omega) \leftrightarrow f_T(t)$ である。上式をフーリエ逆変換すれば，次式を得る。

$$f(t) = \sum_{n=-\infty}^{\infty} c_n e^{jn\omega_0 t} \qquad (-\infty \leq t \leq \infty) \tag{2.20}$$

ここで

$$c_n = \frac{1}{T}F_T(n\omega_0) = \frac{1}{T}\int_{-T/2}^{T/2} f(t) e^{-jn\omega_0 t} dt \tag{2.21}$$

これは，フーリエ級数展開（式(2.11), (2.12)）において，定義域を無限大としたものと同じになっている。 （証明終わり）

例 2.1 以下のフーリエ変換が成り立つことを証明せよ。

$$e^{j\omega_0 t} \leftrightarrow 2\pi\delta(\omega - \omega_0) \tag{2.22}$$

【解答】

$$F(\omega) = \lim_{T\to\infty}\int_{-T/2}^{T/2} e^{j\omega_0 t} e^{-j\omega t} dt$$

$$= \lim_{T\to\infty}\frac{2\sin(\omega-\omega_0)T/2}{\omega-\omega_0} = 2\pi\delta(\omega-\omega_0) \qquad (\text{式 2.5 より})$$

となり，ディリクレ積分型のデルタ関数が得られる。 ◇

フーリエ級数からフーリエ積分への移行において，$\omega = n\omega_0$, $\omega_1 = m\omega_0$ ($\omega_0 = 2\pi/T$) とすることにより，さらに制限を加えてみよう。直交関係より

$$F(\omega) = \lim_{T\to\infty}\begin{cases} T & (\omega = \omega_1) \\ 0 & (\omega \neq \omega_1) \end{cases}$$

となり，ディラック型のデルタ関数が得られる．もし，主値積分をとらなければ，$F(\omega)$ が確定しない．

逆変換を行うと，次式が確認される．

$$f(t) = \frac{1}{2\pi}\int_{-\infty}^{\infty} 2\pi\delta(\omega-\omega_0)e^{j\omega t}d\omega = e^{j\omega_0 t}$$

式(2.22)に，$\cos\omega t = (e^{j\omega t}+e^{-j\omega t})/2$，$\sin\omega t = (e^{j\omega t}-e^{-j\omega t})/2j$ を適用して，次式が得られる．

$$\cos\omega_0 t \leftrightarrow \pi[\delta(\omega-\omega_0)+\delta(\omega+\omega_0)],$$
$$\sin\omega_0 t \leftrightarrow -j\pi[\delta(\omega-\omega_0)-\delta(\omega+\omega_0)] \quad (2.23)$$

式(2.22)において，$\omega_0 = 0$ とすれば，次式を得る．

$$1 \leftrightarrow 2\pi\delta(\omega) \quad (2.24)$$

また，フーリエ変換の対称性（式(2.26)），あるいはデルタ関数の定義により，$\delta(t) \leftrightarrow 1$．

〔5〕 **フーリエ変換の性質**

(1) 線形性
$$a_1 f_1(t) + a_2 f_2(t) \leftrightarrow a_1 F_1(\omega) + a_2 F_2(\omega) \quad (2.25)$$

(2) 対称性
$$F(t) \leftrightarrow 2\pi f(-\omega) \quad (2.26)$$

(3) 時間の伸縮
$$f(at) \leftrightarrow \frac{1}{|a|} F(\omega/a) \quad (2.27)$$

(4) 時間の移動
$$f(t-t_0) \leftrightarrow F(\omega)e^{-j\omega t_0} \quad (2.28)$$

(5) 周波数の移動
$$f(t)e^{j\omega_0 t} \leftrightarrow F(\omega-\omega_0) \quad (2.29)$$

これより，AM（振幅変調）として知られている信号について，次式を得る．

$$f(t)\cos\omega_0 t \leftrightarrow \frac{F(\omega-\omega_0)+F(\omega+\omega_0)}{2} \tag{2.30}$$

$$f(t)\sin\omega_0 t \leftrightarrow \frac{F(\omega-\omega_0)-F(\omega+\omega_0)}{2j} \tag{2.31}$$

(6) 時 間 微 分

$$\frac{d^n f(t)}{dt^n} \leftrightarrow (j\omega)^n F(\omega) \tag{2.32}$$

(7) 時 間 積 分

$$g(t)=\int_{-\infty}^{t} f(\tau)d\tau \leftrightarrow F(0)\pi\delta(\omega)+\frac{F(\omega)}{j\omega} \tag{2.33}$$

(8) 周波数微分

$$(-jt)^n f(t) \leftrightarrow \frac{d^n F(\omega)}{d\omega^n} \tag{2.34}$$

(9) 複素共役関数

$$f^*(t) \leftrightarrow F^*(-\omega) \tag{2.35}$$

[6] 特別な場合のフーリエ変換

(1) 実時間関数　　$f(t)$ が実関数のとき

$$F(-\omega)=F^*(\omega) \tag{2.36}$$

(2) たたみ込み積分のフーリエ変換　　関数 $f_1(t)$ と $f_2(t)$ のたたみ込み積分はつぎのように定義される。

$$f_1(t)*f_2(t)=\int_{-\infty}^{\infty} f_1(t-x)f_2(x)dx = \int_{-\infty}^{\infty} f_1(x)f_2(t-x)dx \tag{2.37}$$

このとき

$$f_1(t)*f_2(t) \leftrightarrow F_1(\omega)F_2(\omega) \tag{2.38}$$

(3) 関数の積のフーリエ変換

$$f_1(t)f_2(t) \leftrightarrow \frac{1}{2\pi}F_1(\omega)*F_2(\omega) \tag{2.39}$$

$$F_1(t)F_2(t) \leftrightarrow 2\pi f_1(-\omega)*f_2(-\omega) \tag{2.40}$$

(4) <u>パーセバルの式</u>　式(2.39)をつぎのように書いてみよう。

$$\int_{-\infty}^{\infty} f_1(t)f_2(t)e^{-j\omega t}dt = \frac{1}{2\pi}\int_{-\infty}^{\infty} F_1(\omega-x)F_2(x)dx$$

$\omega=0$ とおけば，つぎのパーセバル（Parseval）の式と呼ばれるものを得る。

$$\int_{-\infty}^{\infty} f_1(t)f_2(t)dt = \frac{1}{2\pi}\int_{-\infty}^{\infty} F_1(-x)F_2(x)dx \tag{2.41}$$

特に，$f_2^*(t)=f_1(t)$ の場合には，次式となる。

$$\int_{-\infty}^{\infty} |f(t)|^2 dt = \frac{1}{2\pi}\int_{-\infty}^{\infty} F^*(\omega)F(\omega)d\omega$$

$$= \frac{1}{2\pi}\int |F(\omega)|^2 d\omega \tag{2.42}$$

ここで，$f^*(t) \leftrightarrow F^*(-\omega)$（式(2.35)）を用いた。

〔7〕 **フーリエ変換の例**

(1) $\quad \mathrm{sgn}(t) \leftrightarrow \dfrac{2}{j\omega} \tag{2.43}$

この関数は $t>0$ で1を $t<0$ で -1 をとる（**図 2.4**）。すなわち

$$\mathrm{sgn}(t) = \frac{t}{|t|} = \begin{cases} 1 & (t>0) \\ -1 & (t<0) \end{cases}$$

フーリエ変換を行えば

$$F(\omega) = \lim_{T\to\infty}\int_{-T}^{T} \mathrm{sgn}(t)e^{-j\omega t}dt = \lim_{T\to\infty}\left[\frac{e^{-j\omega T}-1}{-j\omega} - \frac{1-e^{j\omega T}}{-j\omega}\right]$$

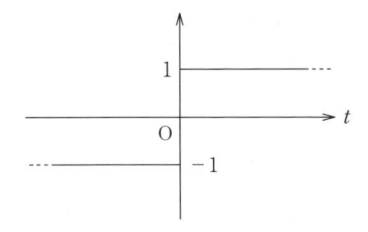

図 2.4　関数 $\mathrm{sgn}(t)$

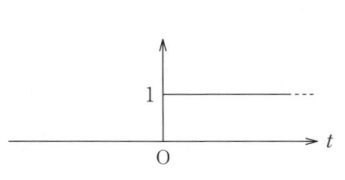

図 2.5　単位階段関数 $u(t)$

$$= \lim_{T \to \infty} \frac{2 - e^{-j\omega T} - e^{j\omega T}}{j\omega} = \lim_{T \to \infty} \frac{2 - 2\cos \omega T}{j\omega}$$

式(A2.5)より，$\lim_{T \to \infty} \cos \omega T = 0$ であるから，求める結果を得る。

逆変換を確かめてみよう。

$$f(t) = \lim_{\Omega \to \infty} \frac{1}{2\pi} \int_{-\Omega}^{\Omega} \frac{2}{j\omega} e^{j\omega t} d\omega = \frac{2}{\pi} \int_{0}^{\infty} \frac{\sin \omega t}{\omega} d\omega \tag{2.44}$$

数学公式

$$\int_{-\infty}^{0} \frac{\sin ax}{x} dx = \int_{0}^{\infty} \frac{\sin ax}{x} dx = \begin{cases} \dfrac{\pi}{2} & (a > 0) \\ -\dfrac{\pi}{2} & (a < 0) \end{cases}$$

より，次式を得る。

$$f(t) = \begin{cases} 1 & (t > 0) \\ -1 & (t < 0) \end{cases}$$

また，式(2.44)において，$t = 0$ とおけば，$f(0) = 0$ が得られる。

(2)　$u(t) \leftrightarrow \pi\delta(\omega) + \dfrac{1}{j\omega}$ （2.45）

階段関数 $u(t)$（図 2.5）は次式で与えられる。

$$u(t) = \frac{1}{2} + \frac{1}{2} \mathrm{sgn}(t) = \begin{cases} 1 & (t > 0) \\ 0 & (t < 0) \end{cases} \tag{2.45'}$$

式(2.43)と式(2.24)より，求める結果を得る。直接的には

$$\int_{0}^{\infty} e^{-j\omega t} dt = \lim_{T \to \infty} \frac{e^{-j\omega T} - 1}{-j\omega}, \quad \lim_{T \to \infty} \frac{e^{-j\omega T}}{-j\omega} = \pi\delta(\omega)$$

より得られる。逆変換も(1)の場合と同様にして確かめられる。

(3)　$p_T(t) \leftrightarrow \dfrac{T\sin \omega T/2}{\omega T/2}$ （2.46）

ここで，$p_T(t) = \begin{cases} 1 & (|t| \leq T/2) \\ 0 & (その他) \end{cases}$ である。スペクトルは減衰しながらも ω の無限の領域に広がっている（図 2.6）。

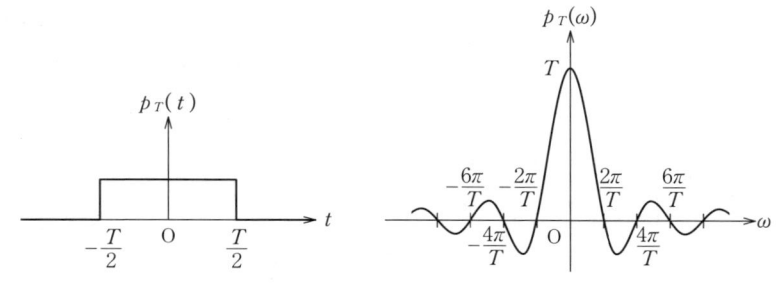

図 2.6　$p_T(t)$ のフーリエ変換

　任意の $f(t)$ 関数が与えられているとき, $f(t)p_T(t)=0 \ (|t| \geq T/2)$ となる。関数の積のフーリエ変換（式(2.39)）より, 次式を得る。

$$f(t)p_T(t) \leftrightarrow \frac{1}{2\pi}F(\omega) * \frac{2\sin \omega T/2}{\omega}$$

たたみ込み積分の性質より, 上式で与えられるスペクトルの広がりはそれぞれのスペクトルの広がりの和になる。$\sin(\omega T/2)/\omega$ のスペクトルの広がりは無限であるから, $F(\omega)$ の広がりがたとえ有限であっても, $F(\omega) * \sin(\omega T/2)/\omega$ のスペクトルは無限に広がることになる。これより, 有限時間幅の外で零になる関数 $f(t)$ は無限に広がるスペクトルを有することがわかる。逆に, スペクトル $F(\omega)$ が有限の周波数幅の外で零になるとき, 時間関数 $f(t)$ は無限に広がる。

2.1.3　信　　　号

　ここでは, まず, 信号に対する基本的な演算について説明する。つぎに, エネルギー, 電力, およびそれらのスペクトル密度について述べ, 相関関数, 直交信号についてふれる。

　〔1〕　**信号のエネルギーと電力**　　実信号 $f(t)$ のエネルギーはつぎのように与えられる。

$$E = \int_{-\infty}^{\infty} f^2(t)dt$$

無限に続く信号に対しては，エネルギーは無限大となる。このような信号 $f(t)$ に対して，区間（$-T \sim T$）を取り出したものを $f_T(t)$ と表そう。すなわち

$$f_T(t) = \begin{cases} f(t) & (-T \leq t \leq T) \\ 0 & (その他) \end{cases}$$

とする。このとき，平均電力は以下のように与えられる。

$$P = \lim_{T \to \infty} \frac{1}{2T} \int_{-\infty}^{\infty} f_T^2(t) dt = \lim_{T \to \infty} \frac{1}{2T} \int_{-T}^{T} f^2(t) dt$$

〔2〕 **エネルギースペクトル密度と電力スペクトル密度**　実信号 $f(t)$ を考え，$f(t) \leftrightarrow F(\omega)$ とする。2.1.2項において，$F(\omega)$ はスペクトル密度を表していることを示した。パーセバルの式(2.42)

$$E = \int_{-\infty}^{\infty} f^2(t) dt = \frac{1}{2\pi} \int_{-\infty}^{\infty} |F(\omega)|^2 d\omega \tag{2.47}$$

より，$|F(\omega)|^2$ はエネルギースペクトル密度を与えることが理解できよう。

同様にして

$$P = \lim_{T \to \infty} \frac{1}{2T} \int_{-\infty}^{\infty} f_T^2(t) dt = \frac{1}{2\pi} \int_{-\infty}^{\infty} \lim_{T \to \infty} \frac{|F_T(\omega)|^2}{2T} d\omega \tag{2.48}$$

であるから $(f_T(t) \leftrightarrow F_T(\omega))$，電力スペクトル密度 $S(\omega)$ は次式で与えられる。

$$S(\omega) = \lim_{T \to \infty} \frac{|F_T(\omega)|^2}{2T} \tag{2.49}$$

電力スペクトルを測定する装置はスペクトルアナライザとして知られている。

（**a**）　**相互相関関数**　実信号 $s_i(t)$ と $s_j(t)$ の（時間）相関関数はつぎのように定義される。

$$R_{ij}(\tau) = \int_{-\infty}^{\infty} s_i(t) s_j(t+\tau) dt$$

この式はつぎのようにも表される。

$$R_{ij}(\tau) = \int_{-\infty}^{\infty} s_i(-x) s_j(\tau-x) dx = s_i(-\tau) * s_j(\tau)$$

ここで，記号'*'はたたみ込み積分を表し，その定義は式(2.37)で与えられる。$s_i(t)$ と $s_j(t)$ が無限に続く場合，上記の相関関数は無限大になることがある。このような場合には

$$R_{ij}(\tau) = \lim_{T \to \infty} \frac{1}{2T} \int_{-T}^{T} s_i(t) s_j(t+\tau) dt$$

と定義される。

（b）**自己相関関数**　信号 $s(t)$ の自己相関関数はつぎのように定義される。

$$R(\tau) = \int_{-\infty}^{\infty} s(t) s(t+\tau) dt$$
$$= \int_{-\infty}^{\infty} s(-x) s(\tau-x) dx = s(-\tau) * s(\tau)$$

上式より $R(-\tau) = R(\tau)$ であることがわかる。もし，$R(\tau) = \delta(\tau)$ であれば，式(2.50)よりわかるように，エネルギースペクトルは ω について一定の関数（平たん）となる。

$s(t)$ が無限に続く場合，$R(\tau)$ は無限大になる。この場合には

$$R(\tau) = \lim_{T \to \infty} \frac{1}{2T} \int_{-T}^{T} s(t) s(t+\tau) dt$$

と定義する。

例 2.2　方形波信号 $s(t)$ の自己相関関数は**図 2.7** のようになる。

（a）信　　号　　　　　　　（b）自己相関関数

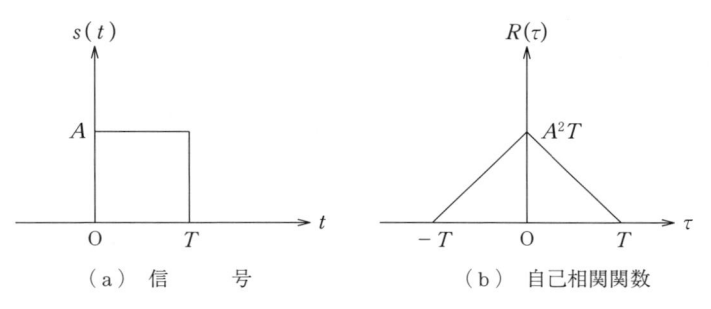

図 2.7　自己相関関数の例

〔3〕 **エネルギー（電力）スペクトル密度と自己相関関数**　エネルギースペクトル密度と自己相関関数がつぎのように，フーリエ変換対の関係にあることを示そう．

$$R(\tau) \leftrightarrow |F(\omega)|^2 \tag{2.50}$$

自己相関関数の定義式を再掲する．

$$R(\tau) = \int_{-\infty}^{\infty} f(t)f(t+\tau)dt = f(-\tau) * f(\tau)$$

フーリエ変換の性質，$f_1(\tau) * f_2(\tau) \leftrightarrow F_1(\omega)F_2(\omega)$（式(2.38)）と $f(-\tau) \leftrightarrow F(-\omega)$ より $R(\tau) \leftrightarrow F(-\omega)F(\omega)$ を得る．これに，$F(-\omega) = F^*(\omega)$（式(2.36)）を適用すれば，求める結果が得られる．

無限に続く信号の場合には

$$R(\tau) \leftrightarrow \lim_{T \to \infty} \frac{|F_T(\omega)|^2}{2T} \tag{2.51}$$

となる．

〔4〕 **直交信号**　相互相関関数において $t=0$ としたものは，関数の内積と呼ばれる．これが零になれば，すなわちつぎの式が成立すれば，二つの信号 $s_i(t)$ と $s_j(t)$ は時間域 (t_2-t_1) において直交しているという．

$$\int_{t_1}^{t_2} s_i(t)s_j(t)dt = 0 \qquad (i \neq j)$$

図 2.8(a)に示すように時間域において重なり合わない信号はたがいに直交している．

他の信号の例として

$$s_{cn}(t) = \cos(n\omega_0 t) \qquad (n=0, 1, 2, \cdots)$$

あるいは

$$s_{sn}(t) = \sin(n\omega_0 t) \qquad (n=0, 1, 2, \cdots)$$

がある．ここで，$\omega_0 = 2\pi/T_0$，$T_0 = t_2 - t_1$ である．$s_{cm}(t)$ と $s_{sn}(t)$ は $m=n$ のときも直交している．これより，$e^{jn\omega_0 t}$ と $e^{-jm\omega_0 t}$ も $m \neq n$ のとき直交する．

二つの値（±1）をとる直交信号はウォルシュ（Walsh）関数[6]と呼ばれ，例

(a) 時間軸上で重ならない直交信号

(b) スペクトルが重ならない直交信号

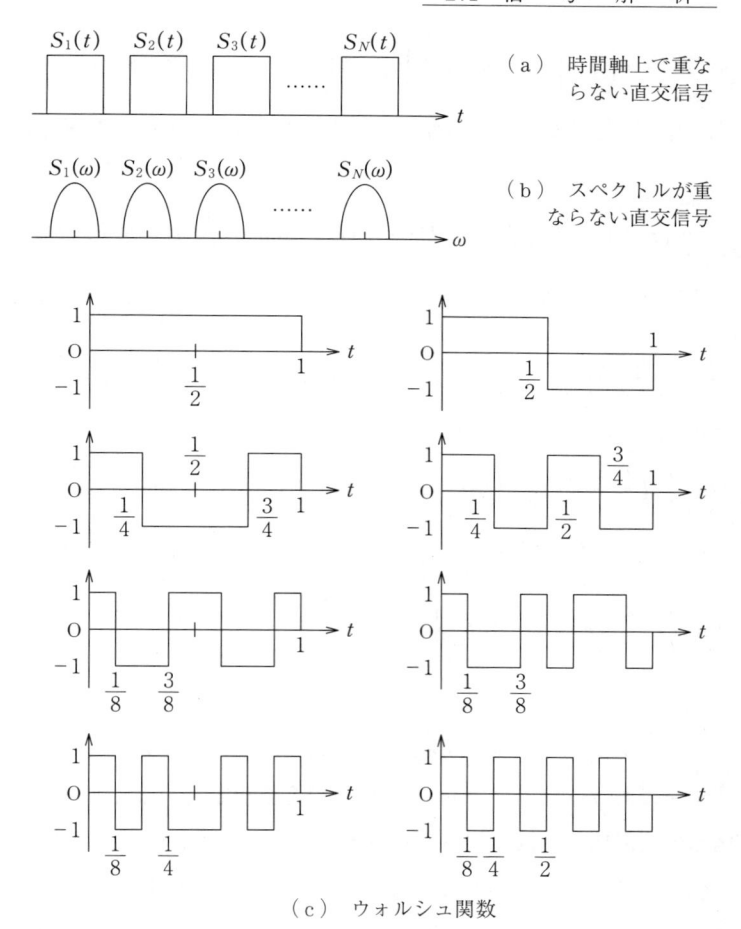

(c) ウォルシュ関数

図2.8 直交信号の例

を図(c)に示している。ウォルシュ関数は次式で反復的に与えられる。

$$w(0, t) = 1 \quad (0 \leq t < 1)$$

$$w(1, t) = \begin{cases} 1 & \left(0 \leq t < \dfrac{1}{2}\right) \\ -1 & \left(\dfrac{1}{2} \leq t < 1\right) \end{cases}$$

$$w(r,t) = w\left(\left[\frac{r}{2}\right], 2t\right) w\left(r - 2\left[\frac{r}{2}\right], t\right)$$

ここで，$[r/2]$ は $r/2$ の整数部を表す。フーリエ変換の性質（式(2.36), (2.41)）より

$$\int_{-\infty}^{\infty} f_1(t)f_2(t)dt = \frac{1}{2\pi}\int_{-\infty}^{\infty} F_1(-x)F_2(x)dx = \frac{1}{2\pi}\int_{-\infty}^{\infty} F_1^*(x)F_2(x)dx$$

であるから，スペクトルが重ならない信号（図(b)）も直交することがわかる。

時間域を無限大に拡大した場合の内積 $\int_{-\infty}^{\infty} s_i(t)s_j(t)dt$ は定まらないことがある（例えば三角関数のとき）。しかし，内積を

$$\lim_{T\to\infty} \frac{1}{T}\int_{-T/2}^{T/2} s_i(t)s_j(t)dt$$

で定義すれば，その値が定まる。例えば $e^{j\omega_i t}$，$e^{-j\omega_j t}$ の内積は

$$\lim_{T\to\infty} \frac{1}{T}\int_{-T/2}^{T/2} e^{j\omega_i t}e^{-j\omega_j t}dt = \begin{cases} 1 & (i=j) \\ 0 & (i\neq j) \end{cases}$$

となる。

$\lim_{T\to\infty}\int_{-T/2}^{T/2} e^{j\omega_i t}e^{-j\omega_j t}dt = 2\pi\delta(\omega_i - \omega_j)$（式(2.22)）であるから，この関係が無限時間領域における信号 $e^{j\omega_i t}$, $e^{-j\omega_j t}$ の直交性を表現しているとも考えられる。

直交信号の応用例　携帯電話の基地局からは，複数の利用者（移動局）に対して，信号をまとめて送信している。ディジタル通信においては，利用者 i への送信信号は $\pm s_i(t)$ $(0 \leq t \leq T)$ となる。ここで，$s_i(t)$ は信号（パルス）波形であり，$\pm$ は送信ディジタル信号の '1', '0' に対応してどちらかが選ばれる。N 個の移動局がある場合，全体の信号はつぎのようになる。

$$r(t) = \sum_{i=1}^{N} a_i s_i(t) \qquad (a_i = \pm 1)$$

j 番目の利用者は，受信した $r(t)$ についてつぎのような信号処理を行う。

$$r_j = \int_0^T r(t)\cdot s_j(t)dt$$

信号の直交性により

$$r_j = \int_0^T \sum_{i=1}^N a_i s_i(t) \cdot s_j(t) dt = a_j \int_0^T s_j^2(t) dt$$

となり，自分自身の情報のみを取り出すことができるとともに，$E_b = \int_0^T s_j^2(t) dt > 0$ であるから r_j の正負により，送信信号が'1'か'0'かを知ることができる。ここで，E_b は信号のエネルギーである。

図2.8に示した各直交信号は，自動車・携帯電話に実際に用いられており，それぞれ時分割多重（time-division multiple access，TDMA），周波数分割多重（frequency-division multiple access，FDMA），符号分割多重（code-division multiple access，CDMA）方式と呼ばれる。

2.1.4 ディジタル信号

〔1〕 定　　義　　ディジタル信号系列はつぎのように表される。

$$s(t) = \sum_{n=-\infty}^{\infty} a_n h(t - nT) \tag{2.52}$$

ここで，a_n はシンボル（記号）と呼ばれ，入力データ信号に対応して1組の離散値から一つの値をとる。例えば，2値伝送では $+A$ あるいは $-A$ をとる。$h(t)$ はパルス波形を発生するための帯域制限フィルタのインパルス応答である。T はシンボル周期，すなわちシンボル周波数が $1/T$ になる。ディジタル信号を一定のシンボル周波数で送信することにより，受信側で搬送波およびクロックタイミング信号の再生が可能となる。

NRZ（non-return-to-zero）信号を使えば，$h(t)$ はつぎのようになる。

$$h(t) = \begin{cases} 1 & (0 \le t \le T) \\ 0 & （その他） \end{cases}$$

その他のいくつかの波形は3.1節で述べる。送信データ信号に波形を割り付けることを線路（line）符号化と呼ぶ。

〔2〕 平 均 電 力　　ディジタル信号の平均電力はつぎのように定義される。

$$P = \left\langle \lim_{N \to \infty} \frac{1}{2NT} \int_{-NT}^{NT} s^2(t) dt \right\rangle = \left\langle \lim_{N \to \infty} \frac{1}{2NT} \int_{-NT}^{NT} \left| \sum_{n=-N}^{N} a_n h(t-nT) \right|^2 dt \right\rangle$$

ここで，$\langle \cdot \rangle$ は集合（アンサンブル）平均を示す。極限と集合平均の順序を変えて

$$P = \lim_{N \to \infty} \frac{1}{2NT} \sum_{n=-N}^{N} \sum_{m=-N}^{N} \langle a_n a_m \rangle \int_{-NT}^{NT} h(t-nT) h(t-mT) dt \qquad (2.53)$$

もし，シンボルが独立でランダムに生起すれば，すなわち

$$\langle a_n a_m \rangle = \begin{cases} 0 & (n \neq m) \\ \overline{a^2} & (n = m) \end{cases} \qquad (2.54)$$

であれば。式 (2.53) はつぎのようになる。

$$P = \lim_{N \to \infty} \frac{\overline{a^2}}{2NT} \sum_{n=-N}^{N} \int_{-NT}^{NT} h^2(t-nT) dt = \frac{\overline{a^2}}{T} \int_{-\infty}^{\infty} h^2(t) dt \qquad (2.55)$$

パーセバルの定理（式(2.42)）を使って，平均電力はつぎのようにも書ける。

$$P = \frac{\overline{a^2}}{2\pi T} \int_{-\infty}^{\infty} |H(\omega)|^2 d\omega \qquad (2.56)$$

NRZ 信号を使えば，式(2.55)より

$$P = \overline{a^2}$$

を得る。

これと同じ結果は，式(2.56)と式(2.46)および次式を使うことによって得られる。

$$\int_{-\infty}^{\infty} \left[\frac{\sin x}{x} \right]^2 dx = \pi$$

シンボルエネルギー E_s はつぎのようになる。

$$E_s = PT$$

2値伝送においては，ビットエネルギー E_b は E_s と同じである。2^n ($n=1, 2, 3, \cdots$) 値伝送においては

$$E_b = \frac{E_s}{n} \tag{2.57}$$

となる。4値伝送で，a_n が $\pm A$，$\pm A/3$ をとるとすれば

$$\overline{a_n^2} = \{\text{Prob}(A) + \text{Prob}(-A)\}A^2 + \{\text{Prob}(A/3) + \text{Prob}(-A/3)\}\frac{A^2}{9}$$

もし，a_n が等確率（1/4）で発生すれば

$$\overline{a_n^2} = \frac{5}{9}A^2$$

となる。

〔3〕 **電力スペクトル密度** ランダム信号の電力スペクトル密度はつぎのように定義される。

$$S(\omega) = \left\langle \lim_{N\to\infty} \frac{1}{2NT} \left| \int_{-NT}^{NT} s(t) e^{-j\omega t} dt \right|^2 \right\rangle$$

上式で，式(2.52)を使い，極限と集合平均の順序を変えれば

$$S(\omega) = \lim_{N\to\infty} \frac{1}{2NT} \sum_{n=-N}^{N} \sum_{m=-N}^{N} \langle a_n a_m \rangle \int_{-NT}^{NT} \int_{-NT}^{NT} h(t-nT) e^{-j\omega t}$$
$$\times h(x-mT) e^{j\omega x} dt dx$$

a_n がランダムとして式(2.54)を使えば

$$S(\omega) = \lim_{N\to\infty} \frac{\overline{a^2}}{2NT} \sum_{n=-N}^{N} \left| \int_{-NT}^{NT} h(t-nT) e^{-j\omega t} dt \right|^2 \tag{2.58}$$

と与えられる。フーリエ変換の性質を使えば，上式における積分は

$$\left| \int_{-\infty}^{\infty} h(t-nT) e^{-j\omega t} dt \right|^2 = \left| H(\omega) e^{-j\omega nT} \right|^2 = \left| H(\omega) \right|^2$$

となる。上式により，式(2.58)は

$$S(\omega) = \frac{\overline{a^2}}{T} \left| H(\omega) \right|^2 \tag{2.59}$$

となる。したがってランダムなディジタル信号の電力スペクトル密度はパルス波形のフーリエ変換により求められることがわかった。

2.1.5 変 調 信 号

正弦搬送波信号は次のように表される。

$$c(t) = A_0 \cos(\omega_c t + \theta_0) = \mathrm{Re}(A_0 e^{j(\omega_c t + \theta_0)})$$

ここで，A_0 は振幅，ω_c は搬送波（角）周波数，θ_0 は初期位相である。搬送波信号は二つの自由度，すなわち振幅と位相あるいはその微分である瞬時周波数を有する。

変調とは振幅と（あるいは）位相を入力信号に応じて変化させることである。振幅変調はつぎのように表される。

$$A(t) = k_A m(t)$$

ここで，$A(t)$ は振幅，k_A は無次元の定数，$m(t)$ は変調入力信号である。位相変調はつぎのようになる。

$$\theta(t) = k_P m(t)$$

また，周波数変調は

$$\omega(t) = \frac{d}{dt}\theta(t) = k_F m(t)$$

ここで，k_P は〔rad/V〕，k_F は〔rad/(s·V)〕の単位を有する定数である。アナログ変調とディジタル変調の表現は同じである。変調入力信号は任意であり，アナログ信号でもディジタル信号でもよい。

振幅と位相を同時に変調すると，変調信号はつぎのように表される。

$$s(t) = A(t)\cos[\omega_c t + \theta(t)]$$

上式は，

$$s(t) = A(t)\cos\theta(t)\cos\omega_c t - A(t)\sin\theta(t)\sin\omega_c t \tag{2.60}$$

と書き換えられる。

新しい変数をつぎのように導入する。

$$x(t) = A(t)\cos\theta(t)$$
$$y(t) = A(t)\sin\theta(t)$$

このとき，式(2.60)はつぎのように変形できる。

$$s(t) = x(t)\cos\omega_c t - y(t)\sin\omega_c t \tag{2.61}$$

ここで，$x(t), y(t)$ はそれぞれ同相成分，直交成分と呼ばれる。$\cos\omega_c t$ と $\sin\omega_c t$ はたがいに直交しているので，$x(t) = km_1(t)$, $y(t) = km_2(t)$ とすることにより，二つの入力信号 $m_1(t), m_2(t)$ が同一の搬送波に乗せられる。このような変調方式は直交振幅変調（QAM）と呼ばれ，ディジタル変調方式でよく使われる。この変調方式は，振幅と位相がつぎのように同時に変調される方式と等価である。

$$A(t) = \sqrt{x^2(t) + y^2(t)}, \quad \theta(t) = \tan^{-1}\frac{y(t)}{x(t)}$$

単側波帯（SSB）信号においても，振幅と位相は同時に変化する。しかし，これは QAM ではない。なぜなら，SSB 信号では $x(t) = \tilde{y}(t)$ という拘束条件があるからである（式(2.101)）。ここで，$\tilde{y}(t)$ は $y(t)$ のヒルベルト変換，すなわち 90°位相推移を示している。

変調信号は搬送波周波数で回転する 2 次元平面内において，同相成分と直交成分を成分とする軌跡として表される。回転する平面に立ってこの変調信号を観測すれば，搬送波周波数を考える必要がない。このとき，変調信号は複素表現を使って

$$s(t) = A(t)e^{j\theta(t)} = x(t) + jy(t)$$

と表される。この表現は，複素振幅信号あるいはゼロ IF（中間周波数）信号と呼ばれる。実際の信号は $\mathrm{Re}\left[s(t)e^{j\omega_c t}\right]$ で与えられる。

複素振幅（ベースバンド）信号 $s(t)$ は送信信号を $m(t)$（実数）とするとき，つぎのように表される。

$$s(t) = \begin{cases} k_A m(t) & \text{（AM）} \\ k_A\{m(t) \pm j\hat{m}(t)\} & \text{（SSB）} \\ k_A\{m_1(t) + jm_2(t)\} & \text{（直交 AM）} \\ A_0\{\cos\theta(t) + j\sin\theta(t)\} & \text{（PM，FM）} \end{cases}$$

ただし $\theta(t) = \begin{cases} k_P m(t) & \text{(PM)} \\ k_F \int^t m(\tau) d\tau & \text{(FM)} \end{cases}$

信号 $f(t) = \text{Re}[s(t)e^{j\omega_c t}]$ のスペクトル $F(\omega)$ を調べてみよう。
$f(t) = (1/2)s(t)e^{j\omega_c t} + (1/2)s^*(t)e^{-j\omega_c t}$ と書き直して，フーリエ変換の性質式 (2.29), (2.35) を用いれば，次式を得る。

$$F(\omega) = \frac{1}{2}S(\omega - \omega_c) + \frac{1}{2}S^*(-\omega - \omega_c) \qquad (S(\omega) \leftrightarrow s(t))$$

これより，変調された信号のスペクトルは，入力信号のスペクトル $S(\omega)$ を搬送波周波数 ω_c だけ移動させたものとなる。

複素ベースバンド信号 $s(t)$ のスペクトル $S(\omega)$ は，AM，SSB，直交 AM の線形変調では送信信号 $m(t)$ ($m_1(t)$, $m_2(t)$) のスペクトル（の線形和）で表されるのに対して，PM，FM などの角度（非線形）変調では，$m(t)$ のスペクトルで直接には表現できない。

2.1.6 等価ベースバンド複素表現

変調信号を扱う通信システムの解析，およびディジタル信号処理による計算機シミュレーションにおいては，記述の見通しのよさと標本化周波数の観点から，等価ベースバンド複素表現が有効である。この表現は線形システムに限らず非線形システムにおいても使用できる。ただし，そのためには，非線形歪みによって生じる高次搬送波間でスペクトルが重ならないことが必要である。このような条件を満たす信号を狭帯域帯域通過信号と称する。通常の無線通信システムでは，この条件が満足される。

非線形システムの出力が入力信号の瞬時の値の級数で表される場合を考えてみる。入力変調信号 $x(t)$ は，一般的につぎのように書ける。

$$x(t) = A(t)\cos[\omega_c t + \theta(t)] \qquad (A(t) \geq 0)$$
$$= \text{Re}[A(t)e^{j\theta}e^{j\omega_c t}] = \text{Re}[f_b(t)e^{j\omega_c t}]$$

n 次の歪み信号は

$$x^n(t) = A^n(t)\cos^n[\omega_c t + \theta(t)]$$

と書ける。基本波成分は，n が奇数のときにしか存在しない。

$A^n(t)\cos^n[\omega_c t + \theta(t)]$ の基本波成分は $c_n A^n(t)\cos[\omega_c t + \theta(t)]$ となる。$A^n(t) = |f_b(t)|^n$ であるから，等価ベースバンド表現は

$$c_n |f_b(t)|^{2m} f_b(t) \qquad (n = 2m+1)$$

となる。ここで，c_n は実数である。c_n の例は，数学公式より，$c_3 = 3/4$, $c_5 = 10/16$, $c_7 = 35/64$ である。もし，高次歪みによる位相シフトを表現したければ，$c_n e^{j\theta_n}$ とおけばよい。

非線形回路の別の例として，（帯域通過）ハードリミタ回路を考える。この回路の出力は，振幅値が一定（A_0）になるので，その出力 $y(t)$ は，つぎのように表される。

$$y(t) = \frac{A_0 f_b(t)}{|f_b(t)|} = \frac{A_0 f_b(t)}{\sqrt{f_b^*(t) f_b(t)}}$$

非線形回路で周波数特性を考慮する場合には，ある時刻の出力信号 $y(t)$ はその時刻の入力信号 $x(t)$ のみならず，過去の時刻の値 τ_i にも依存し，メモリ回路と称される。この場合の非線形歪みの級数展開は，ボルテラ（volterra）級数[9]と呼ばれ，つぎのように表される。

$$\begin{aligned}
y(t) = &\int_{-\infty}^{\infty} h_1(\tau_1) x(t-\tau_1) d\tau_1 + \int_{-\infty}^{\infty}\int_{-\infty}^{\infty} h_2(\tau_1, \tau_2) x(t-\tau_1) x(t-\tau_2) d\tau_1 d\tau_2 \\
&+ \int_{-\infty}^{\infty}\int_{-\infty}^{\infty}\int_{-\infty}^{\infty} h_3(\tau_1, \tau_2, \tau_3) x(t-\tau_1) x(t-\tau_2) x(t-\tau_3) d\tau_1 d\tau_2 d\tau_3 + \cdots \\
&+ \int_{-\infty}^{\infty}\cdots\int_{-\infty}^{\infty} h_n(\tau_1, \tau_2, \cdots, \tau_n) x(t-\tau_1) x(t-\tau_2) \cdots x(t-\tau_n) d\tau_1 \cdots d\tau_n
\end{aligned}$$

(2.62)

2.2 雑音解析

雑音はランダム過程であり,信号伝送を乱す。無線通信においては,大半の雑音は無線伝送路あるいは受信機で発生する。送信機における雑音は信号レベルが相対的に高いので,信号伝送品質を劣化させることはまずない。

2.2.1 通信システムにおける雑音

無線回路における雑音のモデルを図2.9に示す。受信される信号と雑音のレベルをそれぞれS_iとN_cと表そう。受信機回路の各段において雑音が発生する。最初の段は通常低雑音の増幅回路である。雑音は各回路の受信機の入力で発生すると仮定したモデルを採用することにする。

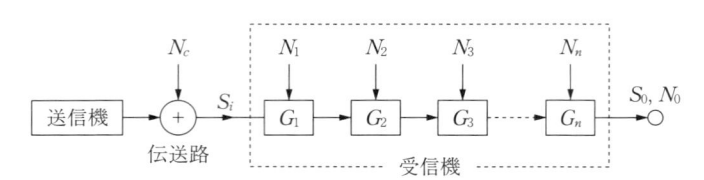

図2.9 通信システムにおける雑音のモデル

受信機出力における信号対雑音電力比(signal to noise power ratio, SNR)はつぎのように表される。

$$\left[\frac{S}{N}\right]_{out} = \frac{S_i}{N_c + N_1 + \dfrac{N_2}{G_1} + \dfrac{N_3}{G_1 G_2} + \cdots\cdots + \dfrac{N_m}{G_1 G_2 \cdots G_{m-1}}}$$

ここでN_iとG_i $(i=1, 2, \cdots, m)$は各段における雑音電力と電力利得である。$G_i \gg 1$とすれば,後方段における雑音は出力SNRにほとんど影響を与えないことがわかる。これが,受信機の初段に低雑音増幅器をもってくる理由である。また,受信機における雑音レベルを伝送路で発生した雑音N_cのレベルよりもずっと低くすることが意味がないこともわかる。

通常,雑音電力スペクトルは信号スペクトルよりもずっと広い。したがっ

て，一般的に，平たん（両側）雑音スペクトル密度（白色雑音）をつぎのように仮定する。

$$N(\omega) = \frac{N_0}{2} \quad [\text{W/Hz}] \quad (-\infty < \omega < \infty)$$

ここで，受信機に i 番目の段を表す添字 i を省略した。回路の電力伝達関数を $G(\omega)$ とすれば，雑音電力はつぎで与えられる。

$$N = \frac{1}{2\pi} \int_{-\infty}^{\infty} N(\omega) G(\omega) d\omega = N_0 W_{eq}$$

ここで，W_{eq} は等価雑音帯域幅であり，つぎのように与えられる。

$$W_{eq} = \frac{1}{2\pi} \int_{-\infty}^{\infty} G(\omega) d\omega$$

図 2.10 に W_{eq} の意味を描いている。

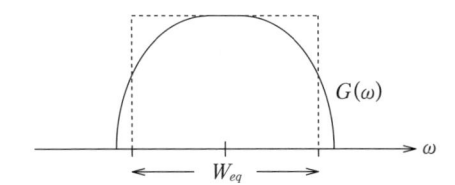

図 2.10 等価雑音帯域幅の概念図

回路の出力において，信号対雑音電力比は必ず劣化する。雑音指数（noise figure, NF）は片側雑音電力スペクトル密度をつぎのように与えた場合の SNR の劣化として定義される。

$$N(\omega) = k T_a \quad (0 < \omega < \infty)$$

ここで，k はボルツマン定数（$k = 1.38 \times 10^{-23}$ (W/Hz)/K），T_a は測定が行れる雰囲気温度である。室温において，$T_a = 290$ K としている。これより

$$NF = \frac{\dfrac{S_i}{k T_a W_{eq}}}{\dfrac{S_0}{N_{out}}} = 1 + \frac{T_e}{T_a} \tag{2.63}$$

ここで，T_e は等価雑音温度と呼ばれ，つぎのように与えられる。

$$T_e = \frac{N_0'}{k}$$

ここで，N_0' は回路の入力における等価的な雑音電力スペクトル密度である。

もし，雑音温度 T_e を有する回路の入力に雑音を発生しない減衰器を挿入すれば，全体の雑音指数はつぎのようになる。

$$NF = 1 + \frac{1}{L}\frac{T_e}{T_a}$$

ここで，$L\,(<1)$ は減衰器の電力利得である。減衰器は雑音指数を劣化させることがわかる。

2.2.2 雑音の統計的性質

雑音 $\tilde{x}$ の統計的な性質は確率分布関数 $P(x)$ で与えられる。これはつぎのように定義される。

$$P(x) = P_{rob}(\tilde{x} < x) \quad (-\infty < x < \infty)$$

ここで，$P_{rob}(\tilde{x} < x)$ は $\tilde{x}$ が x 以下となる値をとる確率である。$P(x)$ は以下のように与えられる。

$$P(x) = \int_{-\infty}^{x} p(x)dx$$

ここで，$p(x)$ は確率密度関数であり，つぎのように定義される。

$$p(x) = \frac{d}{dx}P(x)$$

$\tilde{x}$ が x_1 と x_2 の間の値をとる確率は，つぎのようになる。

$$\mathrm{Prob}(x_1 \leq \tilde{x} \leq x_2) = P(x_2) - P(x_1) = \int_{x_1}^{x_2} p(x)dx$$

通信システムでは，平均値がゼロの加法的白色ガウス雑音（additive white gaussian noise, AWGN）がよく登場する。その確率密度関数はつぎのように与えられる。

$$p(x) = \frac{1}{\sqrt{2\pi}\,\sigma} e^{-\frac{x^2}{2\sigma^2}} \tag{2.64}$$

ここで，σ^2 は平均雑音電力である。すなわち

$$\sigma^2 = \int_{-\infty}^{\infty} x^2 p(x) dx$$

この結果は部分積分を行い,公式

$$\int_{-\infty}^{\infty} e^{-a^2 x^2} dx = \frac{\sqrt{\pi}}{a}$$

を用いることによって確かめることができる。平均値 x_m は

$$x_m = \int_{-\infty}^{\infty} x p(x) dx = 0$$

となる。

　一般に,ガウス雑音は独立なたくさんのインパルス性の信号が低域通過フィルタに入力されるなどして足し合わされたときに発生する(中央極限定理,3章の文献5))。低域通過フィルタの有限なインパルス応答時間により,多数のインパルス性の信号が加算される[7]。これは,トランジスタなどの半導体デバイスにおいて,雑音が発生するよいモデルとなる。すなわち,多数の電子が障害物とランダムに衝突し,デバイスの応答時間が長いのでたくさんの衝突が集められることになる。ガウス雑音のこのような性質から,フィルタを通したガウス雑音もまたガウス雑音となることが了解できる。

　ガウス雑音の電圧が A 以上になる確率は,つぎのようになる。

$$\mathrm{Prob}(\tilde{x} \geq A) = \int_A^{\infty} p(x) dx = Q(A/\sigma)$$

ここで

$$Q(x) = \int_x^{\infty} \frac{1}{\sqrt{2\pi}} e^{-\frac{t^2}{2}} dt \tag{2.65}$$

関数 $Q(x)$ の代わりに,つぎのような関数(誤差補関数)も用いられることもある。

$$\mathrm{erfc}(x) = 2Q(\sqrt{2}\, x) \qquad \left(Q(x) = \frac{1}{2} \mathrm{erfc}\left(\frac{x}{\sqrt{2}}\right) \right) \tag{2.66}$$

ここで

$$\mathrm{erfc}(x) = 1 - \mathrm{erf}(x) = \frac{2}{\sqrt{\pi}} \int_x^{\infty} e^{-t^2} dt$$

2.2.3 雑音の電力スペクトル密度

雑音 $x(t)$ を $|t| < T$ で打ち切って得られる信号を $x_T(t)$ としよう。電力スペクトル密度はつぎのように定義される。

$$S_X(\omega) = \lim_{T \to \infty} \frac{\langle |X_T(\omega)|^2 \rangle}{2T} \tag{2.67}$$

ここで,記号 $\langle \cdot \rangle$ は集合平均を表し, $X_T(\omega) \leftrightarrow x_T(t)$ である。すなわち

$$X_T(\omega) = \int_{-\infty}^{\infty} x_T(t) e^{-j\omega t} dt = \int_{-T}^{T} x(t) e^{-j\omega t} dt$$

である。これより

$$\langle |X_T(\omega)|^2 \rangle = \left\langle \int_{-T}^{T} x(t_1) e^{-j\omega t_1} dt_1 \cdot \int_{-T}^{T} x(t_2) e^{-j\omega t_2} dt_2 \right\rangle$$

$$= \int_{-T}^{T}\int_{-T}^{T} \langle x(t_1)x(t_2) \rangle e^{j\omega(t_1-t_2)} dt_1 dt_2 \tag{2.68}$$

もし, $x(t)$ が定常過程であるか,もしくは少なくとも, $\langle x(t_1)x(t_2) \rangle$ が時間原点に依存しなければ

$$\langle x(t_1)x(t_2) \rangle = R_x(t_1-t_2)$$

とすることができる。このとき,式(2.68)における2重積分は1重積分でつぎのように表される[8]。

$$\int_{-T}^{T}\int_{-T}^{T} \langle x(t_1)x(t_2) \rangle e^{j\omega(t_1-t_2)} dt_1 dt_2 = \int_{-2T}^{2T} (2T-|\tau|) R_x(\tau) e^{-j\omega t} d\tau \tag{2.69}$$

ここで, $\tau = t_2 - t_1$ である。

式(2.69)を式(2.68)に代入し,式(2.67)を用いると

$$S_x(\omega) = \lim_{T \to \infty} \int_{-2T}^{2T} \frac{1}{2T}(2T-|\tau|) R_x(\tau) e^{-j\omega \tau} d\tau$$

$$= \lim_{T \to \infty} \int_{-2T}^{2T} \left(1 - \frac{|\tau|}{2T}\right) R_x(\tau) e^{-j\omega \tau} dt$$

となる。もし

$$\lim_{T \to \infty} \int_{-2T}^{2T} \frac{|\tau|}{2T} R_x(\tau) e^{-j\omega\tau} d\tau = 0$$

であれば，電力スペクトル密度は

$$S_x(\omega) = \int_{-\infty}^{\infty} R_x(\tau) e^{-j\omega\tau} d\tau$$

となる。したがって

$$S_x(\omega) \leftrightarrow R_x(\tau)$$

である。

フィルタ出力における雑音の電力スペクトル密度　　フィルタ出力における雑音を $y(t)$ としよう。このとき，$y(t)$ の自己相関関数はつぎのようになる。

$$\begin{aligned} R_y(\tau) &= \langle y(t) y(t+\tau) \rangle = \langle \{x(t) * h(t)\} \{x(t+\tau) * h(t+\tau)\} \rangle \\ &= \int_{-\infty}^{\infty} \int_{-\infty}^{\infty} \langle x(t-t_1) x(t+\tau-t_2) \rangle h(t_1) h(t_2) dt_1 dt_2 \end{aligned} \quad (2.70)$$

ここで，$x(t)$ は入力雑音，$h(t)$ はフィルタのインパルス応答である。

電力スペクトル密度は

$$S_y(\omega) = \int_{-\infty}^{\infty} R_y(\tau) e^{-j\omega\tau} d\tau \quad (2.71)$$

で与えられる。式(2.70)を式(2.71)に代入し，変数を変換すれば

$$S_y(\omega) = |H(\omega)|^2 S_x(\omega) \quad (2.72)$$

を得る。ここで，$H(\omega) \leftrightarrow h(t)$ であり，また $S_x(\omega)$ は $x(t)$ の電力スペクトル密度であり，次式で与えられる。

$$S_x(\omega) = \int_{-\infty}^{\infty} R_x(\tau) e^{-j\omega\tau} d\tau \quad (2.73)$$

ここで，$R_x(\tau) = \langle x(t) x(t+\tau) \rangle$ である。

2.2.4　フィルタ通過後の雑音の自己相関関数

式(2.72)と式(2.73)より，フィルタ通過後の雑音の自己相関関数はつぎにより与えられる。

$$R_y(\tau) = \langle y(t)y(t+\tau)\rangle = \frac{1}{2\pi}\int_{-\infty}^{\infty}|H(\omega)|^2 S_x(\omega)e^{j\omega\tau}d\omega$$

もし，入力信号が電力スペクトル密度が N_0 の白色雑音であれば

$$R_y(\tau) = \frac{N_0}{2\pi}\int_{-\infty}^{\infty}|H(\omega)|^2 e^{-j\omega t}d\omega$$

となる。

式(2.50)で与えられる関係を使えば

$$R_y(\tau) = N_0 \int_{-\infty}^{\infty} h(t)h(t+\tau)dt \tag{2.74}$$

となる。もし $|H(\omega)|^2$ がナイキスト第1基準（式(3.2)，$R_y(nT_s) = 0$，ただし $n \neq 0$，T_s はシンボル周期）を満足すれば，フィルタ通過後の雑音は異なるシンボル時刻 nT_s で相関がないことになる。

2.2.5 帯域通過雑音

無線周波数雑音 $n(t)$ はつぎのように表される。

$$n(t) = n_x(t)\cos\omega_c t - n_y(t)\sin\omega_c t \tag{2.75}$$

ここで，$n_x(t)$ と $n_y(t)$ は定常，たがいに独立，平均値が零 $(\langle n_x(t)\rangle = \langle n_y(t)\rangle = 0)$ のベースバンド雑音である。また，ω_c は基準周波数である。$n_x(t)$ と $n_y(t)$ は独立であるから，$n(t)$ の位相は複素平面 $\tilde{n}(t) = n_x(t) + jn_y(t)$ で一様に分布する。

雑音の振幅は

$$r(t) = \sqrt{n_x^2(t) + n_y^2(t)} \tag{2.76}$$

となる。もし，$n_x(t)$ と $n_x(t)$ が平均値が零で同じ平均電力 σ^2 を有するガウス雑音であるとすれば，以下に示すように，振幅はレイリー（Rayleigh）分布に従う。式(2.75)と式(2.76)を使い，$n_x(t) = r(t)\cos\theta$，$n_y(t) = r(t)\sin\theta$ と変数変換を行い，$p(x,y)dxdy = p(x)p(y)dxdy = p(r,\theta)rd\theta dr$ の関係を用いることにより

$$P(r) = \text{Prob}(r(t) \leq r) = \int_0^{2\pi}\int_0^r \frac{1}{2\pi\sigma^2}e^{-r^2/2\sigma^2}rdrd\theta = 1 - e^{-r^2/2\sigma^2}$$

確率密度関数は，つぎのようになる。

$$p(r) = \frac{d}{dr}P(r) = \frac{r}{\sigma^2}e^{-\frac{r^2}{2\sigma^2}} \quad (0 \leq r \leq \infty), \quad p(\theta) = \frac{1}{2\pi} \quad (-\pi \leq \theta \leq \pi)$$
(2.77)

$n(t)$ の瞬時電力 $n^2(t)$ は基準周波数 ω_c で高速に変化する。これを時間間隔 $2\pi/\omega$ で平均すると $r^2(t)/2$ となる。ここで，平均をとる時間内での $r(t)$ の変化は無視できるほど小さいとする。電力 $q = r^2(t)/2$ の確率密度関数 $p(q)$ は，式(2.77)において $p(q)dq = p(r)dr$ とおいて，つぎのように指数関数で表される。

$$p(q) = \frac{1}{b}e^{-\frac{q}{b}}$$
(2.78)

ここで，$b = \langle q \rangle = \sigma^2$ である。

ガウス分布とレイリー分布との確率密度関数を図 2.11 に示す。

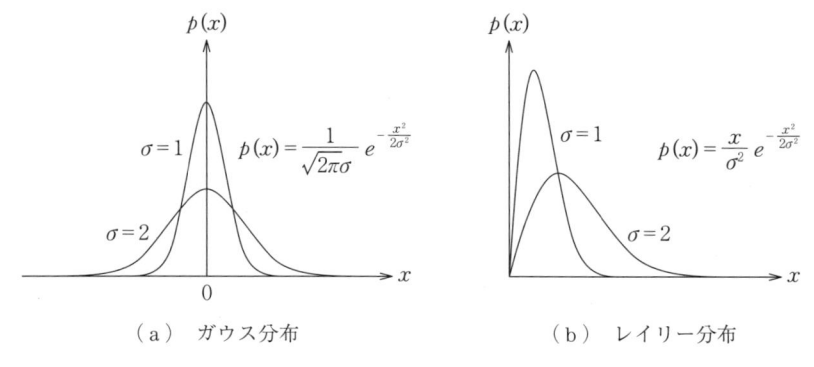

図 2.11 ガウス分布とレイリー分布との確率密度関数

帯域通過雑音の電力スペクトル密度　　帯域通過雑音 $n(t)$（式(2.75)）は図 2.12(a) に示すように発生できる。電力スペクトル密度 $S_n(\omega)$ はつぎのように与えられる（式(2.73)）。

$$S_n(\omega) = \int_{-\infty}^{\infty} R_n(\tau)e^{-j\omega\tau}d\tau$$

ここで，$R_n(\tau)$ は $n(t)$ の自己相関関数であり，つぎのように与えられる。

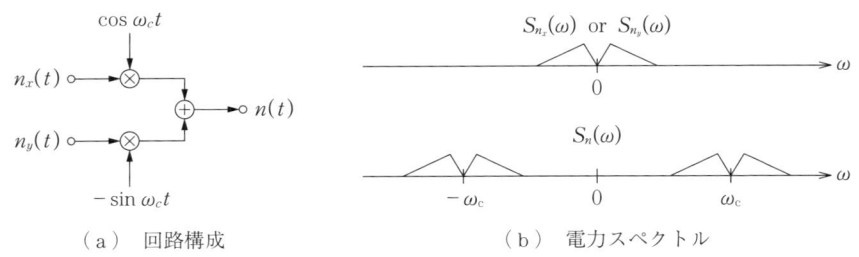

48　2.　信号と線形システムの基礎

（a）回路構成　　　　　　　　（b）電力スペクトル

図2.12　帯域通過雑音

$$R_n(\tau) = \left\langle \lim_{T \to \infty} \frac{1}{2T} \int_{-T}^{T} n(t+\tau)n(t)dt \right\rangle \tag{2.79}$$

式(2.75)を式(2.79)に代入し，関係 $\langle n_x(t)n_y(t+\tau)\rangle = \langle n_y(t)\rangle\langle n_x(t+\tau)\rangle = 0$ を使えば

$$R_n(\tau) = \frac{1}{2}\{R_x(\tau) + R_y(\tau)\}\cos\omega_c\tau \tag{2.80}$$

となる。ここで，$R_x(\tau) = \langle n_x(t)n_x(t+\tau)\rangle$ と $R_y(\tau) = \langle n_y(t)n_y(t+\tau)\rangle$ はそれぞれ $n_x(t)$ と $n_y(t)$ の自己相関関数である。

$$R_x(\tau) = R_y(\tau) = R_0(\tau) \tag{2.81}$$

とすると，次式の関係を得る。

$$\langle n^2(t)\rangle = \langle n_x^2(t)\rangle = \langle n_y^2(t)\rangle$$

$\cos\omega_c\tau = 1/2(e^{j\omega_c\tau} + e^{-j\omega_c\tau})$ とおけば，式(2.80)，(2.81)から

$$S_n(\omega) = \frac{1}{2}\{S_0(\omega+\omega_c) + S_0(\omega-\omega_0)\}$$

ここで，$S_0(\omega) = \int_{-\infty}^{\infty} R_0(\tau)e^{-j\omega\tau}d\tau$ は $n_x(t)$ および $n_y(t)$ の電力スペクトル密度である。

つぎに，ベースバンド信号 $n_x(t)$ と $n_y(t)$ の電力スペクトル密度を帯域通過信号 $n(t)$ の電力スペクトル密度で表そう。$n_x(t)$ と $n_y(t)$ は帯域通過信号を図2.13に示す回路に入力することで得られる。この回路において，低域通過フィルタはベースバンド信号のみを通過させるものとする。乗算器の出力は $m_x(t) = 2n(t)\cos\omega_c t$ と $m_y(t) = 2n(t)\sin\omega_c t$ となる。式(2.75)で与えられる $n(t)$ の

2.2 雑音解析

(a) 回路構成

$n(t) = n_x(t)\cos\omega_c t - n_y(t)\sin\omega_c t$

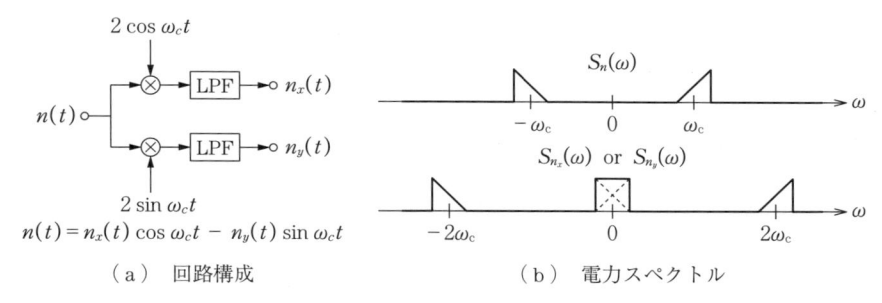

(b) 電力スペクトル

図 2.13 帯域通過雑音のベースバンド帯への変換

代わりに，$n_x(t)$ と $n_y(t)$ を考えて，これまでの議論を適用すれば

$$S_{n_x}(\omega) = S_{n_y}(\omega) = S_n(\omega+\omega_c) + S_n(\omega-\omega_c) \tag{2.82}$$

となる。

狭帯域の平たんな帯域通過スペクトル，すなわち

$$S_n(\omega) = \begin{cases} \dfrac{N_0}{2} & (|\omega \pm \omega_c| \leq \omega_B,\ \omega_B < \omega_c) \\ 0 & (\text{その他}) \end{cases}$$

を考えよう。ここで，$N_0/2$ は両側周波数雑音電力スペクトル密度である。このとき

$$S_{n_x}(\omega) = S_{n_y}(\omega) = \begin{cases} N_0 & (|\omega| \leq \omega_B) \\ 0 & (\text{その他}) \end{cases}$$

となる。

上の議論で，周波数範囲は $-\infty \leq \omega \leq \infty$ とした。電力スペクトル密度を正の周波数のみで考えることがある（片側電力スペクトル密度）。このときには，電力スペクトル密度を N_0 とすれば同じ結果が得られる。

2.2.6 帯域通過雑音を含んだ正弦波信号の包絡線と位相

正弦波信号 $A\cos(\omega_c t + \phi)$ が帯域通過ガウス雑音 $n(t)$ と混じり合っている場合を考える[8]。混合された信号はつぎのように表される。

50   2. 信号と線形システムの基礎

$$z(t) = A\cos(\omega_c t + \varphi) + n_x(t)\cos(\omega_c t + \varphi) - n_y(t)\sin(\omega_c t + \varphi)$$
$$= R(t)\cos[\omega_c t + \varphi + \theta(t)]$$

ここで，包絡線 $R(t)$ と位相 $\theta(t)$ は

$$R(t) = \sqrt{[A+n_x(t)]^2 + n_y^2(t)}, \quad \theta(t)\tan^{-1}\frac{n_y(t)}{A+n_x(t)} \quad (|\theta| \leq \pi)$$

と表される。$n_x(t)$ と $n_y(t)$ は平均値が 0，分散が σ^2 のガウス雑音である。時間関数であることを省略した記号を使って

$$n_x^2 + n_y^2 = R^2 - A^2 - 2An_x = R^2 - 2A(A+n_x) + A^2$$
$$= R^2 - 2AR\cos\theta + A^2$$

となる。これより，包絡線と位相の結合確率密度関数は

$$p(r,\theta) = \frac{R}{2\pi\sigma^2}\exp\left(-\frac{R^2 - 2AR\cos\theta + A^2}{2\sigma^2}\right)$$

となる。包絡線の確率密度関数は，

$$p(R) = \int_{-\pi}^{\pi} p(R,\theta)d\theta = \frac{R}{\sigma^2}\exp\left(-\frac{R^2+A^2}{2\sigma^2}\right)I_0\left(\frac{AR}{\sigma^2}\right) \qquad (2.83)$$

となる。ここで，$I_0(\cdot)$ は第 1 種変形ベッセル関数である。

位相の確率密度関数は

$$p(\theta) = \int_0^\infty p(R,\theta)dR$$
$$= \frac{1}{2\pi}e^{-A^2/2\sigma^2}\left\{1 + \frac{A}{\sigma}\sqrt{2\pi}\cos\theta\, e^{\frac{A^2\cos^2\theta}{2\sigma^2}}\left[1 - Q\left(\frac{A\cos\theta}{\sigma}\right)\right]\right\}$$
$$(2.84)$$

となる。ここで

$$Q(y) = \frac{1}{\sqrt{2\pi}}\int_y^\infty e^{-x^2/2}dx$$

2.2.7 相関を有する確率変数の生成とその確率密度関数

独立な二つの確率変数 x_1, x_2 が与えられている。これらの確率密度関数 $f(x_1, x_2)$ から、与えられた相互相関係数 ρ を有する確率変数 y_1 と y_2 および確率密度関数 $h(x_1, x_2)$ を求めたい。変数変換によって、平均電力が変化しないものとする。すなわち、$\overline{y_1^2} = \overline{x_1^2} = \sigma_1^2$, $\overline{y_2^2} = \overline{x_2^2} = \sigma_2^2$ とする。また、簡単のために、平均値は零とする ($\overline{x_1} = \overline{x_2} = 0$)。

つぎのような変換を考えてみる。

$$y_1 = x_1, \tag{2.85}$$

$$y_2 = c_1 x_1 + c_2 x_2 \quad (c_1 \text{ と } c_2 \text{ は定数}), \tag{2.86}$$

$$\overline{y_2^2} = c_1^2 \overline{x_1^2} + c_2^2 \overline{x_2^2} = c_1^2 \sigma_1^2 + c_2^2 \sigma_2^2 = \sigma_2^2$$

となる。これより、次式を得る。

$$c_2 = \sqrt{1 - \left(\frac{c_1 \sigma_1}{\sigma_2}\right)^2}$$

相互相関係数 ρ はつぎのように定義される。

$$\rho = \frac{\overline{y_1 y_2}}{\sqrt{\overline{y_1^2}} \cdot \sqrt{\overline{y_2^2}}}$$

式(2.85), (2.86)を上式に代入して

$$\rho = \frac{\sigma_1}{\sigma_2} c_1, \quad y_2 = \frac{\sigma_2}{\sigma_1} \rho x_1 + \sqrt{1 - \rho^2}\, x_2$$

つぎに確率密度関数を求める。すなわち

$$\iint_{D_x} f(x_1, x_2) dx_1 dx_2 \longrightarrow \iint_{D_y} h(y_1, y_2) dy_1 dy_2$$

となる $h(y_1, y_2)$ を求める。ここで、D_x, D_y は積分領域を示す。

x_1, x_2 と y_1, y_2 の関係式を一般的に

$$y_1 = g_1(x_1, x_2), \quad y_2 = g_2(x_1, x_2) \tag{2.87}$$

とおく。これより、微小変分は以下のようになる。

$$\Delta y_1 = \frac{\partial g_1}{\partial x_1} \Delta x_1 + \frac{\partial g_1}{\partial x_2} \Delta x_2 = a \Delta x_1 + b \Delta x_2,$$

$$\varDelta y_2 = \frac{\partial g_2}{\partial x_1}\varDelta x_1 + \frac{\partial g_2}{\partial x_2}\varDelta x_2 = c\varDelta x_1 + d\varDelta x_2,$$

ここで

$$\frac{\partial g_1}{\partial x_1}=a, \qquad \frac{\partial g_1}{\partial x_2}=b, \qquad \frac{\partial g_2}{\partial x_1}=c, \qquad \frac{\partial g_2}{\partial x_2}=d$$

とおいた。

y_1, y_2 に対する微小積分要素 $\varDelta D_y$ は，x_1, x_2 平面における $\varDelta D_x$ では平行四辺形になる（**図 2.14**）。

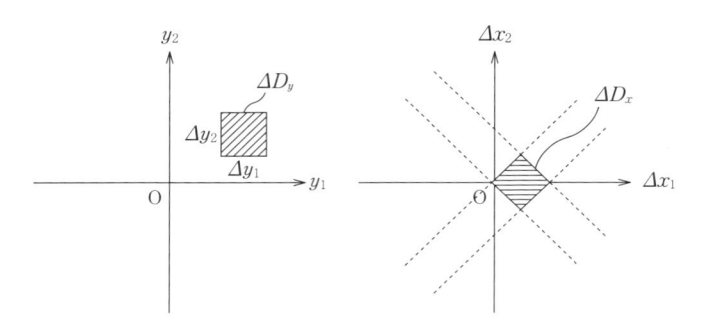

図 2.14　積分領域の対応

$\varDelta D_x$ の面積 S をとすれば，$S = \varDelta y_1 \varDelta y_2 / |J|$ である。ここで，J はヤコビアンと呼ばれ

$$J = \begin{vmatrix} \dfrac{\partial g_1}{\partial x_1} & \dfrac{\partial g_1}{\partial x_1} \\ \dfrac{\partial g_2}{\partial x_1} & \dfrac{\partial g_2}{\partial x_2} \end{vmatrix} = \frac{\partial g_1}{\partial x_1}\frac{\partial g_2}{\partial x_2} - \frac{\partial g_1}{\partial x_2}\frac{\partial g_2}{\partial x_1} = ad - bc$$

である。これより

$$dx_1 dx_2 \to \frac{1}{|J|} dy_1 dy_2$$

と変換される。

式(2.87)を x_1, x_2 について解いて

$$x_1 = g'(y_1, y_2), \qquad x_2 = g_2'(y_1, y_2)$$

とおく。

これより，y_1, y_2 に対する確率密度関数はつぎのようになる。

$$h(y_1, y_2) = f\bigl(g_1'(y_1, y_2),\ g_2'(y_1, y_2)\bigr)\frac{1}{|J|}$$

例 2.3 （**ガウス変数の場合**）　変数 x_1, x_2 の電力が等しい場合を考える（$\sigma_1 = \sigma_2 = \sigma$）。

$$f(x_1, x_2) = f(x_1)f(x_2) = \frac{1}{\sqrt{2\pi}\,\sigma}e^{-\frac{x_1^2}{2\sigma^2}}\frac{1}{\sqrt{2\pi}\,\sigma}e^{-\frac{x_2^2}{2\sigma^2}},$$

$$x_1 = y_1, \quad x_2 = \frac{y_2 - \rho y_1}{\sqrt{1-\rho^2}}, \quad |J| = \sqrt{1-\rho^2}$$

とおけば，次式が得られる。

$$h(y_1, y_2) = \frac{1}{2\pi\sigma^2\sqrt{1-\rho^2}}e^{-\frac{y_1^2 - \rho y_1 y_2 + y_2^2}{2\sigma^2(1-\rho^2)}}$$

2.3　線形システム

ここでは，連続時間線形システムを中心として，信号を処理する回路について述べる。

2.3.1　線形時不変システム

線形（linear）システム（図 2.15）は，入力信号に対して線形演算を行った信号を出力する。別の言葉でいえば，重ね合せの原理が成立するシステムである。より厳密に述べよう。信号 $x_i(t)$（$i=1, 2$）を入力したときの出力信号を $y_i(t)$ とする。$x_i(t)$ の線形和で表される信号 $x(t) = a_1 x_1(t) + a_2 x_2(t)$（$a_i$ は定数）を入力したとき，出力信号が $y(t) = a_1 y_1(t) + a_2 y_2(t)$ となるシステムである。

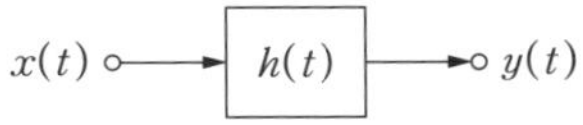

図 2.15　線形システム

時不変（time-invariant）システムとは入力と出力の関係が時間の原点に依存しないものをいう。具体的にいえばつぎのようになる。$x(t)$ を入力としたとき $y(t)$ が出力されたとする。もし，$x(t-t_0)$（t_0 は定数）を入力すると $y(t-t_0)$ が出力されるシステムである。この本では，特に言及しないかぎり，時不変システムを仮定する。

2.3.2　線形システムの応答

線形時不変システムの入力と出力の関係を一般的に求めよう。入力信号 $x(t)$ を階段近似する。

$$x(t) \cong \sum_n x(n\Delta t) p(t - n\Delta t)$$

ここで

$$p(t) = \begin{cases} 1 & \left(|t| \leq \dfrac{\Delta t}{2}\right) \\ 0 & (\text{その他}) \end{cases}$$

Δt を小さくすることにより，近似は精密になる。$p(t)$ を入力したときの出力を $q(t)$ とする。システムの線形時不変性により，$\sum_n x(n\Delta t) p(t - n\Delta t)$ を入力したときの出力 $y(t)$ は $\sum_n x(n\Delta t) q(t - n\Delta t)$ となる。$p(t)' = p(t)/\Delta t$ とおけば $p(t)'$ は $\Delta t \to 0$ のとき，デルタ関数となる。$p(t)'$ に対する応答は $q(t)/\Delta t$ である。これより

$$\begin{aligned} y(t) &= \sum_n \frac{x(n\Delta t) q(t - n\Delta t) \Delta t}{\Delta t} = \int_{-\infty}^{\infty} x(\tau) h(t - \tau) d\tau \quad (\Delta t \to 0) \\ &= x(t) * h(t) \end{aligned} \quad (2.88)$$

となり，たたみ込み積分で表された。$h(t)\left(= \lim\limits_{\Delta t \to 0} q(t)/\Delta t\right)$ はインパルス応答と呼ばれる。

変数 $t - \tau$ を τ と置き換えれば

$$y(t) = \int_{-\infty}^{\infty} x(t - \tau) h(\tau) d\tau \quad (2.89)$$

とも表される。

$x(t) = \delta(t)$ とすれば，$y(t) = h(t)$ となることが確認できる。

線形システムを物理的に実現するためには，インパルス応答 $h(t)$ は実関数でなければならない。$h(t)$ を複素関数として取り扱うこともあるが，これは，二つのインパルス応答を並行して取り扱うための数学的拡張である。

〔1〕 **周波数応答** インパルス応答 $h(t)$ のフーリエ変換

$$H(\omega) = \int_{-\infty}^{\infty} h(t) e^{-j\omega t} dt$$

は（電圧）伝達関数あるいはシステム関数と呼ばれる。また，$|H(\omega)|^2$ は電力伝達関数と呼ばれる。

入力信号として $x(t) = A_0 e^{j\omega_0 t} (-\infty \leq t \leq \infty,\ A_0$ は定数$)$ を考えてみよう（交流理論）。式(2.89)より，次式を得る。

$$y(t) = A_0 e^{j\omega_0 t} \int_{-\infty}^{\infty} h(\tau) e^{-j\omega_0 \tau} d\tau = A_0 H(\omega_0) e^{j\omega_0 t}$$
$$= H(\omega_0) x(t)$$

これより，伝達関数は入力信号が（特別に）$A_0 e^{j\omega_0 t}$ となるとき，これに乗算される複素数である。出力信号は単にこれを入力信号に乗算することで与えられる。積分方程式の言葉では，$x(t) = A_0 e^{j\omega_0 t}$ を固有関数と呼び，$H(\omega_0)$ を固有値と呼ぶ。

インパルス応答 $h(t)$ と伝達関数 $H(\omega)$ はフーリエ変換対なので，システムの特性はどちらか一方を知ればよい。デルタ関数はすべての周波数を加算したもので表されるので（2.1.1項），インパルス応答を測定するのは，$H(\omega)$ を一どきに測定するのと等価である。インパルス応答を測定するときには細いパルスを発生する必要がある。石油資源などの地質探査においては，ダイナマイトの爆発によりインパルス波形を発生し，その応答 $h(t)$ を測定することがある。高周波電気回路においては，インパルス波形を発生させると，その応答の測定が困難になることから，$H(\omega)$ を測定することが多い。正弦波の入力信号を用いて，周波数を連続的に変化させ，その出力応答の振幅と位相（あるいは群遅延）を周波数の関数として測定する。このような装置はネットワークアナライ

ザとして知られており,高周波回路の実験による特性解析にはなくてはならない手段である。

入出力信号 $x(t)$, $y(t)$ に関する複素表現は数学的な簡便性のために行っている。実際の信号はこの複素数の実部(あるいは虚部)をとったものである。例として,$x(t) = \cos \omega_0 t$ を考えよう。関係,$\cos \omega_0 t = (e^{j\omega_0 t} + e^{-j\omega_0 t})/2$ と,実関数 $h(t)$ に対して,$H(-\omega) = H^*(\omega)$(式(2.36))となる事実と,線形性により,以下を得る。

$$y(t) = \frac{1}{2}\left[H(\omega_0)e^{j\omega_0 t} + H(-\omega_0)e^{-j\omega_0 t}\right] = \text{Re}\left[H(\omega_0)e^{j\omega_0 t}\right]$$

同様にして,$x(t) = \sin \omega_0 t$ のときには,$y(t) = \text{Im}\left[H(\omega_0)e^{j\omega_0 t}\right]$ となる。

式(2.88)あるいは式(2.89)をフーリエ変換すると,フーリエ変換の性質(式(2.38))より,次式を得る。

$$Y(\omega) = H(\omega)X(\omega) \tag{2.90}$$

ここで,$X(\omega) \leftrightarrow x(t)$, $Y(\omega) \leftrightarrow y(t)$ である。

$|H(\omega)|$ は振幅特性,$\angle H(\omega) \equiv \theta(\omega)$ は位相特性と呼ばれる。群遅延特性は $\tau(\omega) = -d\theta(\omega)/d\omega$ で与えられる。その物理的意味は,瞬時(角)周波数 $\omega(t)$ と位相 $\theta(t)$ の関係 $\omega(t) = d\theta(t)/dt$ から類推するとわかりやすい。瞬時周波数が一定(ω_0)のとき,$\theta(t) = \omega_0 t$ となる。同様にして,すべての周波数成分に対して,時間遅れが一定(t_0)であれば,$\angle H(\omega) = -\omega t_0$ となる。

式(2.90)より,$X(\omega_0) = 0$ であれば $Y(\omega_0) = 0$ であること,すなわち出力に新しい周波数成分は発生しないことが示される。この事実は線形時不変システムについてのみいえ,線形性,時不変性のいずれかが成立しないときには当てはまらない。そのようなシステムの例を以下に示す。

(1) 非線形時不変システム (nonlinear time-invariant system)
$y(t) = ax(t) + c$ (a, c は定数),
$y(t) = ax^2(t)$, $y(t) = a\cos x(t)$

(2) 線形時変システム (linear time-variant system)
$y(t) = a(t)x(t)$

例えば，$a(t) = A\cos\omega_c t$ とすると，通信における振幅変調（AM）の式となる．

(3) <u>非線形時変システム</u>（nonlinear time-variant system）
$$y(t) = a(t)x(t) + c(t)$$

非線形システム（信号処理）も工学上，重要である．ただし，$x(t)$ に対して非線形演算を含む非線形システムの動作は個々のシステムに強く依存し，線形システムのように一般的な議論を行うことができない．例えば，カオス現象は非線形システムにのみ表れるものである．

〔2〕**因 果 性**　因果性とは，システムの応答（結果）は信号（原因）が入力されるより前に起こることはないということを示している．いい方を変えれば，もし入力信号 $x(t)$ が $t < t_1$ において零であれば，出力信号 $y(t)$ も $t < t_1$ において零である．このことを式(2.88)を使って表現すれば

$$y(t) = \int_{t_1}^{\infty} h(t-\tau) x(\tau) d\tau = 0 \qquad (t < t_1)$$

となる．これより

$$h(t) = 0 \qquad (t < 0)$$

が導かれる．この結論は，入力信号をインパルスとしたときの因果性を表現したものにすぎない．図2.20に示した1次低域通過フィルタはインパルス応答が式(2.97)で与えられるので，因果性を満たしている．

因果性を満足しないシステムは物理的に実現できない．もし，理論上において因果律を満たさないシステムを取り扱うとしても，実際上は，インパルス応答を移動して，$h(t-t_0) = 0 \ (t < 0)$ となるにようする（**図2.16**）．すべての時間区間 $(-\infty < t < \infty)$ において $h(t)$ が零にならない場合を仮定することもある．この場合には，実際には，このインパルスの応答を近似的にしか実現できない．時間移動 t_0 を大きくすれば近似度はよくなるが，それにつれて応答の時間遅れが大きくなる．例として，理想低域通過フィルタのインパルス応答を打ち切った場合の周波数特性を**図2.17**に示す．

因果性を満足するシステムの応答は，つぎのようになる．

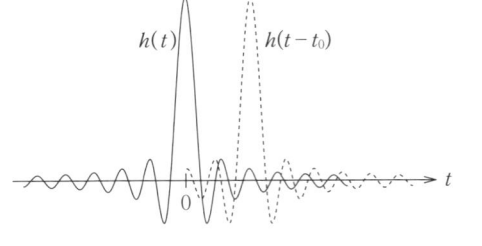

図 2.16　因果性とインパルス応答

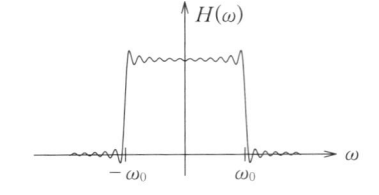

図 2.17　インパルス応答を $\pm 6T$ に打ち切ったときの伝達関数（$T = 2\pi/\omega_0$）

$$y(t) = \int_{-\infty}^{t} h(t-\tau)x(t)d\tau$$

$y(t)$ は t 以前の $x(t)$ により与えられる。さらに，$x(t) = 0\ (t \leq 0)$ であれば

$$y(t) = \int_{0}^{t} h(t-\tau)x(\tau)d\tau$$

となる。

〔3〕　**システムの安定性**　いかなる有界な入力信号 $x(t)\,(|x(t)| < \infty)$ に対しても，出力信号 $y(t)$ が有界 $(|y(t)| < \infty)$ であるとき，このシステムは安定であると定義される。線形システムに対しては，インパルス応答 $h(t)$ が，つぎの条件を満足するとき，かつそのときに限り安定である（必要十分条件）。

$$\int_{-\infty}^{\infty} |h(t)|dt < \infty$$

[証明]　十分条件：

$$|y(t)| = \left| \int_{-\infty}^{\infty} x(t-\tau)h(\tau)d\tau \right|$$

$$\leq \int_{-\infty}^{\infty} |x(t-\tau)||h(\tau)|d\tau \leq M \int_{-\infty}^{\infty} |h(\tau)|d\tau < \infty$$

ここで，M は $|x(t)|$ の最大値である。

必要条件: この条件が必要でないとしてみよう。すなわち，$\int_{-\infty}^{\infty}|h(t)|dt=\infty$ であっても安定であると仮定しよう（背理法）。有界な入力信号 $x(t)=h^*(-t)/|h(-t)|$ を考える。このとき

$$y(t)=\int_{-\infty}^{\infty}\frac{h^*(-t+\tau)}{|h(-t+\tau)|}h(\tau)d\tau$$

であるから

$$y(0)=\int_{-\infty}^{\infty}\frac{h^*(\tau)}{|h(\tau)|}h(\tau)d\tau=\int_{-\infty}^{\infty}|h(\tau)|d\tau=\infty$$

となり，安定ではなくなり，この仮定は否定される。したがって，この条件は必要である。

$h(t)=\sum_{i=1}^{N}h_i(t)$ と表される場合には，$\int_{-\infty}^{\infty}|h_i(t)|dt<\infty\ (i=1,2,\cdots,N)$ であれば安定である。証明は以下のとおりである。

$$\int_{-\infty}^{\infty}|h(t)|dt\leq\sum_{i=1}^{N}\int_{-\infty}^{\infty}|h_i(t)|dt<\infty \qquad \text{（証明終わり）}$$

例2.4 インパルス応答がつぎのように与えられているシステムを考えよう。

$$h(t)=\begin{cases}\dfrac{t^n}{n!}e^{-at} & (t>0) \\ 0 & (t<0)\end{cases} \qquad (a:\text{は実数},\ n=0,1,2,\cdots) \qquad (2.91)$$

$n=0$ のとき，$\lim_{T\to\infty}\int_0^T|h(t)|dt=\lim_{T\to\infty}(1-e^{-aT})/a$ であるから，$a>0$ のときに安定である。図2.22に示したシステムのインパルス応答はこの場合に相当する。したがって，このシステムは安定である。

$n=1$ のときには，部分積分を行って

$$\lim_{T\to\infty}\int_{-\infty}^{\infty}|h(t)|dt=\lim_{T\to\infty}\left\{\left[t\frac{e^{-at}}{-a}\right]_0^T-\int_{-0}^{T}\frac{e^{-at}}{-a}dt\right\}$$

であるから，$a>0$ のとき安定である。

同様にして，$n\geq 2$ の場合も，$a>0$ のとき安定である。a が複素数の場合にも，その実数部が正であれば安定である。

このシステムの伝達関数は，$n=0$ のときの式(2.98)をフーリエ変換し，周波数微分の関係式 (2.34) を適用して，つぎのようになる。

$$H(\omega) = \frac{1}{(a+j\omega)^{n+1}} \tag{2.92}$$

例 2.5 $h(t) = \sum_{i=1}^{N} b_i h_i(t)$

ここで，b_i と a_i は実数であり，$h_i(t) = \begin{cases} e^{-a_i t} & (t>0) \\ 0 & (その他) \end{cases}$

このシステムは $a_i > 0$ $(i=1, 2, \cdots, N)$ のとき安定である。このときフーリエ変換を行うと，次式を得る。

$$H(\omega) = \sum_{i=1}^{N} \frac{b_i}{j\omega + a_i}$$

$s = j\omega$ とおけば

$$H(s) = \sum_{i=1}^{N} \frac{b_i}{s + a_i}$$

となる。この式はつぎのように変形できる。

$$H(s) = \frac{\sum_{i=1}^{N} b_i \prod_{n=1(n \neq i)}^{N} (s+a_i)}{\prod_{i}^{N}(s+a_i)} = \frac{\sum_{i=1}^{N-1} \beta_i s^{N-1-i}}{\sum_{i=0}^{N} \alpha_i s^{N-i}} = \frac{B(s)}{A(s)}$$

ここで，α_i, β_i は積を展開して得られる定数である。$A(s)$ と $B(s)$ はそれぞれ N 次と $N-1$ 次の多項式である。

さて，$H(s) = B(s)/A(s)$ が先に与えられているとして，システムの安定性を調べてみよう。$H(s)$ の極，すわなち多項式 $A(s)$ が $A(s)=0$ となる s を z_{pi} と表そう。これまでの議論より，安定性の条件は $\mathrm{Re}(z_{pi}) < 0$ である。この条件は $A(s)$ が重根をもつ場合にも，例 2.4 の結果より成立する。

多項式の係数 α_i は実数であるので，z_{pi} が根であればその複素共役 z_{pi}^* も根となる。$z_{pi}=p+jq$ (p, q は実数) とおけばこれに対応するインパルス応答 $h_i(t)$ は

$$h_i(t) = \begin{cases} e^{pt}e^{jqt} & (t>0) \\ 0 & (t<0) \end{cases}$$

と複素数となるので，このシステムは実現できない。しかし，$z_{pi}^*=p-jq$ に対応するインパルス応答 $h_i^*(t)$ を加えることにより

$$g_i(t) = h_i(t) + h_i^*(t) = \begin{cases} 2e^{pt}\cos qt & (t>0) \\ 0 & (t<0) \end{cases}$$

となり，実現できる。このシステムは $p<0$ のとき安定である。また $g_i(t) \leftrightarrow G_i(\omega)$ とすれば

$$G_i(\omega) = \frac{1}{j(\omega-q)-p} + \frac{1}{j(\omega+q)-p}$$

となる。このような伝達関数を有するシステムは中心周波数が q の (1 次) 帯域通過フィルタと呼ばれる。

例 2.6 伝達関数がつぎのように与えられているシステムのインパルス応答を求めてから，安定性を調べてみる。

$$H(\omega) = \frac{1}{|a|^2 + j\omega(a+a^*) + (j\omega)^2} = \frac{1}{(a+j\omega)(a^*+j\omega)}$$

(i) $\underline{a \neq a^*\ (複素数)}$ のとき，つぎのように変形できる。

$$H(\omega) = \frac{\dfrac{1}{a^*-a}}{a+j\omega} + \dfrac{\dfrac{1}{a-a^*}}{a^*+j\omega}$$

これより

$$h(t) = \begin{cases} \dfrac{1}{a^* - a}\left(e^{-at} - e^{-a^*t}\right) & (t > 0) \\ 0 & (t < 0) \end{cases}$$

$a = p + jq$ (p, q は実数) とおけば

$$h(t) = \begin{cases} \dfrac{1}{q} e^{-pt} \sin q(t) & (t > 0) \\ 0 & (t < 0) \end{cases}$$

$\int_{-\infty}^{\infty} |h(t)| dt = \int_{0}^{\infty} \left| \dfrac{1}{q} e^{-pt} \sin q(t) \right| dt < \dfrac{1}{|q|} \int_{-\infty}^{\infty} e^{-pt} dt$ であるから,$p =$ Re$(a) > 0$ のとき安定である。

(ii) <u>$a = a^*$(実数)のとき</u>

$$H(\omega) = \dfrac{1}{(a + j\omega)^2}$$

式 (2.91) と式 (2.92) より,$h(t) = \begin{cases} te^{-at} & (t > 0) \\ 0 & (t < 0) \end{cases}$ である。

$$\int_{-\infty}^{\infty} |h(t)| dt = \int_{0}^{\infty} te^{-at} dt = \left[t \dfrac{e^{-at}}{-a} \right]_{0}^{\infty} - \int_{0}^{\infty} \dfrac{e^{-at}}{-a} dt$$

$$= \left[-t \dfrac{e^{-at}}{a} \right]_{0}^{\infty} - \left[e^{-at} \right]_{0}^{\infty} = \begin{cases} < \infty & (a > 0) \\ \infty & (a < 0) \end{cases}$$

であるから,$a > 0$ のとき安定である。

---

〔4〕 **線形システムの接続**　線形システムの並列接続と縦属(直列)接続を考えてみよう(**図 2.18**)。並列接続においては,システム全体のインパルス応答および伝達関数は,それぞれの回路の和となる。すなわち,$h(t) = h_1(t)$

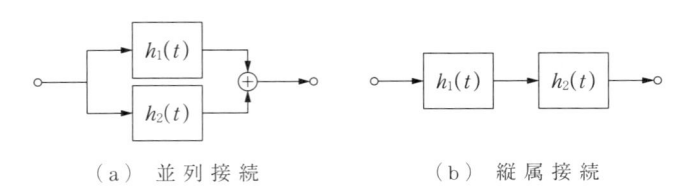

(a) 並列接続　　　　(b) 縦属接続

図 2.18 システムの接続

$+ h_2(t)$, $H(\omega) = H_1(\omega) + H_2(\omega)$。従属接続においては,$h(t) = h_1(t) * h_2(t)$, $H(\omega) = H_1(\omega)H_2(\omega)$ となる。ここで,従属接続の順序を変えても総合特性は変化しない。ただし,いずれかが非線形システムである場合には,接続順序を変えると全体の特性は変化する。

2.3.3 システムの微分方程式による記述

システムの振舞いは厳密にせよ,モデルによる近似を含むにせよ,微分方程式によって記述される。微分方程式の解は必ず存在し,初期条件を与えたとき,一意に確定する(解の存在と一意性の定理)。これにより,なんらかの方法で解を求めることができればよい。微分方程式の形によって,種々の解法が考案されているのはこのためである。一般に非線形の微分方程式を解析的に解くのは困難であり,数値的な方法に頼らなければならないことが多い。しかし,線形の微分方程式,特に,定係数のものは,解析的に解くことができる。この方程式は線形時不変システムを記述するものであり,以下のように書かれる。

$$\sum_{m=0}^{M} b_m \frac{dy^m(t)}{dt^m} = \sum_{n=0}^{N} a_n \frac{dx^n(t)}{dt^n} + c_0 \tag{2.93}$$

システムが線形性を満たすためには,$x(t) = 0$ のとき,$y(t) = 0$ でなければならないから,$x(t)$ に依存しない項,すなわち定数 c_0 およびすべての初期値 $y(0)$,$dy^m(0)/dt^m$ $(m = 1, 2, \cdots, M-1)$ を零にしなければならない。

$x(t)$,$y(t)$ を複素三角関数の形で $x(t) = X(\omega)e^{j\omega t}$,$y(t) = Y(\omega)e^{j\omega t}$ の形で表し(交流理論),式(2.93)に代入することにより ($c_0 = 0$)

$$\sum_{m=0}^{M} b_m (j\omega)^m Y(\omega) e^{j\omega t} = \sum_{n=0}^{N} a_n (j\omega)^n X(\omega) e^{j\omega t} \tag{2.94}$$

となる。これより

$$Y(\omega) = \frac{\sum_{n=0}^{N} a_n (j\omega)^n}{\sum_{m=0}^{M} b_m (j\omega)^m} X(\omega) = H(\omega) X(\omega)$$

であれば，この微分方程式を満足する。ここで

$$H(\omega) = \frac{\sum_{n=0}^{N} a_n (j\omega)^n}{\sum_{m=0}^{M} b_m (j\omega)^m} \tag{2.95}$$

は，このシステムの伝達関数である。

微分方程式(2.93)の両辺をフーリエ変換すれば，フーリエ変換の性質（式(2.32)）より，式(2.94)と同じ式が得られる。この事実は，時間に関する関数をすべて $A(\omega)e^{j\omega t}$ とおいたことがすでにフーリエ変換と等価な取扱いになっていること，および線形微分方程式（あるいは微分および積分）において，$e^{j\omega t}$ となる関数が固有関数となることに起因している。

線形微分方程式で表されるシステムを図（信号線図）で表現すれば図 2.19(a)のようになる（ただし $b_0 = 1$）。これは二つの回路の縦続接続となっている。最初の回路では，入力信号は微分されたものと加算される（前方帰還）。この伝達関数は $\sum_{m=0}^{M} a_m (j\omega)^m$ となる。つぎの回路では，出力 $y(t)$ が微分され

(a) 微分演算部を別々にもった場合

(b) 微分演算部を共通化した場合

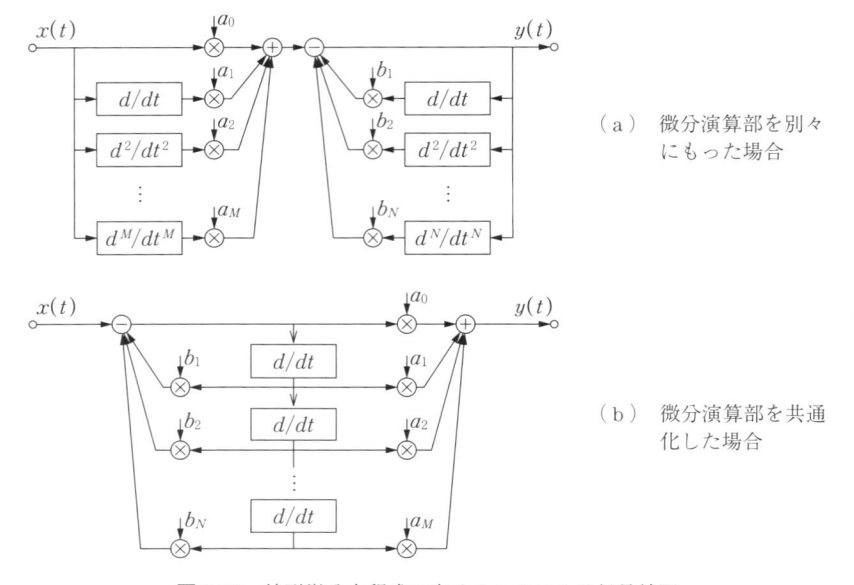

図 2.19　線形微分方程式で表せるシステムの信号線図

たのち，入力信号に再び加算される（伝達関数は，$b_0/\left(1+\sum_{n=1}^{N}b_n(j\omega)^n\right)$）。これを後方帰還（feedback）と呼ぶ。帰還があると，インパルス応答は無限に続くことになる（infinite impulse response, IIR）。後方帰還がなければ（$b_1=b_2\cdots b_M=0$），インパルス応答は有限な時間に収まる（finite impulse response, FIR）。前方帰還回路（FIR システム）は入力信号を微分するのみであるから，つねに安定であるのに対して，IIR システムは不安定になる可能性がある。後方帰還システムの安定性は，2.3.2項で論じたように，伝達関数 $H(\omega)$ の極の実数部の正負を吟味することで判定できる。

線形システムの縦続接続においては順序を変えても特性は変化しないので，帰還部と前方供給部（feedforward）を入れ替えてもよい（図 2.19（b））。これにより微分演算部を共通化できる。

微分方程式で表される線形時不変システムにおいては，伝達関数は簡単に求められるので，インパルス応答を求めるのに，つぎのように伝達関数を逆フーリエ変換する方法をとるのが便利である。

$$h(t)=\frac{1}{2\pi}\int_{-\infty}^{\infty}H(\omega)e^{j\omega t}d\omega$$

$H(\omega)$ が有理関数であるので，この積分は，複素関数論を用いれば簡単に実行できる。伝達関数が式(2.95)で与えられる場合には，つぎのようになる。

$$h(t)=h_{FF}(t)*h_{FB}(t)$$

ここで

$$h_{FF}(t)=\sum_{n=0}^{N}a_n\frac{d^n}{dt^n}\delta(t),$$

$$h_{FB}(t)=\sum_{m=1}^{M}\alpha_m h_i(t), \quad h_i(t)=\begin{cases}e^{p_i(t)} & (t>0)\\ 0 & (t<0)\end{cases}$$

p_i は $H(\omega)$ を $H(j\omega)=H(s)$ と表したときの極の値である。α_m は $H(\omega)$ の分母を部分分数分解したときの係数である。k 重極の場合には，つぎのようになる（式(2.91)）。

$$h_i(t) = \begin{cases} \dfrac{t^{k-1}e^{p_i t}(t)}{(k-1)!} & (t > 0) \\ 0 & (t < 0) \end{cases}$$

2.3.4 線形システムの例

例 2.7（一次低域通過フィルタ） 図 2.20 に示すような回路を考える。入力 $x(t)$ は電圧源と仮定し，出力電圧を $y(t)$ とする。$y(t)$ に関して，つぎのような 1 次線形微分方程式が得られる。

$$\frac{d}{dt}y(t) + ay(t) = ax(t) \quad \left(a = \frac{1}{RC}\right) \tag{2.96}$$

$y(0) = v_0$ となる初期条件の下でこの方程式を解けば

$$y(t) = a\int_0^t x(\tau) e^{-a(t-\tau)} d\tau + v_0 e^{-at}$$

線形条件を満たすためには，$v_0 = 0$ となる。このとき

$$y(t) = a\int_0^t x(\tau) e^{-a(t-\tau)} d\tau$$

となる。

$x(t) = \delta(t)$ とおけばインパルス応答 $h(t)$ がつぎのように求まる。

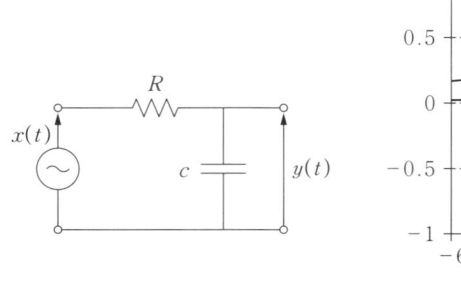

図 2.20　一次低域通過フィルタ

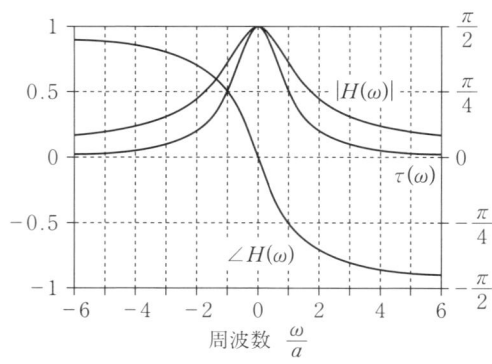

図 2.21　一次低域通過フィルタの周波数特性

2.3 線形システム

$$h(t) = \begin{cases} ae^{-at} & (t \geq 0) \\ 0 & (t < 0) \end{cases} \tag{2.97}$$

例として，$x(t) = \begin{cases} A & (0 \leq t \leq T) \\ 0 & (その他) \end{cases}$ となる長方形のパルス波形を入力すると

$$y(t) = \begin{cases} 0 & (t < 0) \\ A(1 - e^{-at}) & (0 \leq t \leq T) \\ A(e^{-aT} - 1)e^{-at} & (t > T) \end{cases}$$

となる。出力波形を図 2.22 に示す。図 2.22 において与えられているインパルス応答 $h(t)$（式 (2.97)）をフーリエ変換すると，伝達関数が以下のように求まる。

$$H(\omega) = \frac{1}{1 + j\omega/a} \tag{2.98}$$

$|H(\omega)|$，$\angle H(\omega)$，および群遅延特性 $\tau(\omega)$ を **図 2.21** に示す。$|H(a)| = |H(0)|/\sqrt{2}$ となる周波数 a は（$-3dB$）遮断周波数と呼ばれる。

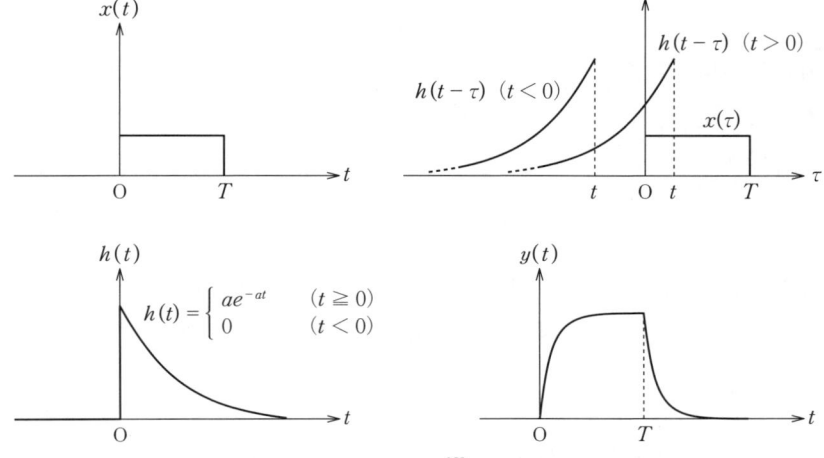

図 2.22 たたみ込み積分 $y(t) = \int_{-\infty}^{\infty} x(\tau)h(t-\tau)d\tau$ の説明図

この例におけるたたみ込み積分の説明を**図 2.22**に示した。

例 2.8　（遅　延　線）　時間遅延 t_0 の遅延線のインパルス応答はつぎのようになる。

$$h(t) = \delta(t - t_0) \tag{2.99}$$

式(2.88)，(2.89)で任意の入力信号を仮定して，遅延線の出力は

$$y(t) = x(t) * \delta(t - t_0) = x(t - t_0)$$

となり，信号は歪みを受けていない。式(2.99)のフーリエ変換を行い，式(2.28)を用いると，伝達関数は

$$H(\omega) = e^{-j\omega t_0} \qquad (-\infty < \omega < \infty)$$

となる。この伝達関数は無歪み回路の特性を示している。遅延線あるいは無歪み回路は無限の周波数領域で上のような特性を有する必要はなく，回路の帯域が信号のスペクトル帯域よりも広げれば十分である。

回路の（群）時間遅延は $\tau(\omega) = -d\angle H(\omega)/d\omega$ で与えられる。無歪み回路では $\tau(\omega) = \tau_0$（定数）となる。

例 2.9　（積分放電フィルタ）　積分放電フィルタは入力信号 $x(t)$ を時間幅 T だけ積分したのち，放電するものである。

出力はつぎのようになる。

$$y(t) = \int_{t_0}^{t} x(\tau) d\tau \qquad (t_0 < t < t_0 + T)$$

ここで，t_0 は積分開始時刻である。積分開始および放電する時刻は外部のタイミングによって制御する。もし積分を T 時間だけ連続的に行えば

$$y(t) = \int_{t-T}^{t} x(\tau) d\tau \qquad (-\infty < t < \infty)$$

となる，これは $x(t)$ の T 時間の移動平均（定数 T を除いて）となる。

積分放電フィルタの出力の $t_0 + T$ における値は移動平均の同時刻におけ

る値に等しい。

上の式はつぎのように書き換えられる。

$$y(t') = \int_{-\infty}^{\infty} x(\tau) h(t'-\tau) d\tau$$

ここで

$$h(t) = \begin{cases} 1 & (0 < t < T) \\ 0 & (その他) \end{cases}$$

したがって，$x(t)$ の移動平均は，上に示したインパルス応答を有するフィルタに入力することによっても得られる。このフィルタの伝達関数は

$$H(\omega) = \frac{T \sin(\omega T/2)}{\omega T/2} e^{-j\omega T/2} \tag{2.100}$$

となる。ここで，$e^{-j\omega T/2}$ は信号の遅延を示す項である。

積分放電フィルタは方形パルス信号に対する整合フィルタとして用いられる（3.3.3項）。

例 2.10　（**ヒルベルト変換回路**）　周波数伝達特性が $H(\omega) = -j\,\mathrm{sgn}(\omega)$ となる線形回路はヒルベルト変換回路と呼ばれる。インパルス応答は，式(2.43)にフーリエ変換の対称性（式(2.26)）を適用して，つぎのようになる（図 2.23）。

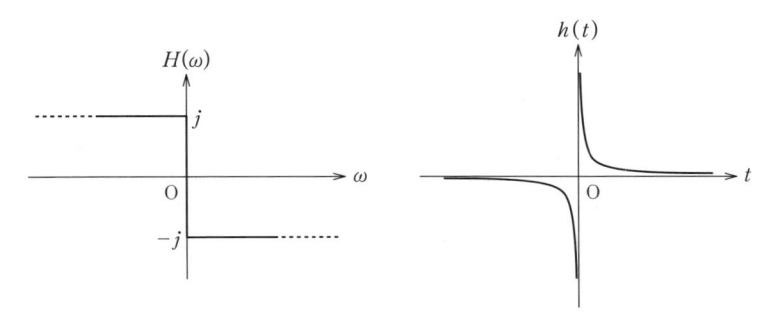

図 2.23　ヒルベルト変換回路の伝達関数とインパルス応答

$$h(t) = \frac{1}{\pi t}$$

信号 $x(t)$ にヒルベルト変換を2度続けると,符号が反転して $-x(t)$ となる。信号 $f(t)$ をヒルベルト変換したものを $\hat{f}(t)$ と表そう。このとき,つぎの信号は

$$s(t) = f(t)\cos\omega_c t \mp \hat{f}(t)\sin\omega_c t \tag{2.101}$$

単側波帯 (single-side-band, SSB) 信号と呼ばれ,その信号スペクトルは $F(\omega)$ の片側だけが周波数 ω_c に移動したものとなる(**図 2.24**)。スペクトルの実線と破線はそれぞれ式(2.101)の符号の+,−に対応している。

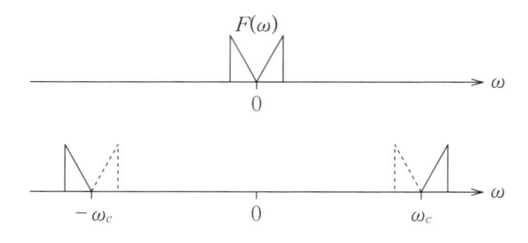

図 2.24 単側波帯信号のスペクトル

信号 $s(t) = f(t)\cos\omega_1 t$ のヒルベルト変換は $\hat{s}(t) = f(t)\sin\omega_1 t$ となる。$f(t)\sin\omega_1 t$ のヒルベルト変換は,$s(t)$ を2回続けてヒルベルト変換したものであるから,$-f(t)\cos\omega_1 t$ となる。

SSBシステムは,イメージ抑圧型周波数変換においても用いられる(8.3節)。

例 2.11 (**負帰還回路**) このシステムは1927年に H.S. Black によって発明された。その構成を**図 2.25** に示す。出力信号の一部が入力に逆相で帰還される。伝達関数はつぎのようになる。

$$H(\omega) = \frac{A(\omega)}{1 + A(\omega)\beta(\omega)} \tag{2.102}$$

負帰還回路は,潜在的に不安定性の問題があるものの,以下に示すよう

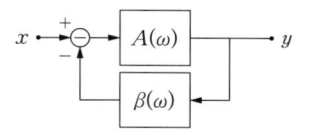

図 2.25 負帰還回路

にいくつかの優れた特長を有する。

(1) <u>安定性</u>　安定性については 2.3.2 項で述べてある。ここでは，つぎのような簡単な仮定の下で安定条件を求める。

$$\beta(\omega) = \beta_0 \geq 0, \quad A(\omega) = \frac{A_0}{1 + j\omega/a} \quad (A_0, a \geq 0) \quad (2.103)$$

$A(\omega)$ は 1 次低域通過フィルタの伝達関数である（2.3.4 項）。$s = j\omega$ とおいて $H(s)$ の分母が零になる，すなわち極点の値を s_0 とおく。すなわち

$$A(s_0)\beta_0 + 1 = 0$$

これと式 (2.103) より

$$s_0 = -a(A_0\beta_0 + 1) \leq 0$$

となる。したがってこの回路はつねに安定である。

この回路を正帰還にした場合には

$$H(\omega) = \frac{A(\omega)}{1 - A(\omega)\beta(\omega)}$$

となる。これより，$s_0 = a(A_0\beta_0 - 1) \leq 0$ すなわち $A_0\beta_0 \leq 1$ の場合のみに安定であり，負帰還の場合と対照的である。電波の増幅中継（9.1.6 項）などのように，空中での信号帰還があり，その位相を制御できない場合には，正帰還の可能性があるので安定条件が厳しくなる。

(2) <u>周波数伝達特性の改善</u>　$|A(\omega)\beta(\omega)| \gg 1$ のとき $H(\omega) \approx 1/\beta(\omega)$ となるので，また $\beta(\omega) = \beta_0$ とすれば $H(\omega) \approx 1/\beta_0$ となるので，伝達関数 $A(\omega)$ がどのようであれ，周波数特性を平たん（線形歪みの等化）にすることができる。ただし，利得は $1/\beta_0$ になる。

(3) <u>雑音の抑圧</u>　図 2.26 に示すように雑音 $N(\omega)$ が発生する場合を

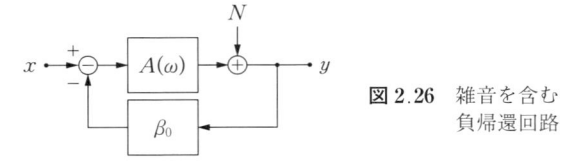

考える。$x(t) \leftrightarrow X(\omega)$, $y(t) \leftrightarrow Y(\omega)$ とおけば

$$Y(\omega) = \frac{A(\omega)}{1 + A(\omega)\beta_0} X(\omega) + \frac{N(\omega)}{1 + A(\omega)\beta_0}$$

となる。これより、負帰還により、雑音を $1/[1 + A(\omega)\beta_0]$ だけ低減できることがわかる。雑音は非線形歪み（8.6.3項）であっても同様な効果がある。

(4) 逆 回 路　つぎの例で述べるように、負帰還回路は線形および非線形の前方帰還回路の逆回路となり、前方帰還回路の特性を打ち消す（補償する）ことができる。

例 2.12 （逆 回 路）　無歪み条件を満足しない回路（$H(\omega)$）を通ると信号が歪むことになる。逆回路（$H^{-1}(\omega)$）はこの回路に従続接続することによって全体として無歪み条件を満足させるものである。総合の伝達関数が $H(\omega)H^{-1}(\omega) = Ae^{-j\omega t_0}$ となればよい。例として、$H(\omega) = 1 + F(\omega)$ に対する逆回路を**図 2.27** に示す。

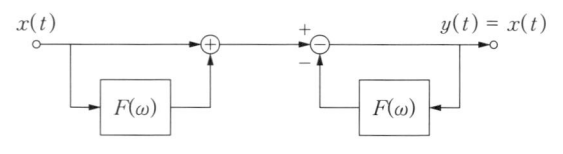

図 2.27　逆回路の接続例

この例においては、逆回路は帰還部を有するので、条件によっては不安定になることがある。

例えば、$h_1(t) = 1 + b\delta(t - \tau)$, すなわち $F(\omega) = be^{-j\omega\tau}$ としてみよう。こ

のとき，$H^{-1}(\omega) = 1/(1+be^{-j\omega\tau}) = \sum_{n=0}^{\infty}(-b)^n e^{-jn\omega\tau}$ であるから，$H^{-1}(\omega) \leftrightarrow \sum_{n=0}^{\infty}(-b)^n \delta(t-n\tau)$ となる．この逆回路に有界な入力 $z(t)$ を入力したときの出力は，$y(t) = \sum_{n=0}^{\infty} b^n z(t-n\tau)$ となるから

$$|y(t)| \leq \sum_{n=0}^{\infty}|b|^n|z(t-n\tau)| \leq z_M \sum_{n=0}^{\infty}|b|^n \qquad \left(z_M = |z(t)|_{\max}\right)$$

であるから $|b| < 1$ であれば安定である．

$H_1(\omega) \leftrightarrow h_1(t) = 1 + b\delta(t-\tau)$ となるので，回路 $H_1(\omega)$ の出力 $z(t)$ は，$z(t) = x(t) + bx(t-\tau)$ となる．これは，例えば，テレビ信号（アナログAM）が直接アンテナに届くものと，遠くの山などで反射して遅れて到着するものとがある場合の回路モデルである．このとき，遅延波のために画像が2重に映る，いわゆるゴーストと呼ばれる現象が生じる．逆回路により，ゴーストを除去できる．$y(t) = x(t)$ となることは，時間領域でも確かめられる．ここでの回路（A）とその逆回路（B）はそれぞれ，前方帰還回路，後方帰還回路と呼ばれる．これらは線形回路であるから順序を入れ替えてもたがいに逆回路である．

つぎに，**図 2.28**（a）のように非線形回路 $f(*)$ を含む場合を考える．説明の簡単のためにここでは離散時間システムを考える．非線形回路は現在の時刻から M 時刻まで遡(さかのぼ)るすべての入力によって値が決まる（記憶長 M の記憶回路）ものとする．時刻 $n=0$ のときの記憶回路の M 個のメモリ内容が，回路 A, B で同じであれば，$z[n] = x[n]$ ($n \geq 1$) となり，回路 A, B はたがいに逆回路である．しかし，ある時刻のメモリ内容が異なると，それ以降の時刻において $z[n] \neq x[n]$ となる．回路 A, B の順序を逆にした場合（図(b)）を考えると，$z[n] \neq x[n]$ であったとしても，少なくとも時刻 $m = n+M$ 以降では，$z[m] = x[m]$ ($m \geq n+M+1$) となる．この回路は，非線形歪み補償において用いられる（8.6.3 項）．

図 2.29 には，加減算がモデュロ演算（mod p）の場合を示す．モデュロ演算とは，値を決められた値（p）で割り算してその余りを求めるもの

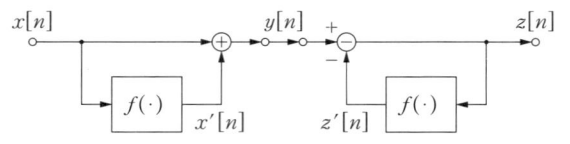

（a） 非線形回路を含む逆回路1

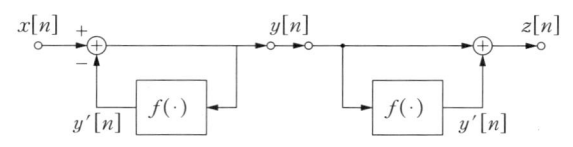

（b） 非線形回路を含む逆回路2

図 2.28　非線形回路を含む逆回路

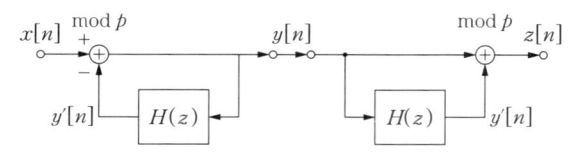

図 2.29　モジュロ演算を含む逆回路

である．式で書けばつぎのようになる．

$$x(\mathrm{mod}\,p) = x'$$

ここで，$x = mp + x'$ また，m は整数，$|x'| < p$ である．この演算の下では，次式が成立する．

$$(x \pm y)(\mathrm{mod}\,p) = \{x(\mathrm{mod}\,p) \pm y(\mathrm{mod}\,p)\}(\mathrm{mod}\,p)$$

$$\{(x)(\mathrm{mod}\,p)\}(\mathrm{mod}\,p) = x(\mathrm{mod}\,p)$$

図において，$|x| < p$ とする．この回路もつぎに示すように，逆回路となる．

$$\begin{aligned}z[n] &= y[n](\mathrm{mod}\,p) + y'[n](\mathrm{mod}\,p) \\ &= x[n](\mathrm{mod}\,p) - y'[n](\mathrm{mod}\,p) + y'[n](\mathrm{mod}\,p) \\ &= x[n](\mathrm{mod}\,p) \\ &= x[n]\end{aligned}$$

この回路は差動符号化（3.2.7項），トムリンソン・原島の予等化においる

て用いられる（7.3.6項）。

逆回路の接続の順序　与えられた回路の特性を$y=f(x)$としよう。ここで，関数の引数は入力を，関数の値は出力を表すことにする。ここでは，関数としては，通常の意味だけではなくたたみ込み積分で与えられるように積分を介するものも含めることにする。与えられた回路に対する逆回路の特性は，$y=f(x)$をxについて解いた関数$x=f^{-1}(y)$で与えられる。すなわち，yを入力すると，$y=f(x)$を満たすxを出力する。逆回路を与えられた回路の後ろに接続すると，その出力zは$z=f^{-1}(f(x))=f^{-1}(y)=x$となって，確かに逆回路になっていることがわかる。つぎに，逆回路を与えられた回路の前に接続する。yを入力すると，その出力zは$z=f(f^{-1}(y))=f(x)=y$となって，これも逆回路になっていることがわかる。このように，逆回路は，非線形回路であっても，接続の順序に依存しない。この性質は非線形回路の逆回路の同定（学習）において利用できる（8.6.3項）。

2.4　離散時間システム

連続時間の信号から周期的な離散時刻における信号のみを取り出すことを標本化（sampling）と呼ぶ。標本化された信号を離散時間信号と呼ぶ。標本化された信号のレベルを有限の離散値に割り当てる操作を量子化（quantization）という。量子化された信号を$\{1, 0\}$の符号で表現することを符号化（coding）と呼ぶ。これによりアナログ信号のディジタル化が完了する。ディジタル化すると，信号の処理，蓄積（検索），伝送（通信）において，アナログ信号をそのまま取り扱うのに比べて，種々の利点がある。

離散時間信号は，連続時間信号を標本化したという意味で，その特殊な例として考えられる。したがって，連続時間信号（システム）の性質はそのまま離散時間信号において成立する。異なるところは，ただ，その数式表現において，微分および積分が消えて積と和のみを用いることになるので，この意味で

2.4.1 標本化と標本化定理

連続時間 (continuous-time) 信号 $x(t)$ を考える。この信号から，時間周期 T ごとに離散時間 (discrete-time) 信号 $x(nT)$ を取り出す（標本化）。標本化周期を明示しないときには，$x[n]$ と表記する。$x[n]$ はデータ列であり，もはや時間 t の関数ではない。離散時間信号を t の関数として表現する場合には，デルタ関数列である標本化関数 $f_s(t) = \sum_{n=-\infty}^{\infty} \delta(t-nT)$ を用いてつぎのように表す。

$$x_s(t) = x(t) f_s(t)$$

$$= x(t) \sum_{n=-\infty}^{\infty} \delta(t-nT) \tag{2.104}$$

$$= \sum_{n=-\infty}^{\infty} x(nT) \delta(t-nT) \tag{2.105}$$

ここで，デルタ関数の性質（式(2.9)）を用いた。デルタ関数は無限大の値をとるので，標本化された時間信号 $x(nT)$ を実際に表すものではない。実際には，高さが有限で幅が微小なパルス波形として表される。数学的極限を考えるとき，高さを有限にしたままパルス幅を無限小にすると積分値が零になり，連続時間信号に戻すことができないので，デルタ関数で表す必要がある。

連続時間信号を標本化すると，標本化時刻以外の信号は捨てられる。標本化信号から元の連続時間信号が再現できることを保証するのが標本化定理 (sampling theorem) である。標本化定理はつぎのように述べられる。"もし連続時間信号の帯域が f_m [Hz] 以下に帯域制限されていれば，標本化周波数を $2f_m$ [Hz] 以上にすればよい"。これは以下のように証明できる。

式(2.104)のフーリエ変換を行う。式(2.39)と式(2.18)とにより

$$X_s(\omega) = \frac{1}{2\pi} X(\omega) * F_s(\omega) = \frac{1}{2\pi} \int_{-\infty}^{\infty} X(\omega-x) \omega_s \sum_{n=-\infty}^{\infty} \delta(x - n\omega_s) dx$$

$$= \frac{1}{T} \sum_{n=-\infty}^{\infty} X(\omega - n\omega_s) \qquad (2.106)$$

ここで，$\omega_s = 2\pi/T$，$x_s(t) \leftrightarrow X_s(\omega)$，$f_s(t) \leftrightarrow F_s(\omega)$ である．

スペクトル $X_s(\omega)$ はスペクトル $X(\omega)$ が標本化周波数間隔 $1/T$ ($=f_s$) で繰り返し並んだものとなる（**図2.30**）．標本化によって発生するスペクトル $X(\omega - n\omega_s)$ が重なり合わなければ，標本化した信号を，中心が零周波数に位置する基本スペクトルのみを通過させる低域通過フィルタ（LPF）（補間フィルタとも呼ばれる）に通すことにより（**図2.31**），元のアナログ信号を再現できることは，図2.30より直観的に理解できよう．標本化定理はスペクトルの重なりが生じない条件を示している．スペクトルの重なりが生じる場合には，標本化定理が満足されずに，もとの連続時間信号とは異なり，エイリアス（alias）誤差が生じる．これを防ぐためには，連続時間信号を前もって帯域制限する（anti-alias）フィルタが必要となる．

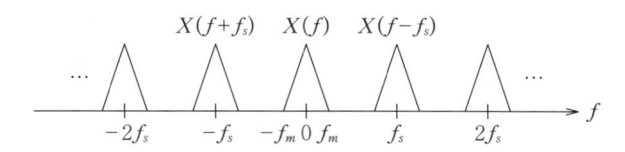

図 2.30 サンプルされた信号のスペクトル

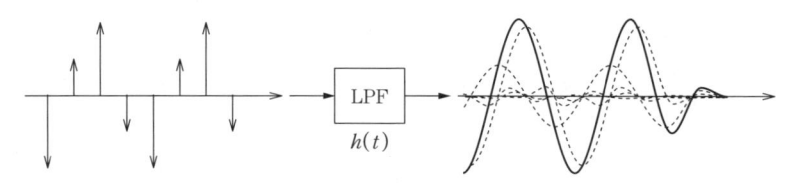

図 2.31 時間連続信号の再生

LPFの出力はつぎのように与えられる．

$$y(t) = x_s(t) * h_{LPF}(t)$$

式(2.105)により

$$y(t) = \int_{-\infty}^{\infty} \sum_{n=-\infty}^{\infty} x(nT)\delta(\tau-nT)h_{LPF}(t-\tau)d\tau$$

$$= \sum_{n=-\infty}^{\infty} x(nT)h_{LPF}(t-nT)$$

となる。ここで，$h_{LPF}(t)$ は LPF のインパルス応答である。LPF の特性 $h_{LPF}(t)$ は基本スペクトル成分を歪みなく通し，高次のスペクトルを完全に抑圧すれば，任意に選んでよい。ただし，標本化すると係数 $1/T$ が現れるので，$y(t)=x(t)$ とするためには，利得 T を与えなければならない。標本化周波数が最低の周波数，すなわち $2f_m$（ナイキスト標本化周波数と呼ぶ）のときには，LPF の特性は，周波数 $-f_m \sim f_m$ を通過させる理想的な矩形特性とならなければならない。このとき，出力信号はつぎのようになる。

$$y(t) = \sum_{n=-\infty}^{\infty} x(nT)\frac{\sin 2\pi f_m(t-nT)}{2\pi f_m(t-nT)}$$

ここで，$T=1/(2f_m)$ であり，$x(nT)$ はサンプル値である。理想的な矩形周波数特性は実現できないので，実際上はいくらかの誤差が入ることになる。標本化周波数が高くなるにつれ，LPF に対する特性の要求を緩くできるので，フィルタの実現が容易になる。

複素数で表現した信号，例えば $\exp(j\omega_0 t)$ は正の周波数のみにスペクトルが存在する。この場合には，$\omega_s/2 \leqq \omega_0 < \omega_s$ であっても，標本化によりスペクトルの重なりは生じない。したがって，標本化定理は満足される。ただし，現実の（実）信号は，そのスペクトルが負の周波数側にも，複素対称な形で存在する（式(2.36)）。したがって，実際に回路を実現するためには，標本化定理を満たすためにアップサンプリングをする必要がある。信号を複素数で表現するのは，例えば，単側波帯周波数変換などのような信号処理操作が簡単に記述できるからである。

周波数標本化定理　　周期関数のフーリエ変換（スペクトル）は周波数軸上で周期的なデルタ関数列（線スペクトル）で表される（2.1.2項）。周期関数の1周期のみを取り出し，その他の時刻では零とおいた関数 $f_T(t)$ のフーリエ

変換 $F_T(\omega)$ が周期関数のスペクトル（離散値）$F_T(n\omega_0)$ ($\omega_0 = 2\pi/T$, $n = -\infty \sim \infty$) で表されることを示そう。$f_T(t)$ はつぎのように書ける。

$$f_T(t) = h(t) \sum_{n=-\infty}^{\infty} f_T(t - nT)$$

ここで

$$h(t) = \begin{cases} 1 & \left(|t| \leq \dfrac{T}{2}\right) \\ 0 & （その他） \end{cases}$$

である。上式のフーリエ変換を行うことで，つぎのように目的とした結果を得る。

$$\begin{aligned} F_T(\omega) &= \frac{1}{2\pi} H(\omega) * \omega_0 \sum_{n=-\infty}^{\infty} F_T(n\omega_0) \delta(\omega - n\omega_0) \\ &= \frac{1}{T} \sum_{n=-\infty}^{\infty} F_T(n\omega_0) H(\omega - n\omega_0) \\ &= \sum_{n=-\infty}^{\infty} F_T(n\omega_0) \frac{\sin(\omega - n\omega_0)T/2}{(\omega - n\omega_0)T/2} \end{aligned}$$

ここで

$$h(t) \leftrightarrow H(\omega) = \frac{T \sin \omega T/2}{\omega T/2}$$

である。$f_T(t)$ の時間域を拡張し，拡張した時間域では零としてつくった関数 $f_T'(t)$ を繰り返す周期関数を考える。この場合にも，上と同様な議論を行える。このとき，補間関数 $h(t)$ は $-T/2 \leq t \leq T/2$ で1をとれば，拡張した時間域においては任意に選んでよい。

以上の性質は，時間軸上の標本化定理と対称な関係にあるので，周波数標本化定理と呼ばれる。

2.4.2 離散時間信号のエネルギー，電力，相関

離散時間信号 $x[n]$ ($n = 0, 1, \cdots, N$) を考える。エネルギー E, 平均電力 P, 自己相関関数 $R_{xx}[m]$ はそれぞれつぎのように与えられる。

$$E = \sum_{n=0}^{N} x^2[n],$$

$$P = \frac{1}{N+1} \sum_{n=0}^{N} x^2[n], \quad R_{xx}[m] = \sum_{n=0}^{N} x[n+m]x[n]$$

ここで，$n+m < 0$，$n+m > N$ に対して，$x[n+m] = 0$ とする。

零ではない $x[n]$ が無限に続く場合には，エネルギーは無限大になる。このとき，平均電力，自己相関関数はつぎのように定義される。

$$P = \lim_{N \to \infty} \frac{1}{2N+1} \sum_{n=-N}^{N} x^2[n],$$

$$R_{xx}[m] = \lim_{N \to \infty} \frac{1}{2N+1} \sum_{n=-N}^{N} x[n+m]x[n]$$

別の離散時間信号 $y[n]$ を考える。相互相関 ($R_{xy}[m]$) はつぎのように定義される。

$$R_{xy}[m] = \sum_{n=-\infty}^{\infty} x[n+m]y[n]$$

$x[n]$，$y[n]$ が無限に続く場合には，つぎで与える。

$$R_{xy}[m] = \lim_{N \to \infty} \frac{1}{2N+1} \sum_{n=-\infty}^{\infty} x[n+m]y[n]$$

信号区間 $n = N_1 \sim N_2$ における内積はつぎのように定義される。

$$R_{xy}[0] = \sum_{n=N_1}^{N_2} x[n]y[n]$$

内積が零になる場合，二つの信号 $x[n]$，$y[n]$ は区間 $n = N_1 \sim N_2$ において直交しているという。例えば，2.1.3項で示したウォルシュ関数を標本化した信号は直交する。

2.4.3 離散時間信号のフーリエ変換

〔1〕 **離散時間フーリエ変換** 連続時間信号 $x(t)$ を離散時間化した $x_s(t)$ 信号のフーリエ変換を考えよう。これは，すでに式 (2.106) で求めてある。ここでは，別の表現を導く。式 (2.105) をフーリエ積分することにより，離散時

間フーリエ変換（discrete-time Fourier transform, DTFT）の式を得る。

$$X_s(\omega) = \sum_{n=-\infty}^{\infty} x(nT) e^{-jn\omega T} \tag{2.107}$$

これは ω について，周期を $2\pi/T$ とする周期関数である。上式を逆フーリエ変換すれば，以下のように $x_s(t)$ が得られる。

$$\begin{aligned}
\frac{1}{2\pi} \int_{-\infty}^{\infty} X_s(\omega) e^{j\omega t} d\omega &= \frac{1}{2\pi} \int_{-\infty}^{\infty} \sum_{n=-\infty}^{\infty} x(nT) e^{-jn\omega T} e^{j\omega t} d\omega \\
&= \frac{1}{2\pi} \sum_{n=-\infty}^{\infty} x(nT) \int_{-\infty}^{\infty} e^{j(t-nT)\omega} d\omega \\
&= \frac{1}{2\pi} \sum_{n=-\infty}^{\infty} x(nT) \lim_{\Omega \to \infty} \int_{-\Omega}^{\Omega} e^{j(t-nT)\omega} d\omega \\
&= \sum_{n=-\infty}^{\infty} x(nT) \lim_{\Omega \to \infty} \frac{\sin \Omega(t-nT)}{\pi(t-nT)} \\
&= \sum_{n=-\infty}^{\infty} x(nT) \delta(t-nT) = x_s(t)
\end{aligned}$$

（式(2.5)より）

つぎに，$x(nT)$ ($\equiv x[n]$) を $X_s(\omega)$ で表そう。式(2.107)をつぎのように書き変える。

$$X_s(\Omega) = \sum_{n=-\infty}^{\infty} x[n] e^{-jn\Omega} \quad \text{（離散時間フーリエ変換）} \tag{2.108}$$

ここで，$\Omega = \omega T$ とおいた。この式は Ω について周期を 2π とする周期関数であり，$x[n]$ をフーリエ係数とするフーリエ級数とみることができる。式(2.108)の両辺に $e^{jm\Omega}$ を乗じて，Ω について $-\pi \sim \pi$ の範囲で積分し，つぎの直交関係

$$\int_{-\pi}^{\pi} e^{j(m-n)\Omega} d\Omega = \begin{cases} 2\pi & (m=n) \\ 0 & (m \neq n) \end{cases} \tag{2.109}$$

を用いることにより，次式が得られる。

$$x[n] = \frac{1}{2\pi} \int_{-\pi}^{\pi} X_s(\Omega) e^{jn\Omega} d\Omega \quad \text{（逆離散時間フーリエ変換）}$$

この式は逆離散時間フーリエ変換と呼ばれる。以下，$x[n]$ と $X_s(\Omega)$（あるいは $X_s(\omega)$）の関係を $x[n] \leftrightarrow X_s(\Omega)$（$X_s(\omega)$）と表現する。

〔2〕 z 変換　　$t<0$ のとき $x(t)=0$ として，式(2.105)のラプラス変換を行うと

$$X_s(s) = \int_0^\infty \sum_{n=0}^\infty x(nT)\delta(t-nT)e^{-st}dt = \sum_{n=0}^\infty x[n]e^{-snT} \tag{2.110}$$

を得る。ここで $s=\sigma+j\omega$ とおいた。式(2.110)の逆ラプラス変換を行えば，$x_s(t) = \sum_{n=0}^\infty x(nT)\delta(t-nT)$ を得ることができる。

式(2.110)において，$z = e^{sT} = e^{(\sigma+j\omega)T}$ とおけば，次式の表現を得る。

$$X(z) = \sum_{n=0}^\infty x[n]z^{-n} \quad (z\,変換) \tag{2.111}$$

この式は $x[n]$ の z 変換（z-transform）と呼ばれる。

$X(z)$ より $x[n]$ を求めることを逆 z 変換（inverse z-transform）という。式(2.111)をつぎのように書き換える。

$$X_s(s) = \sum_{n=0}^\infty x[n]e^{-\sigma nT}e^{-j\omega T}$$

$\omega T = \Omega$ とおいて，上式の両辺に $e^{jm\Omega}$ を乗じた後，Ω について $-\pi \sim \pi$ の範囲で積分を行い，直交関係式(2.109)を用いれば，次式を得る。

$$\int_{-\pi}^\pi X(\Omega)e^{jm\Omega}d\Omega = \sum_{n=0}^\infty x[n]e^{-\sigma nT}\int_{-\pi}^\pi e^{j(m-n)\Omega}d\Omega = 2\pi x[m]e^{-\sigma mT}$$

これより

$$x[m] = \frac{1}{2\pi}\int_{-\pi}^\pi X(\Omega)e^{m(\sigma T+j\Omega)}d\Omega$$

$s = \sigma T + j\Omega$ を用いれば

$$x[m] = \frac{1}{2\pi j}\int_{\sigma T-j\pi}^{\sigma T+j\pi} X(s)e^{ms}ds$$

となる。この式は逆離散時間ラプラス変換と呼ばれる。

Ω の代わりに z を用いて表現しよう。$z = e^{\sigma T+j\Omega}$ より $dz = jzd\Omega$ となるから，次式を得る。

$$x[m] = \frac{1}{2\pi j} \oint X(z) z^{m-1} dz \qquad (\text{逆} z \text{変換})$$

ここで，周回積分は $z = e^{\sigma T + j\Omega}(\Omega : -\pi \to \pi)$ 上において行う（反時計回り）。この結果は，式(2.111)に対して，つぎの複素積分の公式を適用しても得られる。

$$\frac{1}{2\pi j} \oint z^{n-1} dz = \begin{cases} 1 & (n=0) \\ 0 & (n \neq 0) \end{cases}$$

z 変換において，収束を確保するために導入した変数 σ は表に現れることがない。また，$\sigma=0$ とおけば，離散時間フーリエ変換となる。フーリエ変換のほうが，例えば周波数伝達関数のように，実際のシステムの記述に直接的である。これらより，本書では z 変換と離散時間フーリエ変換の違いを意識しないで，記号 z は，$z = e^{(\sigma + j\omega)T}$ あるいは $z = e^{j\omega T}$ を表すものとする。また，$x[n]$ と $X(z)$ の関係を $x[n] \leftrightarrow X(z)$ と表記する。

〔3〕 **離散時間フーリエ変換の性質**　連続時間フーリエ変換における表現が次のように書き変えられる。

(1) 線　形　性

$$x[n] = a_1 x_1[n] + a_2 x_2[n] \leftrightarrow X(\Omega) = a_1 X_1(\Omega) + a_2 X_2(\Omega)$$

ここで，

$$x_1[n] \leftrightarrow X_1(\Omega), \qquad x_2[n] \leftrightarrow X_2(\Omega)$$

(2) 時　間　推　移

$$x[n-m] \leftrightarrow X(\Omega) e^{-jm\Omega} \tag{2.112}$$

証明　$\displaystyle\sum_{n=-\infty}^{\infty} x[n-m] e^{-jn\Omega} = \sum_{k=-\infty}^{\infty} x[k] e^{-jk\Omega} \cdot e^{-jm\Omega} = X(\Omega) e^{-jm\Omega}$

(3) たたみ込み積

$$x[n] = \sum_{m=-\infty}^{\infty} x_1[n-m] x_2[m] \leftrightarrow X_1(\Omega) X_2(\Omega) \tag{2.113}$$

84   2. 信号と線形システムの基礎

証明
$$\sum_{n=-\infty}^{\infty}\sum_{m=-\infty}^{\infty}x_1[n-m]x_2[m]e^{-jn\Omega}$$
$$=\sum_{k=-\infty}^{\infty}\sum_{m=-\infty}^{\infty}x_1[k]e^{-jk\Omega}x_2[m]e^{-jm\Omega}$$
$$=\sum_{k=-\infty}^{\infty}x_1[k]e^{-jk\Omega}\sum_{m=-\infty}^{\infty}x_2[m]e^{-jm\Omega}=X_1(\Omega)X_2(\Omega)$$

(4) 乗　　算
$$x_1[n]x_2[n] \leftrightarrow \frac{1}{2\pi}X_1(\Omega)*X_2(\Omega) \tag{2.114}$$

証明
$$X(\Omega)=\sum_{n=-\infty}^{\infty}x_1[n]x_2[n]e^{-jn\Omega}$$
$$=\sum_{n=-\infty}^{\infty}\frac{1}{2\pi}\int_{-\pi}^{\pi}X_1(x)e^{jnx}\cdot dx\frac{1}{2\pi}\int_{-\pi}^{\pi}X_2(y)e^{jny}dy\cdot e^{-jn\Omega}$$
$$=\frac{1}{(2\pi)^2}\int_{-\pi}^{\pi}\int_{-\pi}^{\pi}X_1(x)X_2(y)\sum_{n=-\infty}^{\infty}e^{jn(x+y-\Omega)}dxdy$$

ここで，式(2.19)より
$$\sum_{n=-\infty}^{\infty}e^{jn(x+y-\Omega)}=2\pi\delta(x+y-\Omega) \qquad (|x+y-\Omega|\leq\pi)$$

これより
$$X(\Omega)=\frac{1}{2\pi}\int_{-\pi}^{\pi}X_1(x)X_2(\Omega-x)dx=\frac{1}{2\pi}X_1(\Omega)*X_2(\Omega)$$

(5) 周波数推移
$$x_1[n]e^{jn\Delta\Omega} \leftrightarrow X_1(\Omega-\Delta\Omega) \tag{2.115}$$

証明
$$\sum_{n=-\infty}^{\infty}x_1[n]e^{jn\Delta\Omega}e^{-jn\Omega}=\sum_{n=-\infty}^{\infty}x_1[n]e^{-jn(\Omega-\Delta\Omega)}$$
$$=X_1(\Omega-\Delta\Omega)$$

〔4〕 **z 変換の性質**　　z 変換は，離散フーリエ変換において $x[n]=0$ ($n<0$)，$x[\infty]=0$ として $e^{j\Omega}=z$ と形式的においたものであるから，離散時間フーリエ変換の性質は，$x[\infty]=0$ の信号に対しては z 変換においてそのまま成立する。

2.4 離散時間システム

〔5〕 離散時間フーリエ変換と z 変換の例

(1) <u>方形波信号</u>
$$x[n] = \begin{cases} 1 & (0 \leq n \leq N-1) \\ 0 & (n < 0) \end{cases}, \quad X(z) = \sum_{n=0}^{N-1} z^{-n} = \frac{1-z^{-N}}{1-z^{-1}}$$

(2) <u>直流信号</u>
$$x[n] = 1 \quad (-\infty \leq n \leq \infty)$$
$$X(\omega) = \lim_{N \to \infty} \sum_{n=-N}^{N} e^{-jn\omega T}$$
$$= \frac{2\pi}{T} \sum_{n=-\infty}^{\infty} \delta\left(\omega - \frac{2n\pi}{T}\right) \quad (-\infty \leq \omega \leq \infty)$$

$$(式 (2.19) より) \quad (2.116)$$

(3) <u>符号関数</u>
$$\mathrm{sgn}[n] = \begin{cases} 1 & (n>0) \\ 0 & (n=0) \\ -1 & (n<0) \end{cases}$$

離散時間フーリエ変換は
$$\mathrm{SGN}(\omega) = -\sum_{n=-\infty}^{-1} e^{-jn\omega T} + \sum_{n=1}^{\infty} e^{-jn\omega T}$$

$z = e^{j\omega T}$ とおけば

$$\mathrm{SGN}(\omega) = \sum_{n=-\infty}^{\infty} (z^{-n} - z^n) = \lim_{N \to \infty} \left(\frac{1 - z^{-(N+1)}}{1 - z^{-1}} - \frac{1 - z^{(N+1)}}{1 - z} \right)$$

$$= \frac{1}{1-z^{-1}} - \frac{1}{1-z} + \lim_{N \to \infty} \left(\frac{-z^{-(N+1)}}{1-z^{-1}} + \frac{z^{(N+1)}}{1-z} \right)$$

$$= \frac{1+z^{-1}}{1-z^{-1}} + \lim_{N \to \infty} \left(\frac{-z^{-(N+1/2)}}{z^{1/2} - z^{-1/2}} + \frac{z^{(N+1/2)}}{z^{-1/2} - z^{1/2}} \right)$$

$$= \frac{1+z^{-1}}{1-z^{-1}} + \lim_{N \to \infty} \left(\frac{-e^{-j(N+1/2)\omega T}}{2j\sin(\omega T/2)} + \frac{e^{j(N+1/2)\omega T}}{-2j\sin(\omega T/2)} \right)$$

86   2. 信号と線形システムの基礎

$$= \frac{2\cos(\omega T/2)}{2j\sin(\omega T/2)} - \lim_{N\to\infty} \frac{\cos(N+1/2)\omega T}{j\sin(\omega T/2)}$$

$$= \frac{1}{j\tan(\omega T/2)} \tag{2.117}$$

ここで，$\lim_{N\to\infty}\cos(N\omega T)=0$（式(A.2.5)）を用いた．上記の結果は式(2.43)と式(2.106)で与えられる結果

$$\mathrm{SGN}(\omega) = \frac{1}{T}\sum_{n=-\infty}^{\infty} \frac{2}{j(\omega-n\omega_0)} \qquad \left(\omega_0=\frac{2\pi}{T}\right)$$

と異なるように見える．しかし，数学公式

$$\lim_{N\to\infty}\sum_{n=-N}^{N} \frac{1}{x+n} = \frac{\pi}{\tan \pi x}$$

を適用すれば，両者が一致することを確認できる．

(4) 単位階段信号

$$u[n] = \begin{cases} 1 & (n\geq 0) \\ 0 & (n<0) \end{cases}$$

方形波信号において $N\to\infty$ とする．z 変換は，$\lim_{N\to\infty}z^{-N}=0$ であるから

$$U(z) = \sum_{n=0}^{\infty} z^{-n} = \frac{1}{1-z^{-1}} \qquad (|z|<1)$$

となる．離散時間フーリエ変換は以下のように求まる．ここでは，変数を ω にとる．

$$U(\omega) = \lim_{N\to\infty}\left.\frac{1-z^{-N}}{1-z^{-1}}\right|_{z=e^{j\omega T}} = \lim_{N\to\infty}\left.\left|\frac{1}{1-z^{-1}} - \frac{z^{-N}}{1-z^{-1}}\right|\right._{z=e^{j\omega T}}$$

ここで，$z^{-N}/(1-z^{-1})\big|_{z=e^{j\omega T}}$ は，ω について，$2\pi/T$ を周期とする周期関数である．$|\omega|\leq \pi/T$ において

$$\lim_{N\to\infty}\left.\frac{z^{-N}}{1-z^{-1}}\right|_{z=e^{j\omega T}} = \lim_{N\to\infty}\frac{e^{-jN\omega T}}{1-e^{-j\omega T}} = \lim_{N\to\infty}\frac{e^{-j(N-1/2)\omega T}}{2j\sin(\omega T/2)}$$

$$= \lim_{N\to\infty}\frac{\omega T}{2\sin(\omega T/2)}\frac{e^{-j(N-1/2)\omega T}}{j\omega T}$$

$$= \frac{\omega T}{2\sin(\omega T/2)}\bigl(-\pi\delta(\omega T)\bigr) \quad (\text{式}(\text{A}2.2)\text{より})$$

$$= -\pi\delta(\omega T) = -\frac{\pi}{T}\delta(\omega)$$

であるから

$$U(\omega) = \frac{1}{1-e^{-j\omega T}} + \frac{\pi}{T}\sum_{n=-\infty}^{\infty}\delta\left(\omega - n\frac{2\pi}{T}\right)$$

この結果は，連続時間システムのフーリエ変換（式(2.45)）を式(2.106)に適用したものと異なる．両者を等しくするためには，定義をつぎのように変更する必要がある．

$$u'(n) = \frac{1}{2} + \frac{1}{2}\mathrm{sgn}[n] = \begin{cases} 1 & (n>0) \\ \dfrac{1}{2} & (n=0) \\ 0 & (n<0) \end{cases}$$

これと，式(2.116)と式(2.117)により，次式を得る．

$$U'(\omega) = \frac{1}{j2\tan(\omega T/2)} + \frac{\pi}{T}\sum_{n=-\infty}^{\infty}\delta\left(\omega - n\frac{2\pi}{T}\right)$$

(5) 指数関数

$$x[n] = \begin{cases} e^{-anT} & (n \geq 0) \\ 0 & (n < 0) \end{cases} \tag{2.118}$$

離散時間フーリエ変換は

$$X(z) = \sum_{n=0}^{\infty} e^{-anT} z^{-n} = \frac{1}{1-e^{-aT}z^{-1}} \quad (a \leq 0) \tag{2.119}$$

z 変換は

$$X(z) = \sum_{n=0}^{\infty} e^{-anT} z^{-n} = \frac{1}{1-e^{-aT}z^{-1}} \quad \bigl(\mathrm{Re}(z) \geq |a|\bigr) \tag{2.120}$$

となる．

2.4.4 離散時間システムの応答

図 2.32 に示すような時刻 $t=nT$ ($-\infty < n < \infty$) で標本化したシステムの応答を議論する。

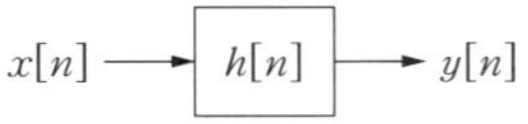

$$x[n] \longrightarrow \boxed{h[n]} \longrightarrow y[n]$$

図 2.32 離散時間システムの応答

入力信号 $x(t)$ を標本化する。

$$x_s(t) = x(t) \sum_{n=-\infty}^{\infty} \delta(t-nT)$$

これをデルタ関数の性質により，次式のように書き換える。

$$x_s(t) = \sum_{n=-\infty}^{\infty} x(nT)\delta(t-nT)$$

$x_s(t)$ をインパルス応答が $h(t)$ の線形（時不変）システムに入力すると，出力 $y(t)$ はつぎのようになる。

$$y(t) = \sum_{n=-\infty}^{\infty} x(nT)h(t-nT)$$

$y(t)$ を $t=mT$ でサンプルすると

$$y(mT) = \sum_{n=-\infty}^{\infty} x(nT)h(mT-nT)$$

あるいは

$$y(mT) = \sum_{n=-\infty}^{\infty} x(mT-nT)h(nT)$$

となる。もし，因果律を満たせば，つぎのようになる。

$$y(mT) = \sum_{n=0}^{\infty} x(mT-nT)h(nT)$$

サンプル周期 T を省略した表示を行えば

$$y[m] = \sum_{n=-\infty}^{\infty} x[n]h[m-n] = \sum_{n=-\infty}^{\infty} x[m-n]h[n] = x[m] * h[m] \quad (2.121)$$

となる。この演算は連続時間信号におけるたたみ込み積分（式(2.88), (2.89)）に相当するので，合成積，あるいはたたみ込み（convolution）と呼ばれる。

$x[n] = \delta[n]$ とすれば，$y[m] = h[m]$ となりインパルス応答が得られる。ここで，$\delta[n]$ は $n = 0$ のとき 1，それ以外では 0 をとる（クロネッカーのデルタ）。

(1) **線　形　性**　サンプル値に対して，システムの線形性はつぎのように表される。入力信号 $x_1[n]$，$x_2[n]$ に対して，出力信号がそれぞれ $y_1[n]$ と $y_2[n]$ になるものとする。入力信号の線形和 $x[n] = a_1 x_1[n] + a_2 x_2[n]$ を入力したとき，出力が $y[n] = a_1 y_1[n] + a_2 y_2[n]$ となるものをいう。入力信号の線形和は任意の個数に拡大できる。線形システムにおいては，少なくとも，入力信号が零の場合（すべての n に対して $x[n] = 0$），出力信号も零にならなければならないことがいえる。

(2) **時　不　変　性**　離散時間システムの時不変性は以下のように定義される。入力信号 $x[n]$ を入力したとき出力信号が $y[n]$ とするとき，時間を N だけずらした信号 $x[n-N]$ を入力したら，出力信号も同じ時間だけずれた信号 $y[n-N]$ が得られるものをいう。

　　離散時間システムの線形性および時不変性の表現により，式(2.121)に示した入出力関係はつぎのようにしても与えられる。$\delta[n]$ を入力したときの出力，すなわち（離散時間システムの）インパルス応答を $h[n]$ とする。入力信号は線形和により，$x[n] = \sum_{m=-\infty}^{\infty} x[m]\delta[n-m]$ と表される。これを入力すると，線形性と時不変性により，出力 $y[n] = \sum_{m=-\infty}^{\infty} x[m]h[n-m]$ が得られる。

(3) **因　果　性**　入力が $x[m] = 0 \ (m < M)$ のとき，出力が $y[m] = 0 \ (m < M)$ となるシステムを因果的と呼ぶ。この条件を式(2.121)に与えると，インパルス応答に対して

$$h[m] = 0 \quad (m < 0)$$

となる条件が課される。

例 2.13　（**一次低域通過フィルタ**）　連続時間の場合のインパルス応答は，式(2.97)で与えられている。これより

$$h[n] = \begin{cases} ae^{-anT} & (n \geq 0) \\ 0 & (n < 0) \end{cases} \qquad (2.122)$$

$x[n]$ を入力した場合の応答はつぎのようになる。

$$y[m] = x[m] * h[m] = a\sum_{n=0}^{\infty} x[m-n]b^n \qquad (b = e^{-aT})$$

このシステムに長方形パルス $x[n] = \begin{cases} 1 & (0 \leq n \leq N) \\ 0 & (その他) \end{cases}$ を入力した場合には，$y[m]$ は図 2.22 を離散時間化したものとなる。

---

〔1〕 **離散時間システムのフーリエ変換**　　線形時不変システムにおける出力 $y(t)$ を標本化した信号はつぎのように表される。

$$y_s(t) = \sum_{m=-\infty}^{\infty} y(mT)\delta(t-mT)$$

$$= \sum_{m=-\infty}^{\infty}\sum_{n=-\infty}^{\infty} x(mT-nT)h(nT)\delta(t-mT)$$

（式(2.121)より）

この式のフーリエ変換をとれば

$$Y_s(\omega) = H_s(\omega)X_s(\omega)$$

となる。ここで

$$H_s(\omega) = \sum_{n=-\infty}^{\infty} h(nT)e^{-jn\omega T}, \qquad X_s(\omega) = \sum_{n=-\infty}^{\infty} x(nT)e^{-jn\omega T},$$

$$Y_s(\omega) = \sum_{n=-\infty}^{\infty} y(nT)e^{-jn\omega T}$$

とおいた。$z = e^{j\omega T}$ とおけば，$Y(z) = H(z)X(z)$ となる。ここで

$$H(z) = \sum_{n=-\infty}^{\infty} h[n]z^{-n}, \qquad X(z) = \sum_{n=-\infty}^{\infty} x[n]z^{-n},$$

$$Y(z) = \sum_{n=-\infty}^{\infty} y[n]z^{-n}$$

ここで，添字 s は省略した。$y[n] = x[n] * h[n]$ の z 変換あるいは離散時間フーリエ変換を行っても，$Y(z) = X(z)H(z)$ を得る。

標本化された(離散時間)システムでは,利得が $1/T$ になるので(式(2.106)),アナログ(連続時間)システムと出力レベルを合わせるためには,伝達関数 $H_s(\omega)$ および $H(z)$ に定数 T (サンプル周期)を乗じなければならない。

〔2〕 離散時間システムの周波数応答　入力として,複素正弦波信号 $x[m] = e^{jm\omega T}$ ($-\infty \leq m \leq \infty$) を考える。式(2.121)より,次式を得る。

$$y[m] = \sum_{n=-\infty}^{\infty} e^{j(m-n)\omega T} h[n] = e^{jm\omega T} \sum_{n=-\infty}^{\infty} h[n] e^{-jn\omega T} = H(\omega) x[m]$$

ここで,$H(\omega) = \sum_{n=-\infty}^{\infty} h[n] e^{-jn\omega T}$ とおいた。$H(\omega)$ は離散時間システムの周波数伝達関数あるいはシステム関数と呼ばれる。出力 $y[m]$ は入力 $x[m]$ に単に $H(\omega)$ を掛けたものとなる。$H(\omega)$ と $x[m] = e^{jm\omega T}$ は,合成積において,それぞれ固有値,固有関数と呼ばれる。

システム関数において,$z = e^{j\omega T}$ とおけば,つぎの表現が得られる。

$$H(z) = \sum_{n=-\infty}^{\infty} h[n] z^{-n}$$

例 2.14　(**遅延回路 $h[n] = \delta[n-N]$**)　式(2.112)より,伝達関数はつぎのようになる。

$$H(\omega) = e^{-j\omega NT}, \qquad H(z) = z^{-N}$$

この回路の入力信号と出力信号を $x[n] \leftrightarrow X(z)$, $y[n] \leftrightarrow Y(z)$ とおけば

$$Y(z) = z^{-N} X(z) \leftrightarrow y[n] = x[n-N]$$

となる。

例 2.15　(**一次低域通過フィルタ**)　式(2.122)を用いて離散時間フーリエ変換と z 変換を行えば,次式が得られる。ここで連続時間システムと利得を合わせるために定数 T (サンプル周期)を乗じた。

$$H(\omega) = T\sum_{n=0}^{\infty} ae^{-naT}e^{-jn\omega T} = \frac{aT}{1-e^{-aT}e^{-j\omega T}} \qquad (a \geq 0) \tag{2.123}$$

$$H(z) = T\sum_{n=0}^{\infty} ae^{-naT}z^{-n} = T\sum_{n=0}^{\infty} ab^{-n}z^{-n} = \frac{aT}{1-b^{-1}z^{-1}}$$
$$(a \text{ は任意}, \ b = e^{aT}) \tag{2.124}$$

伝達関数 $H(\omega)$ は連続時間システムの $H(\omega) = 1/(1+j\omega/a)$ とは異なる。その理由は $H(\omega)$ が無限の領域に広がっているため，標本化定理が成立しないからである。標本化周波数 $1/T$ が十分高く，$aT \ll 1$，$|\omega T| \ll 1$ となれば，$H(\omega) \approx 1/(1+j\omega/a)$ となって，時間連続システムの伝達関数に近づく。

---

〔3〕 **離散時間システムの安定性** いかなる有限な信号 $x[n] (\max\{|x[n]|\} \leq \infty)$ を入力したとき，出力信号が有限であるとき，このシステムは安定であるという。そのための必要十分条件は

$$\sum_{n=-\infty}^{\infty} |h[n]| < \infty \tag{2.125}$$

である。証明は以下のとおりである。

証明 十分条件：
$$|y[n]| = \left|\sum_{m=-\infty}^{\infty} x[n-m]h[m]\right|$$
$$\leq \sum_{m=-\infty}^{\infty} |x[n-m]||h[m]| \leq M\sum_{m=-\infty}^{\infty} |h[m]| < \infty$$

ここで，$M = \max\{|x[n]|\}$ である。

必要条件： 式(2.125)の条件が必要でない，すなわち $\sum_{n=-\infty}^{\infty} |h[n]| = \infty$ であっても，システムが安定であると仮定してみよう（背理法）。有限な入力，$x[n] = h^*[N-m]/|h[N-m]|$ を考える。このとき，$y[n]$ はつぎのようになる。

$$y[n] = \sum_{m=-\infty}^{\infty} h[m]x[n-m] = \sum_{m=-\infty}^{\infty} h[m]\frac{h^*[N-(n-m)]}{|h[N-(n-m)]|}$$

$n = N$ のとき

$$y[N] = \sum_{m=-\infty}^{\infty} |h[m]| = \infty$$

となり，安定ではないことが示された．これにより，先の条件が必要であることが示された．

例 2.16（**一次低域通過フィルタ**） インパルス応答は式(2.122)で与えられている．これより

$$\sum_{n=-\infty}^{\infty} |h[n]| = a\sum_{n=0}^{\infty} e^{-naT} = \begin{cases} \dfrac{1}{1-e^{-aT}} & (e^{-aT} < 1) \\ \infty & (e^{-aT} > 1) \end{cases}$$

であるから，$a > 0$ であれば安定である．

例 2.17

$$h(nT) = \begin{cases} nTe^{-anT} & (a>0,\ n>0) \\ 0 & (n \leq 0) \end{cases} \tag{2.126}$$

数学公式

$$\sum_{n=1}^{\infty} nx^n = x\frac{d}{dx}\sum_{n=1}^{\infty} x^n = \frac{x}{(1-x)^2} \qquad (|x|<1) \tag{2.127}$$

より，$x = e^{-aT} < 1$，すなわち $a > 0$ のとき，$\sum_{n=-\infty}^{\infty} |h[n]| = Te^{-aT}/(1-e^{-aT})^2 < \infty$ であり，安定である．

$\sum_{n=1}^{\infty} n^k x^n = f_k(x)\,(|x|<1)$ のとき，$f_{k+1}(x) = xf_k'(x)$ という公式により，

$$h(nT) = \begin{cases} (nT)^k e^{-anT} & (a>0,\ n>0) \\ 0 & (n \leq 0) \end{cases}$$

の場合についても，$a > 0$ のとき，安定であることが示される．

システム関数 $H(z)$ が有理関数として，つぎのように与えられている場合の

安定性を検討しよう。

$$H(z) = \frac{\sum_{n=0}^{N} a_n z^{-n}}{\sum_{m=0}^{M} b_m z^{-m}}$$

これは，次節で述べるように，システムが差分方程式で記述される場合である。分母の多項式は帰還部を表すので，安定性に関係するのはこの部分である。これを因数分解すれば $C\prod_{m=1}^{M}(1-\beta_m z^{-1})$ の形に書くことができる。ここで，β_m は z に関する分母の多項式の根，すなわち $1-\beta_m z^{-1}=0$ となる値である。係数 b_m（および a_n）は実数であるから，$\sum_{m=0}^{M} b_m z^{-m}=0$ の根である β_m（$m=1, 2, \cdots, M$）は実根あるいは複数共役根である。ここで，この根は分子の多項式の根と同じでないと仮定しておこう（もし同じであれば，前もってこの根で表される項を分母，分子で約分しておけばよい）。多項式 $1/B(z) = 1/\left[C\prod_{m=1}^{M}(1-\beta_m z^{-1})\right]$ は部分分数，$\sum_{m=1}^{M} \gamma_m/(1-\beta_m z^{-1})$ の形に書き表せる。

各部分分数に関する z 変換 $H_m(z) = \gamma_m/(1-\beta_m z^{-n})$ は式(2.124)と同じ形であるから，そのインパルス応答は

$$h_m(n) = \begin{cases} \gamma_m e^{-a_m nT} & (n \geq 0) \\ 0 & (n < 0) \end{cases}$$

の形になる。ここで，$\beta_m = e^{-a_m T}$ である。式(2.122)で与えられる例により，$a_m > 0$ のとき，すなわち $|\beta_m| < 1$ のとき安定であることが示されている。これより，すべての根について $|\beta_m| < 1$ であれば安定である。これまでの議論では単根を仮定していた。重根の場合についても以下のように同じ結論を得る。

式(2.126)で与えられるインパルス応答の z 変換を求めるとつぎのようになる。

$$H(z) = \sum_{n=1}^{\infty} nTe^{-anT} z^{-n} = T\frac{e^{-aT} z^{-1}}{(1-e^{-aT} z^{-1})^2} \quad (\text{式}(2.127)\text{より}) \tag{2.128}$$

これより $H(z)$ は 2 重根 e^{-aT} を有している。$a > 0$ のとき $|e^{-aT}| < 1$ であるか

ら，安定性は単根の場合と同じになる．

インパルス応答が $h[n] = \begin{cases} (nT)^k e^{-anT} & (n \geq 0) \\ 0 & (n < 0) \end{cases}$ である場合についても，$a > 0$ のとき安定である．この場合のインパルス応答の z 変換は $k+1$ 重根を有することが示される．したがって，k 重根を有する場合の安定性を同じように判定できる．

例 2.18 $H(z)$ が次式のように与えられているシステムに対して，インパルス応答を求めて，システムの安定性を調べてみよう．

$$H(z) = \frac{1}{1-(a+a^*)z^{-1}+|a|^2 z^{-2}} \tag{2.129}$$

（ i ） $a \neq a^*$ のとき，$H(z)$ はつぎのように変形できる．

$$H(z) = \frac{\dfrac{a^*}{a^*-a}}{1-a^* z^{-1}} + \frac{\dfrac{a}{a-a^*}}{1-az^{-1}}$$

式(2.119)，(2.120)より

$$h[n] = \begin{cases} \dfrac{a^*}{a^*-a}(a^*)^n + \dfrac{a}{a-a^*}(a)^n & (n \geq 0) \\ 0 & (n < 0) \end{cases}$$

これより，$|a| < 1$ であれば安定である．

（ ii ） $a = a^*$ のとき，$H(z)$ はつぎのようになる．

$$H(z) = \frac{1}{(1-az^{-1})^2}$$

式(2.126)と式(2.128)より

$$g[n] = \begin{cases} na^n & (n \geq 0) \\ 0 & (n \geq 0) \end{cases} \quad \leftrightarrow \quad G(z) = \frac{az^{-1}}{(1=az^{-1})^2}$$

$G(z) = az^{-1}H[z]$ であるから，$g[n] = a\delta[n-1] * h[n] = ah[n-1]$ となり

$$\sum_{n=-\infty}^{\infty}|ah[n-1]|=\sum_{n=-\infty}^{\infty}|g[n]|=\begin{cases}<\infty & (|a|<1)\\ \to\infty & (|a|\geqq 1)\end{cases}$$

したがって，$|a|<1$ のとき安定である。

2.4.5 差分方程式による表現

入力を $x[n]$，出力を $y[n]$ とするとき離散時間システムはつぎのように差分方程式により記述される。

$$\sum_{m=0}^{M}b_m y[i-m]=\sum_{n=0}^{N}a_n x[i-n] \tag{2.130}$$

ここで，現在の時刻を i としている。差分方程式を得る一つの方法は，連続時間システムに対する微分方程式において，つぎのように微分を差分で近似するものである。

$$\left.\frac{df(t)}{dt}\right|_{t=mT}\approx\frac{f(mT)-f(mT-T)}{T} \tag{2.131}$$

高次の微分についても同様である。

差分方程式は初期値 $y[-m]$ $(m=0,1,2,\cdots,M)$ を与えることにより，漸化的に解くことができる。線形システムにおいては，入力信号が零の場合，出力信号も零になるので，初期値はすべて零にしなければならない。インパルス応答は $x[n]=\delta[n]$ として解くことにより得られる。

$y[n]$, $x[n]$ の z 変換を $Y(z)$, $X(z)$ とおけば，式(2.130)を z 変換することにより（式(2.112)において $e^{j\Omega}=z$）次式を得る。

$$\sum_{m=0}^{M}b_m z^{-m}Y(z)=\sum_{n=0}^{N}a_n z^{-n}X(z)$$

これより，次式を得る。

$$Y(z)=H(z)X(z)$$

ここで，$H(z)=\sum_{n=0}^{N}a_n z^{-n}\Big/\sum_{m=0}^{M}b_m z^{-m}$ はシステム関数である。周波数伝達関数 $H(\omega)$ は $z=e^{j\omega T}$ とおけば得られる（2.4.4項）。

離散時間システムの信号線図は，連続時間システム（図2.19）における微分演算を差分演算に変えることで得られる。

また，帰還部と前方供給部との接続順序を変えることにより遅延演算部を共通化できる（**図2.33**，$b_0=1$ とした）。

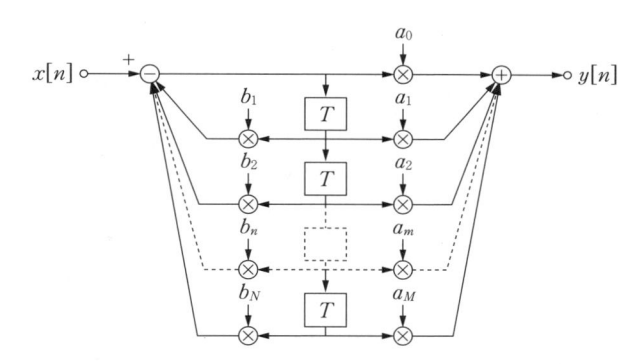

図2.33 差分方程式で与えられる離散時間システムの信号線図（$M=N$の場合）

例2.19 （**一次低域通過フィルタ**）　図2.20に示した連続時間システムを離散時間システムとする場合を考える。

式(2.122)より，次式が得られる。

$$y[m] = \sum_{n=0}^{\infty} x[m-n]h[n] = a\sum_{n=0}^{\infty} x[m-n]\left(e^{-aT}\right)^n$$

これより，つぎの差分方程式が得られる。

$$y[m] - e^{-aT}y[m-1] = ax[m] \tag{2.132}$$

この関係式を信号線図で表すと，**図2.34**になる。ただし，この図では，利得補正のために利得 T を乗じた。

信号線図を得るためのより簡単な方法は，つぎのように $h(t)$ の z 変換を求めることである。

$$H(z) = \sum_{n=0}^{\infty} h[n]z^{-n} = \sum_{n=0}^{\infty} a\left(e^{-aT}z^{-1}\right)^n = \frac{a}{1-e^{-aT}z^{-1}}$$

また，式(2.132)で与えられる差分方程式の両辺を z 変換してもつぎのよ

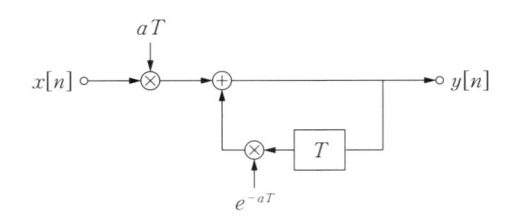

図2.34 離散時間一次低域通過フィルタ

うに $H(z)$ が得られる。

$$Y(z) - e^{-aT}z^{-1}Y(z) = aX(z)$$

$$Y(z) = \frac{a}{1 - e^{-aT}z^{-1}}X(z) = H(z)X(z)$$

$z^{-1} = e^{-j\omega T} \leftrightarrow \delta(t-T)$ であることに注意すれば $H(z)$ の定義により図2.34が直ちに得られる。

微分方程式(2.96)において，式(2.131)を用いて微分を差分で近似すれば

$$y[m] - \frac{1}{1+aT}y[m-1] = \frac{aT}{1+aT}x[m]$$

$aT \ll 1$ のときには，つぎのように近似できる。

$$y[m] - (1-aT)y[m-1] = aTx[m]$$

この式は先に求めた式(2.132)と比べて利得定数 T のみ異なる（$e^{-aT} \approx 1 - aT$, $aT \ll 1$）。

2.4.6　ディジタルフィルタ

これは，フィルタを離散時間信号処理によって実現したものである。基本構成素子は単位時間遅延素子，乗算回路および加（減）算回路である。ディジタルフィルタの例はすでに図2.34に示してある。フィルタが物理的に実現できるためには，インパルス応答が実数であり，また因果性を満足しなければならない。さらにフィルタが実用的であるためには，（線形）システムとしての安定性が要求される。

2.4 離散時間システム

　フィルタとしての所望の特性はインパルス応答あるいは伝達関数で与えられる。アナログフィルタよりディジタルフィルタを得るための方法の一つは，アナログフィルタのインパルス応答を標本化して，これを再現するものである。このとき，フィルタの伝達関数は，式(2.106)と同様につぎのようになる。

$$H_s(\omega) = \frac{1}{T} \sum_{n=-\infty}^{\infty} H(\omega - n\omega_s) \qquad \left(\omega_s = \frac{2\pi}{T}, \ T: 標本化周期\right)$$

ここで，$H(\omega)$ はアナログフィルタの伝達関数である。アナログフィルタの特性をディジタルフィルタによって厳密に実現するためには，サンプリング定理を満足しなければならない。サンプリング定理を満足するためには，信号の帯域，およびフィルタの帯域が有限な帯域に制限されていなければならない。そうでなければ，折返し（aliasing）のために誤差が生じる。いい方を変えれば，標本化されていない時刻でのインパルス応答が忠実には再現されない。例えば，2.3.4項で論じたように，1次低域通過フィルタは，伝達特性が周波数が高くなるにつれて減衰するものの，原理的には無限に伸びているため，アナログフィルタの伝達関数を完全に再現することはできない（図2.36参照）。ただし，サンプリング周波数を十分に高くすれば，その誤差を少なくできる。しかし，同様な理由から，理想的な高域通過フィルタは周波数域が無限大まで含まれるので，実現できない。したがって，アナログフィルタの特性をディジタルフィルタによって実現する場合は，いかにしてこの折返し誤差の影響を小さくするかが重要である。その方法として，以下に示されるような変換が知られている。

$$\frac{\omega T}{2} = \tan \frac{\omega' T}{2} \tag{2.133}$$

この変換により，すべての周波数，すなわち $|\omega| \leq \infty$ は $|\omega'| < \pi/T$ の範囲に収まるので（**図2.35**），標本化による折返し誤差は回避できる（図2.36参照）。しかし，周波数特性は，元の特性とは異なってしまう。少しでも元の周波数特性に近づけるために，遮断周波数が同じになるようにするなどして，伝達関数 $H(\omega)$ をあらかじめ調整することが普通である。$|\omega'T| \ll 1$ のときには，

2. 信号と線形システムの基礎

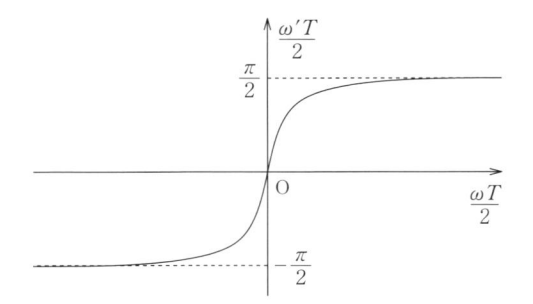

図 2.35 双 1 次 z 変換による周波数の変換

式(2.133)より，$\omega \approx \omega'$ となるので，周波数特性はほぼ保存される。

$z = e^{-j\omega' T}$ とおけば，式(2.133)は次式のように書き換えられる。

$$j\omega = \frac{2}{T} \frac{1 - z^{-1}}{1 + z^{-1}} \tag{2.134}$$

このような表現形式により，この変換は双 1 次 z 変換と呼ばれる。

アナログフィルタの伝達関数 $H(j\omega)$ に上式を代入することにより，ディジタルフィルタの伝達特性 $G(z) = H(j\omega)\big|_{j\omega = \frac{2}{T}\frac{1-z^{-1}}{1+z^{-1}}}$ が得られる。

例 2.20　(**一次低域通過フィルタ**)　伝達関数がつぎのように与えられているアナログフィルタからディジタルフィルタを求めたい。

$$H(\omega) = \frac{1}{1 + j\omega/a}$$

（ⅰ）<u>インパルス応答による設計</u>

$$H(z) = \frac{aT}{1 - e^{-aT} z^{-1}} \qquad (\text{式}(2.123) \text{より})$$

折返し誤差のために，離散時間システムで表現できる最高の周波数である $\omega = \pi/T$ $(z^{-1} = -1)$ においても $|H(z)| \neq 0$ である（**図 2.36**）。回路は図 2.34 に示されている。

（ⅱ）<u>双 1 次 z 変換による設計</u>

$$H(z) = \frac{1}{1 + \dfrac{2}{aT} \dfrac{1 - z^{-1}}{1 + z^{-1}}} = \frac{1 + z^{-1}}{(1 + b)\left[1 + \dfrac{1 - b}{1 + b} z^{-1}\right]} \qquad \left(b = \frac{2}{aT}\right)$$

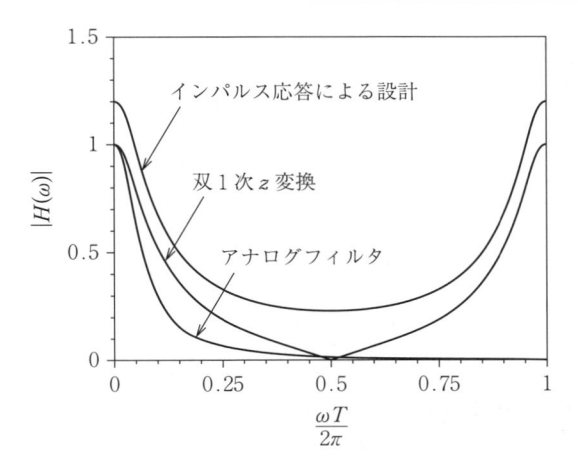

図 2.36 一次低域通過フィルタの伝達特性 ($aT = \pi/8$)

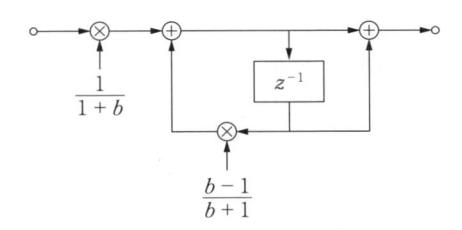

図 2.37 双 1 次 z 変換による一次低域通過ディジタルフィルタ

折返し誤差がないために，$\omega = \pi/T$ においては $|H(z)| = 0$ となっている（図 2.36 参照）。回路を**図 2.37** に示す。

---

〔1〕 **FIR フィルタ**　インパルス応答が有限の時間に収まるフィルタである。このためには，信号帰還がない構成をとる必要がある（**図 2.38**）。これは，トランスバーサル (transversal) フィルタとも呼ばれる。インパルス応答は $h[n] = \begin{cases} a_n & (n = 0, 1, \cdots, N) \\ 0 & (その他) \end{cases}$ であり，伝達関数は $H(z) = \sum_{n=0}^{N} a_n z^{-n}$ である。この回路は帰還部がないので，つねに安定である。

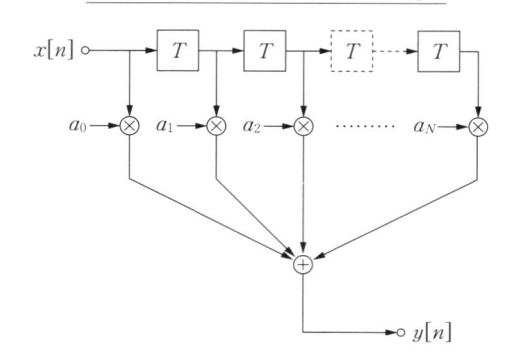

図 2.38 トランスバーサルフィルタ

例 2.21 （移動積分回路） $a_0 = a_1 = \cdots = a_n = 1$ とすれば，$y[n] = \sum_{m=0}^{N} x[n-m]$ となり，移動積分回路となる。

例 2.22 （直線位相回路） 周波数特性 $H(\omega) = H(z)|_{z=e^{j\omega T}}$ が与えられたとき，$\angle H(\omega)$ が ω に対して直線的になるものを直線位相（linear phase）回路と呼ぶ。そのための条件は，インパルス応答が中心時刻に対して対称となることである。すなわち，つぎの場合である。

$$a_n = a_{N-n} \quad \text{ただし} \quad \begin{matrix} n = 0, 1, \cdots, N/2 - 1 & (Nが偶数のとき) \\ n = 0, 1, \cdots, (N-1)/2 & (Nが奇数のとき) \end{matrix}$$

この条件は以下のように確かめられる。N が偶数の場合を考えよう（$N = 2M$）。

$$\begin{aligned}
H(\omega) &= \sum_{n=0}^{N} a_n e^{-jn\omega T} \\
&= \sum_{n=0}^{M-1} \left[a_n e^{-jn\omega T} + a_n e^{-j(N-n)\omega T} \right] \quad (a_{N-n} = a_n \text{ より}) \\
&= \sum_{n=0}^{M-1} a_n e^{-jN\omega T/2} \left[e^{j(N/2 - n)\omega T} + e^{-j(N/2 - n)\omega T} \right] \\
&= e^{-jN\omega T/2} \sum_{n=0}^{M-1} a_n \cos\left(\frac{N}{2} - n\right)\omega T
\end{aligned}$$

これより，$\angle H(\omega) = -\omega NT/2$ が示される。N が奇数の場合も同様である。

〔2〕 **IIR フィルタ** インパルス応答が無限に続くフィルタは IIR フィルタと呼ばれる。このフィルタは信号帰還部を有する。そのために，不安定になる場合がある。式(2.122)で表したインパルス応答を有するディジタルフィルタは IIR フィルタの例である。

所望のフィルタ特性が与えられた場合，これを近似するディジタルフィルタの構成は，IIR フィルタを含ませることにより，回路素子が少なくなることが多い。例えば，式(2.122)で与えられるインパルス応答を FIR フィルタで近似すると多数（無限）の回路が必要となるのに対して，IIR フィルタを用いれば図 2.37 のように簡単になる。

2.4.7　ダウンサンプリング，アップサンプリングおよびサブサンプリング

通常は標本化定理を満たす最低のサンプリング周波数よりも高い周波数で標本化することが多い。このサンプリング周波数のままで，フィルタ処理などの演算を行うのは，演算量の観点から好ましくない。そのためにサンプリング周波数を下げることをダウンサンプリングという。サンプリング周波数を整数（N）分の1だけ下げることは容易である。サンプル値を N おきに取り出せばよい。サンプリング周波数を上げる場合にも，整数（M）倍だけ上げるには，元のサンプル値の間に $M-1$ 個のゼロを挿入すればよい。アップサンプリングしても，信号のスペクトルに変化はない。これを以下に説明する。

周波数領域から議論を始めるのが簡単である。信号 $f(t)$ のフーリエ変換を $F(\omega)$ とする。M 個の $F(\omega)$ が ω_0 の周期で規則的に並んだ場合を考える。すなわち

$$F_M(\omega) = \sum_{m=0}^{M-1} F(\omega - m\omega_0)$$

これを，フーリエ逆変換すると

$$f_M(t) = f(t) \sum_{m=0}^{M-1} e^{jm\omega_0 t}$$

となる。

ここで，時刻 $t = i\Delta t$ を考える。ただし，$\Delta t = 2\pi/(M\omega_0)$ である。

$$f_M(i\Delta t) = f(i\Delta t) \sum_{m=0}^{M-1} e^{j\frac{mi}{M}2\pi}$$

$i = lM + i'$ ($i' = 0, 1, 2, \cdots, M-1$, $l = 0, 1, 2, \cdots$) とおくと，$f_M(i\Delta t) = f(i\Delta t) \sum_{m=0}^{M-1} e^{j\frac{mi'}{M}2\pi}$。これより，$i' = 0$ のときに $f_M(i\Delta t) = M f(i\Delta t)$，$i' \neq 0$ のときに $f_M(i\Delta t) = 0$ となる。ここで，$\sum_{m=0}^{N-1} e^{-j2\pi nm/N} = \begin{cases} N & (n=0) \\ 0 & (n \neq 0) \end{cases}$ を使った。

以上の結果から，元のサンプル値の間に $M-1$ 個のゼロを挿入すると，元の信号のスペクトルが M 回だけ繰り返すことになる。ただし，サンプリング周波数を上げた分だけ扱える周波数の上限が高くなる。例えば，アップサンプリングをしたのち，低域通過ディジタルフィルタを通すことにより高調波成分を除去すれば，スペクトルの間隔が広くなるので，ディジタル-アナログ変換におけるアナログ低域通過（補間）フィルタの減衰特性をゆるくすることができる。これは，CD プレーヤなどによく用いられる手法である。

サンプリング周波数を N から M に変化させる場合には，つぎのようにする。サンプリング周波数を M と N の最小公倍数 L になるようにアップサンプリング（ゼロ挿入）したのち，ディジタルフィルタにより時間領域補間を行う。その後，L/N 個おきにダウンサンプリングを行う。

中間周波数信号のように，そのスペクトルが中心周波数 f_c のまわりに狭い帯域幅 B で存在する（狭帯域帯域通過信号）場合を考えよう（図 2.39）。この場合には，サンプリング周波数を標本化定理を満たすように高く（少なくとも $2f_c$）する必要はない。これよりも低い，$2B$ 以上の周波数 f_s でサンプルできる。これをサブサンプリングという。サブサンプルした信号のスペクトルは，図（b）のようになる。これは，通常の狭帯域低域信号をサンプリングした場合と同じである。ただし，実際上はサンプリング信号が理想的ではなく，時間とともにサンプル時刻がゆらぐ（ジッター）。このゆらぎの大きさは，サンプリング周波数 f_s の高調波の次数に比例して大きくなる。図（b）の場合のベースバンド信号成分は，サンプリング信号の 3 次高調波 $3f_s$ によってもたらされ

(a) サンプル前の信号スペクトル

(b) サンプル後の信号スペクトル

図 2.39 サブサンプリング

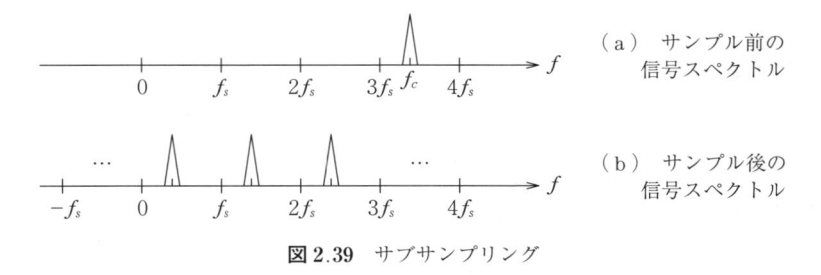

たものである．サンプリング周波数 f_s を下げ過ぎると，より高次の成分が使用されるので，ゆらぎが無視できなくなる．

アップサンプリングで，元のサンプル値の間に $M-1$ 個のゼロを挿入すると，元の信号のスペクトルが M 個だけ繰り返す．ここでは，周波数領域で，M 個のゼロ成分を挿入すれば，時間領域では M 個の波形が繰り返すことを示しておく．信号 $f(t)$ が，時間間隔 T で M 個周期的に並んだ場合のスペクトルを求めてみる．このときの信号はつぎのように表される．

$$f_M(t) = \sum_{m=0}^{M-1} f(t-mT)$$

フーリエ変換をすると

$$F_M(\omega) = F(\omega) \sum_{m=0}^{M-1} e^{-j\omega mT}$$

となる．周波数 $\omega = i\Delta\omega$ を考える．ただし，$\Delta\omega = \omega_0/M$, $\omega_0 = 2\pi/(MT)$ とする．$i = lM + i'$ ($i' = 0, 1, 2, \cdots, M-1$, $l = 0, 1, 2, \cdots$) とおくと

$$F_M(i\Delta\omega) = MF(i\Delta\omega) \quad (i' = 0)$$

$$F_M(i\Delta\omega) = 0 \quad (i' \neq 0)$$

以上の結果を逆にして，周波数領域で M 個のゼロ成分を挿入すれば，時間領域では M 個の波形が繰り返すことがわかる．この事実は，周波数領域で規則的にゼロを挿入して，ここに他の信号を挿入して多重化を行う単一搬送波多重伝送（single-carrier multiplexing）で利用されている（6.6 節）．

2.4.8 逆 回 路

伝達関数 $H_1(z)$ の回路が与えられているとき,伝達関数 $H_2(z)$ の回路を従属接続することによって,全体の伝達関数が $H(z) = H_1(z)H_2(z) = 1$ となるとき,この回路を逆回路と呼ぶ(図 2.40)。インパルス応答は $h[n] = h_1[n] * h_2[n] = d[n]$ となる。

図 2.40　逆　回　路

例 2.23　$H_1(z) = a + bz^{-1}$ に対する逆回路を求めてみよう。

逆回路の伝達関数は

$$H^{-1}(z) = \frac{1}{a + bz^{-1}}$$

となる。この回路は $|b/a| < 1$ となるときにのみ安定である。

$$H^{-1}(z) = \frac{1}{a} \frac{1}{1 + z^{-1}b/a} = \sum_{n=0}^{\infty} \frac{1}{a}\left(-\frac{b}{a}\right)^n z^{-n} \qquad \left(\frac{b}{a} < 1\right)$$

と表すことにより,逆回路のインパルス応答は,つぎのようになる。

$$h[n] = \begin{cases} \dfrac{1}{a}\left(-\dfrac{b}{a}\right)^n & (n \geqq 0) \\ 0 & (\text{その他}) \end{cases}$$

この回路は**図 2.41** の破線部のように実現される。負帰還回路を有するの

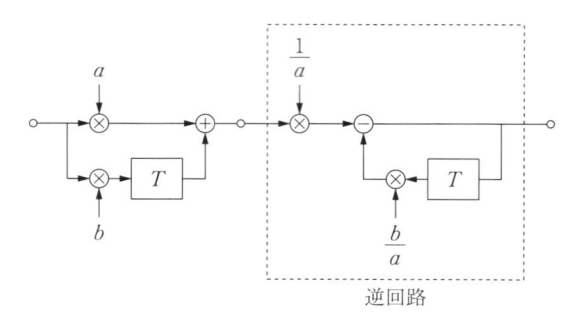

図 2.41　逆回路の接続例

で，IIR フィルタの例である．この例において，$y[n] = x[n]$ となることは，直接に確かめることができる．

2.4.9 窓　関　数

無限に続くインパルス応答 $h[n]$ を有する特性を有限長の FIR フィルタで近似する場合を考える．有限長のインパルス応答になるので，たとえ元の周波数特性が限られた周波数範囲であったとしても，実現できる周波数特性は無限に広がることになる．この影響を抑えるために，時間領域で有限（N は奇数）に制限された関数（窓関数）$w[n]$ を乗じる．すなわち，次式のインパルス応答を有する FIR フィルタをつくる．

$$h_w[n] = h[n]w[n] \quad (|n| = 0, 1, \cdots, (N-1)/2)$$

ここで，$w[n] = 0 \ (|n| > (N-1)/2)$ である．

例 2.24（方　形　窓）

$$w[n] = \begin{cases} 1 & \left(|n| \leq \dfrac{N-1}{2}\right) \\ 0 & （その他） \end{cases}$$

これは，単に $h[n]$ を $|n| \leq (N-1)/2$ で打ち切ったものとなる．

例 2.25（一般化ハミング窓）

$$w[n] = \begin{cases} \alpha + \dfrac{(1-\alpha)\cos 2\pi n}{N-1} & \left(|n| \leq \dfrac{N-1}{2}\right) \\ 0 & （その他） \end{cases}$$

ここで，$0 \leq \alpha \leq 1$ である．$\alpha = 0.54$ のときハニング窓，$\alpha = 0.5$ のときハミング（Hamming）窓と呼ばれる．理想低域通過フィルタに対してこれらの窓関数を用いた場合の振幅特性を**図 2.42** に示す．

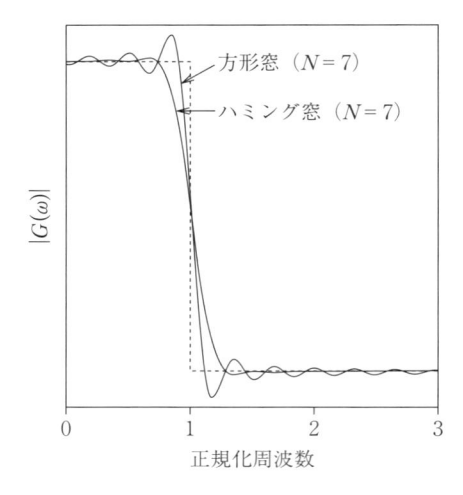

図 2.42 窓関数の効果

2.4.10 離散フーリエ変換（DFT）

信号 $f(t)$ のスペクトルをサンプル値によって求めたい。サンプリング周期を T_s とすれば，サンプルされた信号は

$$f_s(t) = f(t) \sum_{m=-\infty}^{\infty} \delta(t - mT_s) \tag{2.135}$$

$$= \sum_{m=-\infty}^{\infty} f(mT_s) \delta(t - mT) \quad (\text{デルタ関数の性質式 (2.9) より}) \tag{2.136}$$

となる。式(2.136)のフーリエ変換により

$$F_s(\omega) = \sum_{m=-\infty}^{\infty} f(mT_s) e^{-j\omega mT_s}$$

を得る。$F_s(\omega)$ は周期 $\omega_s = 2\pi/T_s$ をもつ周期関数である。

関数 $e^{-j\omega mT_s}$ の周期性に着目するため，変数 $T_p = NT_s$，$m = kN + n$ を導入すれば

$$F_s(\omega) = \sum_{n=0}^{N-1} \sum_{k=-\infty}^{\infty} f(kT_p + nT_s) e^{-j\omega(kN+n)T_s} \tag{2.137}$$

と表される。もし，$f(t)$ が有限な時間の信号であれば，$F_s(\omega)$ は有限回数の計算で求められる。

さて，$\omega = 2\pi m/T_p \equiv m\Omega$ $(\Omega = 2\pi/T_p,\ m = 0, \pm 1, \pm 2, \cdots)$ となる周波数を考えてみよう。このとき

$$F_s(m\Omega) = \sum_{n=0}^{N-1} \sum_{k=-\infty}^{\infty} f(kT_p + nT_s) e^{-j2\pi mn/N} = \sum_{n=0}^{N-1} e^{-j2\pi mn/N} f_p(nT_s)$$

(2.138)

となる。ここで

$$f_p(t) = \sum_{k=-\infty}^{\infty} f(t + kT_p) \qquad (0 < t < T_p)$$

である。

式(2.138)を $m = 0, 1, 2, \cdots, N-1$ に対して解くことにより

$$f_p(nT_s) = \frac{1}{N} \sum_{m=0}^{N-1} F_s(m\Omega) e^{j2\pi mn/N} \qquad (n = 0, 1, 2, \cdots, N-1)$$

を得る。求め方としては，つぎの方法が簡便である。

式(2.138)の両辺に $e^{j2\pi mk/N}$ を掛けて，和をとる。すなわち

$$\sum_{m=0}^{N-1} e^{j2\pi mk/N} F_s(m\Omega) = \sum_{m=0}^{N-1} \sum_{n=0}^{N-1} e^{j2\pi mk/N} e^{-j2\pi mn/N} f_p(nT_s)$$

$$= \sum_{m=0}^{N-1} \sum_{n=0}^{N-1} e^{-j2\pi m(n-k)/N} f_p(nT_s)$$

$$= Nf_p(kT_s) \qquad (k = 0, 1, \cdots, N-1)$$

ここで，つぎの関係を使った。

$$\sum_{m=0}^{N-1} e^{-j2\pi nm/N} = \begin{cases} N & (n = 0) \\ 0 & (n \neq 0) \end{cases}$$

$F_s(m\Omega)$ は $N\Omega$ を周期とする周期関数であるから，つぎの二つの関係を得る。

$$F_s(m\Omega) = \sum_{n=0}^{N-1} f_p(nT_s) e^{-j2\pi mn/N} \qquad (m = 0, 1, 2, \cdots, N-1,\ \text{DFT})$$

(2.139)

$$f_p(nT_s) = \frac{1}{N} \sum_{m=0}^{N-1} F_s(m\Omega) e^{j2\pi mn/N} \qquad (n=0,1,2,\cdots,N-1,\ \text{IDFT})$$
(2.140)

これらは，それぞれ $f_p(nT_s)$ と $F_s(m\Omega)$ に対しての離散フーリエ変換（discrete Fourier transform，DFT），逆離散フーリエ変換（inverse discrete Fourier transform，IDFT）と呼ばれる。

DFT においては，最高周波数が，$(N-1)\Omega = (1-1/N)\omega_s$ となって，標本化定理を満たしていないように見える。しかし，DFT においては，複素数表現を用いて正の周波数しか考えていないので，標本化定理は満たされる（2.4.1項）。

関数 $f_p(t)$ は任意である。したがって，式(2.139)は，任意の関数 $f(t)$ を T_s ごとに N 個サンプルした信号，$f_s(t) = \sum_{n=0}^{N-1} f(nT_s) \delta(t-nT_s)$ のフーリエ変換 $F_s(\omega)$ の $\omega = m\Omega$ （$m=0, 1, \cdots, N-1$）の値と考えることができる（ただし，$\Omega = \omega_s/N$，$\omega_s = 2\pi/T_s$）。式(2.139)と式(2.140)はこのような意味で用いられることが多い。長時間続く信号の周波数成分 $\omega = m\Omega$（$m=0, 1, \cdots, N-1$）のみを求めたいことがある。このときには，N 個のサンプルブロックごとに進めながら，離散フーリエ変換を多数回行ったのちに，$\omega = m\Omega$ 成分ごとに平均をとるのは効率的ではない。式(2.139)の本来の意味のように，信号を NT_s 区間切り出して加算すれば，離散フーリエ変換を一度行うだけでよい。

以下，$f_p(nT_s)$ と $F_s(m\Omega)$ の意味について考えてみよう。

式(2.135)のフーリエ変換をとれば，式(2.39)と式(2.18)により，式(2.137)とは別の表現である次式を得る。

$$F_s(\omega) = \frac{1}{T_s} \sum_{n=-\infty}^{\infty} F(\omega - n\omega_s)$$

もし，$|\omega| > \omega_s/2$ に対して $F(\omega) = 0$ であれば，すなわち，サンプリング定理が成立すれば

$$F_s(m\Omega) = \frac{1}{T_s} F(m\Omega) \qquad (|m\Omega| \leq \omega_s)$$

となり，式(2.139)により，$F(m\Omega)$ を厳密に求めることができる。そうでなけ

れば，スペクトルに重なりが生じ，折返し成分が誤差となる。

　$f(t)$ が T_p 時間内に制限されていれば，すなわち $f(t)=0$ ($t<0$ あるいは $t>T_p$) であれば，$f_p(t)=f(t)$ ($0 \leq t \leq T_p$) である。これより，式(2.139)は $f(t)$ のサンプル値のフーリエ変換になる。ただし，$f(t)$ を有限時間信号としているので，スペクトル $F(\omega)$ は無限に広がり（2.1.2項〔7〕），スペクトル折返し誤差は避けられない。この影響を軽減するためには，サンプリング周波数 ω_s を高くしなければならない。有限時間信号 $f(t)$ のスペクトルは連続になる。周波数標本化定理（2.4.1項）により，$F(m\Omega)$ を用いて補間することにより連続スペクトルを求めることができる。ただし，DFTにおいては，最高周波数はサンプリング周波数の半分までしか表現できない。

　つぎに $f(t)$ が周期を T_p とする周期関数であると仮定しよう。このとき，無限に続く信号であるからサンプリング定理を満足できる可能性がある。$f(t)$ はつぎのように与えられる。

$$f(t) = \sum_{m=-\infty}^{\infty} f_T(t - mT_p) \tag{2.141}$$

ここで

$$f_T(t) = \begin{cases} f_0(t) & (0 \leq t \leq T_p) \\ 0 & （その他） \end{cases}$$

である。

　式(2.141)を式(2.137)に代入すれば，次式を得る。

$$\begin{aligned} F_s(\omega) &= \sum_{n=0}^{N-1} \sum_{k=-\infty}^{\infty} f(kT_p + nT_s) e^{-j\omega(kN+n)T_s} \\ &= \sum_{n=0}^{N-1} f_0(nT_s) \sum_{k=-\infty}^{\infty} e^{-j\omega(kN+n)T_s} \\ &= \sum_{n=0}^{N-1} f_0(nT_s) e^{-j\omega nT_s} \sum_{k=-\infty}^{\infty} e^{-j\omega kT_p} \quad (T_p = NT_s) \end{aligned}$$

ところで

$$\sum_{k=-\infty}^{\infty} e^{-j\omega k T_p} = \Omega \sum_{m=-\infty}^{\infty} \delta(\omega - m\Omega) \qquad \left(\Omega = \frac{2\pi}{T_p}\right)$$

となることが示される（式(2.19)の導出過程参照）。

これにより

$$F_s(\omega) = \Omega \sum_{m=-\infty}^{\infty} F_0(m\Omega) \delta(\omega - m\Omega) \qquad (2.142)$$

となり，$F_s(\omega)$ は線スペクトルを有することが示される。ここで，$F_0(\omega) = \sum_{n=0}^{N-1} f_0(nT_s) e^{-j\omega T_s}$ である。$\omega = m\Omega$ の線スペクトルの大きさは，式(2.142)について，$m\Omega$ を中心とした微小範囲で積分することにより，次式で与えられる。

$$\Omega F_0(m\Omega) = \Omega \sum_{n=0}^{N-1} f_0(nT_s) e^{-j2\pi mn/N}$$

式(2.142)で与えられる $F_s(\omega)$ を求める他の方法として，標本化した信号の周期関数のフーリエ変換を行うことができる。

DFT と IDFT を用いれば，信号のアップサンプリングは容易である。DFTしたのち，周波数成分を高域側に増やし，増えた周波数成分に零を設定し，これを IDFT すればよい。IDFT した後のクロック周波数は周波数成分を増加させた分に対応して高くなる。

2.4.11 高速フーリエ変換（FFT）

これは離散フーリエ変換（DFT）を高速に計算する方法であり，高速フーリエ変換（fast Fourier transform, FFT）と呼ばれる。信号のスペクトルを求める場合や線形システムの応答を求める際に大きな偉力を示す。

式(2.139)と(2.140)で示した DFT，IDFT の計算式をつぎのように書き直す。

$$F[m] = \sum_{n=0}^{N-1} f[n] W_N^{mn} \qquad (m = 0, 1, 2, \cdots, N-1, \text{ DFT}) \qquad (2.143)$$

$$f[n] = \frac{1}{N} \sum_{m=0}^{N-1} F[m] W_N^{-mn} \qquad (n = 0, 1, 2, \cdots, N-1, \text{ IDFT}) \qquad (2.144)$$

ここで，$W_N = e^{-j2\pi/N}$ である。

ここで，$F[m]$ $(m = 0, 1, 2, \cdots, N-1)$ を計算することを考える（DFT）。$f[n]$

($n = 0, 1, 2, \cdots, N-1$) の計算も同様になる。$F[m]$ の計算においては，N 回の乗算と $N-1$ 回の加算が必要である。$F[m]$ を $m = 0, 1, 2, \cdots, N-1$ について計算すると乗算の回数は合計で N^2 回となる。FFT はこの回数を $N\log_2 N$ に軽減できる手法である。仮に，$N = 1024$ とすれば，$N^2 \approx 10^6$ となるのに対して，$N\log_2 N \approx 10^4$ となる。この場合，乗算数が約 1/100 になるので，その効果のほどが実感できる。

$N = 2^M$（M：整数）とする。式 (2.143) をつぎのように，$f[n]$ の偶数項と奇数項に分けて考える（時間間引き法）。

$$F[m] = \sum_{n=0}^{N/2-1} f[2n] W_N^{2mn} + \sum_{n=0}^{N/2-1} f[2n+1] W_N^{(2n+1)m}$$

$$= E[m] + W_N^m Q[m] \qquad (m = 0, 1, 2, \cdots, N-1) \qquad (2.145)$$

ここで

$$E[m] = \sum_{n=0}^{N/2-1} f[2n] W_N^{2mn}, \qquad Q[m] = \sum_{n=0}^{N/2-1} f[2n+1] W_N^{2mn}$$

とおいた。もし，$E[m]$ と $Q[m]$ が求まっているとすると，式 (2.145) の計算における加算および乗算は N 回（$m = 0, 1, 2, \cdots, N-1$）となる。

$W_N^{2nm} = W_{N/2}^{nm}$，$W_{N/2}^{n(N/2+m)} = W_{N/2}^{nm}$ となるから，$E[m]$ と $Q[m]$ はつぎのように $N/2$ 点の DFT で表されることがわかる。

$$E[m] = E[N/2 + m] = \sum_{n=0}^{N/2-1} f[2n] W_{N/2}^{mn} \qquad \left(m = 0, 1, \cdots, \frac{N}{2} - 1\right)$$

$$Q[m] = Q[N/2 + m] = \sum_{n=0}^{N/2-1} f[2n+1] W_{N/2}^{mn} \qquad \left(m = 0, 1, \cdots, \frac{N}{2} - 1\right)$$

上と同様にして，$E[m]$ と $Q[m]$ はつぎのように変形できる。

$$E[m] = \sum_{n=0}^{N/4-1} f[4n] W_{N/2}^{2mn} + W_{N/2}^m \sum_{n=0}^{N/4-1} f[4n+2] W_{N/2}^{2mn}$$

$$\left(m = 0, 1, 2, \cdots, \frac{N}{2} - 1\right)$$

$$Q[m] = \sum_{n=0}^{N/4-1} f[4n+1] W_{N/2}^{2mn} + W_{N/2}^{m} \sum_{n=0}^{N/4-1} f[4n+3] W_{N/2}^{2mn}$$

$$\left(m = 0, 1, 2, \cdots, \frac{N}{2} - 1\right)$$

上と同様にして，上式の $E[m]$，$Q[m]$ は $N/4$ 点 DFT を 2 回行ったのち，$W_{N/2}^{m}$ との乗算で表すことができる。$N/4$ 点 DFT が求まっているとすれば，$E[m]$ との $Q[m]$ 計算にはそれぞれ $N/2$ 回の加算と乗算が行われ，合計で N 回の加算と乗算を行えばよい。同様にして，つぎの段階では，$N/4$ 回の演算（加算と乗算）を 4 種類の DFT 系列に行うので，合計で N 回の演算を行えばよい。この操作は M 段階まで行われるので，全体の演算回数は $MN = N\log_2 N$ になることが示された。ここで，$W_N^{2(m+N/2)n} = W_N^{2mn}$ および $W_N^{m+N/2} = -W_N^{m}$ であることに注目すれば，式 (2.145) はつぎのように書き換えられる。

$$F[m] = E[m] + W_N^{m} Q[m] \qquad \left(m = 0, 1, \cdots, \frac{N}{2} - 1\right)$$

$$F[m + N/2] = E[m] - W_N^{m} Q[m] \qquad \left(m = 0, 1, \cdots, \frac{N}{2} - 1\right)$$

これより，'−' の演算を乗算と考えなければ，乗算回数は $(N/2)\log_2 N$ となる。例として，$N=8$ に対する FFT アルゴリズムを図 2.43 に示した。各段階で 8 回の乗算と加算が行われている。また，各点からは二つに分岐し，おのおのの分岐に対して，乗算は W_8^{m} と $W_8^{m+4} = -W_8^{m}$ になっている。

式 (2.143) と式 (2.144) の類似性より，同様な手法は IDFT の計算においても適用できる。以上のアルゴリズムは各段階で $f[n]$ を一つおきにまとめて計算することによって得られた。このような手法が適用できたのは，重み W_N^{mn} の性質にあった。

ところで，この W_N^{mn} は m, n について対称な形になっている。この点に着目すれば，周波数成分 $F[m]$ に対して，m を一つおきにまとめて計算する同様な手法（周波数間引き法）が考えられる。

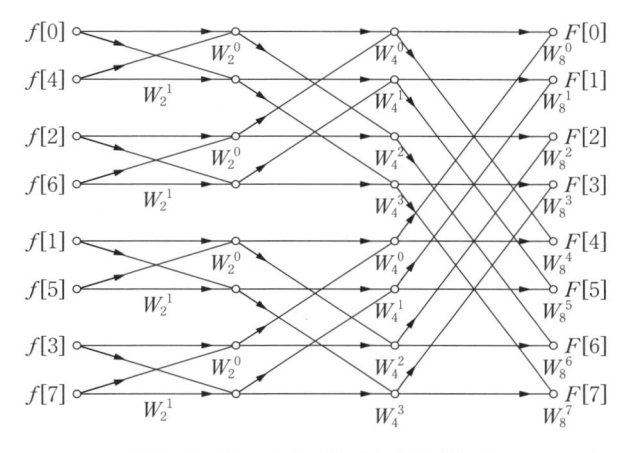

図 2.43 FFT アルゴリズムの例 ($N=8$)

2.5 最適化問題の解法と適応信号処理

ここでは，信号システムにおける最適な解を求める手法と，信号に対して適応的に対処するアルゴリズムについて簡単な説明を行う。

2.5.1 最適化問題の解法

簡単のために，二つの変数 x_1, x_2 の関数 $f(x_1, x_2)$ を最大にする x_1, x_2 の値 $\tilde{x}_1, \tilde{x}_2$ を求めたい。ここで，$f(x_1, x_2)$ は微分可能であり，上に凸（convex）であるとする。

（i）<u>拘束条件がない場合</u>　関数 $f(x_1, x_2)$ を x_1, x_2 の近傍で1次近似する。

$$f(x_1+\Delta x_1, x_2+\Delta x_2) \cong f(x_1, x_2) + \frac{\partial f}{\partial x_1}\Delta x_1 + \frac{\partial f}{\partial x_2}\Delta x_2$$

$$\left(|\Delta x_1|, |\Delta x_2| \ll 1\right)$$

もし，$x_1 \neq \tilde{x}_1, x_2 \neq \tilde{x}_2$ であれば，$(\partial f/\partial x_1)\Delta x_1 \geq 0, (\partial f/\partial x_2)\Delta x_2 \geq 0$ となる $\Delta x_1, \Delta x_2$ を選べば，$f(x_1+\Delta x_1, x_2+\Delta x_2) > f(x_1, x_2)$ となるので，最大値に近づくことができる。

$x_1 = \tilde{x}_1$, $x_2 = \tilde{x}_2$ のとき，$f(\tilde{x}_1, \tilde{x}_2)$ は極値であるので

$$\frac{\partial f}{\partial x_1} = 0, \quad \frac{\partial f}{\partial x_2} = 0$$

上式を満足する x_1, x_2 が $\tilde{x}_1, \tilde{x}_2$ となる。

例 2.26 （目的関数が複素関数の絶対値の 2 乗で表される場合） 目的関数 J が複素関数 $f(z)$ の絶対値の 2 乗で表される場合は多い。

$$J = |f(z)|^2 = |f(x, y)|^2 \quad (z = x + jy, \ x, y \text{ は実数})$$

この場合の極値は，つぎの式を解いて求められる。

$$\frac{\partial}{\partial x} J = 0, \quad \frac{\partial}{\partial y} J = 0 \tag{2.146}$$

つぎのような演算子を導入すると式の表現が簡潔になる。

$$\frac{\partial}{\partial z} = \frac{1}{2}\left(\frac{\partial}{\partial x} - j\frac{\partial}{\partial y}\right), \quad \frac{\partial}{\partial z^*} = \frac{1}{2}\left(\frac{\partial}{\partial x} + j\frac{\partial}{\partial y}\right)$$

このようにおくと，偏微分は

$$\frac{\partial}{\partial x} J = 2\mathrm{Re}\left\{\frac{\partial}{\partial z^*} J\right\}, \quad \frac{\partial}{\partial y} J = 2\mathrm{Im}\left\{\frac{\partial}{\partial z^*} J\right\}$$

となるので，式(2.146)はつぎのように表される。

$$\frac{\partial}{\partial z^*} J = 0$$

目的関数は，$J(z, z^*)$ と表現できるので，$\partial J(z, z^*)/\partial z$ を実行する際に

$$\frac{\partial}{\partial z^*} z = 0, \quad \frac{\partial}{\partial z^*} z^* = 1$$

となる関係を利用すれば，偏微分が簡潔になることが多い。

例 2.27 （最小平均二乗誤差法） 送信（複素）信号 s が伝送路利得 G で受信され，これに雑音 n が加わった場合について，誤差の 2 乗が最小となる受信利得 W を求める問題を考える。

受信信号は

2.5 最適化問題の解法と適応信号処理

$$r = Gs + n$$

となる。ここで，誤差はつぎのように表される。

$$\varepsilon = s - \hat{s}$$

ここで

$$\hat{s} = wr = w(Gs + n)$$

とおいた。

最小平均二乗誤差 J は

$$J = \langle |\varepsilon|^2 \rangle = \langle |s - w(Gs + n)|^2 \rangle$$
$$= \langle [s - w(Gs + n)][s^* - w^*(G^*s^* + n^*)] \rangle$$

ここで，記号 $\langle \cdot \rangle$ は集合平均を表す。これより

$$\frac{\partial J}{\partial w^*} = -\langle [s - w(Gs + n)][G^*s^* + n] \rangle = -\langle G^*|s|^2 - w|Gs|^2 - w|n|^2 \rangle$$
$$= -G^*A^2 + w|G|^2 A^2 + wN$$

ここで，$\langle s^*n \rangle = \langle sn^* \rangle = 0$ と仮定し，$\langle |s|^2 \rangle = A^2$，$\langle |n|^2 \rangle = N$ とおいた。$\frac{\partial J}{\partial w^*} = 0$ とおくことにより

$$w = \frac{G^* A^2}{|G|^2 A^2 + N} = \frac{1/G}{1 + N/S}$$

となる。ここで，$S = |G|^2 A^2$ は受信信号電力，N は雑音電力である。最適利得は雑音の大きさと，信号の誤差との兼合いで決まる。$S/N \to \infty$ のときには，$w \to 1/G$ となる。

（ⅱ）<u>拘束条件がある場合</u>　つぎの拘束条件

$$g(x_1, x_2) = C \quad (C \text{は定数})$$

の下で，$f(x_1, x_2)$ を最大にするためには，つぎのような目的関数を考えればよい。

$$u(x_1, x_2) = \frac{f(x_1, x_2)}{g(x_1, x_2)} \tag{2.147}$$

118　2. 信号と線形システムの基礎

ここで, $u(x_1, x_2)$ も微分可能と仮定する。$\partial u/\partial x_1 = 0$, $\partial u/\partial x_2 = 0$ となる $\tilde{x}_1, \tilde{x}_2$ を求めればよい。式(2.147)を偏微分することにより

$$\frac{\partial u}{\partial x_1} = \frac{1}{g(x_1, x_2)}\frac{\partial}{\partial x_1}f(x_1, x_2) - \frac{f(x_1, x_2)}{[g(x_1, x_2)]^2}\frac{\partial}{\partial x_1}g(x_1, x_2) = 0$$

$$\frac{\partial u}{\partial x_2} = \frac{1}{g(x_1, x_2)}\frac{\partial}{\partial x_2}f(x_1, x_2) - \frac{f(x_1, x_2)}{[g(x_1, x_2)]^2}\frac{\partial}{\partial x_2}g(x_1, x_2) = 0$$

上式をつぎのように書き換える。

$$\frac{\partial}{\partial x_1}f(x_1, x_2) - \frac{f(x_1, x_2)}{g(x_1, x_2)}\frac{\partial}{\partial x_1}g(x_1, x_2) = 0$$

$$\frac{\partial}{\partial x_2}f(x_1, x_2) - \frac{f(x_1, x_2)}{g(x_1, x_2)}\frac{\partial}{\partial x_2}g(x_1, x_2) = 0$$

$f(\tilde{x}_1, \tilde{x}_2) = M$ とすれば, 上式はつぎのようになる。

$$\frac{\partial}{\partial x_1}f(x_1, x_2) - \frac{M}{C}\frac{\partial}{\partial x_1}g(x_1, x_2) = 0$$

$$\frac{\partial}{\partial x_2}f(x_1, x_2) - \frac{M}{C}\frac{\partial}{\partial x_2}g(x_1, x_2) = 0$$

$\lambda = M/C$ とおけば, 上式はラグランジェの未定乗数法となる。ここで, 未定乗数 λ の意味が明らかになった。

例 2.28　$f(x_1, x_2) = \log x_1 + \log x_2$

ここで

$$x_1 = p_1 s_1, \qquad x_2 = p_2 s_2 \tag{2.148}$$

$0 \leq p_1, p_2 \leq 1$ であり, s_1, s_2 は正の定数である。

拘束条件として, つぎを考える。

$$p_1 + p_2 = 1 \tag{2.149}$$

すなわち

$$g(x_1, x_2) = \frac{x_1}{s_1} + \frac{x_2}{s_2} = 1$$

ラグランジェの未定乗数法を用いて

$$\frac{1}{x_1} - \frac{\lambda}{s_1} = 0, \quad \frac{1}{x_2} - \frac{\lambda}{s_2} = 0$$

これに，式(2.148),(2.149)を用いて

$$p_1 = p_2 = \frac{1}{2} \tag{2.150}$$

となる。したがって

$$\tilde{x}_1 = \frac{s_1}{2}, \quad \tilde{x}_2 = \frac{s_2}{2} \tag{2.151}$$

この結果は，資源割当て問題（9.1.3項）における比例公平性割当てとなる。

拘束条件(2.149)がなければ，$s_1 > s_2$のとき，$\tilde{x}_1 = s_1$, $\tilde{x}_2 = 0$となり，$s_1 < s_2$のとき，$\tilde{x}_1 = 0$, $\tilde{x}_2 = s_2$となる。

2.5.2 適応信号処理

適応信号処理とは，信号処理において制御可能なパラメータを有しておき，このパラメータを入力信号の性質に応じて，最適に自動調整することをいう。例えば，受信信号の歪みを補償（等化）するため，ディジタルフィルタを用い，そのパラメータである係数を自動調整することが考えられる。入力信号の性質が時間によって変化する場合には，パラメータもこれに適応させて変化（自動制御）させなければならない。半導体技術の進歩により高度のディジタル信号処理が可能になったおかげで，高度の適応信号処理が実際に行えるようになった。例えば，'ケータイ'電話機の中では一昔前には考えられなかった信号処理が行われている。

適応信号処理の例としては，上に述べた適応ディジタルフィルタによる信号等化の他に，未知の動的システムの推定（同定），および信号の予測などが含まれる。これら適応信号処理における性能の基準としては，目標とする値と得られている値との間の差（誤差）が考えられる。この誤差を最小にすることを

規範として信号処理を行う。以下では,線形システムにおける適応信号処理の例について概要を述べた後,適応処理アルゴリズムについて説明する。離散時間(ディジタル)信号処理を考える。

〔1〕 **適応信号処理の例**

(**a**) **信号の等化**　ディジタル通信において受信側で行う信号処理(ディジタルフィルタ)を例として考える(図2.44)。ディジタル通信においては送信信号 $\{1, 0\}$ に応じてパルス $p(t)$ の符号(極性)を変化させて信号を周期的に送信する。受信側においては,サンプル時刻 $(t=nT, n=0, 1, \cdots)$ において,サンプルした信号の極性の正負に応じて判定判果 $\{1, 0\}$ を得る。伝送路において送信パルス信号 $\pm p(t)$ が歪みを受け,受信信号は $r(t) = \pm p(t) * c(t)$ となる。ここで $c(t)$ は伝送路のインパルス応答である。無線伝送路ではマルチパス電波伝搬のため,例えば $c(t) = A\delta(t) + B\delta(t-t_0)$ (2パス)となり,$r(t) = \pm\{Ap(t) + Bp(t-t_0)\}$ となって $\pm p(t)$ とは異なる波形となる。この波形歪みと,伝送路あるいは受信機で加わる雑音により,判定において誤りが確率的に生じる。この誤り確率を最小にすることを広義の意味で信号の等化という。信号の等化はディジタルフィルタの係数を自動的に調整することで行う。雑音を考慮しないで,歪んだ信号を単に元に戻すことを(狭義)等化ということもある。

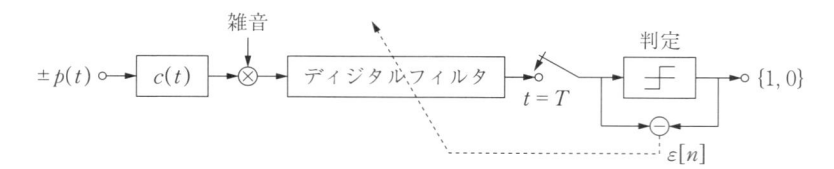

図 2.44　ディジタル通信における信号の等化

ここでは,簡単のため,狭義の等化を考えよう。このとき,われわれはインパルス応答 $c(t)$ を有する伝送路に対する逆回路を離散時間(ディジタル)フィルタとして実現すればよいことになる。上の例では,$c(t) = A\delta(t) + B\delta(t-t_0)$ であるから,これをフーリエ変換すると $C(\omega) = A + Be^{-j\omega t_0}$ となる。したがって,逆システムの伝達関数は $H(\omega) = 1/C(\omega) = 1/(A + Be^{-j\omega t_0})$ となればよい。簡単のため t_0 がサンプリング周期 T と等しいとすれば,$H(z) = 1/(A + Bz^{-1})$

となるディジタルフィルタを実現すればよい．この回路は**図 2.45** のように実現される．ただし，安定性を保証するためには，$B/A<1$ でなくてはならない．実際には，A, B および t_0 の値を知ることができないので，どのようにして逆回路を求めるかが問題となる．これらはまた時間的にも変動するので，ディジタルフィルタはこの変動に追随してそのパラメータを変化させなければならない．ここで示したフィルタのように帰還部を含む（IIR フィルタ）と不安定の問題があるので，通常は FIR（トランスバーサル）フィルタ（図 2.38）で実現することが多い．フィルタの次数は信号処理の複雑さと性能との兼合いで決める．

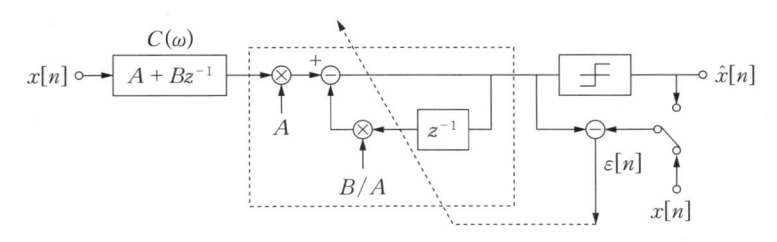

図 2.45　信号の等化回路の例

制御は等化出力信号と，ディジタル信号の基準レベルである $\pm p(0)$ の差，あるいは既知の信号系列 $x[n]$ との差である，誤差信号 $e[n]$ を少なくするように行われる．

（**b**）　**システムの同定**　　線形システムがいくつかの独立な未知パラメータを含む場合に，これを推定することをシステム同定（推定）という（**図 2.46**）．推定というときには，システムが雑音のように確率的な変動要因によってゆらいでいるために，正確なパラメータを同定できない場合を暗に意味する．図のように入力信号 $x[n]$ を未知システムと推定フィルタに入力し，未知動的システムの出力 $y[n]$ と推定フィルタの出力 $\hat{y}[n]$ との誤差が少なくするような推定フィルタの係数を求める．

（**c**）　**信号の予測**　　時間 $n-1$ までの信号を用いてつぎの時刻 n の信号を予測することを考える（**図 2.47**）．われわれは線形システムを考えているの

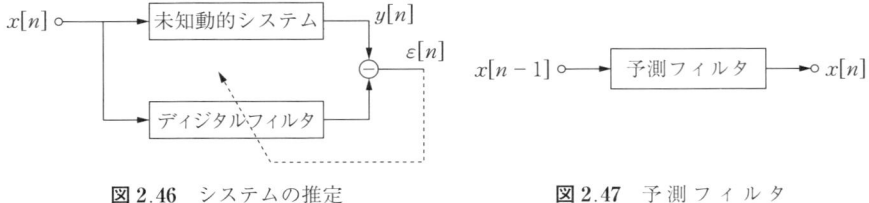

図2.46 システムの推定　　図2.47 予測フィルタ

で，予測値 $\tilde{x}[n]$ は過去の値 $x[n-m]$ ($m=1, 2, \cdots$) に重みを付けてつぎのように考えられる。

$$\hat{x}[n] = \sum_{m=1}^{M} h[m]x[n-m] \qquad (2.152)$$

この式はトランスバーサルフィルタにおいて現在の時刻に対するタップ係数を零としたものと同じになる。予測重み係数は入力信号に応じて予測誤差 $\varepsilon[n]$ $= x[n] - \tilde{x}[n]$ が最小になるように決定する。信号 $x[n]$ の（統計的）性質は時間によって変化することがあるので，適応的に係数を制御しなければならない。

信号予測の応用例として音声信号に対する適応差動パルス符号変調 (adaptive differential pulse code modulation, ADPCM) を図2.48に示す。この符号化方式は符号化速度が64 kbps の（サンプリング周波数 = 8 kHz，量子化ビット数 = 8 ビット）PCM 符号化方式に適応予測を導入することにより，ほぼ同一の音声品質（量子化誤差）を保ちながら符号化速度を半分（32 kbps）にしたものである。8 kHz でサンプリングされた音声信号は予測フィルタの出力 $\tilde{x}[n]$ との差分 $e[n]$ がとられる。$e[n]$ は量子化され（$\varepsilon'[n]$）て，符号化（図には示していない）されたのち伝送される。量子化を行う際の量子化誤差が音

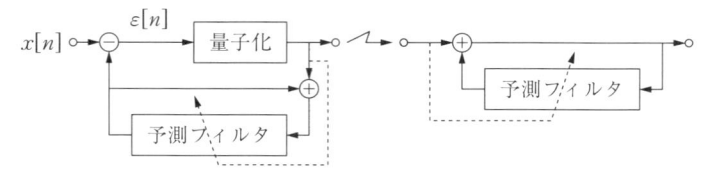

図2.48 予測フィルタの適用例（ADPCM）

声符号化における音声品質の劣化となる。量子化誤差を少なくするためには，量子化ビット数を多くする必要がある。これは，符号化速度の上昇につながる。ADPCM は予測フィルタの導入によって，予測残差 $e[n]$ のレベル範囲（ダイナミックレンジ）を入力信号 $x[n]$ のそれよりも，低減することにより量子化レベル数を削減している。予測フィルタの入力は時刻 n の値 $\hat{x}[n]$ も入力されているが，これに対するタップ係数は零になっている。適応制御は量子化した信号 $\varepsilon'[n]$ を入力として，決められたアルゴリズムによって行われる。実際には，量子化におけるステップ幅も適応的に制御される。量子化誤差を無視すれば（$\varepsilon[n]=\varepsilon'[n]$），予測フィルタ入力は $\hat{x}[n]=x[n]$ となることが示される。このとき，伝送路において，誤りが生じなければ受信出力信号も $x[n]$ となることが示される。

〔2〕 **適応最適化アルゴリズム**　　線形システムのパラメータを適応的に制御して，その出力を目標とする信号に近づけ，誤差をできるだけ少なくするためのアルゴリズムを検討する。このアルゴリズムは，いったん誤差を定義すれば，いかなる線形システムへも適用できる。例えば，前節で述べた，信号の等化，システムの推定，および信号の予測において適応できる。

離散時間線形システムの入力 $x[n]$ と出力 $y[n]$ の関係はつぎのように与えられる。

$$y[n]=\sum_{k=0}^{M-1}h[k]x[n-k]$$

ここで，$h[n]$ はシステムのインパルス応答であり，システムは因果的としている。望ましい信号を $d[n]$ と表すことにすれば，誤差信号 $e[n]$ は，つぎのように与えられる。

$$e[n]=d[n]-y[n]$$

入力信号 $x[n]$ は確率的に変化するものとする。例えば，ディジタル通信における送信データがランダムに生起する場合がこの場合に相当する。また，信号があらかじめ定められている場合（決定論的信号）においても，これに雑音が加わった場合においては，入力信号 $x[n]$ は確率的に変化する。$x[n]$ が確率的

に変化するのであるから，誤差 $e[n]$ も確率的に変化する．適応制御の規範として，$e[n]$ の確率平均 $\langle e[n]\rangle$ を最小にすることを考えるのは，適切ではない．なぜなら，この場合には，$\langle e[n]\rangle$ の値は小さな値をとるものの，各時刻における $e[n]$ の値は正，負の大きな値をとることがあるからである．誤差の絶対値の確率平均 $\langle |e[n]|\rangle$ を考えればこのような問題はない．誤差の2乗平均値 $\langle e^2[n]\rangle$ もこのような問題はない．実際には，2乗平均値が一般的に用いられる．その理由は以下に示すように，最適な制御パラメータが線形演算により求まるからである．

以下，$\langle e^2[n]\rangle$ を基範としてこれを最小にするパラメータ $h[k]$ ($k=0, 1, \cdots, M-1$) を求めるアルゴリズムを検討する．最も簡単で，どのようなシステムにでも適応できるものとして摂動法が知られている．これは，適当な初期値から出発して，パラメータをその付近で少し変化させ，誤差が少なくなる方向にパラメータを更新する．この方法は，試行錯誤を繰り返すので，収束までの時間が長くなる欠点がある．以下に示す方法は，これより洗練されたものであり，収束が速くなる．$\langle e^2[n]\rangle$ はつぎのように書ける．

$$\varepsilon = \langle e^2[n]\rangle = \langle (d[n]-y[n])^2 \rangle$$
$$= \left\langle \left(d[n]-\sum_{k=0}^{M-1} h[k]x[n-k]\right)^2 \right\rangle$$

e は $h[k]$ に対して下向きに凸の2次関数であるから，e を最小にする $h[k]$ が必ず存在する．ε を $h[k]$ で偏微分する．

$$\frac{\partial \varepsilon}{\partial h[k]} = \left\langle -2x[n-k]\left(d[n]-\sum_{m=0}^{M-1} h[m]x[n-m]\right)\right\rangle$$
$$= -2\langle x[n-k]e[n]\rangle \quad (k=0, 1, \cdots, M-1) \quad (2.153)$$

$\partial \varepsilon / \partial h[k] = 0$ となる $h[k]$ が最適パラメータである．これを $h_0[k]$ と表すことにする．$h_0[k]$ は以下の線形連立方程式を解くことによって得られる．

2.5 最適化問題の解法と適応信号処理

$$\sum_{m=0}^{M-1} \langle x[n-k]x[n-m]\rangle h_0[m] = \langle x[n-k]d[n]\rangle \quad (k=0,1,\cdots,M-1)$$
(2.154)

ここで，$x[n]$ と $x[m]$，$x[n]$ と $d[m]$ は結合定常であると仮定する．すなわち

$$\langle x[n-k]x[n-m]\rangle = r[m-k] \tag{2.155}$$

$$\langle x[n-k]d[n]\rangle = p[k] \tag{2.156}$$

とおく．このことは結合確率が時間の原点には依存せず，その時間差のみに依存することを意味している．

式(2.155)，(2.156)の表記を用いれば，式(2.154)はつぎのような行列の形に表される．

$$[R][h_0] = [P] \tag{2.157}$$

ここで

$$[h_0] = \begin{bmatrix} h_0[0] \\ h_0[1] \\ \vdots \\ h_0[M-1] \end{bmatrix}, \quad [P] = \begin{bmatrix} p[0] \\ p[1] \\ \vdots \\ p[M-1] \end{bmatrix},$$

$$[R] = \begin{bmatrix} r[0] & r[1] & \cdots & r[M-1] \\ r[1] & r[0] & \cdots & r[M-2] \\ \vdots & & & \\ r[M-1] & r[M-2] & \cdots & r[0] \end{bmatrix}$$

である．ここで，自己相関関数の性質 $r[m-k] = r[k-m]$ を用いた．最適な係数 $[h_0]$ は式(2.157)を解いて得られる．すなわち

$$[h_0] = [R]^{-1}[P]$$

（**a**）**最急降下法**　　連立1次方程式を解いて，あるいは逆行列を求めて最適係数を求めることは，演算アルゴリズムが複雑になるとともに，係数の数 M が大きいときには演算量が多くなることにつながる．この問題を解決する方法として，最急降下法（method of steepest-descent）が古くから知られて

いる。この方法は，任意の初期値から出発して，誤差曲面に沿ってその値が減少する方向に，一歩一歩進んで最適値に近づく反復的な方法である。式(2.153)において，e および $h[k]$ に時刻 n を明記してつぎのように表す。

$$\frac{\partial \varepsilon[n]}{\partial h[k, n]} = -2\langle x[n-k]e[n]\rangle$$

この式は，$h[k, n]$ に対して誤差曲面の傾きを示しており，最適解は傾きが正であれば $h[k, n]$ を減少させた方向にあり，傾きが負であれば $h[k, n]$ を増加させた方向にあることを示している。最急降下法はこの事実に基づいており，つぎのような再帰的な式で表される。

$$\begin{aligned} h[k, n+1] &= h[k, n] + \frac{1}{2}\mu\left(-\frac{\partial \varepsilon[n]}{\partial h[k, n]}\right) \\ &= h[k, n] + \mu\langle x[n-k]e[n]\rangle \quad (k=0, 1, \cdots, M-1) \quad (2.158) \end{aligned}$$

ここで，μ はステップサイズパラメータと呼ばれ，正の小さな値に選ばれる。$\langle x[n-k]e[n]\rangle = 0$ となると最適値に到達し，係数の更新は行われなくなる。

（b） 最小二乗平均アルゴリズム　　最急降下法においては，傾きに対応する $\langle x[n-k]e[n]\rangle$ を知る必要がある。この際，確率平均をとらなければならない。確率平均を求めるためには，多数の入力データサンプルを用いなければならず，実時間で行うことは困難である。最小二乗平均 (least-mean-square, LMS) アルゴリズムは，確率平均を瞬間値で代用するものである。すなわち，つぎのように表される。

$$h[k, n+1] = h[k, n] + \mu x[n-k]e[n] \quad (k=0, 1, \cdots, M-1)$$

これにより，入力データ $x[n]$ が入力されるごとに係数の更新を行うことができる。ステップサイズパラメータ μ の値により，収束速度と最終誤差が影響を受ける。μ の値が大きいと収束速度は速くなるものの，最終誤差が大きくなる。μ の値が小さいとこれが逆になる。

また，式(2.158)よりわかるように，入力信号 $x[n]$ のレベルも μ の値と同様な影響を与える。そのため，LMSアルゴリズムを用いる場合には，入力信号に自動利得制御を行う。これと等価な方法としてつぎのような正規化

(normalized) LMS が知られている。

$$h[k, n+1] = h[k, n] + \frac{\alpha}{\|x\|^2} x[n-k] e[n] \quad (k=0, 1, \cdots, M-1)$$

ここで，$\|x\|^2 = \sum_{k=0}^{M-1} (x[n-k])^2$ であり，α は正の小さな定数である。

（c） **再帰最小二乗アルゴリズム**　　まず例として，伝送路特性 $H(z) = 1 + z^{-2}/2$ の逆特性をタップ数が6個のトランスバーサルフィルタで実現した場合の収束特性を図 2.49 に示す。LMS アルゴリズムの収束速度は遅い。その理由は，係数の補正を瞬間の誤差によって遂次的に行っているからである。再帰最小二乗（recursive least square, RLS）アルゴリズムは，いままで観測したすべてのデータの系列を用いて最適係数求めるものである。これにより，図 2.49 に示すように収束速度が上がる。この方法も反復的な手法である。演算量は LMS に比べて大きい。

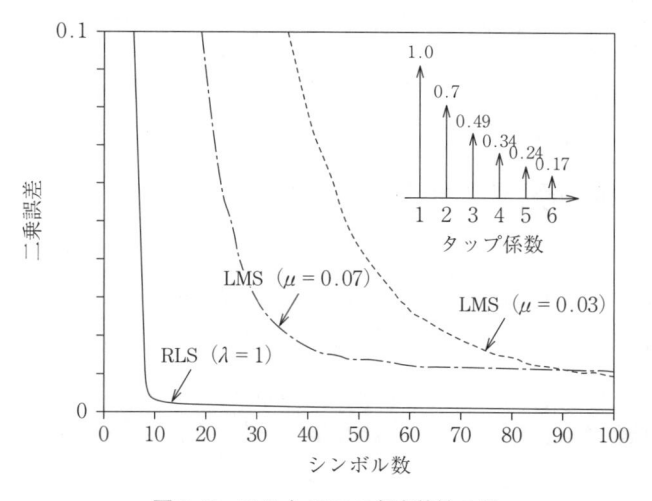

図 2.49 LMS と RLS の収束特性の例

n 個の入力（観測）信号データ系列 $x[i]$ $(i=1, 2, \cdots, n)$ が与えられているものとしよう。これに対応する目標（希望）信号データ系列を $d[i]$ $(i=1, 2, \cdots, n)$ とする。入力データを線形ディジタルシステムに入力し，その出力系列 $y[i]$ と目標信号データ系列との二乗誤差 $J[n]$ を最小にする M 個の係数 $h[k,$

$n]$ ($k=1, 2, \cdots, M-1$) を求めたい。ここで，添字 n は n 個のデータを考えていることを明示するために用いた。$J[n]$ はつぎのように与えられる。

$$J[n] = \sum_{i=1}^{n} e^2[i] \tag{2.159}$$

ここで

$$e[i] = d[i] - y[i] \tag{2.160}$$

$$y[i] = \sum_{k=0}^{M-1} h[k, n]x[i-k] \quad (i=1, 2, \cdots, n) \tag{2.161}$$

式(2.160)と式(2.161)を式(2.159)に代入することにより

$$J[n] = \sum_{k=0}^{M-1} \left(d[i] - \sum_{k=0}^{M-1} h[k, n]x[i-k] \right)^2$$

これを $h[k, n]$ で偏微分する。

$$\frac{\partial J[n]}{\partial h[k, n]} = -2 \sum_{i=1}^{n} x[i-k] \left(d[i] - \sum_{m=0}^{M-1} h[m, n]x[i-m] \right)$$

$\partial J[n]/\partial h[k, n] = 0$ とする。したがって $J[n]$ を最小にする $h[k, n]$ を $\hat{h}[k, n]$ とすれば

$$\sum_{m=0}^{M-1} \hat{h}[m, n] \sum_{i=1}^{n} x[i-k]x[i-m] = \sum_{i=1}^{n} x[i-k]d[i]$$

$$(k=0, 1, \cdots, M-1) \tag{2.162}$$

$\hat{h}[m, n]$ ($m=0, 1, \cdots, M-1$) はこの線形連立方程式を解くことによって得られる。この式は二乗誤差の集合平均を最小することによって得られた式(2.154)と同様の式である。両者の異なる点は，式(2.154)では集合平均で定義された自己相関 $\langle x[i-k]x[i-m] \rangle$ および相互相関 $\langle x[n-k]d[n] \rangle$ が用いられているのに対して，式(2.162)ではこれらが時間相関になっていることである。

表現を簡単にするため，時間相関をつぎのようにおく。

$$\phi[n; k, m] = \sum_{i=1}^{n} x[i-k]x[i-m] \quad (k, m=0, 1, \cdots, M-1), \tag{2.163}$$

$$\theta[n; k] = \sum_{i=1}^{n} d[i]x[i-k] \quad (k=0, 1, \cdots, M-1)$$

2.5 最適化問題の解法と適応信号処理

これより,式(2.162)はつぎのようになる。

$$\sum_{m=0}^{M-1} \phi[n; k, m]\hat{h}[m, n] = \theta[n; k] \qquad (k=0, 1, \cdots, M-1)$$

この式を行列式で表現する。

$$[\Phi[n]][\hat{h}[n]] = [\Theta[n]] \tag{2.164}$$

ここで,$[\Phi[n]]$ は要素を $\phi[n; k, m]$ とする $M \times M$ の行列であり,$[\hat{h}[n]]$,$[\Theta[n]]$ は要素の数が M 個の列ベクトル($M \times 1$ の行列)である。

$$[\hat{h}[n]] = \begin{bmatrix} \hat{h}[0, n] \\ \hat{h}[1, n] \\ \vdots \\ \hat{h}[M-1, n] \end{bmatrix}, \quad [\Theta[n]] = \begin{bmatrix} \theta[n; 0] \\ \theta[n; 1] \\ \vdots \\ \theta[n; M-1] \end{bmatrix}$$

自己相関関数の性質($\phi[n; k, m] = \phi[n; m, k]$)より $[\Phi[n]]$ は対称行列である。式(2.164)を解くことによって最適解 $[\hat{h}[n]]$ が求まる。

$$[\hat{h}[n]] = [\Phi[n]]^{-1}[\Theta[n]] \tag{2.165}$$

RLS アルゴリズムは上式を反復的に解く方法である。準備として,$\phi[n; k, m]$ と $\theta[n, k]$ を反復的に計算する方法を示す。式(2.163)をつぎのように書き換える。

$$\phi[n, k, m] = \sum_{i=1}^{n-1} x[i-k]x[i-m] + x[n-k]x[n-m]$$

右辺の第1項は $\phi[n-1; k, m]$ を表している。したがって,つぎの反復式が得られる。

$$\phi[n; k, m] = \phi[n-1; k, m] + x[n-k]x[n-m]$$
$$(m, k = 0, 1, \cdots, M-1) \tag{2.166}$$

同様にして次式を得る。

$$\theta[n; k] = \theta[n-1; k] + d[n]x[n-k] \qquad (k = 0, 1, \cdots, M-1) \tag{2.167}$$

以下,多数の行列表示を行うので,表記の簡便のため,行列をブロック体で表すことにする。例えば $[\phi[n]] = \boldsymbol{\phi}[n]$ と表す。現在の M 個の入力データベクト

ルをつぎのように定義する。

$$\boldsymbol{x}[n] = \begin{bmatrix} x[n] \\ x[n-1] \\ \vdots \\ x[n-M+1] \end{bmatrix}$$

式(2.166)を行列表現すれば，つぎのようになる。

$$\boldsymbol{\phi}[n] = \boldsymbol{\phi}[n-1] + \boldsymbol{x}[n]\boldsymbol{x}^T[n] \quad (\boldsymbol{x}^T \text{は} \boldsymbol{x} \text{の転置}) \tag{2.168}$$

同様に式(2.167)を列ベクトル表示すれば，次式を得る。

$$\boldsymbol{\theta}[n] = \boldsymbol{\theta}[n-1] + d[n]\boldsymbol{x}[n] \tag{2.169}$$

式(2.165)を書き直せば，つぎのようになる。

$$\hat{\boldsymbol{h}}[n] = \boldsymbol{\phi}[n]^{-1}\boldsymbol{\theta}[n] \tag{2.170}$$

逆行列の補助定理（matrix-inversion lemma）が以下のように知られている。行列 $\boldsymbol{A}$ がつぎのように与えられているとする。

$$\boldsymbol{A} = \boldsymbol{B}^{-1} + \boldsymbol{C}\boldsymbol{D}^{-1}\boldsymbol{C}^T$$

ここで，$\boldsymbol{A}, \boldsymbol{B}$ は $M \times M$ 行列，$\boldsymbol{C}$ は $M \times N$ 行列，$\boldsymbol{D}$ は $N \times N$ 行列である。このとき，$\boldsymbol{A}$ の逆行列は，つぎのように表示される。

$$\boldsymbol{A}^{-1} = \boldsymbol{B} - \boldsymbol{B}\boldsymbol{C}[\boldsymbol{D} + \boldsymbol{C}^T\boldsymbol{B}\boldsymbol{C}]^{-1}\boldsymbol{C}^T\boldsymbol{B}$$

この補助定理を式(2.168)に適用するためには，$\boldsymbol{A} = \boldsymbol{\phi}[n]$，$\boldsymbol{B}^{-1} = \boldsymbol{\phi}[n-1]$，$\boldsymbol{C} = \boldsymbol{x}[n]$，$\boldsymbol{D} = \boldsymbol{I}$（単位行列）とおけばよい。これにより

$$\boldsymbol{\phi}^{-1}[n] = \boldsymbol{\phi}^{-1}[n-1] - \frac{\boldsymbol{\phi}^{-1}[n-1]\boldsymbol{x}[n]\boldsymbol{x}^T[n]\boldsymbol{\phi}^{-1}[n-1]}{1 + \boldsymbol{x}^T[n]\boldsymbol{\phi}^{-1}[n-1]\boldsymbol{x}[n]} \tag{2.171}$$

表記を簡単にするために

$$\boldsymbol{P}[n] = \boldsymbol{\phi}^{-1}[n] \tag{2.172}$$

$$\boldsymbol{k}[n] = \frac{\boldsymbol{P}[n-1]\boldsymbol{x}[n]}{1 + \boldsymbol{x}^T[n]\boldsymbol{P}[n-1]\boldsymbol{x}[n]} \tag{2.173}$$

とおけば，式(2.171)はつぎのように表される。

$$\boldsymbol{P}[n] = \boldsymbol{P}[n-1] - \boldsymbol{k}[n]\boldsymbol{x}^T[n]\boldsymbol{P}[n-1] \tag{2.174}$$

この式の両辺に後ろから $\boldsymbol{x}[n]$ を掛けると

2.5 最適化問題の解法と適応信号処理

$$P[n]x[n] = P[n-1]x[n] - k[n]x^T[n]P[n-1]x[n] \tag{2.175}$$

式(2.173)を書き変えて

$$k[n] = P[n-1]x[n] - k[n]x^T[n]P[n-1]x[n] \tag{2.176}$$

式(2.175), (2.176)より

$$k[n] = P[n]x[n] \tag{2.177}$$

を得る。式(2.170)に式(2.171), (2.167), (2.177)を代入すれば

$$\hat{h}[n] = P[n]\theta[n]$$
$$= P[n]\{\theta[n-1] + x[n]d[n]\}$$
$$= P[n]\theta[n-1] + P[n]x[n]d[n]$$
$$= P[n]\theta[n-1] + k[n]d[n]$$

式(2.174)の $P[n]$ を上式に代入すれば

$$\hat{h}[n] = \{P[n-1] - k[n]x^T[n]P[n-1]\}\theta[n-1] + k[n]d[n]$$
$$= P[n-1]\theta[n-1] + k[n]\{d[n] - x^T[n]P[n-1]\theta[n-1]\}$$
$$\tag{2.178}$$

となる。式(2.170)と式(2.172)より

$$P[n-1]\theta[n-1] = \hat{h}[n-1]$$

であるから,式(2.178)は

$$\hat{h}[n] = \hat{h}[n-1] + k[n]\{d[n] - x^T[n]\hat{h}[n-1]\}$$
$$= \hat{h}[n-1] + k[n]\eta[n] \tag{2.179}$$

ここで

$$\eta[n] = d[n] - x^T[n]\hat{h}[n-1] \tag{2.180}$$

とおいた。$\eta[n]$ は時刻 $n-1$ での係数を用いた場合での誤差を表している。これにより, $\hat{h}[n]$ は初期値を与えれば,式(2.173), (2.174), (2.179), (2.180)を用いて漸化的に求められる。

係数の初期値はすべて零,すなわち $\hat{h}[n] = 0$ とする。$\phi[n; k, m]$(式2.163)において,$n=0$ とすると $\phi[0; k, m] = 0$ となる。これでは $P[0]$ が無限大になって不都合である。そのため $\phi[0] = cI$ とおく。ここで c は小さな正の数,I は $M \times M$ の単位行列である。c を零に近づければ,$\hat{h}[n]$ は式(2.165)を直接的

132   2. 信号と線形システムの基礎

に解いた解に近づくことが確かめられる。

　以上の説明により，RLS アルゴリズムは n 個の入力データ $x[i]$ と望みのデータ $d[i]$ ($i=0, 1, \cdots, n$) が与えられたとき，二乗誤差を最小にする係数 $\hat{h}[n]$ を与えることが示された。

　これまで，われわれはシステムが定常的であると仮定していた。システムが非定常である場合には，上記の RLS アルゴリズムでは誤差が大きくなる。その様子を図 2.50 に示す。RLS アルゴリズムを非正常システムに適用するために，二乗誤差をつぎのように変形する。

$$J[n] = \sum_{i=1}^{n} \lambda^{n-1} e^2[i]$$

ここで，λ は $0 < \lambda \leq 1$ の定数である。$\lambda < 1$ とすることにより，過去のデータは次第に'忘れる'ことができ，システムが時変になるとき，制御を適応させることができる。$J[n]$ をこのように変更させると

$$\phi[n; k, m] = \lambda \phi[n-1; k, m] + x[n-k]x[n-m]$$
$$\theta[n; k] = \lambda \phi[n-1; k] + d[n]x[n-k]$$

となる。これより，いままでの式において $\phi[n] \to \lambda\phi[n]$, したがって $P[n-1] \to \lambda^{-1}P[n-1]$，また $\theta[n-1] \to \lambda\theta[n-1]$ と置き代えればよいことになる。

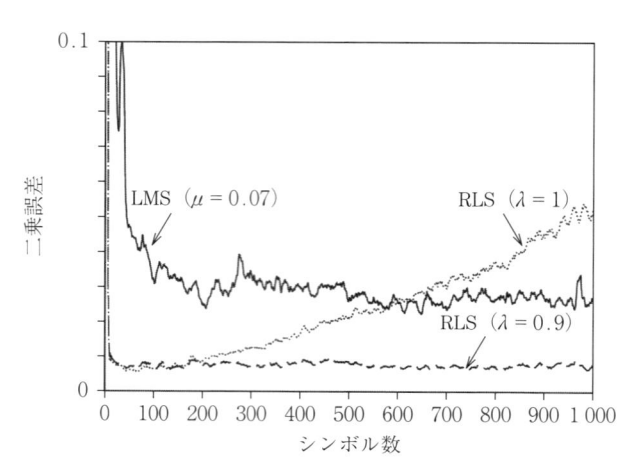

図 2.50　非定常システムにおける収束特性の例

したがって，漸化式をまとめると以下のようになる。

初期条件 $\boldsymbol{P}[0] = c^{-1}\boldsymbol{I}$, $\quad \hat{\boldsymbol{h}}[0] = \boldsymbol{0}$

$$\boldsymbol{k}[n] = \frac{\lambda^{-1}\boldsymbol{P}[n-1]\boldsymbol{x}[n]}{1 + \lambda^{-1}\boldsymbol{x}^T[n]\boldsymbol{P}[n-1]\boldsymbol{x}[n]},$$

$$\eta[n] = d[n] - \boldsymbol{x}^T[n]\hat{\boldsymbol{h}}[n-1], \quad \hat{\boldsymbol{h}}[n] = \hat{\boldsymbol{h}}[n-1] + \boldsymbol{k}[n]\eta[n],$$

$$\boldsymbol{P}[n] = \lambda^{-1}\boldsymbol{P}[n-1] - \lambda^{-1}\boldsymbol{k}[n]\boldsymbol{x}^T[n]\boldsymbol{P}[n-1]$$

3

ディジタル通信方式の基礎

　この章では，ディジタル信号送信と検出について，いくつかの一般的な話題を簡単に述べる。もっと詳しい取扱いは，文献1)～9)を参照されたい。

　図3.1にベースバンドディジタル伝送方式のブロック図を示す。送信2値データ記号は，パルス繰返し周波数で符号化回路に入力され，差動符号化や2値-4値変換などの論理信号としての処理を受ける。論理（データ）信号に対応して，パルス整形回路は離散値をとるディジタル信号として符号化した波形を電気信号として，伝送路に送出する。

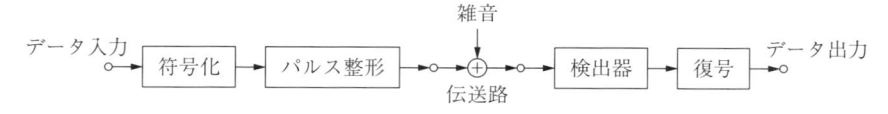

図3.1　ディジタル伝送方式

　パルス整形は狭帯域信号スペクトルを得るため，あるいはそのスペクトルを伝送路，例えば直流遮断伝送路の伝送特性に整合させるために行う。そのため，データに対する符号化回路やパルス整形回路における操作を線路符号化と呼ぶ。

　送信信号は受信機でディジタル信号として検出する。受信した信号は伝送路における雑音および干渉によって劣化している。受信機では，雑音帯域制限をしたのち，データ信号として判定を行う。判定時における誤り率をより少なくすることが，受信機において最も重要なことである。判定で得た論理信号を，符号化に対応して復号する。

　ディジタル伝送は離散的な値をとるパルス信号を用いて行うので，連続的な信号を扱うアナログ伝送に比べて，受信品質を高める種々の方法を使うことができる。

3.1 パルス整形

　有限帯域の回路（フィルタ）による帯域制限により，パルス波形は長い時間にわたるようになる．例として，**図3.2**(a)に示すような方形伝達関数を有する理想低域通過フィルタを考える．インパルス応答は逆フーリエ変換によりつぎのように与えられる．

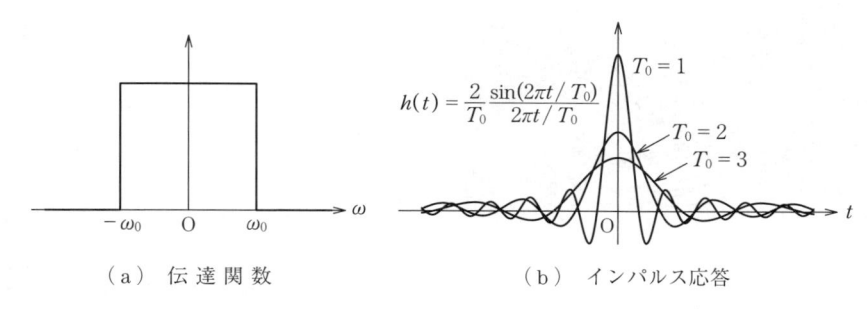

（a）伝達関数　　　（b）インパルス応答

図3.2　理想低域通過フィルタの特性（$T_0 = 2\pi/\omega_0$）

$$h(t) = \frac{1}{2\pi} \int_{-\infty}^{\infty} H(\omega) e^{j\omega t} d\omega$$

$$= \frac{\omega_0}{\pi} \frac{\sin(\omega_0 t)}{\omega_0 t} = \frac{2}{T_0} \frac{\sin(2\pi t/T_0)}{2\pi t/T_0} \quad (3.1)$$

ここで，$T_0 = 2\pi/\omega_0$ である．図（b）に $h(t)$ を示す．$h(t)$ は他の符号区間に広がり，他の符号に干渉を及ぼす（符号間干渉）．符号間干渉は受信機において判定誤り率特性を劣化させる．**図3.3**はアイパターンと呼ばれるもので，式(3.1)で帯域制限した2値ランダム系列の信号波形を2符号区間ごとに重ね書きしたものである．この信号は各シンボルごとにサンプルされてのち判定が行われる．異なるデータに対するサンプル値間距離のうち最小値をアイ-開口と呼ぶ．

　理想的なアイ-開口は，図（a）に示すように，サンプル時刻に符号間干渉が零となる場合に得られる．

(a) $T/T_0 = 0.5$

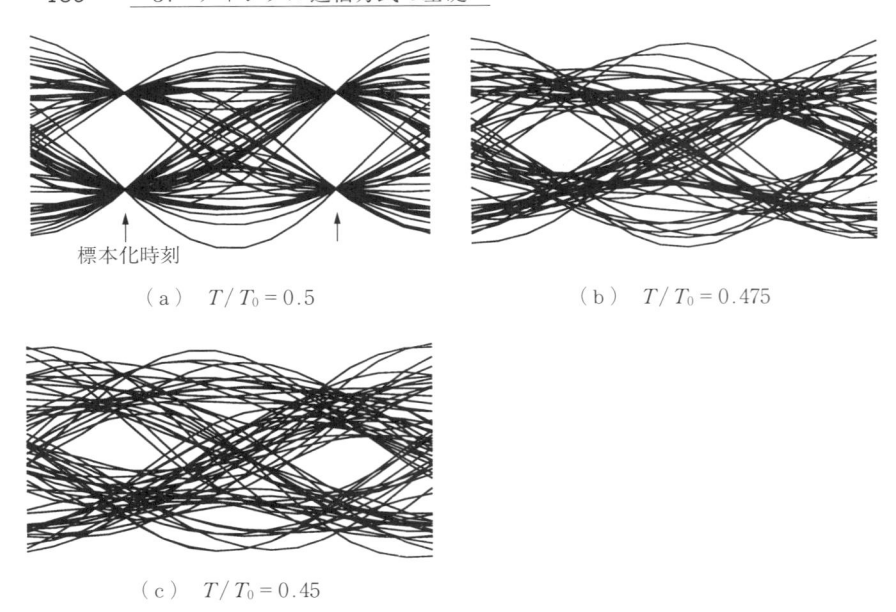

(b) $T/T_0 = 0.475$

(c) $T/T_0 = 0.45$

図 3.3　異なるパルス整形におけるアイパターン（T はパルス周期）

3.1.1 ナイキストの第1基準

ナイキストの第1基準は符号間干渉が生じないことを保証するものである。これはパルス整形フィルタのインパルス応答 $h(t)$ がつぎの条件を満たすときに，満足される。

$$h(t) = \begin{cases} 1 & (t=0) \\ 0 & (t=nT, \ n \neq 0) \end{cases} \tag{3.2}$$

ここで $1/T$ はパルス繰返し周波数である。判定は $t=nT$ ごとに行われる。

符号間干渉がなくなるための上の条件を考えると，インパルス応答のサンプル値は

$$h_s(t) = h(t) \sum_{n=-\infty}^{\infty} h(t-nT) = \delta(t)$$

となる。$h(t) \leftrightarrow H(\omega)$ としよう。上式のフーリエ変換を行い，式(2.106)を得たのと同様に

$$\frac{1}{T}\sum_{n=-\infty}^{\infty} H(\omega - n\omega_0) = 1$$

あるいは

$$\sum_{n=-\infty}^{\infty} H(\omega - n\omega_0) = T \tag{3.3}$$

を得る。ここで $\omega_0 = 2\pi/T$ である。

$H(\omega)$ が $0 < |\omega| < \omega_0$ に帯域制限されているものと仮定しよう。周波数領域 $0 < \omega < \omega_0$ を考えると，式(3.3)はつぎのようになる。

$$H(\omega) + H(\omega - \omega_0) = T \qquad (0 < \omega < \omega_0)$$

新しい変数 $x = \omega - \omega_0/2$ を導入しよう。このとき

$$H(\omega_0/2 + x) + H(x - \omega_0/2) = T \qquad \left(|x| < \frac{\omega_0}{2}\right)$$

式(2.36)を上式に適用すれば

$$H(\omega_0/2 + x) + H^*(\omega_0/2 - x) = T \qquad \left(|x| < \frac{\omega_0}{2}\right) \tag{3.4}$$

となる。式(3.4)の実数部と虚数部ととれば

$$\mathrm{Re}\{H(\omega_0/2 + x)\} + \mathrm{Re}\{H(\omega_0/2 - x)\} = T \qquad \left(|x| < \frac{\omega_0}{2}\right) \tag{3.5}$$

$$\mathrm{Im}\{H(\omega_0/2 + x)\} - \mathrm{Im}\{H(\omega_0/2 - x)\} = 0 \qquad \left(|x| < \frac{\omega_0}{2}\right) \tag{3.6}$$

となる。これらの関係を**図3.4**に描く。これらの条件を満足する関数は無数にある。もし実数関数 $G(\omega)$ を考えると，式(3.6)は自動的に満足される。しかし虚数部をもたない伝達関数は（因果律を満たさないので），実現不可能である。したがって，実現可能な伝達関数はつぎのような形にならなければならない。

$$H(\omega) = G(\omega)e^{-j\omega t_0} \tag{3.7}$$

ここで，$G(\omega)$ は式(3.5)を満足する実関数であり，t_0 は時間遅延を示す定数である。$e^{-j\omega t_0}$ の項は遅延線の周波数応答であるから，これにより送信波形の歪みは生じない。$G(\omega)$ は実関数であるので，インパルス応答 $g(t)$（$\leftrightarrow G(\omega)$）は

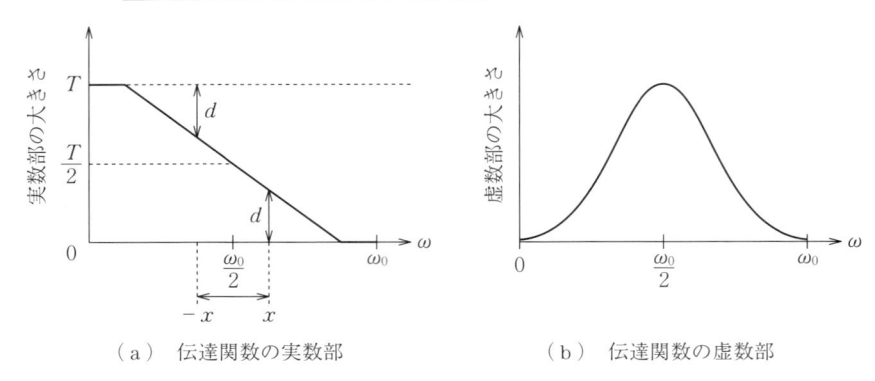

138   3. ディジタル通信方式の基礎

(a) 伝達関数の実数部　　　　　　　(b) 伝達関数の虚数部

図 3.4 ナイキストの第 1 基準を満たすフィルタの伝達関数

時間について偶関数となる。すなわち，$g(-t)=g(t)$。このとき，式(3.7)と式(2.28)より，$h(t)=g(t-t_0)$ となる。$G(\omega)$ は $|\omega|<\omega_0$ の有限な帯域に制限されているので，$g(t)$ は，無限時間の応答を示す (2.1.2 項)。したがって，ナイキスト第 1 条件を理想的に満たすためには，遅延時間 t_0 は無限大でなければならない。実際には妥当な大きさの t_0 を選ぶという妥協（近似）を行っている。広く用いられるナイキストの第 1 基準を満たすフィルタはレイズドコサインロールオフ（raised cosine roll-off）フィルタである。このフィルタの伝達関数はつぎのように与えられる。

$$G(\omega)=\begin{cases}1 & \left(|\omega|<\dfrac{(1-\alpha)\omega_0}{2}\right)\\[4pt] \dfrac{1}{2}\left\{1+\cos\left[\left(\dfrac{|\omega|-\omega_0/2}{\alpha\omega_0/2}+1\right)\dfrac{\pi}{2}\right]\right\} & \left(\dfrac{(1-\alpha)\omega_0}{2}<|\omega|<\dfrac{(1+\alpha)\omega_0}{2}\right)\\[4pt] 0 & \left(|\omega|>\dfrac{(1+\alpha)\omega_0}{2}\right)\end{cases}$$

(3.8)

ここで α（≤ 1）はロールオフ係数である。このフィルタのインパルス応答はつぎのようになる。

3.1 パルス整形

$$g(t) = \frac{1}{T} \frac{\sin \pi \frac{t}{T}}{\pi \frac{t}{T}} \cdot \frac{\cos \alpha \pi \frac{t}{T}}{1 - 4\alpha^2 \frac{t^2}{T^2}} \tag{3.9}$$

図 3.5 に $G(\omega)$ と $h(t)$ を，図 3.6 にアイパターンを示す。

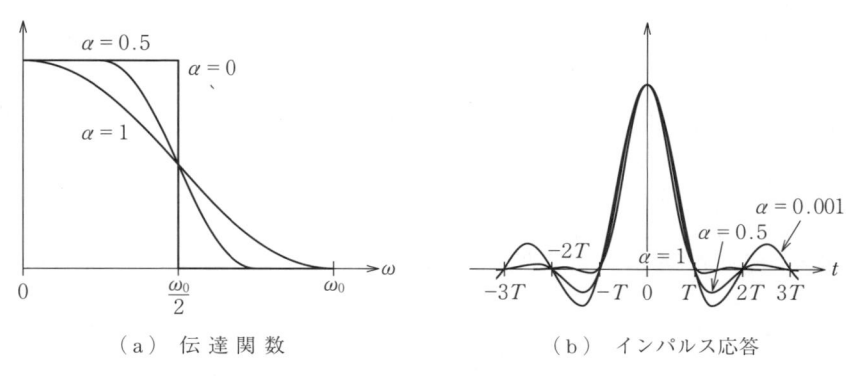

(a) 伝達関数

(b) インパルス応答

図 3.5 伝達関数とインパルス応答

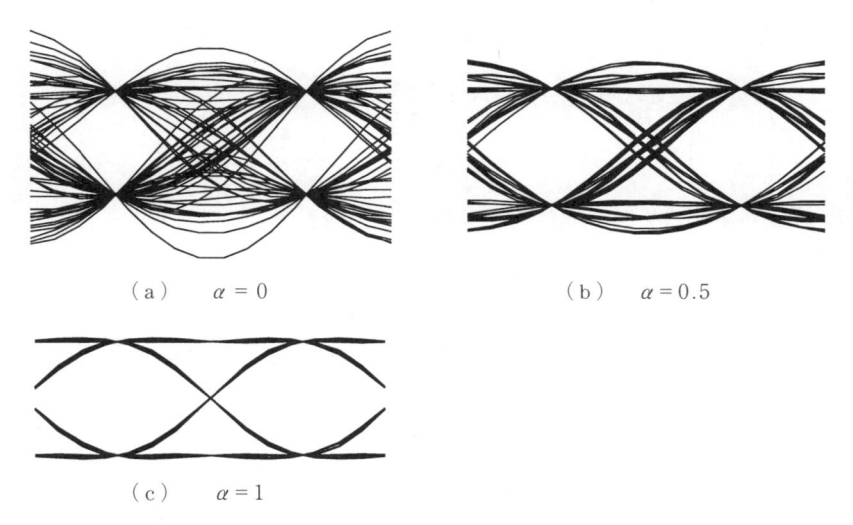

(a) $\alpha = 0$

(b) $\alpha = 0.5$

(c) $\alpha = 1$

図 3.6 ナイキスト第 1 基準を満たすアイパターン

3.1.2 ナイキストの第2基準

この基準はシンボル時刻の中間点でアイ-開口を保証している。インパルス応答についてつぎのような条件が要求される。

$$h(t) = \begin{cases} 1 & \left(t = \pm \dfrac{T}{2}\right) \\ 0 & \left(t = \pm \left(n + \dfrac{1}{2}\right)T\right) \quad (n \neq 0) \end{cases}$$

上式の両辺にサンプリング関数を乗じることにより

$$h(t) \sum_{n=-\infty}^{\infty} \delta[t-(n+1/2)T] = \delta(t+T/2) + \delta(t-T/2)$$

を得る。この式のフーリエ変換をとることにより，

$$\sum_{n=-\infty}^{\infty} H(\omega - n\omega_0) e^{-jn\pi} = 2T\cos\frac{\omega T}{2}$$

ここで $\omega_0 = 2\pi/T$ である。

もし $H(\omega)$ の周波数帯域を $|\omega| \leq \omega_0/2$ に制限すれば，上式より

$$H(\omega) = \begin{cases} 2T\cos\left(\dfrac{\omega T}{2}\right) & \left(|\omega| \leq \dfrac{\omega_0}{2}\right) \\ 0 & (その他) \end{cases} \quad (3.10)$$

が得られる。

もし，$H(\omega)$ の帯域を $|\omega| \leq \omega_0$ に帯域制限し，$0 < \omega < \omega_0$ の周波数を考えると

$$H(\omega) - H(\omega - \omega_0) = 2T\cos\left(\frac{\omega T}{2}\right) \quad (0 < \omega < \omega_0)$$

を得る。つぎの周波数伝達関数は上の条件を満足する。

$$H(\omega) = \begin{cases} T\left[1 + \cos\left(\dfrac{\omega T}{2}\right)\right] & (0 < |\omega| < \omega_0) \\ 0 & (その他) \end{cases} \quad (3.11)$$

これは，式(3.8)で与えられる伝達関数でロールオフ係数を $\alpha = 1$ とした特別

の場合であることがわかる。これより，ロールオフ係数 $\alpha=1$ のレイズドコサインフィルタはナイキストの第1基準と第2基準を同時に満足することになる。式(3.10)と式(3.11)で与えられるアイパターンを**図3.7**に示す。後で示すように（3.2.6項），ナイキスト第2基準フィルタはデュオバイナリ伝送方式に用いられる。

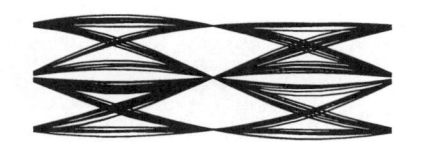

(a) $H(\omega)$：式(3.10)　　　　(b) $H(\omega)$：式(3.11)

図3.7 ナイキスト第2基準を満たすアイパターン

3.1.3 ナイキストの第3基準

この基準はインパルス応答を1シンボル区間ずつ積分した場合に当該シンボル区間にのみ定数となり，他の干渉するシンボル区間においては零となるというものである。式で表せば

$$y(nT) = \int_{nT-T/2}^{nT+T/2} h(t)dt = \begin{cases} 定数 & (n=0) \\ 0 & (n \neq 0) \end{cases} \quad (3.12)$$

となる。伝達関数はつぎのように与えられる。

$$H_{\text{III}}(\omega) = \frac{\omega T/2}{\sin \omega T/2} H_{\text{I}}(\omega) \quad (3.13)$$

ここで $H_{\text{I}}(\omega)$ はナイキストの第1基準を満たしている。

図3.8を参照しながら，上の伝達関数がナイキストの第3基準を満たすかどうか検証してみよう。2.3.4項（例2.9）において，入力信号を時間区間 T だけ積分した出力は，伝達関数 $H(\omega) = T\sin(\omega T/2)/(\omega T/2)$ を有するフィルタの出力のサンプル値に等価であることを示した。これより，式(3.13)の右辺の第1項は，サンプル時刻 $y(nT)$ を考えるかぎり，相殺されることになる。伝達関数 $H_{\text{I}}(\omega)$ は $y(nT) = 0$ $(n \neq 0)$ となることを保証する。したがって式(3.12)は満

$$\delta(t) \circ\!\!\longrightarrow \boxed{\dfrac{\omega T/2}{\sin(\omega T/2)}} \longrightarrow \boxed{H_1(\omega)} \xrightarrow{h(t)} \boxed{\int_{nT-T/2}^{nT+T/2} h(t)\,dt} \longrightarrow\!\circ\, y(nT)$$

$$\Updownarrow$$
$$\dfrac{\sin(\omega T/2)}{\omega T/2}$$

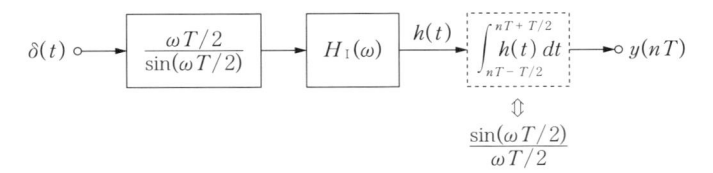

図 3.8　ナイキスト第 3 基準を満たすフィルタ

足される。

3.1.4　その他のパルス整形法

　矩形パルスにおいて，パルス幅のパルス繰返し区間に対する割合をパルスデューティ比（pulse duty raito）と呼ぶ。パルスデューティ比が 100% のパルスを NRZ（non-return-to-zero）信号と呼び，その他は，RZ（return-to-zero）信号と呼ぶ。

　NRZ 信号は矩形パルス波形

$$h(t) = \begin{cases} 1 & \left(-\dfrac{T}{2} \leqq t \leqq \dfrac{T}{2}\right) \\ 0 & （その他） \end{cases}$$

を有し，その伝達関数は

$$H(\omega) = T\dfrac{\sin(\omega T/2)}{\omega T/2}$$

となる。

　つぎに示すガウス波形もよく使われる。

$$h(t) = \dfrac{1}{\sqrt{2\pi}\,t_0} e^{-t^2/(2t_0^2)}$$

ここで，t_0 はパルス幅を表す定数である。伝達関数は再びガウス型となり

$$H(\omega) = e^{-\omega^2/2B_0^2}$$

となる。ここで，$B_0 = 1/t_0$ はパルス波形整形フィルタの帯域を表現する。

　他のパルス波形として，つぎのようなレイズドコサイン波形も知られている。

$$h(t) = \begin{cases} \dfrac{1}{2LT}\left[1-\cos\left(\dfrac{2t\pi}{LT}\right)\right] & (0 \leq t \leq LT) \\ 0 & (その他) \end{cases}$$

ここで L は整数である．上記の二つの波形を**図3.9**に示す．

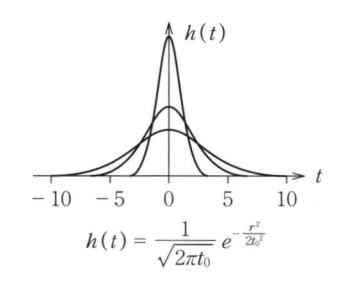

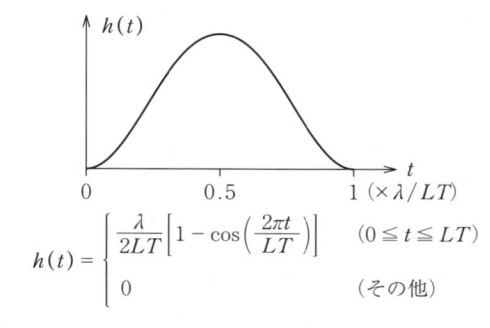

（a） ガウス波形
$h(t) = \dfrac{1}{\sqrt{2\pi}t_0} e^{-\frac{t^2}{2t_0^2}}$

（b） レイズドコサイン波形
$$h(t) = \begin{cases} \dfrac{\lambda}{2LT}\left[1-\cos\left(\dfrac{2\pi t}{LT}\right)\right] & (0 \leq t \leq LT) \\ 0 & (その他) \end{cases}$$

図3.9 パルス波形

3.2 線路符号

線路符号とは符号化とパルス波形整形の双方をいう．パルス波形整形については，3.1節で述べた．

3.2.1 単極性（オン・オフ）符号と極性符号

単極性（オン・オフ）符号は信号 '1' に対してパルス $p(t)$ を割り当て，信号 '0' に対してパルスを割り当てない．これに対して，極性符号は信号 '1' に対して $p(t)$ を，'0' に対して，$-p(t)$ を割り当てる．**図3.10**(a)，(b)はパルスデューティ比が50％の単極性符号と極性符号をそれぞれ示している．単極性NRZ符号は極性NRZ符号に極性符号の振幅の半分のレベルの直流信号を加えたものと見ることができる．直流信号は情報を伝達しないので単極性符号は電力の点で不利である．ただし，クロック信号輝線成分を有するという利点が

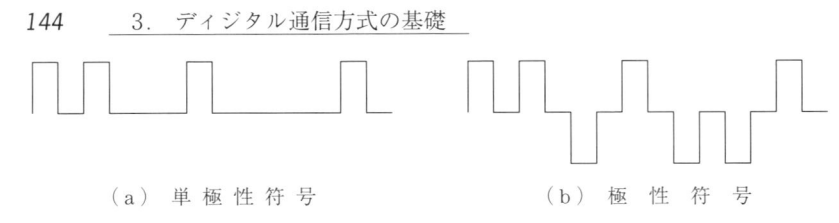

144   3. ディジタル通信方式の基礎

(a) 単極性符号　　　　　　　　(b) 極 性 符 号

図 3.10　単極性符号と極性符号

ある。

3.2.2 多 値 符 号

Nビットの信号は2^N状態（シンボル）を表現できる。2^N値（$N>1$）の符号は多値符号と呼ばれる。シンボル周波数f_sはビット周波数f_bの$1/N$になる。したがって，2^N値の符号を使うことにより，ベースバンド信号の帯域は2値符号の場合と比べて$1/N$になる。例えば，4, 8, 16値の符号では，帯域幅は$1/2, 1/3, 1/4$になる。

平均の送信電力を同一に保った条件下で，符号間の最小距離はレベル数が増えるに従い減少する。レベルが零電位に関して対称に配列された場合の例（**図 3.11**）を考えよう。また各レベルは同確率で発生するものとする。このときの信号間の最小距離$2d_m$はつぎのように与えられる。

$$d_m \propto \frac{1}{\sqrt{\dfrac{2}{2^N}\displaystyle\sum_{n=1}^{2^{N-1}}(2n-1)^2}}$$

$3d_m$　　×

d_m　　×

$-d_m$　　×

$-3d_m$　　×

図 3.11　4値符号

ここで 2^N 値符号を仮定した．

3.2.3 グレイ符号

N ビット信号の 2^N レベルへの割当ては任意である．最も直接的には自然2進符号を用いる．これに対して，隣接レベルへのビット割当てが1ビットだけ異なるようにしたものがあり，グレイ符号と呼ばれる．信号誤りはほとんどの場合隣接レベル間で起こるので，この性質は多値伝送で有利になる．というのは，この場合，一つのシンボル誤りは1ビットの誤りを生じるのに対し，自然2進符号では2ビットかそれ以上の誤りを起こすことがあるからである．**図 3.12** は8値伝送におけるグレイ符号と自然2進符号を示す．隣接するレベル間で1ビットしか異ならないというグレイ符号化の性質は，信号レベルを円周上に配置した場合にも保たれる．

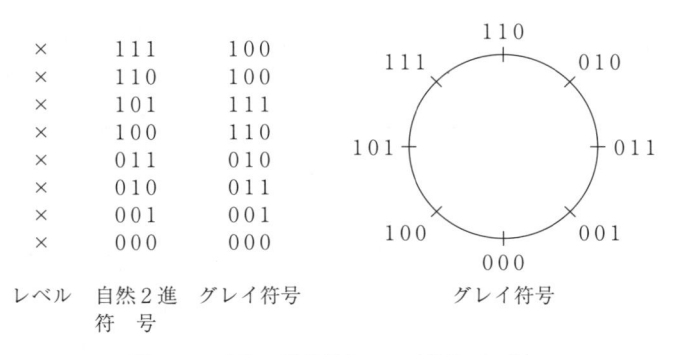

```
×    111    100              110
×    110    100        111        010
×    101    111
×    100    110     101              011
×    011    010
×    010    011        100        001
×    001    001              000
×    000    000

レベル 自然2進 グレイ符号        グレイ符号
       符 号
```

図 3.12 自然2進符号とグレイ符号（8値）

2^N レベル（$N \geq 2$）伝送を考え，自然2進符号のビットパターンを $(a_{n-1}, a_{n-2}, a_{n-3}, \cdots, a_0)$ とし，グレイ符号のそれを $(b_{n-1}, b_{n-2}, b_{n-3}, \cdots, b_0)$ と表そう．グレイ符号はつぎのように発生できる．

$$b_{n-1} = a_{n-1}, \quad b_i = a_{i+1} \oplus a_i \quad (i = n-2, n-3, n-4, \cdots, 0)$$

(3.14)

ここで $\oplus$ は2を法とする加算を示す．すなわち，$0 \oplus 0 = 0$, $0 \oplus 1 = 1$, $1 \oplus 0 = 1$, $1 \oplus 1 = 0$ である．

3.2.4 マンチェスター（スプリットフェーズ）符号

この符号の波形を図 3.13 に示す。スペクトルはつぎのようになる。

$$P(\omega) = \int_{-\infty}^{\infty} p(t)e^{-j\omega t}dt = jT\frac{\sin^2(\omega T/4)}{\omega T/4} \tag{3.15}$$

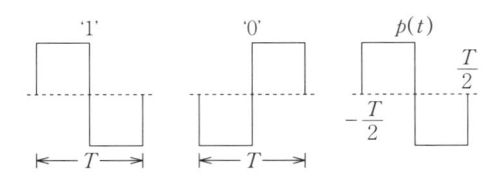

図 3.13 マンチェスター（分離位相）符号

1シンボル区間において，波形の正と負の面積がバランスしているので，零周波数（直流）のスペクトル成分はない。マンチェスター符号のこの性質は直流成分を通さない方式で有効である。実際，マンチェスター符号はアナログ（音声）FM方式において，アナログ音声回線で低速データ信号を伝送するのに用いられている。アナログ音声信号は直流成分がないので，回線は直流が遮断（交流結合）されている。その理由は，交流結合回路は直流オフセットの影響がないので，製作が容易だからである。

マンチェスター符号の他の利点として，各シンボルごとに極性が変化するのでクロック信号の抽出（3.4.1項）が容易になることが挙げられる。

マンチェスター符号は2相位相変調方式の一つ（5.3.1項）とも解釈できる。ここで，搬送波が矩形波形で，その周波数はビット周波数と同じで，かつビットクロック周波数に同期している。この性質により，マンチェスター符号では，遅延検波，同期検波，および整合フィルタ受信が可能になる。

スペクトルが直流成分を有しないことと，符号間干渉がないというマンチェスター符号の性質を失うことなく，帯域制限をすることができる。インパルス応答がそれぞれ $h_1(t)$ と $h_2(t)$ の二つのフィルタを組み合わせればよい。

$$h_1(t) = \delta(t+T/4) - \delta(t-T/4)$$

$h_2(t)$ はシンボル周期が $T/2$ に対してナイキストの第1基準を満足する。し

たがって，組み合わせたフィルタの伝送関数は

$$H(\omega) = H_1(\omega) H_2(\omega) \tag{3.16}$$

ここで

$$h_1(t) \leftrightarrow H_1(\omega) = j2\sin\left(\frac{\omega T}{4}\right)$$

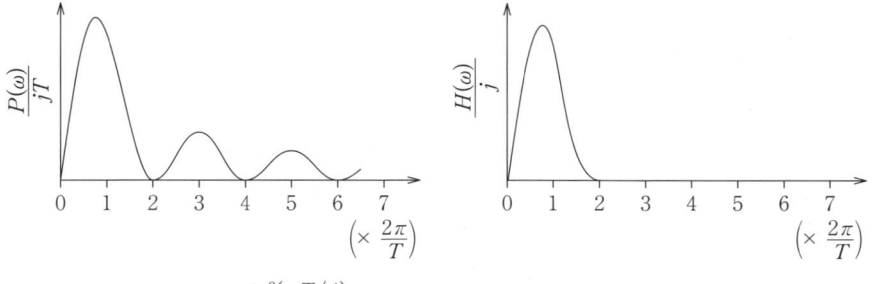

であり，$H_2(\omega)$ は例えば，シンボル周期が $T/2$ に対するレイズドコサインロールオフ特性を示す。上の帯域制限したマンチェスター符号は最大周波数が $(1+a)1/T$ となる。ここで a はロールオフ係数である。結果的に，マンチェスター符号の帯域は極性符号の2倍になる。**図 3.14** に式(3.15)と式(3.16)で与えられるスペクトル（伝達関数）を示す。

(a) $P(\omega) = jT\dfrac{\sin^2(\omega T/4)}{(\omega T/4)}$ (b) $H(\omega) = j2\sin(\omega T/4)[1+\cos(\omega T/4)]\,(a=1)$

図 3.14 マンチェスター符号のスペクトル

3.2.5 同期周波数偏移変調符号（同期 FSK 符号）

ベースバンド同期 FSK（周波数偏移変調）符号はマンチェスター符号のように搬送波がビット周波数と同程度であり，クロック信号に同期した2値 FSK 変調信号と考えられる。この符号の例を**図 3.15** に示す。この符号は搬送

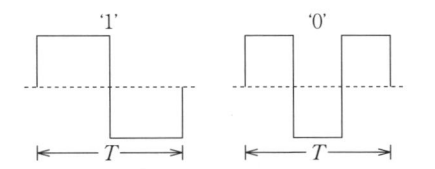

図 3.15 同期 FSK 符号

波が矩形波で周波数が 5/4T，変調指数が 0.5 である．搬送波の波形を矩形の代わりに正弦波にすれば，この符号は MSK（minimum shift keying）（6.2.1 項）になる．この符号はアナログ音声 FM システムでのデータ伝送に使われている．変調波信号は直流遮断ベースバンド伝送路に適している．

ディジタル信号 '1' および '0' に対応するマークおよびスペース周波数は搬送波信号がクロック信号に同期するように選ぶ，すなわち

$$f_M = N_1 f_B \brace f_S = N_2 f_B \qquad \left(N_1, N_2 = \frac{N}{2}, \quad N = 1, 2, 3, \cdots\right)$$

ここで f_B はビット周波数である．図 3.15 の場合には，$N_1 = 1$ と $N_2 = 3/2$ である．

3.2.6　相 関 符 号 化

相関符号化は，入力ディジタルデータに操作を加えて，符号のレベルに意図的に相関を与える符号化手法である．相関符号の目的は符号化された信号のスペクトルを整形すること，例えば，狭帯域スペクトルを得たり，直流成分を零にしたりすることである．

レイズドコサインロールオフナイキスト波形整形などのパルス波形整形は，相関符号化とは独立に行われる．実際にはロールオフ率を零にしたナイキスト帯域制限が広く行われる．相関符号化法は二つに分類できる．一つは，入力信号に対して非線形処理を行うものである．この分類の符号は PCM（pulse code modulation）多重伝送方式で多数用いられている．他の一つは，入力信号に対する操作が線形のものである．以下，線形相関符号化の一つであるパーシャルレスポンス符号について議論する．

パーシャルレスポンス符号に分類される符号は，極性符号を線形フィルタに入力することによって，つぎのように生成される．

$$h(t) = \sum_{n=0}^{N-1} a_n \delta(t - nT)$$

ここで a_n は整数の定数，T はビット周期である．a_n が実数をとるパーシャル

レスポンス符号は一般化パーシャルレスポンス方式と呼ばれる。

ディジタル信号を時間周期 T でサンプルし，nT の時間遅延を z^{-n}（z変換）（2.4.3項）とすれば，パーシャルレスポンスフィルタはつぎのような z 変換を有する。

$$H(z) = \sum_{n=0}^{N-1} a_n z^{-n}$$

ここで出力信号のスペクトルは

$$H(\omega) = \sum_{n=0}^{N-1} a_n e^{-jn\omega T}$$

となる。一つの入力信号は N シンボル区間続く出力パルスを発生する。したがって，このフィルタの時間記憶長は NT になる。実際には，パルス波形はナイキストロールオフ帯域制限などにより，さらに広がる。

以下に，いくつかのパーシャルレスポンス符号について説明する。

〔1〕 **デュオバイナリ（クラスⅠパーシャルレスポンス）符号**　　$N=2$, $a_0 = a_1 = 1$ の場合には，デュオバイナリあるいは，クラスⅠパーシャルレスポンス符号と呼ばれる。符号化回路を**図 3.16** に示す。これは 3 値（$2A$, 0, $-2A$）をとる。伝達関数はつぎのようになる。

$$H(\omega) = 2\cos\left(\frac{\omega T}{2}\right) e^{-j\frac{\omega T}{2}} \tag{3.16}'$$

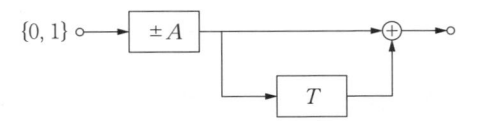

図 3.16 デュオバイナリ符号化

パルス整形にロールオフファクタが零のナイキスト第 1 基準フィルタを使えば，送信スペクトルは

$$G(\omega) = \begin{cases} 2\cos\left(\dfrac{\omega T}{2}\right) e^{-j\frac{\omega T}{2}} & \left(0 < |\omega| < \dfrac{\pi}{T}\right) \\ 0 & (\text{その他}) \end{cases}$$

となる。スペクトル $G(\omega)$ を**図 3.17**(a)に示す。アイパターンは**図 3.18**に示

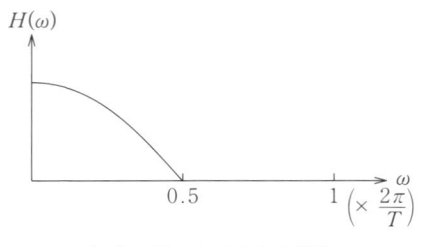

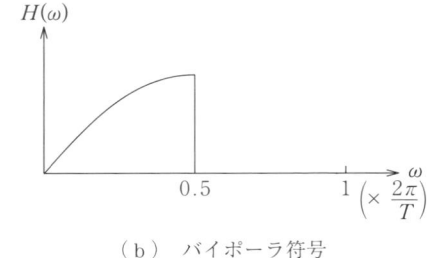

150   3. ディジタル通信方式の基礎

(a) デュオバイナリ符号

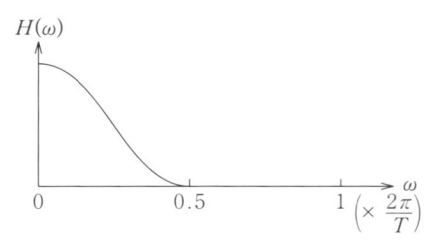

(b) バイポーラ符号

(c) クラスⅡパーシャル応答符号

図 3.17 パーシャル応答符号のスペクトル（ロールオフファクタが 0 のナイキスト第 1 基準フィルタを使用）

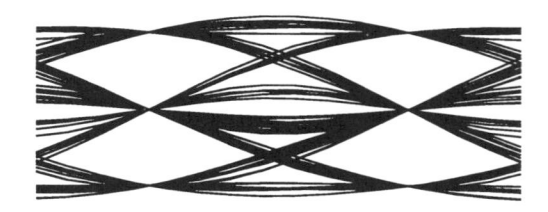

図 3.18 デュオバイナリ符号のアイパターン

す。

デュオバイナリ符号を用いた伝送系を**図 3.19**に示す。受信信号は両波整流され，$2A$ および 0 のレベルをとる 2 値信号となる。レベル $2A$ は '0' に対応し，レベル 0 は '1' に対応する。判定によって得られる信号は帰還回路に入力

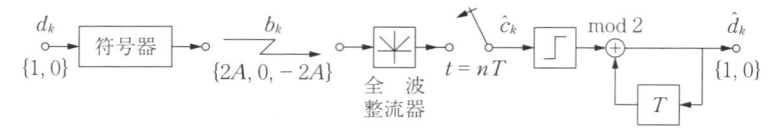

図 3.19 デュオバイナリ符号伝送方式

され，mod 2 の演算が行われる。

　図 3.20 はデータ系列の例を仮定して，伝送回路の動作を説明している。伝送誤りがなければ，出力信号 $\hat{d}_k$ は送信信号 d_k と同じである。もし判定過程において誤りがあれば，出力信号 $\hat{d}_k$ は反転する。反転はつぎの誤りが生じるまで続くことになる。パーシャルレスポンス伝送におけるこのような誤り伝搬を防ぐために，プリコーディングが導入される（**図 3.21**）。デュオバイナリ伝送では，プリコーディングはつぎのように表される．

$$d_k = d'_k \oplus d'_{k-1} \quad (\mathrm{mod}\ 2)$$

あるいは

$$d'_k = d_k \oplus d'_{k-1} \quad (\mathrm{mod}\ 2)$$

プリコーダの z 変換表示はつぎのようになる

$$H_p(z) = \frac{1}{1+z^{-1}} \quad (\mathrm{mod}\ 2)$$

他方，デュオバイナリ符号化はつぎのように表される。

$$H_c(z) = 1 + z^{-1}$$

d_k	0	1	1	1	0	0	1	0	1
b_k		0	2A	2A	0	$-2A$	0	0	0
$\hat{c}_k$		1	0	0	1	0	1	1	1
$\hat{d}_k$	0	1	1	1	0	0	1	0	1
$\hat{c}'_k$		1	0	0	0	0	1	1	1
$\hat{d}'_k$		1	1	1	1	1	0	1	0

図 3.20 デュオバイナリ符号の伝送の例

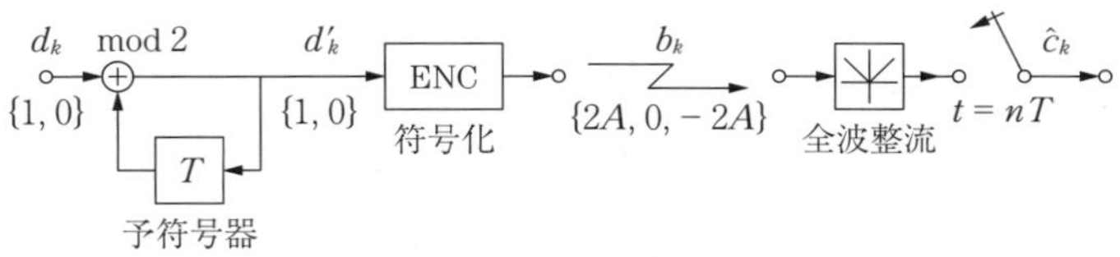

図 3.21 プリコーダを用いたデュオバイナリ符号の伝送

ここで，mod 2 の演算ではなく算術演算を用いる．

レベル $2A$ と $-2A$ は '0' に，レベル 0 は '1' に対応するので，判定動作はデュオバイナリ符号に mod 2 の処理を行っているものと解釈できる．

$$H_c(z) = 1 + z^{-1} \qquad (\mathrm{mod}\, 2)$$

したがって，プリコーディングを含んだデュオバイナリ伝送は，送信信号 d_k に対してつぎのような論理演算を行っているものと理解される．

$$H_p(z)(\mathrm{mod}\, 2) \cdot H_c(z)(\mathrm{mod}\, 2) = 1$$

図 3.19 と図 3.21 を比較すると，受信側の帰還回路がプリコーディング回路として送信側に移動されていることがわかる．

L 値入力信号の場合には，プリコーダは

$$H_p(z) = \frac{1}{H_c(z)} \qquad (\mathrm{mod}\, L)$$

となる．ここで $H_c(z)$ は用いられるパーシャルレスポンス符号に対応して与えられる．プリコーダとパーシャルレスポンス符号器は**図 3.22** に示すように実現できる．$H_p(z)H_c(z) = 1$ という関係は，入力信号，およびモジュロ算術演算に関わりなく成立する．

デュオバイナリ信号を受信する他の方法を**図 3.23** に示す．この検出回路は

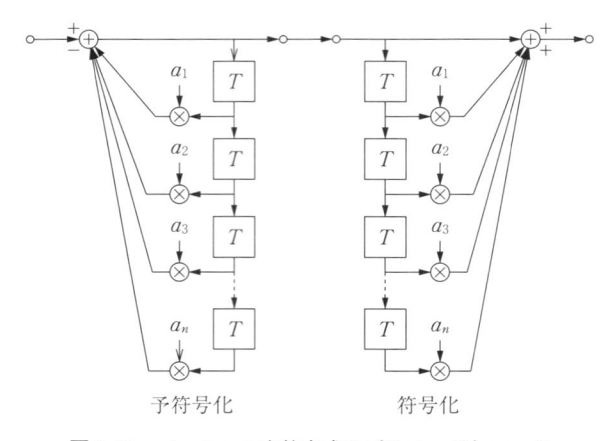

図 3.22　パーシャル応答方式のプリコーダとコーダ

3.2 線路符号　　153

(2A, 0, -2A) → ⊕ → [閾値] → {0, 1}

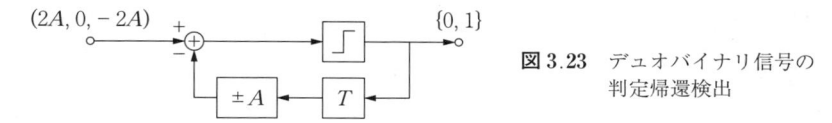

　　　　　　　↑　　　　　　↓
　　　　　　[±A] ← [T] ←

図3.23　デュオバイナリ信号の判定帰還検出

判定帰還等化器（7.3.3項）と解釈できる。パーシャルレスポンス符号化により意図的に起こされた符号間干渉を等化している。

〔2〕**バイポーラ符号**　バイポーラ符号は AMI（alternate-mark-inversion）符号とも呼ばれる。この符号は符号‘1’に対してレベル A あるいは $-A$ のパルスが割り当てられ，信号‘0’に対してはパルスを割り当てない。レベル $\pm A$ は‘1’が来るごとに反転する（**図3.24**）。したがって，符号波形の極性はバランスしており，直流成分もない。信号スペクトルを図3.17(b)に示す。極性のバランスは相続く‘1’の間に相関をもたせた結果得られたものである。極性が交互に変化するという規則があるので，受信側でこの規則が破られていないかを観測することにより，誤りの検出を行うことができる。

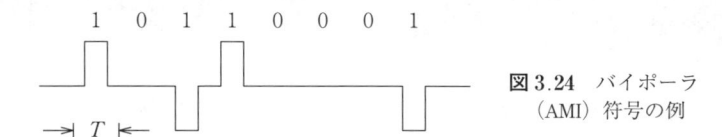

```
    1   0   1   1   0   0   0   1
   ┌─┐     ┌─┐             
───┘ └──┬──┘ └─┬──────────┬───
        └─┘    └─┘        └─┘
   →T←
```

図3.24　バイポーラ（AMI）符号の例

符号化により無限の長さの記憶が生じる。すなわち信号‘1’はその信号以降のすべての出力に影響を及ぼすことになる。バイポーラ符号は両波整流の後に2値判定を行うことで検出できる。バイポーラ符号はつぎのパーシャルレスポンス符号器とプリコーダ

$$H_c(z) = 1 - z^{-1}, \quad H_p(z) = \frac{1}{H_c(z)} \quad (\bmod\ 2)$$

により発生される。符号のスペクトルは

$$H(\omega) = j2\sin\left(\frac{\omega T}{2}\right) e^{-j\frac{\omega T}{2}} \quad (-\infty < \omega < \infty)$$

となる。ロールオフファクタが零のナイキスト第1基準フィルタを用いるとスペクトルは周波数範囲 $|\omega| \leq \pi/T$ に帯域制限される（図3.17(b)）。

154   3. ディジタル通信方式の基礎

〔3〕 **デュオカテナリ符号**　これは4値信号を入力とし，$H_c(z)=1+z^{-1}$ で符号化されるパーシャルレスポンス符号である。デュオカテナリ伝送系を**図3.25**に示す。送信信号は**図3.26**(b)に示すように7値となる。受信側では7値の判定を行った後，mod 4 の操作を行う。ビット速度を同じにしたとき，デュオカテナリ信号の帯域はデュオバイナリのそれの半分になる。

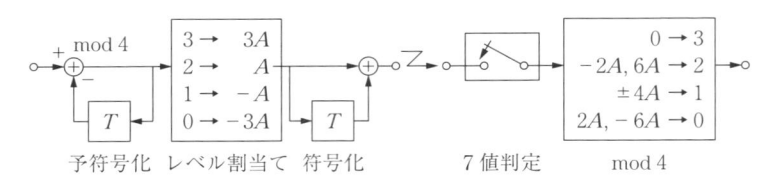

図3.25　デュオカテナリ伝送方式

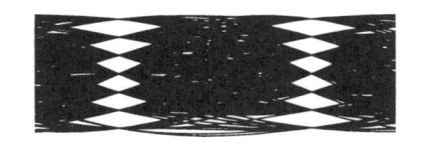

　　　　（a）4値入力信号　　　　　　　（b）デュオカテナリ信号
図3.26　デュオカテナリ信号のアイパターン

〔4〕 **クラスⅡパーシャルレスポンス符号**　この符号の符号化は，$H_c(z)=1+2z^{-1}+z^{-2}$ によって行われる。2値信号を入力して符号化出力は5値をとる（**図3.27**）。スペクトルは

$$H(\omega) = 2(1+\cos\omega T)e^{-j\omega T} \tag{3.16}''$$

となる。ロールオフファクタが零のナイキスト第1基準フィルタを用いると，スペクトルの周波数は $|\omega|<\pi/T$ の範囲となる（図3.17(c)）。

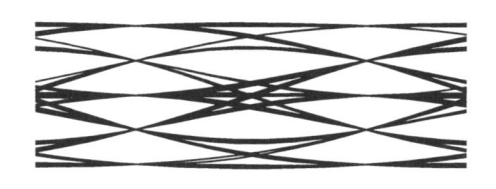

図3.27　クラスⅡパーシャル応答信号のアイパターン

3.2.7 差動符号化

ディジタル伝送方式において，信号状態の相対的な変化によって情報を伝送することがある．例えば，差動検波においては，相続く信号間の相対的な位相の変化を検出する．同期検波においては，搬送波信号の位相滑り（スリップ）によって起こる誤り伝搬を差動符号化によって防止している（5.5.1項）．

差動符号化回路とその復号化回路を**図3.28**に示す．符号化と復号化はそれぞれつぎのz変換によって表される．

$$H_{enc}(z) = \frac{1}{1-z^{-n}} \quad (\mathrm{mod}\ L)$$

$$H_{dec}(z) = 1-z^{-n} \quad (\mathrm{mod}\ L)$$

通常は，$n=1$である．このとき，差動符号器はデュオバイナリ符号化におけるプリコーダと同じになる（$L=2$）．$L=2$に対して，2シンボル遅延差動符号化（$n=2$）は1シンボル遅延差動符号化を2回続けることと等化である．これは$1-z^{-2} = (1-z^{-1})^2 (\mathrm{mod}\ 2)$という事実からわかる．

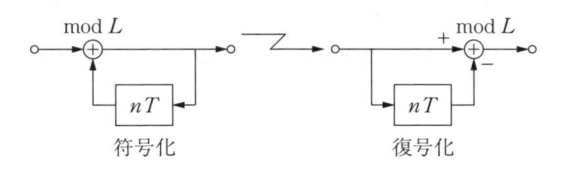

図 3.28 差動符号化と復号

図3.28より，一つの誤りが復号化において二つの誤りを引き起こすことがわかる．

3.3 信 号 検 出

ビット誤り率は受信機の品質の基準となる．誤りは判定過程において雑音と干渉のために起こる．受信側で，ディジタル信号に対して判定を行うことは，ディジタル通信とアナログ通信との決定的な違いになっている．この節では，

156   3. ディジタル通信方式の基礎

ディジタル信号の検出におけるいくつかの基本的な技術について述べる。

3.3.1　C/N, S/N, および E_b/N_0

異なる変調方式および復調方式の特性を比較するためには，結果が，実際の受信電力，ビット速度，受信機の雑音指数に依存しないように一般的な前提条件を明示しておくのが望ましい。ビット当りのエネルギー対雑音電力密度比，E_b/N_0 がこの条件にふさわしい。以下では，E_b/N_0 を変調波に対しては搬送波対雑音電力比 C/N で，ベースバンド信号に対しては信号対雑音電力比 S/N で表す。変調波に対して，ビット当りのエネルギーはつぎのように定義される。

$$E_b = CT_b \tag{3.17}$$

ここで，C は復調器入力における変調信号の平均電力であり，T_b はビット周期である（変調を行っていない搬送波の電力は，変調波の電力と，定振幅変調の場合には等しく，そうでない場合には等しくない）。信号電力を受信機の帯域通過フィルタの出力で平均電力として測定するときには，信号の電力スペクトルと帯域通過フィルタの伝達特性を考慮して，補正しなければならない。

帯域通過フィルタの出力で測定される雑音電力 N は雑音電力密度 N_0 でつぎのように与えられる。

$$N = W_e N_0$$

ここで，W_e は帯域通過フィルタの等価雑音帯域幅である。これより

$$\frac{E_b}{N_0} = \frac{CT_b}{N_0} = \frac{W_e}{f_b} \frac{C}{N} \tag{3.18}$$

となる。ここで，$f_b = 1/T_b$ はビット速度である。

ベースバンド信号に対しては，帯域通過フィルタの代わりに，低域通過フィルタを考えれば上の議論が適用できる。異なる伝送速度に対して搬送波電力の違いを求めたい場合には $C/N_0 = f_b E_b/N_0$〔Hz〕を用いる。整合フィルタを用いるときには，サンプル時刻で，$S/N = 2E_b/N_0$ となる（3.3.5項）。

3.3.2 ビット誤り率

サンプル時刻で，雑音が受信信号のレベルを判定基準値を超えるほど変化させる場合（**図3.29**(c)）に，判定誤りを生じる．以下では，この誤り率を求める．2値データ系列 $\{d_k\}$ ($d_k = 0, 1$) を与えられ，これが伝送路につぎのように送出されるとする．

（a） $\dfrac{E_b}{N_0} = \infty$

（b） $\dfrac{E_b}{N_0} = 8$ dB

（c） $\dfrac{E_b}{N_0} = 4$ dB

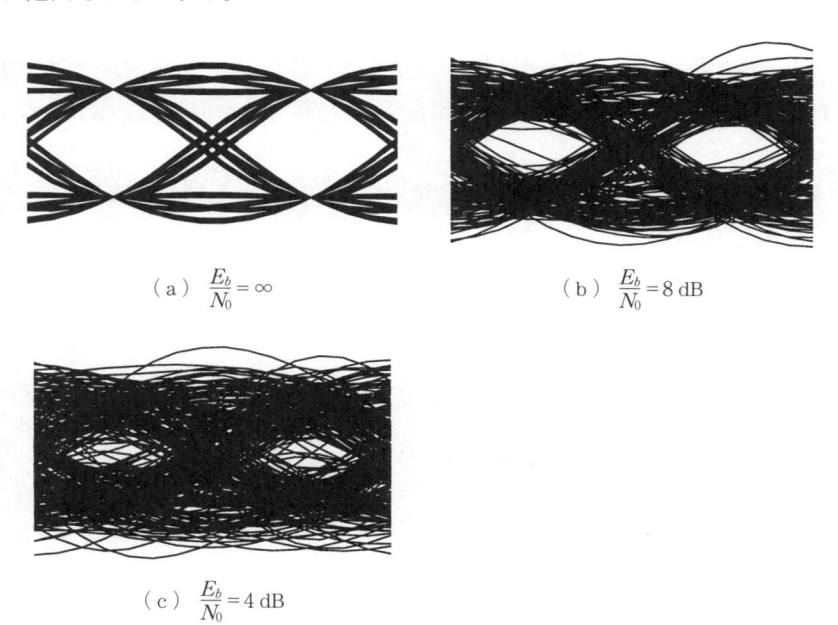

図3.29 加法的ガウス雑音下における2値両極性符号のアイパターン

$$x_k = 2d_k - 1 = \begin{cases} 1 & (d_k = 1) \\ -1 & (d_k = 0) \end{cases}$$

受信機では平均値が零の白色ガウス雑音が加わるものとする．受信機での雑音帯域制限フィルタの出力のサンプル値をつぎのように表す．

$$y_k = Ax_k + z_k$$

ここで，z_k はフィルタ出力におけるガウス雑音である．その確率密度関数はつぎのように与えられる．

$$p(z) = \frac{1}{\sqrt{2\pi}\,\sigma} e^{-\frac{z^2}{2\sigma^2}} \tag{3.19}$$

ここで，$\sigma^2 = \langle z^2 \rangle$ は雑音の平均電力である。

サンプル時刻における信号対雑音電力比（S/N）は

$$\frac{S}{N} = \frac{A^2}{\sigma^2}$$

となる。雑音帯域制限フィルタが整合フィルタ（3.3.5項）の場合，受信入力における1ビット当りの信号エネルギー E_b と雑音電力密度 N_0 の比はつぎのようになる。

$$\frac{E_b}{N_0} = \frac{1}{2} \frac{S}{N} \equiv \gamma$$

受信信号 y（簡単のため，これ以降，添字 k を省略する）はつぎのように分布する。

$$p(y) = \frac{1}{\sqrt{2\pi}\,\sigma} e^{-\frac{(y-Ax)^2}{2\sigma^2}} \tag{3.20}$$

2値信号の判定はしきい値 y_t を設け，つぎのように判定する。

$$\hat{x} = \begin{cases} 1 & (y > y_t) \\ -1 & (y < y_t) \end{cases}$$

送信信号が $d=1(x=1)$ の場合の誤り率 P_1 はつぎのようになる。

$$P_1(y_t) = \int_{-\infty}^{y_t} \frac{1}{\sqrt{2\pi}\,\sigma} e^{-\frac{(y-A)^2}{2\sigma^2}} dy = \int_{(A-y_t)/\sigma}^{\infty} \frac{1}{\sqrt{2\pi}} e^{-\frac{y'^2}{2}} dy' = Q\left(\frac{A}{\sigma} - \frac{y_t}{\sigma}\right) \tag{3.21}$$

ここで，$Q(x) = \int_x^{\infty} \frac{1}{\sqrt{2\pi}} e^{-\frac{y^2}{2}} dy$ である。

同様にして，$d=0\,(x=-1)$ の場合の誤り率は

$$P_0(y_t) = \int_{y_t}^{\infty} \frac{1}{\sqrt{2\pi}\,\sigma} e^{-\frac{(y+A)^2}{2\sigma^2}} dy = Q\left(\frac{A}{\sigma} + \frac{y_t}{\sigma}\right)$$

データの発生（事前）確率がそれぞれ $P[1](d=1)$，$P[0](d=0)$ と与えられ

ているとする。このとき，平均の誤り率はつぎのようになる。

$$P_e(y_t) = P[1]P_1(y_t) + P[0]P_0(y_t) \qquad (P[1] + P[0] = 1)$$

平均の誤り率を最小にするしきい値 y_t は以下のように求まる[13]。

$$\frac{\partial}{\partial y_t} P_e(y_t) = P[1]\frac{\partial}{\partial y_t} P_1(y_t) + P[0]\frac{\partial}{\partial y_t} P_0(y_t)$$

$$= P[1]p(y_t - A) - P[0]p(y_t + A) = 0$$

ここで，$p(\cdot)$ は式 (3.19) で与えられる。上式より

$$\frac{p(y_t - A)}{p(y_t + A)} = e^{\frac{2A}{\sigma^2} y_t} = \frac{P[0]}{P[1]}$$

上式の対数をとれば，最適な y_t がつぎのように求まる。

$$y_t = \frac{\sigma^2}{2A} \ln \frac{P[0]}{P[1]}$$

これより

$$\frac{y_t}{\sigma} = \frac{\sigma}{2A} \ln \frac{P[0]}{P[1]} = \frac{1}{2\sqrt{2\gamma}} \ln \frac{P[0]}{P[1]}$$

また

$$\frac{A}{\sigma} - \frac{y_t}{\sigma} = \sqrt{2\gamma} - \frac{1}{2\sqrt{2\gamma}} \ln \frac{P[0]}{P[1]} = \sqrt{2\gamma}\left(1 + \frac{\lambda}{4\gamma}\right)$$

ここで

$$\lambda = -\ln \frac{P[0]}{P[1]} = \ln \frac{P[1]}{P[0]}$$

これらより，最小の誤り率は，次式で与えられる。

$$P_e = P[1] Q\left[\sqrt{2\gamma}\left(1 + \frac{\lambda}{4\gamma}\right)\right] + P[0] Q\left[\sqrt{2\gamma}\left(1 - \frac{\lambda}{4\gamma}\right)\right] \qquad (3.22)$$

上記の議論は，受信信号 y が与えられたときに，最も確からしい送信信号 $x(=\pm1)$ を推定することと等価である。したがって，つぎのような議論も可能である。y と x の同時生起確率 $P(x, y)$ は x が与えられたときの y の事後確率 $P(x|y)$ と x の事前確率 $P(x)$ により，つぎのように与えられる。

$$P(x, y) = P(y|x)P(x)$$

したがって，$x=1$ の場合と $x=-1$ の場合の確率を計算し，確率の高いほうを判定結果とすれば誤り率を最小にできる．すなわち

$$P(x=1, y) \lessgtr P(x=-1, y)$$

を判定する．この式より，次式を考えればよい．

$$\frac{P(x=1, y)}{P(x=-1, y)} = \frac{P(y|x=1)P(x=1)}{P(y|x=-1)P(x=-1)} \lessgtr 1$$

対数尤度比（log-likelihood ratio）をつぎのように定義する．

$$L(y) = \log \frac{P(y|x=1)P(x=1)}{P(y|x=-1)P(x=-1)} = \log \frac{P(y|x=1)}{P(y|x=-1)} + \log \frac{P(x=1)}{P(x=-1)}$$

式(3.20)より

$$L_e(y) = \log \frac{P(y|x=1)}{P(y|x=-1)} = \frac{2A}{\sigma^2}y$$

と表される．

$x=1$ を $x=-1$（$d=1$ を $d=0$）と誤る確率は，$p(y) = \left(1/\left(\sqrt{2\pi}\,\sigma\right)\right)e^{-(y-A)^2/(2\sigma^2)}$ のときに，$L_e(y) + \lambda = (2A/\sigma^2)y + \lambda < 0$，したがって，$y < -(\sigma^2/(2A))\lambda$ となる確率である．

このときの誤り率はつぎのように与えられる．

$$P_{e1} = \int_{-\infty}^{y_t} \frac{1}{\sqrt{2\pi}\,\sigma} e^{-\frac{(x-A)^2}{2\sigma^2}} dx$$

ここで，$y_t = -(\sigma^2/(2A))\lambda$ である．この式は式(3.21)と同じである．同様にして，$x=-1$ を $x=1$ と誤る確率はつぎのようになる．

$$P_{e0} = \int_{y_t}^{\infty} \frac{1}{\sqrt{2\pi}\,\sigma} e^{-\frac{(x+A)^2}{2\sigma^2}} dx$$

通常，事前確率は得られないことが多い．そのときには，しきい値を零（$y_t=0$）とする．このとき，$P_1(0) = P_0(0) = Q\left[\sqrt{2\gamma}\right]$ となり，誤り率はデータ系列に依存しない．平均の誤り率はつぎのように与えられる．

$$P_e = P[1]Q\left[\sqrt{2\gamma}\right] + P[0]Q\left[\sqrt{2\gamma}\right] = Q\left[\sqrt{2\gamma}\right] \tag{3.23}$$

式(3.23)で与えられる誤り率を**図3.30**に示す。N値（$N>2$）伝送の場合，最大あるいは最小レベルに対する誤り率は，その他のレベルの誤り率に比べて半分になることから，シンボルの誤り率はつぎのようになる。

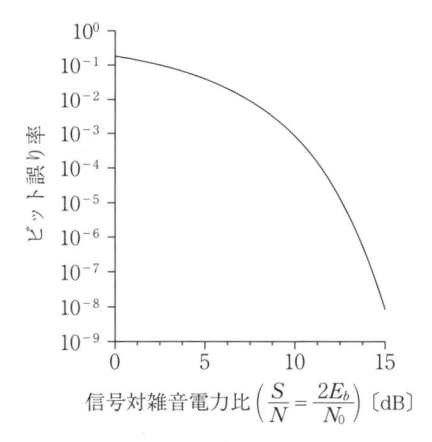

図3.30 2値両極パルス伝送におけるビット誤り率特性（横軸：サンプル時刻における信号対雑音電力比（S/N））

図3.31 事前確率が与えられたときの誤り率

$$P_e = [2 - P(\pm M)]Q[d_m/\sigma] \tag{3.24}$$

ここで，$P(\pm M)$は最大あるいは最小レベルが生起する確率，$2d_m$は各信号レベル間の距離（図3.11）である。

もし，事前確率が正しく与えられていれば，平均の誤り率は式(3.22)で与えられる。平均の誤り率を$P[0]$の値をパラメータとして**図3.31**に示す。事前確率が等しい（$P[1]=P[0]=1/2$）場合から離れるに従い，誤り率は急速に，しかもE_b/N_0の値に関係なく改善される。現実には事前確率を正しく知ることは不可能である。また，シャノンの通信容量（3.8節）の原理からして，明らかに改善限界E_b/N_0の値が存在する。ターボ符号やLDPC符号では符号の冗長性を利用して，事前確率を推定している。このときの推定確率の正確性によりその符号の誤り率特性が決定される。

162   3. ディジタル通信方式の基礎

実際のシステムにおいては,事前確率を受信側で推定する必要がある。対数尤度比 $\lambda = \ln(P[1]/P[0])$ を推定することを考えよう。λ の推定は,受信信号 y(実際には $\{y_k\}$)を基にして行う。$x=1, -1$ のときの推定値をそれぞれ $\langle\lambda\rangle|_{x=1}$, $\langle\lambda\rangle|_{x=-1}$ とする。この場合 $\langle\lambda\rangle|_{x=1} = -\langle\lambda\rangle|_{x=-1}$ となることが LDPC 符号については証明されている[14]。ターボ符号の場合についても同じことが示される。したがって

$$P_c = P[1]Q\left[\sqrt{2\gamma}\left(1 + \frac{\langle\lambda\rangle|_{x=1}}{4\gamma}\right)\right] + P[0]Q\left[\sqrt{2\gamma}\left(1 - \frac{\langle\lambda\rangle|_{x=-1}}{4\gamma}\right)\right]$$

$$= P[1]Q\left[\sqrt{2\gamma}\left(1 + \frac{\langle\lambda\rangle|_{x=1}}{4\gamma}\right)\right] + P[0]Q\left[\sqrt{2\gamma}\left(1 + \frac{\langle\lambda\rangle|_{x=1}}{4\gamma}\right)\right]$$

$$= Q\left[\sqrt{2\gamma}\left(1 + \frac{\langle\lambda\rangle|_{x=1}}{4\gamma}\right)\right]$$

これにより,データが与えられたとき $1 \to 0$ あるいは $0 \to 1$ と誤る確率は等しくなり,どのようなデータ系列を仮定しても誤り率特性は同じになる。これまでの習慣として,すべての k について $d_k = 1$ ($x_k = 1$) を仮定する。

$\langle\lambda\rangle|_{x=1}$ を改めて λ とおくことにする。λ は受信信号 y を用いて推定されるので,y と同様に確率変数となる。λ の確率密度関数を $f(\lambda)$ とすれば,平均の誤り率はつぎのように与えられる。

$$\langle P_e \rangle = \int_{-\infty}^{\infty} Q\left[\sqrt{2\gamma}\left(1 + \frac{\lambda}{4\gamma}\right)\right] f(\lambda) d\lambda$$

3.3.3 NRZ 信号の積分放電フィルタ検出方式

図 3.32(a) に示すように,振幅 $\pm A$,ビット周期 T の NRZ 信号を考える。アイパターンを,図(b)に示す。ビット当りのエネルギーは $E_b = A^2 T$ となる。信号は白色ガウス雑音(両側雑音電力密度を $N_0/2$ とする)とともに,積分放電(I & D)フィルタに入力される。I & D フィルタの出力は $\pm AT$ のレベルをとる。サンプル時刻における信号電力 S は $(AT)^2$ となる。サンプル時刻にお

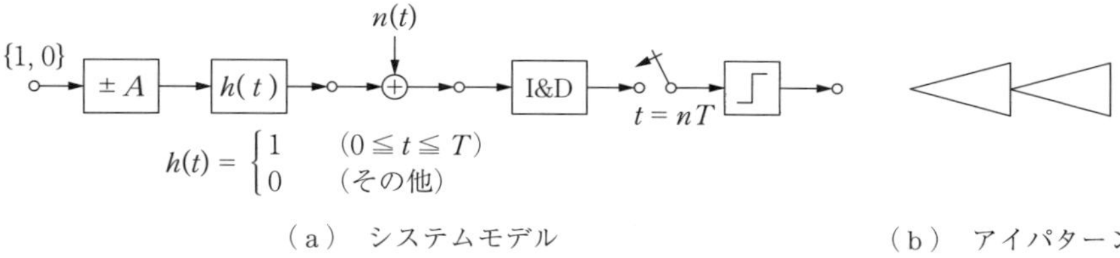

3.3 信号検出　163

(a) システムモデル　　　　　　　(b) アイパターン

図 3.32 積分放電フィルタ検出を用いる NRZ 信号伝送方式

いて I＆D フィルタの出力は，式 (2.100) で与えられる伝達関数 $H(\omega)$ のフィルタの出力に等価である。

この事実と式 (2.48)，(2.49) で与えられる平均電力と電力スペクトル密度の関係を使って，I＆D フィルタの出力における平均雑音電力 N はつぎのようになる。

$$N = \frac{1}{2\pi}\int_{-\infty}^{\infty}\frac{N_0}{2}|H(\omega)|^2 d\omega = \frac{N_0 T}{2} \qquad \left(\int_{-\infty}^{\infty}\left(\frac{\sin x}{x}\right)^2 dx = \pi\right)$$

このとき

$$\left[\frac{S}{N}\right]_S = \frac{(AT)^2}{\frac{N_0 T}{2}} = 2\frac{E_b}{N_0}$$

となる。

3.3.4 ナイキスト I 信号方式

ナイキストの第 1 基準を満たすフィルタの特性を受信と送信に等分した場合（ルートナイキストフィルタ）を考える（**図 3.33**）。例として，送信，受信フィルタの伝達関数 $H_T(\omega)$ と $H_R(\omega)$ がそれぞれ式 (3.8) の平方根の特性をとるものとする。この方式は最近のセルラーシステムのほとんどに用いられている。

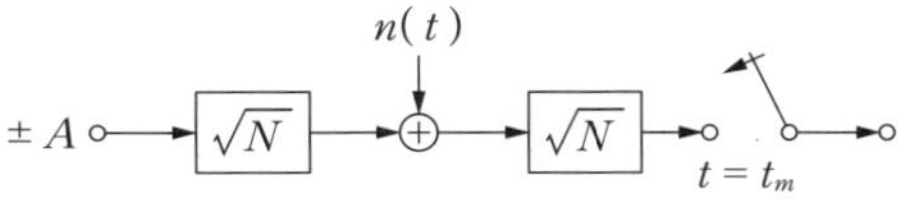

図 3.33 2 値ナイキスト I 信号方式（N はナイキスト第 1 基準を満たすフィルタの伝達関数を表す）

式(2.56), (3.8)および $E_b = PT$ を使って, ビット当りのエネルギーはつぎのようになる.

$$E_b = \frac{A^2}{2\pi}\int_{-\infty}^{\infty}|H_T(\omega)|^2 d\omega = \frac{A^2}{2\pi}\int_{-\infty}^{\infty}|H_I(\omega)| d\omega = \frac{A^2}{T}$$

関係 $H_T(\omega)H_R(\omega) = H_1(\omega)$ と式(3.9)により, 受信フィルタのサンプル時刻の出力は $\pm A/T\,(= \pm Ah(0))$ となる. 信号電力 S は $(A/T)^2$ である. 受信フィルタ出力における雑音電力はつぎのようになる.

$$N = \frac{1}{2\pi}\int_{-\infty}^{\infty}\frac{N_0}{2}|H_R(\omega)|^2 d\omega = \frac{1}{2\pi}\int_{-\infty}^{\infty}\frac{N_0}{2}|H_I(\omega)| d\omega$$
$$= \frac{N_0}{2}\frac{1}{T}$$

サンプル時刻における, 信号対雑音電力比は $2A^2/(TN_0) = 2E_b/N_0$ となる. これは, NRZ信号の積分放電検出の結果と同じである.

ルートナイキストフィルタのインパルス応答 $h(t)$ は, 式(8.5)に示してある. また, $h(t)$ とこれがシンボル周期の整数倍ずれた $h(t+nT)$ はつぎのように直交関係にあることが示される (2.2.4項).

$$\int_{-\infty}^{\infty}h(t)h(t+nT) = 0$$

3.3.5 整合フィルタ

サンプル時刻における信号対雑音電力比を最大にする回路を整合フィルタ (matched filter) と呼ぶ. 信号 $p(t)$ が雑音 $n_i(t)$ とともにフィルタに入力される場合を考えよう (図3.34). 入力雑音 $n_i(t)$ の電力スペクトル密度を $G(\omega)$ とする. 時刻 $t = t_m$ におけるフィルタの出力信号は

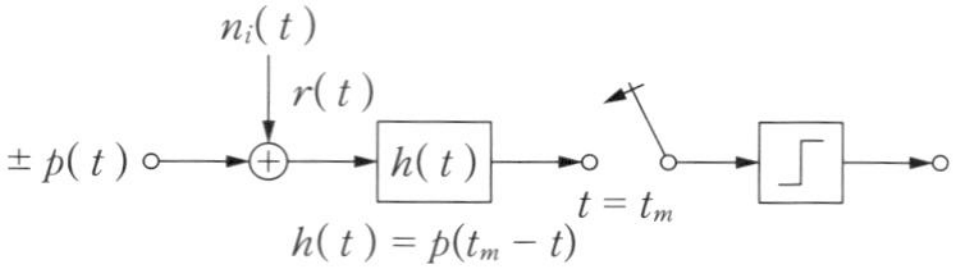

図 3.34 整合フィルタ受信機

3.3 信号検出

$$r(t_m) = p(t) * h(t)|_{t=t_m} = \frac{1}{2\pi}\int_{-\infty}^{\infty} P(\omega)H(\omega)e^{j\omega t_m}d\omega$$

と表される。ここで，$h(t)$ はフィルタのインパルス応答，記号 $*$ はたたみ込み積分を表す。また，記号 '↔' でフーリエ変換対を示し，$p(t) \leftrightarrow P(\omega)$, $h(t) \leftrightarrow H(\omega)$ である。

フィルタ出力における雑音の平均電力は

$$\langle n^2(t_m) \rangle = \langle |n_i(t) * h(t)|^2{}_{t=t_m} \rangle$$

と表される。ここで，雑音は定常であるとすれば，$\langle n^2(t_m) \rangle$ は時刻に依存しない定数である。集合平均と時間平均が等しいとしよう。

$$\langle n^2(t_m) \rangle = \frac{1}{2\pi}\int_{-\infty}^{\infty} G(\omega)|H(\omega)|^2 d\omega$$

サンプル時刻 $t=t_m$ における信号対電力比は

$$\frac{S}{N} = \frac{r^2(t_m)}{\langle n^2(t_m) \rangle} = \frac{\left|\frac{1}{2\pi}\int_{-\infty}^{\infty} P(\omega)H(\omega)e^{j\omega t_m}d\omega\right|^2}{\frac{1}{2\pi}\int_{-\infty}^{\infty} G(\omega)|H(\omega)|^2 d\omega}$$

最適な，すなわち，S/N を最大にする伝達関数 $H(\omega)$ を得るために，シュワルツ（Schwartz）の不等式，すなわち

$$\int_{-\infty}^{\infty}|X(\omega)|^2 d\omega \int_{-\infty}^{\infty}|Y(\omega)|^2 d\omega \geq \left|\int_{-\infty}^{\infty} X(\omega)Y(\omega)d\omega\right|^2 \tag{3.25}$$

を使う。ここで，等号は

$$X(\omega) = kY^*(\omega) \quad (k=定数)$$

のとき成立する。

$$X(\omega) = \sqrt{G(\omega)}\,H(\omega)e^{j\omega t_m}, \quad Y(\omega) = \frac{P(\omega)}{\sqrt{G(\omega)}}$$

とおけば

$$\frac{S}{N} \leq \frac{1}{2\pi} \frac{\int_{-\infty}^{\infty}\frac{|P(\omega)|^2}{G(\omega)}d\omega \int_{-\infty}^{\infty}|\sqrt{G(\omega)}\,H(\omega)e^{j\omega t_m}|^2 d\omega}{\int_{-\infty}^{\infty} G(\omega)|H(\omega)|^2 d\omega} = \frac{1}{2\pi}\int_{-\infty}^{\infty}\frac{|P(\omega)|^2}{G(\omega)}d\omega$$

となる。ここで

$$H_m(\omega) = k \frac{P^*(\omega)}{G(\omega)} e^{-j\omega t_m}$$

である。

白色雑音 $G(\omega) = N_0/2$ を考えよう。このとき S/N の最大値は

$$\left[\frac{S}{N}\right]_m = \frac{2E_b}{N_0} \tag{3.26}$$

ここで，E_b はパルスのエネルギーであり，つぎのように与えられる（式 (2.42)）。

$$E_b = \int_{-\infty}^{\infty} p^2(t)dt = \frac{1}{2\pi}\int_{-\infty}^{\infty}|P(\omega)|^2 d\omega$$

また

$$H_m(\omega) = P^*(\omega)e^{-j\omega t_m}$$

となる。ここで簡単のため $k = N_0/2$ とした。

$H_m(\omega)$ の逆フーリエ変換 $h_m(t)$ を求めてみよう。

$$\begin{aligned}
h_m(t) &= \frac{1}{2\pi}\int_{-\infty}^{\infty} H_m(\omega)e^{j\omega t}d\omega \\
&= \frac{1}{2\pi}\int_{-\infty}^{\infty} P^*(\omega)e^{j\omega(t-t_m)}d\omega = \frac{1}{2\pi}\int_{-\infty}^{\infty} P(-\omega)e^{j\omega(t-t_m)}d\omega \\
&= p(t_m - t) \tag{3.27}
\end{aligned}$$

これより，整合フィルタのインパルス応答は入力信号波形を時間反転して，t_m だけ遅延させたものとなる。

整合フィルタの出力は

$$y(t) = \int_{-\infty}^{\infty} r(\tau)h_m(t-\tau)d\tau = \int_{-\infty}^{\infty} r(\tau)p(t_m - t + \tau)d\tau$$

となる。サンプル時刻 $t = t_m$ においては

$$y(t_m) = \int_{-\infty}^{\infty} r(\tau)p(\tau)d\tau \tag{3.28}$$

となる。もし，雑音がない場合には

3.3 信号検出

$$y(t_m) = \int_{-\infty}^{\infty} p^2(\tau) d\tau \tag{3.29}$$

となる。

整合フィルタの応答の例として、つぎの入力信号を考えてみよう。

$$p(t) = A\delta(t) + B\delta(t - t_b)$$

この場合のシステムは図 3.35 (a) に示される。

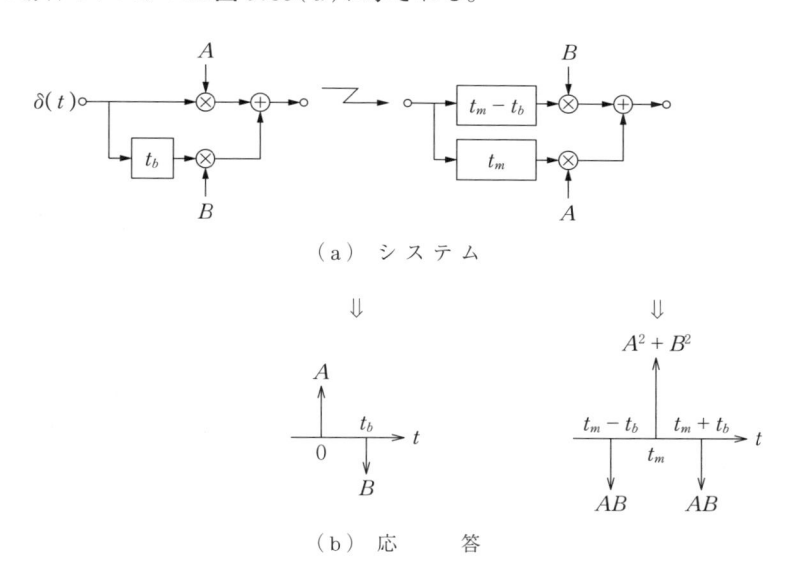

(a) システム

(b) 応答

図 3.35 整合フィルタ受信機の例

整合フィルタの出力信号は

$$y(t) = AB\delta(t - t_m + t_b) + (A^2 + B^2)\delta(t - t_m) + AB\delta(t - t_m - t_b)$$

となる（図(b)）。時刻 $t = t_m$ において、パルスのピークが得られる。因果律を満足するためには、$t_m > t_b$ としなければならない。パルスのピークは入力信号の振幅 A, B に依存せず、散らばったパルスを集めることによって得られている。これはスペクトル拡散方式における熊手受信機の原理である（6.4節）。

先に議論した受信フィルタ、すなわち NRZ 信号に対する積分放電フィルタ、およびナイキスト I 伝送に対する受信フィルタは、整合フィルタである。整合

フィルタをディジタル伝送システムに適用する場合には，符号間干渉を考慮しなければならない。上に挙げた二つのフィルタは，両方とも整合フィルタと符号間干渉がないという条件を満足している。いつもこのようになるとはかぎらない。

パルスがシンボル周期以内の時間制限がされていれば，整合フィルタは符号間干渉を起こさない。この場合，整合フィルタの出力信号はパルスの時間長の2倍の長さに広がるものの，つぎのサンプル時刻においては零になっている（図 3.36）。

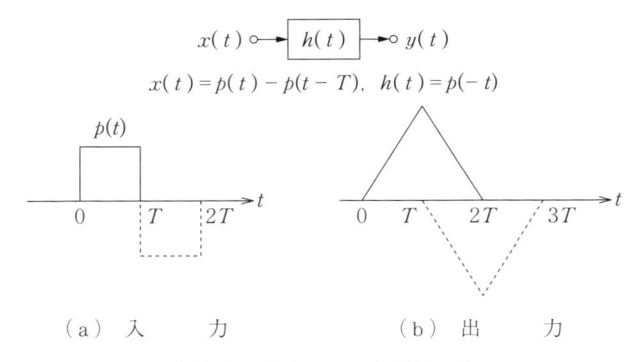

図 3.36 整合フィルタ受信の例

入力パルスがシンボル周期内に制限されていなくても，もし

$$y(t_m - nT) = \int_{-\infty}^{\infty} p(\tau) h(t_m - nT - \tau) d\tau = \int_{-\infty}^{\infty} p(\tau) p(t + nT) d\tau$$

$$= \begin{cases} \int_{-\infty}^{\infty} p^2(\tau) d\tau & (n = 0) \\ 0 & (n \neq 0) \end{cases} \quad (3.30)$$

であれば，符号間干渉を回避できる。先に述べてきたように，これは，受信整合フィルタと送信フィルタが全体でナイキストの第1基準を満足する場合である。シンボルごとの瞬時判定を行う場合，符号間干渉がない整合フィルタ受信機は，後述するように，最小の誤り率を得るという意味で最適である。パルスエネルギーが同じであれば，パルス波形は任意にできることを注意しておきた

い（式(3.26)）。式(3.28)によれば，相関受信機と呼ばれている別の受信機の構成法（**図3.37**）が得られる。この方式では，受信側で発生した信号 $p(t)$ を受信入力信号 $r(t)$ に同期して乗算したのち積分を行っている。出力信号はサンプル時刻 $t = t_m$ で整合フィルタのそれと同じになる。NRZ信号に対する積分放電フィルタ検出は相関受信機である。整合フィルタ受信機は相関受信機に比べて，入力信号に同期した局部信号を必要としないという実際的見地から優れている。

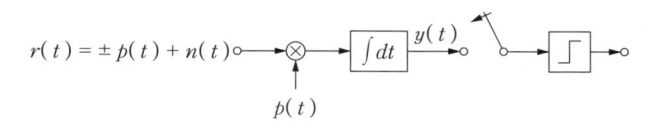

図3.37 相関受信機

3.3.6 送受信フィルタの同時最適化

上記の議論では送信フィルタは与えられているものとした。ここでは，送信と受信のフィルタを共に最適化することを考える。前提条件によっては，最適化の結果は異なる可能性がある。われわれは前提条件として，(1) 送信電力は一定に保つ，(2) サンプル時刻において符号間干渉は存在しない，ことを仮定する。この条件下で，サンプル時刻における信号対雑音電力比を最大にする送信と受信のフィルタの組合せを求める。最適化するシステムを**図3.38**に示す。

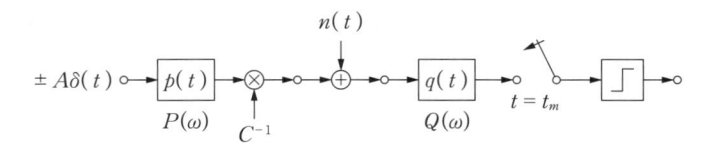

図3.38 送受信フィルタの同時最適化

条件(2)より，伝達関数 $P(\omega)$ と $Q(\omega)$ はつぎの関係を満たす。

$$P(\omega)Q(\omega) = H_I(\omega) \tag{3.31}$$

ここで，$H_I(\omega)$ はナイキストⅠ基準を満足し，$h_I(t)$ $(\leftrightarrow H_I(\omega))$ は $t = t_m$ で

ピーク値をとるとする。これより

$$H_{\mathrm{I}}(\omega) = |H_{\mathrm{I}}(\omega)| e^{-j\omega t_m} \tag{3.32}$$

係数 C^{-1} は送信フィルタの特性に関わりなく送信信号電力を一定に保つために導入する。送信電力 P_t はつぎのように与えられる（式(2.56)）。

$$P_t = \frac{A^2}{2\pi T} \int_{-\infty}^{\infty} |P(\omega)|^2 d\omega \tag{3.33}$$

ここで A はパルス振幅，T はシンボル周期である。係数 C^{-1} はつぎのように選ぶ。

$$C^{-1} \equiv \frac{1}{C} = \frac{A}{\sqrt{P_t}} \tag{3.34}$$

サンプル時刻（$t=t_m$）において，受信フィルタの出力信号電力は

$$S = \left| \frac{1}{2\pi} \int_{-\infty}^{\infty} AP(\omega) C^{-1} Q(\omega) e^{j\omega t_m} d\omega \right|^2$$

となる。式(3.31)と式(3.32)により

$$S = \left| \frac{1}{2\pi} \int_{-\infty}^{\infty} AC^{-1} |H_{\mathrm{I}}(\omega)| d\omega \right|^2$$

となる。出力雑音電力は，

$$N = \frac{1}{2\pi} \int_{-\infty}^{\infty} G(\omega) |Q(\omega)|^2 d\omega$$

ここで $G(\omega)$ は雑音電力スペクトル密度である。式(3.33)と式(3.34)により，信号対雑音電力比は

$$\frac{S}{N} = \frac{\left| \dfrac{A}{2\pi} \int_{-\infty}^{\infty} |H_{\mathrm{I}}(\omega)| d\omega \right|^2}{\dfrac{1}{2\pi T} \int_{-\infty}^{\infty} |P(\omega)|^2 d\omega \dfrac{1}{2\pi} \int_{-\infty}^{\infty} G(\omega) |Q(\omega)|^2 d\omega}$$

となる。S/N は分母が最小値をとるとき最大となる。シュワルツの不等式（式(3.25)）を使って，$X(\omega)=P(\omega)$，$Y(\omega)=\sqrt{G(\omega)} Q(\omega) e^{j\omega t_m}$ とすれば，最小値は以下のように与えられる。

$$P(\omega) = G(\omega)^{1/2} Q^*(\omega) e^{-j\omega t_m} \tag{3.35}$$

式(3.31), (3.32), (3.35)を用いて

$$|P(\omega)|^2 = G(\omega)^{1/2}|H_\mathrm{I}(\omega)|, \quad |Q(\omega)|^2 = G(\omega)^{-1/2}|H_\mathrm{I}(\omega)|$$

となる。最大の S/N は

$$\left[\frac{S}{N}\right]_m = \frac{A^2\left|\int_{-\infty}^{\infty}|H_\mathrm{I}(\omega)|d\omega\right|^2}{\frac{1}{T}\left|\int_{-\infty}^{\infty}G(\omega)^{1/2}|H_\mathrm{I}(\omega)|d\omega\right|^2}$$

となる。$G(\omega) = N_0/2 \ (-\infty < \omega < \infty)$ である白色雑音を仮定すれば

$$|P(\omega)|, |Q(\omega)| \propto \sqrt{|H_\mathrm{I}(\omega)|},$$

$$\left[\frac{S}{N}\right]_m = \frac{2A^2T}{N_0} = \frac{2E_b}{N_0}$$

となる。ここで,$E_b = A^2T$ はビット当りの送信エネルギーである。これらの結果は先に議論したナイキストI信号方式の場合と同じである。

3.3.7 最適受信機

ディジタル信号は有限の状態をとることから,有限の計算回数により判定を行うことができる。受信信号が雑音と干渉によって損なわれていても,最も確からしいメッセージを見つけ出すことができる。

N 個のシンボルからなるメッセージを $\boldsymbol{m}_i = (m_{i1}, m_{i2}, m_{i3}, \cdots, m_{iN})$ と表す。ここで,m_{in} は送信すべきディジタル信号である。メッセージ $\boldsymbol{m}_i$ に対応する送信信号はつぎのように与えられる。

$$s_i(t) = \sum_{n=1}^{N} a_{in}h(t-(n-1)T) \quad (0 < t < T_m, \ i = 1, 2, \cdots, I_m)$$

ここで,a_{in} は m_{in} に応じて L 値の中から一つをとる(L 値伝送)。$h(t)$ は送信フィルタのインパルス応答,I_m は異なるメッセージの数,T_m はメッセージの時間の長さである。メッセージの長さを N シンボルとすれば $I_m = L^N$ となる。この場合,判定のための目的関数を L^N 回計算することにより,可能性のある候補から最も確からしいメッセージを選ぶことができる。

受信メッセージ信号はつぎのように表される。

$$r(t) = u_i(t) + n(t) \quad (0 < t < T_0 \equiv T_m + \tau_0)$$

ここで

$$u_i(t) = \sum_{n=1}^{N} a_{in} g(t - (n-1)T_s) \tag{3.36}$$

$g(t)$ は受信パルス波形を表し，パルス波形 $h(t)$ を伝送路に通したものである。すなわち，$g(t) = h(t) * c(t)$ である。ここで，$c(t)$ は伝送路のインパルス応答であり，時間 τ_0 だけ持続するものとする。$n(t)$ は伝送路で加わる雑音である。

受信信号 $r(t)$ が与えられたとして，われわれの最終目標は，誤り確率が最も低い候補メッセージ $\hat{m}_i$ を与える最適受信機を求めることである。考えているシステムを図 3.39 に示す。

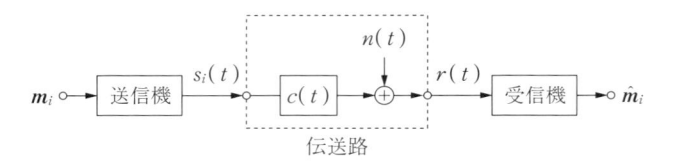

図 3.39　ディジタル伝送方式

以下，文献 4), 5) を参照して議論を進める。ここで，伝送路のインパルス応答は与えられているものとする。さらに，各メッセージの生起確率はわかっているものとし，雑音は平均値が零のガウス雑音とする。

メッセージ m_i を送ったとき，受信信号 $r(t)$ は平均値が $u_i(t)$ のガウス変数となる。確率過程を解析するとき，受信信号を独立な変数で表現するのが便利である。その方法がカールネ・ルウブ（Karhunen-Lueve）級数展開である[10]。

雑音 $n(t)$ をつぎの級数で展開する。

$$n(t) = \lim_{N \to \infty} \sum_{n=1}^{N} n_n f_n(t) \tag{3.37}$$

ここで，n_n は展開級数，$\{f_n\}$ は区間 $(0, T_0 \equiv T_m + \tau_0)$ における正規直交関数系である。すなわち

である。

$$\int_0^{T_0} f_n(t) f_m^*(t) dt = \begin{cases} 1 & (n=m) \\ 0 & (n \neq m) \end{cases} \tag{3.38}$$

式(3.37)の両辺に $f_m^*(t)$ を乗じて，上の関係を使えば

$$n_m = \int_0^{T_0} n(t) f_m^*(t) dt \tag{3.39}$$

を得る。係数 $\{n_m\}$ は相互に無相関であると仮定する。すなわち

$$\langle n_m n_m^* \rangle = \begin{cases} |\sigma_n|^2 & (m=n) \\ 0 & (m \neq n) \end{cases}$$

とする。

結果として，係数 n_n は分散が σ_n^2 の独立なガウス変数となる。この条件は正規関数系 $f_n(t)$ がつぎの積分方程式を満たせば成立する[10]。

$$\int_0^{T_0} R(t,s) f_n(s) ds = |\sigma_n|^2 f_n(t) \tag{3.40}$$

ここで，$R(t,s)$ はつぎのように定義される相関関数である。

$$R(t,s) = \langle n(t) n^*(s) \rangle = \left\langle \sum_{m=1}^{\infty} n_m f_m(t) \sum_{n=1}^{\infty} n_n^* f_n^*(s) \right\rangle$$

ランダム変数 n_n が無相関であるのはつぎのように確かめられる。式(3.40)が成立するとして，式(3.39)を使って

$$\langle n_n n_m^* \rangle = \left\langle \int_0^{T_0} n(t) f_n^*(t) dt \int_0^{T_0} n^*(s) f_m(s) ds \right\rangle$$

$$= \int_0^{T_0} \int_0^{T_0} R(t,s) f_n^*(t) f_m(s) dt ds$$

$$= \int_0^{T_0} f_n^*(t) |\sigma_m|^2 f_m(t) dt = \begin{cases} |\sigma_n|^2 & (n=m) \\ 0 & (n \neq m) \end{cases}$$

積分方程式の言葉では，関数 $f_n(s)$ は固有（特性）関数，値 $|\sigma_n|^2$ は固有（特性）値と呼ばれる。一般に，固有関数 $f_n(s)$，固有値 $|\sigma_n|^2$ を求めるために，式(3.40)を解くことは $n(t)$ が白色雑音でないかぎり困難である。

白色雑音に対しては

$$R(t,s) = \frac{N_0}{2}\delta(t-s)$$

となる。ここで，$\delta(\cdot)$ はデルタ関数，$N_0/2$ は雑音電力密度である。この式を式 (3.40) に適用すると，$(N_0/2)f_n(t) = |\sigma_n|^2 f_n(t)$ となる。このことは固有値として

$$|\sigma_n|^2 = \frac{N_0}{2} \equiv \sigma_0^2$$

をもつ，任意の正規直交関数系を使ってもよいことを意味している。

ここで，信号 $u_i(t)$ を正規直交関数系 $f_n(t)$ で展開する。信号 $u_i(t)$ の次元は N である。したがって，この信号は正規直交関数系でつぎのように展開できる[4]。

$$u_i(t) = \sum_{n=1}^{N} u_{in} f_n(t) \qquad (i=1,2,\cdots,I_m) \tag{3.41}$$

ここで，展開係数 u_{in} は，つぎのように与えられる。

$$u_{in} = \int_0^{T_0} u_i(t) f_n^*(t) dt$$

雑音はつぎのように展開される。

$$n(t) = n_N(t) + n_0(t)$$

ここで

$$n_N(t) = \sum_{n=1}^{N} n_n f_n(t), \qquad n_0(t) = \sum_{n=N+1}^{\infty} n_n f_n(t)$$

雑音 $n_0(t)$ の項は信号 $u_i(t)$ に直交していることがわかる。すなわち

$$\int_0^{T_0} n_0(t) u_i^*(t) dt = 0$$

これにより，雑音の項 $n_0(t)$ は受信機の判定に無関係であるから無視できる。

受信信号はつぎのように展開できる。

$$r(t) = \sum_{n=1}^{N} r_n f_n(t) \tag{3.42}$$

ここで

3.3 信号検出

$$r_n = \int_0^{T_0} r(t) f_n^*(t) dt = u_{in} + n_n \qquad (i=1, 2, ..., I_m, \ n=1, 2, ..., N)$$

r_n は平均値 u_{in} の独立なガウス定数である。受信信号と係数 r_n は1対1に対応するから，受信信号をベクトル $\mathbf{r} = (r_1, r_2, \cdots, r_N)$ で表そう。

$\mathbf{r} = \mathbf{r}'$ が与えられているとき，m_i が正しく判定されたという条件付き確率は

$$P(C|\mathbf{r}=\mathbf{r}') = P(m_i|\mathbf{r}=\mathbf{r}')$$

ここで，$P(C|\mathbf{r}=\mathbf{r}')$ は $\mathbf{r}=\mathbf{r}'$ が与えられたとき，m_i が正しく判定される条件付き確率である。$P(m_i|\mathbf{r}=\mathbf{r}')$ は $\mathbf{r}=\mathbf{r}'$ が受信されたとき，メッセージ m_i が送られたという条件付き確率である。われわれの仕事は $P(m_i|\mathbf{r}=\mathbf{r}')$ を最大にすること，言い換えればすべての $j \neq i$ に対して $P(m_i|\mathbf{r}=\mathbf{r}') > P(m_j|\mathbf{r}=\mathbf{r}')$ となるメッセージ m_i を見つけることである。確率 $P(m_i|\mathbf{r}=\mathbf{r}')$ は m_i の事後確率と呼ばれる。われわれの受信機は最大事後確率検出器である。

事後確率を求めるために，つぎのようなベイズ（Bayes）の混合規則を使う。

$$P(m_i|\mathbf{r}=\mathbf{r}') = \frac{P(m_i) P(\mathbf{r}=\mathbf{r}'|m_i)}{P(\mathbf{r}=\mathbf{r}')} \tag{3.43}$$

$P(\mathbf{r}=\mathbf{r}'|m_i)$ は，メッセージ m_i が送られてきたとき，$\mathbf{r}=\mathbf{r}'$ となる条件付き確率である。確率 $P(\mathbf{r}=\mathbf{r}')$ は判定候補のすべてに対して共通であるから無視できる。われわれの仕事は式 (3.43) の右辺の分子の項を最大にする一つのメッセージ $\hat{m}_i$ を求めることである。この項をつぎのように表そう。

$$J_i = P(\hat{m}_i) P(\mathbf{r}=\mathbf{r}'|\hat{m}_i) \qquad (i=1, 2, \cdots, I_m)$$

$n_n \, (= r_n - u_{in})$ はガウス変数であるから

$$P(r_n = r_n'|\hat{m}_i) = \frac{1}{(2\pi\sigma_0^2)^{1/2}} \exp\left(-\frac{|r_n' - \hat{u}_{in}|^2}{2\sigma_0^2}\right)$$

またそれらは独立であるから，$\mathbf{r}$ に対する結合確率密度関数は

$$P(\mathbf{r}|\hat{m}_i) = \frac{1}{\prod_{n=1}^{N} (2\pi\sigma_0^2)^{1/2}} \exp\left(\sum_{n=1}^{N} -\frac{|r_n - \hat{u}_{in}|^2}{2\sigma_0^2}\right)$$

ここで $\hat{u}_{in}$ は $\hat{m}_i$ に対応している。次式が成立するので

$$|r_n - \hat{u}_{in}|^2 = |r_n|^2 - 2\mathrm{Re}\{r_n \hat{u}_{in}^*\} + |\hat{u}_{in}|^2$$

式(3.38), (3.41), (3.42)を使って

$$\sum_{n=1}^{N} |r_n|^2 = \int_0^{T_0} |r(t)|^2 dt, \quad \sum_{n=1}^{N} r_n \hat{u}_{in}^* = \int_0^{T_0} r(t) \hat{u}_i^*(t) dt,$$

$$\sum_{n=1}^{N} |\hat{u}_{in}^*|^2 = \int_0^{T_0} |\hat{u}_i(t)|^2 dt$$

となる。これより，次式が得られる。

$$\sum_{n=1}^{N} |r_n - \hat{u}_{in}|^2 = \int_0^{T_0} |r(t) - \hat{u}_i(t)|^2 dt$$

もし $P(m_i)$ が同じであれば，われわれの仕事は2乗誤差 $\int_0^{T_0} |r(t) - \hat{u}_i(t)|^2 dt$ を最小にするメッセージの候補を一つ見つけることに帰着する。

対数関数は単調であるから，J_i を最大にすることは，$\ln(J_i)$ を最大にすることと同じである。ここで，$\ln(\cdot)$ は自然対数関数である。これより

$$\ln(J_i) = Q_i + a \qquad (i = 1, 2, \cdots, I_m)$$

ここで

$$Q_i = \ln\{P(m_i)\} - \frac{1}{2\sigma_0^2} \int_0^{T_0} |r(t) - \hat{u}_i(t)|^2 dt, \quad a = -\frac{N}{2}\ln(2\pi\sigma_0^2)$$

(3.44)

定数項はすべての候補メッセージに共通であるから，判定において無視できる。式(3.44)の両辺に $2\sigma_0^2 (= N_0)$ を乗じることにより

$$U_i = N_0 \ln\{P(m_i)\} - \int_0^{T_0} |r(t) - \hat{u}_i(t)|^2 dt \qquad (I = 1, 2, \cdots, I_m) \quad (3.45)$$

となる。ここで $U_i = 2\sigma_0^2 Q_i$ である。式(3.45)はつぎのように変形できる。

$$U_i = 2\mathrm{Re}\left[\int_0^{T_0} r(t) \hat{u}_i^*(t) dt\right] - e_i - c + N_0 \ln\{P(m_i)\}$$

ここで

$$e_i = \int_0^{T_0} |\hat{u}_i(t)|^2 dt, \quad c = \int_0^{T_0} |r(t)|^2 dt$$

e_iの項は候補信号のエネルギーを表す。cの項はすべての項について共通であり無視できる。

これより，最適受信機は**図 3.40**（a）に示すように相関器の組で構成できる。ここで，$b_i = \{N_0 \ln[P(\boldsymbol{m}_i)] - e_i\}/2$ である。整合フィルタの出力のサンプル値は相関器出力と等価であるから，図（b）に示すような別の構成法が得られる。$u_i(t)$ が式（3.41）のように正規直交関数系で展開できることを思い出そう。このとき

$$\int_0^{T_0} r(t)\hat{u}_i^*(t)dt = \sum_{n=1}^N \hat{u}_{in}^* \int_0^{T_0} r(t)f_n^*(t)dt = \sum_{n=1}^N \hat{u}_{in}^* r_n \qquad (i=1,2,\cdots,I_m)$$

となる。この関係式により，**図 3.41** に示すように，最適受信機の他の構成法が得られる。この構成法は，先のものより相関器，あるいは整合フィルタが少なくなる。それでも，その数はメッセージの長さ N だけ必要である。

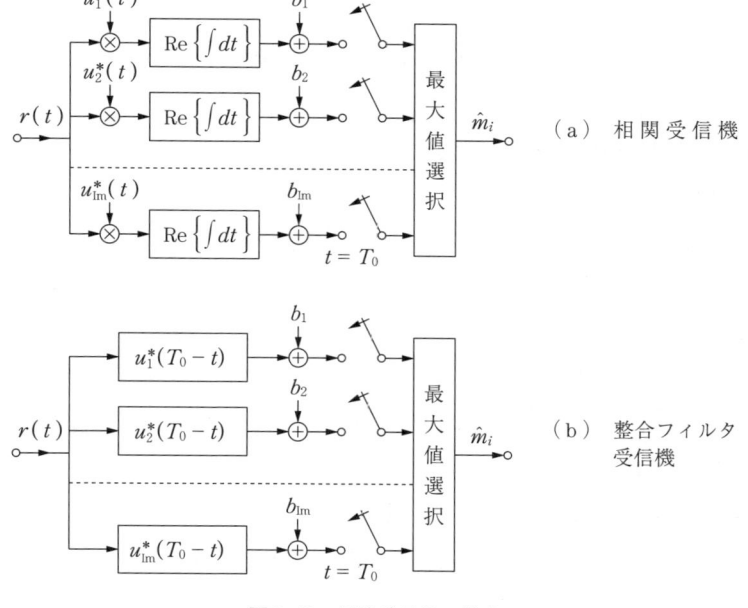

（a）相関受信機

（b）整合フィルタ受信機

図 3.40 最適受信機の構成

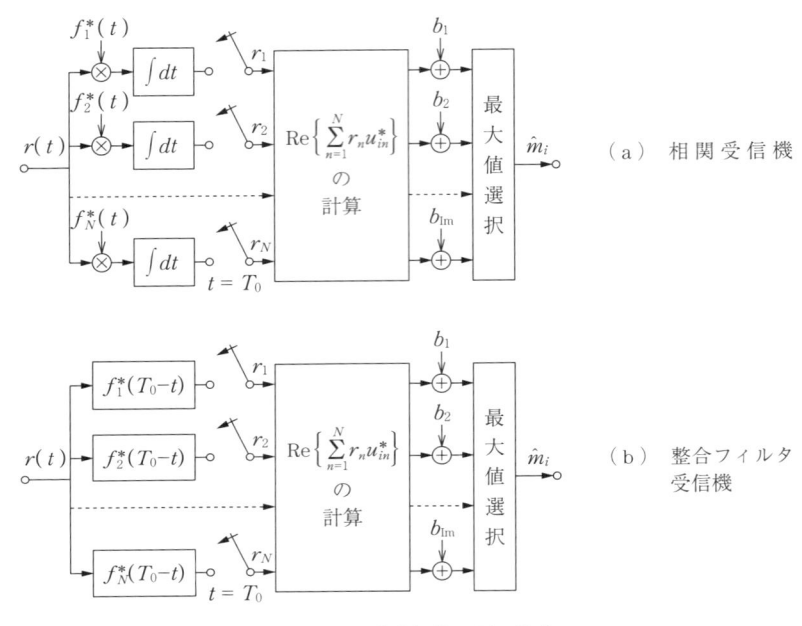

図 3.41 最適受信機の別の構成

3.3.8 最尤受信機とビタビアルゴリズム

最適候補メッセージ $\hat{m}_i$ を見つけるための計算回数はメッセージ長 N とともに指数関数的に増加する（$I_m = L^N$）。長いメッセージに対して，力ずくの方法は効果的でない。代わりに，ビタビアルゴリズム（動的プログラミングとも呼ぶ）を使えば計算回数が劇的に減少する。

メッセージ m_i の生起確率 $P(m_i)$ を知ることは実際上難しい。そこですべてのメッセージが等しい確率で生起するとする。この条件下での最適受信機を最尤受信機と呼ぶ。

尤度は，つぎの積分を最小にする候補メッセージ $\hat{m}_i$，あるいはこれと等価である候補信号 $\hat{u}_i(t)$ を見つけ出すことによって最大化される。

$$V_i = \int_0^{T_0} |r(t) - \hat{u}_i(t)|^2 dt$$

この積分を最小化することは，式(3.45)を最大化することになる．積分の中身を展開することによって，最大にすべき目標関数はつぎのように表される．

$$V_i = -2\mathrm{Re}\left[\int_0^{T_0} r(t)\hat{u}_i^*(t)dt\right] + \int_0^{T_0} |\hat{u}_i(t)|^2 dt \tag{3.46}$$

ここで，項 $\int_0^{T_0}|r(t)|^2 dt$ は判定に無関係なので，無視できる．式(3.36)を使って式(3.46)はつぎのように書ける．

$$V_i = -2\mathrm{Re}\left[\sum_{n=1}^{N} \hat{a}_{in}^* r_n\right] + \sum_{n=1}^{N}\sum_{m=1}^{N} \hat{a}_{in}\hat{a}_{im}^* q_{n-m}, \tag{3.47}$$

$$r_n = \int_0^{T_0} r(t)g^*(t-(n-1)T_s)dt \qquad (n=1, 2, \cdots, N)$$

また

$$q_{n-m} = \int_0^{T_0} g(t-nT_s)g^*(t-mT_s)dt \tag{3.48}$$

である．簡単のため i 番目のメッセージを示す添字 i を省略する．

つぎの仮定をおこう．

$$q_{n-m} = 0 \qquad (|n-m| > M) \tag{3.49}$$

この仮定は，シンボル a_m と a_n は $|n-m| > M$ であればたがいに干渉しないことを表す．式(3.47)はつぎのように書き直せる（添字 i を省略して）．

$$V = \sum_{n=1}^{j-1} K_n + K_j + L_{N-j} \qquad (j=1, 2, 3, \cdots, N) \tag{3.50}$$

ここで

$$K_n = -2\mathrm{Re}\left[\hat{a}_n^* r_n\right] + 2\mathrm{Re}\left[\hat{a}_n \sum_{m=n+1}^{M+n} \hat{a}_m^* q_{n-m}\right] + |\hat{a}_n|^2 q_0,$$

$$L_{N-j} = -2\mathrm{Re}\left[\sum_{n=j+1}^{N} \hat{a}_n^* r_n\right] + \sum_{n=j+1}^{N}\sum_{m=j+1}^{N} \hat{a}_n \hat{a}_m^* q_{n-m} \tag{3.51}$$

ここで式(3.49)を式(3.51)の第2項に適用した．また，$i > N$ のとき $a_i = 0$ とする．目標関数（メトリック）を式(3.50)のように表現するわけは，以下の記述でわかるだろう．

信号 r_1 を受信すると，目標関数 V（メトリック）の計算を開始する。K_1 の値を L^{M+1} 個の候補メッセージより $\{\hat{a}_1, \hat{a}_2, \cdots, \hat{a}_{M+1}\}$ について計算する。これらの L^{M+1} 個の系列は，$(\hat{a}_2, \hat{a}_3, \cdots, \hat{a}_{M+1})$ の可能な組合せに応じて L^M 個のグループに分類できる。おのおののグループは $\hat{a}_1$ の値のみが異なる L 個の系列からなる。すべてのグループに対して，K_1 を最小にする $\hat{a}_1$ の状態を一つ選び，他の $L-1$ 個の状態は破棄する。選んだ $\hat{a}_1$ とこれに対応した最小の K_1 の値（$K_{1\min}$ と記す）をおのおののグループについて記憶する。候補メッセージ系列 $(\hat{a}_{n+1}, \hat{a}_{n+2}, \cdots, \hat{a}_{n+M})$ を $\hat{\sigma}_n$ で表すことにしよう。このとき $K_{1\min} = \min_{\hat{a}1}[K_1(r_1; \hat{a}_1, \hat{\sigma}_1)]$ と表される。$\hat{\sigma}_1$ のおのおのについて，$\hat{a}_1$ の一つの状態だけを選んで，残りの $L-1$ 個の状態を破棄するのは，これらがその後，候補になり得ないからでる。なぜなら，$\hat{a}_1$ が関与するのは $\hat{\sigma}_1$ のみに限られているからである。

この段階で，すべての系列グループ $\hat{\sigma}_1$ が同一の $\hat{a}_1$ をとれば，$\hat{a}_1$ を決定する。そうでなければ，$\hat{a}_1$ の決定は後送りになる。

信号 r_2 を受信すると，K_2 の値（ブランチメトリックと呼ばれる）を L 個の候補 $\hat{a}_2$ について計算する。L^M 個の系列 $\hat{\sigma}_2$ について，$\hat{a}_1, \hat{\sigma}_1$ を求めたように計算する。パスメトリック，すなわち $K_{2\min} = \min_{\hat{a}2}[K_{1\min} + K_2(r_2; \hat{a}_2, \hat{\sigma}_2)]$ をおのおのの $\hat{\sigma}_2$ について計算し，これに対応する一つの $\hat{a}_2$ を選択し，他は破棄する。選択した $\hat{a}_2$ とパスメトリックス $K_{2\min}$ を，各 $\hat{\sigma}_2$ に対して記憶する。もし，すべての系列 $\hat{\sigma}_2$ が同一の $\hat{a}_1$ あるいは $(\hat{a}_1, \hat{a}_2)$ をとれば，これらの値を決定する。そうでなければ決定は先送りされる。

新しい r_n を受信するたびに，計算と選択を同様な方法で進める。L^{M+1} 個の可能なメッセージ系列 $(\hat{a}_n, \hat{a}_{n+1}, \hat{a}_{n+2}, \cdots, \hat{a}_{n+M})$ があり，これらは処理の前段階における L^M 個の生残り系列からつながっている。われわれはこれらの系列を L^M 個のグループに分ける。各グループは $\hat{a}_n$ のみが異なり，同一の $\hat{\sigma}_n$ をとる。それぞれのグループに対して枝メトリック K_n を計算する。各グループに対して，$[K_{(n-1)\min} + K_n(r_n; \hat{a}_n, \hat{\sigma}_n)]$ を最小にする $\hat{a}_n$ を一つ選択し，$L-1$ 個の他の系列は破棄する。選んだ $\hat{a}_n$ とそれ以前の $(\hat{a}_1, \hat{a}_2, \cdots, \hat{a}_{n-1})$ と枝メトリック $K_{n\min}$ を記憶する。この処理の終わりの時点で，最小のパスメトリックを示

すものを一つ選んで系列を決定する。

各段階において，L^{M+1}個の系列についてK_jを計算する。これよりN個のシンボルを検出するのにNL^{M+1}の計算を行うことになる。

ビタビアルゴリズムの格子図を$M=3$の場合の例について**図3.42**に示す。状態$\hat{\sigma}_n$のつながりはシンボル系列$\{a_n\}$と1対1に対応している。実線は生残りパスを，破線は破棄されたパスを示す。すべての生残りパスが同一の状態$\hat{\sigma}_n$から派生していれば，すなわち（時間を逆に見て）融合（merge）が生じていれば，シンボルa_nとそれ以前の値を決定できる。融合は信号系列と雑音に依存して確率的に生じる。もし融合が生じなければ，受信信号の最後で決定する。メトリックの合計計算回数はNL^{M+1}である。これは力づくの方法による計算回数L^Nに比べてはるかに小さい（$N\gg 1$のとき）。計算の各段階において，各系列$\hat{a}_n$に対してL個の候補シンボルの中から，一つを選びその他を破棄することが，ビタビアルゴリズムにおいて計算回数を減少させる鍵となっている。

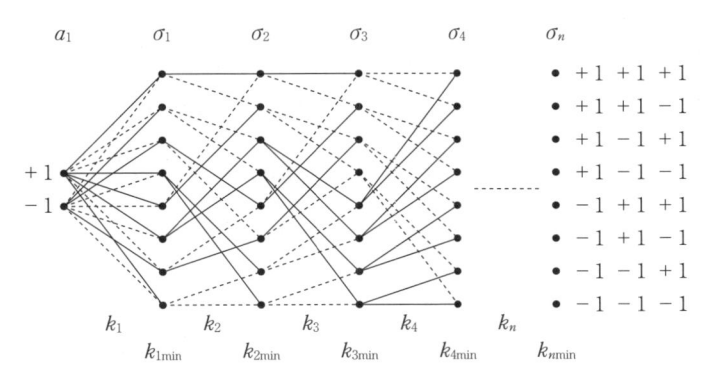

図3.42 ビタビアルゴリズムを示す格子図の例（実線は生き残りパス，破線は廃棄したパスを示す）

3.3.9 符号間干渉がない場合の最適受信機

整合フィルタの出力において符号間干渉がない信号を考えよう。整合フィルタの出力は，サンプリング時刻において，相関受信機と等価であるから，受信

パルス信号 $g(t)$ は $n \neq m$ のとき $q_{n-m} = 0$ となる（式(3.48)と式(3.30)）。これは，サンプル値信号 r_n の間に相関がないことを示している。

最適受信機に対する，式(3.47)で与えられる目標関数 V_i はつぎのように決まる。

$$V_i = -2\mathrm{Re}\left[\sum_{n=1}^{N} \hat{a}_{in}^* r_n\right] + \sum_{n=1}^{N} |\hat{a}_{in}|^2 q_0 \qquad (i = 1, 2, \cdots, I_m) \qquad (3.52)$$

ここで，再び添字 i を使うことにする。この結果は，シンボル $\hat{a}_{in}$ に対する判定は他のシンボルに対する判定に影響しないことを示している。これよりシンボルごとの判定が最適となる（$P(m_i)$ はすべて等しいとしている）。この理由は，整合フィルタの出力のサンプル値あるいは相関器の出力が無相関になるからである。NRZ信号およびナイキスト第1基準の特性の平方根の伝達関数を有するフィルタによるパルス波形整形はこれらの場合に該当する（雑音のサンプル値も無相関になっていることを想い出そう。2.2.4項）。

式(3.52)で与えられる目標関数を吟味する代わりに，以下に示すように，しきい値検出を行うことができる。しきい値検出は，しきい値を境界とする領域の一つの中に受信信号 r_n を分類するものである（**図 3.43**）。検出アルゴリズムは r_n に最も近いレベルを決定することと等価である。すなわち

$$\begin{aligned} d_m &= \min_{\hat{a}_{in}} \left| \int_0^{T_0} \left[r(t) g^*(t-(n-1)T) - \hat{a}_{in} \left| g(t-(n-1)T) \right|^2 \right] dt \right| \\ &= \min_{\hat{a}_{in}} \left| r_n - \hat{a}_{in} q_0 \right| \end{aligned}$$

d_m の 2 乗をとると

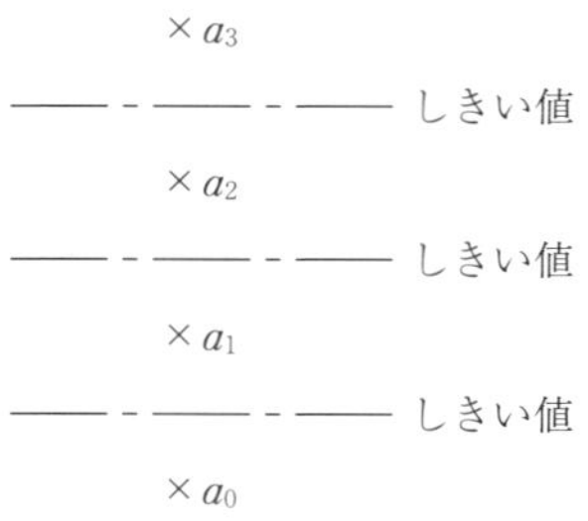

図 3.43 しきい値を用いた検出

$$d_m^2 = \min_{\hat{a}_{in}} \left\{ |r_n|^2 - 2\mathrm{Re}\left[\hat{a}_{in}^* r_n q_0\right] + |a_{in}|^2 q_0^2 \right\}$$

$|r_n|^2$ の項は判定に無関係である。第2と第3の項は定数 q_0 を除いて式(3.52)の項と同じである。しきい値は隣接する信号レベル $a_{in}q_0$ の中間に引かなければならない（$P(m_i)$ が同一のとき）。

3.4 同　　　期

受信のシンボルのタイミングおよびフレームのタイミングは送信信号と同期しなければならない。ここでは，これらの同期をいかにとるかについて述べる。

3.4.1　シンボルタイミング再生

情報信号と一緒にシンボルタイミング用の信号をずっと送ることはしない。なぜなら，情報信号伝送の容量を減らすことになるからである。代わりに，送信の開始時のみに短い信号を送る。これは受信機でタイミング信号を発生させるのを助けるためである。タイミング信号を受け取った後では，タイミング信号を維持するために，二つのやり方がある。一つは十分に安定な発振器を用いるものであり，もう一つは情報信号からタイミング信号を抽出し続けるものである。前の方法は，低速伝送に使われる。なぜなら，この場合には周波数の不安定性によるタイミング誤差がシンボル周期に比べて相対的に小さくなるからである。

後者の方法は広く用いられている。この方法の原理はデータ信号の変化に対応して起こる信号のレベル，あるいは極性の変化を検出するものである。信号のレベルの変化はランダムに起こるけれども，その平均のタイミングは，信号が送信側のタイミング発生器に同期しているので正確である。図 3.44 にシンボルタイミング発生器のブロック図を示す。信号レベル変化を強調するため，復調信号をフィルタに入力する。そのフィルタの出力信号を両波整流する。整

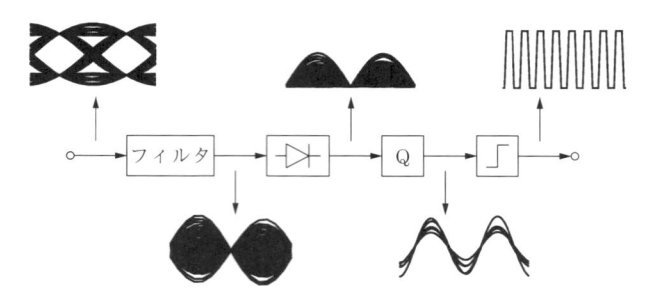

図 3.44 シンボルタイミング同期回路とその波形

流はタイミング信号成分を発生するために不可欠である．なぜなら，そのままでは，信号（極性符号）レベル変化はたがいに逆方向にランダムに生じ，タイミング信号を打ち消し合うからである．

タンク回路 Q はクロック周波数に同調した共振器である．これは，再生ブロック信号のジッタを抑制するためのものである．共振器の Q 値は，ジッタを少なくし立上り時間を短縮する，という二つの特性の妥協点で決められる．高い Q 値はジッタを低減するものの，立上り時間を長くする．

雑音がない場合には，ジッタを生じないようにできる．すなわち，伝送路の他のフィルタと整流前のフィルタからなる回路のインパルス応答が，つぎの条件を満たせばよい．

$$h(t)\sum_{n=-\infty}^{\infty}\delta\left[\left\{t-\left(n+\frac{1}{2}T\right)\right\}\right]=0$$

ここで，T はシンボル周期を示す．上式のフーリエ変換をとり，3.1.2 項と同様にすれば，次式が得られる．

$$H\left(\frac{\omega_0}{2}+x\right)=H^*\left(\frac{\omega_0}{2}-x\right) \tag{3.53}$$

ここで，$\omega_0=2\pi/T$ であり，帯域は $0\sim\omega_0$ に制限されているとした．式(3.53)の両辺はたがいに複素共役対称でなければならない．式(3.53)を満足する整流前フィルタを用いたタイミング信号再生回路の計算機シミュレーション波形はすでに図 3.44 に示している．

式(3.53)で与えられる特性の整流前フィルタが，雑音がある場合にも最適であるとは結論できない。最適なクロック信号再生は復調出力における信号対雑音電力比に依存する。クロック信号再生には他の方法が知られているが，ここでは割愛する。

3.4.2 フレーム同期

図 3.45 に示すように，ディジタル信号はフレーム単位にまとめて送信される。フレーム化された信号は情報信号と他の余分な信号とを含んでいる。余分な信号のうちの一つはフレーム同期（synch）語である。この同期語は受信側で情報信号の開始時刻を検出するためである。受信データ信号と再生されたシンボルタイミング信号を入力として，受信機は相関器あるいは整合フィルタを用いて同期語を検出する。この目的のためには，鋭い相関関数を示す符号が望ましい。シンボル誤りによって同期語の検出に失敗するとすべての情報信号が受信できない。失敗の仕方には二つのモードがある。一つは同期語を見逃すことであり，もう一つは誤った同期語を検出してしまうことである。受信同期語の中にいくつかの誤りを許容することにより，検出失敗を制御することができる。多くの誤りを許容すれば前者の失敗を軽減できる。他方，後者の失敗を増加させることになる。このようなわけであるから，シンボル誤り確率を考慮して，二つの失敗の間でトレードオフを行わなければならない。同期語の長さを長くすれば，双方の失敗を軽減できる。しかし，そうすると伝送路の効率を低下させることになる。

フレーム信号が周期的に送信される方式では，短い同期語を使うことができ

図 3.45 信号のフレーム構造

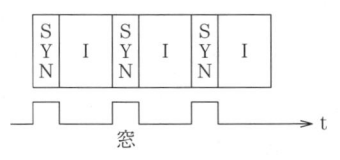

図 3.46 周期的に送られる信号のフレーム同期

る．そのわけは，図3.46に示すように，受信フレーム信号に同期した時間窓を導入することにより，誤った同期語を検出するという失敗を低減できるからである．同期語が短いので，これを一度だけ検出してタイミングを決定するのは危険である．したがって，同期語を続けて何度か検出し始めてタイミングを決定する．これから以降はフレーム同期は固定される（固定モード）．データがランダムであるから，このような手法が使えることになる．フレームタイミングを維持するとともに，同期が失われたときにはこれを速やかに検出できなければならない．同期語の検出が続けて何度か失敗したのち，同期外れと判断する．それから，同期を再び確立するためのモード（ハンチング）に入る．フレーム同期回路は同期語を捕捉するために窓を開き，フレームタイミング信号を出力する．この動作についてはすでに説明した．フレーム同期法の原理は同期語を続けて検出する'はずみ車効果'（flywheel effect）によっている．

3.5 スクランブル

アナログ信号とは対照的に，ディジタル信号は，論理回路あるいはプロセッサにより簡単にスクランブルできる．スクランブルの目的はディジタル伝送を確実・安全にするためである．例えば，直流遮断回線を考えてみよう．'0'あるいは'1'が長く続く場合，直流信号となるので，伝送できないことになる．スクランブルにより，データをランダム化し，このような事態を防ぐことができる．他の例は自動等化器を含んだ回路である．ここでは，自動等化器を安定に動作させるためにランダムなデータであることが求められる．データ伝送においては，標準のスクランブル法が推奨されている．

スクランブルの他の目的は第三者による信号伝送の盗聴を防ぐことである．洗練されたディジタルスクランブル法を使うことにより，盗聴防止の程度を十分に高くできる．

スクランブルを施した通信システムのブロック図を図3.47に示す．スクランブルのアルゴリズムはすべての人に公開していることもあれば，そうでない

3.5 スクランブル

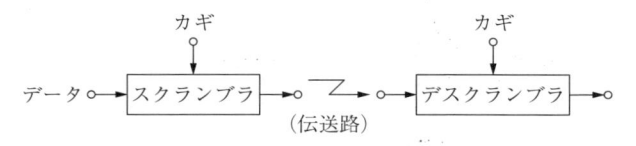

```
         カギ                カギ
          ↓                  ↓
データ → スクランブラ →〜→ デスクランブラ →
              （伝送路）
```

図3.47 スクランブルを用いたデータ伝送

こともある。（逆）スクランブルのアルゴリズムが公開されたとしても，逆スクランブルのためには鍵が必要である。したがって，鍵の数は試行錯誤や組織的な攻撃を防ぐために，十分に多くなくてはならない。後で述べる DES (data encryption standard) 方式においては，2^{56} ($\approx 7 \times 10^{16}$) 個の異なる鍵がある。配送などの鍵の管理が重要なこととなる。

スクランブルにはいくつかの手法がある。疑似雑音の加算，置換，変換である。疑似雑音加算とは，文字どおりランダムなデータを送信信号に加えることである。置換はビット単位あるいはブロック（語）単位で行われ，一つのフレーム内，あるいはいくつかのフレームにまたがって行われる。変換は語単位で行われる。スクランブラと逆スクランブラの同期法には，同期型と自己同期型がある。**図3.48**(a)，(b)にそれぞれの方法を示してある。

フレーム同期法としては先に述べた二つの方法をスクランブラと逆スクランブラの同期をとるために使うことができる。同期語を通信の始まりにのみ送信する方法は，第三者が1回だけの同期語を見逃すと同期がとれないので，通信の安全性を高めることができる。

自己同期型のスクランブル方式の動作はつぎのように説明できる。入力信号は RAM (random access memory) の出力によりスクランブル（暗号化）される。暗号化されたデータは伝送路に送信されるとともにシフトレジスタに入力される。

シフトレジスタの中身は RAM のアドレスを決める。RAM はこのアドレスに応じてランダムなデータを出力する。RAM の出力は入力データ（アドレス）の強い非線形関数とすることができる。したがって，スクランブラは非線形帰還回路と考えることができる。受信データはシフトレジスタに入力され RAM

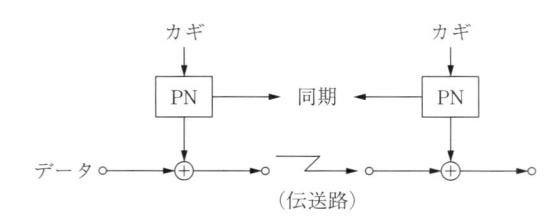

(a) 同期方式

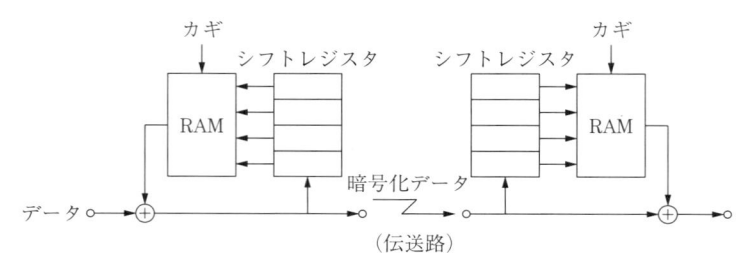

(b) 自己同期方式

図 3.48 スクランブルとその復号方式

の出力により逆スクランブルされる。スクランブラと逆スクランブラの RAM の内容は同じである。逆スクランブラのスクランブラに対する同期は，送信信号の最初がシフトレジスタの最終端に届いた後，自動的に確立される。スクランブラと逆スクランブラの RAM のアドレスは伝送誤りがないかぎり，同一である。自己同期型のスクランブラには誤り伝搬という代償がある。データの一つの誤りはそれがシフトレジスタの中にいる間，逆スクランブルに影響する。RAM がランダムなアドレスに対し '0' と '1' を等確率で出力するとすれば，誤りの平均個数は $N/2$ となる。ここで，N はシフトレジスタの段数である。同期型スクランブル方式においては，このような誤り伝搬効果はない。誤り伝搬により，受信機の感度の劣化が起こる。

よく知られている DES[11] のアルゴリズムを図 3.49 に示す。データは 64 ビット単位で処理される。入力データはまず初期転置を受け，その後，左半分と右半分に分けられる。右半分のデータはつぎの段での左半分のデータとなるとともに，48 ビットのうちのサブ鍵を用いて置換される。置換されたデータは左

```
        データ 64ビット              パリティビットを含むカギ
              │                           64ビット
           初期置換                          │
          ╱      ╲                   パリティビットの除去
      左半分 L₀   右半分 R₀                  │
         │    ╲ ╱    │                 カギ 56ビット
         │     ╳     │─→ f ←K₁            │
         │    ╱ ╲    ↓                置換とシフトによる
         │   ╱   →  ⊕              Kᵢ (i=1, 2, ⋯, 16) の生成
         ↓  ╱       ↓
      L₁=R₀   R₁=L₀⊕f(R₀,K₁)
```

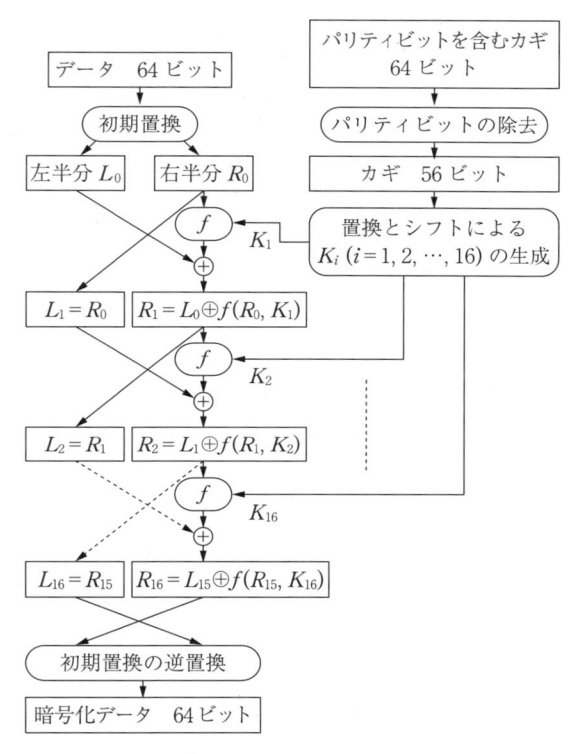

$L_1 = R_0$, $R_1 = L_0 \oplus f(R_0, K_1)$

$L_2 = R_1$, $R_2 = L_1 \oplus f(R_1, K_2)$

$L_{16} = R_{15}$, $R_{16} = L_{15} \oplus f(R_{15}, K_{16})$

初期置換の逆置換

暗号化データ 64ビット

図3.49 DESスクランブラ

半分のデータと加算され，右半分のデータとなる．この処理をサブ鍵 K_i ($i=1, 2, \cdots, 16$) を使って16回繰り返し，最後のデータは初期置換と逆になるように置換される．鍵は56ビットと八つのパリティビットで構成され，サブ鍵は置換とシフトによりつくられる．

3.6 公開鍵暗号方式

これまでに示したスクランブル（暗号）方式は，送信側と受信側において，共通の鍵を秘密裏に保有する必要がある．その必要性がない方式として公開鍵暗号が知られている．その代表的なものとして，RSA（発明者である Rivest,

Shamir, Adleman の頭文字）暗号について説明する。送信メッセージを適当な長さのブロックに区切り，それを10進数の整数で表現し，M と表すことにする。送信側では受信側ごとに対応して公開されている暗号化鍵を用いて定められた手順によって暗号化して送信する。受信側では，自分だけが知っている秘密鍵を用いて復号し，M を知ることができる。暗号方式に対しては，（ⅰ）暗号解読が困難であることに加えて，（ⅱ）暗号化復号化が簡単な演算で行えることと，（ⅲ）暗号化しても送信ビット数が増加しないこと，が共通的に要求される。RSA暗号にはこのような条件を，（ⅰ）については大きな数の素因数分解の困難性により，（ⅱ）についてはべき乗演算，（ⅲ）についてはモジュロ演算により対処している。数式で表すとつぎのようになる。十分大きな二つの素数 p と q を決め

$$n = pq$$

とおく。ここで $n > M$ とする。n を大きくすると p, q を求めることは困難である。つぎに，$z = (p-1)(q-1)$ をつくり，これとたがいに素（たがいに割り切れない）の整数 e を適当に決める。つぎに

$$ed = (p-1)(q-1)k + 1 \quad (k は整数)$$

すなわち

$$ed[\text{mod}\,(p-1)(q-1)] = 1$$

となる整数値 d を求める。

暗号化は公開している整数 e を用いて以下のように行う。

$$c = M^e (\text{mod}\,n)$$

復号は，秘密の鍵 d を用いてつぎのように行う。

$$r = c^d (\text{mod}\,n) = M$$

復号で，メッセージ M が得られる根拠は以下のように整数の性質によっている。

$$r = [M^e (\text{mod}\,n)]^d (\text{mod}\,n) = M^{ed} (\text{mod}\,n)$$

ここでの式の移行は，整数のつぎの性質による。

$$ab(\text{mod}\,n) = a(\text{mod}\,n)b(\text{mod}\,n)(\text{mod}\,n)$$

したがって，$[a(\bmod n)]^e = a^e(\bmod n)$ である。

つぎに

$$M^{ed}(\bmod n) = M^{(p-1)(q-1)k+1}(\bmod n) \qquad (ed = (p-1)(q-1)k+1)$$
$$= M$$

この移行は，つぎのフェルマーの定理を基にしている。すなわち，素数 p に対して

$$M^{p-1}(\bmod p) = 1 \tag{3.54}$$

これより

$$M^{(p-1)(q-1)}(\bmod pq) = M^{(p-1)(q-1)k}(\bmod pq) = 1$$

が導かれる（q も素数）。

　公開鍵暗号はディジタル署名（すなわち，送信者が本当に本人であるかの証明）にも用いることができる。送信者は文章を自分の秘密鍵で暗号化して送信する。受信者は送信者の公開鍵で複号を行う。秘密鍵と公開鍵が正しく対応しないかぎり，意味のある文章とはならない。複号と暗号を逆の順序で行ってもよいことは，少なくとも上に示した RSA 暗号では理解できる。

3.7　多　重　伝　送

　複数の信号を同一の伝送媒体を用いて伝送する多重伝送は，システム構築の点から重要である。このとき考えなければならないことは，周波数の有効利用を図りつつ，信号間の干渉を最小限にすることである。信号間の干渉を零にするためには，直交信号（2.1.3 項）を用いればよい。信号のスペクトルが重ならないように，信号ごとの搬送波周波数を異ならせて多重化する周波数多重 (frequency-division multiplexing, FDM) 伝送は，信号処理を比較的簡単に行えるので，古くからアナログ伝送システムにおいて多く用いられている。信号を時間軸上で多重する時分割多重 (time division multiplexing, TDM) 伝送は，時間軸での信号の遅延や分離が容易に行えるようになるディジタル伝送において実用化された。ディジタル伝送はディジタル信号を扱うので，ディジタル回

路によって処理できるのが大きな利点の一つとなる。

符号分割多重 (code division multiplexing, CDM) 伝送は，周波数および時間軸では重なるものの，直交する符号を用いる（例えばウオルシュ符号，2.1.3項）。伝送路が理想的でない場合には，直交性がくずれやすく，信号間干渉が発生することが多いので，長い間，実際に応用されることは少なかった。ディジタル伝送がそもそも干渉に強いことと，ディジタル信号処理による干渉抑圧の技術が進んだことによって，周波数利用効率やその他の利点により，セルラーシステムに応用されている。

移動通信では，多重伝送は基地局から複数のユーザ端末への送信（下り）の際に行われる。ユーザ端末から基地局への送信（上り）も同様に媒体である電波に複数のユーザ端末が電波を共有して使用（アクセス）する。電波を共有するには，上に述べた多重伝送方式 (FDM, TDM, CDM) を用いることができる。この場合には，ユーザ端末が媒体にアクセスすることを強調して，FDMA, TDMA, CDMA と呼ぶ。

多重伝送（アクセス）における実際的な問題の一つとして，送信する信号の平均電力とピーク電力の比，PAPR (peak to average power ratio) が問題となる（6.5.1項）。送信電力増幅の観点からこの値が低いほど望ましい。受信信号の品質（誤り率）については，必要となる平均送信電力は多重伝送方式には原理的に依存しない。ピーク電力は独立な信号が同じ時刻に加算（多重）されるとき，加算される信号の数に比例して高くなる。したがって，信号が加算されないことから，TDM が FDM と CDM よりも有利である。これに対して，上り回線においてはこれが逆になる。FDMA と CDMA では，同一端末から信号を多重して伝送しないとすれば，変調方式で定まる値の PAPR となる。TDMA では時間分割多重数に比例してピーク電力が高くなる。

複数の送信，受信アンテナを用いて，信号の多重伝送を行う方式（MIMO, 7.2節）は空間多重（アクセス）(space-division multiplexing (access), SDMA) と呼ぶことがある。これは，異なる送信信号が異なる空間を通過して受信されることを前提としている。空間伝搬経路がまったく同じ場合には多重

伝送は不可能である（7.2.3 項）。

3.8　通信路容量

3.3 節で議論したディジタル伝送の誤り率特性においては，誤り率をかぎりなく零に近づけるためには，信号対雑音電力比（S/N）を無限大にしなければならない。両側帯域での雑音電力スペクトル密度を $N_0/2$ とすると $N=N_0W$ である。電力 S や帯域 W に比べて，雑音電力スペクトル密度 N_0 は，人為的に変化（減少）することは困難である。N_0 を一定とすると，信号電力を無限大にするか，帯域 W を無限に小さく，したがって伝送速度を零に近づけなければならないことになる。C.E. シャノン（Shannon）によれば，このようなことはなく，S/N が与えられたとき，誤り率をかぎりなく零にできることが一般的に示された。ただし，通信速度（通信路容量）がつぎのように限定される [12]。

$$C = W \log_2\left(1 + \frac{S}{N}\right) \quad [\text{bps}(=\text{bits/s})] \tag{3.55}$$

ここで，雑音は加法的白色ガウス雑音を仮定している。信号に対する条件は，その確率密度関数がガウス分布になり，帯域が W に制限されていることである。ガウス分布は信号レベルが無限大に広がっているので，そのような信号（符号）は極限的にしか実現できない。誤り訂正符号を導入してこの通信路容量に近づける具体的な信号方式が検討され続けてきた。誤り率が実用上許されるくらいに小さい領域において，通信路容量にかなり近づく方法が，ターボ符号あるいは低密度パリティチェック符号（LDPC）として実現されている（7.4 節）。

式(3.55)の意味するところを検討してみよう。この式の両辺を W で割って，単位周波数当りの伝送速度（チャネル効率）がつぎのようになる。

$$\frac{C}{W} = \log_2\left(1 + \frac{S}{N}\right) \quad [\text{bps/Hz}]$$

この関係を**図 3.50** に示す。$S/N \ll 1$ のとき,$C \approx (WS/N)\log_2 e = (S/N_0)\log_2 e$ となる。これより,容量 C は電力 S に比例し,W には依存しないことがわかる(電力制限領域)。$S/N \gg 1$ の領域においては,$C \approx W\log_2(S/N) = W\log_2(S/N_0 W)$ となる。このとき,C の変化は電力 S の変化にはほとんど依存せずに,W の変化にほぼ比例する(帯域制限領域)。

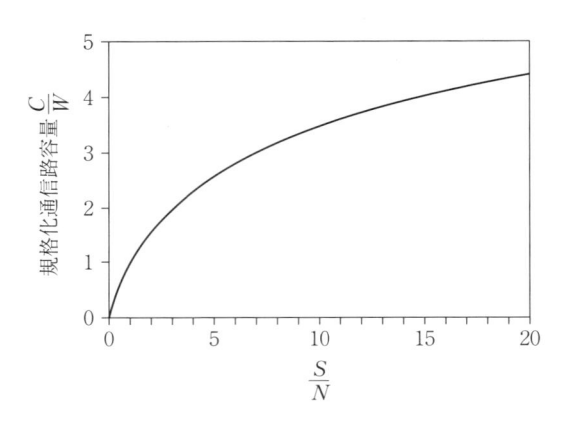

図 3.50 通信容量と信号対雑音電力比の関係

伝送路容量の式が意味するところを,さらに別の観点から見てみよう。式(3.55)はつぎのように変形できる。

$$C = \frac{\eta}{2^\eta - 1} \frac{S}{N_0} \tag{3.56}$$

ここで,$C/W = \eta$ とおいた。伝送路容量は S/N_0 に比例し,比例係数は周波数利用効率 η によって定まる。上式を**図 3.51** に示す。比例係数の上限は $1/\log_e 2$ ($\eta = 0$),下限は零($\eta = \infty$)である。

実際の伝送速度を R とすれば,$S = E_b R$(E_b はビット当りのエネルギー)となるので,つぎの関係を得る。

$$\frac{S}{N} = \frac{E_b}{N_0} \frac{R}{W}$$

実際の伝送速度 R は伝送路容量 C よりも低いので,つぎの不等式を得る。

3.8 通信路容量

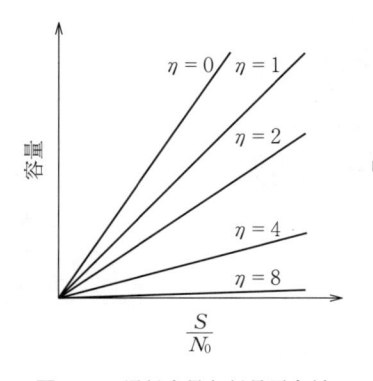

図 3.51 通信容量と信号電力対雑音電力密度比の関係

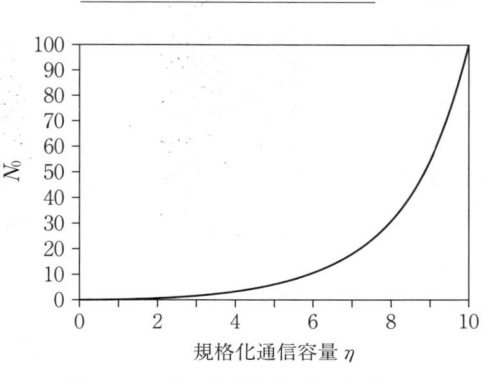

図 3.52 E_b/N_0 対規格化通信路容量

$$R \leqq C = W \log_2\left(1 + \frac{E_b}{N_0}\frac{R}{W}\right)$$

$\eta = R/W$（伝送路効率，〔bps/Hz〕）とおけば，上式より

$$\frac{E_b}{N_0} \geqq \frac{2^\eta - 1}{\eta} \tag{3.57}$$

この関係を**図 3.52**に示す．N_0とともに，伝送速度Rを固定した場合を考えよう．$\eta \ll 1$のとき，ηはE_bの値に大きく依存する．これより，E_bのわずかな増加で，必要な帯域Wを大きく減少できることがわかる．$\eta \gg 1$の領域では，ηをわずかに減少，したがってWを少し増大させることでE_b，したがって電力Sを大きく減少させることができる．

4
移動無線通信伝送路

無線通信における，受信電力 P_r は一般的につぎのように表される．
$$P_r = G_r L_C G_t P_t \tag{4.1}$$
ここで，P_t は送信信号電力，G_t は送信アンテナ利得，G_r は受信アンテナ利得，L_C は伝送路の伝搬損を表す．

理想的な自由空間においては，上式で L_C がつぎのようになる，いわゆるフリスの式が成立することが示されている．
$$L_C = \left(\frac{\lambda}{4\pi d}\right)^2$$
d は送受信間距離，λ は電波の波長である．この式はきわめて簡単である．ただし，波長の項が含まれることを物理的に理解するのは困難である．そこで，アンテナ開口面積の概念を用いた導出を付録 4.1 に示してある．

陸上移動無線回線の特徴は移動端末との間で見通し外になることである．この回線は高速フェージングを伴う多重伝搬路となる．移動無線回線のこのような特徴により移動無線システムの設計には新しい課題が現れる．例えば，無指向性アンテナの必要性，適切な周波数の選択，高速フェージング条件下での安定な伝送を行うための技術などである．

多重伝搬路における電波伝搬は，アンテナ高，ビル，道路，地形の形状などの要因を含む実際の環境に依存する．そのため，移動無線回線は統計的にしか記述できない．移動無線回線での電波伝搬は三つの要素，すなわち伝搬損，シャドウイング，および高速フェージングにより特性が表される．
$$L_C = L_P L_S L_F \tag{4.2}$$
ここで，L_P, L_S, L_F は，それぞれ伝搬損，シャドウイング損，フェージング損を表す（**図 4.1**）．伝搬損 L_P は広い領域にわたって平均したものである．これは，送受信機間の距離，搬送波周波数，地形などの大域的な要素によって決まる．シャドウイング損 L_S は局部的（数十 m）の領域にお

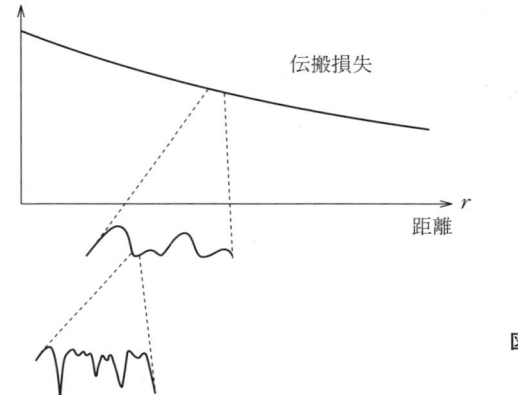

図 4.1 伝搬損失を示す概念図

ける伝搬損の変動を表す。シャドウイングは比較的狭い領域における建物，道路，その他の障害物によって伝搬条件が変動することで引き起こされる。高速フェージング損 L_F は，多数の反射波からつくられる定在波の中を，端末が移動することによって生じる。これは，伝搬路特性の波長規模の微細な要素を表している。

4.1 伝 搬 損

伝搬損に対する最も簡単な式は

$$L_P = Ar^{-\alpha} \tag{4.3}$$

となる。ここで，A と α は定数であり，r は送信機と受信機の間の距離である。伝搬定数 α の値は，自由空間中では2であり，通常都市部で3～4である。伝搬損を予測するために，電波伝搬実験によって多数の図表が得られている[1]～[3]。奥村カーブ[1]は実際よく用いられている。奥村カーブを基にして，秦[2]は伝搬損を予測する経験式を得ている。その結果をここに示す。

(ⅰ) 都 市 部

$$L_{PU} = 69.55 + 26.16 \log f_c - 13.82 \log h_b - a(h_m)$$
$$+ (44.9 - 6.55 \log h_b) \log R \quad \text{〔dB〕} \tag{4.4}$$

ここで，$L_P = -10 \log L_P$ 〔dB〕，$a(h_m)$ はアンテナ高に対する補正係数であり，

つぎのように与えられている。

中小都市
$$a(h_m) = (1.1 \log f_c - 0.7)h_m - (1.56 \log f_c - 0.8)$$

大都市
$$a(h_m) = \begin{cases} 8.29 (\log 1.54 h_m)^2 - 1.1 & (f_c \leqq 200 \text{ MHz}) \\ 3.2 (\log 11.75 h_m)^2 - 4.97 & (f_c \geqq 400 \text{ MHz}) \end{cases}$$

(ⅱ) 都市郊外
$$L_{PS} = L_P (\text{都市部}) - 2 \left(\log \frac{f_c}{28} \right)^2 - 5.4 \quad [\text{dB}] \tag{4.5}$$

(ⅲ) 見通し領域
$$L_{PO} = L_P (\text{都市部}) - 4.78 (\log f_c)^2 + 18.33 \log f_c - 40.94 \quad [\text{dB}] \tag{4.6}$$

ここで

f_c = 周波数〔MHz〕　（150〜1 500 MHz）

h_b = 基地局アンテナの有効高〔m〕　（30〜200 m）

h_m = 移動局アンテナ高〔m〕　（1〜10 m）

R = 距離〔km〕　（1〜20 km）

また，$\log x$ は対数関数 $\log_{10} x$ を表す。

中小都市と見通し領域における伝搬損特性を，それぞれ図 4.2 と図 4.3 に示

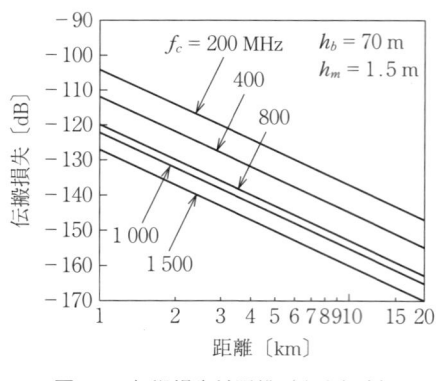

図 4.2　伝搬損失対距離（中小都市） 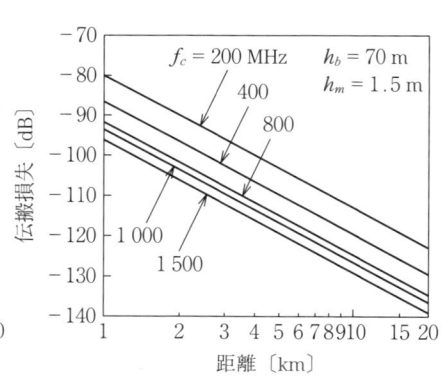　　　図 4.3　伝搬損失対距離（開けた場所）

す。$h_m = 1.5\,\mathrm{m}$ では，大都市における伝搬損は中小都市のそれと同じになる。

4.2 シャドウイング

多数の実験によれば，シャドウイング損は対数正規分布に従うことが知られている。このとき，受信信号レベルをデシベルで表現すると

$$p(x) = \frac{1}{\sqrt{2\pi}\,\sigma} e^{-\frac{(x-x_0)^2}{2\sigma^2}} \tag{4.7}$$

ここで，x はデシベルで表現した受信電力，$x_0 = \langle x \rangle$ そして σ^2 はデシベルでの分散 $\langle x^2 \rangle$ である。x の平均化は微細な変動（数波長）を十分に平均するだけの範囲で行うものとする。分散は伝搬環境によって 4～12 dB の値をとる。

以下には，受信信号レベルがなぜ対数-正規分布になるのかの仮説的な議論を展開してみよう。受信信号が，送信から受信までの間で何度もランダムに反射されることは確かであろう。受信信号レベルをつぎのように表そう。

$$P_r = P_0 \prod_{n=1}^{\infty} \Gamma_n \tag{4.8}$$

ここで，P_0 は送信電力，Γ_n は反射と伝搬によるランダムな電力損失を表す。式(4.8)をデシベルで表現すると

$$10\log_{10} P_r = 10\log_{10} P_0 + \sum_{n=1}^{\infty} 10\log_{10} \Gamma_n$$

中心極限定理によれば，多数のランダム変数の和，いまの場合 $10\log_{10}\Gamma_n$ は正規（ガウス）分布に従う。

実際の移動無線回線では，信号は単一経路ではなく，いくつかの経路を通って受信機に到着する。この場合でも，対数正規分布は成立する。なぜなら，対数正規分布する信号の和もまた対数正規分布でよく近似できるからである[6]。

4.3 レイリーフェージング

送信機から異なる伝搬経路を通って受信機に入力される多数のランダムな信号は加え合わされて定在波をつくる。受信機あるいは送信機が定在波の中を動くと，受信機では信号レベルおよび位相のランダムな変動とともに，ドップラー変移を受ける。定在波の性質から，信号レベルの低下は最低半波長の間隔で生じる。半波長は，例えば，周波数が1 000 MHzであれば15 cmと短い。このような受信信号の微細な変動をレイリーフェージングと呼ぶ。

レイリーフェージング現象は文献3)，4)において，多数の独立な信号が動いている受信機に異なる方向から一様に到着する，という伝搬モデルを用いて解析される（図4.4）。ここでは，文献3)(IEEE, 1994)を引用して，いくつかの重要な結果のみを示す。

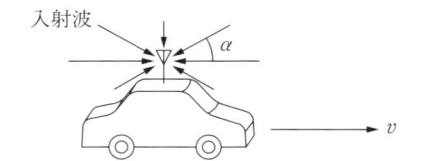

図4.4 高速フェージングの解析のためのモデル図

垂直偏波の平面波を仮定する。垂直電界成分はつぎのように表される。

$$E_z = T_c(t)\cos \omega_c t - T_s(t)\sin \omega_c t$$

ここで，ω_cは搬送波（角）周波数である。$T_c(t)$と$T_s(t)$は

$$T_c(t) = E_0 \sum_{n=1}^{N} C_n \cos(\omega_n t + \phi_n) \tag{4.9}$$

$$T_s(t) = E_0 \sum_{n=1}^{N} C_n \sin(\omega_n t + \phi_n) \tag{4.10}$$

である。ここで，Nは入射波の数，$E_0 C_n$は電界の実数の振幅（C_nは$\sum_{n=1}^{N} C_n^2 = 1$のように正規されている），ϕ_nは$0 \sim 2\pi$で一様に分布するランダムな位相である。ω_nはドップラー周波数であり。つぎのように与えられる。

$$\omega_n = \beta v \cos \alpha_n$$

ここで，v は移動速度，α_n は移動方向に対する入射角度，β はつぎのように与えられる伝搬定数である．

$$\beta = \frac{2\pi}{\lambda} = \frac{\omega_c}{c}$$

λ は波長，c は光速 ($c = 3 \times 10^8$ m/s) である．ドップラー周波数は $\pm \beta v$ ($= \omega_c v/c$) の範囲で変化する．

$T_c(t)$ と $T_s(t)$ はそれぞれ E_z の同相，直交成分である．変調波信号では，変調入力信号も含まれている．ここでは，議論の簡単化のため，変調されていない信号を扱うことにする．大きな N に対して，中央極限定理の結果として，$T_c(t)$ と $T_s(t)$ はガウス分布に従うランダムな変数となる．時刻 t におけるランダム変数を T_c, T_s と記すことにする．これからの変数は平均値が零，相互相関値が零である．すなわち

$$\langle T_c \rangle = \langle T_s \rangle = 0, \quad \langle T_c^2 \rangle = \langle |E_z|^2 \rangle = \frac{E_0^2}{2}, \quad \langle T_c T_s \rangle = 0$$

ここで，$\langle \cdot \rangle$ は α_n, ϕ_n, C_n に関して集合平均をとることを意味している．T_c あるいは T_s を x とすれば，x の確率密度関数はつぎのようになる．

$$p(x) = \frac{1}{\sqrt{2\pi b}} e^{-\frac{x^2}{2b}}$$

ここで，$b = E_0^2/2$ は E_z の平均電力である．E_z の包絡線はつぎのようになる．

$$r = (T_c^2 + T_s^2)^{1/2}$$

2.2.5項の議論により，包絡線 r はレイリー分布に，電力 $q = r^2/2$ は指数分布に従う．その確率密度関数は

$$p(r) = \frac{r}{b} e^{-\frac{r^2}{2b}}, \quad p(q) = \frac{1}{b} e^{-\frac{q}{b}} \tag{4.11}$$

となる．E_z の位相は

$$\theta = \tan^{-1} \frac{T_s}{T_c}$$

となる．ここで，θ は一様に分布する．すなわち，その確率密度関数は

$$p(\theta) = \frac{1}{2\pi} \tag{4.12}$$

である。

4.3.1 高周波電力スペクトル

受信信号スペクトルはドップラー効果により広がる。高周波信号の周波数は入射角の関数として，つぎのように表される。

$$f(\alpha) = f_m \cos \alpha + f_c \tag{4.13}$$

ここで，$f_m = \beta v/2\pi = v/\lambda$ は最大ドップラー偏移である。角度間隔 $d\alpha$ に含まれる入射電力を $bp(\alpha)d\alpha$ で表し，受信アンテナの水平面内の指向性を $G(\alpha)$ とする。このとき，$d\alpha$ 内に受信される電力は $bG(\alpha)p(\alpha)d\alpha$ となる。この値は，式 (4.13) を使って，周波数に対する電力変化分としてつぎのように置き換えられる。

$$S(f)|df| = b[p(\alpha)G(\alpha) + p(-\alpha)G(-\alpha)]|d\alpha|$$

他方

$$|df| = |-f_m \sin \alpha \| d\alpha | = [f_m^2 - (f - f_c)^2]^{1/2} |d\alpha|$$

したがって

$$S(f) = \begin{cases} b[p(\alpha)G(\alpha) + p(-\alpha)G(-\alpha)][f_m^2 - (f - f_c)^2]^{-1/2} & (0 \leq |f - f_c| \leq f_m) \\ 0 & (その他) \end{cases}$$

ここで

$$\alpha = \cos^{-1} \frac{f - f_c}{f_m}$$

電力スペクトルはアンテナ指向性 $G(\alpha)$ と到着角度分布 $p(\alpha)$ に依存する。ここでは一様な到着角度分布を考える。

$$p(\alpha) = \frac{1}{2\pi}$$

アンテナの指向性はどのような種類のアンテナを使うかだけに依存する。われわれは E_z を検出する垂直ホイップアンテナを仮定する。水平面内の指向性は

$$G(\alpha) = 1.5 \tag{4.14}$$

4.3 レイリーフェージング

となる。したがって，受信電力スペクトル密度はつぎのように与えられる。

$$S(f) = \begin{cases} \dfrac{3b}{\omega_m}\left[1-\left(\dfrac{f-f_c}{f_m}\right)^2\right]^{-1/2} & \left(0 \leq |f-f_c| \leq f_m\right) \\ 0 & (\text{その他}) \end{cases} \quad (4.15)$$

ここで，$\omega_m = 2\pi f_m$ である。

4.3.2 同相・直交成分の相関

同相・直交成分の相関は以下のように与えられる[3]。

$$\langle T_{c1} T_{c2}\rangle = \langle T_{s1} T_{s2}\rangle = g(\tau)$$

$$\langle T_{c1} T_{c2}\rangle = -\langle T_{s1} T_{s2}\rangle = h(\tau)$$

ここで，添字 1, 2 はそれぞれ時刻 t, $t+\tau$ を表しており

$$g(\tau) = \int_{f_c-f_m}^{f_c+f_m} S(f) \cos 2\pi (f-f_c)\tau \, df$$

$$h(\tau) = \int_{f_c-f_m}^{f_c+f_m} S(f) \sin 2\pi (f-f_c)\tau \, df$$

である。$S(f)$ は受信信号スペクトルである。式(4.15)を使って，$g(\tau)$ と $h(\tau)$ はつぎのようになる。

$$g(\tau) = b_0 J_0(\omega_m \tau), \quad b_0 = 1.5b,$$

$$h(\tau) = 0$$

ここで，$J_0(\cdot)$ は第 1 種 0 次ベッセル関数である。関係 $b_0 = 1.5b$ は仮定したアンテナ利得（式(4.14)）によって現れている。

4.3.3 包絡線の相関

包絡線 r の自己相関関数はつぎのように与えられる。

$$R_r(\tau) \equiv \langle r(t) r(t+\tau)\rangle = \frac{\pi}{2} b_0 \left[1 + \frac{1}{4}\rho^2(\tau) + \frac{1}{64}\rho^4(\tau) + \cdots\right]$$

ここで

$$\rho^2(\tau) = \frac{1}{b_0^2}[g^2(\tau) + h^2(\tau)] = J_0^2(\omega_m \tau)$$

2次以降の項を捨てると

$$R_r(\tau) \approx \frac{\pi}{2} b_0 \left[1 + \frac{1}{4} J_0^2(\omega_m \tau)\right] \tag{4.16}$$

定常過程に対する r の自己共分散関数は

$$L_e(\tau) \equiv \langle [r(t) - \langle r \rangle][r(t+\tau) - \langle r \rangle] \rangle = R_r(\tau) - \langle r \rangle^2 \tag{4.17}$$

われわれの場合，$G(\alpha) = 1.5$ を考えて，$p(r) = (r/b_0)e^{-r^2/2b_0}$ となる。したがって

$$\langle r \rangle = \frac{1}{b_0} \int_0^\infty r^2 e^{-\frac{r^2}{2b_0}} dr = \sqrt{\frac{\pi}{2} b_0} \tag{4.18}$$

式(4.16)，(4.18)を式(4.17)に代入して

$$L_e(\tau) \approx \frac{\pi}{8} b_0 J_0^2(\omega_m \tau) \tag{4.19}$$

4.3.4 包絡線の空間的相関

これまでの条件の下で，距離が d だけ離れた二つの場所における包絡線の相関を考える。入射角の分布が一様で，受信機が速度 v で移動していると仮定しているので，時間差 τ に関する自己相関関数は距離 $d = v\tau$ に関する自己相関関数に等価である。関係 $d = v\tau$ と $\omega_m = 2\pi v/\lambda$ を式(4.19)に代入して

$$L_e(d) \approx \frac{\pi}{8} b_0 J_0^2(2\pi d/\lambda)$$

を得る。正規化自己共分散関数はつぎのようになる。

$$L_{en}(d) = \frac{L_e(d)}{L_e(0)} = J_0^2(2\pi d/\lambda)$$

この関係は受信側における2ブランチのスペースダイバーシチの相関関数を決定するのに使える。相関は d の増加とともに減少し，間隔 $d = 0.38\lambda, 0.88\lambda, \cdots$ において零になる。

以上の結果は基地局には適用できない。なぜなら，入射角が一様に分布する

4.3 レイリーフェージング

という仮定が成立しなくなるからである。基地局のアンテナ高が高いので，基地局の周りには反射物が滅多にない。受信機が移動しているという仮定は，移動局が移動する代わりに，基地局が移動していると考えることで等価的に満足される。基地局における空間相関は**図4.5**に示したモデルを用いて，文献3)，4)で解析されている。到着角度が一様には分布していないので，ドップラー周波数の広がりは小さく，空間相関は低くなる。基地局空間ダイバーシチでは波長の10倍程度以上の空間距離が必要となる。

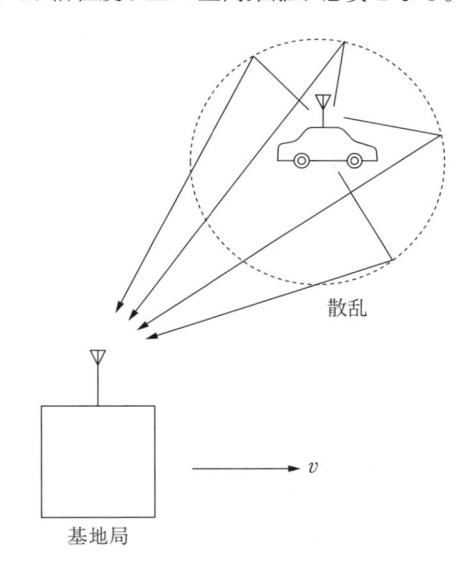

図4.5 基地局における空間相関の解析モデル

4.3.5 ランダム周波数変調（ランダムFM）

高速フェージングは，包絡線 r と同様に，位相あるいはその微分である瞬時周波数 $\dot{\theta}$ のランダム変動を引き起こす。$\dot{\theta}$ のランダムな変動は，ランダム信号による周波数変調と等価である。

結合密度関数はつぎのように与えられている[3)]。

$$p(r,\dot{r},\theta,\dot{\theta}) = \frac{r^2}{4\pi^2 b_0 b_2} \exp\left[-\frac{1}{2}\left(\frac{r^2}{b_0} + \frac{\dot{r}^2}{b_2} + \frac{r^2\dot{\theta}^2}{b_2}\right)\right]$$

ここで，（・）は時間微分を表すとともに，$b_1=0$ を仮定している。b_n はモーメ

ントであり，つぎのように定義される．

$$b_n = (2\pi)^n \int_{f_c-f_m}^{f_c+f_m} S(f)(f-f_c)^n df$$

電界に対して b_n は

$$b_n = \begin{cases} b_0 \omega_m^n \dfrac{1\cdot 3\cdot 5\cdot\cdots\cdot(n-1)}{2\cdot 4\cdot 6\cdot\cdots\cdot n} & (n=\text{even}) \\ 0 & (n=\text{odd}) \end{cases}$$

である．$p(r,\dot{r},\theta,\dot{\theta})$ を $r,\dot{r},\theta$ について積分すると

$$p(\dot{\theta}) = \frac{1}{4\pi^2 b_0 b_2} \int_0^\infty dr \int_{-\infty}^\infty d\dot{r} \int_0^{2\pi} d\theta\, r^2 \exp\left[-\frac{1}{2}\left(\frac{r^2}{b_0}+\frac{\dot{r}^2}{b_2}+\frac{r^2\dot{\theta}^2}{b_2}\right)\right]$$

$$= \frac{1}{2}\sqrt{\frac{b_0}{b_2}}\left(1+\frac{b_0}{b_2}\dot{\theta}^2\right)^{-3/2}$$

となる．電界に対して，$b_2/b_0 = \omega_m^2/2$ であるので

$$p(\dot{\theta}) = \frac{1}{\omega_m\sqrt{2}}\left[1+2\left(\frac{\dot{\theta}}{\omega_m}\right)^2\right]^{-3/2} \tag{4.20}$$

となる．

4.4 遅延広がりと周波数選択性フェージング

　高速フェージングに対するこれまでの結果は，多重伝搬信号の到着時間の間に時間差がないという仮定から導かれた（式(4.9)と式(4.10)）．実際には，遅延時間には差が生じる．信号の帯域が遅延時間差の逆数に比べて十分狭ければ，信号伝送になんら影響は出ない．そうでなければ，影響は無視できず，受信信号に（線形）歪みを生じる．伝達関数は信号帯域において，その振幅，および位相が周波数依存性を示すようになる．

　多重伝搬路はインパルス応答によって特性が与えられる．

$$h(t) = \sum_{n=1}^N c_n \delta(t-\tau_n)$$

4.4 遅延広がりと周波数選択性フェージング

ここで，c_n は複素係数であり伝搬路の複素振幅を表す．τ_n は時間遅延である．c_n の位相は τ_n と無相関であるから，電力（すなわち $|c_n|^2$）対 τ_n が問題とされる．

電力遅延プロフィールは環境によって異なる．山岳地においては，遠い山からのこだまが大きな時間遅延を伴って受信機に届くので，大きな時間遅延差がよく現れる．都市においては，建物がさほど高くないので，遅延時間差は小さくなる．遅延プロフィールについては数多くの測定が行われている[3),4)]．

信号伝送特性を評価するために，遅延プロフィールについてのいくつかのモデルがつくられている．**図 4.6** は汎(はん)ヨーロッパディジタル移動電話（GSM）システムの評価に用いられているモデルを示す．2パスモデルも解析的によく用いられる．このときのインパルス応答は

$$h(t) = c_1 \delta(t - \tau_1) + c_2 \delta(t - \tau_2) \tag{4.21}$$

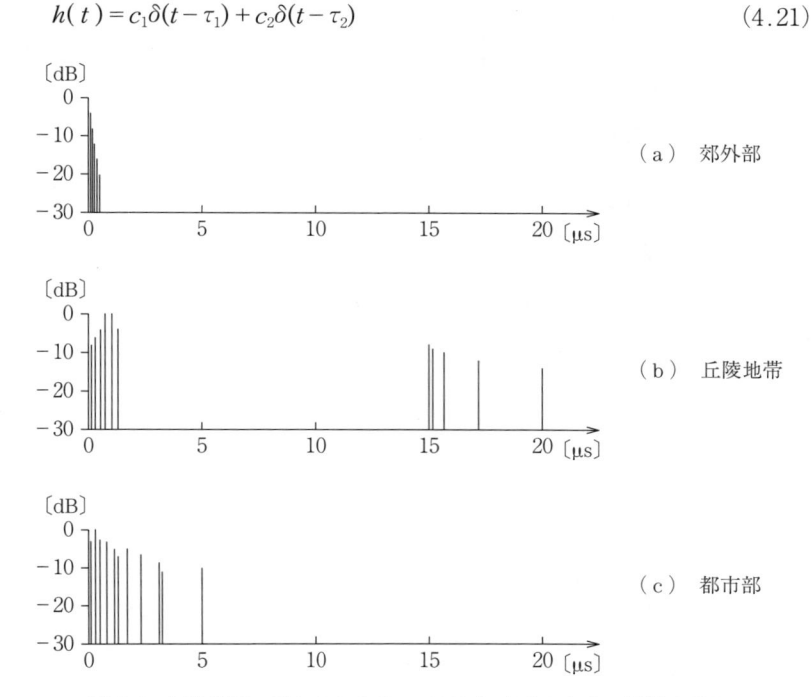

（a）郊外部

（b）丘陵地帯

（c）都市部

図 4.6 汎欧州ディジタルセルラー（GSM）方式のための伝搬モデル

となる。ここで，τ_1 と τ_2 は遅延時間であり，複素係数 c_1 と c_2 は振幅がレイリー分布，位相が一様分布のランダム変数である。電力遅延プロフィールはつぎのようになる。

$$P(\tau) = |c_1|^2 \delta(\tau - \tau_1) + |c_2|^2 \delta(\tau - \tau_2) \tag{4.22}$$

電力遅延プロフィールの他のモデルとして，指数分布がある。連続な時間遅延を仮定すれば

$$P(\tau) = \frac{1}{\sigma} e^{-\frac{\tau}{\sigma}} \qquad (\tau \geqq 0) \tag{4.23}$$

となる。ここで，σ は時間遅延の違いの程度を表す係数である。

遅延時間の違いの程度を表すために，遅延広がり Δ がつぎのように定義される。

$$\Delta \equiv \left[\frac{\int_0^\infty (\tau - d_m) P(\tau) d\tau}{\int_{-\infty}^\infty P(\tau) d\tau} \right]^{1/2} \tag{4.23}'$$

ここで，d_m は平均遅延でありつぎのように定義される。

$$d_m = \frac{\int_0^\infty \tau P(\tau) d\tau}{\int_{-\infty}^\infty P(\tau) d\tau}$$

遅延広がりは都市では3マイクロ秒，丘陵地では10マイクロ秒程度である。

遅延広がりは，2パスモデルに対して，つぎのように計算される。

$$\Delta = \left[\frac{|c_1|^2 (\tau_1 - d_m)^2 + |c_2|^2 (\tau_2 - d_m)^2}{|c_1|^2 + |c_2|^2} \right]^{1/2}$$

ここで

$$d_m = \frac{\tau_1 |c_1|^2 + \tau_2 |c_2|^2}{|c_1|^2 + |c_2|^2}$$

もし，$|c_1|^2 = |c_2|^2$ であれば

$$\Delta = \frac{|\tau_1 - \tau_2|}{2}$$

指数分布に関しては
$$\varDelta = \sigma$$
となる。

4.4.1 コヒーレント帯域

同時刻で異なる周波数における包絡線の相関（文献3)の1.5.1項において $\tau=0$ とする）を考えてみる。相関係数はつぎのように定義される。

$$\rho(r_1, r_2) = \frac{\langle r_1 r_2 \rangle - \langle r_1 \rangle \langle r_2 \rangle}{\left\{ \left[\langle r_1^2 \rangle - \langle r_1 \rangle^2\right]\left[\langle r_2^2 \rangle - \langle r_2 \rangle^2\right] \right\}^{1/2}}$$

ここで，r_1 と r_2 はそれぞれ周波数 ω_1 と ω_2 における信号の振幅（包絡線）である。式(4.9)と式(4.10)に時間遅延を導入することにより，式(4.23)で与えられる指数型電力-遅延プロフィールの下では，相関関数はつぎのように与えられる。

$$\rho(r_1, r_2) = \frac{1}{1 + s^2 \sigma^2}$$

ここで，$s = |\omega_1 - \omega_2|$ は周波数差である。コヒーレント帯域 W_c は $\rho(s) = 0.5$ となる帯域で定義される。したがって，$W_c = 1/2\pi\sigma$ である。

2パスモデルに対して，電力-遅延プロフィール（式(4.22)）を規格化すると

$$p(\tau) = \frac{|c_1|^2 \delta(\tau - \tau_1) + |c_2|^2 \delta(\tau - \tau_2)}{|c_1|^2 + |c_2|^2}$$

式(4.23)′と文献3)における導出過程に従って，すなわち文献3)における式(1.5)～(1.17)における λ^2 を計算し，また式(1.5)～(1.26)において，$\rho(r_1, r_2) \approx \lambda^2$ を使って次式を得る。

$$\rho(r_1, r_2) \approx \frac{|c_1|^4 + |c_2|^4 + 2|c_1|^2|c_2|^2 \cos[s(\tau_1 - \tau_2)]}{\left[|c_1|^2 + |c_2|^2\right]^2}$$

コヒーレント帯域は $|c_1|$ と $|c_2|$ に依存し，もし $|c_1| = |c_2|$ であれば

$$W_c = \frac{1}{4|\tau_1 - \tau_2|}$$

となる。

移動無線回線におけるコヒーレント帯域の実測値は数百 kHz である。

4.4.2 周波数選択性フェージング

多重伝搬路で遅延時間に差があると，伝送路は受信信号に（線形）歪みを与える伝達特性を呈することになる。例として，2パスモデルを考える。式 (4.21) のフーリエ変換をとることにより

$$H(\omega) = c_1 e^{-j\omega\tau_1} + c_2 e^{-j\omega\tau_2}$$

を得る。

図 4.7 に示すように，信号レベルはパラメータ c_1, c_2 および $\tau_1 - \tau_2$ に依存して特定の周波数で減衰を受ける。ここで，係数 c_1, c_2 はつぎのように与えられると仮定する。

$$c_1, c_2 = T_c(t) + jT_s(t)$$

(a) $C_1 = C_2 = 1, \ \tau_1 - \tau_2 = 1$

(b) $C_1 = 1, \ C_2 = -1, \ \tau_1 - \tau_2 = 1$

(c) $C_1 = C_2 = 1, \ \tau_1 - \tau_2 = 0.5$

(b) $C_1 = 1, \ C_2 = -0.5, \ \tau_1 - \tau_2 = 0.5$

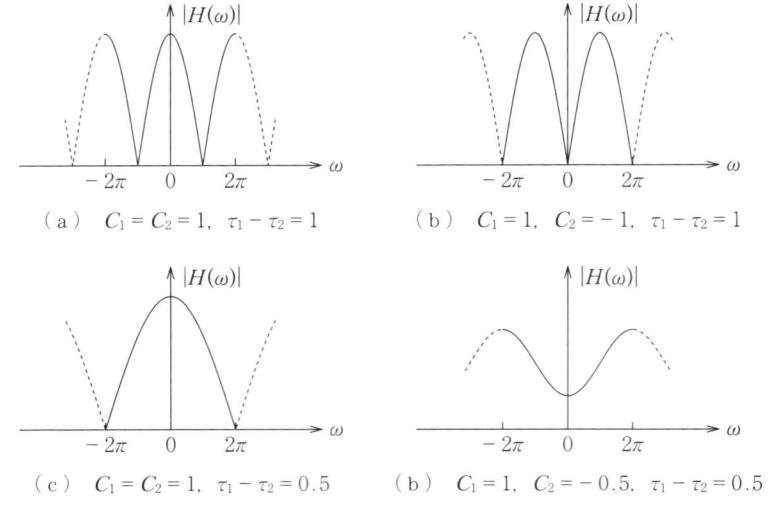

図 4.7　2パス周波数選択性フェージング回線の伝達関数

ここで，$T_c(t)$ と $T_s(t)$ はそれぞれ式(4.9)と式(4.10)で定義されている。このとき，伝送路は時間とともに変動し，また周波数選択的になる。変動する速さは，最大ドップラー周波数で決まる。$\tau_1 = \tau_2$ となる特別の場合には，平たんな伝達関数を有するレイリーフェージング伝送路となる。

4.5 遠近問題

受信信号レベルは伝搬長に依存して変化する。受信信号の変動範囲は，距離が 100 m から 10 km で 70 dB にもなる。この値は，式(4.3)で $\alpha = 3.5$ として得たものである。遠近問題は移動無線において，受信信号レベルの変動範囲がこのように大きいことから発生する。二つの移動局が**図 4.8** のように基地局を介して，あるいは移動局どうしで通信しているシステムを考える。移動端末 A と B から送信され，基地局で受信される信号レベルは，伝搬経路の違いのため，大きく異なる。移動局が隣接するチャネルを使っているものと仮定しよう(**図 4.9**)。移動局 B からの信号の帯域外放射は隣のチャネル内の移動局 A からの信号と干渉する。これは，隣接チャネル干渉と呼ばれ，受信信号レベル差が大きいときに重大になる。この理由のため，帯域外放射は小さく抑えられな

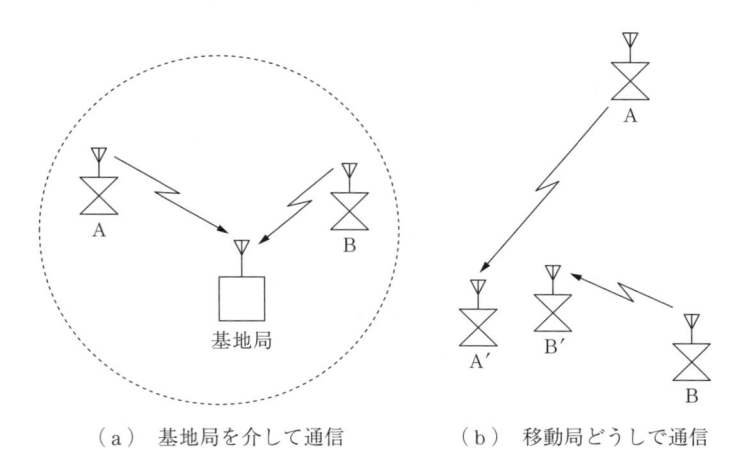

(a) 基地局を介して通信　　　(b) 移動局どうしで通信

図 4.8　遠近問題における二つの状況

212   4. 移動無線通信伝送路

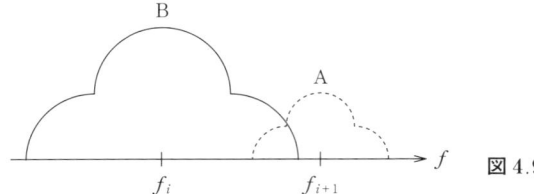

図 4.9 隣接チャネル干渉

けらばならない。

チャネル間隔が 25 kHz の従来の移動無線チャネルでは，隣接チャネルへの相対干渉電力は −70 dB 以下に推奨されている。許容できる隣接チャネル干渉レベルはシステムによって異なる。自動送信電力制御を行っているシステムでは，受信信号レベルがある範囲内に収まるように制御されるので，相対隣接干渉レベルが高くても許容できる。

遠近問題は，スペクトル拡散信号が低い相互相関を有する符号を使って同じ周波数上で多重化される，符号分割多重通信方式で重要になる。

4.6 同一チャネル干渉

セルラーシステムの鍵となる概念は，チャネルの空間的な再利用である。同一チャネル干渉の確率がある与えられた値以下になるセルの間で，同一チャネルが割り当てられる。同一チャネル干渉確率は，希望信号レベル（包絡線）r_d が干渉信号レベル r_u に比例する，ある値以下になる確率として与えられる。すなわち

$$P_C = \mathrm{Prob}(r_d \leq \alpha r_u)$$

である。ここで，α は保護比である。

希望信号と干渉信号はたがいに独立であるとしよう。希望信号と干渉信号に対する確率密度関数をそれぞれ $p_1(r_1)$, $p_2(r_2)$ と表そう。干渉確率 P_C は以下のように表される。

$$P_C = \int_0^\infty \mathrm{Prob}(r_1 = x)\mathrm{Prob}(r_2 \geq x/\alpha)dx = \int_0^\infty p_1(r_1)\int_{r_1/\alpha}^\infty p_2(r_2)dr_2 dr_1$$

4.6 同一チャネル干渉

以下では，同一チャネル干渉確率を，レイリーフェージング，シャドウイングおよびレイリーフェージングとシャドウイングを結合した場合について計算する。

4.6.1 レイリーフェージング環境下

レイリーフェージングに従う信号の振幅の確率分布関数は式(4.11)で与えられる。この場合，同一チャネル干渉はつぎのように計算される。

$$P_{CR} = \int_0^\infty \frac{r_1}{b_1} e^{-\frac{r_1^2}{2b_1}} \int_{r_1/a}^\infty \frac{r_2}{b_2} e^{-\frac{r_2^2}{2b_2}} dr_2 dr_1 = \frac{1}{1+\alpha^{-2} b_1/b_2}$$

ここで，b_1 と b_2 はそれぞれ希望信号と干渉信号の平均電力であり，α は保護比である。

4.6.2 シャドウイング環境下

シャドウイングの確率分布関数は式(4.7)で与えられる。同一チャネル干渉 P_{CS} はつぎのように計算される（付録4.2）。

$$P_{CS} = \text{Prob}(x_1 \leq x_2 + \beta) = \frac{1}{\sqrt{\pi}} \int_b^\infty e^{-u^2} du$$

$$= \frac{1}{2} \text{erfc}(b) \tag{4.24}$$

ここで，x_1 と x_2 はそれぞれ希望信号と干渉信号のデシベルで表した包絡線であり，β は保護比である。式(4.24)において，b はつぎのように与えられる。

$$b = \frac{x_{1m} - x_{2m} - \beta}{2\sigma}$$

ここで，$x_{1m} = \langle x_1 \rangle$，$x_{2m} = \langle x_2 \rangle$ であり，σ はデシベルで表した標準偏差である。

4.6.3 レイリーフェージングとシャドウイングの組合せ

レイリーフェージングとシャドウイングが組み合わさった下での信号の包絡線 r は，式(4.7)と式(4.11)を使ってつぎのように与えられる。

$$p_i(r) = \int_{-\infty}^{\infty} \frac{r}{b} e^{-\frac{r^2}{2b}} \frac{1}{\sqrt{2\pi}\sigma} e^{-\frac{(x-x_{im})^2}{2\sigma^2}} dx \qquad (i=1,2) \tag{4.25}$$

ここで，b は x の関数 $b = 10^{x/10}$ である．

この条件下における干渉確率はつぎのように与えられる．

$$P_{CF\&S} = \int_0^{\infty} \mathrm{Prob}(r_1 = y)\mathrm{Prob}(r_2 \geq y/\gamma)dy = \int_0^{\infty} p_1(r_1)\int_{r_1/\gamma}^{\infty} p_2(r_2)dr_2 dr_1 \tag{4.26}$$

ここで，r_1 と r_2 はそれぞれ希望信号と干渉信号の包絡線，γ は保護比である．式(4.26)はつぎのように簡単化される（付録4.3）．

$$P_{CF\&S} = \frac{1}{\sqrt{\pi}} \int_{-\infty}^{\infty} \frac{1}{1 + 10^{(x_{1m} - x_{2m} - R + 2\sigma u)/10}} e^{-u^2} du \tag{4.27}$$

ここで，u は内部変数であり，$R = 20\log\gamma$ である．

4.6.4 議 論

同一チャネル干渉確率を図 4.10 〜 図 4.12 に示す．通常，高速フェージング下では，シャドウイングでの同一チャネル干渉（式(4.24)）がシステムの品質，例えば，高速フェージングで平均化されたビット誤り率を与えるものとし

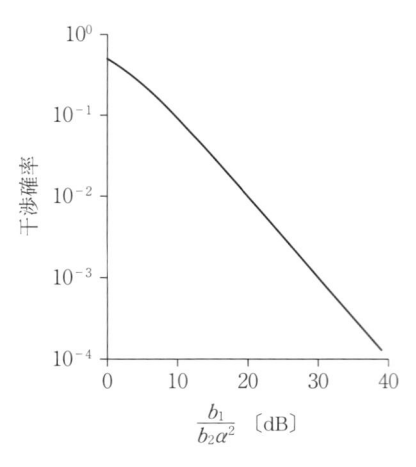

図 4.10 レイリーフェージング下での同一チャネル干渉確率

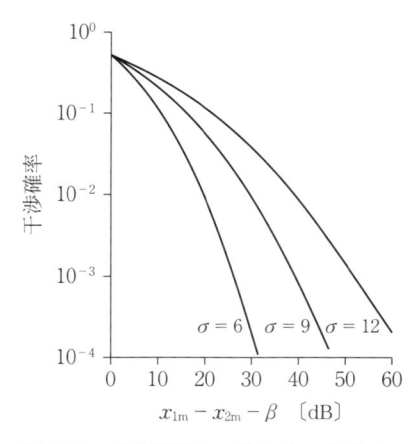

図 4.11 対数正規シャドウイング下での同一チャネル干渉確率

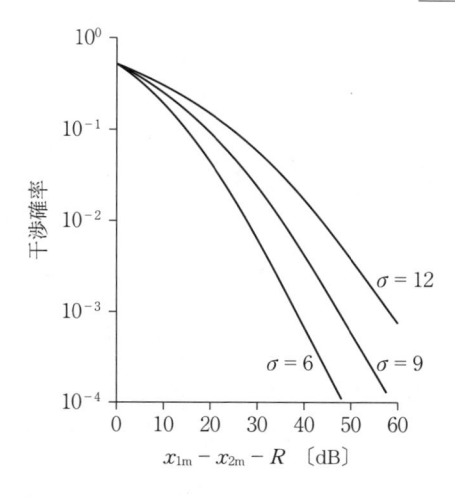

図 4.12 高速フェージングとシャドウイング環境下での同一チャネル干渉確率

て用いられる。低速フェージング下では，フェージングとシャドウイングを共に考慮した下での同一チャネル干渉が用いられる。

同一チャネル干渉確率に関するこれまでの結果は，保護比を適当な値にすることで，隣接チャネル干渉にも適用できる。

5

ディジタル変調の基礎

　変調はベースバンド信号を高周波（radio frequency, RF）信号へ変換する操作である。復調はこの逆の操作であり，ベースバンド信号をRF信号から再生する。RF信号は二つの自由度を有する。すなわち，振幅と位相あるいは同相と直交成分である。変調はこれらの成分をベースバンド信号に応じて変化させることにより行われる。ディジタル変調は，ディジタル信号が有限の離散的な値をとることでアナログ変調と異なる。この性質により，ディジタル通信においては特別な技術が適用できる。

　ディジタル変調に対する要求条件は，被変調波の狭帯域性，低い誤り率および変復調回路の容易な実現性である。

5.1 ディジタル変調信号

　この章ではディジタル変調とディジタル復調に関する一般的な事柄について簡単に記述する。詳細については，成書1)～7)を参照してほしい。

　変調波はつぎのように一般的に表される。

$$f(t) = A(t)\cos\{\omega_c t + \varphi(t)\} = \mathrm{Re}\{A(t)e^{j[\omega_c t + \varphi(t)]}\} = \mathrm{Re}\{f_b(t)e^{j\omega_c t}\}$$

ここで，$A(t)$は包絡線の振幅，$\varphi(t)$は位相，ω_cは搬送波の（角）周波数，そして$f_b(t) = A(t)e^{j\varphi(t)}$は複素ベースバンド信号である。上式はつぎのように書き換えられる。

$$f(t) = x(t)\cos(\omega_c T) - y(t)\sin(\omega_c T)$$

ここで

$$x(t) = A(t)\cos\varphi(t), \quad y(t) = A(t)\sin\varphi(t)$$

は同相および直交成分である。搬送波信号は二つの自由度，すなわち $A(t)$ と $\varphi(t)$，あるいは $x(t)$ と $y(t)$ を有する。$\varphi(t)$ の時間微分は瞬時（角）周波数である。

上の表現では，ディジタル変調波とアナログ変調波とを区別することはできない。両者の違いは，$A(t)$ と $\varphi(t)$，あるいは $x(t)$ と $y(t)$ の具体的な表現に現れるのみである。アナログ変調方式である AM，PM，FM（2.1.5項）は，ディジタル変調方式では，それぞれ ASK（amplitude shift keying，振幅偏移変調），PSK（phase shift keying，位相偏移変調），FSK（frequency shift keying，周波数偏移変調）と呼ばれる。QAM（quadrature amplitude modulation，直交振幅変調）は，変調入力信号 $x(t)$，$y(t)$ が独立な信号であるもので，ディジタル変調において広く用いられる。

5.2 線形変調と定振幅変調

ASK と QAM は線形変調の分類に入る。線形変調波は定義により，ベースバンド変調入力信号を搬送波信号に乗算することで生成される。これより，線形変調ではベースバンド信号スペクトルが搬送波中心周波数の上下に対称に配置される。一方，定振幅の PSK および FSK は非線形変調あるいは定振幅（包絡線）変調と呼ばれる。この変調方式では，非線形な操作，すなわち変調入力信号の三角関数という操作を伴っている。非線形被変調信号のスペクトルは，ベースバンド信号スペクトルに対して大きく異なる。

ディジタル PSK 信号の位相は，位相点の組の中から，入力ディジタル信号に応じて一つの位相点が選択される。この信号は線形変調か定振幅（非線形）変調のどちらでもあり得る。実際の PSK 信号は通常，線形変調である。

線形変調には線形伝送路が必要である。例えば，送信電力増幅器に線形増幅を用いなければならない。さもなければ回路の非線形性により変調波信号のスペクトルは広がり，振幅および位相成分が歪む。これとは対照的に定振幅変調信号は線形伝送路を必要としない。例えば，飽和電力増幅器を使用できる。変

調信号の波形は，この増幅器の出力において歪むものの，帯域通過フィルタに通すことにより元の信号が再生できる。このフィルタは飽和増幅器で生じた高次周波数成分を取り除く。線形変調波では，高次成分を取り除いても基本成分に歪み成分が含まれるので，このようなフィルタの効果はない。これは付録5.1で議論している。

変調信号は，同相成分，直交成分をそれぞれ水平軸，垂直軸とする2次元平面で表すことができる。この平面上での表現は複素振幅平面上での表現と等価である（2.1.6項）。

5.3 ディジタル変調

5.3.1 位相偏移変調（**PSK**）

位相偏移変調（PSK）信号は，ディジタル変調入力信号に応じて決められた位相点の中の一つをとる。2値PSK（binary PSK, BPSK），4値PSK（quadrature PSK, QPSK）および8値PSK（8PSK）の位相点配置を**図5.1**に示す。BPSK, QPSKおよび8PSKの一つのシンボルは，それぞれ1, 2, 3ビットのディジタル信号を表す。

PSK信号の位相が定められた特定の位相点をとるという事実により，後で示すように，周波数逓倍により搬送波信号を再生することが可能になる。同様

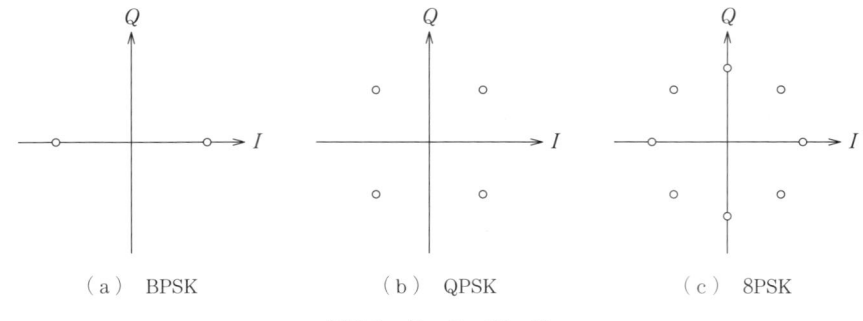

（a） BPSK　　　　　　（b） QPSK　　　　　　（c） 8PSK

図5.1　信　号　配　置

に，差動検波あるいは遅延検波（相続くシンボル時刻での位相変化を検出する）がPSK信号に適応できる。

〔1〕 **BPSK**　　BPSK信号はつぎのように表される。

$$s(t) = \sum_{n=-\infty}^{\infty} a_n h(t-nT) \cos \omega_c t \qquad (a_n = \pm A)$$

ここで，a_n はディジタル信号に応じて A あるいは $-A$〔V〕をとり，$h(t)$ はベースバンドフィルタのインパルス応答（パルス波形），T はパルス周期，ω_c は搬送波周波数である。

BPSK信号の変調器のブロック図を**図5.2**に示す。

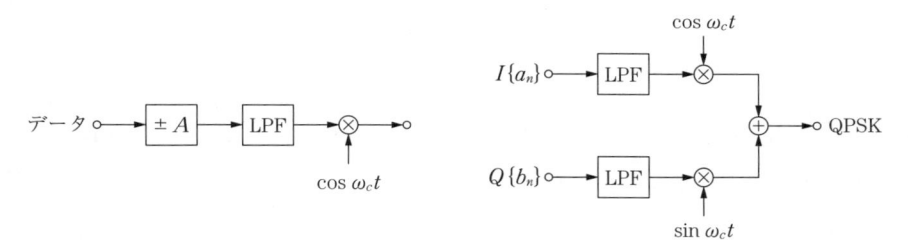

図5.2 BPSK変調器

図5.3 QPSK変調器

〔2〕 **QPSK**　　QPSK信号はつぎのように表される。

$$s(t) = \sum_{n=-\infty}^{\infty} a_n h(t-nT_s) \cos \omega_c t + \sum_{n=-\infty}^{\infty} b_n h(t-nT_s) \sin \omega_c t$$

$$= \text{Re}\left\{ \sum_{n=-\infty}^{\infty} (a_n - jb_n) h(t-nT_s) e^{j\omega_c t} \right\} \qquad (a_n, b_n = \pm A) \qquad (5.1)$$

ここで，T_s はシンボル周期，a_n, b_n は入力ディジタルデータである。

QPSK信号の変調器のブロック図を**図5.3**に示す。

〔3〕 **π/2シフトBPSK**　　この信号の信号点配置を**図5.4**に示す。位相点は，相続くシンボルにおいて同一点をとらないようになっている（○印と×印の中から交互に選ばれる）。変調回路を**図5.5**に示す。π/2シフトBPSK信号はつぎのように表される。

220   5. ディジタル変調の基礎

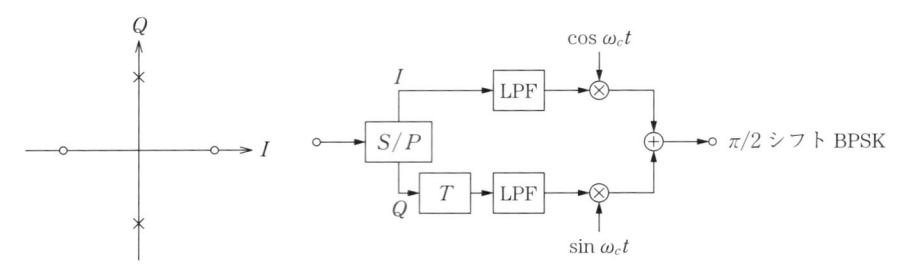

図 5.4 π/2 シフト BPSK の信号点配置

図 5.5 π/2 シフト BPSK 変調器

$$s(t) = \sum_{n=-\infty}^{\infty} a_{2n} h(t-2nT)\cos\omega_c t + \sum_{n=-\infty}^{\infty} a_{2n+1} h[t-(2n+1)T]\sin\omega_c t$$

$$(a_n = \pm A) \quad (5.2)$$

ここで，T はビット周期である．インパルス応答を $h(t)$ で表してある．低域通過フィルタの帯域は BPSK と同じである．これより，π/2 シフト BPSK と BPSK の電力スペクトルは同じである．

〔4〕 **オフセット QPSK**　　図 5.5 において低域通過フィルタの帯域を半分に狭くすれば，オフセット QPSK が得られる．オフセット QPSK 信号はつぎのように表される．

$$s(t) = \sum_{n=-\infty}^{\infty} a_n h(t-nT_s)\cos\omega_c t + \sum_{n=-\infty}^{\infty} b_n h[t-(n+1/2)T_s]\sin\omega_c t$$

もし，上の式で，$T_s = 2T$ とすれば，式(5.2)と同じになる．したがって，π/2 シフト BPSK とオフセット QPSK の違いは，単にベースバンド信号のスペクトル帯域の違いだけにある．例えば，NRZ パルス信号を考えると，インパルス応答はつぎのようになる．

$$h(t) = \begin{cases} 1 & (0 \leq t \leq T) \\ 0 & (その他) \end{cases} \quad (\pi/2 \; シフト BPSK)$$

$$h(t) = \begin{cases} 1 & (0 \leq t \leq 2T) \\ 0 & (その他) \end{cases} \quad (オフセット QPSK)$$

オフセット QPSK 信号の位相はシンボルデータによって決められる特定の固

5.3 ディジタル変調

定点をとらない。位相点は相続くシンボル間の干渉により異なる（多数の）点に散らばる。この意味では"位相シフトキーイング"は不適切である。それでも，同期検波を行えば同相成分と直交成分はたがいに直交しているので，符号間干渉を生じない。図 5.6 に，$\pi/2$ シフト BPSK, QPSK およびオフセット QPSK の波形を比べて示している。ここで，NPZ 信号を仮定している。オフセット QPSK 信号は，$\pi/2$ シフト BPSK でパルス周期を 2 倍にすることにより得られる。同様に，$\pi/2$ シフト BPSK はオフセット QPSK において，50％パルスデューティ比の NRZ 信号を用いることによって得られる。

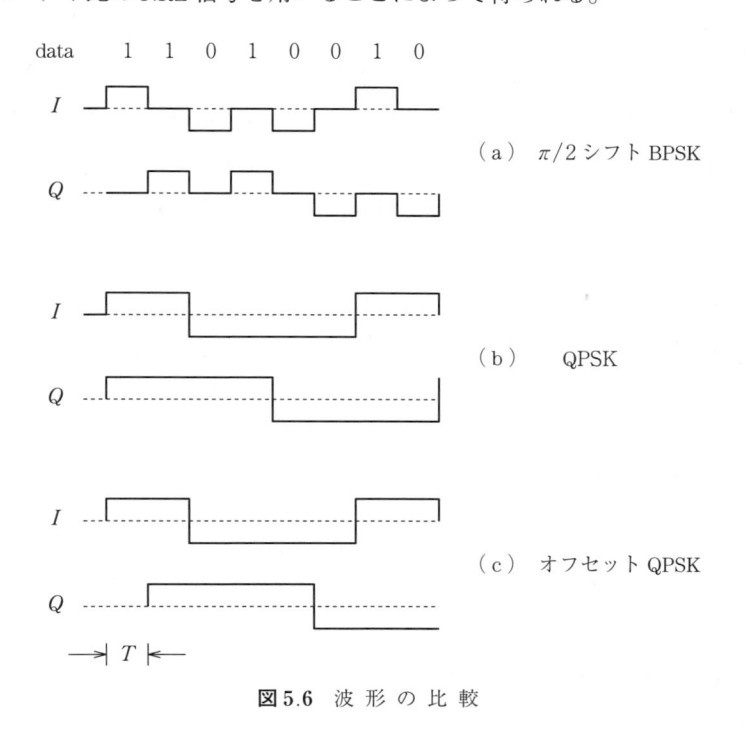

図 5.6 波 形 の 比 較

〔5〕 **$\pi/4$ シフト QPSK**　$\pi/4$ シフト QPSK 信号は，搬送波信号の位相を $\pi/4$ だけずらせた二つの QPSK 変調器の出力を合成することによって得られる（図 5.7）。信号位相配置を図 5.8 に示す。信号位相点は QPSK 信号点の二つの組（○印と×印）の中から交互に選ばれる。QPSK，オフセット QPSK，およ

222   5. ディジタル変調の基礎

図5.7 π/4シフトQPSK変調器

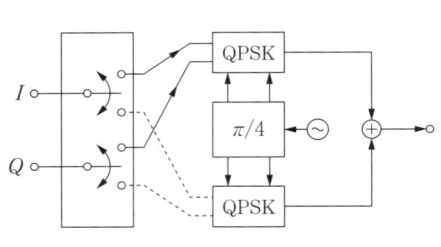

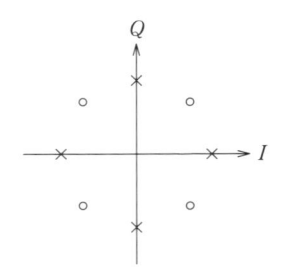

図5.8 π/4シフトQPSKの信号点配置

びπ/4シフトQPSKのスペクトルはすべて同じである。π/4シフトQPSKは文献9)〜11)に記述されている。文献10)においては，4値DPEK-対称（位相変換キーイング）と称されている。'π/4シフトQPSK'という用語は文献11)で使われている。ここで，信号はQPSK信号の位相を各シンボルごとにπ/4だけ推移することによって発生している。π/4シフトQPSKにおいては，信号位相がシンボルごとに変化することにより，信号からクロックタイミング信号を抽出するのを確実にしている。

PSKに対しては，送信信号の差動符号化（3.2.7項）が広く行われる。差動符号化の目的は，後述するように，搬送波再生における位相不確定性の影響を回避すること，差動検出を導入することである。

〔6〕 **M値PSK**　　この信号はつぎのように表される。

$$s(t) = \sum_{n=-\infty}^{\infty} Ah(t-nT)\cos\left(\omega_c t + \frac{2\pi a_n}{M}\right) \quad (a_n = 0, 1, \cdots, M-1)$$
(5.3)

5.3.2　周波数偏移変調（FSK）

この方式では，入力ディジタル信号に比例して瞬時周波数が変化する。ディジタルFMとも呼ばれる。ときにはFSKとディジタルFMと区別することがある。すなわち，入力ディジタル信号としてNRZ信号を用いるときFSKと呼び，入力ディジタル信号を帯域制限するとき，ディジタルFMと呼んでいる。位相が連続となるFSKは位相連続FSK（CPFSK）と呼ばれる。位相不連続

FSK信号は異なる周波数の二つの発振器の出力信号を切り換えることにより発生する。この方式では位相不連続のためスペクトルが広がる。このため，位相連続FSKは移動通信に使われることは滅多にない。この本では特に断わらないかぎり，CPFSKを念頭においている。

　FSK信号は定包絡線を有する。そのスペクトルは線形変調信号よりも広い。スペクトルの形状はベースバンド信号と同じではなく，ベースバンドスペクトルとともに変調指数にも依存して変化する。例として，ディジタルFM信号のスペクトルを，変調指数をパラメータとして図5.9に示す。変調指数が十分小さい場合には，スペクトルは搬送波信号成分を有する両側波帯AM信号のそれ

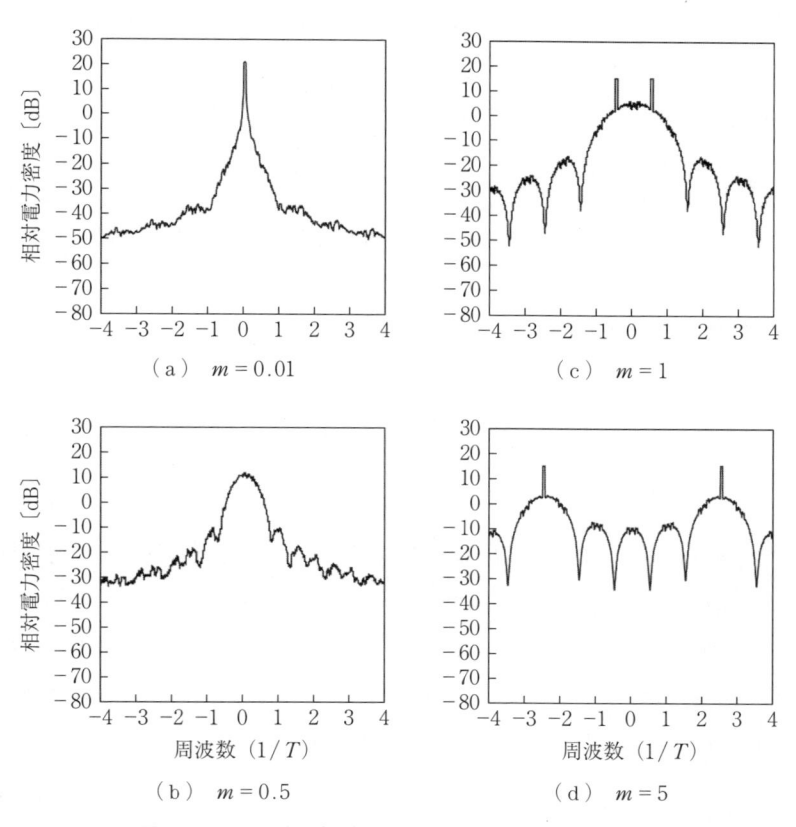

(a) $m = 0.01$

(b) $m = 0.5$

(c) $m = 1$

(d) $m = 5$

図5.9　異なる変調指数に対するFSK信号のスペクトル

と似たようになる。変調指数が大きくなると，最大周波数偏移に対応して生じる二つのピークが生じる。FSK 信号のスペクトルは入力ベースバンド信号を帯域制限することにより制御できる。すなわち，帯域外放射を効果的に抑圧できる。このことは，帯域外放射が低いことが要求されるディジタル移動通信において重要となる。

アナログ FM 信号の帯域に関しては，経験的な式としてカーソン帯域がよく知られている。

$$W = 2(\Delta F_m + f_b) = 2(m+1)f_b$$

ここで，ΔF_m は最大周波数偏移，f_b はベースバンド信号の最大周波数，$m\,(\equiv \Delta F_m/f_b)$ は変調指数である。カーソン帯域は，FM 信号の帯域は最低でもベースバンド帯域の 2 倍は必要となることを示している。

FSK 信号に対しては，変調指数は通常以下のように定義される。

$$m = \frac{\Delta F_m}{1/(2T)} = 2\Delta F_m T \tag{5.4}$$

ここで，T はシンボル周期である。変調指数はときには異なる定義や記号（例えば h）が用いられることがある。

FSK 信号の位相はつぎのように与えられる。

$$\varphi(t) = \int_{-\infty}^{t} \omega(\tau)d\tau = \int_{-\infty}^{t} \sum_{n=-\infty}^{\infty} k_F a_n h(\tau - nT)d\tau$$

$$= \sum_{n=-\infty}^{\infty} k_F a_n q(t - nT) \tag{5.5}$$

ここで，$q(t) = \int_{-\infty}^{t} h(\tau)d\tau$，$k_F$ は比例定数，a_n は入力ディジタル信号に応じてとる離散値（例えば，2 値 FSK については $a_n = \pm 1$），$h(t)$ はベースバンドフィルタのインパルス応答である。実際の最大周波数偏移，$\Delta F_m = \max[\omega(t)/2\pi]$ は，データパターンとともにインパルス応答にも依存する。実際の ΔF_m の代わりにわれわれはつぎの定義を用いる。

$$\Delta F_m \equiv \frac{k_F a_{\max}}{2\pi} \tag{5.6}$$

ここで，a_{max} は離散値のうちの最大値を示す。$h(t)$ はつぎのように規格するものとする。

$$\int_{-\infty}^{\infty} h(t)dt = T \tag{5.7}$$

1シンボルパルスによる位相推移の最大値は $2\pi\Delta F_m T = m\pi$ となる。式(5.6)および式(5.7)は NRZ 信号，すなわち $h(t)=1 (|t|\leq T/2), h(t)=0 (|t|>T/2)$ については確かに成立する。$\int_{-\infty}^{\infty} h(t)dt$ は伝達関数の直流周波数における値である。すなわち，$H(0) = \int_{-\infty}^{\infty} h(t)dt$ である。$H(0)=0$ の場合，例えばバイポーラ（3.2.6項）FM の場合には，変調指数を上のようには定義できないので，別に定めなければならない。

インパルス応答 $h(t)$ がナイキストの第3基準（式(3.12)）を満たす場合には，式(5.4)～(5.7)より

$$\varphi(iT) = \sum_{n=-\infty}^{i} k_F a_n \int_{nT}^{nT+T} h(t-nT)dt = k_F T \sum_{n=-\infty}^{i} a_n$$
$$= \pi m \sum_{n=-\infty}^{i} \frac{a_n}{a_{max}} \tag{5.8}$$

となる。ナイキストの第3基準（3.1.3項）は，あるシンボル時間における FSK の位相推移（すなわち，$\Delta\varphi(iT) = \varphi(iT+t) - \varphi(iT)$）がその時刻のシンボルのみによって決まることを保証している。言い換えれば，$\Delta\varphi(iT)$ に符号間干渉がないことになる。

変調指数 m を特別に選べば，位相 $\varphi(iT)$ はいくつかの特定の点をとる。$m=0.5$ の2値 FSK（$a_n/a_{max} = \pm 1$）を考えてみよう。このとき，信号は $\pi/2$ シフト BPSK の位相点をとる。変調指数 $m=3/4$ の4値 FSK（$a_n/a_{max} = \pm 1/3, \pm 1$）を考えれば，$\pi/4$ シフト QPSK の信号位相点が得られる。

5.3.3　定包絡線位相偏移変調（定包絡線 PSK）

式(5.5)において，積分を省略すれば定包絡線 PSK が得られる。$h(t)$ に代わって，$q(t)$ がベースバンドフィルタのインパルス応答を表す。

5.3.4 直交振幅変調（QAM）

この方式では，同相成分 $x(t)$ と直交成分 $y(t)$ により，それぞれ独立に振幅変調が行われる．QPSK は QAM とみなすことができる．$x(t), y(t)$ のおのおのが4値をとれば，4×4 の信号点（16QAM）が得られる．16QAM の信号点配置を図 5.10 に示す．$x(t)$ と $y(t)$ に対して，デュオバイナリパーシャルレスポンス（3.2.6項）を適用すれば，図 5.11 に示すような 3×3 の信号点配置を得る．256QAM などさらに多値の QAM も，公衆電話網やマイクロ波回線におけるディジタル伝送に開発されている．

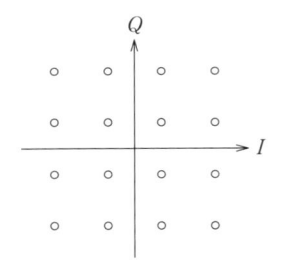

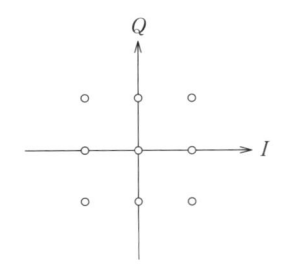

図 5.10　16QAM の信号点配置

図 5.11　デュオバイナリ 4QAM の位置点配置

5.4　ディジタル変調信号の電力スペクトル密度

信号 $z(T)$ の電力スペクトル密度（power spectral density, PSD）はつぎのように定義される．

$$S_z(\omega) = \left\langle \lim_{T_m \to \infty} \frac{1}{2T_m} \left| \int_{-T_m}^{T_m} z_T(t) e^{-j\omega t} dt \right|^2 \right\rangle$$

あるいは

$$= \int_{-\infty}^{\infty} R_z(\tau) e^{-j\omega \tau} dt$$

ここで，$\langle \cdot \rangle$ は集合平均を表し，$z_T(t)$ は $|t| < T_m$ の時間領域で定義されており，$R_z(\tau)$ は $z_T(t)$ の自己相関関数であり，つぎのように与えられている．

$$R_z(\tau) = \left\langle \lim_{T_m \to \infty} \frac{1}{2T} \int_{-T_m}^{T_m} z_T(t) z_T(t+\tau) dt \right\rangle$$

変調波に対しては $z_T(t) = \mathrm{Re}[f_b(t)e^{j\omega_c t}]$ と表される。ここで，$f_b(t)$ は複素ベースバンド信号，ω_c は搬送波周波数である。したがって，自己相関関数 $R_z(\tau)$ はつぎのように表される。

$$R_z(\tau) = \frac{1}{2}\mathrm{Re}[R_b(\tau)e^{j\omega_c \tau}] \tag{5.9}$$

ここで，$R_b(\tau)$ は $f_b(t)$ の自己相関関数であり，つぎのように定義される。

$$R_b(\tau) = \left\langle \lim_{T_m \to \infty} \frac{1}{2T_m} \int_{-T_m}^{T_m} f_b(t+\tau) f_b^*(t) dt \right\rangle$$

つぎの関係式が成り立つことを示すことができる。

$$R_b^*(\tau) = R_b(-\tau)$$

上の関係により，式(5.9)はつぎのように変形できる。

$$R_z(\tau) = \frac{1}{4}[R_b(\tau)e^{j\omega_c \tau} + R_b(-\tau)e^{-j\omega_c \tau}]$$

これにより，変調信号 $z_T(t)$ の PSD はつぎのようになる。

$$S_z(\omega) = \frac{1}{4}\left[\int_{-\infty}^{\infty} R_b(\tau)e^{-j(\omega-\omega_c)\tau}d\tau + \int_{-\infty}^{\infty} R_b(\tau)e^{j(\omega+\omega_c)\tau}d\tau\right]$$

$$= \frac{1}{4}[S_b(\omega-\omega_c) + S_b(-\omega-\omega_c)] \tag{5.10}$$

もし，$f_b(t)$ が実数であれば

$$S_z(\omega) = \frac{1}{4}[S_b(\omega-\omega_c) + S_b(\omega+\omega_c)] \tag{5.10}'$$

となる。ここで，$S_b(\omega)$ は複素ベースバンド信号の PSD である。以上より，複素ベースバンド信号の PSD が，変調により $\pm \omega_c$ だけ周波数シフトされることがわかる。

5.4.1 線 形 変 調

線形変調に対して $z_T(t)$ は一般的につぎのように表現できる。

$$z_T(t) = x(t)\cos \omega_c t - y(t)\sin \omega_c t = \text{Re}\{[x(t)+jy(t)]e^{j\omega_c t}\}$$
$$(-T_m \leq t \leq T_m)$$

ここで，$x(t)$ と $y(t)$ はつぎのように表される．

$$x(t) = \sum_n a_n h(t-nT), \qquad y(t) = \sum_n b_n h(t-nT)$$

a_n と b_n は，入力ディジタルデータ信号に対応して離散値をとる．$h(t)$ はベースバンドフィルタのインパルス応答（パルス波形）である．

ランダムデータを仮定すれば，$x(t)$ と $y(t)$ の独立性のために，$R_b(\tau)$ はつぎのようになる．

$$R_b(\tau) = R_x(\tau) + R_y(\tau) \tag{5.11}$$

ここで，$R_x(\tau)$ と $R_y(\tau)$ は，それぞれ $x(t)$ と $y(t)$ の自己相関関数である．われわれの場合，$R_x(\tau) = R_y(\tau) = R_0(\tau)$ である．この関係式と $x(t)$ と $y(t)$ を実数とすることにより，式(5.10)と式(5.11)を使って次式を得る．

$$S_z(\omega) = \frac{1}{2}\int_{-\infty}^{\infty} R_0(\tau)\left[e^{-j(\omega-\omega_c)\tau} + e^{-j(\omega+\omega_c)\tau}\right]d\tau = \frac{1}{2}\left[S_0(\omega-\omega_c) + S_0(\omega+\omega_c)\right]$$

ここで，$S_0(\omega) = \int_{-\infty}^{\infty} R_0(\tau)e^{-j\omega\tau}d\tau$ は $x(t)$ あるいは $y(t)$ の PSD である．これより，線形変調信号の PSD は，ベースバンド変調入力信号の PSD を搬送波周波数へ推移したものであることがわかる．ベースバンド変調入力信号の PSD は式(2.59)で与えられている．

5.4.2 ディジタル周波数変調（ディジタル FM）

ディジタル周波数変調（ディジタル FM）については，線形変調とは異なり，PSD の導出はさほど容易ではない．ディジタル FM の PSD に関しては，導出に異なる手法を用いた論文が多数知られている．最も簡単な方法は文献 12)(IEEE, 1983) によるものである．ここでは，結果を導出過程を省略して示す．式(5.5)を彼らの記法を用いて書き直すことにより

$$\phi(t) = 2\pi h \sum_{i=-\infty}^{\infty} \alpha_i q(t-iT)$$

が得られる．ここで，h は変調指数であり，シンボル α_i はつぎの値の一つを

5.4 ディジタル変調信号の電力スペクトル密度

確率 p_i でとる．

$$\alpha_i = \pm 1, \pm 3, \cdots \pm (M-1)$$

ここで，任意の整数 j に対して

$$p_i = \text{Prob}(\alpha_j = i) \quad (i = -M+1, -M+3, \cdots, M-1)$$

である．また

$$q(t) = \int_{-\infty}^{t} g(\tau) d\tau$$

である．ここで，$g(t)$ はベースバンドフィルタのインパルス応答である．インパルス応答 $g(t)$ は因果的であるとして，その持続時間は LT シンボル内に打ち切っている．したがって

$$q(t) = \begin{cases} 0 & (t \leq 0) \\ q(LT) & (t \geq LT) \end{cases}$$

ここで，変調指数 h は LT 時間内における1個のパルスによる最大の位相変化となるように，あるいは等価的に $(M-1)h\pi$ （$q(LT)=1/2$ として規格化している）となるように規定されている．

時間制限された零IF複素信号 $S_{b\tau}(t)$ は

$$S_{b\tau}(t) = e^{j\phi(t)} \quad (-T_m \leq t \leq T_m)$$

と表される．複素ベースバンド信号の自己相関関数は

$$R(\tau) = \left\langle \lim_{T_m \to \infty} \frac{1}{2T_m} \int_{-T_m}^{T_m} e^{j\phi(t+\tau)} e^{-j\phi(t)} dt \right\rangle$$

となる．以降の導出過程を省略して，最終的には

$$S(\omega) = 2\text{Re}\left\{ \int_0^{LT} R(\tau) e^{-j\omega\tau} d\tau + \frac{e^{-j\omega LT}}{1 - c_\alpha e^{-j\omega T}} \int_0^T R(\tau + LT) e^{-j\omega\tau} d\tau \right\}$$

となる．ここで

$$R(\tau) = R(\tau' + mT)$$
$$= \frac{1}{T} \int_0^T \prod_{n=1-L}^{m+1} \left\{ \sum_{\substack{k=-(M-1) \\ k:\text{odd}}}^{M-1} p_k \exp\left\{ j2\pi hk\left[q(t+\tau'-(n-m)T) - q(t-nT) \right] \right\} \right\} dt$$

であり，τ は $0 \sim (L+1)T$ の範囲である．このとき，τ はつぎのように書ける．

$$\tau = \tau' + mT \quad (0 \leq \tau' \leq T, \ m = 0, 1, \cdots)$$

また

$$c_\alpha = \sum_{\substack{k=-(M-1) \\ k:\text{odd}}}^{M-1} p_k e^{jh\pi k}$$

$|c_\alpha| = 1$ のときには PSD の不連続（輝線）成分が現れる。

5.5 復　　　　調

　復調（検波）は変調信号から送信ベースバンド信号を取り出す処理である。復調方法は，搬送波信号を用いるか否かによって，それぞれ，同期検波および非同期検波に分けられる。非同期検波には，包絡線検波，差動検波，周波数検波がある。差動検波は差動同期検波あるいは遅延検波とも呼ばれる。

5.5.1　同　期　検　波

　同期検波では，変調波信号に同期した搬送波信号を乗算することにより，ベースバンド信号を取り出す。この処理は線形変調の逆である。したがって，同期検波は線形復調と呼ぶこともできよう。BPSK，QPSK，および 8PSK の同期検波回路をそれぞれ図 5.12(a)，(b)，(c) に示す。検波回路の後には判定回路が来る。

　同期検波は静的条件下では非同期検波よりも優れた誤り特性を示す。移動無線伝送下では，同期検波には問題が生じる。すなわち，フェージングによる信号帯雑音電力比の低下およびランダム FM 効果のために，搬送波再生が不安定になるというものである。ランダム FM 効果のために，信号帯雑音電力比をある値以上増加しても誤り率は減少しない。この領域は軽減不能の誤り率 (irreducible error rates) と呼ばれる。フロア誤り率は，非同期検波に比べて同期検波のほうが大きい。

5.5 復調　　　231

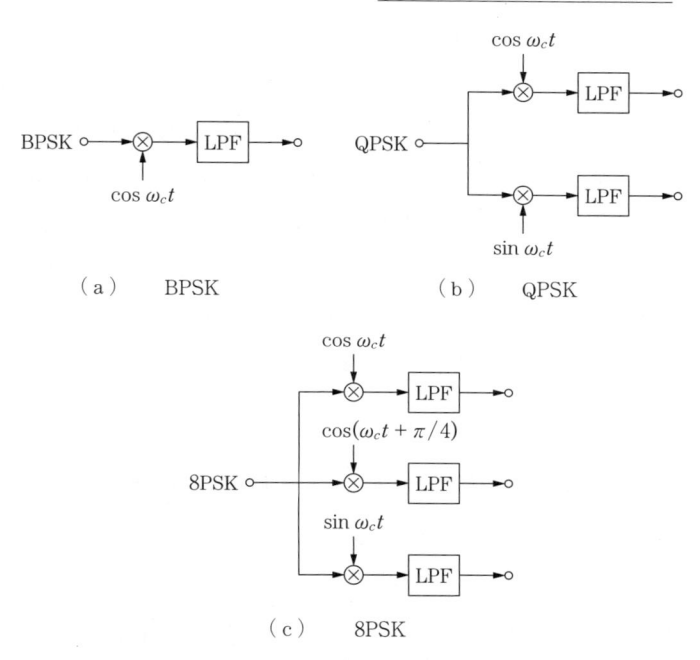

（a）　BPSK

（b）　QPSK

（c）　8PSK

図 5.12　同期検波回路

〔1〕 **搬送波再生**　　同期検波を行うアナログ伝送とは異なり，通常のディジタル伝送では，搬送波信号を変調波とともに送ることはせずに，変調波から再生する。搬送波信号の再生が可能となるのは，ディジタル変調信号は各シンボル時刻で特定の離散的な位相をとるからである。

搬送波再生はまず，受信信号に対して適切な処理を行って，搬送波信号に同期した輝線成分をつくり出す。その後，この輝線成分をその周波数に同調した共振（tank）回路，あるいは位相同期（phase locked loop，PLL）回路に通すことにより，搬送波信号のゆらぎ（jitter）を軽減する。共振回路の Q 値（quality factor），あるいはこれと等価な PLL 回路のループ帯域は，搬送波信号の SN 比と搬送波再生の立上りの速度との兼合いで決められる。立上り速度を早くするために，輝線信号を多く含む信号（プリアンブル信号）を情報信号の前に印加する。これに対する例外は文献 13) で述べられているように，受信信

号をいったん記憶した後復調する方法である。

搬送波信号再生の原理は三つの範疇に分類できる．すなわち，周波数逓倍，逆変調，および再変調である．周波数逓倍方式では，変調波信号を周波数逓倍回路に入力した後，その出力をタンク回路，あるいは PLL 回路に入力する．そののち，その出力信号を周波数分周回路で分周する．この方式のブロック図を**図 5.13** に示す．信号位相配置（図 5.1）により，BPSK，QPSK，および 8 相 PSK を，それぞれ周波数 2 逓倍，4 逓倍，8 逓倍することにより，信号の位相が各シンボル時刻で一つの位相点（$m\pi$，m は整数）をとることがわかる．これより輝線成分が得られる．

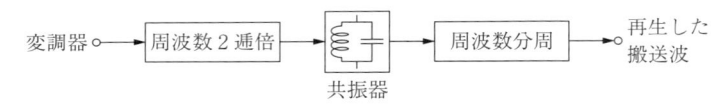

図 5.13 周波数逓倍法による搬送波再生回路

周波数逓倍と分周を等価的にベースバンドで行う同期検波方式はコスタス（Costas）ループ復調器（**図 5.14**）として知られている．変調信号を $s(t) = 2A\cos[\omega_c t + \varphi(t)]$ としよう．直交検波器の出力は $x(t) = A\cos[\varphi(t) + \theta_0]$ および $y(t) = A\sin[\varphi(t) + \theta_0]$ となる．ここで θ_0 は再生搬送波と変調波搬送信号との位相差である．$x(t)$ と $y(t)$ を乗算することにより，電圧制御発信器（voltage controlled oscillator, VCO）の入力は $(A^2/2)\sin[2\varphi(t) + 2\theta_0]$ となる．これはベースバンドにおける周波数 2 逓倍を示している．BPSK 信号に対して，周波数 2 逓倍後の位相は 0（2π）をとる．したがってコスタスループ回路は $\theta_0 \to 0$ となるような負帰還制御を行うことになり，再生搬送波信号と変調

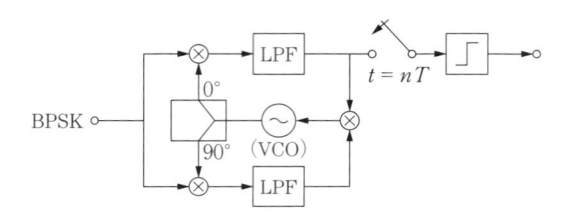

図 5.14 BPSK に対するコスタスループ復調回路

5.5 復調

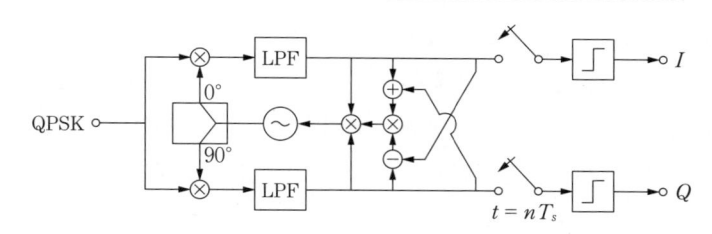

図 5.15 QPSK信号に対するコスタスループ復調回路

波信号との同期がとれる。コスタスループ検波はベースバンド帯で周波数4逓倍を行うことで QPSK へ適用できる。(**図 5.15**)

逆変調による同期検波のブロック図を**図 5.16** に示す。入力信号をベースバンド信号によって逆に変調することにより，変調の効果を取り除いている。BPSK では信号位相点が 0 あるいは π とあるので，逆変調と再変調が等価である。再生搬送波信号 VCO により入力（搬送波）信号に同期する。

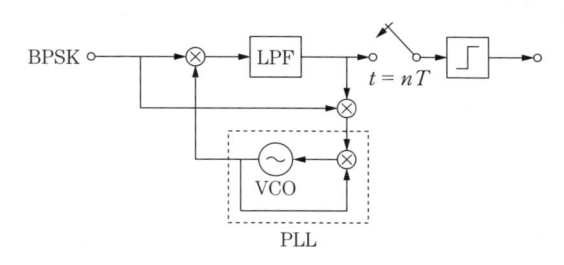

図 5.16 逆変調による同期検波

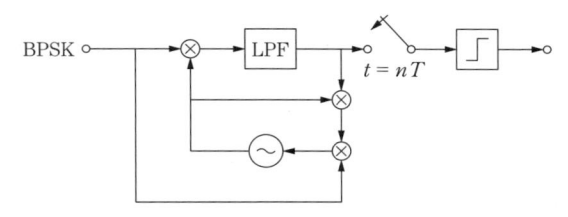

再変調による同期検波を**図 5.17** に示す。再生搬送波信号（VCO 出力）を復調ベースバンド信号で変調することにより，入力信号の複製をつくり出している。これにより，入力変調信号を VCO，位相検波器，および変調器からなる

図 5.17 再変調による同期検波

再生搬送波には位相不確定性が残っている。例として、周波数逓倍における周波数分周回路、およびコスタスループ回路で、$\pm\pi$ の不確定性がある。移動無線通信においては、信号対雑音電力比の低下あるいは高速フェージングにおけるランダム FM 効果により、搬送波再生回路の同期が失われる。同期は自動的に再び確立するけれども、同期の回復において、搬送波位相の不確定があり得る。差動（D）PSK では情報が二つのシンボル時刻における相対位相変化で表されるので、位相不確定性の影響は差動符号化によって除くことができる。差動 PSK においては誤り伝搬が生じる。検波過程における一つの誤りが二つの続いたシンボル誤りを引き起こす。この誤り伝搬は絶対位相搬送波を用いる同期検波により回避できる。この目的のために、情報信号とともに絶対位相を与えるパイロット信号を連続的に、あるいは間欠的に送信する必要がある。

〔2〕 **同期検波器出力における雑音電力** 電力密度 $N_0/2$ を有する狭帯域帯域通過雑音 $n(t) = n_x(t)\cos\omega_c t - n_y(t)\sin\omega_c t$ を仮定しよう。

$$S_n(\omega) = \begin{cases} \dfrac{N_0}{2} & (|\omega - \omega_c| \leq \omega_a) \\ 0 & （その他） \end{cases} \quad (5.12)$$

ここで、ω_a は変調信号帯域をカバーし、搬送波よりも低い値をとる任意の周波数である。

この帯域通過雑音に $2\cos\omega_c t$ と $2\sin\omega_c t$ を乗じ、低域通過フィルタに通すことにより、直交ベースバンド雑音成分 $n_{xd}(t) = n_x(t)$ と $n_{yd}(t) = n_y(t)$ を得る。式(2.82)および式(5.12)より、検波雑音の電力スペクトル密度（power spectral density, PSD）がつぎのようになる。

$$S_{xd}(\omega) = S_{yd}(\omega) \equiv S_d(\omega) = \begin{cases} N_0 & (-\omega_a < \omega < \omega_a) \\ 0 & （その他） \end{cases}$$

受信フィルタの出力における雑音電力はつぎのようになる。

$$N = \frac{1}{2\pi}\int_{-\infty}^{\infty} S_d(\omega)|G(\omega)|^2 d\omega = \frac{N_0}{2\pi}\int_{-\infty}^{\infty} |G(\omega)|^2 d\omega \quad (5.13)$$

あるいはパーセバルの定理（式(2.42)）により

$$= N_0 \int_{-\infty}^{\infty} g^2(t) dt \tag{5.13}'$$

となる．ここで，$G(\omega)$ はフィルタの伝達関数であり，$g(t) \leftrightarrow G(\omega)$ である．

〔3〕 **誤り率の解析**　同期検波の誤り率を解析することは，線形過程であるので容易である．しかし，これは再生搬送波が理想的としたときのみ正しい．搬送波再生過程を考慮すると，この過程は非線形操作を含んでいるので，解析は困難になる．搬送波再生回路の同期が失われると，バースト誤りが発生する．以下の解析においては，理想的な搬送波を仮定する．

ナイキストの第1基準（符号間干渉がない）を満たす整合フィルタと，白色ガウス雑音を仮定し，逐次シンボル検出を仮定する．復調されたベースバンド信号は各シンボル時刻ごとに判定される．

（a）　**BPSK**　まず最初に BPSK 信号の同期検波を考える．(**図5.18**)．受信信号は BPSK 信号と雑音の和である．

$$r(t) = s(t) + n(t)$$
$$= \sum_{n=-\infty}^{\infty} a_n h(t-nT) \cos \omega_c t + n_x(t) \cos \omega_c t - n_y(t) \sin \omega_c t$$
$$(a_n = \pm A)$$

搬送波信号 $2\cos \omega_c t$ を $r(t)$ に乗じることにより，復調信号を得る．

$$r_d(t) = s_d(t) + n_d(t) = \sum_{n=-\infty}^{\infty} a_n h(t-nT) + n_x(t)$$

復調された信号はインパルス応答が $g(t)$ の受信フィルタに入力される．サンプル時刻 t_0 における出力信号のレベルを $\pm d/2$ としよう．すなわち

$$s_d(t_0) = \pm Ah(t) * g(t) \big|_{t=t_0} = \pm \frac{d}{2}$$

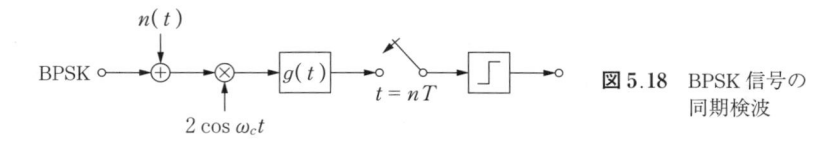

図 5.18　BPSK 信号の同期検波

5. ディジタル変調の基礎

雑音によって，$s_d(t_0)$ が $d/2$ 以上変化するとそのシンボルの判定誤りが生じる。雑音電力 $N=\sigma_n^2$ は，式(5.13)あるいは式(5.13)′で与えられる。したがって，式(3.24)で $d_m=d/2$，$P(\pm M)=1$ とおいて，式(2.66)も参照して，誤り率はつぎのように与えられる。

$$P_e = \frac{1}{2}\mathrm{erfc}\left(\frac{d}{2\sqrt{2}\,\sigma_n}\right) = Q\left(\frac{d}{2\sigma_n}\right) \tag{5.14}$$

サンプル時刻における信号対雑音電力比 $S/N=d^2/4\sigma_n^2$ を使って，上の式を書き直して

$$P_e = \frac{1}{2}\mathrm{erfc}\left(\sqrt{\frac{1}{2}\frac{S}{N}}\right) = Q\left(\sqrt{\frac{S}{N}}\right) \tag{5.14}'$$

となる。

受信フィルタが整合フィルタのとき，$g(t)=h(t_0-t)$（式(3.27)）となる。このとき，式(3.30)より

$$s_d(t_0) = \pm\frac{d}{2} = \pm A\int_{-\infty}^{\infty} h^2(t)dt$$

となり，式(5.13)′より

$$N = \sigma_n^2 = N_0 \int_{-\infty}^{\infty} h^2(t)dt \tag{5.15}$$

となる。したがって

$$\frac{S}{N} = \frac{s_d^2(t_0)}{\sigma_n^2} = \frac{\left[A\int_{-\infty}^{\infty} h^2(t)dt\right]^2}{N_0\int_{-\infty}^{\infty} h^2(t)dt} = \frac{A^2}{N_0}\int_{-\infty}^{\infty} h^2(t)dt \tag{5.15}'$$

を得る。

BPSK に対して，シンボルビット当りの平均エネルギーはつぎのようになる。

$$E_s = E_b = \frac{A^2}{2}\int_{-\infty}^{\infty} h^2(t)dt \tag{5.16}$$

あるいは，パーセバルの定理により

$$\frac{A^2}{2}\frac{1}{2\pi}\int_{-\infty}^{\infty}|H(\omega)|^2 d\omega \tag{5.16}'$$

式(5.16)を式(5.15)′に代入して，次式を得る。

$$\frac{S}{N} = 2\frac{E_b(=E_s)}{N_0}$$

これより

$$P_e = \frac{1}{2}\mathrm{erfc}(\sqrt{\lambda}) \tag{5.17}$$

$$= Q(\sqrt{2\lambda}) \tag{5.17}'$$

となる。ここで，$\lambda = E_s/N_0 = E_b/N_0$ である。BPSK およびその他の方式についての誤り率を**図 5.19** に示す。

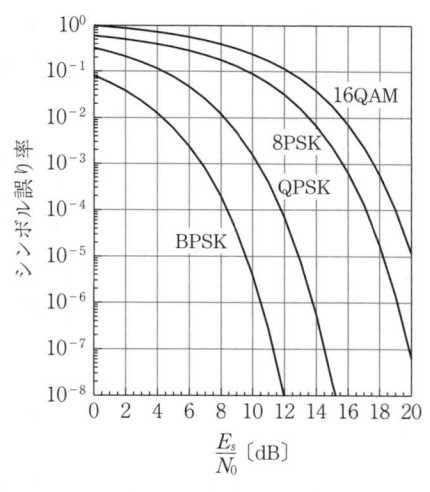

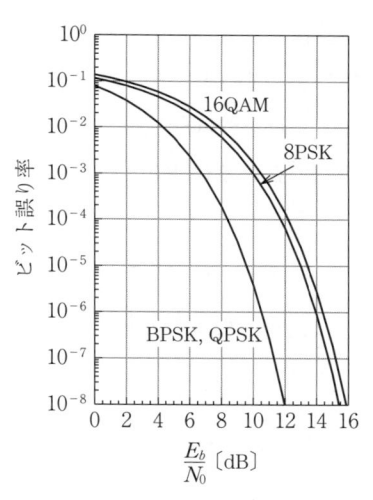

(a) シンボルエネルギー対雑音電力密度比に対するシンボル誤り率

(b) ビットエネルギー対雑音電力密度比に対するビット誤り率

図 5.19 誤り率特性

(b) **QPSK**　QPSK 信号は式(5.1)により与えられる。シンボル当りの平均エネルギーはつぎにより計算される。

$$E_s = A^2 \int_{-\infty}^{\infty} h^2(t)\,dt \tag{5.18}$$

BPSK の解析と同様にして，同相・直交信号に対して，サンプル時刻における整合フィルタの出力での信号対雑音電力比がつぎのように与えられる。

$$\frac{S}{N} = \frac{A^2}{N_0}\int_{-\infty}^{\infty} h^2(t)dt$$

これは，BPSKの場合と同じである．式(5.18)を使って，上式を書き変えれば

$$\frac{S}{N} = \frac{E_s}{N_0} \quad (\equiv \lambda)$$

となる．$E_s = 2E_b$ なる関係を使えば

$$\frac{S}{N} = 2\frac{E_b}{N_0}$$

となる．

同相信号あるいは直交信号において，一つの判定誤りがあるとシンボル誤りが生じる．同相あるいは直交信号に対して，誤り確率 q は，$q = (1/2)\mathrm{erfc}(\sqrt{\lambda/2})$ となる．雑音の同相成分と直交成分は無相関であるので，一つのシンボルが正しく判定される確率は $(1-q)^2$ となる．これより，シンボル誤り率はつぎのようになる．

$$P_{es} = 1 - (1-q)^2 = 2q - q^2 \tag{5.19}$$

$$\approx 2q \quad (q \ll 1) \tag{5.19}'$$

ここで

$$q = \frac{1}{2}\mathrm{erfc}(\sqrt{\lambda/2}) = Q(\sqrt{\lambda}) = \frac{1}{2}\mathrm{erfc}\left(\sqrt{\frac{E_b}{N_0}}\right)$$

であり，$\lambda = E_s/N_0$ はシンボル当りのエネルギー対雑音電力密度の比である．ビット誤り率は，四つの位相点に対するビット割付けに依存する．グレイ (Gray) 符号 (図5.20) を用いると，シンボル誤り $m_1 \to m_2$ あるいは $m_1 \to m_4$ は，2ビットのうちの1ビットの誤りを生じ，シンボル誤り $m_1 \to m_3$ は2

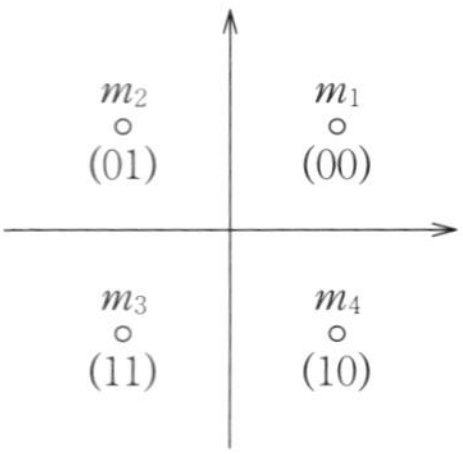

図5.20 グレイ符号化 QPSK

ビットの誤りを生じる．したがって

$$P_{eb} = \frac{1}{2}q(1-q) + \frac{1}{2}q(1-q) + q^2 = q$$

$$= \frac{1}{2}\mathrm{erfc}\left(\sqrt{\frac{E_b}{N_0}}\right) \qquad (5.19)''$$

このように，E_b/N_0 に対するビット誤り率は，BPSKとグレイ符号化QPSKと同じ誤り率を示す．このことは，同相成分と直交成分が独立であり，判定が整合フィルタの出力でシンボルごとに行われることからわかる．符号間干渉がないとしているので，同相成分と直交成分を独立に判定することができる．これよりOQPSKにおけるタイミングのずれ（オフセット），および$\pi/4$シフトQPSKにおける位相の$\pi/4$のシフトは，判定誤り率になんら影響を与えない．したがって，整合フィルタの出力のサンプル時刻における信号対雑音電力比は，QPSK，OQPSK，および$\pi/4$ QPSKで同じになる．

式(5.19)′および式(5.20)で与えられるシンボル，およびビット誤り率を，それぞれ図5.19(a)，(b)に示す．

（c） **M値PSK**[1]　　位相がM個の等間隔の値をとるPSKを考える（**図5.21**）．受信信号位相が雑音によってπ/M以上動かされると判定誤りが生じる．正弦波信号に帯域通過ガウス雑音を加えたときの位相の確率密度関数は，式(2.84)で与えられる．したがって，シンボル誤り確率はつぎのように計算できる．

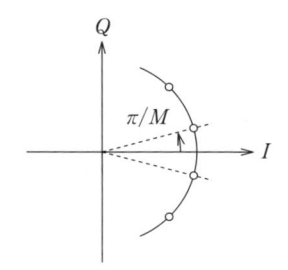

図5.21　M値PSK信号

240   5. ディジタル変調の基礎

$$P_{es} = 1 - \int_{-\pi/M}^{\pi/M} p(\theta) d\theta$$

$$= 1 - \frac{1}{2\pi} \int_{-\pi/M}^{\pi/M} e^{-\lambda} \left\{ 1 + \sqrt{4\pi\lambda} \cos\theta \, e^{\lambda\cos^2\theta} \left[1 - Q(\sqrt{2\lambda}\cos\theta) \right] \right\} d\theta \tag{5.20}$$

ここで，λはパルス（シンボル当りの）エネルギー対通過帯域における雑音電力密度の比である。$\lambda \gg 1$ および $M \gg 2$ のときには，近似式 $Q(x) \approx (1/x\sqrt{2\pi})e^{-x^2/2} \, (x \gg 1)$ を使って，式(5.20)はつぎのように近似できる。

$$P_{es} \approx 2Q\left(\sqrt{2\lambda \sin^2 \frac{\pi}{M}}\right) \tag{5.21}$$

$$\approx 2Q\left(\sqrt{\frac{2\pi^2\lambda}{M^2}}\right) \tag{5.21}'$$

$\lambda \gg 1$ に対して，位相が（雑音により）$2\pi/M$以上変化する確率は無視できる。このとき，グレイ符号化を仮定すれば，ビット誤り率P_{eb}は$P_{es}/\log_2 M$と近似できる。$M=2$ および $M=4$ のときには，式(5.20)は，それぞれ式(5.17)，(5.17)'，(5.19)になるはずである。

式(5.21)で与えられるシンボル誤り率を使って，8相PSKのシンボルおよびビット誤り率を，それぞれ図5.19(a)，(b)にすでに示している。

(d) 16QAM[1]　　信号点配置と判定領域をそれぞれ**図5.22**(a)，(b)に

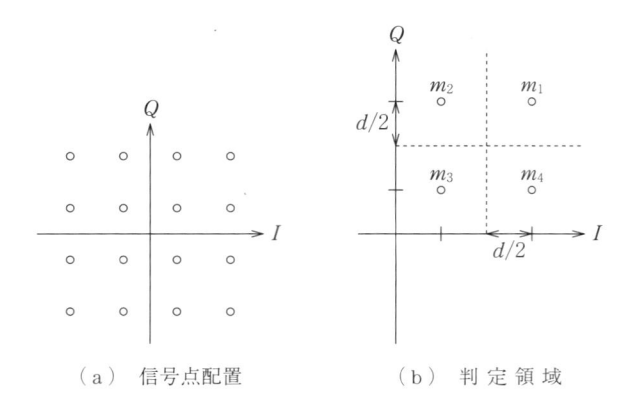

(a) 信号点配置　　(b) 判定領域

図5.22　16値QAM

示す。図（b）より，シンボル m_1 が正しく判定される確率は

$$P(C|m_1) = \mathrm{Prob}\left(n_x > -\frac{d}{2}\right)\mathrm{Prob}\left(n_y > -\frac{d}{2}\right) = \left[1 - Q\left(\frac{d/2}{\sigma_n}\right)\right]^2$$

となる。ここで，σ_n^2 はベースバンドフィルタ出力における雑音電力である。

$p = 1 - Q((d/2)/\sigma_n)$ と表して，先の議論の結果を使って

$$P(C|m_1) = p^2, \quad P(C|m_2) = P(C|m_4) = p(2p-1),$$
$$P(C|m_3) = (2p-1)^2$$

シンボルが等確率で発生するとして，また信号配置の対称性を使って，判定が正しく行われる確率は

$$P(C) = \frac{1}{16}\sum_{i=1}^{16} P(C|m_i) = \left(\frac{3p-1}{2}\right)^2$$

となる。これよりシンボル確率は

$$P_{es} = 1 - P(C) = \frac{9}{4}\left(p + \frac{1}{3}\right)(1-p)$$

となる。$p \approx 1$ のときには

$$P_{es} \approx 3(1-p) = 3Q\left(\frac{d}{2\sigma_n}\right)$$

となる。サンプル時刻におけるシンボル m_1 の電力は

$$S_1 = \left(\frac{3d}{2}\right)^2 + \left(\frac{3d}{2}\right)^2 = \frac{9}{2}d^2$$

となる。同様にして

$$S_2 = S_4 = \frac{5}{2}d^2, \quad S_3 = \frac{1}{2}d^2$$

となる。これより平均電力 $\bar{S}$ は

$$\bar{S} = \frac{1}{4}(S_1 + S_2 + S_3 + S_4) = \frac{5}{2}d^2 \tag{5.22}$$

となる。したがって

$$P_{es} \approx 3Q\left(\sqrt{\frac{\bar{S}}{5N}}\right) \tag{5.23}$$

ここで，$N = 2\sigma_n^2$ である。

以下では,平均 $\bar{S}/N$ をシンボル当りの信号エネルギーと雑音電力スペクトル密度 ($N_0/2$) で表す。16QAM 信号はつぎのように表される。

$$s(t) = \sum_{n=-\infty}^{\infty} a_n h(t-nT)\cos \omega_c t + \sum_{n=-\infty}^{\infty} b_n h(t-nT)\sin \omega_c t \qquad (5.24)$$

ここで,a_n と b_n は $\pm A$, $\pm 3A$ の値をとる。式(5.24)に $2\cos \omega_c t$ と $2\sin \omega_c t$ を乗じることにより,同相直交成分がつぎのように得られる。

$$s_{dx}(t) = \sum_{n=-\infty}^{\infty} a_n h(t-nT), \quad s_{dy}(t) = \sum_{n=-\infty}^{\infty} b_n h(t-nT)$$

これらの信号を整合フィルタに入力することにより,サンプル時刻で

$$A\int_{-\infty}^{\infty} h^2(t) = \frac{d}{2}$$

となる。平均のシンボルエネルギー E_s はつぎのようになる。

$$E_s = \frac{1}{4}\left[A^2 + (-A)^2 + (3A)^2 + (-3A)^2\right] \times \int_{-\infty}^{\infty} h^2(t)dt$$

$$= 5A^2 \int_{-\infty}^{\infty} h^2(t)dt \qquad (5.25)$$

式(5.22)と式(5.15)より(同相成分および直交成分の雑音の電力を考えて)

$$\frac{\bar{S}}{N} = \frac{\frac{5}{2}\left[2A\int_{-\infty}^{\infty} h^2(t)dt\right]^2}{2N_0 \int_{-\infty}^{\infty} h^2(t)dt} = \frac{5A^2}{N_0}\int_{-\infty}^{\infty} h^2(t)dt$$

となる。上式に式(5.25)を代入して

$$\frac{\bar{S}}{N} = \frac{E_s}{N_0} = \frac{4E_b}{N_0} \qquad (5.26)$$

となる。ここで $E_b = E_s/4$ (式(2.57))を使った。このようにして,式(5.23)と式(5.26)より

$$P_{es} \approx 3Q\left(\sqrt{\frac{E_s}{5N_0}}\right) = 3Q\left(\sqrt{\frac{4E_b}{5N_0}}\right) \qquad (5.27)$$

となる。グレイ符号化を仮定して,ビット誤り率 P_{eb} は $P_{eb} \approx P_{es}/4$ となる。式(5.27)から与えられる,16QAM のシンボルおよびビット誤り率特性を,それぞれ図5.19(a),(b)にすでに示している。

5.5.2 包絡線検波

狭義には，非同期検波は包絡線検波を意味する．検波器は整合フィルタに続いて包絡線検波器，サンプラおよび判定回路で構成される（**図 5.23**）．この検波方式は入力信号搬送波と再生搬送波の位相差が不明という条件下では最適である．異なる送信データに対して，変調波信号が直交しているものと仮定しよう．このとき，整合フィルタの出力には信号と雑音が現れ，他のフィルタの出力には雑音のみが現れる．正弦波と雑音の和の包絡線の確率密度関数（式(2.83)）と雑音の包絡線のそれ（式(2.77)）を使って，誤り率を解析できる．

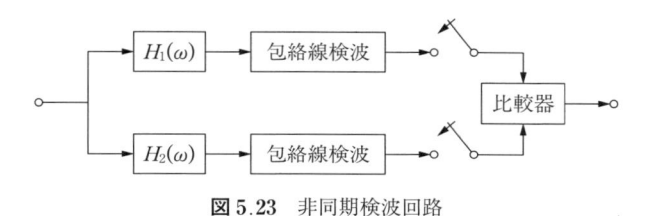

図 5.23 非同期検波回路

ASK 信号については，変調信号はつぎのように表され

$$s(t) = \sum_{n=-\infty}^{\infty} a_n h(t-nT) \cos(\omega_c t + \theta_0) \qquad (a_n = A \text{ or } 0)$$

誤り率は次式のように与えられる[1]．

$$P_e \approx \frac{1}{2} e^{-\lambda/2} \qquad (\lambda \gg 1) \tag{5.28}$$

ここで，$\lambda \approx E_b/N_0$ はビット当りのエネルギー対雑音電力密度の比である．

FSK 信号に対しては，つぎのようになる[1]．

$$P_e = \frac{1}{2} e^{-\lambda/2} \tag{5.29}$$

5.5.3 差動（同期）検波

これは二つのシンボル間の位相差を検出するものである．そのために，現在の信号と，シンボル時間だけ遅延された先行信号とを乗算する（**図 5.24**）．この方式は差動（同期）検波，遅延検波，位相比較検波とも称される．ここで

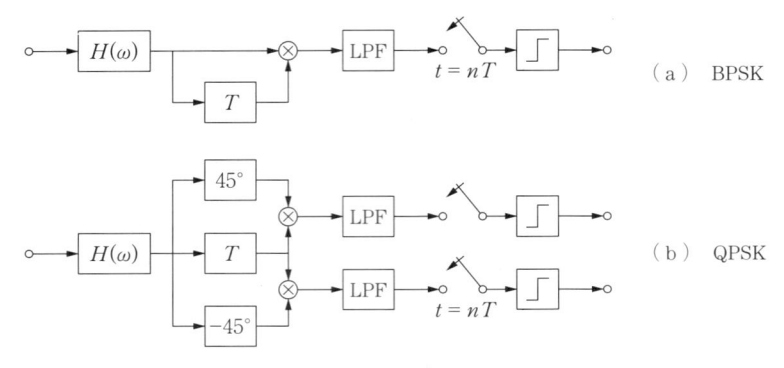

図 5.24 差動検波回路

は，M 値 PSK を考える．以下，差動検波の動作を解析する．M 値 PSK は式 (5.3) により表される．帯域通過整合フィルタの出力信号をつぎのように表そう．

$$s_m(t)=\sum_{n=-\infty}^{\infty} Ag(t-nT)\cos\left(\omega_c t+\frac{2\pi a_n}{M}\right) \quad (a_n=0,1,2,\cdots,M-1)$$

ここで

$$g(t)=h(t)*h(t_0-t)$$

である．遅延線の出力信号は

$$s_d(t)=\sum_{n=-\infty}^{\infty} Ag(t-nT)\cos\left[\omega_c(t-T)+\frac{2\pi a_{n-1}}{M}\right]$$

となる．このとき，BPSK（$M=2$）信号に対して，低過通過フィルタ出力信号は

$$s_o(t)=\sum_{m=-\infty}^{\infty}\sum_{n=-\infty}^{\infty}\frac{1}{2}A^2 g(t-mT)g(t-nT)\cos\left[\omega_c T+(a_m-a_{n-1})\pi\right]$$

$$(a_n=0 \text{ or } 1)$$

となる．ここで，低域通過フィルタは高次成分を完全に除去し，ベースバンド信号は通過させるものとする．

もし $n\neq 0$ に対して $g(nT)=0$ であれば，言い換えれば，ナイキストの第1基準を満足すれば，サンプル時刻において

$$s_o(nT) = \frac{1}{2}A^2 g^2(0) \cos\left[\omega_c T + (a_n - a_{n-1})\pi\right]$$

となる。$\omega_c T = 2n\pi$ ($n = 1, 2, \cdots$) であれば,

$$s_o(nT) = \frac{1}{2}A^2 g^2(0) \cos\left[(a_n - a_{n-1})\pi\right]$$

となる。したがって

$$s_0(nT) \begin{cases} > 0 & (a_n = a_{n-1}) \\ < 0 & (a_n \neq a_{n-1}) \end{cases}$$

われわれはシンボル間でデータが変化したかしなかったかを, $s_o(nT)$ の極性によって検出できる。データの変化を検出するのであるから, 送信側で差動符号化 (3.2.7項) を行っておく必要がある。

QPSK に対しては, 復調出力はつぎのように表される。

$$s_{0x}(nT) = A_0 \cos\left[\frac{(a_n - a_{n-1})\pi}{2} + \frac{\pi}{4}\right],$$

$$s_{0y}(nT) = A_0 \sin\left[\frac{(a_n - a_{n-1})\pi}{2} + \frac{\pi}{4}\right] \quad (a_n = 0, 1, 2, 3)$$

位相差 $(a_n - a_{n-1})\pi/2 \pmod{2\pi}$ は, $0, \pm\pi/2, \pi$ となり, これを $s_{0x}(nT)$, $s_{0y}(nT)$ のしきい値による検出で決定できる。

誤 り 率 時刻 $t = t_1, t_2$ における信号と雑音の和をつぎのように表そう。

$$s(t_1) = A\cos[\omega_c t_1 + \varphi(t_1)] + n_x(t_1)\cos[\omega_c t_1 + \varphi(t_1)] - n_y(t_1)\sin[\omega_c t_1 + \varphi(t_1)]$$

$$s(t_2) = A\cos[\omega_c t_2 + \varphi(t_2)] + n_x(t_2)\cos[\omega_c t_2 + \varphi(t_2)] - n_y(t_2)\sin[\omega_c t_2 + \varphi(t_2)]$$

$s(t_1)$ と $s(t_2)$ の間の位相差は

$$\angle s(t_2) - \angle s(t_1) = \omega_c(t_2 - t_1) + \varphi(t_2) - \varphi(t_1) + \tan^{-1}\frac{n_y(t_1)}{A + n_x(t_1)}$$
$$- \tan^{-1}\frac{n_y(t_2)}{A + n_x(t_2)}$$

ここで, $\varphi(t_2) - \varphi(t_1)$ の項は, 変調による位相推移を表し, つぎの項

$$\psi \equiv \tan^{-1}\frac{n_y(t_1)}{A+n_x(t_1)} - \tan^{-1}\frac{n_y(t_2)}{A+n_x(t_2)}$$

は雑音による偏移に対応する。信号と雑音に対する位相 θ の確率密度関数は式 (2.84) で与えられる。もし，$t = t_1, t_2$ における雑音が無相関であれば，位相差 ψ の確率密度関数はつぎのように与えられる。

$$p(\psi) = \int_{-\pi}^{\pi} p(\theta_1) p(\theta_1 + \psi) d\theta_1 \qquad (-\pi \leq \psi \leq \pi)$$

Paula，Rice，および Roberts により，つぎの式が与えられている[14]。

$$\text{Prob}\{\psi_1 \leq \psi \leq \psi_2\} = F(\psi_2) - F(\psi_1) \tag{5.30}$$

ここで

$$F(\psi) = -\frac{\sin\psi}{4\pi}\int_{-\pi/2}^{\pi/2}\frac{e^{-\lambda(1-\cos\psi\cos t)}}{1-\cos\psi\cos t}dt \tag{5.31}$$

また，$\lambda = A^2/2\sigma_n^2$ はサンプル時刻における平均信号対雑音電力比である。整合フィルタの場合には，λ はシンボルエネルギー対雑音電力密度比になる。

$|\psi| > \pi/M$ のときに，シンボル誤りが生じる。したがって，シンボル誤り率はつぎのように与えられる。

$$P_e = \int_{\pi/M}^{\pi} p(\psi) d\psi + \int_{-\pi}^{-\pi/M} p(\psi) d\psi = 2\int_{\pi/M}^{\pi} p(\psi) d\psi$$

$$= 2\,\text{Prob}\{\pi/M \leq \psi \leq \pi\}$$

式 (5.30) と式 (5.31) を使って

$$P_e = \frac{\sin(\pi/M)}{2\pi}\int_{-\pi/2}^{\pi/2}\frac{e^{-\lambda[1-\cos(\pi/M)\cos t]}}{1-\cos(\pi/M)\cos t}dt \tag{5.32}$$

となる。BPSK（$M = 2$）については

$$P_e = \frac{1}{2}e^{-\lambda} \tag{5.33}$$

となる。

式 (5.32) の近似式はつぎのように与えられている[15]。

$$P_e \approx \sqrt{\frac{1+\cos(\pi/M)}{2\cos(\pi/M)}}\,\text{erfc}\{\lambda[1-\cos(\pi/M)]\}^{1/2} \tag{5.33}'$$

グレイ符号化 QPSK に対しては，ビット誤り率 P_{eb} はつぎのようになる．

$$P_{eb} = 2 \times \frac{1}{2} \text{Prob}\left(\frac{\pi}{4} < \psi < \frac{3}{4}\pi\right) + 2\text{Prob}\left(\frac{3}{4}\pi < \psi < \pi\right)$$

$$= \text{Prob}\left(\frac{\pi}{4} < \psi < \pi\right) + \text{Prob}\left(\frac{3}{4}\pi < \psi < \pi\right)$$

$$= \frac{1}{4\sqrt{2}\,\pi}\int_{-\pi}^{\pi} \frac{e^{-\lambda[1-(\cos t)/\sqrt{2}]}}{1 - \frac{1}{\sqrt{2}}\cos t} dt + \frac{1}{4\sqrt{2}\,\pi}\int_{-\pi}^{\pi} \frac{e^{-\lambda[1+(\cos t)/\sqrt{2}]}}{1 + \frac{1}{\sqrt{2}}\cos t} dt$$

$$(5.33)''$$

BPSK，QPSK および 8PSK に対し，差同検波の誤り率を図 5.25 に示す．ここで，上記の結果は符号間干渉がなく，またサンプル時刻において雑音の相関がないという条件下で与えられたものである，ということを思い起こそう．これらの条件は，線形 PSK において，ナイキストの第 1 条件を示すフィルタの特性の平方根の特性を送信と受信（帯域通過）フィルタに割り振り，かつ雑音電力スペクトルが白色である場合に満足される．

$\omega_c T = 2n\pi$ という条件は，$\omega_c \gg 1/T$ の場合にはかなり簡単に満足できる．この場合，もし $\omega_c T \neq 2n\pi$ であれば，時間遅延を $T \to T + \Delta T$ に調整して，

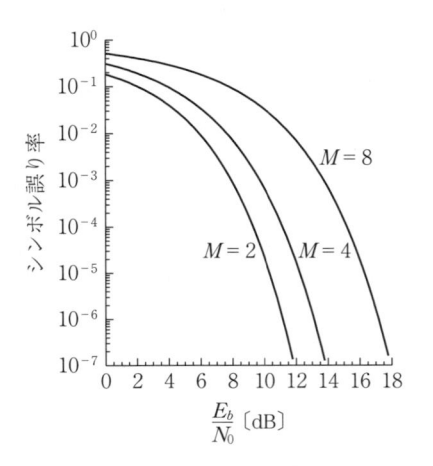

図 5.25 M 値 PSK の差動検波によるシンボル誤り率

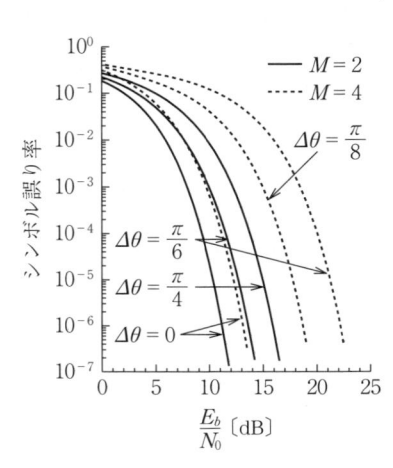

図 5.26 BPSK と QPSK の差動検波誤り率における位相誤差の影響

$\omega_c(T+\Delta T) = \omega_c T(1+\Delta T/T) = 2n\pi$ とする。$\omega_c \gg 1$ であるから，$\Delta T/T$ は小さくできる。遅延時間を少しだけ調整しても，二つのシンボル間における位相差を検出するには，さほど問題にはならない。

一方，$\omega_c T/2n\pi$ のとき生じる位相差は誤り率特性の劣化を引き起こす。この位相誤差は，遅延時間，あるいは搬送波周波数の変化によって生じる。位相誤差 $\Delta\theta$ を考慮したときのシンボル誤り率はつぎのように与えられる。

$$P_e\{\Delta\theta\} = \mathrm{Prob}\left(\frac{\pi}{M} - \Delta\theta < \psi < \pi\right) + \mathrm{Prob}\left(-\pi < \psi < -\frac{\pi}{M} - \Delta\theta\right)$$

$$= \frac{\sin(\pi/M - \Delta\theta)}{4\pi} \int_{-\pi/2}^{\pi/2} \frac{e^{-\lambda[1-\cos(\pi/M-\Delta\theta)\cos t]}}{1-\cos(\pi/M-\Delta\theta)\cos t} dt$$

$$+ \frac{\sin(\pi/M + \Delta\theta)}{4\pi} \int_{-\pi/2}^{\pi/2} \frac{e^{-\lambda[1-\cos(\pi/M+\Delta\theta)\cos t]}}{1-\cos(\pi/M+\Delta\theta)\cos t} dt \quad (5.33)'''$$

BPSK，QPSK に対して，シンボル誤り率特性を位相誤差をパラメータとして図 5.26 に示す。

5.5.4　周波数弁別検波

周波数弁別検波方式を図 5.27 に示す。入力信号と雑音は順次，帯域通過フィルタ，リミタ，周波数弁別器，低域通過フィルタ，およびサンプル・判定回路に入力される。この復調器は，サンプル・判定回路を除いて，移動通信におけるアナログ FM 方式に広く用いられている。リミタ回路は，自動利得制御回路に比べて実現が容易である。高速フェージングが生じるとともに，受信信号の変化範囲が大きい移動無線通信の場合が特にそうである。

周波数弁別検波の誤り率特性の解析は，一般に困難である。それは，復調回路が大きな非線形を示すからである。特にそうなるのは，帯域通過フィルタと

図 5.27　周波数弁別検波回路

5.5 復調

検波後フィルタの符号間干渉を同時に考慮しなければならないからである。ディジタル FM 信号はつぎのように与えられる。

$$s(t) = A_0 \cos[\omega_c t + \varphi(t)]$$

ここで

$$\varphi(t) = k_F \int_{-\infty}^{t} \sum_{n=-\infty}^{\infty} a_n h(t-nT) dt = k_F \sum_{n=-\infty}^{\infty} a_n g(t-nT)$$

であり，a_n は離散的な値をとり，$h(t)$ は変調入力信号フィルタのインパルス応答であり，$g(t) = \int_{-\infty}^{t} h(t) dt$ である。

帯域通過フィルタの出力信号はつぎのように書ける。

$$s_{BPF}(t) = \mathrm{Re}\{A_0[\cos\varphi(t) + j\sin\varphi(t)] * h_p(t) e^{j\omega_c t}\}$$

ここで，$h_p(t)$ は中間周波帯域通過フィルタの等価低域通過インパルス応答である。われわれは，$h_p(t)$ は実数，すなわち $H_p(-\omega) = H_p^*(\omega)$ $(H_p(\omega) \leftrightarrow h_p(t))$ と仮定する。信号 $s_{BPF}(t)$ はつぎのようになる。

$$s_{BPF}(t) = A(t)\cos[\omega_c t + \phi(t)]$$

ここで

$$\frac{A^2(t)}{A_0^2} = \{\cos\varphi(t) * h_P(t)\}^2 + \{\sin\varphi(t) * h_P(t)\}^2$$

また

$$\phi(t) = \tan^{-1} \frac{\sin\varphi(t) * h_P(t)}{\cos\varphi(t) * h_P(t)}$$

である。帯域通過フィルタの出力における雑音は，つぎのようになる。

$$n_{BPF}(t) = n_x(t)\cos[\omega_c t + \phi(t)] - n_y(t)\sin[\omega_c t + \phi(t)] \quad (5.34)$$

ここで $n_x(t)$ と $n_y(t)$ は平均値が零で分散が $\sigma_n^2 = \dfrac{N_0}{2\pi} \int_{-\infty}^{\infty} |H_p(\omega)|^2 d\omega$ であるガウスランダム変数であり，$N_0/2$ は入力（帯域通過）雑音電力スペクトル密度である。

帯域通過リミタ回路の出力信号はつぎのように表される。

$$s_{LIM}(t) = \cos[\omega_c t + \phi(t) + \eta(t)]$$

ここで

$$\eta(t) = \tan^{-1}\frac{n_y(t)}{A(t)+n_x(t)}$$

これより,周波数弁別器の出力信号はつぎのようになる.

$$d(t) = \dot{\phi}(t) + \dot{\eta}(t)$$

ここで,(˙)は時間微分を表す.$\phi(t)$は情報を担う信号である.雑音項$\dot{\eta}(t)$はつぎのように表され

$$\dot{\eta}(t) = \frac{[A(t)+n_x(t)]\dot{n}_y(t) - n_y(t)[\dot{A}(t)+\dot{n}_x(t)]}{[A(t)+n_x(t)]^2 + n_y^2(t)}$$

$\dot{\eta}(t)$はもはやガウス変数ではない.

インパルス応答$h_d(t)$の検波後フィルタの出力信号は

$$d_{LPF}(t) = d(t) * h_d(t) = s_d(t) + n_d(t)$$

となる.ここで,$s_d(t) \equiv \dot{\phi}(t) * h_d(t)$, $n_d(t) \equiv \dot{\eta}(t) * h_d(t)$である.

$d_{LPF}(nT)$がしきい値を越えてじょう乱されると判定誤りが生じる.誤り率特性を理論的に得るためには,信号$s_d(t)$における符号間干渉の統計的特性と雑音$n_d(t)$の確率密度関数を知る必要がある.$s_d(t)$と$n_d(t)$は非線形過程で生じているので誤り率を表現する厳密な式を得ることは不可能である.符号間干渉は変調入力フィルタ,変調指数,帯域通過フィルタ,検波後フィルタ,およびデータ系列に依存して変化する.

雑音項$\dot{\eta}(t)$の振舞いはS.O. Rice[16]により,'クリック'の概念を用いて調べられている.$\dot{\eta}(t)$は連続部と不連続部(クリック)によりつぎのように表される.

$$\dot{\eta}(t) = \dot{\eta}_c(t) + \dot{\eta}_d(t) \tag{5.35}$$

$\dot{\eta}(t)$のクリック部は

$$\dot{\eta}_d(t) = \sum_i 2\pi\delta(t-t_i) - \sum_j 2\pi\delta(t-t_j) \tag{5.35}'$$

と表される.ここで,第1と第2の項は,それぞれ正と負のクリックを表している.クリックは図5.28に模擬的に示すように,ランダムに生じるインパルスである.クリックが時間幅T_0内に発生する確率は,(ランダムに発生する

図 5.28 周波数検波出力雑音の模式図

事象の一般的性質として）ポアソン分布（付録 9.1）に従う。

$$p_N = \frac{(\lambda T_0)^N e^{-\lambda T_0}}{N!} \tag{5.36}$$

ここで，N はクリックの数，λ は微小時間内に一つのクリックが発生する確率，言い換えれば単位時間内に発生するクリックの平均の数である。単位時間内に一つのクリックが発生する確率は正極性のクリックに対して[16]

$$N_+(t) = \frac{r}{2}\left[\left\{1+\frac{f_i^2(t)}{r^2}\right\}^{1/2} \operatorname{erfc}\left\{\rho(t)+\rho(t)\frac{f_i^2(t)}{r^2}\right\}^{1/2}\right.$$
$$\left. - \frac{|f_i(t)|}{r}e^{-\rho(t)}\operatorname{erfc}\left\{\frac{|f_i(t)|}{r}\sqrt{\rho(t)}\right\}\right] \tag{5.37}$$

また，負極性のクリックに対して

$$N_-(t) = N_+(t) + |f_i(t)|e^{-\rho(t)} \tag{5.38}$$

と与えられる。ここで，$f_i(t) = \dot{\phi}(t)/2\pi$ は信号の瞬時周波数であり，$f_i(t) \geq 0$ を仮定している。

$\rho(t)$ は帯域通過フィルタの出力における信号対雑音電力比であり，r はつぎのように定義されるパラメータである。

$$r = \frac{1}{2\pi}\frac{\langle \dot{n}_x^2(t)\rangle}{\langle n_x^2(t)\rangle} = \frac{1}{2\pi}\frac{\langle \dot{n}_y^2(t)\rangle}{\langle n_y^2(t)\rangle}$$

$\rho(t)$ はつぎのように書ける。

$$\rho(t) = \frac{A^2(t)}{2\sigma_n^2}$$

また、σ_n^2 は以下のように表される。

$$\sigma_n^2 = \frac{N_0}{2}\frac{1}{2\pi}\int_{-\infty}^{\infty}|H_P(\omega)|d\omega = \frac{N_0}{2}\int_{-\infty}^{\infty}|H_P(2\pi f)|^2 df \qquad \left(f = \frac{\omega}{2\pi}\right)$$

$$= N_0 B_{IF}$$

ここで、$B_{IF} = \int_0^{\infty}|H_P(2\pi f)|^2$ は帯域通過フィルタの等価雑音帯域幅である。式(5.38)より $N_-(t) \geq N_+(t)$ ($f_i(t) \geq 0$) であることがわかる。$f_i(t) < 0$ の場合には、$N_-(t)$ と $N_+(t)$ がそれぞれ入れ替わって負極性と正極性のクリックを表す。

〔1〕 **積分放電型検波後フィルタ方式** これまで得られている誤り率の理論式は、方式によって異なる。ある方式[4), 17)~19)]は方形状パルス（NRZ信号）を送信ベースバンド信号として、検波後フィルタとして積分放電型フィルタを扱っている。この方式では、帯域通過フィルタの影響を無視すれば、符号間干渉が生じない。

周波数検波器の出力信号 $d(t)$ を時間間隔 $(n-1)T \leq t \leq nT$ にわたって積分することにより、あるいはこれと等価な帯域制限を行うことにより、次式を得る。

$$d_{LPF}(nT) = \phi(nT) - \phi(nT-T) + \eta(nT) - \eta(nT-T)$$

信号の項 $\phi(nT) - \phi(nT-T)$ はデータ配列に依存する。符号間干渉のため $\varphi(nT) - \varphi(nT-T)$ とは異なる。次式を定義する。

$$\Delta\phi(nT) \equiv \phi(nT) - \phi(nT-T) = \Delta\varphi(nT) + \delta\varphi(nT|\cdots a_{n-1}\, a_n\, a_{n+1}\cdots)$$

ここで、$\delta\varphi(nT|\cdots a_{n-1}\, a_n\, a_{n+1}\cdots)$ はデータ系列が与えられたときの符号間干渉を表す。式(5.8)より、$\Delta\varphi(nT) = \pi m a_n/a_{\max}$ である。

雑音項 $\Delta\eta(nT) \equiv \eta(nT) - \eta(nT-T)$ は式(5.34)と式(5.35)より、つぎのように表される。

$$\Delta\eta(nT) = \eta_c(nT) - \eta_c(nT-T) + 2\pi[N^+(nT) - N^-(nT)]$$

ここで、$N^+(nT)$ と $N^-(nT)$ は時間 $(n-1)T \leq t \leq nT$ における正および負のクリックの発生数である。確率 $N^+(nT)$ あるいは $N^-(nT)$ は、式(5.36)にお

いて $N=N^+(nT)$, あるいは $N=N^-(nT)$ とおいて, また

$$\lambda T_0 = \int_{(n-1)T}^{nT} N_+(t)dt \qquad (\text{正のクリック})$$

あるいは

$$= \int_{(n-1)T}^{nT} N_-(t)dt \qquad (\text{負のクリック})$$

として与えられる。

$\eta_c(nT)$, $\eta_c(nT-T)$ および $N^+(nT)$, $N^-(nT)$ がたがいに独立であれば, $\Delta\eta(nT)$ の確率密度関数は, これらの変数に対するたたみ込み積分で与えられる。

文献18)では30ビットのランダム系列を使って, 符号間干渉 $\delta\varphi(nT|\cdots a_{n-1} a_n a_{n+1}\cdots)$ を数値計算により求め, 2値FMの誤り率を計算している。

文献19), 20)では3ビットのデータ系列を仮定して, 狭帯域の場合の誤り率の式を与えている。以下にその結果を示す。

$$P_e = P_{continuous} + P_{click}$$

ここで

$$P_{click} = \frac{h}{4}e^{-R_d} + \int_0^\pi \frac{d}{dx}\left\{\tan^{-1}\frac{-m\cos x}{1-n\cos(2x+\delta)}\right\}$$

$$\exp\left\{-R_a\frac{[1-n\cos(2x+\delta)]^2 + m^2\cos^2 x}{(1-n\cos\delta)^2 + m^2}\right\}\frac{1}{4\pi}dx$$

$$P_{continuous} = \frac{1}{4}\left[P\{\psi > \Delta\phi|111\} + P\{\psi > \Delta\phi|010\} + 2P\{\psi > \Delta\phi|011\}\right]$$

であり, 111, 010, 011 はビットパターンを示す。

$$P\{\psi > \Delta\phi\} = \int_{\Delta\phi}^\pi p(\psi)d\psi$$

である。ここで

$$p(\psi) = \frac{e^{-U}}{2\pi}\left[\cosh V + \frac{1}{2}\int_0^\pi d\alpha(U\sin\alpha + W\cos\psi)\cdot\cosh(V\cos\alpha)\cdot e^{W\sin\alpha\cos\psi}\right]$$

パラメータ $\Delta\phi$, U, V はビットパターンに応じて, つぎのように与えられている。

ビットパターン '111'

$$\Delta\phi = \pi h, \quad U = R_d, \quad V = 0$$

ビットパターン '010'

$$\Delta\phi = 2\tan^{-1}\frac{m}{1-n\cos\delta}, \quad U = R_a, \quad V = 0$$

ビットパターン '011'

$$\Delta\phi = \frac{\pi h}{2} + \tan^{-1}\frac{m}{1-n\cos\delta}, \quad U = \frac{R_a + R_d}{2}, \quad V = \frac{R_a - R_d}{2}$$

また, $h = 2f_d T$, $f_1 = 1/2T$

$$W = (U^2 - V^2)^{1/2},$$

$$m = \frac{2h^2|H(f_1)|}{1-h^2}\cot\frac{\pi h}{2}, \quad n = \frac{2h^2|H(2f_1)|}{4-h^2},$$

$$\delta = \angle H(2f_1) - 2\angle H(f_1),$$

$$R_a = \frac{E_b}{N_0}\left\{\frac{\sin^2(\pi h/2)}{\pi h/2}\right\}\frac{(1-n\cos\delta)^2 + m^2}{T\int_{-\infty}^{\infty}|H(f)|^2 df}, \quad R_d = \frac{E_b}{N_0}\frac{|H(f_d)|^2}{T\int_{-\infty}^{\infty}|H(f)|^2 df}$$

ここで, $H(f)$ は帯域通過フィルタの伝達関数, N_0 は雑音の単側波帯電力スペクトル密度, f_d は変調による周波数偏移, T はビット周期, h (本書の他の箇所では異なる記号を使っている) は変調指数である.

〔2〕 **一般的な検波後フィルタ方式** 変調信号の波形は方形状パルスよりも狭いスペクトルを有するものが望ましい. 6.2節で述べるように, 変調波信号のスペクトルをより狭くできるからである. この場合, 積分放電フィルタは検波後フィルタとして適切でない. 文献20)ではガウス型の検波後フィルタを用いた方式を扱っている. これに続いて, 文献21)ではナイキストおよびパーシャルレスポンス帯域制限多値FMを以下のように解析した.

誤り率がつぎのように与えられていると仮定しよう.

$$P_e = P_g + P_c = \frac{1}{N}\sum_{n=1}^{N}\{P_g(nT) + P_c(nT)\}$$

ここで, P_g はガウス雑音による誤り率, P_c はクリック雑音による誤り率であ

る（このような現象論的な仮定は計算機シュミレーション実験により支持されている）。$P_g(nT)$ と $P_c(nT)$ はシンボル時刻 $t=nT$ における，それぞれガウスおよびクリック雑音による誤り率である。N は考えているデータ系列の長さである。

（a） ガウス雑音による誤り率　　変調信号の雑音に与える影響を考慮するために，帯域通過フィルタ出力の雑音を式(5.34)とは異なるように表す。

$$n_{BPF}(t) = n_x(t)\cos(\omega_c t) - n_y(t)\sin(\omega_c t)$$

帯域制限した信号と雑音をリミタに通すと

$$s_{LIM}(t) = \cos[\omega_c t + \phi(t) + \psi(t)]$$

となる。ここで

$$\psi(t) = \tan^{-1} \frac{n_y(t)\cos\phi(t) - n_x(t)\sin\phi(t)}{A(t) + n_x(t)\cos\phi(t) + n_y(t)\sin\phi(t)}$$

信号対雑音電力が大きい場合には，$|A(t)| \gg |n_x(t)|, |n_y(t)|$ として，$\psi(t)$ は線形的に近似できる。

$$\psi(t) \approx \frac{n_y(t)\cos\phi(t) - n_x(t)\sin\phi(t)}{A(t)} \tag{5.39}$$

これより，$\psi(t)$ および周波数弁別器の出力信号 $d\psi(t)/dt$ はガウス変数となる。このように近似した雑音の等価回路を**図 5.29** に示す。検波後フィルタ出力における雑音電力はつぎのようになる（付録5.2）。

$$\langle N_g(t) \rangle = N_0 \int_{-\infty}^{\infty} |N(t,\tau)|^2 d\tau$$

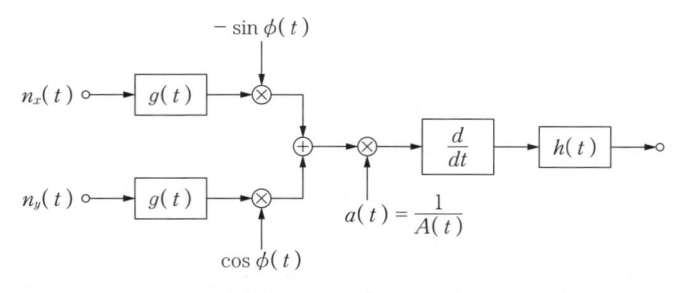

図 5.29　信号対雑音電力比が高いときの雑音に対する等価回路

ここで

$$|N(t,\tau)|^2 = \{h_d(t) * [g(t-\tau)a(t)\cos\phi(t)]\}^2$$
$$+ \{h_d(t) * [g(t-\tau)a(t)\sin\phi(t)]\}^2$$

である。$g(t)$ 帯域通過フィルタの等価低域通過インパルス応答,$h_d(t)$ は微分回路と検波後フィルタを従続接続した回路のインパルス応答,また $a(t) \equiv 1/A(t)$ である。

ここに至って,時刻 $t=nT$ におけるガウス雑音による誤り率はつぎのように与えられる。

$$P_g(nT_s) = Q(d_n^+/\sigma_n) + Q(d_n^-/\sigma_n) \tag{5.40}$$

ここで

$$d_n^\pm = 2\pi\{f_m \pm \Delta f_m(nT)\}, \qquad \sigma_n = \left[\langle N_g(T)\rangle\right]^{1/2},$$

$$Q(y) = \frac{1}{\sqrt{2\pi}}\int_y^\infty \exp\left(-\frac{x^2}{2}\right)dx \tag{5.41}$$

である。また,$2\pi f_m$ は検波後フィルタ出力における信号間距離の半分である。$2\pi f_m(nT)$ はサンプル時刻 $t=nT$ における符号間干渉である。これらの値はデータ系列を仮定して数値計算を行うことにより得ることができる。σ_n^2 はサンプル時刻における雑音電力の期待値である。データが最高(最小)値をとるとき,式(5.40)の第1(2)項は無視するものとする。

(b) クリック雑音による誤り率 時刻 $t=t_1$ に発生した正のクリック(インパルス)雑音は検波後フィルタの出力で波形 $2\pi h(t-t_1)$ を生成する。ここで $h(t)$ はそのフィルタのインパルス応答である。つぎの関係式が成立するとき,誤りが生じる(**図5.30**)。

$$2\pi h(nT-t_1)(\geq 0) \geq 2\pi f_m - 2\pi\Delta f_m(nT) \tag{5.42}$$

$$2\pi h(nT-t_1)(<0) \leq -[2\pi f_m + 2\pi\Delta f_m(nT)] \tag{5.42}'$$

簡単のため,$h(t) \geq 0$ となる時間幅 $(2t_m)$ だけを考える。このとき,式(5.42)と式(5.42)′はそれぞれ正および負のクリックに対応する。われわれは,さらに二つ以上のクリックが誤りを生じることを無視する。なぜならこの確率

5.5 復調

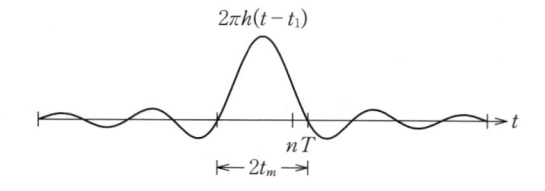

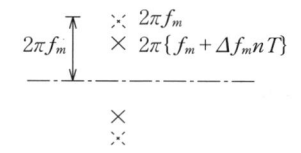

図5.30 検波後フィルタ出力におけるクリック雑音

は低いからである（広帯域FMで信号対雑音電力比がいわゆるスレッショルド（改善限界）よりも低い場合には，この仮定は成立しない）。これより，クリック雑音による誤り率はつぎのように与えられる。

$$P_c(nT) = \int_{D_{n1}^+}^{D_{n2}^+} N^+(t-nT)dt + \int_{D_{n1}^-}^{D_{n2}^-} N^-(t-nT)dt$$

ここで，$D_{n1}^\pm$, $D_{n2}^\pm$ は次式を満足するパラメータである。

$$h(D_{n1}^+) = h(D_{n2}^+) = f_m - \Delta f_m(nT) \geq 0 \tag{5.43}$$

$$h(D_{n1}^-) = h(D_{n2}^-) = f_m + \Delta f_m(nT) \geq 0 \tag{5.43}'$$

$h(t)$ が時間に対称な場合には，$D_{n1}^+ = D_{n2}^+$, $D_{n1}^- = D_{n2}^-$ となる。正（負）のクリックは，シンボルが最高（最低）レベルをとるときには誤りを起こさない。

（c）符号間干渉がない場合の誤り率 帯域通過フィルタの帯域 B_{IF} が広い場合には，このフィルタによる符号間干渉およびガウス雑音に対する変調の影響を無視できる。実験により，この条件はフィルタの帯域がカーソン（Carson）帯域よりも広い場合には成立する。すなわち

$$B_{IF} \geq 2(\Delta F_m + f_b)$$

ここで，ΔF_m は最大周波数偏移，f_b は変調入力ベースバンド信号の最高周波数である。

さらに，変調入力および検波後フィルタは，パーシャルレスポンス方式を除いて符号間干渉を生じないとする。検波後フィルタの出力信号はつぎのように

表される。
$$s_0(t) = 2\pi f_m a_i h_T(t) * h_R(t) \quad ((i-1)T < t < iT)$$
ここで，シンボルデータ a_i は隣り合うレベル間距離が $2d$ となる値をとるものとする。$h_T(t)$ と $h_R(t)$ はそれぞれ変調入力および検波後フィルタのインパルス応答である。ここで，つぎのような条件をおいておくものとする。
$$\int_{-\infty}^{\infty} h_T(t)dt = H_T(\omega=0) = T$$
ここで，$H_T(\omega) \leftrightarrow h_T(t)$ である。簡単のため
$$h_T(t) * h_R(t)\big|_{t=iT} = 1 \tag{5.44}$$
とする。信号間距離 $2d$ は
$$2d = 4\pi f_m$$
となる。ベースバンド信号に対する伝達関数は
$$H(\omega) = H_T(\omega) H_R(\omega) = k_0 H_I(\omega)$$
となる。ここで $H_R(\omega) \leftrightarrow h_R(T)$，$k_0$ は定数，$H_I(\omega)$ はナイキストの第1基準を満たす伝達関数である。$H_I(\omega=0)=1$ となる $H_I(\omega)$ に対して，$h_I(t=0)=1/T$ となる（式(3.9)）。つぎのようにおく
$$H_T(\omega) = T H_{IT}(\omega), \qquad H_R(\omega) = H_{IR}(\omega)$$
ここで
$$H_{IT}(\omega=0) = H_{IR}(\omega=0) = 1, \qquad H_{IT}(\omega) H_{IR}(\omega) = H_I(\omega)$$
このとき，（式(5.44)）の条件が満足される。

帯域通過フィルタの帯域が広く，これによる符号間干渉が無視できるときには，帯域通過フィルタ出力信号の振幅 $A(t)$ は定数 A になる。信号対雑音電力比が大きい場合には，周波数弁別器の出力信号はつぎのようになる。
$$n_d(t) = \frac{d}{dt} \psi(t)$$
ここで
$$\psi(t) = \frac{n_y(t) \cos \varphi(t) - n_x(t) \sin \varphi(t)}{A}$$
$\psi(t)$ の自己相関関数は

5.5 復調

$$R_\Psi(\tau) \equiv \langle \Psi(t)\Psi(t+\tau)\rangle = \frac{1}{A^2} R_{n_x}(\tau)\mathrm{Re}\{R_\varphi(\tau)\} \tag{5.45}$$

となる。ここで

$$R_{n_x}(\tau) = \langle n_x(t)n_x(t+\tau)\rangle = \langle n_y(t)n_y(t+\tau)\rangle$$

であり,また

$$R_\varphi(\tau) = \langle e^{j\varphi(t)} e^{-j\varphi(t+\tau)}\rangle$$

式(5.45)のフーリエ変換を行い,$\psi(t)$の電力スペクトル密度を得る。すなわち,$n_x(t)$とFM信号$e^{j\varphi(t)}$の電力スペクトル密度のたたみ込み積分となる。

広帯域の帯域通過フィルタを仮定すると,雑音電力密度に対するFM変調の影響は無視できる。このとき,$n_d(t)$の電力スペクトル密度はつぎのようになる。

$$S_{n_d}(\omega) = \frac{N_0 \omega^2}{A^2} \quad (-\pi B_{IF} < \omega < \pi B_{IF})$$

ここで,$N_0/2$は入力雑音電力密度であり,B_{IF}は帯域通過フィルタの帯域である。検波後フィルタ出力における平均雑音電力はつぎのようになる。

$$\langle N_g \rangle = \frac{1}{2\pi} \int_{-\infty}^{\infty} \frac{N_0 \omega^2 |H_R(\omega)|^2}{A^2} d\omega \tag{5.46}$$

規格化雑音帯域幅をつぎのように定義する。

$$W_{eq} = \frac{\int_{-\infty}^{\infty} \omega^2 |H_R(\omega)|^2 d\omega}{\int_{-\omega_s/2}^{\omega_s/2} \omega^2 d\omega \left(= \frac{2}{3}\left(\frac{\omega_s}{2}\right)^3\right)}$$

ここで$\omega_s = 2\pi/T$である。

式(5.46)を書き直して

$$\langle N_g \rangle = \frac{1}{24} \frac{N_0 f_s}{A^2/2} (2\pi f_s)^2 W_{eq} = \frac{1}{24} \frac{1}{E_s/N_0} (2\pi f_s)^2 W_{eq}$$

式(5.40)と式(5.41)で$d_n^\pm = d_0 = 2\pi f_m$,$\sigma_n = \sigma_0 = [\langle N_g \rangle]^{1/2}$と書き直し,最大,最小レベル$a_m$をとる確率$\mathrm{Prob}(a_m)$を考慮して

260   5. ディジタル変調の基礎

$$P_g = 2\left[1-\operatorname{Prob}(a_m)\right]Q\left(\frac{d_0}{\sigma_0}\right) \tag{5.47}$$

となる。ここで

$$\frac{d_0}{\sigma_0} = \frac{2f_m}{f_s}\sqrt{\frac{6}{W_{eq}}\frac{E_s}{N_0}} = \sqrt{\frac{6}{W_{eq}}\frac{E_s}{N_0}}\,m \tag{5.48}$$

ここで，m は変調指数である。ナイキストⅠ，デュオバイナリ，クラスⅡパーシャルレスポンス（PR）FMについて，ベースバンドフィルタの特性（式(3.8)，(3.16)′，(3.16)″）を変調前フィルタと検波後フィルタに等分して振り分け，$|H_R(\omega=0)|=1$ と規格化することにより，規格化雑音帯域をつぎのように得る。

$$W_{eq} = \begin{cases} 1+3\left(1-\dfrac{8}{\pi^2}\right)\alpha^2 & （ナイキストⅠ）\\[4pt] 6\left(\dfrac{1}{\pi}-\dfrac{8}{\pi^3}\right) & （デュオバイナリ） \\[4pt] \dfrac{1}{2}-\dfrac{3}{\pi^2} & （クラスⅡ パーシャル） \end{cases} \tag{5.49}$$

ここで，α はロールオフ係数である。

積分放電フィルタに対しては，積分 $\int_{-\infty}^{\infty}\omega^2|H_R(\omega)|^2 d\omega$ は発散する。この場合については，雑音電力は帯域通過フィルタを考慮して，つぎのように計算しなければならない。

$$\langle N_g \rangle = \frac{1}{2\pi}\int_{-\infty}^{\infty}\frac{N_0\omega^2|G(\omega)H_R(\omega)|^2 d\omega}{A^2}$$

ここで，$G(\omega)$ は帯域通過フィルタの等価低域通過伝達関数である。これより，帯域通過フィルタの帯域が検波後フィルタの帯域よりもずっと広い場合には，出力の雑音電力は他のフィルタのそれよりも高くなる。このことは通常の多値FM，あるいはパーシャルレスポンス方式についていえる。

（**d**）　**クリック雑音による誤り率**　　式(5.43)と式(5.43)′において，$\Delta f_m(nT)=0$，$D_{n1}^+ = D_{n1}^- = D_{n1}$，$D_{n2}^+ = D_{n2}^- = D_{n2}$ と仮定すれば，クリック雑音による誤り率はつぎのようになる。

$$P_c = \frac{1}{N}\sum_{n=1}^{N}\left\{\int_{D_{n1}}^{D_{n2}}[N_+(t-nT)+N_-(t-nT)]dt\right\}$$

誤り率は式(5.37)における変調入力信号 $f_i(t)$ に依存する．もし直流変調信号 $f_i(t)=a_n f_m$ を仮定すれば，$\rho(t)$ は定数となり，式(5.37)および式(5.38)における $N_+(t)$ と $N_-(t)$ とが $N_+(a_n f_m)$ と $N_-(a_n f_m)$ で表される．この場合

$$P_c = \sum_{a_n}\text{Prob}(a_n)(D_{n2}-D_{n1})[N_+(a_n f_m)+N_-(a_n f_m)] \qquad (5.50)$$

となる．

〔3〕 **最適変調指数**　周波数検波を用いた FM 方式における広帯域利得はよく知られている．検波後の信号対雑音電力比は最大周波数偏移あるいは変調指数（例えば，式(5.48)参照）の増加とともに改善される．

2値 FM に対する誤り率対変調指数特性を**図 5.31** に示す．この誤り率は，式(5.47)，式(5.49)の第1式，式(5.50)を用いて，帯域通過フィルタによる符号間干渉を無視して計算したものである．帯域通過フィルタの帯域 B_{IF} はカーソン帯域になるように設定した．すなわち，$B_{IF}=(m+1+\alpha)f_b$ である．ここで m は変調指数，α はロールオフ係数，f_b はビット繰返し周波数である．これに

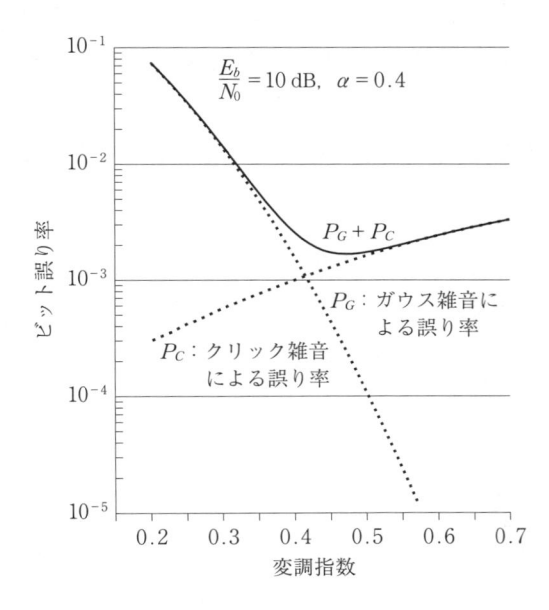

図 5.31 2値 FM の誤り率対変調指数

より，帯域通過フィルタの出力における搬送波電力対雑音電力比は $C/N = (E_b f_b)(N_0 B_{IF}) = (E_b/N_0)[1/(m+1+\alpha)]$ となる．変調指数を小さな値から増加させると，誤り率は，まずガウス雑音の減少により低下する．その後，最小値を過ぎるとクリック雑音の増加（しきい値効果）により，増加する．2値FMに対する最適な変調指数は，誤り率が $10^{-2} \sim 10^{-3}$ のとき約0.5である．これより低い誤り率，すなわちもっと高い E_b/N_0 に対しては，最適な変調指数はより高い値となる．

上の議論において，帯域通過フィルタの通過帯域に対して平たんな伝達関数を仮定した．変調指数が高くなると2値FMのスペクトルは周波数 $f_c \pm \Delta f_m$ （Δf_m は最大周波数偏移）において二つのピークを示すようになる（図5.9参照）．この場合には，このスペクトルに整合した伝達特性を有する帯域通過フィルタを使用することができ，しきい値効果を和らげることができる．

5.5.5 フェージング回線における誤り率

例えば移動無線伝送路のような多重伝搬フェージング回線において，信号の電力，位相，およびドップラー周波数偏移は，ランダムな変動を受けることになる．加えて，信号帯域が伝送路の相関帯域に近くなると，符号間干渉が現れる．これらの現象により特性が劣化する．

〔1〕 **レベル変動による誤り率** 平均誤り率はつぎのように与えられる

$$\langle P_e \rangle = \int_0^\infty P_e(\gamma) p(\gamma) d\gamma \tag{5.51}$$

ここで，γ は雑音対電力比 S/N あるいはシンボルエネルギー対雑音電力密度比 E_s/N_0 である．$P_e(\gamma)$ は γ が与えられたときの誤り率，$p(\gamma)$ は γ の確率密度関数である．信号の包絡線（一定）を u と表せば

$$\gamma \equiv \frac{E_s}{N_0} = \frac{u^2 T}{2N_0} \tag{5.52}$$

となる．ここで，T はシンボル周期である．

4.3節で論じたレイリーフェージングを考えよう。式(4.11)で $b = u_0^2/2$ として

$$p(u) = \frac{2u}{u_0^2} e^{-u^2/u_0^2} \quad (0 \leq u \leq \infty) \tag{5.53}$$

を得る。ここで，$u_0^2 = \langle u^2 \rangle$ である。

式(5.52)と式(5.53)より，次式を得る。

$$p(\gamma) = \frac{1}{\gamma_0} e^{-\gamma/\gamma_0} \quad (0 \leq \gamma \leq \infty) \tag{5.54}$$

レイリー分布する信号包絡線 u に対して，変数変換 $\gamma = ku^2$ は係数 k に依存しない。したがって，密度関数 $p(\gamma)$ は $E_b/N_0 = (E_s/N_0)(T_b/T)$（$T_b$ はビット周期）にも適用できる。

BPSKおよびグレー符号化QPSKの同期検波に対してビット誤り率 $P_e(\gamma)$ は $P_e(\gamma) = (1/2)\mathrm{erfc}(\sqrt{E_b/N_0})$（式(5.17)および式(5.19)″）と与えられる。$P_e(\gamma)$ を式(5.51)に代入して，式(5.54)を用いることにより，平均誤り率がつぎのように得られる。

$$\langle P_e \rangle = \int_0^\infty \frac{1}{2}\mathrm{erfc}(\sqrt{\gamma}) \cdot \frac{1}{\gamma_0} e^{-\gamma/\gamma_0} d\gamma = \frac{1}{2}\left\{1 - \frac{1}{\sqrt{1+1/\gamma_0}}\right\}$$

$$\approx \frac{1}{4\gamma_0} \quad (\gamma_0 \gg 1)$$

ASKおよびFSKの非同期検波，およびBPSKの差動（遅延）検波に対して，$P_e(\gamma)$ をつぎのように表そう（式(5.28), (5.29), (5.33)）。

$$P_e(\gamma) = \frac{1}{2} e^{-\alpha\gamma}$$

ここで

$$\alpha = \begin{cases} \dfrac{1}{2} & (\text{ASKとFSKの非同期検波}) \\ 1 & (\text{BPSKの差動（遅延）検波}) \end{cases}$$

平均誤り率はつぎのようになる。

$$\langle P_e \rangle = \int_0^\infty \frac{1}{2} e^{-\alpha\gamma} \frac{1}{\gamma_0} e^{-\gamma/\gamma_0} d\gamma$$

$$= \frac{1}{2} \frac{1}{1+\alpha\gamma_0} \qquad (5.54)'$$

$$\approx \frac{1}{2\alpha\gamma_0} \qquad (\alpha\gamma_0 \gg 1) \qquad (5.54)''$$

〔2〕 **ランダム FM 効果による誤り率** フェージング伝送路において,受信信号は,包絡線のみならず位相,あるいは周波数のランダムな変動(ランダム FM 効果)を受ける。ランダム FM 効果による誤りは,信号電力を増加しても減少できないので,'軽減不能誤り'と呼ばれる。同期検波に対する軽減不能誤り率の解析は難しい。その理由は,同期検波のための搬送波再生回路が強い非線形性を示すからである。ここでは,周波数(弁別)検波および差動検波を考える。

周波数検波では,瞬時周波数偏移が,ランダム FM 効果によりサンプル時においてしきい値を越えて変化した場合に,誤りが生じる。瞬時周波数 $\dot{\theta}$ の確率密度関数は式(4.20)で与えられる。垂直偏波の場合,つぎのようになる。

$$p(\dot{\theta}) = \frac{(\pi f_m)^2}{\left[\dot{\theta}^2 + 2(\pi f_m)^2\right]^{3/2}}$$

ここで,f_m は最大ドップラー周波数である。$\dot{\theta}$ がしきい値 $\Delta\omega_d$ を越える確率は

$$\langle P \rangle = \mathrm{Prob}(\dot{\theta} > \Delta\omega_d) = \int_{\Delta\omega_d}^\infty \frac{(\pi f_m)^2}{\left[\dot{\theta}^2 + 2(\pi f_m)^2\right]^{3/2}} d\dot{\theta}$$

$$= \frac{1}{2}\left[1 - \frac{1}{\sqrt{1+2^{-1}(f_m/\Delta f_d)^2}}\right] \qquad (5.55)$$

$$\approx \frac{1}{8}\left(\frac{f_m}{\Delta f_d}\right)^2 \qquad (f_m \ll \Delta f_d) \qquad (5.55)'$$

となる。ここで,$\Delta f_d = \Delta\omega_d/2\pi$ は(ディジタル)信号間の周波数差の半分である。最大(小)レベルにおける誤りの減少を考慮して,ランダム FM 効果によ

る誤り率はつぎのようになる。

$$\langle P_e \rangle = 2\left\{1 - \frac{1}{2}P(b_M)\right\}\langle P \rangle \tag{5.55}''$$

ここで，$P(b_M)$ は信号が最大あるいは最小レベルをとる確率を示す。

式(5.55)′より，周波数差 Δf_d は，最大ドップラー周波数に比べて十分大きくならなければならないことがわかる。これは，低速データ伝送においては，高い変調指数が必要になることを示している。

BPSK の帯域通過整合フィルタを用いた差動検波においては，レイリーフェージングに対して，誤り率はつぎのように与えられている（文献23)の式(4.2-47))。

$$\langle P_e \rangle = \frac{1 + \lambda_0[1 - J_0(2\pi f_m T)]}{2(1 + \lambda_0)}$$

ここで，λ_0 はビット当りのエネルギー対雑音電力密度，$J_0(\cdot)$ は零次の第1種ベッセル関数，T はビット周期である。準静的フェージング（$f_m \to 0$）においては，$\langle P_e \rangle$ は式(5.54)′($\alpha = 1$) となる。$\lambda_0 \to \infty$ のときには，$\langle P_e \rangle$ は軽減不能誤り率に対応する。これはつぎのようになる。

$$\langle P_e \rangle = \frac{1 - J_0(2\pi f_m T)}{2} \approx \frac{1}{2}(\pi f_m T)^2 \qquad (f_m T \ll 1)$$

ここで，近似 $J_0(x) \approx 1 - (x/2)^2$ $(x \ll 1)$ を用いた。

〔3〕**周波数選択性フェージングによる誤り率** 信号帯域が伝送路相関帯域と同じ程度に広くなると，信号は周波数選択性フェージングを受ける。伝送路の周波数伝達関数は信号帯域内で平たんでなくなり，符号間干渉が生じる。周波数選択性フェージングによる誤り率は，フェージングの統計的性質とともにパルス波形，復調方式によっても異なる。したがって，周波数選択性フェージングによる誤り率の一般式を求めるのは困難である。伝送路の周波数相関関数はつぎのように定義できる。

$$R(f) = \langle H(f_0) H^*(f_0 + f) \rangle$$

ここで，$H(f)$ は伝送路の伝達関数であり，$\langle \cdot \rangle$ は集合平均を意味する。文献24)では周波数選択性フェージング下において，2値FSKおよびBPSKの整合

フィルタを用いた同期検波および差動（遅延）検波時の誤り率を検波後合成ダイバーシチをも考慮して解析している。伝送路は時不変（準静的）であり，その伝達関数は平均値が零の複素定常ガウス過程で定まるものとしている。符号間干渉はデータパターンにも依存する。彼らの解析では両隣の符号ビットからの干渉のみを考慮している。

この解析を基にして，文献 25)では，検波後合成ダイバーシチを含めて，整合フィルタを用いた差動 BPSK 受信について，いくつかのパルス波形を周波数相関関数に対して検討している（**図 5.32**）。パルス波形は NRZ パルスとレイズドコサイン（スペクトル）信号（式(3.8)において $\alpha=1$）である。周波数相関関数はつぎのようなガウス型（G-F チャネル）

$$R(f) = 2\sigma^2 \exp\left(-\frac{4f^2}{B_c^2}\right)$$

と，つぎの sinc 型（S-F チャネル）である。

$$R(f) = 2R_0 T_m \operatorname{sinc}(2fT_m)$$

ここで，$\operatorname{sinc}(x) = \sin(\pi x)/(\pi x)$ である。

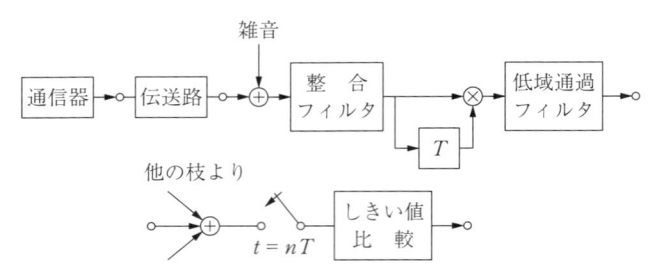

図 5.32 BPSK の整合フィルタ差動検波，検波後ダイバーシチ受信機

NRZ パルスについて，軽減不能な誤り率がつぎのような簡潔な式で与えられている。

$$P_e \approx \frac{1}{4}\binom{2L-1}{L}\left[(2c_2)^L + 2(c_2 - c_1^2)^L\right]d^{2L}$$

ここで，L はダイバーシチブランチ数であり

5.5 復調

$$d = \begin{cases} \dfrac{1}{TB_c} & \text{(G-F チャネル)} \\ \dfrac{T_m}{T} & \text{(S-F チャネル)} \end{cases}, \quad c_1 = \begin{cases} \dfrac{1}{\pi\sqrt{\pi}} & \text{(G-F チャネル)} \\ \dfrac{1}{4} & \text{(S-F チャネル)} \end{cases},$$

$$c_2 = \begin{cases} \dfrac{1}{\pi^2} & \text{(G-F チャネル)} \\ \dfrac{1}{6} & \text{(S-F チャネル)} \end{cases}$$

である。パラメータ d は伝送路の相関帯域に対する相対的データ速度である。ここで，相関帯域は相関係数が $1/e$ に減少する帯域で定義する。このとき，データ速度で規格化した相関帯域 W_{CN} は G-F 伝送路に対して $W_{CN}=d^{-1}$，S-F 伝送路に対して $W_{CN}=0.7d^{-1}$ となる。軽減不能の誤り率を W_{CN} の関数として，$L=1$（ダイバーシチなし），$L=2$，$L=4$ の場合について**図 5.33** に示す。

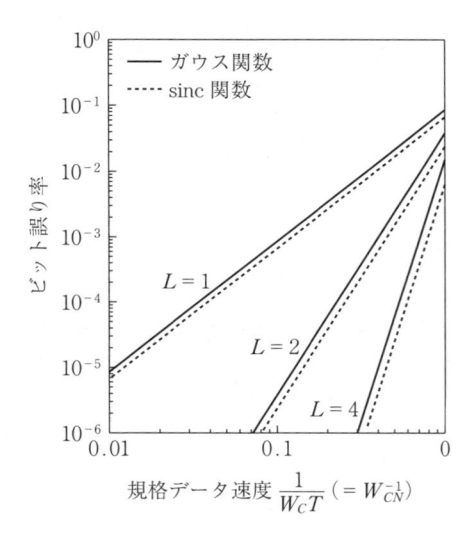

図 5.33 BPSK ダイバーシチ受信差動検波における軽減不能誤り率

周波数選択性フェージングによる誤り率は，データ速度が比較的遅い場合には，ダイバーシチ受信の導入により低減できる。

〔4〕**同一チャネル干渉による誤り率** 同一チャネル干渉が誤り率に与える影響を評価することは，セルラーシステムにおける（チャネル）再利用距

離，ひいてはスペクトル利用効率を見積もるために重要である．にもかかわらず，理論的に十分に解析されているとはいえないのが現状である．文献26)，27)ではディジタルFMの周波数検波あるいは差動検波について，高速レイリーフェージング回路に対して同一チャネル干渉を考慮した議論を行っている．準高速レイリーフェージング下における同一チャネル干渉による軽減不能誤り率に対する結果は，つぎのようになる．

$$P_e = \frac{1}{2}\left[1 - \frac{\Lambda\sin(m\pi)}{\left\{(\Lambda+1)^2 - \left[\Lambda\cos(m\pi) + \frac{1}{2}\left(\cos(m\pi) + \frac{\sin(m\pi)}{m\pi}\right)\right]^2\right\}^{1/2}}\right]$$

（差動検波） (5.56)

$$P_e = \frac{1}{2(\Lambda+1)} \quad \text{（周波数検波）} \tag{5.56}'$$

ここで，Λ は信号対同一チャネル干渉電力比 (C/I) である．$m=0.5$（MSK）と $\Lambda \gg 1$ に対して，式(5.56)は式(5.56)'に帰結する．この結果を準静的フェージング下における雑音による誤り率と比較すると，C/IとC/Nが同じであれば，同一の誤り率を与えることがわかる．通常，C/Iと同じC/Nを仮定したガウス雑音による誤り率を考えれば，低い誤り率に対して安全な（高い）値となる．この理由は，干渉電力が高い値をとる確率は，ガウス雑音に比べて低くなるからである．

〔5〕 **フェージング伝送路におけるダイバーシチ受信時のQPSKに対する誤り率**　文献28)と文献29)が行った解析は有効である．レイリーフェージング伝送路でのダイバーシチ受信における誤り率を厳密に与える式を，雑音，ランダムFM，同一チャネル干渉，周波数選択性フェージングを同時に考慮することによって得ている．差動符号化（π/4シフト）QPSKの差動検波，検波後合成ダイバーシチに対する結果を図 **5.34**(a)～(d)に示す．

5.5 復調　269

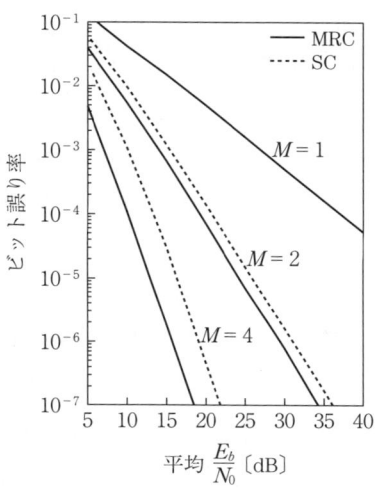

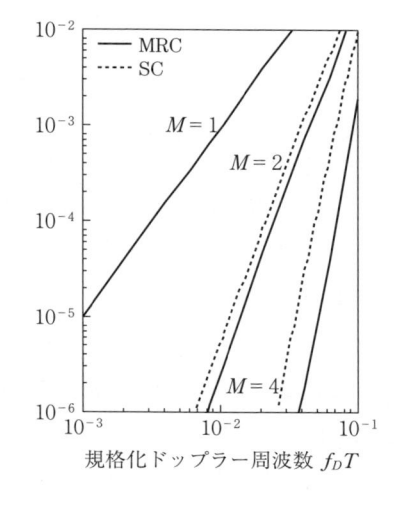

(a) ビット誤り率対平均 E_b/N_0

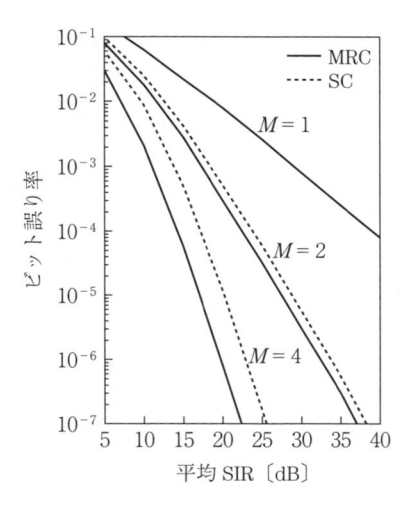

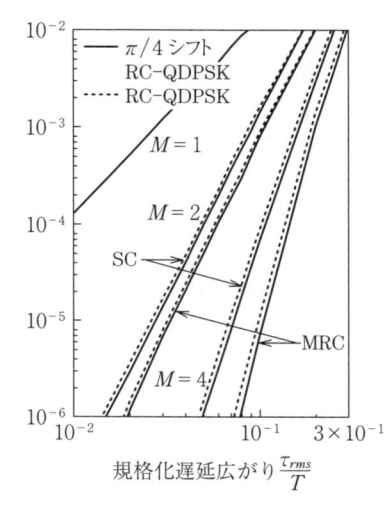

(b) ビット誤り率対ドップラー周波数

(c) ビット誤り率対平均信号
　　対干渉電力比

(d) ビット誤り率対 rms 遅延広がり

図 5.34 ($\pi/4$ シフト) QPSK のフラットフェージング下におけるダイバーシチ受信時の誤り率[29] (M はダイバーシチ枝数, IEEE 1991)

270   5. ディジタル変調の基礎

5.6 ディジタル通信システムの計算機シミュレーション

ディジタル通信システムの評価において指標とされるのは，送信信号の電力スペクトル，相対的隣接チャネルの干渉電力，誤り率，アイパターン，同一チャネル干渉である。これらの指標項目を，変調/復調方式，送信と受信のフィルタの構成，搬送波周波数オフセット，電力増幅器の非線形歪み，フェージング伝送路，ダイバーシチ受信などについて評価しなければならない。ある場合には理論的な解析で評価できるものの，そうでないときには実験によって評価しなければならない。実験システムを作成するには時間がかかり，さらに熟練した技術者でなければ実験システムをつくるのは難しい。

計算機シミュレーション実験は，ディジタル通信システムのディジタル変調/復調方式，さらにその他の部分の評価と設計を行うための強力な方法である。これは，実験結果の動作を計算機上でソフトウェアプログラムにより模擬するものである。シュミレーションする実験システムの例を図 5.35 に示す。

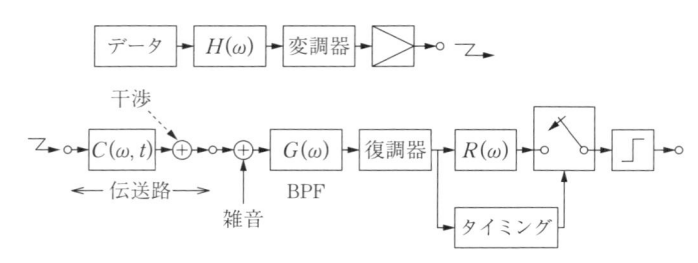

図 5.35 計算機シミュレーション実験におけるディジタル通信システムの例

送信試験データには，ランダムなデータパターンを発生し，したがって平たんな電力スペクトルを示す疑似雑音系列が望ましい。このために，M（最長）系列が広く用いられる。帰置レジスタで構成される M 系列発生回路を付録 5.3[30)] に示す。

M 系列の長さは 2^N-1 である。ここで，N はシフトレジスタの係数である。計算機シミュレーションにおいては，高速離散フーリエ変換（FFT）のため

5.6 ディジタル通信システムの計算機シミュレーション

に，データ長は 2^N が望ましい．そのために，M系列に '0' を一つ加えた系列が使われる．0 を加えることにより，'1' と '0' の数が同じになる．このことの重要性は後でふれる．

ディジタルコンピュータで信号処理をするためには，離散時刻で標本化（サンプリング）しなければならない．標本化周波数はナイキストのサンプリング定理（2.4.1項）を満足するように十分高くしなくてはならない．この点から，変調信号を高周波帯でシミュレーションするのは適切でない．そこで，信号の複素零 IF 表現（2.1.6項）を用いる．帯域通過フィルタなどの RF 回路も同様である．複素零 IF 表現は，信号の帯域が搬送波数よりも狭ければ狭帯域帯域通過信号は一般性を失わない．多くの場合，高速 DFT 技術によって，周波数領域での信号処理が効果的である．DFT では信号ブロックを取り扱い，これが周期的に続くものと仮定している．このとき，ブロックの終わりと始まりが不連続になるのは避けるべきだ．なぜなら，この不連続により，（サンプリング定理を満足できなくなるとともに），信号スペクトルが広がり，またこの部分の信号が歪むことになるからである．この問題を避けるために，信号処理の際に，一般的には窓関数が用いられる．線形ディジタル変調においては，信号ブロックの終わりと始まりでの信号の変化は，隣接各シンボル間の変化となんら変わることがないので問題はない．ただし，ディジタル FM の場合には問題となる．この問題は変調入力信号の正電圧側と負電圧側への振れを同じにすれば回避できる．これが，先に述べたように試験データの '1' と '0' をバランスさせる理由である．

増幅器における非線形歪みの影響も，基本周波数成分のみを考えるときには，複素零 IF 信号表現によって取り扱うことができる．付録 5.1 で議論しているように，線形変調においては奇数次の歪みが問題となる．増幅器入力 – 出力特性，すなわち入力信号レベルに対する出力信号レベル（AM-AM 変換と呼ばれる）と位相（AM-PM 変換）の関係を求めておけばよい．例として，図 5.36 に 900 MHz 帯電力増幅モジュールの AM-AM，AM-PM 変換を示す．このような特性を得るためには，出力レベルが可変できるネットワークアナライザ

272   5. ディジタル変調の基礎

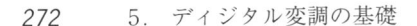

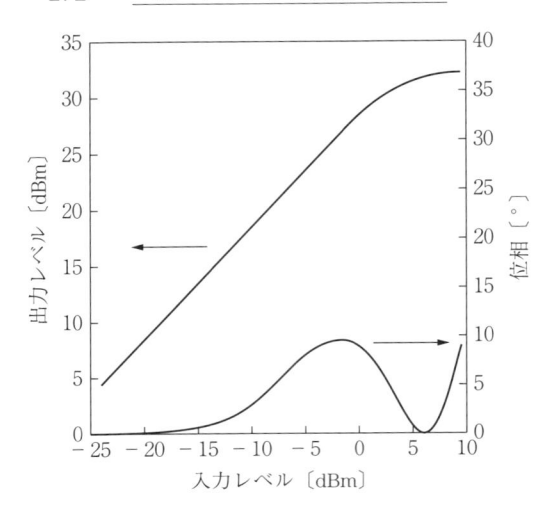

図 5.36 AM-PM, AM-PM 変換特性の例（900 MHz 帯電力増幅器, FMMC-80802-20）

を使用できる。計算機シミュレーションにより求めた増幅器出力における QPSK 信号の電力スペクトルを，**図 5.37** に示す。第 1, 第 2, および第 3 の帯域外スペクトル成分は，それぞれ 3 次，5 次，7 次の歪みに対応する。電力効

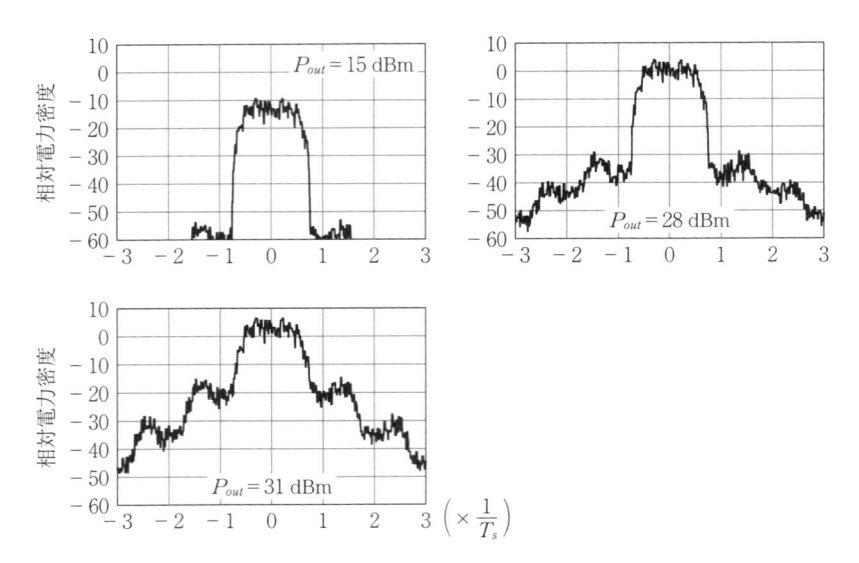

図 5.37 準線形電力増幅器出力での $\pi/4$ シフト QPSK 信号の計算機シミュレーションによるスペクトル（ロールオフ係数が 0.5 のルートナイキストフィルタを使用）

率を入力信号（無変調）の包絡線の関数として与えておけば，平均電力効率も評価することができる。

　伝送路は時不変および時変（フェージング）回路としてシミュレーションできる，同一チャネル干渉，隣接チャネル干渉も干渉を加えることにより評価できる。周波数平たんレイリーフェージングを発生させるためには二つの方法がある。一つは振幅と周波数が異なる多数の信号を加え合わせる方法である。ここで，周波数はドップラー周波数の範囲内で分布させるものとする。この方法の原理は4.3節に述べられている。ランダムなフェージングを発生させるためには周波数は素数となるように設定するのが望ましい。他の方法は，**図5.38**に示すように，直交変調を用いるものである。このフェージング発生器の原理は2.2.5項に述べている。雑音フィルタの電力伝達関数は，高速フェージングによる受信電力スペクトルを与えるように，例えば式(4.15)のように決める。周波数選択性フェージングは，振幅および遅延が周波数によって変わる時変フィルタとしてシミュレーションされる。

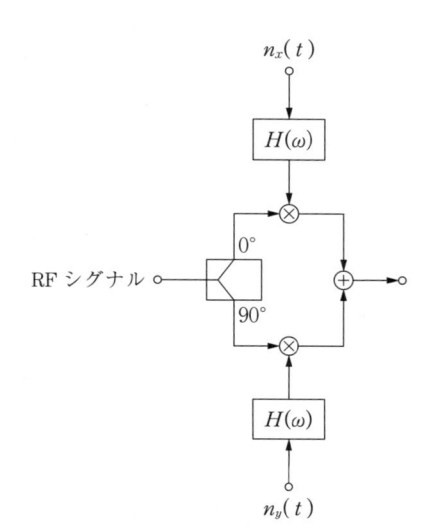

図5.38 レイリーフェージング発生回路（$n_x(t)$ と $n_y(t)$ は独立な白色ガウス雑音）

雑音は要求される統計的性質，例えば白色ガウス雑音となるような乱数発生器によってシミュレーションする。帯域通過フィルタの特性は，等価ベースバンドフィルタの伝達関数，あるいはインパルス応答で記述する。復調器の動作は5.5節で述べたように記述する。クロック再生器を含んだサンプルおよび判定回路の動作も実際の回路に際して記述する。

ディジタル通信システムの他のたくさんの部分，例えばダイバーシチ受信，自動等化器，搬送波再生回路なども，信号に対するこれらの動作を数学的に記述することによって取り込むことができる。各部分におけるアイパターンを観測するオシロスコープ，スペクトルアナライザ，誤り計数器も容易にシュミレーションできる。伝送システムの各部に対するサブルーチンを構築することを推薦したい。こうしておけば，システムに必要な部分を選んで，自分自身のシステムを容易にシミュレーションできる。システムがより複雑になることと，計算能力が高くなっていることから，（ディジタル）通信方式に対するソフトウェアシミュレーションの重要性は今後増えることになるだろう。

以上に述べたことは，物理層に関したものであった。セルラーシステム全体の性能の評価は，実際にセルを配置して，希望波電力およびセル間の干渉を考慮して行わなければならない。計算機上にセル位置をつくり，セル内に複数の端末を仮定し，電波伝搬モデルを設定すれば，干渉および雑音の影響を含めた評価を行うことができる。この際，配置するセルの数が少ないと，領域の端におけるセルは，他のセルに囲まれず干渉が少ないので，特性測定はこのセルを除外する。それでは，シミュレーション時間が長くなる。この現象を避けるために，領域の端にあるセルを仮想的につなぎ合わせる（例えば球の表面にセルを配値するように）ラップアラウンド（rap around）処理を行う。

このような大がかりなシステムのシミュレーションにおいて，物理層の実際の動作を行わせるのは，いかにもたいへんである。したがって，電波伝搬の変動を考慮した，希望波電力，干渉電力と雑音を各端末，あるいは基地局で求め，この値を基にして測定すべき性能（例えば，伝送速度，パケット誤り率）を与える表をあらかじめつくっておき，この表を参照しながらシミュレーショ

5.6 ディジタル通信システムの計算機シミュレーション

ンを行う（システムレベルシミュレーション）。シミュレーションの精度を上げるためには，この表の作成が重要になる。干渉抑圧効果がある適応アレーアンテナを組み込んだシステムのシミュレーションでは，最小平均二乗誤差基準を用いた場合には，適応アレーアンテナを動作させたときの，信号電力対干渉電力と雑音電力の和との比が，式(7.115)に理論的に求められているので，これを用いることができる。

6
移動無線通信における ディジタル変調

　ディジタル変調はアナログ FM 通信システムで長い間用いられてきた。アナログ FM 通信システムでのディジタル伝送の役割は，システムを制御するための低速度のデータ信号を伝送することである。例えば，移動機の呼出しや，通話チャネルの設定・解放などの制御のためである。このようなシステムにおいては，ディジタル変調のスペクトル利用効率は大きな論点にはならない。なぜなら，データ伝送速度は数百〜数千 bps 程度で，帯域をさほど必要としないからである。

　移動無線通信において，スペクトル利用効率が高いディジタル変調技術の研究開発は，1978 年にイエーガー（Jager）とデッカー（Dekker）がスペクトル効率の高いディジタル FM を発明してから始まった。彼らの発明後，後で述べるように短期間のうちに多くのディジタル変調方式が提案された。効率の高いディジタル変調方式を求める動機は音声通信のディジタル化である。

　この章では，ディジタル変調方式について，出現した順序に沿って述べることにする。すなわち，アナログ FM 通信用ディジタル変調，スペクトル効率の高いディジタル FM，そして線形変調の順である。移動通信用ディジタル変調技術に関連した研究開発は，本書を執筆しているいまも，引き続き進められている。

　ディジタル移動無線通信において求められることは，高速フェージング伝送路および同一チャネル干渉環境下での安定な特性，装置の低消費電力性，および小型性，低価格性である。この要求条件のため，移動無線通信用ディジタル変調/復調は他の通信用とは重点の置き方が異なる。

6.1 アナログ FM 無線通信システム用ディジタル変調

ここでは，アナログ FM 通信システムにいかにしてディジタル変調・復調を組み込むかということが重要である．最も簡単で，実際にも行われている方式は，アナログ FM システムの音声チャネルでデータ信号を伝送することである．これは，有線アナログ公衆電話回線でデータ伝送を行うことと同様である．音声信号のスペクトルは 0.3～3 kHz の周波数範囲であるから，アナログ FM 用音声伝送路は，直流信号を伝送できないようにつくられている．そのため，直流成分を含むディジタル信号は伝送できない．直流伝送は回路実現の点でやや面倒である．

直流が遮断されている伝送路において，ディジタル信号を伝送する方式は二つある．一つは直流成分を有しない伝送路符号を用いることであり，他は搬送波周波数が音声信号帯域の真ん中になる変調信号を用いることである．前者の方法として 3.2.4 項で述べたマンチェスター符号が使える．後者の方式（副搬送波方式と呼ばれている）としては，搬送波周波数が 1.5 kHz 付近の MSK がよく用いられている．副搬送波方式を図 6.1 に示す．搬送波周波数とデータ伝送周波数が同程度であるので，復調の容易さのために，搬送波信号はデータクロック信号に同期させることが多い．

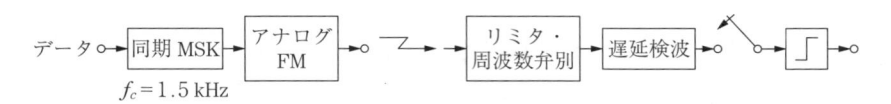

図 6.1　アナログ FM におけるサブキャリア MSK 信号伝送

他の副搬送波方式としては，有線公衆電話活用のモデムを使用することが考えられる[1]．このモデムは種々の伝送速度（300～28.8 kbps）に対応して，種々の変調方式が使われる．高速モデムには伝送路歪み自動等化などの高度の技術が用いられている．データモデムをアナログ音声 FM 移動無線回路に利用するときには，移動無線回線の高速フェージングのために，伝送速度の上限は

4 800 kbps 程度に抑えられる。

6.2 定包絡線変調

この型の変調方式は，5.2節で述べたように電力効率に優れる飽和増幅器が採用できるために，移動無線通信に適用する際に有利である。さらには，受信機において帯域通過振幅制限回路（リミタ）が使用できる。リミタは移動無線回路における高速フェージングおよび広いダイナミックレンジに対処するものとして，容易に実現できる。そのため，自然な流れとして，多数の研究者が定包絡線ディジタル変調方式に着手した。狭帯域スペクトル特性という観点から，移動無線通信においては，変調指数の小さな位相連続周波数偏移変調（continuous phase FSK，CPFSK）が重要になる。

6.2.1 最小偏移変調（MSK）

矩形パルス波形（NRZ）を用い，リミタ-周波数検波を行う2値FMは最も原始的な方法である。矩形パルスを用い変調指数を0.5とする2値CPFSKは，最小偏移変調（minimum shift keying，MSK）と呼ばれる[2),3)]。MSK信号はつぎのように表される。

$$s(t) = A_0 \cos\left(\omega_c t + a_n \frac{\pi}{2T} t' + \frac{\pi}{2} \sum_{i=1}^{n-1} a_i\right) \qquad ((n-1)T \leq t \leq nT) \quad (6.1)$$

ここで，$t' = t - (n-1)T$，A_0 は振幅，ω_c は搬送波周波数，a_n は入力ディジタル信号に応じて ± 1 をとり，T はビット周期である。周波数は入力データに応じて，$f_M = f_c - 1/(4T)$（マーク周波数）と $f_s = f_c + 1/(4T)$（スペース周波数）となる。ここで，$f_c = \omega_c / 2\pi$ である。

MSKという名前の由来は，2値信号に対応する二つのFSK信号が直交関係を満足するとき，最も小さな変調指数を用いることによっている。直交信号は，二つの信号間の干渉なしに同期検波を行うことができる。MSK信号の同期検波器を**図6.2**に示す。低域通過フィルタは高次信号成分を除くために用い

6.2 定包絡線変調

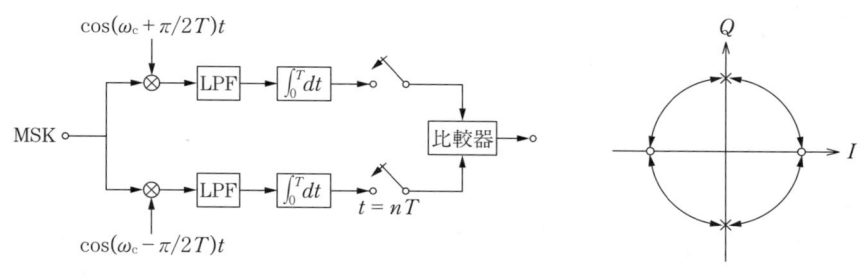

図 6.2 MSK 信号に対する同期検波回路

図 6.3 MSK 信号の位相点配置

る.搬送波信号の同期をとらないで,低域通過フィルタと積分器の間に 2 乗検波器を挿入すれば非同期検波回路が得られる.

信号位相は,シンボル時刻の最後で,二つのグループから交互にとる.一つのグループは $+\pi/2$ と $-\pi/2$ からなり,他のグループは 0 と π である(**図 6.3**).この信号位相配置は $\pi/2$ シフト BPSK と同じである.信号は,複素(直交)平面で,円周上を一定の速度で移動する.

式(6.1)はつぎのように書き直せる.

$$s(t) = x_n(t)\cos\omega_c t - y_n(t)\sin\omega_c t \qquad ((n-1)T \leq t \leq nT) \qquad (6.2)$$

ここで

$$x_n(t) = A_0\cos\left(a_n\frac{\pi}{2T}t' + \frac{\pi}{2}b_{n-1}\right) \qquad ((n-1)T \leq t \leq nT) \qquad (6.3)$$

$$y_n(t) = A_0\sin\left(a_n\frac{\pi}{2T}t' + \frac{\pi}{2}b_{n-1}\right) \qquad ((n-1)T \leq t \leq nT) \qquad (6.4)$$

また

$$b_{n-1} = \sum_{i=1}^{n-1} a_i \qquad (6.5)$$

式(6.3)〜(6.5)より,時間域を $2T$ に拡大した次式を定義しよう($A_0 = 1$).

$$\begin{aligned}x'_{2m}(t) &= x_{2m}(t) + x_{2m+1}(t) \\ &= -a_{2m}\sin\left(\frac{\pi}{2}b_{2m-1}\right)\sin\left(\frac{\pi}{2T}t'_1\right) \qquad (2mT \leq t \leq 2(m+1)T)\end{aligned}$$

$$(6.6)$$

ここで，$t'_1 = t - 2mT$ である。

$$y'_{2m}(t) = y_{2m-1}(t) + y_{2m}(t)$$
$$= a_{2m-1}\cos\left(\frac{\pi}{2}b_{2m-2}\right)\sin\left(\frac{\pi}{2T}t'_2\right) \quad ((2m-1)T \leq t \leq (2m+1)T)$$
(6.7)

ここで，$t'_2 = t - (2m-1)T$ である。

データ 1, 0 に対してそれぞれ a_n の値 1, -1 を対応させると，つぎの表現式を得る。

$$c_{2m} = c_{2m-1} \oplus \overline{d}_{2m} \tag{6.8}$$
$$c_{2m-1} = c_{2m-2} \oplus d_{2m-1} \tag{6.9}$$

ここで，$\oplus$ は 2 を法とする (mod 2) の加算を表し，$d_n \in \{1, 0\}$ は入力データを示す。c_n は一つおきに反転した入力データを差動符号化したデータとなっている。これより，MSK の変調器として，従来の FM 変調器の他に，直交変調器を用いることができる（**図 6.4**）。インパルス応答 $h(t)$ は $h(t) = \sin[(\pi/2T)t]$ $(0 \leq t \leq 2T)$，$h(t) = 0$（その他）で与えられる。

MSK 信号の電力スペクトル密度は，定包絡線変調信号について 5.4.2 項で

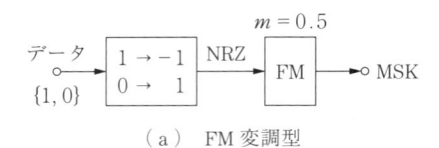

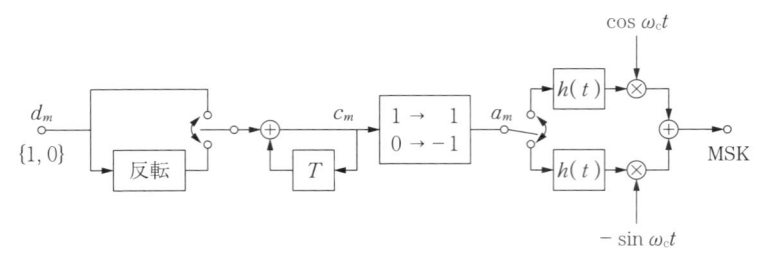

（a） FM 変調型

（b） 直交変調型

図 6.4　MSK 信号変調回路

論じたように求められる。また，MSK 信号が直交変調器によって生成できることに着目して，5.4.1 項で論じたように線形変調波に対する方法を用いることもできる。このほうが簡単である。入力データがランダムであるとすると，同相成分，直交成分もランダムとなるから，インパルス応答 $h(t) = \sin[(\pi/2T)t]$ $(0 \leq t \leq 2T)$ のフーリエ変換により，電力スペクトル密度をつぎのように得る。

$$S(\omega) = \frac{(4/\pi)^2 T}{\left[1-(2\omega T/\pi)^2\right]^2} \cos^2(\omega T) \quad (-\infty \leq \omega \leq \infty) \quad (6.10)$$

これを図 6.5 に示す。

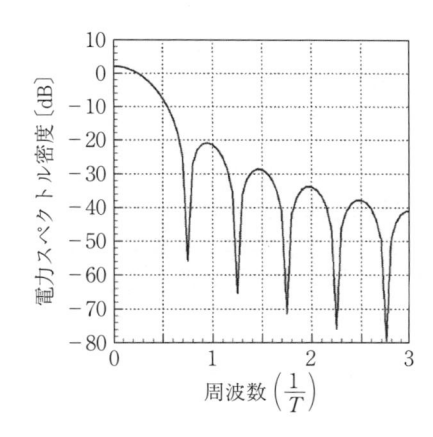

図 6.5 MSK 信号の電力スペクトル

先に進む前に，MSK，オフセット QPSK，および $\pi/2$ シフト BPSK の同相直交成分波形を比較しよう（図 6.6）。MSK 信号は，オフセット QPSK 信号のパルス波形を $h(t) = \sin(\pi t/2T)$ $(0 \leq t \leq 2T)$ とした，特別な場合であると解釈できる。

MSK 信号の表現式 (6.2)〜(6.9) と図 6.4(b) に示した変調回路により，同期検波回路が図 6.7 に示すように得られる。この検波回路は先に示したもの（図 6.2）と観測時間が T から $2T$ に広げられている点で異なる。直交検波されたアイパターンを図 6.8 に示す。再生した搬送波位相が 180° スリップしたとしても，MSK 変調に埋め込まれている差動符号化と受信側における差動復

282　6. 移動無線通信におけるディジタル変調

（a）　MSK

（b）　オフセット QPSK

（c）　$\pi/2$ シフト BPSK

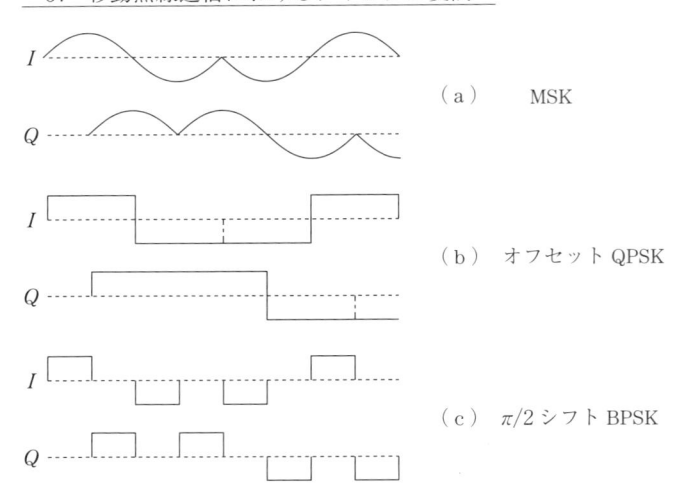

図 6.6　各信号の同相・直交成分波形の比較

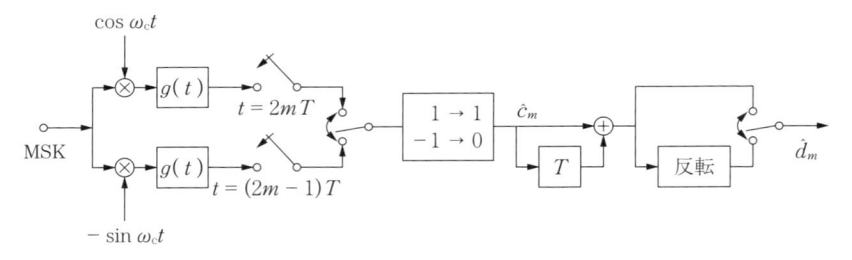

$g(t) = h(T-t)$：整合フィルタ

図 6.7　MSK 信号の同期検波

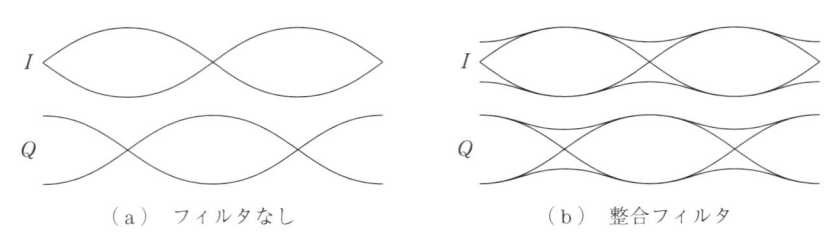

（a）　フィルタなし　　　　　　　　（b）　整合フィルタ

図 6.8　整合フィルタ受信 MSK 信号同期検波のアイパターン

6.2 定包絡線変調

号により，受信データに影響を与えない。

MSK 信号の搬送波再生回路を図 6.9 に示す。MSK 信号を周波数 2 逓倍回路に通すことにより，周波数 $2f_M$ および $2f_S$ に輝線信号が現れる。ここで，$f_M=f_C-1/4T$，$f_S=f_C+1/4T$ である。輝線信号が現れることは，$|C_a|=1$，$M=2$，$L=1$，$h(=m)=1$（5.4.2項）としてみれば，確かめられる。ここで変調指数は，周波数 2 逓倍により 2 倍になっている。二つの輝線成分は雑音を除くために共振回路に入力される。搬送波再生の原理は周波数 4 逓倍である。$\pm\pi/2$，$\pm\pi$ の位相不確定が周波数 4 分周の際に生じる。$\pm\pi/2$ の位相不確定に対処するため，差動符号化が用いられる。送信と受信の回路を図 6.10 に示す。入力データ d_n と符号化された信号 c_n はつぎのように表される。

$$d_n = c_{n-1} \oplus c_n \quad \text{あるいは等価的に} \quad c_n = c_{n-1} \oplus d_n$$

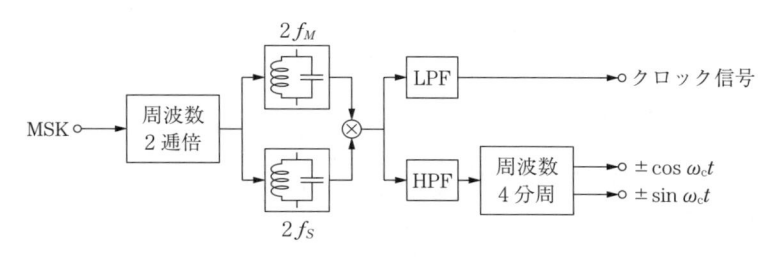

図 6.9 MSK 信号の搬送波再回路

MSK 信号の性質から，2 シンボル時間（$2T$）の間の位相変化は，$c_{n-1} \oplus c_n$ が 0 か 1 かに対応して，それぞれ 180° か 0° になる。これより，$c_{n-1} \oplus c_n = 0$ は $c_{n-1} = c_n$（1 か 0 が連続）を意味し，$c_{n-1} \oplus c_n = 1$ は $c_{n-1} \neq c_n$ を意味する。誤りがない場合には

$$\overline{d_{2n}} = \overline{c_{2n-1} \oplus c_{2n}} = I_{2n-2} \oplus I_{2n} = \hat{d}_{2n} \tag{6.11}$$

$$\overline{d_{2n+1}} = \overline{c_{2n} \oplus c_{2n+1}} = Q_{2n-1} \oplus Q_{2n+1} = \hat{d}_{2n+1} \tag{6.11}'$$

となる。ここで I_n と Q_n は，それぞれ受信側で判定された同相成分，直交成分であり，$\hat{d}_n$ は受信データ信号である。位相不確定 $\pm\pi/2$ および $\pm\pi$ は受信信号に影響を与えない。それは，I_n と Q_n の反転（$\pm\pi$ の不確定），および I_n と Q_n の交換（$\pm\pi/2$ の不確定性）が，式(6.11)および式(6.11)′において $\hat{d}_n$ を変化

284   6. 移動無線通信におけるディジタル変調

(a) 変調器

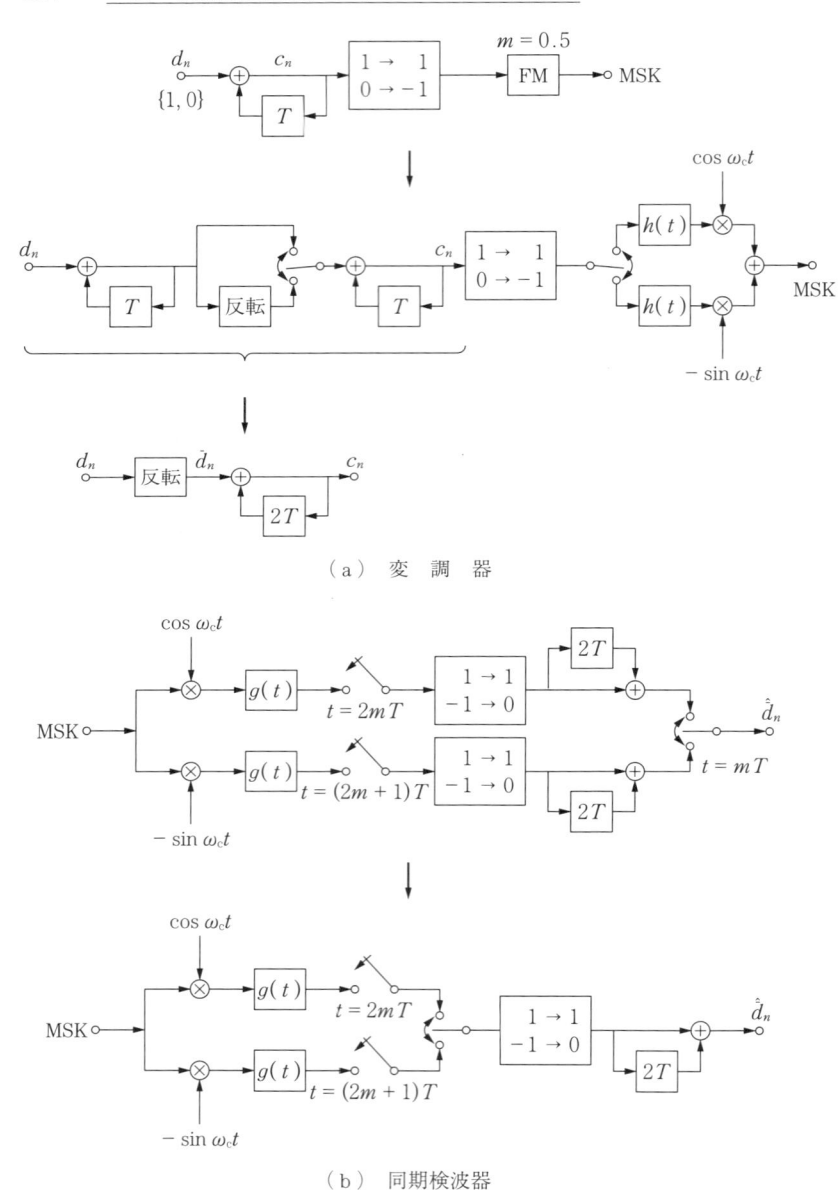

(b) 同期検波器

図 6.10 差動符号化 MSK 信号の変調器と同期検波器

6.2 定包絡線変調　285

させないことからわかる。

　差動符号化を必要としない同期検波回路は文献 23)(**図 6.11**) に示されている。図中で ⊕ は mod 2 の足し算を表している。この同期検波の動作原理は図 6.7 に示したものと同じである。±π/2 の位相不確定性は，搬送波に同期したクロック信号を用いた搬送波再生法により除去できる。搬送波位相のスリップ (±π) は再生クロック信号により補償される。

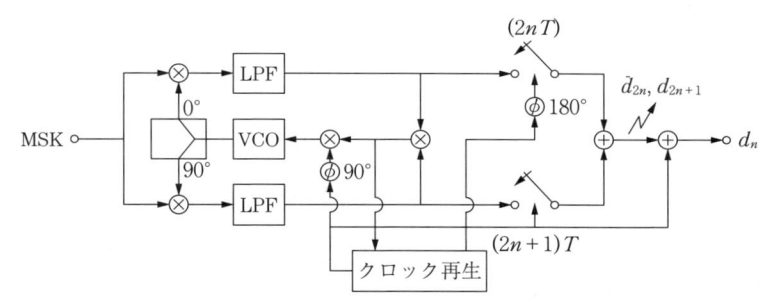

図 6.11　差動符号化を必要としない同期検波器[23] (IEICE 1981)

MSK 信号の他の同期検波回路を**図 6.12** に示す[5]。この回路は BPSK 信号の同期検波回路と同じように，一つの枝からなっている。マークあるいはスペース周波数に同期した局部信号を復調に用いている（偏移周波数法）。MSK 信号の局部信号に対する相対位相は，BPSK と同様に 0° あるいは 180° となる。

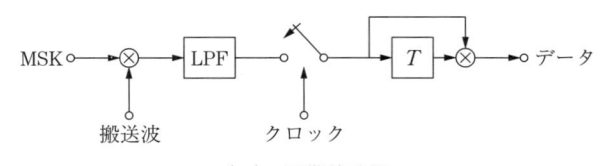

（a）同期検波器

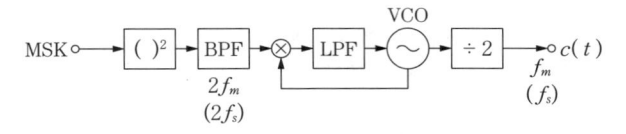

（b）搬送波再生回路

図 6.12　偏移周波数ロック方式を用いた MSK 信号の同期検波回路[5]

6. 移動無線通信におけるディジタル変調

MSK信号の搬送波再生の他の方法は文献2)に示されている。ここで，相関受信に必要となる信号は搬送波信号と同時に生成されている。

MSK信号の同期検波における誤り率は，同期検波方式によって異なる。2シンボル区間にわたって信号を観測する同期検波（図6.7）は，1シンボル区間で観測するもの（図6.2）より信号対雑音電力比において3dBだけ優れた特性を示す。この理由は，前者は両極性（antipodal）符号を使うのに対して，後者は直交信号を使うからである。最適な誤り率特性は，整合フィルタを用い2シンボル区間の同期検波を行う方法で得られる。MSK信号の同期検波のアイパターンを，フィルタなしの場合と，整合フィルタありの場合について，図6.8にすでに示している。

MSK信号の差動検波については二つの種類の方法が知られている（**図6.13**）。位相変化は1および2シンボル区間に対応して，それぞれ，$(\pi/2)a_n$ および $(\pi/2)(a_n+a_{n+1})$ $(a_n=\pm 1)$ となる。検波器の枝の間の搬送波信号位相を調整することにより，低域通過フィルタ出力における信号は，1ビット遅延検波に対して

$$s_d(nT) = \sin\left(\frac{\pi}{2}a_n\right) = \begin{cases} 1 & (a_n=1) \\ -1 & (a_n=-1) \end{cases} \tag{6.12}$$

また，2ビット遅延検波に対して

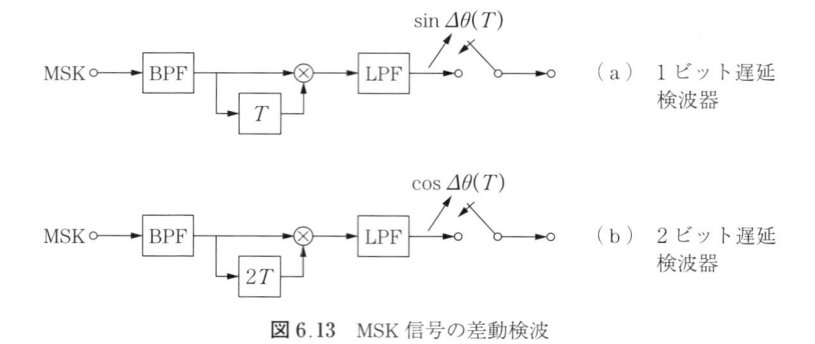

図6.13 MSK信号の差動検波

$$s_d(nT) = \cos\left[\frac{\pi}{2}(a_n + a_{n+1})\right] = \begin{cases} 1 & (a_n + a_{n+1} = 0) \\ -1 & (a_n + a_{n+1} = \pm 2) \end{cases} \quad (6.12)'$$

となる。2ビット遅延検波に対しては，差動符号化が必要である。その理由は，式(6.12)′からわかるように，2ビット遅延検波は受信データ信号に対する差動復号と等価だからである。

MSK信号の差動検波では，同期検波とは異なり，符号区間干渉を生じる（**図6.14**）。整合フィルタを通した信号 $s(t)$ は $s(t) = \pm h(t) * h(2T-t)$ となる。ここで $h(t) = \sin(\pi t/2T)$ （$0 \leq t \leq 2T$）となる。同相信号 $s(2T)$ はサンプル時刻において T となる。また，このとき，直交成分 $s(T)$ は，0，$\pm 2T/\pi$ をとる。これより整合フィルタを通したMSK信号の位相は0，$\pm \tan^{-1}(2/\pi)$ に散らばる。符号間干渉のため，整合フィルタを用いたMSK信号の差動検波における誤り率の理論解析は困難である。MSKの差動検波における受信フィルタの最適化は文献6)が論じている。MSKの差動検波において冗長性を付加しないで誤り訂正を行う方法も提案されている[7]。

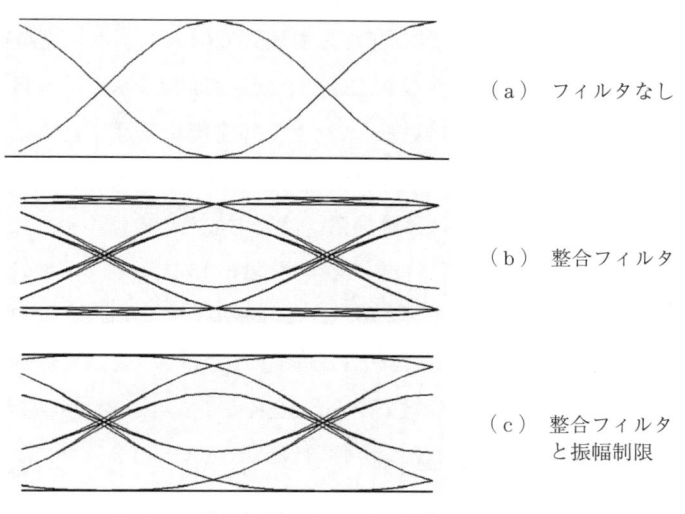

(a) フィルタなし

(b) 整合フィルタ

(c) 整合フィルタと振幅制限

図6.14 差動検波によるMSK信号アイパターン

MSK 信号の他の復調方式は，リミタ・周波数弁別検波である。復調後のフィルタとして，積分放電フィルタがもっぱら用いられる。その理由は，復調器出力には NRZ 信号に対して符号間干渉を生じないからである。この積分放電フィルタは復調信号に対して整合フィルタにはならない。なぜなら，リミタ・周波数検波器の出力における雑音スペクトルは，RF 帯の雑音が白色であっても平たんにならないからである。

MSK 信号の同期検波あるいは差動検波において整合フィルタを用いることは，実際の移動通信においては推奨できない。この理由は，移動通信において大事になる遠近問題に対処するための急峻なチャネル選択特性を，整合フィルタでは得られないからである。より急峻な伝達関数を有するフィルタ，例えばガウスフィルタにより，チャネル選択特性を改善できる。帯域通過フィルタを一般的に仮定して，MSK の差動検波およびリミタ・周波数検波に対する誤り率が文献 8) で解析されている。ガウス型フィルタの場合に対しても，計算結果が示されている。

良好なチャネル選択特性を有する帯域通過フィルタを用いたとしても，MSK は移動通信には推奨できない。なぜなら帯域外放射スペクトル密度が高いため，十分なチャネル選択を行うためには，チャネル間隔を広くしなければならないためである。MSK の帯域外放射スペクトル密度を下げるために，変調入力信号のパルス整形が提案されていた[9]～[11]。しかし，帯域制限が十分にきつくはなかったため，その結果は移動通信に適用するためには不十分であった。MSK 型信号に対する帯域制限パルスの影響を図 6.15 に示す。帯域外放射がナイキスト第 3 基準フィルタ（3.1.3 項）により減少している。ここで，ベースバンド信号の帯域は $|\omega| \leq (1+\alpha)\pi/T$ に制限されている。ここで，T はビット周期であり，α はロールオフ係数である。MSK がシンボル時刻の最後で $0, \pm\pi/2, \pi$ の定まった位相点をとるという性質はナイキスト第 3 基準により保たれる。

MSK は，他の定包絡線ディジタル変調方式について基準となるものであるので，以上，これについて詳しく述べた。

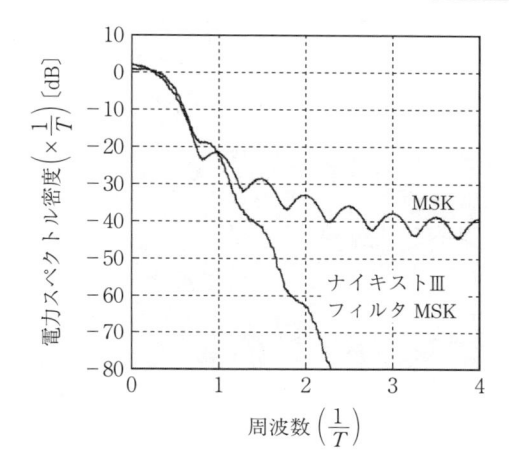

図 6.15 MSK 信号における変調前帯域制限フィルタの変調信号スペクトルに与える影響

6.2.2 パーシャルレスポンスディジタル FM

パーシャルレスポンスディジタル FM は，例えば，Lender [12]のデュオバイナリ FM のように，ずいぶん前に提案されていた。しかし，変調入力信号を強く帯域制限することはなかった。1978 年に de Jager と Dekker は移動通信への適用条件を満たす Tamed FM（TFM）[13]と呼ばれる新しいディジタル FM 方式を提案した。これにより，帯域外放射は大きく減少した。これは，変調入力ベースバンド信号を強く帯域制限し，かつ変調入力指数を小さくすることによって達成されている。TFM 方式の提案は他の研究者を刺激し，スペクトル効率に優れた他のディジタル FM 方式を開発することになった。

〔1〕 **デュオバイナリ FM** この方式は，周波数変調，リミタ・周波数弁別検波において，デュオバイナリ符号を用いている。ベースバンド信号はデュオバイナリ符号化（3.2.6 項）により，3 値をとる。NRZ およびナイキスト第 1 基準波形に対するデュオバイナリ FM のスペクトルを**図 6.16** に示す。ナイキスト第 1 基準フィルタにより，帯域外放射が減少している。移動無線回線におけるフェージング環境下での，デュオバイナリ符号化 MSK および TFM の非同期検波の誤り率特性は，文献 14)に述べられている。

〔2〕 **TFM（Tamed FM）** TFM（tamed frequency modulation, Tamed

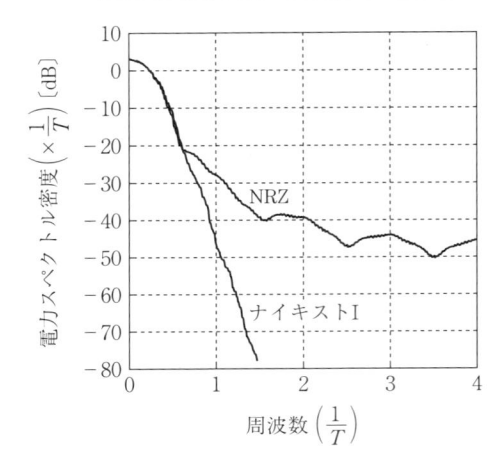

図 6.16 NRZ およびナイキスト I ($\alpha=0$) パルス整形を用いたデュオバイナリ FM 信号の電力スペクトル

FM) のブロック図を**図 6.17** に示す。変調指数が 0.5 で，パルス波形がナイキスト第 3 基準を満たすディジタル FM に対して，クラス II パーシャルレスポンス（3.2.6 項）符号が導入されている。

パルス整形フィルタ全体の伝達関数はつぎのようになる。

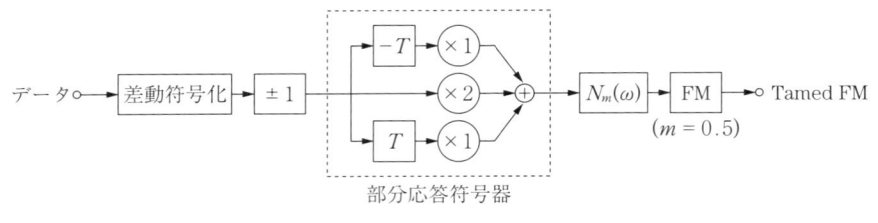

（a）変 調 器

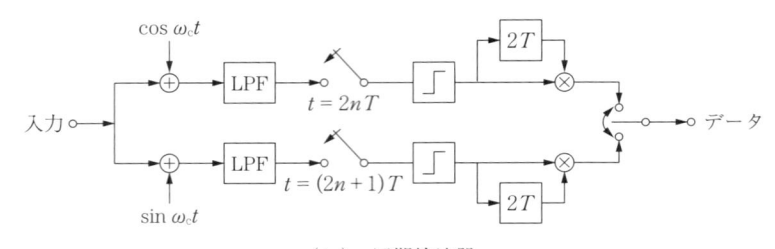

（b）同期検波器

図 6.17 Tamed FM 方式の回路図

6.2 定包絡線変調

$$H(\omega) = \cos^2\left(\frac{\omega T}{2}\right) N_{\mathrm{III}}(\omega) \tag{6.13}$$

ここで，T はビット周期，$N_{\mathrm{III}}(\omega)$ はナイキスト第3基準（3.1.3項）の伝達関数であり，つぎのように与えられている．

$$N_{\mathrm{III}}(\omega) = \frac{\omega T/2}{\sin(\omega T/2)} N_{\mathrm{I}}(\omega)$$

ここで，$N_{\mathrm{I}}(\omega)$ はナイキスト第1基準の伝達関数である．$\cos^2(\omega T/2)$ の項はクラスIIパーシャルレスポンス信号方式を表しており，インパルス応答 $\delta(t+T)+2\delta(t)+\delta(t-T)$ のフーリエ変換により得られる．1ビット周期区間における位相変化はつぎのようになる．

$$\Delta\theta(nT) = \theta(nT+T) - \theta(nT) = \frac{\pi}{2}\left(\frac{1}{4}a_{n-1} + \frac{1}{2}a_n + \frac{1}{4}a_n + 1\right) \tag{6.14}$$

ここで，データシンボル a_n は ± 1 の値をとる．TFM と MSK の電力スペクトルを**図 6.18** に示す．Tamed FSK は，ナイキスト第3基準フィルタを NRZ パルス整形フィルタで置き換えて得られる．TFM をチャネル間隔が 25 kHz で隣接チャネル干渉量が -60 dB 程度のアナログ FM 伝送路に適用すると，伝送速度が 16 kbps のディジタル伝送を達成できる．Tamed FM が発明された時点では，ADM（適応デルタ変調，7.7.2項）による1チップの音声符復号回路が手に

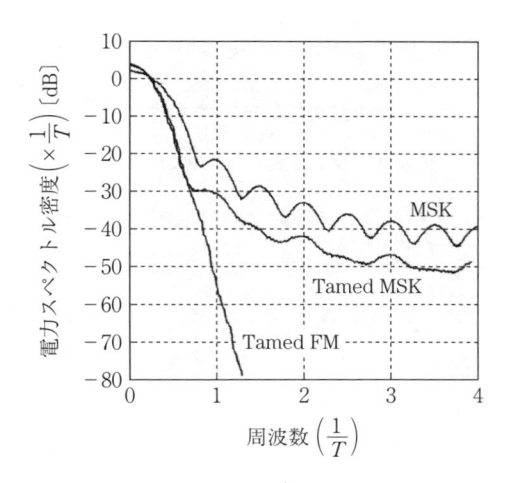

図 6.18 Tamed FM，Tamed FSK，MSK 信号の電力スペクトル

入っていた。16 kbps の ADM 音声符号化と TFM の組合せは，移動無線伝送路におけるディジタル音声通信の歴史的記念事であった。

TFM は各シンボル時刻において固定の位相点 $(\pi/8)(a_{n-1}+2a_{n-1}+a_{n-1})$ $(a_n=\pm 1)$ のうちの一つの点をとる（**図 6.19**）。そのわけは，変調指数を 0.5 に設定し，ナイキスト第 3 基準パルス符号化を用いているからである。信号点は図 6.19 に示した 'X' 印と 'O' 印のグループから交互にとる。TFM と MSK（図 6.3）の位相配置を比較すると，TFM 信号点がパーシャルレスポンス符号化によって散乱していることが理解できよう。TFM の位相点が散乱しても，同相成分，直交成分は，**図 6.20** に示すようにアイ開口が得られる。これより MSK の同期検波回路（図 6.10）と同様の同期検波回路が TFM に適用できる。これら二つの方式の違いは低域通過フィルタにある。TFM の同相成分および直交成分は，MSK とは異なり，2 シンボル区間に時間制限されてはいない。したがって，シンボルごとの判定は最適（小）な誤り率特性を与えない。

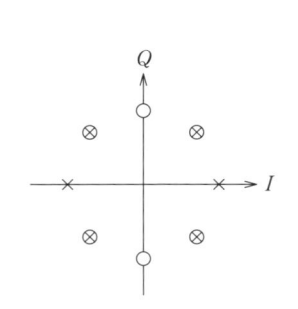

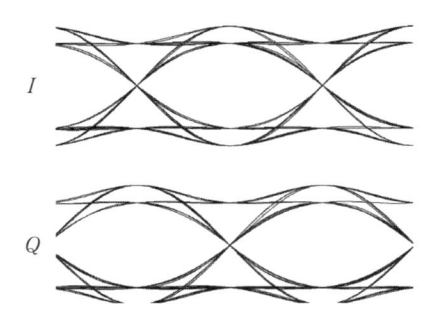

図 6.19 Tamed FM 位相点配置　　**図 6.20** Tamed FM 同期検波のアイパターン

文献 15)は，変調指数が 0.5 のディジタル FM の直交同期検波に対する最適受信フィルタについて検討している。この結果によれば，TFM は MSK に比べて，誤り率が 10^{-3} と 10^{-6} の点において，E_b/N_0 に対してそれぞれ 0.75 dB と 1.2 dB の劣化になっている。実際の応用上では，受信フィルタは，誤り率特性だけではなくチャネル選択特性も考慮して設計すべきである。

TFM の遅延検波は復調信号における符号間干渉のために誤り率特性が悪

い[14]。TFM のリミタ・周波数弁別検波は，クラスⅡパーシャルレスポンス符号化により5値のレベルをとる。受信5値レベルを2値レベルに復号することによって（3.2.6項），受信データが得られる。この場合，前置符号化（precoding）$H_p(z)=1/(1+2z^{-1}+z^{-2}) \pmod 2$ を仮定する。ナイキストⅠ帯域制限ではなくナイキストⅢ帯域制限が用いられているので，符号間干渉がパーシャルレスポンス符号化によるものに加えて生じる。

TFM の実験および計算機シミュレーションによる誤り率特性は，文献 16)～18)に述べられている。

〔3〕 **一般化 Tamed FM**　この方式[19]では，変調入力に対して，一般化パーシャルレスポンス（3.2.6項）信号が用いられる。1ビット時間内における位相推移はつぎのようになる。

$$\Delta\theta(nT)=\theta(nT+T)-\theta(nT)=\frac{\pi}{2}(Aa_{n-1}+Ba_n+Aa_{n+1}) \qquad (a_n=\pm 1)$$
(6.15)

ここで，$2A+B=1$ の制限がある。$A=1/4$, $B=1/2$ とすればTFMが得られる。パーシャルレスポンス帯域制限の伝達関数はつぎのように与えられる。

$$G(\omega)=B+2A\cos(\omega T) \qquad (6.16)$$

ナイキストⅢ基準フィルタを用いることに変わりはない。パラメータA, BとナイキストⅢフィルタのロールオフ係数を変化させることにより，スペクトルおよび誤り率特性を変化させることができる。例として，周波数（弁別）検波のアイパターンを**図6.21**に示す。

$B=0.62$ およびロールオフ係数が 0.36 のとき図(c)に示すように，隣接シンボル区間の真ん中で，ほぼ理想的な3値アイ開口が得られる。パラメータをこのように選ぶことにより，ナイキスト第Ⅱ基準が満足されていることを示している。3値検出のほうが5値検出よりも誤り率特性がよい。3値検出には，両波整流と2値のしきい値判定の二つの方法がある。3値のアイ開口は隣接シンボルの符号間干渉で生じているので，これはデュオバイナリ符号化（3.2.6項〔1〕）と等価である。TFM（GTFM）における差動符号化は，デュオバイ

(a) $B=0.5$, $r=0$ (TFM)

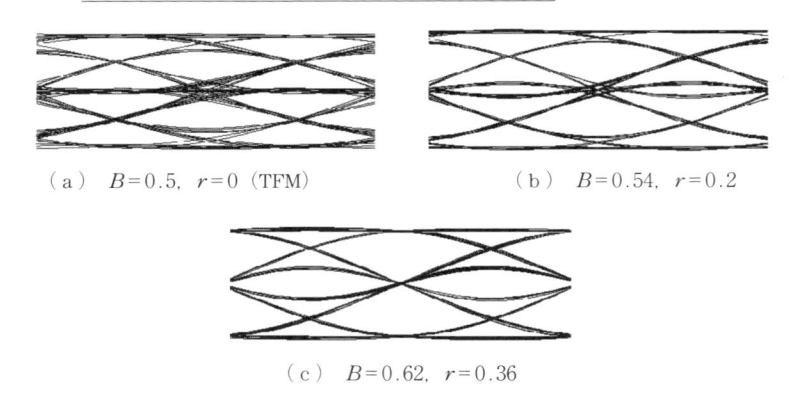

(b) $B=0.54$, $r=0.2$

(c) $B=0.62$, $r=0.36$

図 6.21 一般化 Tamed FM 周波数検波のアイパターン

ナリ符号化に対する前置符号化となっている。一般化 TFM の周波数（弁別）検波の実験結果[19]によれば，高速フェージング条件下では，同期検波よりもよい特性が得られている。周波数検波を用いた3値パーシャルレスポンス伝送に最尤系列推定（maximum likelihood sequence estimation, MLSE）を適用している。高速フェージング条件下における GTFM の周波数検波・MLSE 検出に対する誤り率特性は，文献20)に示されている。周波数検波を用いるかぎり，変調指数は0.5に限定する必要はない。

〔4〕 **GMSK** GMSK (Gaussian filtered MSK)[21]〜[23]は平出と室田により1979年に提案された。GMSK の変調回路を図 6.22 に示す。GMSK 変調は，MSK 変調において，変調入力信号をガウス型低域通過フィルタで帯域制限することにより得られる。入力にインパルス信号を仮定すると，前置フィルタの伝達関数はつぎのようになる。

$$H(\omega) = \frac{\sin(\omega T/2)}{\omega T/2} \exp\left[-\ln\sqrt{2}\left(\frac{\omega}{2\pi B_b}\right)^2\right] \quad (6.17)$$

ここで，B_b はガウスフィルタの 3 dB 帯域幅である。最初の項は NRZ パルス波形に対応している。GMSK のスペクトルはガウスフィルタの帯域を変化させることにより制御できる（図 6.23）。$B_bT=0.21$ としたときのスペクトルは TFM のそれとほぼ同じである。GMSK はガウスフィルタの帯域（B_b）を変え

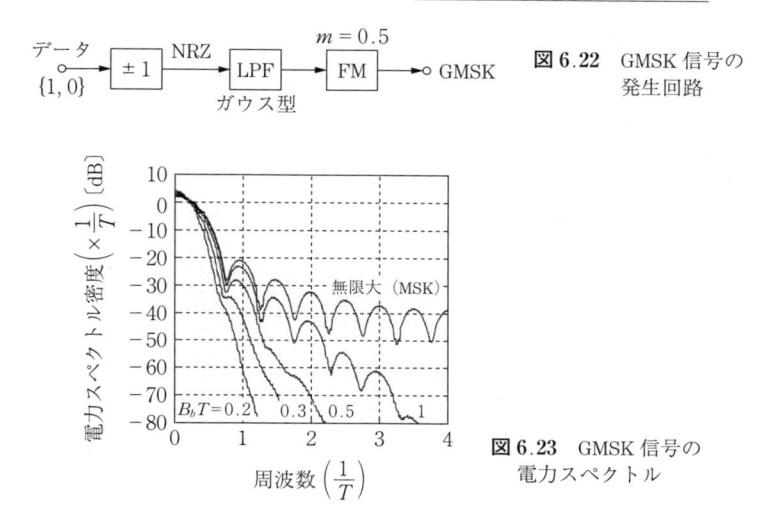

図 6.22　GMSK 信号の発生回路

図 6.23　GMSK 信号の電力スペクトル

ることにより，符号間干渉を連続的に変化させる，パーシャルレスポンス符号化ディジタル FM とみることができる．

GMSK は，ベースバンド信号の帯域制限を連続的に行える点で，他のパーシャルレスポンス符号化ディジタル FM に対して有利である．前置ベースバンドフィルタがナイキスト第 3 基準を満足しないので，GMSK は定まった位相点をとらない．

GMSK には，MSK 同様，同期，差動，周波数弁別の各検波が適用できる．同波検波のアイパターンを図 6.24 に示す．これは，TFM によく似ている．B_bT を大きくするに従い，MSK のアイパターンに近づく．先に論じた，MSK

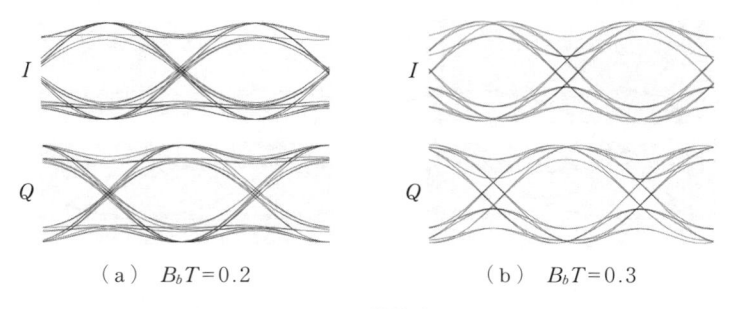

（a）　$B_bT = 0.2$　　　　　　（b）　$B_bT = 0.3$

図 6.24　GMSK の同期検波アイパターン

用復調回路は GMSK にも適用できる。

ガウス型 IF 帯域通過フィルタを用いた GMSK の同期検波に対する誤り率の実験結果[23]を，図 6.25 に示す。ガウス型 IF 帯域通過フィルタの規格化 3 dB 帯域 B_iT の最適値は $B_iT \approx 0.63$ とされている。$B_bT = 0.21$ の場合，誤り率特性の劣化は理想的な 2 値極性符号に比べて，E_b/N_0 で考えて 1.6 dB である。

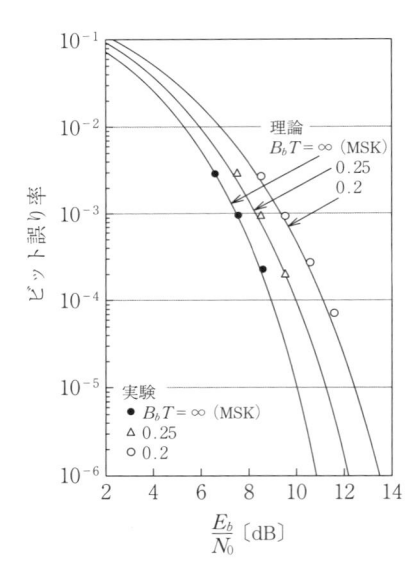

図 6.25 GMSK 同期検波の誤り率[22]

GMSK の差動検波は文献 24)〜31)に論じられている。1 ビットおよび 2 ビットの遅延（差動）検波が考えられる。アイパターンを図 6.26 に示す。B_bT の値を小さくするに従い符号間が大きくなるため，アイ開口は小さくなる。GMSK の 1 ビットおよび 2 ビット遅延検波時の誤り率は文献 30)に述べられて

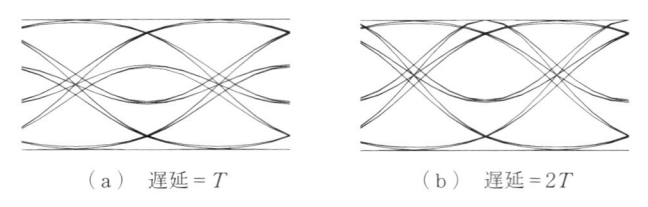

(a) 遅延 = T　　　(b) 遅延 = $2T$

図 6.26 GMSK 差動検波のアイパターン（ガウス特性 BPF を使用，$B_bT = 0.25$，$B_iT = 1.25$）

いる。2ビット遅延のほうがよい特性を示す。IF帯域通過フィルタの最適帯域幅B_iTは，B_bTの値，遅延検波の遅延量，および誤り率の値に依存して$B_iT \approx 0.9 \sim 1.4$となり，同期検波の場合よりもかなり広い。判定帰還検出を用いたGMSKの遅延検波は，文献31)に述べられている。判定帰還等化（7.3.3項）によりアイ開口が改善されるため，誤り率はかなり改善される。

GMSKの周波数検波は文献32)〜35)に論じられている。この検波方式では，変調方式を任意に設定できる。アイパターンを図6.27に示す。アイ開口を広くするために，図6.28のように適応多値しきい値判定が導入された[32]。この方式は判定帰還検出と等価である。誤り率特性を図6.29に示す。

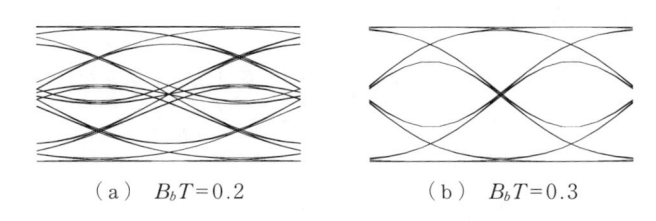

　　　（a）$B_bT=0.2$　　　　　　（b）$B_bT=0.3$

図6.27　GMSK周波数検波のアイパターン

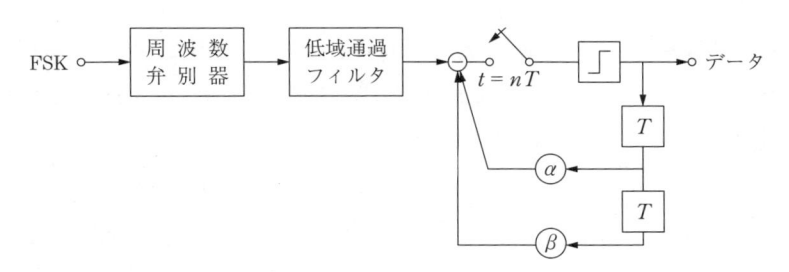

図6.28　GMSK周波数検波における適応多しきい値検出

シンボル時刻の中間において3値検出を行う方法（6.2.2項〔3〕）は文献33)に述べられている。この方法による誤り率は先の適応多値しきい値判定方式とほぼ同じである。GMSKを含めて，ディジタルFMの遅延検波および周波数検波の誤り率の理論的解析は，文献36)に述べられている。

GMSK変調を用いたセルラー方式の周波数利用効率（9.1.1項）は文献37)で解析されている。スペクトル帯域と同一チャネル干渉特性との妥協点とし

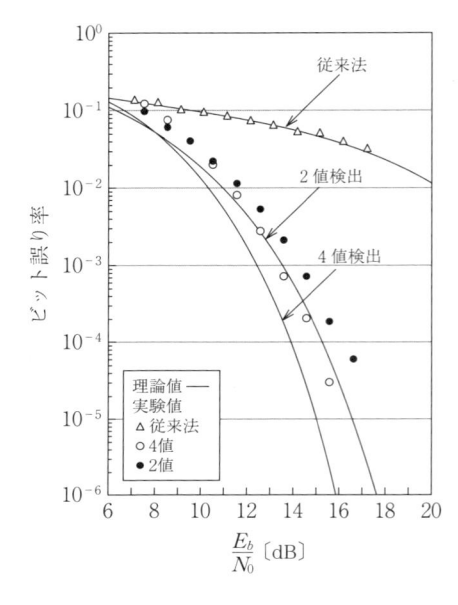

図 6.29 周波数検波における適応多しきい値検出を用いた GMSK の誤り率 [32]

て，$B_bT = 0.25$ と符号化率が 4/5 の（前方）誤り訂正が最適な周波数利用効率を示すとされている。

〔5〕 **CCPSK**　CCPSK（compact spectrum constant envelope PSK）[38]~[39] は，シンボル時間における位相推移が入力の 3 ビットによって決まる定包絡線位相連続 PSK である。CCPSK の位相点は，**図 6.30** に示す 12 の点のうち，丸印と×印の点から，一つを交互にとる。パラメータ φ は任意の値をとる。もし $\varphi = 45°$，あるいは 0° とすれば，それぞれ TFM と MSK の位相配置となる。

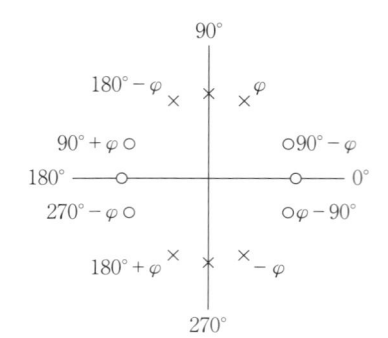

図 6.30 CCPSK の位相点配置
（位相遷移は○点から×点へあるいはこの逆に起こる）

同様に同相成分,直交成分は2値アイ開口を示す.CCPSK は 12PM3 という一般的な変調方式[40]の一つと考えられる.ここで 12 は,12 の位相点を表し,PM は位相変調,3 は位相変化が 3 ビットの系列で定められていることを示している.位相連続性を保つために,位相推移について数種類の波形が用意されている.位相波形の微分,すなわち周波数波形は必ずしも連続的でないので,CCPSK の帯域外輻射はそれほど低くならない.

〔6〕 **相関位相変移変調(CORPSK)**　この変調方式はつぎに述べる三つの事柄で定義される定包絡線 PSK[18]の特別な形式である.(1) 情報は,位相が連続になるように,位相変移 $\Delta\varphi_m$ に符号化される.1 シンボル区間における位相変移は

$$\Delta\varphi_m = \varphi\left[(m+1)T_s\right] - \varphi\left(mT_s\right) = c_m \frac{2\pi}{n} \tag{6.18}$$

である.ここで,整数 c_m は情報に対応して定まり,定数 n は位相のとり得る点の数である.(2) 相続く位相点は,$L\,(\geq 2)$ 値レベルの入力データを相関符号化するために,相関を有している.ここで,線形および非線形の相関符号を考える.(3) 位相波形およびその時間微分波形(すなわち周波数波形)が連続である.

このようなわけで,CORPSK (correlative PSK) は,相関符号化を用いた定包絡線 PSK の多数の変形種を含んでいる.CORPSK の新しい方式の一つは,4値入力の非線形相関符号化を用いた方式(CORPSK (4-5))である.この方式では位相点は QPSK と同様である.位相変化 π あるいは $-\pi$ はどちらも同じ位相点に動く.ただ,その回転方向は,位相変化軌跡がよりなめらかな動きとなるように非線形的に制御される.CORPSK は TFM と比べてほぼ同じ帯域外輻射特性を示し,誤り率特性はより優れている.

〔7〕 **ディジタル位相変調(DPM)**　相関符号化を行ったディジタル位相変調方式は Maseng により調べられた[41].この方式においては,位相変調方式とは異なり,変調信号は特定の位相点をとることがない.したがって,同相・直交成分に対してシンボル時刻ごとの検波を適用できない.同期検波に続いて

最尤系列を行う．ディジタル位相変調においては，搬送波信号成分が現れるので，これを利用して同期検波を行うことができるのが特色である．DPM 信号は，ディジタル FM とは対照的に，以前のデータによって現在の位相点が影響を受けることがないので，変復調回路の構成が，特に系列推定において楽になる．高い変調指数の場合，2値位相変調方式に比べて，数 dB の符号化利得が得られる．

〔8〕 **連続位相変調（CPM）** 連続位相変調（countinuous phase modulation, CPM）は定包絡線で連続位相（ディジタル）波形を示す．多値変調，種々の変調指数の値，パーシャルレスポンス符号化を含み，いろいろな変調入力信号が考えられている．同期検波最適（系列）検出を前提としている．変調指数を任意の値としているので，復調された波形のあるシンボル時刻における値は，それ以前の時刻における値と相関を有している．変調入力信号波形は異なるシンボル区間においてなんら相関がない（フルレスポンス符号）にもかかわらず，変調出力信号には相関が生じる．したがって，最適受信においては，当刻シンボルだけでなく相関が及んでいるシンボルをも含んで系列推定を行うことになる（3.3.8 項）．

スペクトルおよびビット誤り率特性は文献 42)～44)で広く検討されている．いくつかの CPM 方式は，MSK あるいは PSK よりも優れた特性を示す．信号間距離を増加させるために，変調指数を周期的に変化させる複数変調指数変調方式が知られている[66]．

〔9〕 **デュオバイナリ FM** 4値信号を，インパルス応答 $h(t)=\delta(t)+\delta(t-T)$（$T$ はシンボル周期）となるパーシャルレスポンス符号化フィルタに

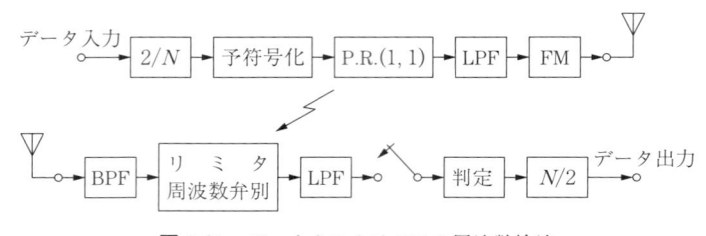

図 6.31 デュオカテナリ FM の周波数検波

入力すると，デュオカテナリ（duo-quatenary）信号を得る．デュオカテナリ符号化 FM を使ってリミタ周波数検波（図 6.31）を行う方式は文献 50)，51) で議論されている．検波後フィルタの出力においては 7 値の信号が得られる．スペクトルおよび誤り率特性は 4 値 FM よりもよい．

6.2.3 ナイキスト帯域制限ディジタル FM

〔1〕 **ナイキスト帯域制限多値 FM**　　1979 年に，赤岩ら[45)〜47)]は，変調入力および復調出力低域通過フィルタが全体としてナイキストの第 1 基準を満足するディジタル FM・周波数検出方式を提案した（図 6.32）．IF 帯域通過フィルタの帯域が十分に広ければ，符号間干渉のない伝送が得られる．変調入力信号の帯域制限，低変調指数および多値符号化が相まって，変調信号の狭帯域化を可能にしている．検波後の雑音帯域の制限効果により，良好な誤り率特性を得ている．

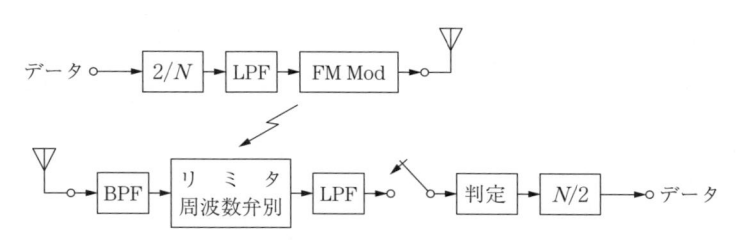

図 6.32　N 値ディジタル FM と周波数検波方式

スペクトル特性とビット誤り率特性を図 6.33(a)，(b) および図 6.34(a)，(b) に示す．ここで，ナイキスト第 1 基準フィルタの特性を，変調入力フィルタと検出後出力フィルタに等しく分配している．また，カーソン帯域（5.3.2 項）幅で急峻な遮断特性を有する帯域通過フィルタを用いている．IF 帯域通過フィルタの帯域幅が受信アイパターンおよび誤り率特性に与える影響を，図 6.35 および図 6.36 にそれぞれ示す．図 6.36 において，×印は計算機シミュレーション結果を，実線は 5.5.4 項で述べた理論値を示す．

レイリーフェージング下におけるナイキスト帯域制限 4 値 FM のビット誤り

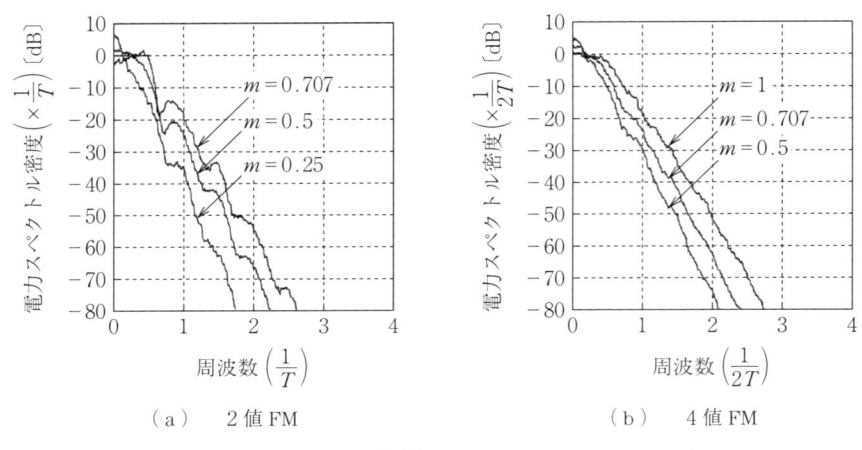

302   6. 移動無線通信におけるディジタル変調

(a) 2値FM

(b) 4値FM

図 6.33 ルートナイキスト帯域制限ディジタル FM のスペクトル
(m：変調指数（ロールオフ係数 = 0.5），T：ビット周期）

(a) 2値FM

(b) 4値FM

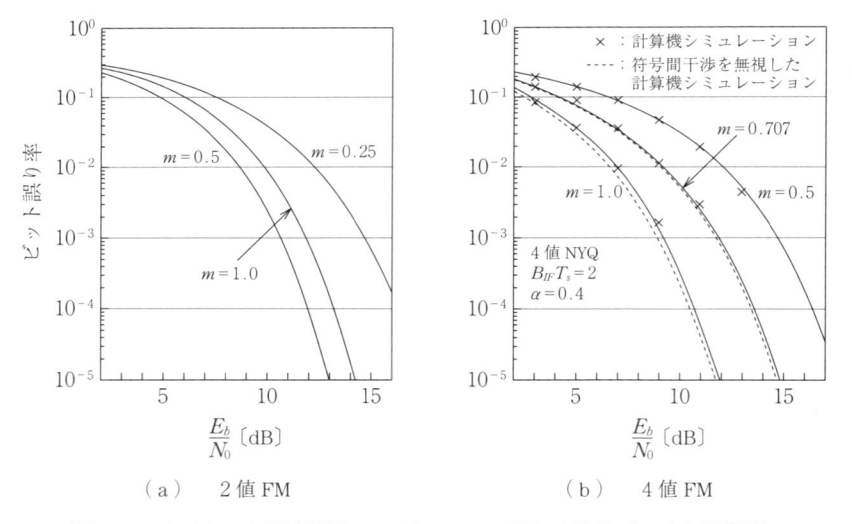

図 6.34 ナイキスト帯域制限ディジタル FM の誤り率特性（m は変調指数）

率特性を**図 6.37** に示す。実線は，ダイバーシチ受信を行わない場合について，式(5.55)″と(5.54)′で与えられる誤り率を足して得られる理論値を示す。もし，ナイキスト第3基準を満たす特性の変調入力フィルタを用い，変調指数を適切な値に設定すれば，定包絡線の位相変調信号を得ることができる。

6.2 定包絡線変調

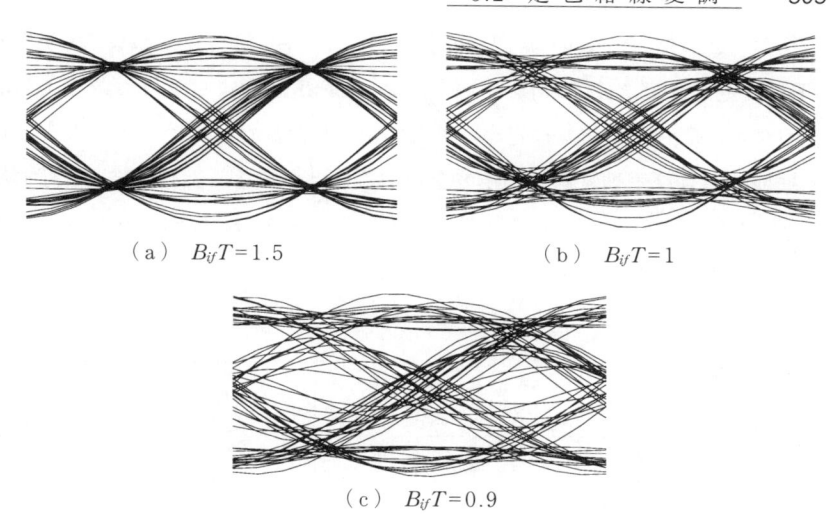

（a） $B_{if}T=1.5$

（b） $B_{if}T=1$

（c） $B_{if}T=0.9$

図 6.35 ナイキスト帯域制限 2 値 FM のアイパターンに与える IF BPF の帯域の影響（変調指数 = 0.5，ロールオフ係数 = 0.4，BPF の周波数特性は方形を仮定）

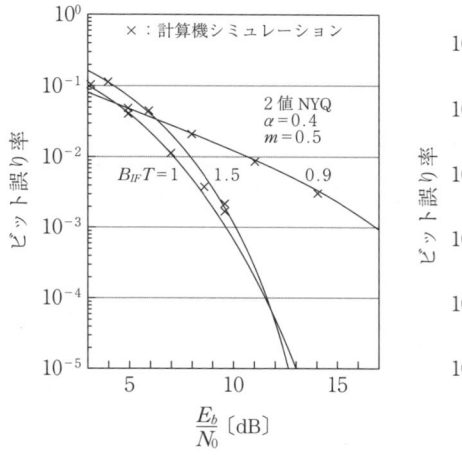

図 6.36 ナイキスト帯域制限 2 値 FM の誤り率に与える IF BPF 帯域の影響

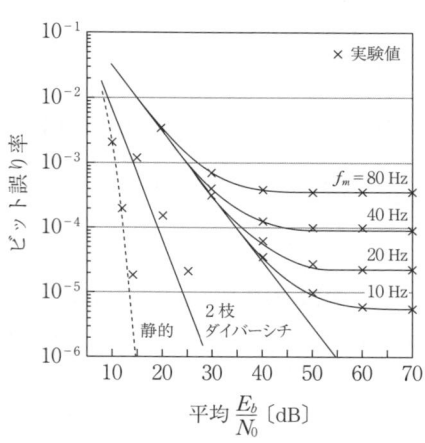

図 6.37 レイリーフェージング下におけるナイキスト帯域制限 4 値 FM の誤り率特性（f_m：最大ドップラー周波数）

304   6. 移動無線通信におけるディジタル変調

例えば，2値信号あるいは4値信号に対して，変調指数をそれぞれ0.5と0.75に設定すれば，定包絡線のπ/2シフトBPSK，およびπ/4シフトQPSKが得られる．これらの信号は定められた固定位相点をとるので，復調方式として同期検波および差動（遅延）検波を用いることができる．4値方式に対するスペクトル特性とビット誤り率特性を，それぞれ図6.38と図6.39に示す．これらは，TFMとほぼ同じ特性となっている．

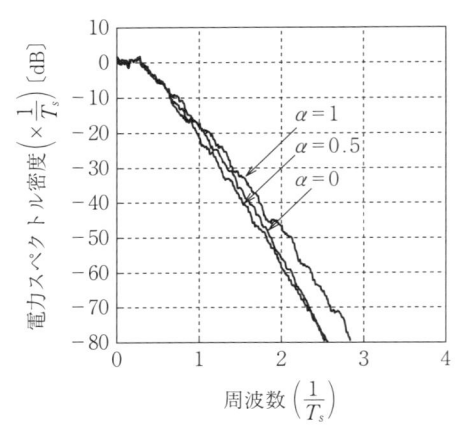

図6.38 ナイキストⅢ帯域制限4値FMのスペクトル（変調指数0.75，パラメータ：ロールオフ係数）

図6.39 ナイキストⅢ帯域制限4値FMの同期検波と差動検波の誤り率（差動符号化を仮定，変調指数0.75，ロールオフ係数 = 0.5，方形BPF特性，帯域幅 = $0.8/T$（T：ビット周期））

〔2〕 **PLL-QPSK**　PLL-QPSKの方式のブロック図を図6.40に示す[48]．NRZパルス波形を用いたπ/4シフトQPSKをPLL（phase locked loop, 位相

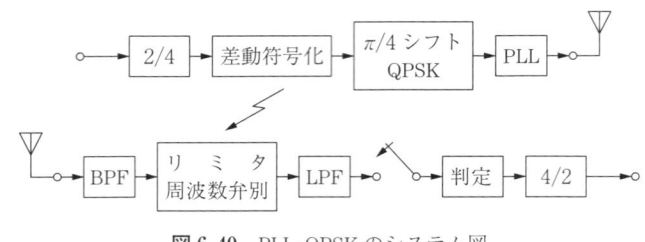

図6.40　PLL-QPSKのシステム図

6.2 定包絡線変調

同期回路)に通し,狭帯域定包絡線信号を得る。閉ループの伝達関数は帯域外輻射を抑圧するように定める。

リミタ周波数検波・積分放電フィルタが用いられている。これは,$\pi/4$ シフト QPSK の位相変化 $\pm\pi/4$, $\pm 3\pi/4$ を検出しているものである。そのため,送信側での差動符号化を前提としている。入力データ信号に対する差動符号化は FM 変調における入力(実)信号に対する積分過程で等価的に行うことができる。これにより PLL-QPSK 信号は,図 6.41(d)に示すように FM 変調によって発生できることになる。結果として,図に示すように,PLL-QPSK は 4 値 FM の特別な場合,すなわち変調指数を 0.75 とした場合に相当することがわかる。FM 変調における等価的な前置フィルタと積分放電フィルタを含む検波後フィルタは,全体としてナイキストの第 1 基準を満足している。

(a) NRZ → 差動符号化 → $\pi/4$ シフト QPSK → PLL → PLL-QPSK

⇕

(b) NRZ → 差動符号化 → $H(\omega)$ → PM ($m=0.75$)

⇕

(c) インパルス → $\int dt$ → $H(\omega)$ → PM ($m=0.75$)

⇕

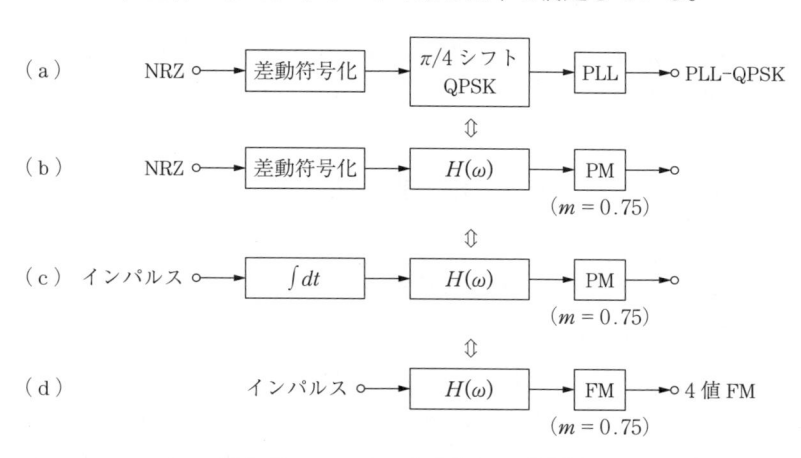

(d) インパルス → $H(\omega)$ → FM ($m=0.75$) → 4値FM

図 6.41 PLL-QPSKと4値FMの等価性

6.2.4 特性比較

いくつかのディジタル FM 方式について,スペクトル特性と誤り率特性を同時に比較したものを図 6.42[52]に示す。スペクトル特性は,中心周波数からビット周波数だけ離れた周波数における,電力密度の中心周波数に対する減衰量で代表している。電力スペクトル密度の減衰が -60 dB 程度であることを考

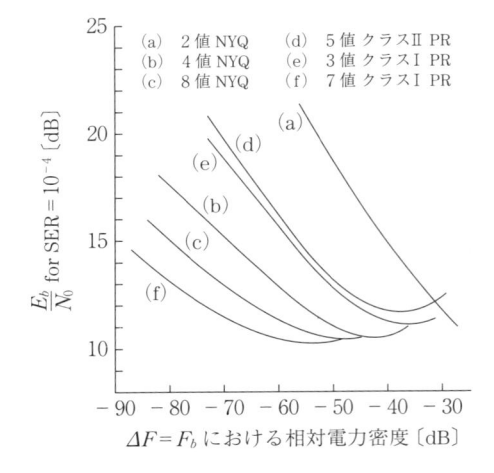

306   6. 移動無線通信におけるディジタル変調

```
(a) 2値 NYQ    (d) 5値 クラスⅡ PR
(b) 4値 NYQ    (e) 3値 クラスⅠ PR
(c) 8値 NYQ    (f) 7値 クラスⅠ PR
```

縦軸: $\dfrac{E_b}{N_0}$ for $SER = 10^{-4}$ [dB]
横軸: $\Delta F = F_b$ における相対電力密度〔dB〕

図 6.42 ディジタル FM の特性比較(特性の曲線は変調指数を変化させて得た)

えると,デュオカテナリ FM 方式が最もよい特性を示す.これらの方式から実際にどれを選ぶかは,回路の複雑性と回路の不完全性による特性の劣化を考慮して決めなければならない.

6.3 線 形 変 調

　線形変調のスペクトルは,変調入力ベースバンド信号のスペクトルを搬送波周波数へ移動することによって得られる (5.4.1項).そのため線形変調波は,ベースバンド周波数帯での帯域制限により狭帯域にすることができる.ただし,狭帯域化の犠牲として,帯域制限しない (NRZ 波形) ときに得られる定包絡線性を失う.図 6.43 は帯域制限 QPSK と変調前帯域制限 4 値 FM のスペクトルを比較をしたものである.これより,定包線変調に対する線形変調の優位性は明らかである.例えば,-60 dB の帯域外電力でのスペクトル帯域では,線形変調波は 1/3 程度の狭帯域になっている.しかし,これはあくまでも理想的な場合である.もし送信機において非線形歪みがあると,奇数次の非線形歪みの程度に比例して,帯域外スペクトルが発生するからである (付録5.1).この例として,準線形電力増幅器の出力における $\pi/4$ シフト QPSK の

6.3 線形変調

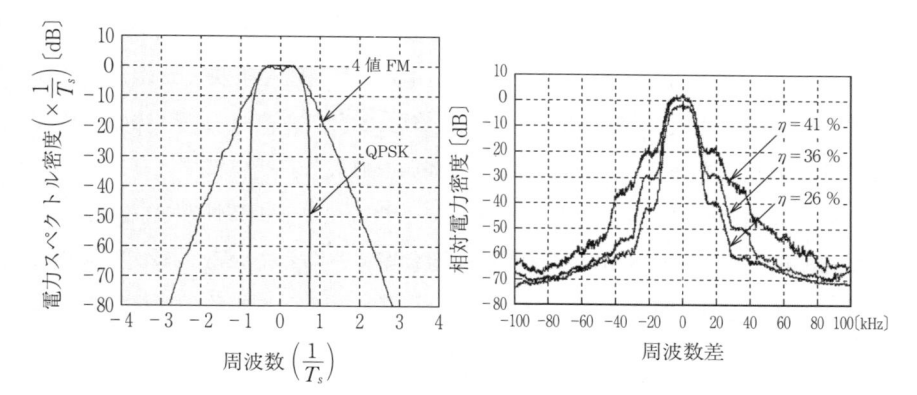

図 6.43 QPSK と 4 値 FM（変調指数 = 1）のスペクトルの比較（ルートナイキスト I フィルタを使用，ロールオフ係数 = 0.5）

図 6.44 $\pi/4$ シフト QPSK 信号の入力電力を変化させたとき 900 MHz, MOSFET 準線形電力増幅器出力におけるスペクトル（η：電力効率，ビット速度 = 32 kbps, ロールオフ係数 = 0.5）

電力スペクトルを**図 6.44** に示す．帯域外スペクトルは増幅器の効率を上げるにつれて増加する．すなわち，高い電力効率を得ようとすると電力増幅器の非線形歪みが高くなる．電力効率は移動無線通信，とりわけ電力源として電池を用いる携帯通信の場合には重要になる．

　電力増幅器の出力において帯域通過フィルタを用いて帯域外輻射を抑制することは移動通信においては非現実的である．なぜなら，中心周波数を変化させなければならないからである．たとえ中心周波数が固定されたとしても，通常の移動無線通信においては信号帯域幅と中心周波数の比がごく小さいので，低損失の帯域通過フィルタを実現するのが困難になる．線形電力増幅器において高い電力効率と低い線形歪みを得ることは難しい．これが，線形変調の移動無線通信への適用が長い間行われていなかった理由の一つである[53]．移動無線通信における線形変調のもう一つの難しさは，受信回路の実現性にある．線形変調波を受信するためには，移動無線回路で生じる高速フェージングと信号レベルのダイナミックレンジに対応できる AGC（automatic gain control, 自動利得制御）が必要となる．このような AGC 回路は定包絡線信号に用いることが

できるリミタ回路に比べて，実現がずっと難しい．狭帯域信号の場合に，特にそうである．1985年に，赤岩と永田はこのような困難を解決した線形$\pi/4$シフトQPSK変調方式（**図6.45**（a））を提案した[54),55)]．高電力効率の電力増幅器の非線形歪みを補償するために負帰還制御を導入し，受信機ではリミタを用いている．図(b)に示すように，負帰還によりスペクトル特性が30 dB改善された．-60 dBの帯域外輻射が30%の電源効率で得られている．ビット誤り率特性はディジタルFMと同等である．これ以降，ディジタル移動通信用の線形変調方式についてたくさんの論文が発表された[56)〜59)]．線形変調方式は，狭帯

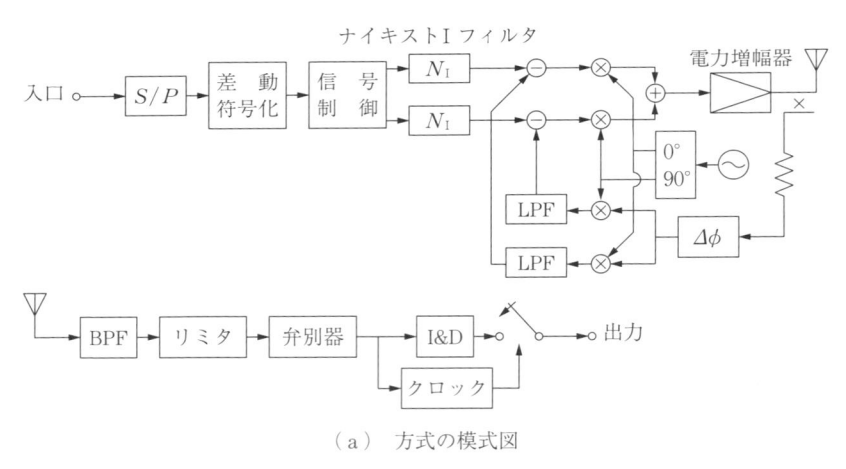

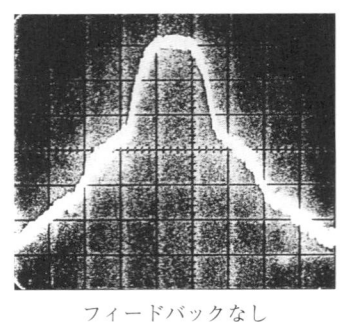

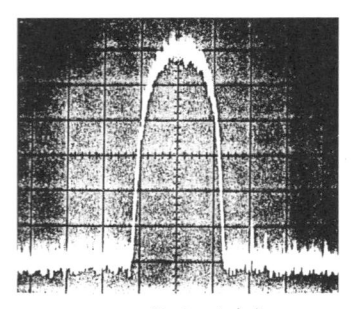

（a） 方式の模式図

（b） 負帰還による非線形歪みの補償効果（縦軸：10 dB/div，横軸：10 kHz/div）

図6.45 線形化電力増幅器とリミタ周波数検波を用いた線形$\pi/4$シフトQPSK方式

6.3 線形変調

域スペクトルに加えて線形回路を用いていることにより，送信電力制御とTDMA信号のスペクトル広がりを防ぐための，バースト信号のオン・オフ波形整形が容易になるという利点もある。

線形ディジタル変調方式が，TFM，PLL-QPSKおよびナイキスト帯域制限多値FMといった狭帯域定包絡線変調方式に比べて，スペクトルの優位性を出すためには，多値変調を考えなければならない。候補になるのは，QPSK，あるいはそれの変形であるOQPSK，およびπ/4シフトQPSK，8PSK，16QAMなどであろう。この節では，線形変調/復調方式について述べる。線形変調に必要な回路の非線形歪み補償技術については，8.6.3項で述べる。

6.3.1　π/4シフトQPSK

QPSK，OQPSKおよびπ/4シフトQPSKは同じスペクトルを有する。これらの信号軌跡を**図6.46**に示す。OQPSKとπ/4シフトQPSKは，振幅が零となる原点を通過しない。この性質は，受信側で信号が雑音と一緒に振幅制限に

　（ⅰ）　QPSK　　　　（ⅱ）　π/4シフトQPSK　　　　（ⅲ）　オフセットQPSK

（a）　信　号　軌　跡

　（ⅰ）　QPSK　　　　（ⅱ）　π/4シフトQPSK　　　　（ⅲ）　オフセットQPSK

（b）　サンプル時刻における信号点

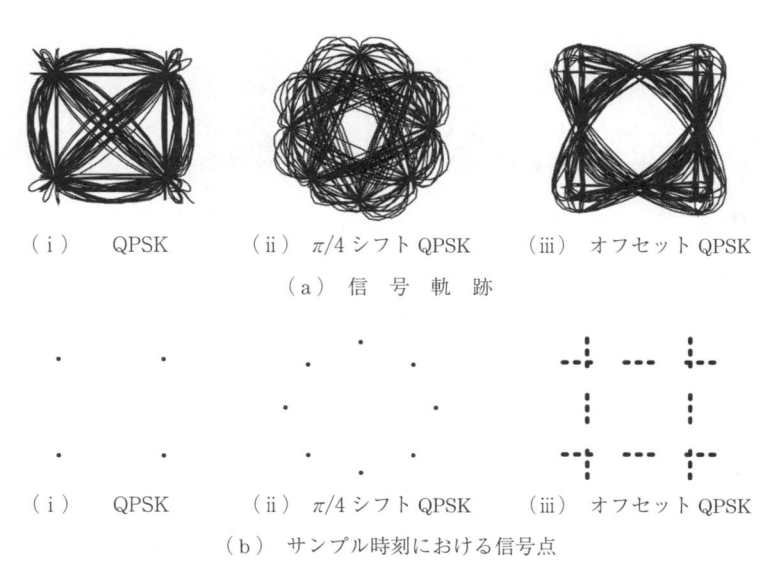

図6.46　信号軌跡とサンプル時刻における信号点

入力される場合に有利である。雑音によって位相がゆらぐのがより少なくなるからである。さらに，OQPSK および $\pi/4$ シフト QPSK の信号振幅のダイナミックレンジが狭いことは，送信機と受信機の回路を実現するときに有効である。信号振幅のダイナミックレンジを表すために，平均電力で規格化した電力 x の分布関数 $F(x)$ の補間数 (complementary cumulative distribution function, CCDF) $G(x)=1-F(x)$ を図 6.47 に示す。OQPSK, $\pi/4$ シフト QPSK, QPSK の順で，ピーク対平均の電力比が小さいことがわかる。

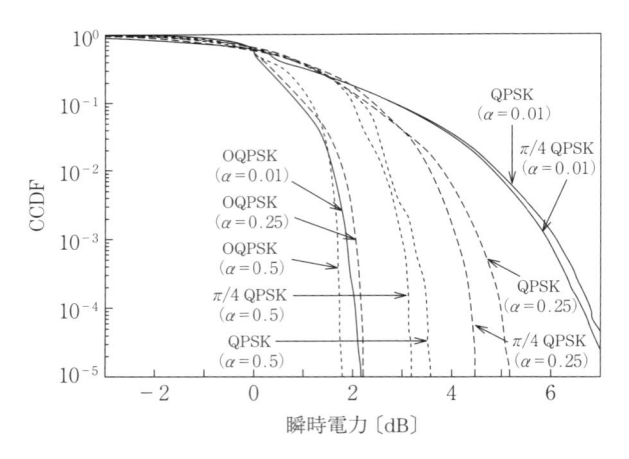

図 6.47 規格化信号電力の補分布関数

同期検波は，これらの三つの変調方式に対して適用できる。差動検波は OQPSK に適用できない。なぜなら，図 6.46 に示すように信号位相点が固定点をとらず，その結果，復調後のアイが開かないからである。上記の点を考慮して，文献 55)では $\pi/4$ シフト QPSK が，ディジタル移動通信への応用を目的として検討された。リミタ・周波数検波積分放電検出を用いる方法が提案されている（図 6.45(a)）。

この方式の原理は $\pi/4$ シフト QPSK の位相変化 $\pm\pi4$ と $\pm 3\pi/4$ を検出するものである。つぎに数式で説明しよう。周波数検波器の出力は瞬時周波数 $\omega_i(t)$ に比例する。積分放電フィルタの出力は，次式で表される。

$$s_d(nT+t) = \int_{nT}^{nT+t} \omega_i(\tau)d\tau \qquad (0 \leq t \leq T) \tag{6.19}$$

ここで，T はシンボル周期である。サンプル時刻 $(n+1)T$ において

$$s_d(nT+T) = \Delta\theta(nT) = \theta(nT+T) - \theta(nT) \tag{6.20}$$

となる。ここで，$\theta(t)$ は $\theta(t) = \int_{-\infty}^{t} \omega_i(t)dt$ となり，$\Delta\theta(nT)$ は1シンボル時間における位相変化である。

位相変化を検出しているので，送信側で差動符号化が必要である。**図 6.48** に受信アイパターンを示す。送信機では，レイズドコサインロールオフのナイキスト第1基準を満たす帯域制限を行っている。受信機では，急峻な周波数特性を有する帯域通過フィルタを用いているので，符号間干渉が生じている。もし，ナイキスト第1基準フィルタの特性を（平方根）に送信側と受信側（この場合は IF 帯域通過フィルタ）に割り振れば，符号間干渉は生じない。

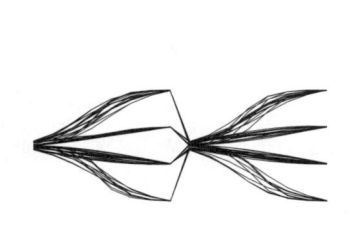

図 6.48 $\pi/4$ シフト QPSK のリミタ周波数検波積分放電検出におけるアイパターン（ナイキストフィルタ（ロールオフ係数 = 0.5）を使用）

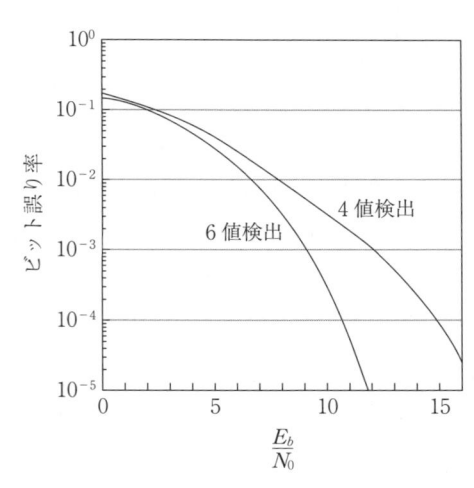

図 6.49 $\pi/4$ シフト QPSK 周波数検波のビット誤り率（ルートナイキストフィルタ（ロールオフ係数 = 0.5），グレイ符号化を用いた）

誤り率特性を**図 6.49** に示す。上のような受信方式では，位相変化が $\pm 3\pi/4$ のときに，$\pm\pi/4$ の場合よりも多くの誤りが生じる。なぜなら，信号軌跡がより原点付近を通過するからである。位相軌跡が雑音のために，原点に対して本

来の方向から逆の方向に回転すると誤りが生じる。この場合，位相変化は本来の∓$3\pi/4$ではなく±$5\pi/4$となる。この種の誤りを防ぐために，位相変化$5\pi/4$と$-5\pi/4$をそれぞれ$-3\pi/4$と$3\pi/4$に訂正する（すなわち，mod 2πの判定を行う）。これは積分放電フィルタの出力において，4値ではなく6値の判定を行うことで実行できる。もっと一般的には±$\pi/4$の位相変化に対してもmod 2πの判定を（8値になる）を行えばよい。この方式により，誤り率特性は図6.49に示すように改善できる。

差動検波を用いて位相変化±$\pi/4$と±$3\pi/4$を検出することもできる。このときの検波出力はサンプル時刻において，つぎのようになる。

$$s_x(nT+T) = \sin\Delta\theta(nT), \quad s_y(nT+T) = \cos\Delta\theta(nT)$$

先に述べた$\Delta\theta(nT)$に対するmod 2πの操作はsin関数とcos関数の中に自動的に組み込まれている。4値判定は$\sin[\Delta\theta(nT)]$と$\cos[\Delta\theta(nT)]$に対する2値判定と等価であるので，mod 2π操作を行った周波数検波・積分放電と差動検波は同じ誤り率特性を示す。これは，差動検波における検波後フィルタの影響が無視できるかぎりの話である。この前提は大抵の場合，成り立つ。なぜなら，検波後フィルタは通常，高次のIF成分を除くためだけに用いられ，検波後信号に対して広帯域であるからである。この場合，リミタは誤り率特性に影響を与えない。

ナイキスト第1基準のレイズドコサインロールオフフィルタの特性を送信と受信に均等に割り当てれば，白色雑音下における誤り率特性は同期検波および差動検波を問わず最適になる。差動検波においては，受信フィルタは検波の前に置かなければならない。この場合，ナイキスト第1基準フィルタ特性の平方根の周波数特性を有する低域通過フィルタと等価な帯域通過フィルタが用いられる[57]。

以下では，（$\pi/4$シフト）QPSKの整合フィルタと差動検波を用いた場合の誤り率特性を検討する。実験値は計算機シミュレーションによるものである。図6.50はビット当りのエネルギー対雑音電力密度比（E_b/N_0）に対するビット誤り率を示す。理論値は式(5.33)″で与えられる。同図において，中心周波

6.3 線形変調　　313

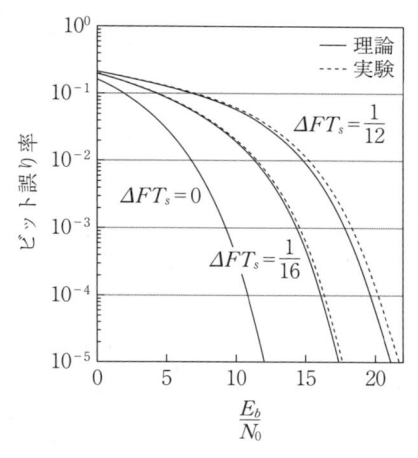

図6.50 π/4シフトQPSK差動検波の誤り率（パラメータは規格化した周波数オフセット）

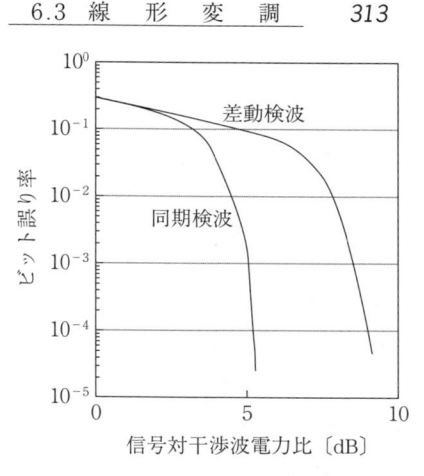

図6.51 π/4シフトQPSKの同一チャネル干渉下での誤り率

数のオフセットの影響についても示してある。このときの理論値は，式(5.33)″′で求められている。理論値と計算値の違いは，理論式において中心周波数のオフセットによる符号間干渉を考慮していないところにある。同一チャ

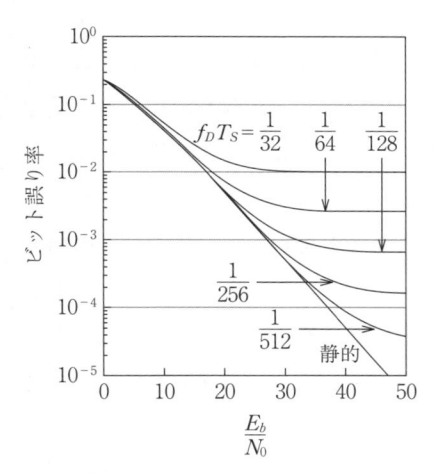

図6.52 レイリーフェージング下におけるπ/4シフトQPSK差動検波の誤り率

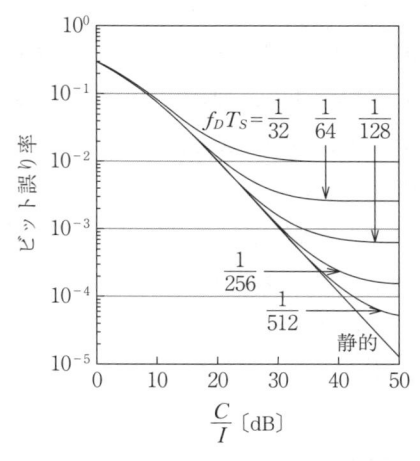

図6.53 レイリーフェージング下での希望波対同一チャネル干渉電力比に対する，π/4シフトQPSK差動検波の誤り率

ネル干渉に対する誤り率の実験値を**図 6.51**に示す。レイリーフェジング下において，ビットエネルギー対雑音電力密度比と，同一チャネル干渉に対するビット誤り率を，それぞれ**図 6.52**と**図 6.53**に示す。

6.3.2　8値PSK

8値PSKのスペクトル帯域はQPSKの2/3になる。8値PSK（あるいは，8PSK）は，移動通信において実際に使われる位相変調方式の部類で，おそらく最も多値の方式であろう。これより多値の方式は16QAMなどのQAM方式から選ばれるだろう。8PSKと符号化率2/3の誤り率訂正符号を組み合わせると，帯域はQPSKと同じになり，誤り率特性は誤り訂正により改善できる。8PSKはEDGEシステム（GSMの発展方式，9.7.4項）に採用された。

6.3.3　16QAM，64QAM

16QAMはシンボル当り4ビットの変調を行う狭帯域変調方式である。16QAMの帯域はQPSKの半分である。信号配置が振幅と位相に散らばっているので，非同期検波を適用できない。これは移動通信において不利になる。16QAMを移動通信に適用可能にするため，高速フェージング下で十分に効率的に動作する同期検波方式が提案されている[61),62)]。これらの方式の基本原理は，同期検波を安定に行うため，変調信号の中にパイロット（搬送波）信号を挿入しているところにある。抽出したパイロット信号を用いて，フェージング回線で擾乱を受けた受信信号の振幅と位相を補償している。搬送波信号の挿入方法としては二つの方式が知られている。一つは周波数軸上であり[61)]，もう一つは時間軸上である[62)]（BPSKに対しては，別の範疇に入る搬送波挿入方式がある[63)]。すなわち，BPSKの信号成分と直交する成分に搬送波を挿入する方式である）。

TTIB方式（transparent tone-in-band）では，変調信号の帯域を周波数軸上で二つの部分に分割し，これらを上下に動かして隙間をつくり，その隙間に搬送波信号を挿入している。受信側では逆の操作を行う。変調信号のスペクトル

両端に二つのパイロット信号を挿入する方法も知られている[64]。この方法は，周波数選択性フェージング回線の伝達関数を推定できる。

パイロット信号を時間軸上で挿入する方法は，三瓶が提案した[62]。$N-1$ シンボルごとに一つのパイロット信号が挿入される（**図6.54**）。受信側では，パイロット信号を抽出して，これを用いて時間補間を行うことにより搬送波信号を得ている。この方法は他の方法と比べ，より少ない信号処理ですむ。パイロット信号を挿入する周期は，フェージング速度に対処するのに十分に短くしなければならない。64 kbps の伝送速度において，16個ごとにパイロット信号を挿入し，2次の補間を行うことで，同期検波を安定して行っている。野外実験結果は文献65)に記載されている。

16QAMの2倍の伝送速度が可能になる64QAMも，LTEシステム（9.7.6項）に標準化されている。

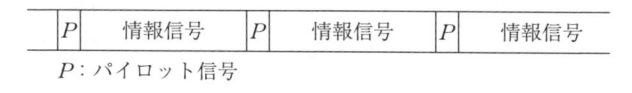

P	情報信号	P	情報信号	P	情報信号

P：パイロット信号

図6.54 時間軸上でのパイロット信号の挿入

6.4　スペクトル拡散方式

この方式では，スペクトル拡散（SS）符号を用いて，付加的な変調を行うことによりスペクトルが拡散される。付加的な変調として，FSK を用いるスペクトル拡散方式は FH（frequency hopping，周波数ホッピング）と呼ばれ，ベースバンド信号あるいは変調信号に SS 符号を乗算する方式は，DS（direct sequence，直接拡散）方式と呼ばれる（**図6.55**(a),(b)）。

SS 符号はチップと呼ばれる系列からつくられる。疑似雑音（PN）系列が SS 符号として用いられる。その性質は方式の目的によって変わる。PN（SS）符号をデータ信号に乗算することによって，SS 符号の帯域に応じてスペクトルが広がる。PN コードを時間軸で乗算することは，周波数軸ではたたみ込み

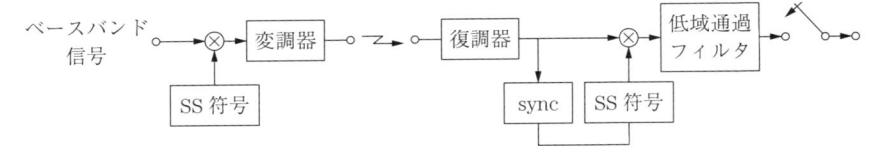

316　6. 移動無線通信におけるディジタル変調

(a) 直接拡散方式

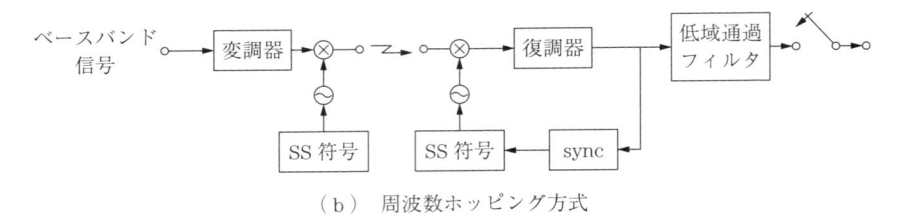

(b) 周波数ホッピング方式

図 6.55　スペクトル拡散通信方式

演算になる（式(2.39)）。各データシンボルに対して N チップの長さの SS 符号を用いると，チップ速度はデータ速度の N 倍になる。結果として，スペクトル帯域は元のデータ帯域の N 倍に広がる。FH 方式におけるスペクトルは周波数のホッピングの範囲に依存する。ホッピング速度がデータ速度に比べて低いときには（低速 FH），スペクトルは異なる（ホップした）搬送波周波数における変調信号スペクトルの組（和）として表される。ホッピング速度がデータ速度よりも速くなると（高速 FH），スペクトルはデータシンボル区間におけるホップ数だけさらに広がることになる。

　SS 方式の受信機の動作は以下のとおりである。まず，図 6.55(a) に示す DS 方式について考える。復調器はデータ信号に SS 符号が乗算された信号を出力する。SS 信号は 2 値極性符号（3.2.1 項）と仮定しよう。このとき，受信信号に同期した SS 符号を復調信号に乗算する（逆拡散）することにより，狭帯域送信ベースバンド信号が得られる。したがってこの方式は，パルス波形が SS 符号をとる通常の方式とみることができる。上に述べた受信機は相関受信機である。通常のディジタル伝送方式と同様に，相関器に代えて整合フィルタを用いることができる（3.3.5 項）。整合フィルタのインパルス応答は SS 符号の時間軸を反転したものとなる。ベースバンド信号に対する（整合）フィル

タは別個に考えなければならない。

上の議論と誤り率特性（対 E_s/N_0）はパルス波形に依存しないことから（3.3.5項），白色雑音の下では，SS方式は通常の方式と同じ誤り率を与えるのは明白である。もし，E_s/N_0 の代わりに逆拡散前の信号対雑音電力比を考えると，この値はSS信号の広い帯域のため低い値をとる。FH方式に対する受信機は周波数逆ホップ回路で構成できる。この方式の誤り率特性もDSおよび通常の方式と同じである。SS方式の特性は通常の方式と比べ以下に説明する点で違っている。

(1) **低い電力スペクトル密度**　一定の送信電力の下で，SS信号の電力スペクトル密度はスペクトル拡散係数を N_s とするとき，$1/N_s$ に下がる。これはSS信号が他の狭帯域通信方式に与える干渉が少なくなることを意味する。SS信号の電力スペクトル密度が小さくなることは，通信の秘密保持に役立つ。なぜなら，第三者が通常の狭帯域受信機で搬送波信号レベルを観測して通信が行われるかどうかを察知することが難しくなるからである。

(2) **干渉あるいは妨害に対する耐性**　狭帯域（干渉）信号はSS受信機の逆拡散過程においてスペクトルが拡散される（**図6.56**）。受信機の（狭帯域）低域通過フィルタの出力で，干渉信号電力は拡散係数に等しい値だけ減少させられる。スペクトル拡散符号に対する整合フィルタは線形回路（すなわち，タップ係数がSS符号のチップ振幅をとるトランスバーサルフィルタ）であるから，SS整合フィルタは狭帯域干渉信号のスペクトルを拡散することはない。しかし，干渉抑圧の効果は同じである。

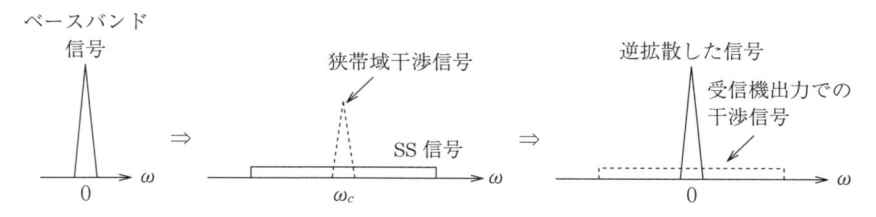

図6.56　スペクトル拡散方式におけるスペクトルの変化

フィルタのタップ係数のランダムな値が乗算されてから足し合わされているので，狭帯域信号は，整合フィルタの出力において抑圧されるからである。

(3) <u>CDM と CDMA</u>　　低い相互相関を有する SS 信号を用いると，同じ周波数，同じ時刻に送信された複数の SS 信号は低い干渉量で受信できる。もし，直交符号を用いれば，SS 信号間に干渉は生じない。そのため，異なる信号の間で同一周波数，同一時刻で無線スペクトルを同時使用すること，すなわち CDM（code division multiplexing，符号分割多重伝送）が可能となる。この考え方を多重アクセス方式に適用すると，CDMA（code division multiple access，符号分割多重アクセス（接続））と呼ぶ。CDMA 方式では，異なる符号の信号間の干渉が無視できるかぎり，ユーザ間での周波数管理を必要としない。

(4) <u>高時間分解能</u>　　一般に，パルスが細くなればなるほど高い時間分解能を示す。SS 信号の広帯域性により，信号間の時間差を狭帯域信号よりも精密に観測できる。以下にこのことを示そう。このような目的のためには，鋭い自己相関関数（理想的にはデルタ関数）を有する SS 符号が適切である。図 **6**.57 に示す SS 方式を検討しよう。

```
                c(t)           s(t₀-t)
        s(t)    ┌─────┐         ┌──────────┐
SS 信号 ──→─○─┤伝送路├─○─→─┤整合フィルタ├─→ r(t)
                └─────┘         └──────────┘
```

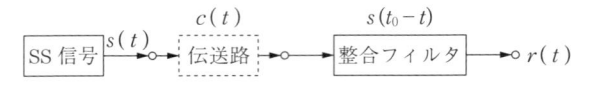

図 **6**.57　整合フィルタ受信スペクトル拡散通信で測定される伝送路のインパルス応答

SS 信号整合フィルタの出力では，受信信号はつぎのようになる。

$$r(t) = s(t) * c(t) * s(t_0-t) = c(t) * s(t) * s(t_0-t) \quad (6.21)$$

ここで，信号 $*$ はたたみ込み積分を示し，$s(t)$ は SS 信号，$c(t)$ は伝送路のインパルス応答，$s(t_0-t)$ は整合フィルタのインパルス応答（t_0 は時間定数）である。信号 $z(t) = s(t) * s(t_0-t)$ を定義しよう。これはつぎのように表される。

$$z(t) = \int_{-\infty}^{\infty} s(t-x)s(t_0-x)dx \tag{6.22}$$

時刻 $t = t_0 + \tau$ において

$$z(t_0+\tau) = \int_{-\infty}^{\infty} s(y+\tau)s(y)dy \tag{6.23}$$

を得る．式 (6.33) の右辺は SS 信号 $s(t)$ の自己相関関数 $R(\tau)$ である．$r(t) = c(t) * z(t)$ であるから，もし $s(t)$ が鋭い自己相関，すなわち $\tau \neq 0$ に対して $|R(\tau)| \ll 1$ （理想的には $R(\tau) = \delta(\tau)$ （デルタ関数）であれば，伝送路のインパルス応答を $r(t) = c(t)$ として得ることができる．自己相関関数の鋭さは，1 チップ周期程度である．このとき SS 方式はチップ周期のパルスの時間分解能を示す．高時間分解能は，レーダにおいて距離を測定するのに有効である．無線通信システムによっては，伝送路のインパルス応答の測定が重要になる．SS 方式はこれを高い時間分解能で測定できる．

(5) **熊手（レイク）受信機**　　まず，SS 方式ではなく，通常の狭帯域方式を考えよう．（移動）無線伝送路は多重伝搬フェージングを受ける．この伝送路で，狭帯域信号はフラットフェージングを受けることになる．すなわち，すべての周波数成分は同じ時刻に同じ量だけ低下する．その結果，信号レベルが，十分な通信を行うために必要なしきい値以下に低下することがある．信号帯域が多重伝搬路のコヒーレント帯域と同等以上に広くなると，信号は周波数選択性フェージングを受け，信号レベルがしきい値以下に低下することは滅多には起こらない（4.4 節）．その代わり，周波数選択性フェージングによる信号波形歪み（符号間干渉）が問題になる．この問題に対処するためには，自動等化を行うことができる．しかし，これには高速な信号処理が必要となる．

SS 方式は簡単な技術で多重伝搬フェージングの影響を軽減できる．この技術は熊手（レイク）受信機（**図 6.58**）と呼ばれ，伝送路の伝達関数に整合するフィルタである．レイク受信機の整合フィルタはサンプル時

```
データ ○──→ SS送信機 ──c(t)──→ SS受信機 ──→ 整合フィルタ ──c(t₀-t)──→ ○ データ
                        伝送路
```

図 6.58 熊 手 受 信 機

刻において，多重伝搬路を通って届く信号成分を最大比合成した信号を出力する（3.3.5項）．多重伝搬路の信号成分は独立なフェージングを受けるために，合成された信号はダイバーシチ利得（7.1節）を有する．マルチパス信号を最大比合成した信号の信号対雑音電力比（S/N）は，各パス信号の S/N の和になる（7.2.1項）．SS方式はその高時間分解能により，整合フィルタ（レイク）受信機に必要となる伝送路のインパルス応答を精密に計測することができる．かくして，SSレイク受信機は広帯域伝送の利点を簡単に得ることができる．

SS方式を理解するために，これと同一のスペクトル帯域，データ速度，平均送信電力を有する両極性信号伝送方式と比較してみる（**図 6.59**）．データ速度とスペクトル拡散係数をそれぞれ f_b と N_s と表そう．同一のスペクトル帯域とするためには，両極性信号のパルスデューティ比は，$1/N_s$ でなくてはならない．すなわち，SS信号のチップパルス波

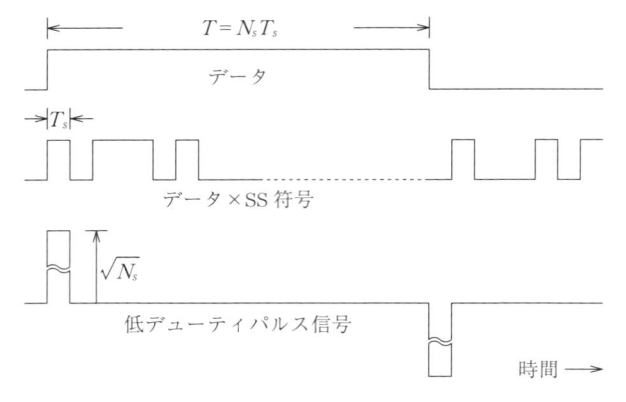

図 6.59 スペクトル拡散信号と低デューティ比の両極性信号

形と同じになる．同一の平均送信電力とするためには，両極性信号のパルス振幅はSS信号のそれの$\sqrt{N_s}$倍でなければならない．このような条件下で，どちらの方式の平均電力スペクトル密度も，100%デューティ比の両極性信号方式に比べて，$1/N_s$に低下する．これらの三つの方式の誤り率は，整合フィルタあるいは相関受信機を用いたとき，同一になる．

二つの広帯域方式は干渉に対して同じ耐性を示す．同一の平均電力の下で，低デューティ比の両極性信号の瞬時電力が狭帯域信号に比べてN_s倍だけ高いので，その分，耐干渉性が上がる．

SS方式においては，狭帯域（干渉）信号は逆拡散回路の出力でN_s倍だけスペクトルが拡散され，その分，平均電力密度が下がるので，干渉電力は逆拡散後の低域通過フィルタの出力で，$1/N_s$に低下する．

低デューティ比のパルス信号を用いると，N_s個の信号が時間軸上で干渉なしで（直交性）多重化できる．SS方式には，N_s倍だけスペクトルを拡散するとN_s個の直交符号，例えばウォルシュ符号（2.1.3項）が存在する．これより，SS方式は，N_s個の信号が多重化できる．

低デューティパルス方式の高い時間分解能は**図 6.60**から自明である．SS符号の自己相関関数が低デューティパルス波形のそれと同じであれば，伝送路のインパルス応答の測定においても同一の結果が得られる．

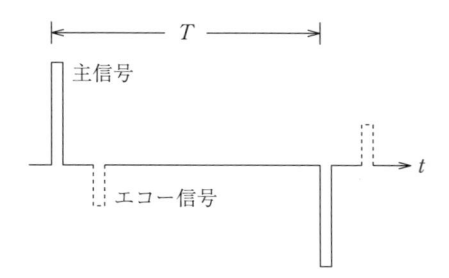

図 6.60 低デューティ比の両極性信号に対する伝送路インパルス応答の説明図

ここまでの議論では，SS方式と低デューティパルス方式の間にはなんの違いもない．しかし，ピーク電力を考えると大きな違いがある．低デューティパルス方式のピーク電力は，SS方式に比べてN_s（スペクトル拡散係数）倍に高くなる．これは高電力出力の送信機の場合に問題となる．この点でSS方式が優れている．

低速FH方式は，DS方式と同じ平均スペクトル帯域を仮定したとしても，高い時間分解能を示さない．この理由は，FH方式の，瞬時的（あるいは短時間）のスペクトル帯域は狭いからである．FH方式は，非FH方式に比べて利点を有している．周波数ホッピング幅がフェージング伝送路の相関帯域に比べて広ければ，フェージングの影響がランダム化されるからである．低速FH方式の瞬時帯域は狭いので，この効果は符号間干渉なしで得られる．このようなわけで，FH方式は，低速フェージングによる信号レベル低下（フェード）期間を短縮するための効果的な手段となる．低速FH方式は，FH符号に対応して周波数が周期的に切り替わる周波数ダイバーシチと等価である．

SS符号は適用するシステムに応じて適切に選ばれる．最長系列（m系列）符号は，図6.61に示すような鋭い自己相関特性を示すので，伝送路特性を測定するのに用いられる．この符号の自己相関特性のサイドローブは，符号長をNとするとピーク値の$1/N$である．測定する距離が長い場合には，長い符号が必要となる．CDM(A)方式では，相互相関が低い符号が要求される．ウォルシュ符号およびゴールド（Gold）符号がそ

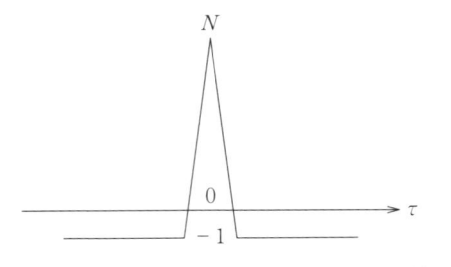

図6.61　最長（m系列）符号の自己相関関数 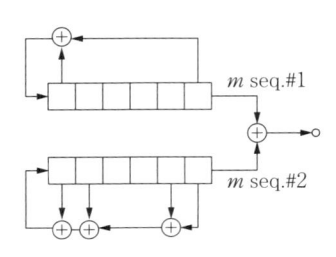　　図6.62　ゴールド符号発生器

のような特性を有している。すなわち，最悪（最大）の相互相関値が低く抑えられている。ゴールド符号発生回路を図 6.62 に示す。この符号は特別に選ばれた二つの（好ペア）m 系列を加算してつくられる。

相関受信において，SS 符号の同期は，受信方式設計における中心的な事柄である。SS 符号の同期が一度失われると，信号対雑音電力比がきわめて低くなるので，同期を再確立するのが困難になる。

SS 方式について，これ以上の記述は本書の範囲を越えている。さらに詳細に学びたい読者は，文献 67), 68) を参照してほしい。

6.5 マルチキャリア伝送

この方式では，ディジタル信号を異なる周波数の複数の搬送波を用いて並列に伝送する。入力信号を直列・並列交換して，複数の搬送波を変調する。N 個の搬送波を用いると一つの搬送波におけるデータ速度は，通常の 1 搬送波に比べて $1/N$ だけ遅くなる。これにより高速伝送時に生じる周波数選択性伝送路における波形歪みの影響を軽減できる。搬送波数が多くなることによる変調（復調）回路の複雑さの増大は，高速フーリエ変換を用いたディジタル信号処

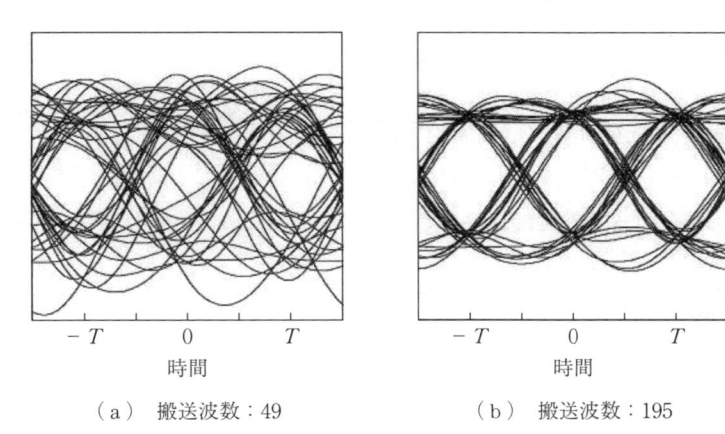

（a）搬送波数：49　　　　　（b）搬送波数：195

図 6.63　波形歪みが大きい場合の受信アイパターン

理によって回避できる。

電力線を伝送路に用いた波形歪みの大きい場合の受信アイパターンの例を，**図6.63**に示す。図に示すように，搬送波数を増加させることによって波形歪みを低減していることがわかる。

6.5.1 直交周波数分割多重（OFDM）

マルチキャリア伝送では通常，異なるキャリア間の信号はたがいに直交して，干渉がないように設定される[69)〜71)]。この方式は広い意味でOFDM（orthogonal frequency-division multiplexing，直交周波数分割多重）と呼ぶことができる。広義のOFDM方式では，スペクトルが重なる方式と重ならない方式がある。

スペクトルが重ならない場合には，バンドパスフィルタにより分離できるので，干渉がない（直交する）ことは定性的に理解できる。数式で示せばつぎのようになる。

$$\int_{-\infty}^{\infty} f_1(t)f_2(t)dt = \frac{1}{2\pi}\int_{-\infty}^{\infty} F_1(-x)F_2(x)dx$$
$$= \frac{1}{2\pi}\int_{-\infty}^{\infty} F_1^*(x)F_2(x)dx = 0$$

ここで，$f_1(t) \leftrightarrow F_1(t)$，$f_2(t) \leftrightarrow F_2(t)$ であり，式(2.41)と式(2.36)を用いた。スペクトルが重なる場合にでも（**図6.64**），これらは復調器で分離できる場合がある。そのための信号の直交条件については付録6.1に示してある。スペクトルをオーバラップさせることにより，全体の信号帯域を軽減することができる。すなわち，等価的なロールオフ率が1搬送波に比べて$1/N$になる。

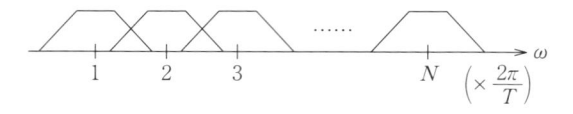

図6.64 スペクトルが重なるマルチキャリア伝送のスペクトル

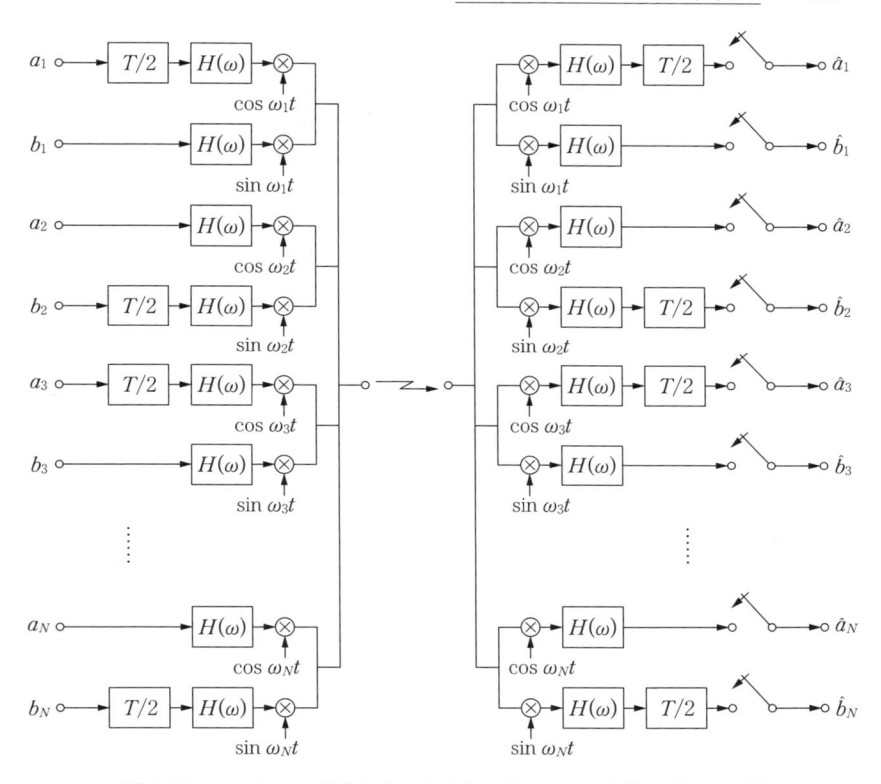

図 6.65 スペクトルが重なるマルチキャリア QAM 方式のブロック図

スペクトルが重なるマルチキャリア QAM 方式のブロック図を**図 6.65** に示す[72]。

狭義の意味での OFDM は，パルス波形が方形のものを用いた場合を示す。このとき，式 (A6.6) の条件を満足しているので，異なるサブキャリアの信号が直交する。直接的には，二つのサブキャリアの信号

$$f_1(t) = s_1(t)\cos\left(\frac{2\pi}{T}n_1 t\right), \quad f_2(t) = s_2(t)\cos\left(\frac{2\pi}{T}n_2 t\right)$$

(n_1, n_2 は整数)

を考えると

$$\int_0^T f_1(t)f_2(t)dt = \pm \int_0^T \cos\left(\frac{2\pi}{T}n_1 t\right)\cos\left(\frac{2\pi}{T}n_2 t\right)dt = 0$$

となることから理解できる。ここで $s_1(t)$ は方形パルス波形，T はパルスの時間（シンボル）長である。方形のパルス波形のスペクトルは $T\sin(\omega T/2)/(\omega T/2)$ となり，無限の周波数に広がるものの，サブキャリア数が十分に大きければ，帯域外スペクトルは無視できる。

OFDM の利点の一つは，サブキャリアの数が十分多くなく，伝搬路のマルチパスの影響で符号間干渉が生じるおそれがある場合にでも，ガード区間（guard interval，GI）を挿入することにより（**図 6.66**），符号間干渉を回避できることである（このような考え方は，単一搬送波伝送において先に提案されていた[73)~77)]）。実際には，ガード区間には，データ区間の終わりの部分をコピーして前方に張り付ける（cyclic prefix，CP）。ガード区間の長さがマルチパスによる時間広がりよりも長ければ，先のシンボルはつぎの時刻のシンボル区間へは及ばないので，符号間干渉が避けられる。

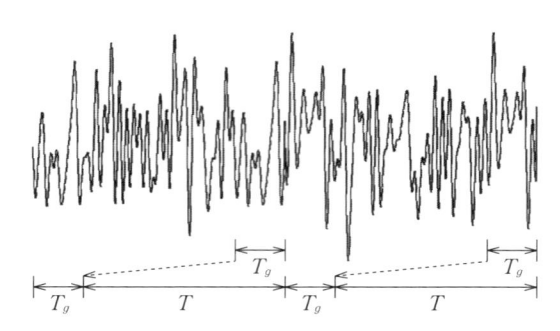

図 6.66 OFDM におけるガードインターバルの挿入

その理由は，定性的にはつぎのようになる。各搬送波の周期は信号のシンボル時間周期の整数分の1である。したがって，搬送波は，ガード区間（CP）から信号区間まで連続的につながる。つぎに，パルス波形は方形であるので，これも連続的につながる。これより，ガード区間と元の信号区間を合わせた信号は，信号区間を $0 \sim T$ から $-T_g \sim T$ に，単に延長したことになる。つぎに時

間 τ だけ遅れて受信された信号を考える。搬送波は正弦波であるから，時間 τ で決まる位相が変化するのみである。したがって，元の信号と遅延した信号の和は，$\tau < T_g$ であるかぎり，時間 $0 \sim T$ においては，複素数表現では元の信号に定数倍（実数表現では振幅と位相）しただけであり，符号間干渉が生じることはない。受信側でこの変化を補償すれば元の信号が得られる。

以上のことを数式を用いて表現する。n 番目のサブキャリア信号を代表して考える。

$$f_n(t) = a_n p(t) e^{j\omega_n t} \qquad (0 \leq t \leq T)$$

$\omega_n T = n \cdot 2\pi$, $p(t) = 1$ $(0 \leq t \leq T)$ であるから，CP を付加した信号は

$$f'_n(t) = a_n p'(t) e^{j\omega_n t} \qquad (-T_g \leq t \leq T)$$

となる。ここで，$p'(t) = 1$ $(-T_g \leq t \leq T)$ である。

伝送路のインパルス応答をつぎのように表す。

$$h(t) = \sum_{m=0}^{M} h_m \delta(t - \tau_m)$$

このとき，受信信号はつぎのように表される。

$$r_n(t) = \sum_{m=0}^{M} a_n h_m p'(t - \tau_m) e^{j\omega_n(t - \tau_m)}$$

$$= a_n e^{j\omega_n t} \sum_{m=0}^{M} h_m p'(t - \tau_m) e^{-j\omega_n \tau_m} \qquad (-T_g \leq t \leq T + \tau_m)$$

ここで，$\tau_m < T_g$ のとき，$0 \leq t \leq T$ では $p'(t - \tau_m) = 1$ であるから

$$r_n(t) = a_n p(t) e^{j\omega_n t} \sum_{m=0}^{M} h_m e^{-j\omega_n \tau_m} \qquad (0 \leq t \leq T)$$

マルチパス伝搬路の伝達関数はつぎのようになる。

$$H(\omega) = \sum_{m=0}^{M} h_m e^{-j\omega \tau_m}$$

等化特性 $G(\omega)$ は $G(\omega) = H^*(\omega)/|H(\omega)|^2$ とすればよい。伝送路の周波数特性 $H(\omega)$ は，受信側で知っている参照信号を FFT した結果と，実際に受信し，サンプルした参照信号の FFT 結果を比較することによって知ることができる。

ガード区間への信号の挿入は，実際には逆 FFT を用いて全サブキャリアの

信号を合成したのち行う．符号間干渉を避けるためだけであれば，ガード区間に信号を送信しないことでも対処できる．CP 信号を付加することの利点は，以下に示すように受信時に現れる．まず第 1 に，受信信号のサンプル開始タイミングに自由度が生じることである．CP 信号が送信信号を周期的に連結したように付加されているので，サンプル開始タイミングが CP 信号時間区間内にあれば，送信信号は受信信号ブロックの中にすべて含まれることになる．異なるところは，時間開始位置のみである．時間開始位置の修正は，FFT し，周波数領域で等化を行う際に自動的に行われる．もし，伝送路に歪みがなく，受信サンプルタイミングだけがずれている場合には，伝送路の周波数特性は，$H(\omega) = e^{j\omega \Delta t}$ となる．ここで，Δt はタイミング時間ずれである．

ガード区間を導入したために，時間軸上でのチャネル利用効率が $T/(T+T_g)$ だけ減少することになる．必要とされるガード区間の長さ T_g は，電波伝搬環境により決定される．チャネル利用効率を高めるためには，情報シンボル周期 T を長くすればよい．T を長くすると，シンボル周波数 $1/T$ およびこれと同じサブキャリア周波数間隔が減少し，サブキャリアごとの帯域が狭くなる．この場合，FFT の点数が多くなり FFT のためのメモリ数が増加することが，実用上の問題となる．また，サブキャリア信号帯域が狭くなると，各サブキャリアでのフェージングの時間変動（ドップラー周波数）への追随が困難になる．

地上放送においては，ガード区間を挿入したマルチキャリア伝送を行うことで，広いサービスエリアを複数の送信所から同一の電波を放送すること（single frequency network，SFN）が可能になり，周波数利用効率を高めることができる[78]．送信所からの信号到達時間差がガード区間よりも短ければ，各送信所からの電波の干渉の影響は避けられる．従来のアナログ放送では，干渉を避けるために複数の周波数を用いる必要があり，SFN は実現できなかった．

ガード区間を挿入することによって，受信側でシンボル同期を確立することも容易になる．全サブキャリア信号を合成した信号は雑音状になり，自己相関関数が鋭くなる．受信機で，受信信号とこれをシンボル時間長 T だけ遅らせ

た信号の相関をとることによって，ガード区間の信号がシンボル区間の信号と同一となるように重なった時刻に鋭いピークが得られるので，これをタイミング信号とすることができる．

ガード区間の信号は，受信側で搬送波周波数同期を確立する際にも利用できる．送信信号を $b(t)e^{j\omega_c t}$ とするとき，受信側の局部発振周波数が $\omega_c - \Delta\omega$ であると仮定しよう．このとき，受信ベースバンド信号は $r(t) = b(t)e^{j\Delta\omega t}$ となり，$\Delta\omega$ の周波数誤差が生じる．$\Delta\omega$ を検出できれば，局部発振周波数を補正できる．$r(t)$ を時間 T だけ遅延させたのち複素共役をとり，$r(t)$ と乗算することにより

$$r(t)r^*(t-T) = b(t)e^{j\Delta\omega t} \cdot b^*(t-T)e^{-j\Delta\omega(t-T)} = |b(t)|^2 e^{j\Delta\omega T}$$

$$(nT < t < nT + T_g)$$

となる．この信号の位相を検出することにより $\Delta\omega T = \Delta\omega/f_0$ ($f_0 = 1/T$) の値が得られる．雑音の影響を除くためには，時間 T_g の平均値を用いればよい．

OFDM 信号において伝送路特性推定などの目的で，パイロット信号が用いられる．伝送路特性は，時間軸でも周波数軸上でも変化する．したがって，これらの変動に追随するようにパイロット信号を設ける必要がある．そのためには，時間軸および周波数軸において標本化定理を満たせばよい．パイロット信号は伝送路利用率を低下させるので，これと追随特性との両立を図らなければならない．図 6.67 にその例を示す．時間軸と周波数軸に飛び飛びにパイロット信号を配置する．同一サブキャリアの時間軸上のパイロット信号を用いて，そのサブキャリアの他の時刻での伝送路特性を時間軸上の補間により推定す

搬送波番号 (l)

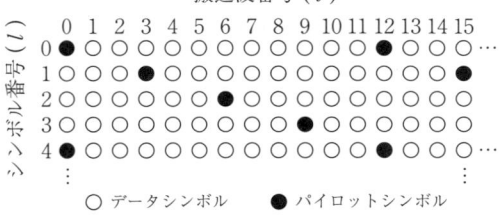

```
       0 1 2 3 4 5 6 7 8 9 10 11 12 13 14 15
シ  0  ● ○ ○ ○ ○ ○ ○ ○ ○ ○ ○ ○ ● ○ ○ ○ …
ン  1  ○ ○ ○ ○ ● ○ ○ ○ ○ ○ ○ ○ ○ ○ ○ ○ …
ボ  2  ○ ○ ○ ○ ○ ○ ○ ○ ● ○ ○ ○ ○ ○ ○ ○ …
ル  3  ○ ○ ○ ○ ○ ○ ○ ○ ○ ○ ○ ○ ● ○ ○ ○ …
番  4  ● ○ ○ ○ ○ ○ ○ ○ ○ ○ ○ ○ ○ ○ ○ ○ …
号
($l$)
```

○ データシンボル　　● パイロットシンボル

図 6.67　OFDM におけるパイロット信号の挿入例

る。つぎに，周波数軸上で他のサブキャリアでの伝送路特性を補間推定する。

以下では，マルチキャリア伝送方式と単一キャリア伝送方式の比較を行ってみよう。マルチキャリア伝送方式の第1の特長は，伝送路の周波数特性による符号間干渉の影響を軽減できることである。また，ガード区間を設けることによって，符号間（および周波数サブチャネル間）干渉を抑圧できる。これに対して，単一キャリア方式では，伝送路歪みの影響が大きいので，なんらかの自動等化が必要である。特に，シンボル伝送速度が高くなるに従いマルチパス干渉が及ぶシンボル数が増加するので，信号処理の複雑性が大きくなる。ただし，高速フーリエ変換（FFT）を用いての周波数領域等化（7章の文献89））を行うことで，同じくFFTを用いて送信・受信を行うマルチキャリア方式に比べて，この点での優劣は特にない。

マルチキャリア方式では，信号のピーク電力と平均電力の比（PAPR）が大きくなるのが欠点である。平均電力が同じ（P_0）独立なN個の信号の電力はNP_0となるのに対して，ピーク電力は$(N\sqrt{P_0})^2 = N^2 P_0$となるので，PAPRは$N$に比例して大きくなる（ただし，これはあくまでピークの値であり，その出現確率はNとともに小さくなる）。瞬時電力の出現確率は，補累積分布関数（complementary cumulative distribution function, CCDF）で表すことが多い。その例を，OFDM信号（狭義）とその他の変調信号について，図 6.68 に示す。横軸は平均電力で規格化した瞬時電力であり，縦軸は横軸で示した規格化瞬時電力の値よりも大きな値が出現する確率である。OFDM信号サブキャリアの数を64程度にすると，2次元ガウス雑音の電力分布である指数分布（2.2.5項）に近くなることがわかる。PAPRが大きいと，電力増幅において，非線形歪みと電力効率の両立が困難となる問題が生じる。そのために，PAPRを抑圧する手法が開発されている（8.6.3項）。

誤り率特性についてはつぎのような議論ができる。静的な伝送路であれば，E_b/N_0が同じであれば両者は同じ特性を与える。フェージング伝送路であっても，周波数平たん特性（信号が歪まない）であれば，同じ特性を与える。周波数選択性フェージング伝送路になると，単一キャリア方式の誤り率は符号間

6.5 マルチキャリア伝送

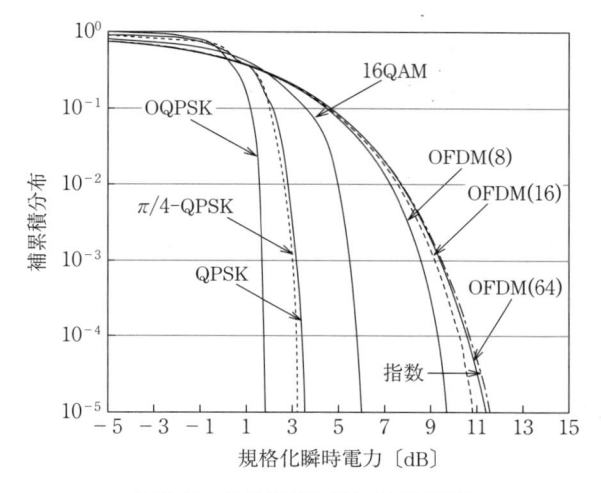

図 6.68 規格化瞬時電力の出現確率

干渉により著しく劣化する．これに対して，マルチキャリアシステムでは，キャリア数が十分にあれば特性の劣化は周波数平たんフェージング回線と同じになる．ここで，単一キャリア方式に最小二乗誤差基準に基づく波形等化を行えば，ダイバーシチ効果のために，**図 6.69** に示すように特性が著しく改善し，マルチキャリア方式よりもよくなる．ただし誤り訂正を導入すると，図 6.69 からわかるように，両者の特性の違いはほとんどなくなる．この理由は，誤り訂正の効果が現れる誤り訂正前の高い誤り率領域では，両者の特性の差がさほどないからである．ただし，誤り訂正前後の特性が逆転することから，誤り訂正の効果が，単一キャリア方式に比べてマルチキャリア方式には出やすいのであろう．すなわち，単一キャリア方式ではマルチキャリア方式に比べて，誤りがよりバースト的になるものと考えられる．

マルチキャリア方式の古い例として，短波帯における移動通信用データ伝送システムが挙げられる[79]．短波帯という周波数の低い方式にもかかわらず，電離層における電波伝搬では伝搬遅延時間差が大きいため，周波数選択性フェージングが厳しくなる．周波数選択性伝送路における歪みをマルチキャリア伝送で逃げている．マルチキャリア方式は近年になって見直され，無線

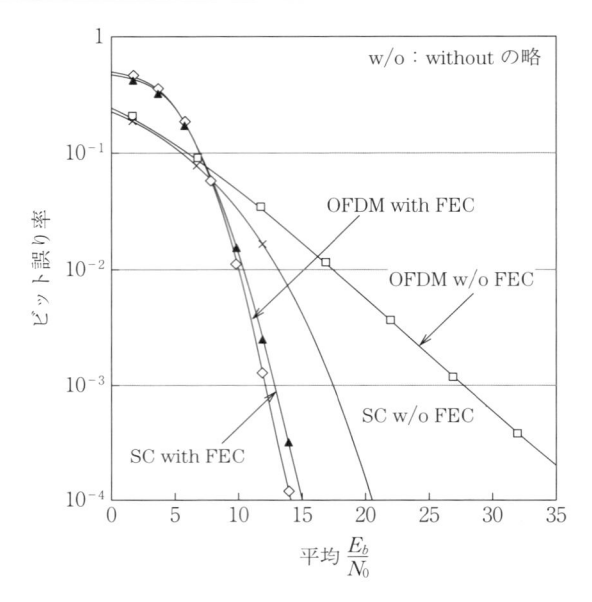

図 6.69 マルチキャリア方式と単一キャリア方式の誤り率特性の比較

LAN システム（9.8 節）やセルラーシステム（9.7.6 項）に採用されている。陸上移動通信におけるマルチキャリア方式について，最初に論じたのは文献 80)であるとされている。マルチキャリア方式の研究の歴史は文献 81)が述べている。マルチキャリア方式の特性については成書 82)に詳しい。

6.5.2 マルチキャリアディジタル信号の生成と復調

ディジタル信号処理を行う場合には，信号を DFT（離散時間フーリエ変換，2.4.10 項）により，いったん周波数領域に変換し，この領域でフィルタ，等化，変調などの処理を効率的に行うことができる。DFT は FFT（高速フーリエ変換，2.4.11 項）を使えば高速に行うことができる。

DFT は，時間サンプルした信号が周期 T ごとに繰り返すと仮定したときのフーリエ変換である。これは，フーリエ級数（直交）展開とみることもできる（2.1.2 項）。この場合，周波数成分は，$\Omega = 2\pi/T$ の整数倍の周波数に線スペ

クトルとなって表れる。これらの周波数の信号は，$0 \leq t \leq T$ で直交するので，サブキャリアの周波数 ω_n を $\Omega = 2\pi/T$ の整数倍にするとき（$\omega_n = n\Omega = n \cdot 2\pi/T$），直交サブキャリアと呼ぶ。

N 個の副搬送波を用いるマルチキャリアディジタル信号はつぎのように表される。

$$f(t) = \sum_{i=0} \sum_{k=0}^{N-1} a_{ki} p(t - iT) e^{j\omega_k t} \tag{6.24}$$

a_{ki} は k 番目の副搬送波（サブキャリア）で伝送する（複素）信号，$p(t)$ はパルス波形，ω_k は k 番目の副搬送波の周波数，T はシンボル周期である。この信号を標本化周期 T_s でサンプルする。T_s がシンボル周期 T よりも十分に短かければ，波形 $p(t)$ に対する標本化定理は満足できる。ただし，これで副搬送波を変調すると周波数が高くなるので，標本化によってスペクトルの折返し誤差が無視できなくなる。このときには，周波数が高い副搬送波は使用しない（$a_{ki} = 0$）。この場合の送信スペクトルの例を**図 6.70** に示す。ここでは，方形パルスを用いているので，スペクトルが減衰しながらも広がっている。スペクトルの広がりは，副搬送波の数が増えるに従い相対的に少なくなる。ここではとりあえず，すべての副搬送波を使ったとしても，標本化定理を満足している

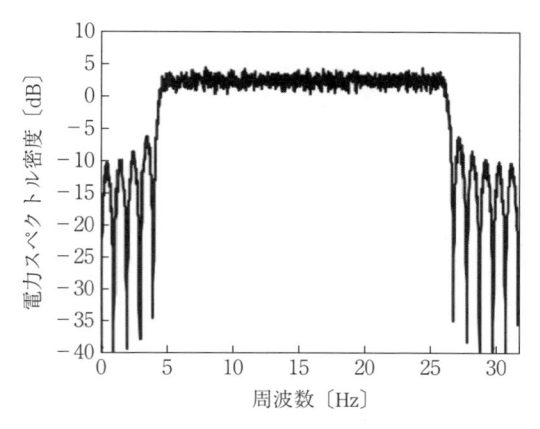

図 6.70 マルチキャリア信号スペクトルの例（方形パルス波形，$N_{sub} = 22$，$N = 32$，$f_s = N/$秒 $= 32$ Hz）

ものとする。

　パルス波形は L シンボル区間（$0 \leq t \leq LT$）のうちに打ち切る（$p(t)=0$ （$t<0, t>LT$））。L の値は、打切りによるスペクトルの誤差を勘案して決める。この際、窓関数を乗算することも考えられる（2.4.9項）。

　サンプルした信号はつぎのように書ける。

$$f_s(t) = \sum_{n=0}^{N-1} f(nT_s)\delta(t-nT_s)$$

ディジタル信号処理によって、マルチキャリア信号を発生する直接的な方法はディジタル信号をパルス波形生成ディジタルフィルタに通したのち、搬送波正弦信号と乗算を行い、この結果を各副搬送波について加算するものである。ディジタルフィルタを含めてサンプリング周期 T_s で演算を行うとすれば、1シンボル区間 T における複素乗算回数は、LN^2+N^2 となる。この方法は、副搬送波の周波数およびそこで用いるパルス波形が任意の場合にでも適用できる。

　パルス波形をすべて同じにするとともに、DFT を前提として、副搬送波周波数 ω_k をシンボル周波数の整数倍（$\omega_k=k\Omega$ （$\Omega=2\pi/T$））とすれば、以下に示すように演算回数を低減できる。式(6.24)で表される信号は、i 番目のシンボル時刻でつぎのように書ける。

$$\begin{aligned} f(t) &= \sum_{n=0}^{L-1}\sum_{k=0}^{N-1} a_{k(i-n)}p(t-iT+nT)e^{j\omega_s t} \\ &= \sum_{n=0}^{L-1} p(t-iT+nT)\sum_{k=0}^{N-1} a_{k(i-n)}e^{j\omega_s t} \quad (iT \leq t \leq (i+1)T) \end{aligned}$$

(6.25)

ここでは、直感的な理解のために、できるだけ連続時間表現を用いることにする。$t=t'+iT$ とおけば、上式はつぎのように表される。

$$f(t) = \sum_{n=0}^{L-1} p(t'+nT)\sum_{k=0}^{N-1} a_{k(i-n)}e^{j\omega_s t'} \quad (0 \leq t' \leq T)$$

ここで、$e^{j\omega_i T}=1$ を用いた（この事実は後ほど何度も現れる。今後、その都度

指摘するのは省略する)。$p_n(t') = p(t'+nT)$, $A_{i-n}(t') = \sum_{k=0}^{N-1} a_{k(i-n)} e^{j\omega_k t'}$ とおけば

$$f(t') = \sum_{n=0}^{L-1} p_n(t') A_{i-n}(t')$$

と書ける。この式は, t' をある値に定めたときに, $f(t')$ はシンボル時間間隔で動作するたたみ込み, すなわち $A_{i-n}(t')$ を係数が $p_n(t')$ で与えられるディジタルフィルタに通すこと, で得られることを示している。ディジタルフィルタはシンボル周期で動作する。そのインパルス応答はつぎのようになる。

$$p_m(nT) = p(mT_s + nT) \quad (m=0, 1, 2, \cdots, N-1, \ n=0, 1, 2, \cdots, L-1)$$

$A_{i-n}(t') = \sum_{k=0}^{N-1} a_{k(i-n)} e^{j\omega_k t'}$ は, 値が $a_{k(i-n)}$ で離散的な周波数成分 ω_k を有する信号の逆フーリエ変換となっている。離散フーリエ変換で表せば

$$A_{i-n}(l) = \sum_{k=0}^{N-1} a_{k(i-n)} e^{j2\pi kl/N} \quad (l=0, 1, \cdots, N-1)$$

となる。ここで, DFT を 1 シンボルごとに行うために, サンプリング周期 T_s を $T=NT_s$ となるように設定した。

これにより, パルス波形を考慮したマルチキャリア信号は, データを IDFT したのち, パルス波形をシンボル間隔でサンプルした値を係数とするディジタルフィルタを通したのち, 時間軸上で多重化(並列直列変換)すればよいことがわかった。このマルチキャリア信号発生法の回路を図 **6.71** に示す。

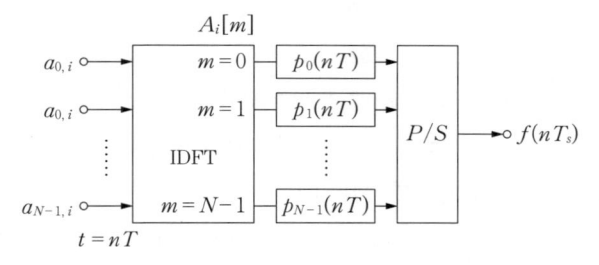

図 **6.71** IDFT によるマルチキャリア信号の生成

乗算回数は，1シンボル当り $LN+N^2$（フィルタ演算に LN，DFT の演算に N^2）である。FFT を使えば，$LN+N\log_2 N$ となる。これは，直接的な方法の LN^2+N^2 に比べて少ない。

パルス波形が方形のときには，$p_m(nT)=0\ (m\neq 0)$，$p_0(nT_s)=1$ であるから，ディジタルフィルタは不要になる。式(6.24)で表される信号は，ディジタル信号を周期 T で，帯域通過フィルタ（BPF）に通して発生したものとも考えられる。すなわち

$$f(t)=\sum_{i=0}\sum_{k=0}^{N-1}a_{ki}\delta(t-iT)*h_k(t)$$

ここで，$h_k(t)=p(t)e^{i\omega_k t}$ であり，中心周波数が ω_k の BPF のインパルス応答である。上記の式の周波数領域の表現から出発しても，同じ構造の送信機を導くことができる[83]。そこでの議論の要は，フィルタ $p(t)$ の z 変換，$P(z)=\sum_{n=0}^{LN-1}p_n z^{-n}\ (z=e^{j\omega T_s})$ を $P(z)=\sum_{m=0}^{N-1}z^{-n}\sum_{i=0}^{L-1}p_{m+iN}z^{-iN}\ (p_{m+iN}=p(mT_s+iNT_s))$ と分解するところにある。これは，上で行ったように，$p(t)\ (0\leq t\leq LT)$ を $\sum_{n=0}^{L-1}p(t'+nT)\ (0\leq t'\leq T)$ と表すことと等価である。

これまでの議論は複素表現を用いて行った。実際の回路では実数表現に戻さなければならない。標本化周波数をそのままにして，実数部をとると標本化定理を満足できない。そのため，複素表現のまま標本値の間にゼロを挿入し（アップサンプリング，2.4.7 項）してから，低域通過ディジタルフィルタを通して高次周波数成分を除去した後，実数部をとる必要がある。

その後，所望の周波数 ω_c に変換して送信することになる。この際，通常の AM 変調では，ω_c の両側にスペクトルが発生する。したがって，単側波帯（SSB）変調を行わなければならない。通常の SSB 変調では，ベースバンド信号 $s(t)$ をヒルベルト変換して信号 $\hat{s}(t)$ をつくり，これを用いて直交変調する必要がある。すなわち，$f(t)=s(t)\cos\omega_c t\pm\hat{s}(t)\sin\omega_c t$ とする（2.3.4 項，例 2.10）。われわれの場合には，ヒルベルト変換は，以下に示す理由により単に虚数部をとればよい。各副搬送波信号はすでに変調されており，実数表現を用いれば

$$s(t) = \sum_{k=0}^{N-1} \left[x_k(t) \cos \omega_k t - y_k(t) \sin \omega_k t \right] = \mathrm{Re}\left\{ \sum_{k=0}^{N-1} \left[x_k(t) + jy_k(t) \right] e^{j\omega_k t} \right\}$$

と表される。$s(t)$ のヒルベルト変換 $\hat{s}(t)$ は

$$\hat{s}(t) = \sum_{k=0}^{N-1} \left[x_k(t) \sin \omega_k t + y_k(t) \cos \omega_k t \right]$$

$$= \mathrm{Im}\left\{ \sum_{k=0}^{N-1} \left[x_k(t) + jy_k(t) \right] e^{j\omega_k t} \right\}$$

となるからである。

6.5.3 マルチキャリア伝送における受信

ディジタル伝送において,受信誤り率特性を劣化させる要因は,雑音と符号間干渉である。マルチキャリア伝送では,同一搬送波内における時間軸上の符号間干渉に加えて,異なる副搬送波の間の干渉が発生する。送信側でのこれまでの議論においては,これらのことは棚上げしていた。雑音および同一搬送波内の符号間干渉に対しては,受信側に整合フィルタを設け,送受信のフィルタで全体として符号間干渉が生じないようにするのが最適である(3.3.6項)。これと同時に,副搬送波間の干渉が判定時刻で発生しないようにすればよい。その条件については付録6.1に述べた。以下では,この条件を満たしているシステムを前提とする。整合フィルタを仮定しているので,雑音の影響は通常の場合と同じであるから,ここではこれを無視する。受信信号は式(6.24)で与えられる。この信号を復調する方法としては,各副搬送波ごとに直交同期検波してから,低域通過フィルタに通す方法が直接的である。これは,アナログ回路によって実現するときによく用いられる。ここでは,ディジタル信号処理に適し,演算量を低減できる方法を説明する。

まず受信の原理を説明し,その後,回路構成について述べる。整合フィルタ受信を考える(別の方法である相関受信を用いても,信号判定出力は同じになる)。

周波数 ω_m の副搬送波信号に対する整合フィルタのインパルス応答はつぎの

ようになる。
$$h_m(t) = p(LT-t)e^{j\omega_m t} \qquad (0 \leq t \leq LT)$$
受信信号 $y(t)$ を $h_m(t)$ に通すと
$$r_m(t) = \int_{-\infty}^{\infty} y(x)h_m(t-x)dx$$
$$= \sum_{i=0}\sum_{k=0}^{N-1} a_{ki}e^{j\omega_m t}\int_{-\infty}^{\infty} p(x-iT)e^{j\omega_k x}p(LT+x-t)e^{-j\omega_m x}dx$$

$t=nT$ のときには
$$r_m(nT) = \sum_{i=0}\sum_{k=0}^{N-1} a_{ki}e^{j\omega_k nT}\int_{-\infty}^{\infty} p(x-iT)e^{j\omega_k x}p(LT+x-nT)e^{-j\omega_m x}dx$$

時間軸と周波数軸上での直交性により、$k=m$, $i=n-L$ 以外では零になる。また、$e^{j\omega_k nT}=1$ である。したがって
$$r_m(nT) = a_{m(n-L)}E_b \qquad (m=0,1,2,\cdots,N-1)$$

ここで、$E_b = \int_{-\infty}^{\infty} p^2(t)dt$ はパルス信号のエネルギーである。$a_{m(n-L)} = r_m(nT)/E_b$ として送信ディジタル信号が得られる。実際には、雑音があるので、判定動作を行う。

つぎに、受信機の構成を導く。整合フィルタの出力は
$$r_m(t) = \int_{-\infty}^{\infty} y(x)p(LT+x-t)e^{j\omega_m(t-x)}dx$$
$$= e^{j\omega_m t}\int_{-\infty}^{\infty} y(x)p(LT+x-t)e^{-j\omega_m x}dx$$

となる。$t=nT(n \geq L)$ のときには
$$r_m(nT) = \int_{-\infty}^{\infty} y(x)p(LT+x-nT)e^{-j\omega_m x}dx$$

となる。$p(t)=0$ $(t<0, t>LT)$ であるから
$$r_m(nT) = \int_{(n-L)T}^{nT} y(x)p(x-(nT-LT))e^{-j\omega_m x}dx$$

と表される。$t=x-kT$ $(k=n-L)$ とおけば、つぎのようになる。
$$r_m(nT) = \int_0^{LT} y(t+kT)p(t)e^{-j\omega_m t}dt$$

上式の積分範囲を T ごとに L 分割する。また，$t = t' + iT$ $(0 \leq t' \leq T)$ とおく。このとき

$$r_m(nT) = \sum_{i=0}^{L-1} \int_0^T y(t' + iT + kT) p(t' + iT) e^{-j\omega_m t'} dt'$$

$$= \sum_{i=0}^{L-1} \int_0^T y(t' + iT - LT + nT) p(t' + iT) e^{-j\omega_m t'} dt'$$

$t' = lT_s$ とおいて，サンプル値表現をすると

$$r_m(nT) = \sum_{l=0}^{N-1} d_n[l] e^{-j2\pi ml/N} \tag{6.26}$$

ここで

$$d_n[l] = \sum_{i=0}^{L-1} y(lT_s + iT - LT + nT) p(lT_s + iT) \tag{6.27}$$

とおいた。

式(6.27)は，LT 時間の受信信号に送信パルス波形 $p(t)$ を乗算（重みづけ）した結果を，時間 T ごとに切り取って，L 回重合せ加算してつくられる，時間長が T の信号を表している。L 回の重みづけ加算は，クロック周期が T のディジタルフィルタとして実現できる。このフィルタの構成は，$p(t)$ が $t = L/2$ に対して対称な場合には，送信側のフィルタと同じになる。式(6.26)は DFT を表している。結局のところ，受信機の動作は，受信信号をサンプルしてから，N 個を1ブロックとして，直列並列変換し，並列経路ごとにフィルタに相当する重みづけ加算した後，DFT を行い，その N 個の出力を判定する。これは，送信側の動作を逆に行うことになっている。したがって，乗算回数も送信側と同じになる。

時間長が LT の信号をそのままフーリエ変換する代わりに，時間 T ごとに切り取って加算し，得られる時間長 T の信号をフーリエ変換することは，われわれが特定の周波数 $\omega_k = k\Omega$ ($\Omega = 2\pi/T$) のみに興味があるから可能である。これにより，離散フーリエ変換のブロック長をパルスの持続時間である LN からシンボル長に短縮して，計算量を低減している（2.4.10項）。

いままでは，すべての信号に同じパルス波形を用いていた。OQAM を用い

た OFDM 伝送では，同相成分，直交成分のデータが半シンボル区間だけオフセットしているので，IDFT を 1 シンボル区間で 2 回行い，したがって，時間軸上でもシンボル周波数の 2 倍の速度でフィルタ動作をさせるのが効果的である[72]。アナログ信号のマルチキャリア伝送においても，サンプル値をディジタル信号とみなし，パルス波形を帯域制限フィルタとみなせば，帯域制限フィルタが元のアナログ信号を歪ませないかぎり，ここで述べたディジタル信号処理を用いた送受信回路が適用できる[83]。

ここで説明したシステムは，副搬送波の周波数はシンボル周波数の整数倍と仮定した。したがって，最初の副搬送波の周波数は零となる。これに対して，電話回線における伝送のように，周波数を全体に少しずらすことも実際には行われる。この場合には，その操作のために，信号処理がやや増加する。

6.6　単一搬送波周波数分割変調

通常の搬送波信号は，搬送波周波数の周りに固まったスペクトルを有する。このスペクトルを分割して，その間に信号が存在しない周波数帯を挿入する単一搬送波周波数分割変調方式が最近検討されるようになった。この方式は，(1) 空いている周波数帯に他の信号を挿入することによって，周波数分割多重伝送（アクセス）を実現できる，(2) 一つの信号を帯域を広げて伝送するので，スペクトル拡散通信と同様に周波数選択フェージング回線において，周波数ダイバーシチ効果を得ることができる，といった特長を有している。

以下ではその発生法について説明する。まず，ディジタル信号処理による通常のディジタル信号の発生法について述べる。

単一搬送波信号は，等価ベースバンド表現を用いて

$$f(t) = \sum_{i=0}^{M-1} a_i p(t - iT)$$

ここで，a_i は送信（複素）ディジタル信号，$p(t)$ はパルス波形，M は送信シンボル総数である。$p(t)$ を時間 L シンボル区間 $(0 \leq t \leq LT)$ のうちに打ち

6.6 単一搬送波周波数分割変調

切る。このとき，$i \geq M-L$ において $a_i = 0$ とすれば，信号時間は $0 \leq t \leq MT$ に収まる。$f(t)$ を標本化周期 $T_s(=T/N)$ でサンプルし，$f(nT_s)$ ($n=0, 1, 2, \cdots, MN-1$) を得る。これを DFT することにより

$$F(m\varOmega) = \sum_{n=0}^{MN-1} \sum_{i=0}^{M-1} a_i p(nT_s - iT) e^{-j2\pi mn/MN}$$

$$= \sum_{n=0}^{MN-1} \sum_{i=0}^{M-1} a_i p(nT_s) e^{-j2\pi mn/MN} e^{-j2\pi mi/M}$$

$$= \sum_{n=0}^{LN-1} p(nT_s) e^{-j2\pi mn/MN} \sum_{i=0}^{M-1} a_i e^{-j2\pi mi/M}$$

$$= P(m\varOmega) A(m\varOmega) \qquad (m=0, 1, 2, \cdots, MN-1)$$

ここで，$\varOmega = 2\pi/MT$, $P(m\varOmega) = \sum_{n=0}^{MN-1} p(nT_s) e^{-j2\pi mn/MN} = \sum_{n=0}^{LN-1} p(nT_s) e^{-j2\pi mn/MN}$, $A(m\varOmega) = \sum_{i=0}^{M-1} a_i e^{-j2\pi mi/M}$ とおいた。$P(m\varOmega)$ は $p(t)$ の離散フーリエ変換，$A(m\varOmega)$ は a_i のサンプル周期 T での離散フーリエ変換となっている。$m = m' + kM$ ($m' = 0, 1, 2, \cdots, M-1$, $k = 0, 1, 2, \cdots, N-1$) とおけば，$A(m'\varOmega + kM\varOmega) = \sum_{i=0}^{M-1} a_i e^{-j2\pi m'i/M}$ となるので，$m = 0, 1, 2, \cdots, MN-1$ の計算は $m' = 0, 1, 2, \cdots, M-1$ の計算ですみ，残りはこれをコピーすればよい。これは，時間軸で N 倍のアップサンプリングを行っていることに相当する (2.4.9項)。

$F(m\varOmega)$ を IDFT すれば，時間信号を得る。

$$f(nT_s) = \frac{1}{MN} \sum_{m=0}^{MN-1} F(m\varOmega) e^{j2\pi mn/MN} \qquad (n=0, 1, 2, \cdots, MN-1)$$

$N=2$ としたときの，DFT/IDFT による信号の生成回路を図 **6.72** に示す。

複素乗算回数は，時間軸上でそのまま演算したとき1シンボル当り LN であり，これを $M-L$ シンボル分合計して $(M-L)LN$ となる。DFT を用いると，

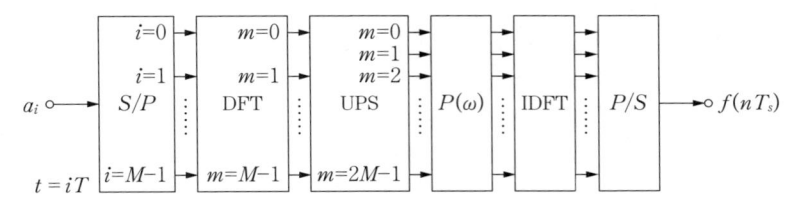

図 **6.72** DFT/IDFT による単一搬送波信号の生成回路

$A(m\Omega)$ の計算に M^2 回，$P(m\Omega)A(m\Omega)$ の計算に MN 回，IDFT に $(MN)^2$ 回の合計で $(MN)^2+M^2+MN$ となる。FFT を用いると，$MN\log_2(MN)+M\log_2 M+MN$ となる。L が大きく（パルス長が長く）なるにつれて，DFT，FFT による乗算回数低減効果が大きくなる。

帯域分割単一搬送波信号は，DFT を用いて周波数領域に変換し，パルスのスペクトルを乗算したのち各周波数成分を所望の周波数の位置に移動し，残る周波数には零を代入して IDFT により時間領域に戻せば実現できる。この際，周期的に零を代入すれば，周波数を分割拡大しても，単一搬送波信号の利点である低いピーク対平均電力比（peak to average power ratio, PAPR）が保たれる。その理由は，2.4.7 項で説明したように，DFT したのちすべての周波数成分の間に N 個の零を規則的に代入すると，時間領域では元の信号が N 回繰り返すことになるからである。この場合にはしたがって，DFT を行わないでも，周波数分割信号を時間領域で発生できる。

周波数帯域を分割して移動した隙間に他の信号を多重することは，周波数領域であれば空いている帯域に任意にできる。受信してから元の信号に戻すには，DFT したのち元の周波数位置に戻してから IDFT すればよい。規則的に帯域を分割移動した場合には，周波数領域に変換する必要はなく，N 回繰り返す信号を合成すればよい。

単一搬送波周波数分割多重伝送は，LTE（long term evolution, 9.7.6 項）システムの標準化の際に，上り回線用に議論された[84]。実際には帯域を分割して分散させる方式は採用されていないようである。その理由は，帯域拡大による周波数ダイバーシチ効果による伝送品質の平均的な伝送速度の向上よりも，回線状態に時間的に適応させて品質のよいユーザに回線を動的に割り当てるほうが，システム全体の伝送速度を上げるのに有効だからである（マルチユーザダイバーシチ，9.1.3 項〔5〕）。

7 ディジタル移動無線通信における その他の関連技術

ここでは，その他の重要な技術として，ダイバーシチ通信方式，MIMOシステム，適応自動等化，誤り制御技術，トレリス符号化変調，適応干渉抑圧，音声符号化について述べる。

7.1 ダイバーシチ通信方式

ダイバーシチ通信は異なるフェージングを受けた複数の信号を受信して利用することにより，フェージングの影響を緩和するものである。この方式の原理は，すべての受信信号が同時にひどいフェージングに合うことは滅多にない，という事実に立脚している。

フェージング伝送路は三つの種類の伝送誤りを引き起こす。(1) 信号レベルの低下による熱雑音による誤り，(2) ランダム FM 効果による軽減不能な誤り，(3) 周波数選択性フェージングによって起こる波形歪みによる誤り，である。軽減不能誤りという用語は，平均信号対電力比を任意に大きくしても誤り率が減少しない，という意味である。ダイバーシチ通信は，これらの三つの誤りに対して，程度の差はあれ効果的である。熱雑音による誤りに対する効果は，ダイバーシチにより信号レベルが低下する確率が減少することから，容易にわかる。ランダム FM 効果も波形ひずみも，信号レベルが低下したときに顕著になる。このことから，ダイバーシチ通信が，信号レベルの低下を抑えることにより，フェージング回線におけるランダム FM 効果と波形歪みの影響を緩和できることが理解できる。

本書では，ダイバーシチ通信の詳細な説明は割愛する。その代わり，短い導入に続いて，誤り率の解析とディジタル移動無線通信用のダイバーシチ通信方式について述べることにする。網羅的な取扱いについては文献1), 2)を参照されたい。

ダイバーシチ方式にはいくつかの種類がある。複数のアンテナを用いる空間ダイバーシチ，異なる偏波面の信号を用いる偏波ダイバーシチ，複数の周波数を用いる周波数ダイバーシチ，同一の信号を異なる時刻に送信する時間ダイバーシチ，異なる方向に向けた複数の指向性アンテナを用いる指向性ダイバーシチ，などが知られている。

信号の合成方式については，最大比合成，等利得合成，選択（スイッチ）合成がある。これらは，さらにRF（高周波）合成，IF（中間周波）合成および検波後合成に分けられる。RF合成，IF合成は検波前合成とも呼ばれ，変調波信号の位相を同相になるよう（同期）にしなければならない。同期がとれていないと，最大比合成，等利得合成においては，ダイバーシチ効果が失われ，選択合成においては切替雑音が生じる。検波後合成にはこのような問題はない。しかし，複数の受信機が必要となる。

ダイバーシチ方式の別の分類の仕方として，複数の送信機あるいは複数の受信機を用いる，送信ダイバーシチおよび受信ダイバーシチがある。

空間ダイバーシチは，アンテナ間隔が波長程度に短いか，地理的な条件（例えば，ビル，道路，地形）などに対処するため十分に長くとるかによって，それぞれマイクロダイバーシチとマクロ（基地局あるいはサイト）ダイバーシチに分けられる。マクロダイバーシチは，地理的な障害物によって信号レベルが減衰するシャドウフェージング（4.2節）に効果がある。マイクロダイバーシチは，複数のアンテナを近接して用いるので端末にも使用できる。ただし，単に同じ信号を同時刻に複数のアンテナから送信すると指向性が形成されるだけである。その指向性が望みのダイバーシチ効果を与えるためには，各アンテナから受信アンテナまでの伝搬路特性を求めて，受信アンテナで同相になるように位相を制御する必要がある（詳細については，7.2.1項で説明する）。この

7.1 ダイバーシチ通信方式

ような手間を省くために，各アンテナから送信する時間を異ならせる方法が知られている。その一つは，巡回シフト送信ダイバーシチである。この方式は，信号を時間ブロック単位にまとめ，一つのブロック内で信号を異なる時間だけ巡回シフトした信号ブロックを複数個作成し，各ブロックに対応して割り当てたアンテナから同時に送信するものである。同一時刻に送信する信号がアンテナ間で異なるために，複数のアンテナによって指向性が形成されることはない。受信では，通常の時間ダイバーシチと同様に，異なる時間の信号を最小二乗誤差基準を用いる判定帰還等化器（7.3.3項）あるいは周波数領域化器（7.3.7項）で受信する。同一送信信号が受信される時間差内で回線状態の状態変化（フェージング）がない場合にでも，複数の送信アンテナから受信される信号の間に（空間）相関が少なければ，空間ダイバーシチ効果によって受信品質が改善される。その他の方法は，時空間符号と呼ばれるものであり，シンボル単位で時間をずらして送信する。詳しくは 7.2.2 項で説明する。

以上に挙げた方式はすべて，フェージングに対処するため意図的に導入されたものであり，陽的（エキシプリシット）ダイバーシチと呼ぶことができる。陰的（インプリシット）ダイバーシチは意図的に導入されたものではなく，例えば，周波数選択性フェージングを示す伝送路で自動等化器を用いるときにその効果が得られる。周波数選択性フェージングにおいては，受信信号は伝送経路に応じて異なるフェージング，異なる遅延時間を受ける。自動等化器（7.3節）はマルチパスフェージングによる伝送路歪みを等化するときに，異なる遅延時間を受けた信号を合成する際に，時間ダイバーシチ効果を得る。同様な効果は，スペクトル拡散熊手（レーキ）受信機（6.4節）でも得られる。

マルチユーザダイバーシチは，通常のダイバーシチとは異なり，複数の伝搬路を形成することなく，ユーザの間でのチャネル割当てを適応的に行うことによって，伝送品質を向上させるものである。複数のユーザが単一または複数の回線を割り当てられて使用する際に，ユーザの場所によって回線品質が異なる。回線状態のよいユーザに回線を優先的に割り当てるものである。こうすることでシステム全体の伝送品質を高めることができ，これをマルチユーザダイ

バーシチと呼んでいる。

7.1.1 SN比の確率密度関数

フェージング回線でダイバーシチを用いた場合の，熱雑音による誤り率を議論することにしよう。熱雑音による平均の誤り率はつぎのように与えられる。

$$\langle P_e \rangle = \int_0^\infty P_e(\gamma) p(\gamma) d\gamma \tag{7.1}$$

ここで，$P_e(\gamma)$ は SNR（信号対雑音電力比）が γ で与えられたときの誤り率であり，$p(\gamma)$ は γ の確率密度関数である。ダイバーシチを用いないときには，$p(\gamma)$ はレイリーフェージングに対応する指数分布（式(4.11)）をとるものと仮定する。

すべてのダイバーシチ枝（ブランチ）で等しい平均電力および平均雑音電力を仮定しよう。このとき，平均 SNR はすべての枝で等しくなる。i 番目の枝における SNR を γ_i で表せば

$$p(\gamma_i) = \frac{1}{\gamma_0} e^{-\gamma_i/\gamma_0} \qquad (0 \leq \gamma_i \leq \infty)$$

となる。ここで，γ_0 は平均 SNR である。

γ_i が γ よりも小さな値をとる確率は

$$P(\gamma_i \leq \gamma) = \int_0^\gamma p(\gamma_i) d\gamma_i = 1 - e^{-\gamma/\gamma_0}$$

となる。

〔1〕 **選択ダイバーシチ** 図7.1に示すように，選択合成法を用いた M 枝の空間ダイバーシチを考えよう。各枝の受信信号レベルはたがいに独立だと仮定しよう。最も高い γ_i を示すブランチが刻々と選ばれる。ある時刻における最高の γ_i を γ と表すことにする。他の枝はこれより低い γ_i をとる。このとき，選択ダイバーシチの出力 SNR が γ となる確率はつぎのようになる。

$$P_M(\gamma_1, \gamma_2, \cdots, \gamma_M \leq \gamma) = [1 - e^{-\gamma/\gamma_0}]^M$$

上式を γ について微分することにより

7.1 ダイバーシチ通信方式

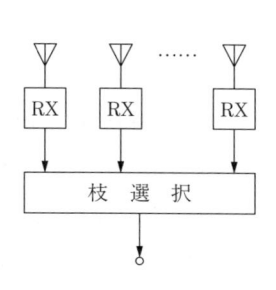

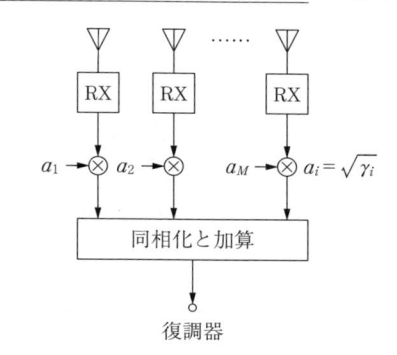

図7.1 選択合成スペースダイバーシチ

図7.2 最大比合成方式

$$p(\gamma) = \frac{d}{d\gamma}\left[1 - e^{-\gamma/\gamma_0}\right]^M \tag{7.2}$$

$$= \frac{M}{\gamma_0} e^{-\gamma/\gamma_0} \left[1 - e^{-\gamma/\gamma_0}\right]^{M-1} \tag{7.2}'$$

$$\approx M \frac{\gamma^{M-1}}{\gamma_0^M} \qquad (\gamma \ll \gamma_0) \tag{7.2}''$$

となる。

〔2〕 **最大比合成**　最大比合成方式を**図7.2**に示す。各枝の受信信号はSNRに応じ重みを付けられた後，同相加算される。合成後のSNRは最大になり，この方式は最もよい誤り率特性を示す。合成後のγの確率密度関数はつぎのように与えられている[1]

$$p(\gamma) = \frac{1}{(M-1)!} \frac{\gamma^{M-1}}{\gamma_0^M} e^{-\gamma/\gamma_0} \tag{7.3}$$

$$\approx \frac{1}{(M-1)!} \frac{\gamma^{M-1}}{\gamma_0^M} \qquad (\gamma \ll \gamma_0) \tag{7.3}'$$

式(7.3)′と式(7.2)″の比は$1/M!$になる。このことは，$\gamma \ll \gamma_0$のときの誤り率は，最大比合成が選択合成よりも$1/M!$倍だけ低くなることを示している。

〔3〕 **等利得合成**　最大比合成方式において各枝の重みを同じく（すべてのiに対して$a_i = a_0$）すれば等利得合成となる。等利得合成における確率密度関数は，残念ながら閉じた形では与えられていない。

$\gamma \ll \gamma_0$ における近似式はつぎのように求められている[1]。

$$p(\gamma) \approx \frac{2^{M-1}M^M}{(2M-1)!}\frac{\gamma^{M-1}}{\gamma_0^M} \tag{7.4}$$

$M \gg 1$ の場合,最大比合成は等利得合成に対して,1.3 dB の利得がある。直感的に考えて,等利得合成における SNR 改善の程度は最大比合成と選択合成の中間になる。

〔4〕 **枝間の相互の影響**[1),2)] 各枝の SNR が相関を有するとダイバーシチ効果は減少する。完全な相関という極端な場合を考えると,ダイバーシチ効果はまったくない。ここでは,2枝($M=2$)方式の場合の解析結果のみを引用する。

(**a**) **選択合成** 分布関数はつぎのようになる。

$$P_2(\gamma) = 1 - e^{-\gamma/\gamma_0}[1 - Q(a,b) + Q(b,a)] \tag{7.5}$$

ここで

$$Q(a,b) = \int_b^\infty e^{-\frac{1}{2}(a^2+x^2)} I_0(ax) x\, dx \qquad \left(b = \sqrt{\frac{2\gamma}{\gamma_0(1-\rho^2)}},\ a = b\rho\right)$$

ここで,$I_0(x)$ は第1種の0次変形ベッセル関数であり,ρ は(フェージング)ガウス過程の複素相互共分散(cross covariance)の絶対値を示す。二つの枝の信号の包絡線の規格化共分散は,ρ^2 にとても近い値になることが示されている。平均の誤り率は $\gamma \ll \gamma_0$ となる確率を使って近似に求めることができる($\gamma \geqq \gamma_0$ となる場合には誤り率が小さいので,全体の誤り率を求める際に影響は小さい)。$\gamma \ll \gamma_0$ のとき,式(7.5)はつぎのように近似できる。

$$P_2(\gamma) \approx \frac{\gamma^2}{\gamma_0^2(1-\rho^2)}$$

確率密度関数は,上式よりつぎのようになる。

$$p_2(\gamma) = \frac{d}{d\gamma}P_2(\gamma) \approx \frac{2\gamma}{\gamma_0^2(1-\rho^2)} \tag{7.6}$$

(**b**) **最大比合成** 分布関数はつぎのように与えられている。

$$P_2(\gamma) = 1 - \frac{1}{2\rho}\left[(1+\rho)e^{-\gamma/\gamma_0(1+\rho)} - (1-\rho)e^{-\gamma/\gamma_0(1-\rho)}\right]$$

$\gamma \ll \gamma_0$ に対して

$$P_2(\gamma) \approx \frac{\gamma^2}{2\gamma_0^2(1-\rho^2)}$$

確率密度関数は

$$p_2(\gamma) = \frac{1}{2\rho\gamma_0}\left[e^{-\gamma/\gamma_0(1+\rho)} - e^{-\gamma/\gamma_0(1-\rho)}\right] \tag{7.7}$$

となる。$\gamma \ll \gamma_0$ に対して

$$p_2(\gamma) \approx \frac{\gamma}{\gamma_0^2(1-\rho^2)} \tag{7.7}'$$

式(7.6)と式(7.7)′を比較し,式(7.1)を考慮すると,選択合成ダイバーシチは最大比合成に比べて,2倍の平均(近似)誤り率特性を示すことがわかる。二つの枝の間の相関の影響は,式(7.6),(7.7)′における $\gamma_0^2(1-\rho^2)$ の項に反映されている。これより,相関の影響は平均 SNR を $\sqrt{1-\rho^2}$ だけ減少させることと等価である。例えば,$\rho = 0.1, 0.25, 0.5$ に対して,SNR がそれぞれ 0.02 dB,0.14 dB,0.62 dB だけ低くなる。

7.1.2 平均誤り率

〔1〕 **加法的ガウス雑音による誤り率**　ビットエネルギー対雑音電力密度 $E_b/N_0 (\equiv \gamma)$ に対する誤り率を以下に示しておく。BPSK および QPSK の同期検波に対して(式(5.17)と(5.19)″)

$$P_e(\gamma) = \frac{1}{2}\mathrm{erfc}(\sqrt{\alpha\gamma}) \tag{7.8}$$

となる。ここで,パラメータ α は特性劣化を表すために便宜的に導入した。ASK と FSK の非同期検波および BPSK の差動検波に対して(式(5.29),(5.33))

$$P_e(\gamma) = \frac{1}{2}e^{-\alpha\gamma} \tag{7.9}$$

となる。ここで理想的な場合,ASK と FSK に対して $\alpha = 1/2$,BPSK に対して

$\alpha=1$ である。

平均誤り率はつぎのように計算される。

$$\langle P_e \rangle = \int_0^\infty \frac{1}{2}\mathrm{erfc}(\sqrt{\alpha\gamma})p(\gamma)d\gamma \qquad (\text{同期検波})$$

および

$$\langle P_e \rangle = \int_0^\infty \frac{1}{2}e^{-\alpha\gamma}p(\gamma)d\gamma \qquad (\text{非同期検波})$$

（**a**）**最大比合成**　式(7.1)と式(7.3)より，平均誤り率はつぎのようになる。

$$\langle P_e \rangle = \int_0^\infty P_e(\gamma)\frac{\gamma^{M-1}}{(M-1)!}\frac{1}{\gamma_0^M}e^{-\gamma/\gamma_0}d\gamma$$

非同期検波について，式(7.9)を用い，$M=1, 2, \cdots$ とおいて上式を部分積分することにより次式を得る。

$$\langle P_e \rangle = \frac{1}{2}\frac{1}{(1+\alpha\gamma_0)^M} \qquad (\text{非同期検波}) \tag{7.10}$$

低い誤り率については

$$\langle P_e \rangle \approx \frac{1}{2}\frac{1}{(\alpha\gamma_0)^M} \qquad (\alpha\gamma_0 \gg 1) \tag{7.11}$$

この近似式と同じ結果が，確率密度関数の γ が小さいときの近似式を用いてつぎのように与えられる。

$$\langle P_e \rangle \approx \int_0^\infty \frac{1}{2}e^{-\alpha\gamma}\frac{1}{(M-1)!}\frac{\gamma^{M-1}}{\gamma_0^M}d\gamma \tag{7.12}$$

$$= \frac{1}{2}\frac{1}{(\alpha\gamma_0)^M} \tag{7.12}'$$

同期検波については，つぎのようになる。

$$\langle P_e \rangle = \int_0^\infty \frac{1}{2}\mathrm{erfc}(\sqrt{\alpha\gamma})\frac{\gamma^{M-1}}{(M-1)!}\frac{1}{\gamma_0^M}e^{-\gamma/\gamma_0}d\gamma \tag{7.13}$$

$M \geqq 2$ については，次式が得られる（付録7.1）。

$$\langle P_e \rangle = \frac{1}{2} - \frac{1}{2} \frac{1}{\sqrt{1+1/(\alpha\gamma_0)}} \left[1 + \sum_{m=1}^{M-1} \frac{(2m-1)!!/(2m)!!}{(1+\alpha\gamma_0)^m} \right] \qquad \text{(同期検波)}$$
(7.13)′

$M=2$ については

$$\langle P_e \rangle = \frac{1}{2} - \frac{1}{2} \frac{1}{\sqrt{1+1/(\alpha\gamma_0)}} \left(1 + \frac{1}{2} \frac{1}{1+\alpha\gamma_0} \right) \qquad (7.14)$$

$$\approx \frac{3}{16} \frac{1}{(\alpha\gamma_0)^2} \qquad (\alpha\gamma_0 \gg 1) \qquad (7.14)'$$

確率密度関数の近似式を用いて，次式を得る（付録7.2）．

$$\langle P_e \rangle \approx \int_0^\infty \frac{1}{2} \mathrm{erfc}(\sqrt{\alpha\gamma}) \frac{1}{(M-1)!} \frac{\gamma^{M-1}}{\gamma_0^M} d\gamma \qquad (7.15)$$

$$= \frac{1}{2} \frac{(2M-1)!!}{(2M)!!} \frac{1}{(\alpha\gamma_0)^M} \qquad (7.15)'$$

$M=2$ については，式(7.15)′は式(7.14)′と同じになる．

（b） 選択ダイバーシチ　　式(7.1)と式(7.2)より

$$\langle P_e \rangle = \int_0^\infty P_e(\gamma) \frac{d}{d\gamma} (1-e^{-\gamma/\gamma_0})^M d\gamma$$

となる．部分積分を行うことにより，P_e はつぎのようになる．

$$\langle P_e \rangle = \left[P_e(\gamma)(1-e^{-\gamma/\gamma_0})^M \right]_0^\infty - \int_0^\infty \left\{ \frac{d}{d\gamma} P_e(\gamma) \right\} (1-e^{-\gamma/\gamma_0})^M d\gamma \qquad (7.16)$$

$P_e(\infty)=0$ を考慮し，$(1-e^{-\gamma/\gamma_0})^M$ をつぎのように展開し

$$(1-e^{-\gamma/\gamma_0})^M = \sum_{k=0}^M \binom{M}{k} (-1)^k e^{-k\gamma/\gamma_0}$$

つぎの式を得る．

$$\langle P_e \rangle = \sum_{k=0}^M \binom{M}{k} (-1)^k \int_0^\infty \left\{ \frac{d}{d\gamma} P_e(\gamma) \right\} e^{-k\gamma/\gamma_0} d\gamma \qquad (7.17)$$

ここで

$$\binom{M}{k} = \frac{M!}{(M-k)!k!}$$

非同期検波については,式(7.9)と式(7.17)を使って,次式を得る。

$$\langle P_e \rangle = \frac{1}{2}\sum_{k=0}^{M}\binom{M}{k}(-1)^k \int_0^\infty \alpha e^{-(\alpha + k/\gamma_0)\gamma} d\gamma$$

$$= \frac{1}{2}\sum_{k=0}^{M}\binom{M}{k}(-1)^k \frac{1}{1+k/(\alpha\gamma_0)} \quad \text{(非同期検波)} \tag{7.18}$$

$M=2$ の場合

$$\langle P_e \rangle = \frac{1}{2} - \frac{1}{1+1/(\alpha\gamma_0)} + \frac{1}{2}\frac{1}{1+2/(\alpha\gamma_0)} \tag{7.19}$$

$$\approx \frac{1}{(\alpha\gamma_0)^2} \quad (\alpha\gamma_0 \gg 1) \tag{7.19}'$$

もし,近似的な確率密度関数(式(7.2)″)を使えば

$$\langle P_e \rangle \approx \int_0^\infty \frac{1}{2} e^{-\alpha\gamma} M \frac{\gamma^{M-1}}{\gamma_0^M} d\gamma$$

となる.これを式(7.12)と比べることにより,次式を得る。

$$\langle P_e \rangle \approx \frac{1}{2}\frac{M!}{(\alpha\gamma_0)^M}$$

この結果は $M=2$ のとき,式(7.19)′と同じになる。

同期検波については

$$\frac{d}{d\gamma}P_e(\gamma) = -\frac{1}{2\sqrt{\pi}}\sqrt{\frac{\alpha}{\gamma}}e^{-\alpha\gamma}$$

これを式(7.17)に代入し,つぎの関係を使って

$$\int_0^\infty \frac{1}{\sqrt{\gamma}} e^{-\beta\gamma} d\gamma = \sqrt{\frac{\pi}{\beta}}$$

次式を得る。

$$\langle P_e \rangle = \frac{1}{2}\sum_{k=0}^{M}\binom{M}{k}(-1)^k \frac{1}{\sqrt{1+k/(\alpha\gamma_0)}} \quad \text{(同期検波)} \tag{7.20}$$

$M=2$ については

$$\langle P_e \rangle = \frac{1}{2} - \frac{1}{\sqrt{1+1/(\alpha\gamma_0)}} + \frac{1}{2}\frac{1}{\sqrt{1+2/(\alpha\gamma_0)}} \tag{7.21}$$

$$\approx \frac{3}{8}\frac{1}{(\alpha\gamma_0)^2} \qquad (7.21)'$$

近似確率密度関数を使えば

$$\langle P_e \rangle \approx \int_0^\infty \frac{1}{2}\mathrm{erfc}(\sqrt{\alpha\gamma})M\frac{\gamma^{M-1}}{\gamma_0^M}d\gamma \qquad (\gamma \ll \gamma_0)$$

となる。これを式(7.15)と比べることにより

$$\langle P_e \rangle \approx \frac{M!}{2}\frac{(2M-1)!!}{(2M)!!}\frac{1}{(\alpha\gamma_0)^M} \qquad \text{(同期検波)}$$

を得る。$M=2$については，式(7.21)$'$と同じ結果を得る。

（**c**）**等利得合成** γについての確率密度関数の厳密な式が得られてないので，式(7.4)で与えられる近似式を用いる。式(7.4)と式(7.3)$'$を比較し，式(7.12)$'$と式(7.15)$'$を用いることにより

$$\langle P_e \rangle \approx \begin{cases} \dfrac{1}{2}\dfrac{(2M)^M M!}{(2M)!}\dfrac{1}{(\alpha\gamma_0)^M} & \text{(非同期検波)} \\[2mm] \dfrac{1}{2}\dfrac{(2M)^M M!(2M-1)!!}{(2M)!(2M)!!}\dfrac{1}{(\alpha\gamma_0)^M} & \text{(同期検波)} \end{cases} \qquad (7.22)$$

を得る。

$M=2$については

$$\langle P_e \rangle \approx \begin{cases} \dfrac{2}{3}\dfrac{1}{(\alpha\gamma_0)^2} & \text{(非同期検波)} \\[2mm] \dfrac{1}{4}\dfrac{1}{(\alpha\gamma_0)^2} & \text{(同期検波)} \end{cases}$$

となる。

式(7.10)，(7.13)，(7.18)，(7.20)，および式(7.22)を用いて計算したビット誤り率を，**図7.**3(a)，(b)に示す。

QPSKと$\pi/4$シフトQPSKの差動検波に対する検波後合成ダイバーシチは文献3)で幅広く解析されている（5.5.5項〔5〕）。レイズドコサインロールオフナイキストフィルタの平方根の特性を送信と受信のフィルタに用いた場合に

(a) 非同期検波 (b) 同期検波

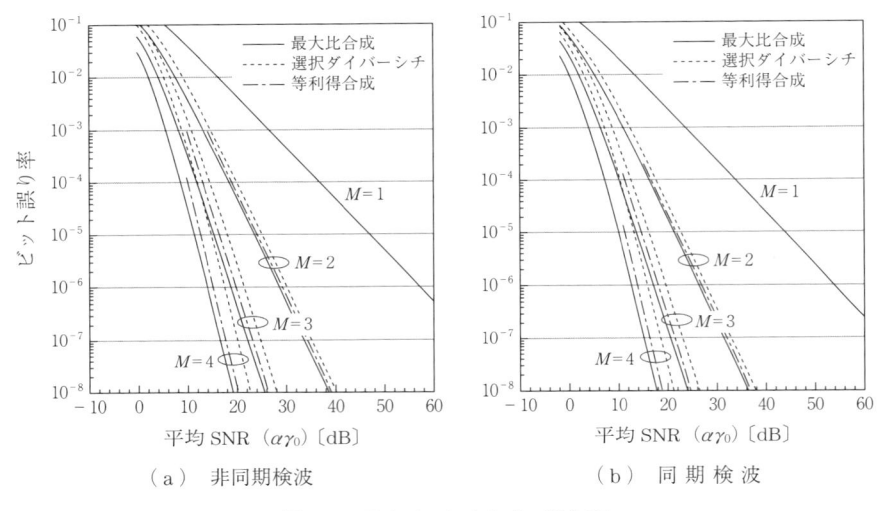

図 7.3 ダイバーシチ方式の誤り率

は，つぎのような簡単な結果が得られる[3]。

$$\langle P_e \rangle \approx K_M \left(\frac{1}{\gamma_0} \right)^M \tag{7.23}$$

ここで，γ_0 はビット当りのエネルギー対雑音電力密度比であり，K_M はつぎのように与えられている。

$$K_M = \begin{cases} \dfrac{(2M-1)!!}{2} & \text{(選択合成)} \\ \dfrac{1}{2} \dfrac{M^M}{M!} & \text{(等利得合成)} \\ \dfrac{1}{2} \dfrac{(2M-1)!!}{M!} & \text{(最大比合成)} \end{cases}$$

〔2〕 **ランダム FM 効果による軽減不能な誤り率**　熱雑音に対する解析とは異なり，フェージング回線で生じるランダム FM 効果，および波形歪みに対するダイバーシチの効果の解析は容易ではない。それは，変復調方式，パルス波形，ダイバーシチ方式などの種々のパラメータを考慮しなければならないからである。

BPSK の差動検波に対する 2 枝検波後合成ダイバーシチ方式は，文献 2)で解析されている。ここではその結果のみを示す。

$$\langle P_e \rangle = \left(\frac{1 + \gamma_0 [1 - J_0(2\pi f_m T)]}{2(1 + \gamma_0)} \right)^2 \left(\frac{2(\gamma_0 + 1) + \gamma_0 J_0(2\pi f_m T)}{1 + \gamma_0} \right)$$

ここで，f_m は最大ドップラー周波数，T はシンボル周期である。信号対雑音電力比 γ_0 を無限大にすると，軽減不能な誤り率がつぎのように与えられる。

$$\langle P_e \rangle_{ir} \approx \frac{1}{4} [1 - J_0(2\pi f_m T)]^2 [2 + J_0(2\pi f_m T)]$$

これは，$f_m T \ll 1$ のときにはつぎのように簡単化できる。

$$\langle P_e \rangle_{ir} \approx \frac{3}{4} (\pi f_m T)^4 \tag{7.24}$$

ここで，$J_0(x) \approx 1 - (x/2)^2$ $(x \ll 1)$ を用いた。

この結果をつぎのダイバーシチなしの場合の結果と比べよう。

$$\langle P_e \rangle_{ir} \approx \frac{1}{2} (\pi f_m T)^2 \tag{7.25}$$

これより 2 枝ダイバーシチにより，軽減不能誤り率が $f_m T$ の 2 次のオーダーから，4 次のオーダーに減少することがわかる。

低速フェージング ($f_m T \to 0$) においては，誤り率は熱雑音によるものだけになる。この誤り率は M 枝ダイバーシチにより $\langle P_e \rangle_{th} \propto \gamma_0^{-M}$ のように改善される。

QPSK および $\pi/4$ シフト QPSK の差動検波における検波後合成ダイバーシチに対する結果は，つぎのように与えられる[3]。

$$\langle P_e \rangle_{ir} \approx K_M (2\pi f_{rms} T)^{2M}$$

この例でも，軽減不能の誤り率は式(7.24), (7.25)と同様に，$(f_{rms} T)^2$ の M 次のオーダーに低減されている。

ディジタル FM 周波数検波における検波後合成ダイバーシチに対する軽減不能な誤り率は，つぎのように与えられる[2]。

$$\langle P_e \rangle_{ir} \approx \frac{(2M-1)!}{(M-1)!^2}\left(\frac{f_m}{2\sqrt{2}\,\Delta f}\right)^{2M}$$

ここで，Δf はピーク周波数偏移である。変調指数 m を使えば，Δf は $m/2T$ となる。したがって，$\langle P_e \rangle_{ir}$ は与えられた変調指数に対して $[(f_m T)^2]^M$ に比例する。

〔3〕 **周波数選択制フェージングによる誤り率** 周波数選択制フェージング下におけるレイズドコサインロールオフフィルタで帯域制限された（π/4 シフト）QPSK の誤り率は図 5.34（d）に示されている。

〔4〕 **同一チャネル干渉による誤り率** レイズドコサインロールオフフィルタで帯域制限された π/4 シフト QPSK の近似的な誤り率は図 5.34（c）に示されている。

7.1.3 複数基地局送信ダイバーシチ

この方式では，同一信号が遠く離れた複数の基地局から同時に送信される。したがって，これはマクロダイバーシチ方式である。この方式はいくつかの商用無線呼出しシステムで用いられていた。呼出しシステムにおいては，低い送信電力でサービス領域を拡大するのが重要である。この目的のために，複数基地局送信方式が適している。加えてこれはマクロダイバーシチであるので，基地局のゾーンが重なり合う領域では，高速フェージングのみならずシャドウフェージングの影響を軽減できる。

しかしながら，異なる基地局から送信される信号間の干渉に目を向ける必要がある。少なくとも，ビットのタイミングはたがいに同期していなければならない。干渉を回避するとともにダイバーシチ効果を得ることができるディジタル変調方式が提案されている[4]~[6]。呼出しシステムにおいては，ディジタル FM が例外なく用いられている。なぜなら，高電力送信機においては電力効率が重要であるとともに，受信機が小型簡単でなければならないからである。これまで提案されている複数基地局同時送信方式では，送信機の間で異なるベースバンド信号を用いている。受信機ではリミタ周波数検波器が用いられてい

る。送信ベースバンド信号が NRZ 方形パルスであるため，積分放電フィルタが使われている。

ダイバーシチ効果は安達によりつぎのように解析されている（IEEE, 1979）。複数の基地局から送信する場合を考える。送信信号はつぎのように表される。

$$u_1(t) = \cos\{\omega_0 t + \phi_1(t)\}, \quad u_2(t) = \cos\{\omega_0 t + \phi_2(t)\}$$

ここで ω_0 は搬送波周波数，ϕ_i $(i=1, 2)$ はベースバンド位相信号を表す。レイリーフェージングを仮定して，受信信号はつぎのように表現できる。

$$v_i(t) = R_i(t)\cos\{\omega_0 t + \phi_i(t) + \theta_i(t)\} \qquad (i=1, 2)$$

ここで，$R_i(t)$ は包絡線でありレイリー分布をとる。また位相 $\theta_i(t)$ は $0 \sim 2\pi$ の間で一様に分布する（4.3節）。

受信機において，リミタ周波数検波機の出力信号 $v(t)$ は，ω_0 に対して相対的に $R_1(t) > R_2(t)$ のとき，つぎのようになる。

$$v(t) = \dot{\phi}_1(t) + \dot{\theta}_1(t) - \frac{d}{dt}\left[\tan^{-1}\frac{\alpha(t)\sin\psi(t)}{1+\alpha(t)\cos\psi(t)}\right] \qquad (7.26)$$

ここで記号（・）は時間微分を表し

$$\alpha(t) = \frac{R_2(t)}{R_1(t)}, \qquad (7.27)$$

$$\psi(t) = \phi_1(t) - \phi_2(t) + \theta_1(t) - \theta_2(t) \qquad (7.28)$$

である。ここで $\dot{\psi}$ はビート周波数信号である。$R_1(t) < R_2(t)$ のときには，式(7.26)～(7.28)で添字を入れ替えればよい。式(7.26)の右辺の第3項は二つの受信信号間の干渉を表現している。二つの信号間に干渉がない場合にはこの項は消えなければならない。フェージングはビット速度 $1/T$ に比べて遅いので，$R_i(t)$ と $\theta_i(t)$ はビット周期 T の間では一定とみなせる。フーリエ級数展開を行うことにより，式(7.26)はつぎのように書き換えられる。

$$v(t) = \dot{\phi}_1(t) + \dot{\theta}_1(t) - \frac{d}{dt}\left[\sum_{m=1}^{\infty}(-1)^m \frac{\alpha^m}{m}\sin\{m\psi(t)\}\right]$$

積分放電フィルタ出力のサンプル時刻 nT $(n=0, \pm 1, \pm 2, \cdots)$ における値，あ

るいは等価的に時間区間 T における位相変化を $W(nT)$ とすれば

$$W(nT) \approx \phi_1(nT) - \phi_1(nT-T)$$
$$+ \left\{\sum_{m=1}^{\infty}(-1)^m \frac{2\alpha^m}{m}\cos\left[\frac{m}{2}\psi_\sigma(nT)\right]\sin\left[\frac{m}{2}\Delta\psi(nT)\right]\right\}$$

である。ここで

$$\Delta\psi(nT) = \psi(nT) - \psi(nT-T), \quad \psi_\sigma(nT) = \psi(nT) + \psi(nT-T)$$

である。干渉項が消えるためには $\Delta\psi(nT)$ は

$$\Delta\psi(nT) = \pm 2\pi k \quad (k=1,2,3,\cdots) \tag{7.29}$$

でなくてはならない。このとき出力信号は

$$W(nT) \approx \begin{cases} \varphi_1(nT) - \varphi_1(nT-T) & (R_1(nT) > R_2(nT)) \\ \varphi_2(nT) - \varphi_2(nT-T) & (R_1(nT) < R_2(nT)) \end{cases}$$

となる。この結果は選択ダイバーシチ効果が得られたことを示している。

式(7.29)の条件を満足する一つの方法は，位相掃引，別の言い方をすれば搬送波周波数オフセットである[4]。この方法では

$$\varphi_1(t) = \frac{\omega_s t}{2} + \frac{\pi\beta}{T}\int_{-\infty}^{t} s(\tau)d\tau, \quad \varphi_2(t) = \frac{-\omega_s t}{2} + \frac{\pi\beta}{T}\int_{-\infty}^{t} s(\tau)d\tau$$

とおく。ここで ω_s はオフセット周波数を示し，$s(t)$ は送信 NRZ 方形信号であり，$+1$ あるいは -1 のレベルをとる。β は変調指数であり $\beta = 2\Delta f_d T$ と表される。ここで，Δf_d は周波数偏移を表す。式(7.29)と上の式より次式を得る。

$$\frac{\omega_s}{2\pi} = \frac{l}{T} \quad (l=1,2,3,\cdots)$$

他の方法[6]は，つぎのように異なる変調指数を用いるものである。

$$\varphi_1(t) = \frac{\pi\beta_1}{T}\int_{-\infty}^{\infty} s(t)dt, \quad \varphi_2(t) = \frac{\pi\beta_2}{T}\int_{-\infty}^{\infty} s(t)dt$$

式(7.29)と上の式で $\int_{-\infty}^{\infty} s(t)dt = T$ として，次式を得る。

$$\Delta\beta \equiv \beta_2 - \beta_1 = 2l \quad (l=1,2,\cdots)$$

その他の方法[5]は，式(7.29)を満たす時間波形信号を足すものである。

二つの基地局からの受信信号の平均電力は異なっているかもしれない。この

7.1 ダイバーシチ通信方式

場合,7.1.2項の議論は成立しない。誤り率はつぎのように解析できる。

ディジタルFMのリミタ・周波数検波に対する誤り率は閉じた形では与えられていないので,つぎの近似表現式を用いる。

$$P_e(R) \approx \frac{1}{2}\exp\left[-\alpha\left(\frac{T}{2N_0}\right)R^2\right]$$

ここで,R は受信信号の包絡線,N_0 はリミタ・周波数検波器入力における雑音電力密度,α は変調指数および受信誤り率特性の劣化の効果を表すために適当に導入した定数である。

$P_e(R_1, R_2)$ をつぎのように定義しよう。

$$P_e(R_1, R_2) \approx \begin{cases} \frac{1}{2}\exp\left[-\alpha\left(\frac{T}{2N_0}\right)R_1^2\right] & (R_1 > R_2) \\ \frac{1}{2}\exp\left[-\alpha\left(\frac{T}{2N_0}\right)R_2^2\right] & (R_1 < R_2) \end{cases} \quad (7.30)$$

平均の誤り率は,上式と結合確率密度関数 $p(R_1, R_2)$ を用いて,つぎのように与えられる。

$$\langle P_e \rangle = \int_0^\infty dR_1 \int_0^{R_1} P_e(R_1, R_2) p(R_1, R_2) dR_2 + \int_0^\infty dR_2 \int_0^{R_2} P_e(R_1, R_2) p(R_1, R_2) dR_1 \quad (7.31)$$

$p(R_1, R_2)$ は以下のように与えられている[1]。

$$p(R_1, R_2) = \frac{R_1 R_2}{\sigma_1^2 \sigma_2^2 (1-\rho^2)} I_0\left(\frac{\rho R_1 R_2}{\sigma_1 \sigma_2 (1-\rho^2)}\right) \exp\left[-\frac{1}{1-\rho^2}\left(\frac{R_1^2}{2\sigma_1^2} + \frac{R_2^2}{2\sigma_2^2}\right)\right] \quad (7.32)$$

ここで,σ_1^2 と σ_2^2 はフェージングを受ける受信信号の平均電力である。ρ^2 の項は定数であり,二つの枝の包絡線の規格化相関値(4.3.3項)に近い値である。$I_0(\cdot)$ は第1種の零次変型ベッセル関数であり,つぎのように表される。

$$I_0(z) = \frac{1}{2\pi}\int_{-\pi}^{\pi}\exp(-z\cos\theta)d\theta$$

式(7.30)と式(7.32)を式(7.31)に代入し,$R_2/R_1 = t$ とし,式(7.31)を R_1,θ,および t について積分することにより,次式を得る。

$$\langle P_e \rangle = \frac{1}{4(1+\alpha_1\gamma_1)}\left(1 - \frac{1-(\gamma_1/\gamma_2)+\alpha_1\gamma_1(1-\rho^2)}{\left\{\left[1+(\gamma_1/\gamma_2)+\alpha_1\gamma_1(1-\rho^2)\right]^2 - 4\rho^2(\gamma_1/\gamma_2)\right\}^{1/2}}\right)$$

$$+ \frac{1}{4(1+\alpha_1\gamma_2)}\left(1 - \frac{1-(\gamma_2/\gamma_1)+\alpha_2\gamma_2(1-\rho^2)}{\left\{\left[1+(\gamma_2/\gamma_1)+\alpha_2\gamma_2(1-\rho^2)\right]^2 - 4\rho^2(\gamma_2/\gamma_1)\right\}^{1/2}}\right)$$

ここで，$\gamma_1\,(\equiv \sigma_1^2 T/N_0)$ と $\gamma_2\,(\equiv \sigma_2^2 T/N_0)$ は平均の受信信号ビットエネルギー対雑音電力密度比である。

$\gamma_1, \gamma_2 \gg 1$ のとき

$$\langle P_e \rangle \approx \frac{1}{4\gamma_1\gamma_2(1-\rho^2)}\left(\frac{1}{\alpha_1^2} + \frac{1}{\alpha_2^2}\right)$$

となる。この式は $M=2$，$\gamma_1=\gamma_2=\gamma_0$，$\alpha_1=\alpha_2=\alpha$，$\rho=0$ のとき，式(7.11)に等しくなる。

7.1.4 アンテナ選択ダイバーシチ

アンテナ選択ダイバーシチ方式は他の方法に比べてつぎのような点で優れている。RF合成方式あるいはIF合成方式のように位相同期をとる必要はない。また，検波後合成ダイバーシチのように2重の受信機を設けなくてよい。しかし，アンテナから受信される信号の間で同期がとれていないので，切替雑音が発生する。切替雑音は復調器出力において，クリック雑音のようになる。アナログ通信では，クリック雑音はブランキングあるいはサンプル保持[2]などの方法により，ある程度は和らげることができる。しかし，ディジタル通信においては，このような方法は有効ではない。

ディジタル通信において，切替雑音の影響を回避する一つの方法が提案された[7),8)]。この方式のブロック図を図7.4に示す。この方式の考え方は，ディジタル信号が通常，プリアンブル信号と情報信号からなるデータのブロック（あるいはフレーム）の形で送信されることに着目して得られたものである。アンテナ選択はプリアンブル信号区間（図(a)で P_1, P_2）で行う。そして，選択さ

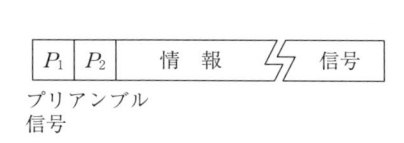

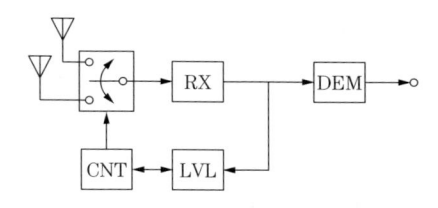

7.1 ダイバーシチ通信方式

（a）信号形式　　　　　　　（b）アンテナ選択ダイバーシチ受信機

図 7.4　アンテナ選択ダイバーシチ受信機

れたアンテナは情報信号区間では固定される。二つのアンテナのそれぞれ受信信号レベルを測定するために，アンテナ切替を行う。高い受信レベルを示すアンテナを選択する。プリアンブル信号区間で切替雑音が生じるものの，プリアンブル信号はクロックあるいは搬送波信号の再生を目的とした周期的な信号であるから，その影響は無視できる。この方式を TDMA 方式の加入者（移動端末）受信機に適用すれば，通信用に割り当てられた時間スロットの直前のスロットで，アンテナ選択動作を行わせることができる。この結果，プリアンブル期間にも切替雑音が生じないようにできる。

　この方法は装置が小型でなければならない携帯無線端末に有効である。この考えは文献 8) において，上りと下りの回線で異なる周波数を使用するシステムでの送信ダイバーシチ方式に応用されている。ここで，加入者移動端末にダイバーシチ用のアンテナは必要としない。この方式では，基地局は情報信号に続いて二つのアンテナを順次に切り替えて，ポストアンブル信号（P'_1, P'_2, 図 7.5）を送信する。加入者移動局はポストアンブル信号のうちどちらが高い受信レベルを示しているかを吟味し，その結果を基地局へ送り返す。基地局は報告を受けたアンテナからつぎのプリアンブル信号を送信する。以上より，この方式は帰還ダイバーシチ形式であるといえる。

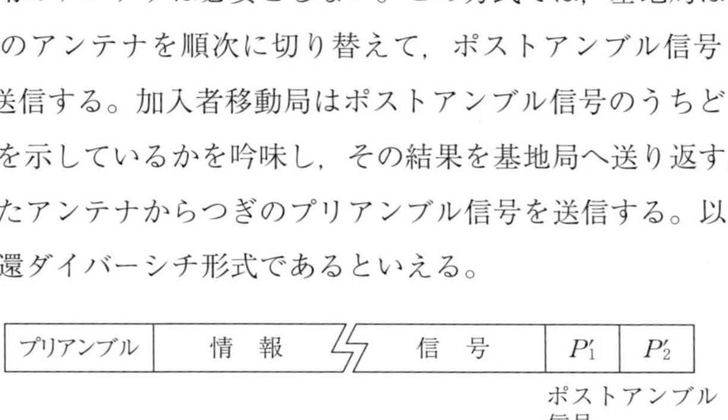

図 7.5　アンテナ選択帰還ダイバーシチの信号様式

この方式を基地局に利用すると,上り回線および下り回線でのダイバーシチ通信が実現できる。アンテナを含むダイバーシチ回路は基地局のみに必要である。上下回線で同一の周波数を用いる場合には,ポストアンブル信号を送信する前述の手段は不必要である。上下回線の相関が高いので,最後の受信の際に選んだアンテナからつぎの送信を行えばよい。

この方式はバースト信号区間においてアンテナ選択を保持したままであるから,他の方法に比べて特性が劣る。特性の劣化はフェージング速度が速い場合に特に大きくなる。

このアンテナ選択ダイバーシチ方式の提案がなされてから,時宜を得て,その特性の理論的解析[9]が以下のように発表された。

7.1.2項で議論したように,平均誤り率は受信信号対雑音電力比γの確率密度関数が与えられれば計算できる。選択後の信号振幅をzとしよう。ビット当りのエネルギー対雑音電力密度比γはつぎのようになる。

$$\gamma = \frac{z^2 T}{N_0} \tag{7.33}$$

ここで,Tはビット周期,N_0は雑音電力密度である。上式の集合平均をとり,平均のビット当りエネルギー対雑音電力密度比は

$$\langle \gamma \rangle (\equiv \gamma_0) = \frac{\langle z^2 \rangle T}{N_0} \tag{7.34}$$

$\langle z^2 \rangle$はつぎのように与えられる。

$$\langle z^2 \rangle = \langle x^2 \rangle + \langle y^2 \rangle = 2R(0) \quad \left(\langle x^2 \rangle = \langle y^2 \rangle = R(0) \right) \tag{7.35}$$

ここでx, yはそれぞれzの同相成分,直交成分である。$R(\tau)$はレイリーフェージングに従う,同相成分,直交成分x, yの自己相関関数である。式(7.33),(7.34),(7.35)より

$$\gamma = \frac{z^2}{2R(0)} \gamma_0$$

となる。γ_0は各ダイバーシチ枝に対して同一であるとする。z,したがってγは,フェージングによって時間的に変化する。

$\tau=0$ においてアンテナ選択が行われたとしよう.M 枝の振幅を $r_1, r_2, \cdots, r_M$ とする.枝 i が選ばれたとすると

$$z(\tau) = r_i(\tau)$$

ここで,すべての $j(\neq i)$ $(1, 2, \cdots, M)$ に対して $r_i(0) > r_j(0)$ であり,τ はアンテナ選択からの経過時間である.

$z(\tau)$ の累積分布関数は次のようになる.

$$F[z(\tau)] = \mathrm{Prob}[r_1(\tau) \leq z(\tau), r_1(0) > r_2(0), r_1(0) > r_3(0), \cdots, r_1(0) > r_M(0)]$$
$$+ \cdots$$
$$+ \mathrm{Prob}[r_M(\tau) \leq z(\tau), r_M(0) > r_1(0), r_M(0) > r_2(0), \cdots,$$
$$r_M(0) > r_{M-1}(0)]$$

M 枝の振幅が同一の分布を示すと仮定すれば

$$F[z(\tau)] = M\,\mathrm{Prob}[r_1(\tau) \leq z(\tau), r_1(0) > r_2(0), r_1(0) > r_3(0), \cdots, r_1(0) > r_M(0)]$$
$$= M \int_0^{z(\tau)} \int_0^{\infty} \int_0^{r_1(0)} \int_0^{r_1(0)} \cdots \int_0^{r_1(0)} f(r_1(\tau), r_1(0), r_2(0), \cdots, r_M(0))$$
$$\times dr_M(0) \cdots dr_2(0) dr_1(0) dr_1(\tau)$$

各枝で独立なフェージングを仮定すると,$z(\tau)$ の確率密度関数はつぎのように与えられている[9].

$$f_{z(\tau)} = \sum_{k=0}^{M-1} \binom{M}{k+1} (-1)^k \frac{z(\tau)}{P_k(\tau)} \exp\left[\frac{-z^2(\tau)}{2 P_k(\tau)}\right] \tag{7.36}$$

ここで

$$P_k(\tau) = \frac{R^2(0) - R^2(\tau) k/(k+1)}{R(0)}$$

文献 9) から外れて,われわれはつぎの仮定を行う(4.3.2 項)

$$R(\tau) = R_{xx}(\tau) = R_{yy}(\tau) = b_0 J_0(\omega_m \tau)$$

ここで ω_m は最大ドップラー周波数である.$f_{z(\tau)}$ はレイリー分布関数の和であることに注目しよう.

式(7.36)において変数 z を γ に変換することで

$$f_{\gamma(\tau)} = \sum_{k=0}^{M-1} \binom{M}{k+1}(-1)^k \frac{R(0)}{P_k(\tau)\gamma_0} \exp\left[\frac{-R(0)\gamma(\tau)}{P_k(\tau)\gamma_0}\right] \tag{7.37}$$

を得る。$\gamma(\tau)$ が与えられたときの誤り率を $P_e[\gamma(\tau)]$ とすれば

$$P_e(\tau) = \int_0^\infty P_e[\gamma(\tau)] f_{\gamma(\tau)} d\gamma(\tau) \tag{7.38}$$

となる。したがって平均の誤り率は

$$\overline{P}_e = \frac{1}{T_d} \int_0^{T_d} P_e(\tau) d\tau \tag{7.39}$$

ここで，T_d はアンテナ選択が行われてからの経過時間の長さである。

γ が与えられたときの誤り率をつぎのように仮定しよう。

$$P_e(\gamma) = \begin{cases} \dfrac{1}{2}\mathrm{erfc}(\sqrt{\alpha\gamma}) & \text{(同期検波)} \tag{7.40} \\[2mm] \dfrac{1}{2}e^{-\alpha\gamma} & \text{(非同期検波)} \tag{7.41} \end{cases}$$

ここで，α は特性劣化を表す定数である。式(7.37), (7.38), (7.40), (7.41)を使って

$$P_e(\tau) = \sum_{k=0}^{M-1} \binom{M}{k+1}(-1)^k g_k(\tau) \tag{7.42}$$

ここで

$$g_k(\tau) = \begin{cases} \dfrac{1}{2}\left[1 - \dfrac{1}{\sqrt{1 + \dfrac{R(0)}{P_k(\tau)\alpha\gamma_0}}}\right] & \text{(同期検波)} \tag{7.43} \\[4mm] \dfrac{1}{2}\dfrac{1}{1 + P_k(\tau)\alpha\gamma_0/R(0)} & \text{(非同期検波)} \tag{7.44} \end{cases}$$

もし $R(\tau) = 0$ とすれば $P_e(\tau)$ はダイバーシチなしの場合の誤り率を与える。他方，$R(\tau) = R(0)$ とすれば理想的な選択ダイバーシチが得られる。式(7.42)は，式(7.43)と(7.44)を用いて，それぞれの場合について式(7.20)と式(7.18)とに帰結する。式(7.39), (7.40), (7.41), (7.42)を用いて計算した誤り率を**図7.6**に示している。

アンテナ選択ダイバーシチの特性を，受信信号レベルの予測に基づいたアル

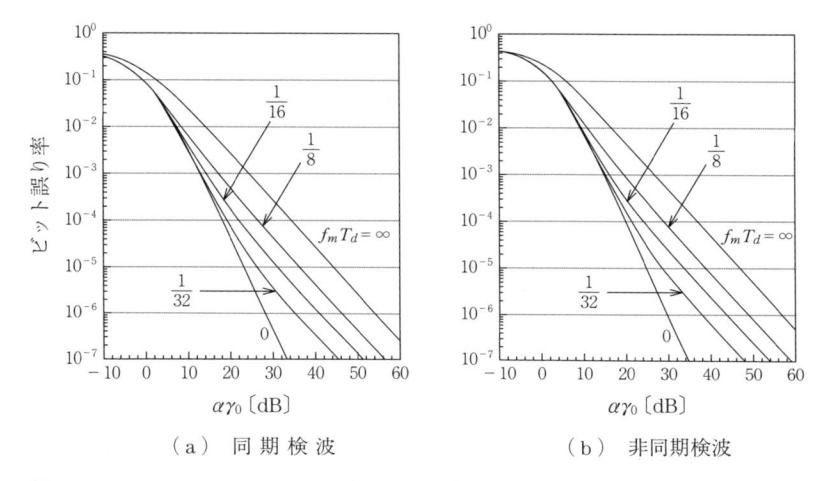

図 7.6 レイリーフェージング環境下での2枝アンテナ選択ダイバーシチの誤り率(アンテナ選択はフレームのプリアンブル部で行う。T_d：フレーム長，f_m：最大ドップラー周波数)

ゴリズムを用いることにより改善できることが報告されている[33]。

7.2 MIMO システム

MIMO（multi-input multi-output）システムとは，送信側および受信側に複数のアンテナを有するものをいう（**図 7.7**）。このシステムにより，空間ダイバーシチ効果を得ること以外に，空間分割多重伝送（space-division multiplexing, SDM）により，同一無線チャネルにおいて，複数の信号を同時に（並列）伝送することが可能になる。ここでは，MIMO システムにおけるダ

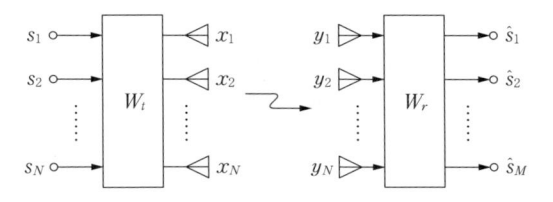

図 7.7 MIMO システムの概念図

イバーシチ伝送と SDM 伝送について，その原理を中心にして説明する[74]。

7.2.1 最大比合成ダイバーシチ

送信と受信に複数のアンテナを用いることにより，空間ダイバーシチ効果を得ることができる。ここでは，信号対雑音電力（S/N）を最大にするための受信，送信，および送受信最大比合成ダイバーシチについて，最適重みの決定法，およびこのとき得られる S/N について述べる。

〔1〕 **受信ダイバーシチ**　　まず，簡単のために，送信アンテナが1本の場合（single-input multi-output，SIMO）の受信ダイバーシチについて説明する（**図** 7.8）。合成された受信信号 z はつぎのように表される。

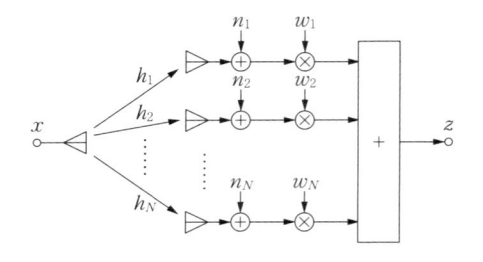

図 7.8 受信合成ダイバーシチ

$$z = \sum_{n=1}^{N} w_n y_n = \sum_{n=1}^{N} w_n (h_n x + n_n)$$

ここで，h_n は伝搬係数，n_n は n 番目の受信アンテナに発生する雑音，w_n は重みである。これらはすべて複素表現を行うものと仮定する。信号と雑音は，それぞれつぎのように表される。

$$s = \sum_{n=1}^{N} w_n h_n x, \quad n = \sum_{n=1}^{N} w_n n_n$$

今後，列（縦）ベクトル表現を用いることにしよう。例えば，$\bm{h} = (h_1, h_2, \cdots, h_N)^T$ と表現する（ここで，T は転置を表す）。このとき，つぎのように表現できる。

$$s = \bm{w}^T \bm{h} x, \quad n = \bm{w}^T \bm{n} \tag{7.45}$$

同じ次元のベクトル $\bm{a}, \bm{b}$ について，$\bm{a}^T \bm{b} = \bm{b}^T \bm{a}$ はスカラ量になることに注意し

ておきたい。平均の信号電力,雑音電力はそれぞれ

$$S = \langle |s|^2 \rangle = |\boldsymbol{w}^T \boldsymbol{h}|^2 \langle |x|^2 \rangle = |\boldsymbol{w}^T \boldsymbol{h}|^2 P_s,$$

$$N = \langle |\boldsymbol{w}^T \boldsymbol{n}|^2 \rangle = \langle \boldsymbol{w}^T \boldsymbol{n} (\boldsymbol{w}^T \boldsymbol{n})^{*T} \rangle = \langle \boldsymbol{w}^T \boldsymbol{n} \boldsymbol{n}^{*T} \boldsymbol{w}^* \rangle = \boldsymbol{w}^T \langle \boldsymbol{n} \boldsymbol{n}^H \rangle \boldsymbol{w}^* \quad (7.46)$$

ここで,行列の性質 $(\boldsymbol{ab})^T = \boldsymbol{b}^T \boldsymbol{a}^T$ を使った。また,添字記号 'H' は共役転置を表している。また,記号 $\langle \cdot \rangle$ は平均をとることを示している。$P_s = \langle |x|^2 \rangle$ は信号の平均送信電力である。

各雑音の平均値は零,および無相関を仮定すれば

$$\langle n_i n_j^* \rangle = \begin{cases} \langle n_i \rangle \langle n_j^* \rangle = 0 & (i \neq j) \\ \langle |n_i|^2 \rangle \equiv N_i & (i = j) \end{cases}$$

となる。さらに,各アンテナの雑音の平均電力は等しいとする ($N_i = \sigma^2$)。これより

$$\langle \boldsymbol{n} \boldsymbol{n}^H \rangle = \sigma^2 \boldsymbol{I}_N \quad (\boldsymbol{I}_N は N \times N の単位列)$$

となる。したがって,雑音電力の式(7.46)はつぎのようになる。

$$N = \boldsymbol{w}^T \boldsymbol{w}^* N_n = \sigma^2 \sum_{n=1}^{N} |w_n|^2 \quad (7.47)$$

信号対雑音電力比はつぎのようになる。

$$\frac{S}{N} = \frac{|\boldsymbol{w}^T \boldsymbol{h}|^2}{\boldsymbol{w}^T \boldsymbol{w}^*} \frac{P_s}{\sigma^2} \quad (7.48)$$

S/N を最大にする重み $\boldsymbol{w}$ を求めよう。

コーシー・シュワルツ (Cauchy-Schwartz) の不等式がつぎのように知られている。

$$\left| \sum_{n=1}^{N} a_n b_n \right|^2 \leq \sum_{n=1}^{N} |a_n|^2 \cdot \sum_{n=1}^{N} |b_n|^2$$

等式は $a_n = k b_n^*$ (k は定数) のときに成立する。ここで,ベクトル $\boldsymbol{x} = (x_1, x_2, \cdots, x_N)^T$ について,ノルムの2乗を $\|\boldsymbol{x}\| \cdot \|\boldsymbol{x}\| = \|\boldsymbol{x}\|^2 = \sum_{n=1}^{N} |x_n|^2 = \boldsymbol{x}^T \cdot \boldsymbol{x}^* = \boldsymbol{x}^H \cdot \boldsymbol{x}$ と表すことにする。このとき,上式はベクトル表現でつぎのように表

される。
$$\|\boldsymbol{a}^T\boldsymbol{b}\|^2 \leq \|\boldsymbol{a}\|^2 \|\boldsymbol{b}\|^2$$
あるいは，両辺の平方根をとって
$$\|\boldsymbol{a}^T\boldsymbol{b}\| \leq \|\boldsymbol{a}\| \|\boldsymbol{b}\|$$
この関係を式(7.48)に用いると
$$\frac{S}{N} \leq \frac{\|\boldsymbol{w}\|^2 \|\boldsymbol{h}\|^2}{\|\boldsymbol{w}\|^2} \frac{P_s}{\sigma^2} = \|\boldsymbol{h}\|^2 \frac{P_s}{\sigma^2} = \frac{P_s}{\sigma^2} \sum_{n=1}^{N} |h_n|^2 \tag{7.49}$$
等号はつぎのとき成立する。
$$\boldsymbol{w} = k\boldsymbol{h}^* \tag{7.49}'$$
これより，最適重み w_n $(n=1, 2, \cdots, N)$ は伝搬定数 h_n $(n=1, 2, \cdots, N)$ の複素共役値 h_n^*（の定数倍）をとることがわかる。上式を式(7.45)に代入することにより
$$s = k\|\boldsymbol{h}\|^2 x = k\sum_{n=1}^{N} |h_n|^2 x$$
これにより，最大比合成の物理的意味が理解できよう。

各アンテナの出力における信号対雑音電力比 γ_i $(i=1, 2, \cdots, N)$ はつぎのように与えられる。
$$\gamma_i = \frac{\langle |w_i h_i x|^2 \rangle}{|w_i|^2 \sigma^2} = \frac{|h_i|^2}{\sigma^2} \langle |x|^2 \rangle = \frac{P_s}{\sigma^2} |h_i|^2$$
この式により，最大比合成出力における信号対雑音電力比（式(7.49)）はつぎのように与えられる。
$$\left.\frac{S}{N}\right|_{\max} = \sum_{i=1}^{N} \gamma_i$$
最大比合成における S/N は，各ブランチの S/N の和になることがわかる。

以上の議論は各アンテナにおける雑音電力が等しいとして行った。この仮定を取り除いても，以下のようにして同様な結論が得られる。各アンテナの雑音電力を σ_i^2 とする。各アンテナの信号と雑音 s_i, n_i を σ_i で規格化する。このようにしても，各アンテナの信号と雑音の相対的な関係は変化しないので，最大

比合成に影響は与えない。規格化した信号と雑音を $s'_i = s_i/\sigma_i$, $n'_i = n_i/\sigma_i$ とすれば $\langle |n'_i|^2 \rangle = 1$ になるので，上記の議論が適用できる。

〔2〕 **送信ダイバーシチ**　　構成を図7.9に示す。受信出力における信号対雑音電力比を最大にする送信重みを求める。このとき，制限条件を付けないと各重みは無限大になる。制限条件としては，全送信電力 P_t を一定とするのが妥当である。P_t はつぎのように与えられる。

$$P_t = \left\langle \sum_{n=1}^{N} |x_n|^2 \right\rangle = \left\langle \sum_{n=1}^{N} |w_n x|^2 \right\rangle = \sum_{n=1}^{N} |w_n|^2 \langle x^2 \rangle = \|w\|^2 P_s \quad (P_s = \langle x^2 \rangle)$$

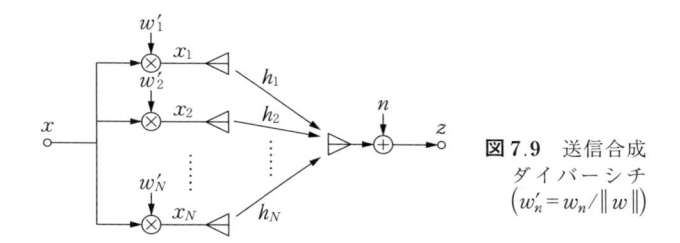

図7.9　送信合成ダイバーシチ　$(w'_n = w_n/\|w\|)$

P_t は $\|w\|^2$ に比例するので，P_t を $\|w\|^2$ で，したがって，各重み w_n を $\|w\|$ で規格化しておけばよい。このとき，送信信号ベクトルは

$$x = \frac{w}{\|w\|} x$$

となる。受信信号は

$$s = h^T x = h^T \frac{w}{\|w\|} x$$

受信信号の平均電力 S は，つぎのようになる。

$$S = \langle |s|^2 \rangle = \frac{|h^T w|^2}{\|w\|^2} P_s$$

雑音電力を σ^2 とおけば，S/N はつぎのようになる。

$$\frac{S}{N} = \frac{|h^T w|^2}{\|w\|^2} \frac{P_s}{\sigma^2}$$

この式は，受信ダイバーシチにおける式(7.48)と同じになる $(w^T w^* = \|w\|^2,$

$w^T h = h^T w$)．したがって，最適な送信重み係数は，$w = kh^*/\|w\|$（kは定数）となる．得られるS/Nの最大値も式(7.49)と同じになる．これらより，送信電力，受信雑音電力，伝搬係数が同じ条件下では，送信および受信の最大比合成ダイバーシチは同じ特性を与えることがわかる．また伝搬係数の絶対値が等しい場合には，アンテナ本数をN倍に増やすことにより，S/NをN倍に高められることもわかる．

〔3〕 **送受信ダイバーシチ** 送信側にN本，受信側にM本のアンテナを有する送受信合成ダイバーシチ（**図7.10**）を考える．送信アンテナiから受信アンテナjへの伝搬係数をh_{ji}と表記する．送信電力を一定とするために，送信重みw_n^tは$\|w_t\|$で規格化する．ここで

$$w_t = (w_1^t, w_2^t, \cdots, w_N^t)^T$$

である．送信信号ベクトルは

$$x = \frac{1}{\|w_t\|} w_t x$$

受信出力信号と雑音はつぎのようになる．

$$s = \sum_{m=1}^{M} w_m^r \left(\sum_{n=1}^{N} \frac{h_{mn} w_n^t}{\|w_t\|} x \right) = \frac{w_r^T H w_t}{\|w_t\|} x, \quad n = \sum_{m=1}^{M} w_m^r n_m = w_r^T n \quad (7.50)$$

ここで，Hは伝搬路行列（$M \times N$）であり，つぎのように与えられる．

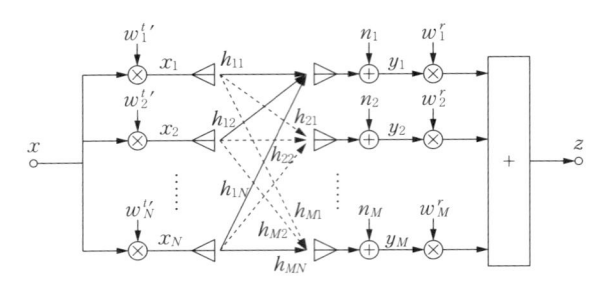

図7.10 送受信合成ダイバーシチ $\left(w_n^{t'} = w_n^t / \|w_t\| \right)$

$$H = \begin{bmatrix} h_{11} & h_{12} & \cdots & h_{1N} \\ h_{21} & h_{22} & \cdots & h_{2N} \\ \vdots & \vdots & \ddots & \vdots \\ h_{M1} & h_{M2} & \cdots & h_{MN} \end{bmatrix} \tag{7.51}$$

また，$\boldsymbol{w}_r = (w_1^r, w_2^r, \cdots, w_M^r)^T$ である。

受信平均電力はつぎのようになる。

$$S = \langle |s|^2 \rangle = \left\langle \left| \frac{\boldsymbol{w}_r^T H \boldsymbol{w}_t}{\|\boldsymbol{w}_t\|} x \right|^2 \right\rangle = \frac{\left| \boldsymbol{w}_r^T H \boldsymbol{w}_t \right|^2}{\|\boldsymbol{w}_t\|^2} \langle |x|^2 \rangle = \frac{\left| \boldsymbol{w}_r^T H \boldsymbol{w}_t \right|^2}{\|\boldsymbol{w}_t\|^2} P_s \tag{7.51}'$$

また，雑音電力は，式(7.47)において表記を変えるのみである。

$$N = \boldsymbol{w}_r^T \boldsymbol{w}_r^* \sigma^2 = \|\boldsymbol{w}_r\|^2 \sigma^2 \tag{7.52}$$

式(7.51)'と式(7.52)より

$$\frac{S}{N} = \frac{\left| \boldsymbol{w}_r^T H \boldsymbol{w}_t \right|^2}{\|\boldsymbol{w}_t\|^2 \|\boldsymbol{w}_r\|^2} \frac{P_s}{\sigma^2} \tag{7.53}$$

上式を最大にする $\boldsymbol{w}_r$ と $\boldsymbol{w}_t$ を求めたい。もし，$\boldsymbol{w}_t$ が先に与えられたとすると，$\boldsymbol{w}_r$ の最適値は，式(7.49)'において $\boldsymbol{h} = H\boldsymbol{w}_t/\|\boldsymbol{w}_t\|$ と考えて

$$\boldsymbol{w}_r = \frac{k' H^* \boldsymbol{w}_t^*}{\|\boldsymbol{w}_t\|} \qquad (k' \text{ は定数})$$

となる。これを式(7.53)に代入して

$$\frac{S}{N} = \frac{\left\| (H^* \boldsymbol{w}_t^*)^T H \boldsymbol{w}_t \right\|^2}{\|\boldsymbol{w}_t\|^2 \cdot \|H\boldsymbol{w}_t\|^2} \frac{P_s}{\sigma^2} = \frac{\|H\boldsymbol{w}_t\|^4}{\|\boldsymbol{w}_t\|^2 \cdot \|H\boldsymbol{w}_t\|^2} \frac{P_s}{\sigma^2}$$

$$= \frac{(H^* \boldsymbol{w}_t^*)^T H \boldsymbol{w}_t}{\|\boldsymbol{w}_t\|^2} \frac{P_s}{\sigma^2} = \frac{\boldsymbol{w}_t^H H^H H \boldsymbol{w}_t}{\|\boldsymbol{w}_t\|^2} \frac{P_s}{\sigma^2}$$

コーシー・シュワルツの不等式を適用すれば

$$\frac{S}{N} \leq \frac{\|\boldsymbol{w}_t\| \cdot \|H^H H \boldsymbol{w}_t\|}{\|\boldsymbol{w}_t\|^2} \frac{P_s}{\sigma^2} = \frac{\|H^H H \boldsymbol{w}_t\|}{\|\boldsymbol{w}_t\|} \frac{P_s}{\sigma^2} \tag{7.54}$$

となる。等号はつぎの場合に成立する。

$$w_t = kH^H H w_t$$

この式をつぎのように書き換える。

$$H^H H w_t = \lambda w_t \qquad \left(\lambda = \frac{1}{k}\right) \tag{7.55}$$

w_t は行列 $H^H H$ の固有ベクトル，λ はその固有値である。

上式で左側より w_t^H を乗じると

$$w_t^H H^H H w_t = \|H w_t\|^2 = \lambda \|w_t\|^2 \geqq 0$$

であるので，λ は正の実数の値をとる。

式(7.55)を式(7.54)に適用することにより，S/N の最大値は

$$\left.\frac{S}{N}\right|_{\max} = \lambda \frac{P_s}{\sigma^2} \tag{7.56}$$

となることがわかる。最大の固有値 λ を有する固有ベクトル w_t を用いれば，受信出力における S/N が最大となる。したがって，送信電力と受信雑音電力が与えられたとき，このシステムは最大通信容量を達成する。

受信重みは，$w_t = k'H^* w_t^* / \|w_t\|$ であったので，$k'=1$ としてこれを式(7.50)に代入することにより，受信出力信号は

$$s = H^* \frac{w_t^*}{\|w_t\|} \frac{H w_t}{\|w_t\|} x = \frac{w_t^H}{\|w_t\|} \frac{H^H H w_t}{\|w_t\|} x \tag{7.57}$$

上式は式(7.55)より，つぎのようになる。

$$s = \frac{w_t^H \lambda w_t}{\|w_t\|^2} x = \lambda x \tag{7.57}'$$

したがって，受信出力信号平均電力は $S = \langle |s|^2 \rangle = \lambda^2 P_s$ となる。また，雑音平均電力は $N = \|w_r\|^2 = \lambda \sigma^2 (k'=1)$ となる。式(7.57)より，送受信最適合成ダイバーシチの受信回路は，**図 7.11** に示すようになる。また，式(7.57)′より，等価回路が**図 7.12** のように表される。

これまでの議論では，送信重み w_t が先に与えられているとして展開した。受信重み w_r が先に与えられているとしても，同様な議論ができる。結果のみを示せばつぎのようになる。最適受信重み w_r はつぎのように行列 $H^* H^T$ の

7.2 MIMOシステム

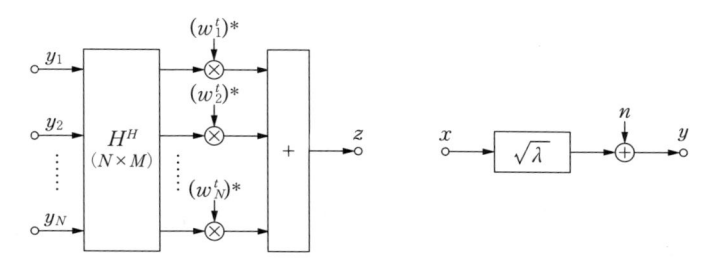

図7.11 送受信最適合成ダイバーシチにおける受信回路

図7.12 送受信最適合成ダイバーシチの等価回路

固有ベクトルで与えられる。

$$H^* H^T w_r = \lambda w_r$$

上記の複素共役をとれば，つぎのようになる。

$$HH^H w_r^* = \lambda w_r^* \quad (\lambda は実数)$$

したがって，最適な w_r は HH^H の固有ベクトルの複素共役となる。また，最適送信重みは，次式で与えられる。

$$w_t = k H^H w_r^*$$

受信出力における S/N の最大値は，先に求めた結果(7.56)と同じになる。

送信信号ベクトルは，

$$x = \frac{H^H w_r^*}{\| H^H w_r^* \|} x \tag{7.58}$$

となる。ここで，送信電力を $\langle |x|^2 \rangle$ に保つために，規格化を行った。受信信号 s は，受信重み w_r を規格化するとつぎのようになる。

$$s = \frac{w_r^T}{\| w_r \|} Hx \tag{7.59}$$

$$= \frac{w_r^T}{\| w_r \|} \frac{HH^H w_r^*}{\| H^H w_r^* \|} x = \sqrt{\lambda}\, x \tag{7.59}'$$

受信出力信号電力は $S = \langle |s|^2 \rangle = \lambda P_s \ (P_s = \langle |x|^2 \rangle)$ となる。また雑音電力は w_r を規格化しているので，$N = \sigma^2$ となる。

式(7.58)と式(7.59)により，変換 H^H を送信側に用いた送受信ダイバーシチシステムが得られる。

以上の結果では，送信および受信で重み w_t, w_r を乗算するだけでなく，行列 H^H による線形変換を行う必要があった。以下に述べる特異値分解の手法[75]を用いると，線形変換を行う必要がなくなる。階数 r を有する $(n \times m)$ 型行列 H はつぎのように分解される。

$$H = \mu_1 v_1 u_1^H + \mu_2 v_2 u_2^H + \cdots + \mu_r v_r u_r^H = V \Delta^H U^H \tag{7.60}$$

ここで，$\mu_j = \sqrt{\lambda_j}\,(j=1,2,\cdots,r)$ であり，λ_j は行列 $H^H H$ の零でない固有値である。また

$$\Delta = \begin{bmatrix} \mu_1 & 0 & \cdots & 0 \\ 0 & \mu_2 & \cdots & 0 \\ \vdots & \vdots & \ddots & \vdots \\ 0 & 0 & \cdots & \mu_r \end{bmatrix},$$

$$U = (u_1, u_2, \cdots, u_r), \quad V = (v_1, v_2, \cdots, v_r),$$

$$u_j = (u_{j1}, u_{j2}, \cdots, u_{jm})^T, \quad v_j = (v_{j1}, v_{j2}, \cdots, v_{jn})^T$$

であり

$$U^H U = V^H V = I_r$$

である。このとき

$$u_i^H u_j = v_i^H v_j = \begin{cases} 1 & (i=j) \\ 0 & (i \neq j) \end{cases}$$

式(7.60)を満足する u_j, v_j は次式を満たす。

(1) $Hu_j = \mu_j v_j$　および　$H^H v_j = \mu_j u_j$ （7.61）

(2) $H^H H u_j = \lambda_j u_j$　および　$Hu_j = \mu_j v_j$ （7.61）′

(3) $HH^H v_j = \lambda_j v_j$　および　$H^H v_j = \mu_j u_j$ （7.61）″

式(7.61)より

$$(Hu_j)^H = u_j^H H^H = \mu_j v_j^H$$

であるから，$u_j = w_t / \|w_t\|$ とおけば，式(7.57)はつぎのように書ける。

$$s = \frac{w_t^H}{\|w_t\|} H^H y = \mu_j v_j^H y \quad \left(y = \frac{HW_t}{\|w_t\|} x \right)$$

これより,受信側では重み v_j^H を乗算するのみでよいことがわかる(μ_j は利得のみに影響する)。

式(7.61)′,式(7.61)″からわかるように,行列 $H^H H$ と HH^H の固有値は等しい。したがって,H^H の演算を送信側で行っても,受信側で行っても,最大 S/N は同じになることがわかる。

7.2.2 時空間符号

送信ダイバーシチにおいては,伝送路特性を送信側において知っておく必要がある。その必要がない手法として時空間符号(space-time code)が提案されている。送受信ダイバーシチは,送信(受信)すべき信号を複数のアンテナに対して重みづけするのみであった。時空間符号は,これに加えて,信号を時間軸方向にも変化(符号化)させることを特徴とする。時間軸の符号化としては,ブロック符号を行う STBC(space-time block code)[76] と,たたみ込み符号を行い最尤復合を前提とする STTC(space-time trellis code)[77] がある。ここでは,説明が容易な観点から STBC について述べる。

送信アンテナが2本,受信アンテナが N 本の場合を考えよう。シンボル時刻 m における送信信号を $s[m]$ と表す。このとき,各アンテナから送信される信号はつぎのように符号化される。

$$x_1[m] = s[m], \quad x_2[m] = s[m+1],$$
$$x_1[m+1] = -s^*[m+1], \quad x_2[m+1] = s^*[m]$$

ここで,添字 1, 2 は各アンテナを表す。同じ信号を時刻をずらして両方のアンテナから送信している。i 番目の受信アンテナに受信される信号はつぎのようになる。

$$y_i[m] = h_{i1} x_1[m] + h_{i2} x_2[m] + n_i[m] = h_{i1} s[m] + h_{i2} s[m+1] + n_i[m],$$
$$y_i[m+1] = h_{i1} x_1[m+1] + h_{i2} x_2[m+1] + n_i[m]$$

$$= -h_{i1}s^*[m+1] + h_{i2}s^*[m] + n_i^*[m+1]$$

ここで，h_{i1}, h_{i2} は送信アンテナ 1, 2 から受信アンテナ i への伝搬定数であり，$n_i[m]$ は受信雑音である．受信側では伝搬定数がわかっているものとして，つぎのような演算を行う．

$$h_{i1}^* y_i[m] + h_{i2} y_i^*[m+1] = (|h_{i1}|^2 + |h_{i2}|^2) s[m] + h_{i1}^* n_i[m] + h_{i2} n_i^*[m+1],$$

$$h_{i2}^* y_i[m] - h_{i1} y_i^*[m+1] = (|h_{i1}|^2 + |h_{i2}|^2) s[m+1] + h_{i2}^* n_i[m] + h_{i1} n_i^*[m+1]$$

これより，信号 $s[m]$ と $s[m+1]$ が分離して受信されることがわかる．信号対雑音電力比 γ_i はつぎのようになる．

$$\gamma_i = \frac{(|h_{i1}|^2 + |h_{i2}|^2)^2}{|h_{i1}|^2 + |h_{i2}|^2} \frac{\langle |s[m]|^2 \rangle}{\sigma_i^2} = (|h_{i1}|^2 + |h_{i2}|^2) \frac{\langle |s|^2 \rangle}{\sigma_i^2}$$

ここで，信号の電力は，シンボルによらず一定値 $\langle |s|^2 \rangle$ をとるとし，異なる時刻の雑音は無相関（平均値 = 0）であるとした．この式と式(7.49)を比べることにより，各アンテナにおいては，2枝最大比ダイバーシチ効果が得られていることがわかる．ただし，ここでは同じ信号が2回送信されているので，送信信号電力 P_s は $\langle |s|^2 \rangle$ の2倍になる．これより

$$\gamma_i = (|h_{i1}|^2 + |h_{i2}|^2) \frac{P_s}{2\sigma_i^2}$$

となるので，同一の送信電力の下で考えると，最大比合成送信ダイバーシチに比べて，S/N は 1/2 になる．これは，送信側で伝搬路特性を知らない（利用しない）ことに起因している．

各アンテナの出力を最大比合成することにより，受信機出力の S/N は 7.2.1 項の議論により，つぎのように $2N$ ブランチ合成ダイバーシチ効果が得られる．

$$\frac{S}{N} = \sum_{i=1}^{N} (|h_{i1}|^2 + |h_{i2}|^2) \frac{P_s}{\sigma_i^2} = \sum_{i=1}^{N} \gamma_i$$

二つの時刻 m と $m+1$ において二つの信号 $s[m]$ と $s[m+1]$ を送信しているので，伝送速度は犠牲になっていないことに注意しておきたい．この手法は送信

アンテナが3本以上についても適用できる。ただし，信号間の直交性を保つためには，伝送速度が犠牲になる[78]。

7.2.3 空間分割多重伝送

簡単のために，送信および受信におのおの2本のアンテナを有する場合を考える（図7.13）。また，雑音は当面の間，無視する。独立な二つの送信信号（系列）s_1, s_2 は線形結合回路（図7.14）を通ったのち，信号列 x_1, x_2 として送信アンテナ#1，#2 よりそれぞれ送信される。送信された信号は，伝送路の伝搬係数 h_{ij} ($i, j = 1, 2$)（複素数表現）を乗算されて，受信アンテナ#1，#2 に受信される。受信された信号 y_1, y_2 は線形結合回路を通って，出力信号 $\hat{s}_1$, $\hat{s}_2$ を出力する。理想的には $\hat{s}_1 = s_1$, $\hat{s}_2 = s_2$ としたいところである。現実的には，雑音および信号間の干渉により，$\hat{s}_1$, $\hat{s}_2$ は劣化した信号となる。以下，数式を用いて説明を行う。

送信アンテナから送信された信号 x_1, x_2 と受信アンテナに受信された信号 y_1, y_2 との間にはつぎの関係がある。

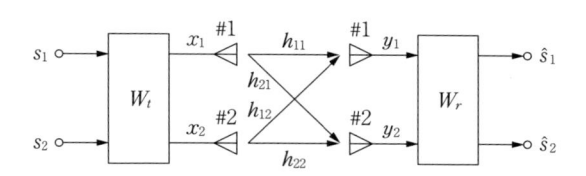

図7.13 送受信に2本のアンテナを有するMIMOシステム

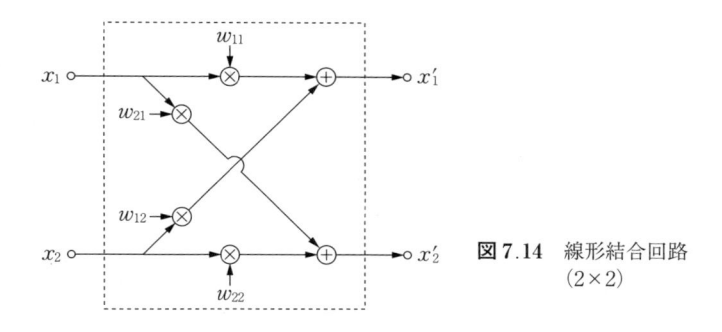

図7.14 線形結合回路 (2×2)

$$y_1 = h_{11}x_1 + h_{12}x_2, \qquad y_2 = h_{21}x_1 + h_{22}x_2$$

行列表現を行えば，次式のようになる．

$$\begin{bmatrix} y_1 \\ y_2 \end{bmatrix} = \begin{bmatrix} h_{11} & h_{12} \\ h_{21} & h_{22} \end{bmatrix} \begin{bmatrix} x_1 \\ x_2 \end{bmatrix}$$

線形結合回路においても，同様な表現が得られる．

$$\begin{bmatrix} x'_1 \\ x'_2 \end{bmatrix} = \begin{bmatrix} w_{11} & w_{12} \\ w_{21} & w_{22} \end{bmatrix} \begin{bmatrix} x_1 \\ x_2 \end{bmatrix}$$

まず，理想的な場合を考えよう．例えば，$h_{11}=h_{22}=1$，$h_{12}=h_{12}=0$ の場合である．このとき，$y_1=x_1$，$y_2=x_2$ となるので，信号間の干渉はなく，$x_1=s_1$，$x_2=s_2$，$\hat{s}_1=y_1$，$\hat{s}_2=y_2$ とすれば，すなわち $w^t_{11}=w^t_{22}=w^r_{11}=w^r_{22}=1$，$w^t_{12}=w^t_{21}=w^r_{12}=w^r_{21}=0$ とおけば，$\hat{s}_1=s_1$，$\hat{s}_2=s_2$ となる．ここで，重みに対する上の添字 t, r はそれぞれ送信および受信における重みを意味する．この場合は，二つの信号 s_1, s_2 を例えば理想的な同軸ケーブル（損失なし，2本の線間に結合なし）2本を用いて並列に伝送することに相当する．無線伝送においても，例えば指向性の鋭いパラボラアンテナを用いれば，理想に近い空間分割多重通信が可能になる．しかし，移動無線通信においては，通常，無指向性のアンテナが用いられるので，信号間の干渉は避けられない，（$h_{12} \neq 0$，$h_{21} \neq 0$）．信号間の干渉をなんらかの信号処理により取り除いて，並列伝送を行うのが MIMO による空間多重技術である．

〔1〕 **逆行列による方法** まず最初に考えられるのが，受信側の線形結合回路を伝搬路行列の逆行列によって構成することである．すなわち，伝搬路行列を H，受信側の線形結合回路の重み行列を w^r とするとき，$w^r=H^{-1}$ とする．このとき

$$\begin{bmatrix} \hat{s}_1 \\ \hat{s}_2 \end{bmatrix} = \begin{bmatrix} w^r_{11} & w^r_{12} \\ w^r_{21} & w^r_{22} \end{bmatrix} \begin{bmatrix} y_1 \\ y_2 \end{bmatrix} = \begin{bmatrix} w^r_{11} & w^r_{12} \\ w^r_{21} & w^r_{22} \end{bmatrix} \begin{bmatrix} h_{11} & h_{12} \\ h_{21} & h_{22} \end{bmatrix} \begin{bmatrix} x_1 \\ x_2 \end{bmatrix}$$

$$= H^{-1} H \begin{bmatrix} x_1 \\ x_2 \end{bmatrix} = \begin{bmatrix} 1 & 0 \\ 0 & 1 \end{bmatrix} \begin{bmatrix} x_1 \\ x_2 \end{bmatrix} = \begin{bmatrix} x_1 \\ x_2 \end{bmatrix}$$

となる。これより，$x_1 = s_1$, $x_2 = s_2$ とすれば $\hat{s}_1 = s_1$, $\hat{s}_2 = s_2$ が得られる。逆行列演算は線形演算であるから，この演算は送信側で行ってもよいことがわかる。

以上の議論では，H の逆行列が存在することを前提としていた。逆行列が存在するためには，$\det H = h_{11}h_{22} - h_{12}h_{21} \neq 0$ となる条件が必要である。逆行列が存在しない場合，すなわち，この方法により，信号の分離が不可能になる場合を考えてみよう。これは $h_{11}h_{22} = h_{12}h_{21}$ を満足するときであるから，例えば，$h_{11} = \alpha h_{12}$, $h_{22} = \alpha^{-1}h_{21}$（あるいは $h_{11} = \alpha h_{21}$, $h_{22} = \alpha^{-1}h_{12}$）となる場合である。このとき

$$y_1 = \alpha h_{12}x_1 + h_{12}x_2 = h_{12}(\alpha x_1 + x_2),$$
$$y_2 = h_{21}x_1 + \alpha^{-1}h_{21}x_2 = h_{21}\alpha^{-1}(\alpha x_1 + x_2)$$

となる。これより

$$y_2 = \frac{\alpha^{-1}h_{21}}{h_{12}}y_1$$

となり，y_2 と y_1 が独立でないこと，すなわち信号の分離が行えないことがわかる。特に，$\alpha = 1$ の場合を考えると物理的な理解が得やすい。

つぎに信号分離が困難になる場合の具体例を考えよう。送受信アンテナ間の距離がアンテナ素子間の距離に比べてきわめて長くなり，さらに見通し内伝搬に近い状態で受信波が単一パスの平面波の状態になると，伝搬定数はつぎのように表される。

$$h_{ij} \approx h_0 e^{j\frac{2\pi}{\lambda}l_{ij}} \qquad (i, j = 1, 2, \ h_0 \text{は定数}) \tag{7.62}$$

ここで，$l_{ij} = y_i - x_j$ は送信アンテナ i と受信アンテナ j の間の距離に対して，送受信アンテナを結んだ線上の成分である（**図 7.15**）。これより，$l_{11} + l_{22} \approx l_{12} +$

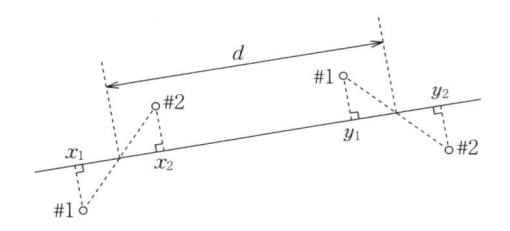

図 7.15 MIMO アンテナ配置の説明

l_{21} が示され,式(7.62)より $h_{11}h_{22} \approx h_{12}h_{21}$ が成立する.

〔2〕 **固有ベクトルによる方法** 干渉している信号を分離する二つ目の方法は,伝搬行列 H の固有ベクトルを用いた対角化の手法である.固有ベクトル $[x_{i1}^e \ x_{i2}^e]^T (i=1, 2)$ (T は転置を表す) を入力したときの,出力ベクトル $[y_{i1}^e \ y_{i2}^e]^T$ はつぎのように表される.

$$\begin{bmatrix} y_{i1}^e \\ y_{i2}^e \end{bmatrix} = \begin{bmatrix} h_{11} & h_{12} \\ h_{21} & h_{22} \end{bmatrix} \begin{bmatrix} x_{i1}^e \\ x_{i2}^e \end{bmatrix} = \lambda_i \begin{bmatrix} x_{i1}^e \\ x_{i2}^e \end{bmatrix} \qquad (i=1, 2)$$

ここで,λ_i は各固有ベクトルに対応した固有値である.送信信号 s_1, s_2 をつぎのように変換して,送信アンテナから送信する.

$$\begin{bmatrix} x_1 \\ x_2 \end{bmatrix} = s_1 \begin{bmatrix} x_{11}^e \\ x_{12}^e \end{bmatrix} + s_2 \begin{bmatrix} x_{21}^e \\ x_{22}^e \end{bmatrix} = \begin{bmatrix} x_{11}^e & x_{21}^e \\ x_{12}^e & x_{22}^e \end{bmatrix} \begin{bmatrix} s_1 \\ s_2 \end{bmatrix}$$

このとき,受信信号は

$$\begin{bmatrix} y_1 \\ y_2 \end{bmatrix} = \lambda_1 s_1 \begin{bmatrix} x_{11}^e \\ x_{12}^e \end{bmatrix} + \lambda_2 s_2 \begin{bmatrix} x_{21}^e \\ x_{22}^e \end{bmatrix} = \begin{bmatrix} x_{11}^e & x_{21}^e \\ x_{12}^e & x_{22}^e \end{bmatrix} \begin{bmatrix} \lambda_1 s_1 \\ \lambda_2 s_2 \end{bmatrix} = \begin{bmatrix} x_{11}^e & x_{21}^e \\ x_{12}^e & x_{22}^e \end{bmatrix} \begin{bmatrix} \lambda_1 & 0 \\ 0 & \lambda_2 \end{bmatrix} \begin{bmatrix} s_1 \\ s_2 \end{bmatrix}$$

上式の左側より行列 $\begin{bmatrix} x_{11}^e & x_{21}^e \\ x_{12}^e & x_{22}^e \end{bmatrix}^{-1}$ を乗算する.

$$\begin{bmatrix} \hat{s}_1 \\ \hat{s}_2 \end{bmatrix} \equiv \begin{bmatrix} x_{11}^e & x_{21}^e \\ x_{12}^e & x_{22}^e \end{bmatrix}^{-1} \begin{bmatrix} y_1 \\ y_2 \end{bmatrix} = \begin{bmatrix} \lambda_1 & 0 \\ 0 & \lambda_2 \end{bmatrix} \begin{bmatrix} s_1 \\ s_2 \end{bmatrix} = \begin{bmatrix} \lambda_1 s_1 \\ \lambda_2 s_2 \end{bmatrix}$$

これより,$\hat{s}_i$ には送信信号 s_i に固有値 λ_i を乗じた信号が分離して取り出せることがわかる.

回路表現は,図7.13において,以下のようになる.

$$\boldsymbol{w}^t = \begin{bmatrix} x_{11}^e & x_{21}^e \\ x_{12}^e & x_{22}^e \end{bmatrix}, \qquad \boldsymbol{w}^r = \begin{bmatrix} x_{11}^e & x_{21}^e \\ x_{12}^e & x_{22}^e \end{bmatrix}^{-1}, \qquad \hat{s}_i = \lambda_i s_i \quad (i=1, 2)$$

送受信系全体の動作はつぎのように表される.

$$\begin{bmatrix} \hat{s}_1 \\ \hat{s}_2 \end{bmatrix} = \begin{bmatrix} x_{11}^e & x_{21}^e \\ x_{12}^e & x_{22}^e \end{bmatrix}^{-1} \begin{bmatrix} h_{11} & h_{12} \\ h_{21} & h_{22} \end{bmatrix} \begin{bmatrix} x_{11}^e & x_{21}^e \\ x_{12}^e & x_{22}^e \end{bmatrix} \begin{bmatrix} s_1 \\ s_2 \end{bmatrix} = \begin{bmatrix} \lambda_1 & 0 \\ 0 & \lambda_2 \end{bmatrix} \begin{bmatrix} s_1 \\ s_2 \end{bmatrix}$$

これより，この方法は固有ベクトルによる行列の対角化を利用したものであることが理解できる．固有値はつぎのようになる．

$$\lambda_i = \frac{h_{11}+h_{22} \pm \sqrt{(h_{11}+h_{22})^2 - 4(h_{11}h_{22}-h_{12}h_{21})}}{2} \quad (\pm は i=1,2 に対応)$$

もし，$h_{11}h_{22}=h_{12}h_{21}$ であれば，$\lambda_1=h_{11}+h_{22}$，$\lambda_2=0$ となり，空間多重伝送は不可能になる．もし，$h_{12}=0$ あるいは $h_{21}=0$ であれば，$\lambda_1=h_{11}$，$\lambda_2=h_{22}$ となる．この方法および逆行列による方法は，送信アンテナと受信アンテナの本数が同じであれば，3本以上の場合に拡張できる．この場合，空間多重できるデータストリームの数は伝搬路行列の階数（rank）以下となる．

〔3〕 **固有ビーム空間分割多重伝送**（eigen-beam SDM，**E-SDM**）　この方法（E-SDM）は送受信アンテナの本数が異なる場合にも適用できる．さらには，伝送容量が最大になる方法でもある．送信と受信のアンテナの数をそれぞれ N 本と M 本としよう．このときの伝搬路行列 $H(M \times N)$ を式(7.51)で表す．この方法は行列 $H^H H$ （あるいは HH^H）の固有ベクトルを用いて信号の送受信を行う．$H^H H$ の固有ベクトルおよび固有値については，送受信ダイバーシチの議論（7.2.1項）においてすでに登場している．したがって，この方法は受信出力における信号対雑音電力比（S/N）を最大にしながら空間多重伝送を行うものであり，これが伝送容量を最大にすることにつながる．空間分割多重が可能となるのは，先に〔2〕で述べた固有ベクトルによる方法と本質的に同じであることから，理解できよう．以下，数式を用いて説明を行う．

行列 $H^H H$ （$N \times N$）の固有値は非負の実数である（7.2.1項）．これらを大きい順に $\lambda_1 > \lambda_2 > \cdots \lambda_r > \lambda_{r+1} = \lambda_{r+2} = \cdots = \lambda_N = 0$ とする．ここで $r(\leq \min(N,M))$ は行列 H の階数（$\text{rank}(H)=\text{rank}(H^H H)$）である．また，固有値 λ_i に対応する固有ベクトルを u_i とする．すなわち

$$H^H H u_i = \lambda_i u_i \quad (i=1,2,\cdots,N) \tag{7.63}$$

固有ベクトルは定数倍が任意であるので，ここでは，u_i のノルムを $\|u_i\|=1$ と規格化する．固有ベクトル u_i を用いて伝送するデータ系列を $s_i (i=1,2,\cdots,k)$ と表す．ここで $k(\leq r)$ は空間分割多重データ系列の総数である．

送信アンテナから送信される信号ベクトル $\boldsymbol{x}$ は，つぎのようになる．

$$\begin{bmatrix} x_1 \\ x_2 \\ \vdots \\ x_N \end{bmatrix} = s_1 \begin{bmatrix} u_{11} \\ u_{12} \\ \vdots \\ u_{1N} \end{bmatrix} + s_2 \begin{bmatrix} u_{21} \\ u_{22} \\ \vdots \\ u_{2N} \end{bmatrix} + \cdots + s_k \begin{bmatrix} u_{k1} \\ u_{k2} \\ \vdots \\ u_{kN} \end{bmatrix} = \begin{bmatrix} u_{11} & u_{21} & \cdots & u_{k1} \\ u_{12} & u_{22} & \cdots & u_{k2} \\ \vdots & \vdots & \ddots & \vdots \\ u_{1N} & u_{2N} & \cdots & u_{kN} \end{bmatrix} \begin{bmatrix} s_1 \\ s_2 \\ \vdots \\ s_k \end{bmatrix}$$

ベクトル表現を行えば，つぎのようになる．

$$\boldsymbol{x} = \boldsymbol{U}\boldsymbol{s} \quad \text{ここで} \quad \boldsymbol{U} = \begin{bmatrix} u_{11} & u_{21} & \cdots & u_{k1} \\ u_{12} & u_{22} & \cdots & u_{k2} \\ \vdots & \vdots & \ddots & \vdots \\ u_{1N} & u_{2N} & \cdots & u_{kN} \end{bmatrix}$$

受信アンテナに受信される信号ベクトル $\boldsymbol{y}$ は

$$\boldsymbol{y} = \boldsymbol{H}\boldsymbol{x} = \boldsymbol{H}\boldsymbol{U}\boldsymbol{s}$$

となる．受信系（図7.10）の動作はつぎのようになる．

$$\hat{\boldsymbol{s}} = \boldsymbol{U}^H \boldsymbol{H}^H \boldsymbol{y} \tag{7.64}$$

$$= \boldsymbol{U}^H \boldsymbol{H}^H \boldsymbol{H} \boldsymbol{U} \boldsymbol{s} \tag{7.64}'$$

ここで，式(7.63)を考えると，つぎのように表される．

$$\boldsymbol{H}^H \boldsymbol{y} = \boldsymbol{H}^H \boldsymbol{H} \boldsymbol{U} \boldsymbol{s} = \lambda_1 s_1 \boldsymbol{u}_1 + \lambda_2 s_2 \boldsymbol{u}_2 + \cdots + \lambda_k s_k \boldsymbol{u}_k$$

$$= \boldsymbol{U} \begin{bmatrix} \lambda_1 s_1 \\ \lambda_2 s_2 \\ \vdots \\ \lambda_k s_k \end{bmatrix}$$

これを式(7.64)に代入することにより

$$\hat{\boldsymbol{s}} = \boldsymbol{U}^H \boldsymbol{U} \begin{bmatrix} \lambda_1 s_1 \\ \lambda_2 s_2 \\ \vdots \\ \lambda_k s_k \end{bmatrix}$$

ところで，$\boldsymbol{H}^H \boldsymbol{H}$ は正規行列であるので，そのたがいに異なる固有値に対する固有ベクトルは直交する．すなわち

$$u_i^H u_j = \begin{cases} 1 & (i=j) \\ 0 & (i \neq j) \end{cases}$$

ここで，u_i はノルムが1になるように正規化していることを反映した．これより，$U^H U = I_k$ となる．ここで I_k ($k \times k$) は単位行列である．したがって

$$\hat{s} = \begin{bmatrix} \lambda_1 s_1 \\ \lambda_2 s_2 \\ \vdots \\ \lambda_k s_k \end{bmatrix} = \begin{bmatrix} \lambda_1 & 0 & \cdots & 0 \\ 0 & \lambda_2 & \cdots & 0 \\ \vdots & \vdots & \ddots & \vdots \\ 0 & 0 & \cdots & \lambda_k \end{bmatrix} \begin{bmatrix} s_1 \\ s_2 \\ \vdots \\ s_k \end{bmatrix}$$

となり，データ系列 s_i が分離して出力されることがわかる．7.4.1項〔3〕で述べたように，特異値分解を用いる構成も考えられる．

上の議論において，$k = N$ とおけば，行列 $U(N \times N)$ はユニタリー行列となる．ユニタリー行列では $U^H U = I_N$ であるから，$U^H = U^{-1}$ となる．この関係を式(7.64)'に代入すると

$$\hat{s} = U^{-1} H^H H U s$$

となるので，この方法は方法〔2〕と同じように，固有値ベクトルによる対角化の手法の範疇に入ることがわかる．異なるところは，出発点にする行列が H の代わりに $H^H H$ となっていることである．このことにより，最大比合成ダイバーシチ効果が得られる．

これまでは，行列 H^H は受信側で乗算されると考えた．7.4.1項で議論したように，これを送信側にもって来ても同様な MIMO 空間多重システムが実現できる．

受信出力における信号対雑音電力比（S/N）は各データ系列の信号電力をそれぞれ P_s とおけば，最大比合成ダイバーシチで求めた式(7.56)で与えられる．ただし，割り当てられる固有ベクトル（固有値）によって，各データ系列の出力 S/N は異なることになる．

送信電力の割当て　全送信電力が与えられた場合に，各データ系列に電力をどのように割り付けるかは，別の問題である．これは，システムの性能基準をどのようにとるかによって異なる．性能基準としては伝送容量および平均誤

り率などが考えられる。伝送容量を最大にする電力割当てについてまず考える。

シャノンの伝送容量は，つぎのように与えられる。

$$C = W\log(\gamma+1) \quad \text{[bps]}$$

ここで，W は帯域，γ は信号対雑音電力比，log は $\log_2$ を表すことにする。帯域当りの伝送容量はつぎのようになる。

$$C' = \frac{C}{W} = \log(\gamma+1) \quad \text{[bps/Hz]}$$

各データ系列の送信電力を p_i ($i=1, 2, \cdots, K$) とすると，式(7.56)より

$$c_i' = \log\left(\frac{p_i}{\sigma^2}\lambda_i + 1\right)$$

全データ系列の伝送容量はつぎのようになる。

$$J = \sum_{i=1}^{K} c_i' = \sum_{i=1}^{K} \log\left(\frac{p_i}{\sigma^2}\lambda_i + 1\right) \tag{7.65}$$

われわれは $P_x = \sum_{i=1}^{K} p_i$ の条件下で J を最大にする p_i (>0) を求める。この条件を導入するために，評価関数 J を $\sum_{i=1}^{K} p_i$ で規格化する。

$$J' = \frac{\sum_{i=1}^{K}\log\left(\frac{p_i}{\sigma^2}\lambda_i + 1\right)}{\sum_{i=1}^{K}p_i}$$

この式を p_i で偏微分し，零とする。

$$\frac{\partial J'}{\partial p_i} = \frac{1}{\left(\sum_{i=1}^{K}p_i\right)}\frac{\frac{\lambda_i}{\sigma^2}}{\left(\frac{p_i\lambda_i}{\sigma^2}+1\right)} - \frac{\sum_{i=1}^{K}\log\left(\frac{p_i}{\sigma^2}\lambda_i + 1\right)}{\left(\sum_{i=1}^{K}p_i\right)^2} = 0$$

これを満足する p_i が求まったとして

$$\sum_{i=1}^{K}\log\left(\frac{p_i}{\sigma^2}\lambda_i + 1\right) = C_m$$

とおく。また，$\sum_{i=1}^{K} p_i = P_x$ を用いて

$$\frac{\dfrac{\lambda_i}{\sigma^2}}{\dfrac{p_i \lambda_i}{\sigma^2} + 1} P_x - C_m = 0$$

これより

$$p_i = \frac{P_x}{C_m} - \frac{\sigma^2}{\lambda_i} > 0 \tag{7.66}$$

$p_i \leq 0$ なる固有ベクトル $\boldsymbol{u}_i$ を用いるデータ系列は送信できない。上式によれば，伝送利得の大きい，すなわち受信 S/N が大きい伝送路により，大きな電力を割り当てることになる。

送信電力 p_i を決定するためには定数 P_x/C_m を定めなければならない。これにはつぎのように反復的な方法が考えられる。λ_i は大きい順に並べられているとする。まず，式 (7.66) の総和 p_i を $i = 1 \sim r$（r は行列 H の階数）とる。

$$P_x = \sum_{i=1}^{r} p_i = r\beta - \sum_{i=1}^{r} \frac{\sigma^2}{\lambda_i} \quad \left(\beta = \frac{P_x}{C_m}\right)$$

これより，$\beta = \left(P_x + \sum_{i=1}^{r} \sigma^2/\lambda_i\right)\Big/r$ が求まる。

この値を式 (7.66) に代入して，$p_i > 0$ $(i = 1, 2, \cdots, r)$ となれば，この β の値を用いて，p_i を決定する。そうでなければ $r \to r-1$ と総和の数を一つだけ減らして，同様な計算を行う。以上の操作を最大 $r-1$ 回繰り返せば，必ず解が定まる。もし，データ系列の最大多重数 $K (< r)$ が先に与えられていれば，以上の操作を $r = K$ から始めればよい。データ系列が総数で K 個空間多重されたときの最大の伝送路容量を求めてみよう。$\beta \left(= P_x/C_m\right) = \left(P_x + \sum_{i=1}^{K} \sigma^2/\lambda_i\right)\Big/K$ と式 (7.66) を式 (7.65) に用いれば，つぎのように与えられる。

$$J = \sum_{i=1}^{K} \log\left\{\frac{\lambda_i}{\sigma^2}\left(\beta - \frac{\sigma^2}{\lambda_i}\right) + 1\right\} = \sum_{i=1}^{K} \log\left(\frac{\beta \lambda_i}{\sigma^2}\right)$$

電力割当てのつぎの基準として，平均ビット誤り率を最小にする場合を考え

よう。各データ系列（サブストリーム）の送信電力を $p_k (k=1, 2, \cdots, K)$ とすると，各系列の信号対雑音電力比は，$\gamma_k = p_k \lambda_k / \sigma^2 (k=1, 2, \cdots, K)$ となる。各系列を1シンボル当り m_k ビットの変調方式によって伝送するものとする。変調方式が与えられた場合のビット誤り率を $P_{ek}(\gamma_k)$ と表すことにする。シンボル当り m_k ビットを伝送するので，この変調方式を用いたときの平均ビット誤り率は，$m_k P_{ek}(\gamma_k)$ で与えられる。したがって，全系列での平均ビット誤り率 $\overline{P}_b$ はつぎのようになる。

$$\overline{P}_b = \frac{1}{N} \sum_{k=1}^{K} m_k P_{ek}(\gamma_k) = \frac{1}{N} \sum_{k=1}^{K} m_k P_{ek}\left(\frac{p_k \lambda_k}{\sigma^2}\right)$$

ここで，$N = \sum_{k=1}^{K} m_k$ であり，全系列での送信ビット数を表す。われわれの問題は全送信電力 $P_0 = \sum_{k=1}^{K} p_k$ を与えた場合において，$\overline{P}_b$ を最小にする $p_k (k=1, 2, \cdots, K)$ を求めることになる。変調（復調）方式を与えたときのビット誤り率は，5.5.1項〔3〕で述べたように複雑である。ここでは，グレイ符号化を行った場合の BPSK，QPSK，M 値 QAM の同期検波について考えることにする。この場合の誤り率は**表**7.1で与えられる。この場合でも，われわれの（最適化）問題を解くのは困難であるので，つぎのような近似式（Chernoff bound [79]）を用いる。

$$Q(x) = \frac{1}{2} \text{erfc}\left(\frac{x}{\sqrt{2}}\right) \leq e^{-x^2/2}$$

表7.1 グレイ符号化した変調方式のビット誤り率特性

変調方式	α	β
BPSK	1/2	1
QPSK	1/2	2
16QAM	3/8	10
64QAM	7/24	42
256QAM	15/64	170

〔注〕 $P_e = \alpha \times \text{erfc}(\sqrt{\gamma_s/\beta})$ （$\gamma_s = E_s/N_0$ はシンボルエネルギー対雑音電力密度）。QAM については近似式[80]

7.2 MIMO システム

このとき,$P_{ek}(\lambda_k) \leq 2\alpha_k e^{-\gamma_k/\beta_k}$ と表される。これより

$$\overline{P}_b \leq \frac{1}{N}\sum_{k=1}^{K} 2m_k\alpha_k e^{-\gamma_k/\beta_k} = \frac{1}{N}\sum_{k=1}^{K} 2m_k\alpha_k e^{-p'_k\lambda'_k/\beta_k}$$

ここで

$$p'_k = \frac{p_k}{P_0}, \quad \gamma'_k = \gamma_k\gamma_0 \quad \left(\gamma_0 = \frac{P_0}{\sigma^2}\right)$$

とおいた。

ラグランジェの未定乗数法を用いることにすると,評価関数

$$J = \frac{1}{N}\sum_{k=1}^{K} 2m_k\alpha_k e^{-p'_k\lambda'_k/\beta_k} + \mu\left(\sum_{k=1}^{K} p'_k - 1\right)$$

を最小にする $p'_k (\geq 0)$ を求めればよい。ここで μ は未定乗数である。$\partial J/\partial p'_k = 0$ とすることにより

$$\frac{1}{N} 2m_k\alpha_k\left(-\frac{\lambda'_k}{\beta_k}\right)e^{-p'_k\lambda'_k/\beta_k} + \mu = 0$$

これより

$$-\frac{p'_k\lambda'_k}{\beta_k} = \ln\frac{\mu}{2m_k\alpha_k\lambda'_k/(N\beta_k)}$$

となる。これより,$p'_k (\geq 0)$ がつぎのように求まる。

$$p'_k = \frac{\beta_k}{\lambda'_k}\left[\ln\left(\frac{m_k\alpha_k\lambda'_k}{\beta_k}\right) - \xi\right]$$

ここで,$\xi = \ln(\mu N/2)$ であり,$\sum_{k=1}^{K} p'_k (\geq 0) = 1$ となる条件によって定められる。$p'_k > 0$ となる条件があるので,これを考慮した反復的な方法により求められる。

これまでの議論において,変調方式およびこれに割り当てるシンボル当りのビット数 m_k は先に与えられるものとしていた。しかし実際には,これらは選択可能であるから,送信の総ビット数 N を決めたとき,$\overline{P}_b$ を最小にする組合せを求める必要がある。

〔4〕 **適応信号分離方式** たがいに干渉している信号(サブストリーム)

を分離するために，これまで説明した方法は，少なくとも受信側では伝送路の特性がわかっているものとしていた。さらに，信号分離はアンテナ出力に重みをかけ，線形加算を行うことによって達成していた（空間フィルタリング）。ここでは，これらの条件を除いた場合を考える。まず，伝送路の特性が未知の場合の重み係数の決定法について紹介する。つぎに，非線形演算により信号分離を行う方法について述べる。これらの方式は，いずれも伝送路の状態に応じて適応的な信号処理を行うものである。

適応信号処理は，2.5節で述べたように，評価（誤差）関数を定めたのちこれを最適（小）にする変数を求めるものである。誤差は，理想的な信号を前もって与えておき，これと実際に受信した信号との差として定義される。誤差の原因は，ここでは信号間の干渉と雑音である。評価関数の一つとしては，信号間干渉のみをとり，誤差の絶対値の平均が考えられる。その他には，干渉と雑音を同時に考慮し，誤差の2乗を評価関数とすれば，最小平均二乗誤差（minimum mean square error, MMSE）基準が考えられる。前者と後者の基準の下で，最適重みを反復的に求める方法が，それぞれゼロフォース（zero-forcing）法および最小平均二乗誤差（MMSE）法として知られている。雑音と干渉を同時に考慮するので後者のほうが優れた特性を示す。MMSE法はすでに2.5.1項で述べているのでここでは省略する。

先に説明した逆行列による方法と固有ベクトルに伝送路行列の対角化を行う方法は，干渉のみに着目し，雑音を考慮していないのでZF法である。

伝送路特性の相関行列（$H^T H$）の固有ベクトルを用いる方法は，干渉を零にしながらも送受信最大比合成ダイバーシチを実現しているので，最良の特性を与えることになる。したがって，受信側では最大比合成以外の，ZF法，LMS法，および以下で述べる非線形演算を行う最尤系列推定のいずれの方法を用いても，同一の特性が得られることになる。

最適な干渉抑圧法（7.6節）は，着目している受信信号に干渉している他の信号を除去するものである。したがって，各信号（サブストリーム）ごとに，これを適用すれば信号の分離ができる（マルチユーザ受信機）。非線形演算に

より，干渉抑圧を行う方式は，受信信号の複製（レプリカ）をつくり，これを引き算することによって，干渉を除くことを原理としている。信号の複製が可能なのは，対象としている信号が有限の状態，したがって有限の系列となるディジタル信号だからである。アナログ信号に対してはこのような手法は適用できない。

受信信号の取り得る組合せの総数は L^K となる。ここで K は送信データ系列（ストリーム）の数，L は変調多値数であり，ここではすべてのデータ系列で等しいものとした。各受信アンテナごとに発生する雑音を独立なガウス雑音とし，各データの発生確率が等しいとすれば，最も確からしい送信系列は最尤検出（maximum likelihood detection, MLD）によって与えられる。この方法は，対象となる信号が空間領域の信号（ベクトル）となるのみで，時間領域の信号（ベクトル）を扱う MLSE（maximum likelihood sequence estimation）（3.3.8項）と，本質的には同一の方法である。そのアルゴリズムは受信信号ベクトルを y，送信信号ベクトルの候補を x_i，伝搬路特性を H とするとき，誤差ベクトル $e = y - H\hat{x}_i$ を定義し，$\|e\|^2 = \|y - H\hat{x}_i\|^2$ を最小にする $\hat{x}_i$ を求めることになる。以下，簡単のために受信アンテナの総数はデータ系列数 K に等しいものとする。

計算の総数は L^k となるので，変調多値数 L が大きい場合には，計算量が増える。したがって，計算量の削減が実用上の課題である。そのための手法がいくつか知られている。いずれの方法も候補ベクトルを総当りで調べるのではなく，それぞれの方針の下で系統的に調べるものである。代表的な方法として H 行列の QR 分解を行うものが知られている。

行列 H は，ユニタリー行列 Q と上三角行列 R により，次のように分解できる[†]。

$$H = QR \tag{7.67}$$

このとき，誤差ベクトル e はつぎのようになる。

[†] ここから以降7.2節内，行列は細字で表記することにする。

$$e = y - QR\hat{x}_i$$

上式の両辺に左側より Q^H を乗じると，$Q^H Q = I$（単位行列）であるから

$$e' = Q^H e = Q^H y - R\hat{x}_i \tag{7.68}$$

となる。ユニタリー行列は，ベクトルに作用したときそのノルムを変化させないので，すなわち $\|e\|^2 = \|Q^H e\|^2$ であるので，式(7.68)で与えられるベクトルのノルムを最小にする $\hat{x}_i$ を求めてもよい。ところで，行列 R は上三角行列であるので，e' の最後の（K 番目）成分 e'_K は $e'_K = y'_K - r_{KK}\hat{x}_K$ となり，$|e'_K|^2$ には $\hat{x}_i$ の第 K 成分のみが関与する。ここで，y'_K はベクトル $y' = Q^H y$ の第 K 成分，r_{KK} は行列 R の (K, K) 成分である。$\|e'\|^2 = \sum_{k=1}^{K}|e'_k|^2$ であるから，$|e'_K|^2$ を最小にする $\hat{x}_K$ を見つけたとしても，これが最適である保証はない。ある $\hat{x}_K$ が候補になったとき，$\|e'\|^2 = |e'_K|^2 + \sum_{k=1}^{K-1}|e'_k|^2$ となる。

つぎに e'_{K-1} を考える。$e'_{K-1} = y_{K-1} - r_{K K-1}\hat{x}_{K-1} - r_{K-1 K}\hat{x}_K$ であるから，もし $\hat{x}_K$ と $\hat{x}_{K-1}$ が与えられれば，$|e'_{K-1}|^2$ が計算できる。このとき，$\|e'\|^2 = |e'_K|^2 + |e'_{K-1}|^2 + \sum_{k=1}^{K-2}|e'_k|^2$ となる。以下，このような順序で $\|e'\|^2$ を階層的に計算できる。

計算量の削減は，各段階における $\hat{x}_k$ の候補のすべてを試すのではなく，以下に述べるような基準の下で絞り込み，それ以外の候補については計算を行わないことによっている。第1の方法は球復号（sphere decoding）と呼ばれる[81]。この方法は $\|e'\|^2 \leq C_0$（C_0 は任意の定数）を満足する $\hat{x}_k$ の候補を各段階で絞りながら，最小の $\|e'\|^2$ を示す $\hat{x} = (\hat{x}_K, \hat{x}_{K-1}, \cdots, \hat{x}_1)$ を求める手法である。最初の段階では，$|e'_K|^2 \leq C_0$ を満足する一つ以上の $\hat{x}_K$ の値を L 個の離散値から候補として選択する。つぎに，一つの $\hat{x}_K$ に対して $|e'_K|^2 + |e'_{K-1}|^2 \leq C_0$ を満足する $\hat{x}_{K-1}$ を一つ以上選択する。以下，同様にして。候補を絞り込んで K 段階の計算を行う。

第2の方法は M アルゴリズムと呼ばれる[82]。各段階で，L 個の候補のうち，$M (< L)$ 個を選び出す。その基準は，段階 i で $\delta_i = \sum_{k=i}^{K}|e'_k|^2$（$i = K, K-1, \cdots, 1$）が少ないほうから選び出すものである。その他にも，空間フィルタリングと併用した候補絞り込みの方法として H 行列を小行列に分解する方法[83]などが知られている。

〔5〕 **複数ユーザMIMO**　これまでの議論では，少なくとも受信側では複数のアンテナからの出力信号をすべて用いることで信号（分離）処理を行っている。ここでは，下り回線（基地局から端末へ）において，複数のユーザ（端末）への信号を空間多重する場合を考えよう。このとき，ユーザ間ではたがいの受信信号を知ることができない。この場合に可能な方法は，送信側で干渉を除去して送信することである。例えば，〔1〕で述べたように，伝搬路行列の逆行列を送信側で乗算する方法が考えられる。例として2ユーザを基地局アンテナ2本，端末アンテナ1本で多重することを考える。このとき，ユーザ $i\,(i=1, 2)$ の受信信号 y_i は送信信号 x_i，雑音 n_i により，つぎのように与えられる。

$$\begin{bmatrix} y_1 \\ y_2 \end{bmatrix} = \begin{bmatrix} h_{11} & h_{12} \\ h_{21} & h_{22} \end{bmatrix} \begin{bmatrix} x_1 \\ x_2 \end{bmatrix} + \begin{bmatrix} n_1 \\ n_2 \end{bmatrix}$$

行列で表現して，$Y = HX + N$ とする。ここで，h_{ij} は伝搬路行列 H の要素である。送信側で H の逆行列を乗じて

$$X' = H^{-1} X$$

とすれば，受信信号 Y' は

$$Y' = HH^{-1}X + N = X + N$$

となり，信号が分離される。

雑音が加わった後の受信信号を乗数倍しても特性に影響はないので，伝搬路行列 H をつぎのように変形する。

$$H' = \begin{bmatrix} 1 & h'_{12} \\ h'_{21} & 1 \end{bmatrix} \quad \left(h'_{12} = \frac{h_{12}}{h_{11}}, \ h'_{21} = \frac{h_{21}}{h_{22}} \right)$$

さらに

$$H'' = H' - I$$

とおけば，送信側で逆行列演算（予符号化，precoding）を行うシステムは**図 7.16** のように表現できる。$B - I = H'' = H' - I$ とおけば，すなわち $B = H' = H'' + I$ とおけば，この図から，（Y' は X から X'' を引き算されたのち，再び X'' が加算されて得られるので）$Y' = X$ となることがわかる。式で表現すれば，$Y =$

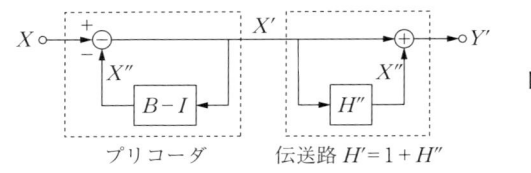

図 7.16 伝送路の逆行列を送信側で乗算するシステム

（プリコーダ：$X - X'' = X'$, $X'' = (B-I)X'$／伝送路 $H' = 1 + H''$）

$(I+H'')(1/B)X = H'(1/H')X = X$ となる。

　この方法の問題点は，帰還回路のために動作が不安定になったり，送信電力が増大し，理想的なプリコーディングを行う方式に比べて特性劣化が生じることである．理想的なプリコーディングを行う方式は，汚れ紙符号化（dirty paper coding）と呼ばれており，これを用いると，あたかも干渉がない場合と同じ理想的な伝送システムと同一の通信路容量が得られる[84]．この方法は極限的にしか得られないので，その特性に近づけるための現実的な方法が研究されている．

　その代表的な方法は，トムリンソン・原島（Tomlinson-Harashima）の予符号化（pre-coding）と呼ばれる[85],[86]．この方法は，7.3.6項で述べたように，伝送路における符号間干渉を抑圧するために，送信側における予等化（pre-equalization）の手法として提案されている．信号間干渉は時間軸においても，空間軸上においても，同様の数学的表現となるので，この手法は複数ユーザMIMOシステムにも適用できる．ただし，信号の（時間軸上の）等化は受信側においても行えるのに対して，ユーザ間の受信情報を共有できない複数ユーザMIMOシステムにおいては，予符号化しか手段がない．

　この方法は予符号化においてモジュロ（modulo）演算という非線形信号処理を導入している．これにより，帰還回路の不安定性および送信電力の増加という問題が軽減される．

　MIMOシステムにモジュロ演算を導入するためには，信号間の干渉を順序的に抑圧する方法が必要である[87]．さもなくば，連立非線形方程式を解いて予符号化を行わなければならない（時間軸上の等化は伝送路の因果性により，時間の早い信号から順次に干渉を除去できる）．そのため，伝搬路行列 H' をつぎ

のように分解する。
$$H' = SF^H$$
ここで F はユニタリー行列であり，S は下三角行列である．トムリンソン・原島の予符号化を用いた複数ユーザ MIMO システムは図 7.17 で示される．行列 F と H' を含めて新しい伝送路行列とみなせば，モジュロ回路がない場合には，$B = H'F$ とおけば逆回路が構成できる．このとき
$$B = SF^H F = S \quad (F^H F = I)$$
となる．行列 S は下三角行列であるから，先の例のように 2×2 行列の場合，つぎのように表される．
$$\begin{bmatrix} x_1'' \\ x_2'' \end{bmatrix} = \begin{bmatrix} 1 & 0 \\ s_{21} & 1 \end{bmatrix} \begin{bmatrix} x_1 \\ x_2 \end{bmatrix}$$
これより，信号 x_1 に対しては，信号 x_2 からの干渉はないことがわかる．$N \times N$ 行列の場合にも同様にして，x_1 に対して $x_j \, (j > 1)$ の干渉はない．

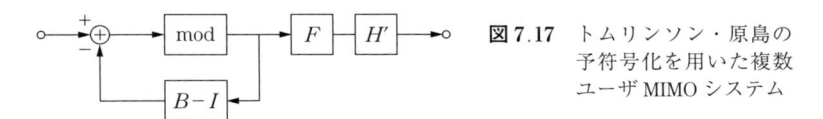

図 7.17 トムリンソン・原島の予符号化を用いた複数ユーザ MIMO システム

これにより，モジュロ演算を行う場合にも，信号 x_1'' を得てから $x_2'', \cdots, x_N''$ と順に値が定まる．モジュロ演算は，つぎのように表される．
$$a' = a \bmod (2A) = a + 2mA \quad (m = 0, \pm 1, \pm 2, \cdots)$$
ここで，整数 m は a' の信号レベルが $-A \sim A$ に収まるように定められる．また，信号レベル x_i も $-A \sim A$ に限定されているものとする．

送信アンテナが 2 本で二つのユーザを多重する場合のシステムの例を，図 7.18 (a) に示す．図 (b) からわかるように
$$x_2'' = (x_2 - s_{21} x_1'') \bmod (2A) = x_2 - s_{21} x_1'' + 2mA$$
となる．これより
$$y_2'' = (x_2'' + s_{21} x_1'' + 2mA) \bmod (2A) = (x_2 + 2mA) \bmod (2A) = x_2$$
となることがわかる．

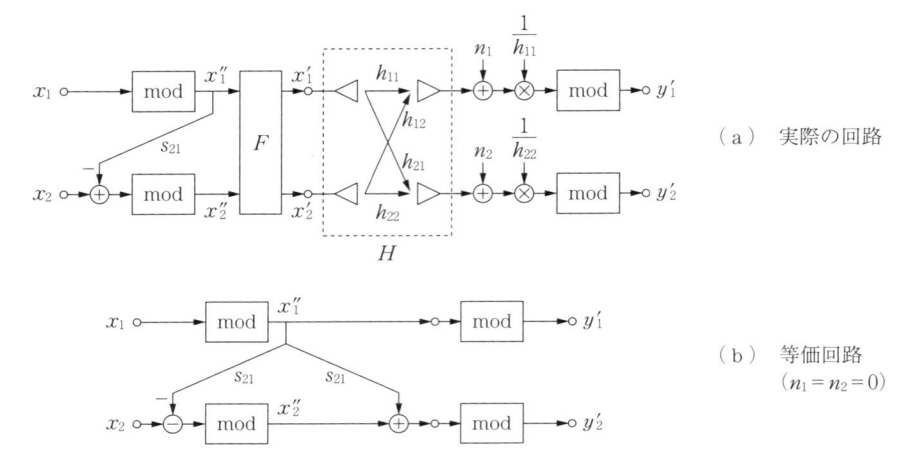

図 7.18 トムリンソン・原島のプリコーディングを用いた 2 ユーザ MIMO システム

送信側の行列 F はユニタリー行列であるので，これにより，送信電力は変化しない．

7.3 適応自動等化器

　信号帯域が移動無線（周波数選択制）フェージング回線の相関帯域と同程度に広くなると，信号は波形歪みを受ける．受信機，送信機，あるいはその双方でこの歪みを除くのが自動等化器である．適応等化技術は公衆電話回線におけるデータ伝送において，広く開発され適用されている．これらの技術の多くは移動無線回線に応用できる．しかし，移動無線では等化器に対して特有の条件，すなわち高速フェージング回線に追随することが求められる．等化器に対する研究開発は，この本を書いている時点でも続けられている．ここでは，自動等化器についての簡単な導入を行ったのち，移動無線回線への応用について述べる．

　無線回線における受信歪みの最も一般的な例は，テレビ（アナログ）画面のいわゆる'ゴースト'である．この現象は主信号に続いて，無視できない電力

と時間遅延を有するエコー信号が受信される場合に生じる。このゴースト問題を解決する方法はいくつかある。(1) 受信アンテナの指向性を改善する，(2) ケーブルテレビ（CATV）に加入する，(3) エコーキャンセラを用いる，ことである。エコーキャンセラはわれわれがいまから述べる等化器の一種である。ディジタル信号伝送はアナログ信号伝送に比べて，伝送路等化という点で有利である。なぜならば，ディジタル信号は離散的な値をとるからである。

7.3.1 線形等化器[10),11)]

歪んだ信号は，伝送路の伝達関数の逆特性を有するフィルタを通すことにより，等化できる。例として，インパルス応答が以下のように与えられる二つの経路（パス）を有する伝送路を考えよう。

$$h(t) = A_0\delta(t) + A_1\delta(t-t_1) \tag{7.69}$$

伝達関数はつぎのようになる。

$$H(\omega) = A_0 + A_1 e^{-j\omega t_1} \tag{7.70}$$

逆フィルタの特性は $H^{-1}(\omega) = 1/H(\omega)$ である。

自動等化器においては通常ディジタル通信処理が用いられるので，受信信号の離散時間（サンプル）表現を用いるのが便利である。サンプル周期 T でサンプルされた受信信号はつぎのようになる。

$$r(nT) = s(t) * h(t)|_{t=nT} = A_0 s(nT) + A_1 s(nT-t_1) \quad (n=0, \pm1, \pm2, \cdots)$$

ここで，$s(t)$ は受信信号を，上式の第2項はエコー信号を示す。簡単のため，以下では $t_1 = T$ を仮定しよう。T だけ時間遅延を行う素子の特性は z^{-1}（z 変換）で表される。伝送路の伝達関数はこのとき

$$H(z) = A_0 + A_1 z^{-1}$$

となる。ここで $z = e^{j\omega T}$ である。

逆フィルタの伝達関数は

$$H(z)^{-1} = \frac{1}{A_0 + A_1 z^{-1}} = \frac{1}{A_0} \frac{1}{1 + (A_1/A_0)z^{-1}} \tag{7.71}$$

上式で与えられる伝達関数は図 7.19 に示す帰還回路で実現できる。上式は次

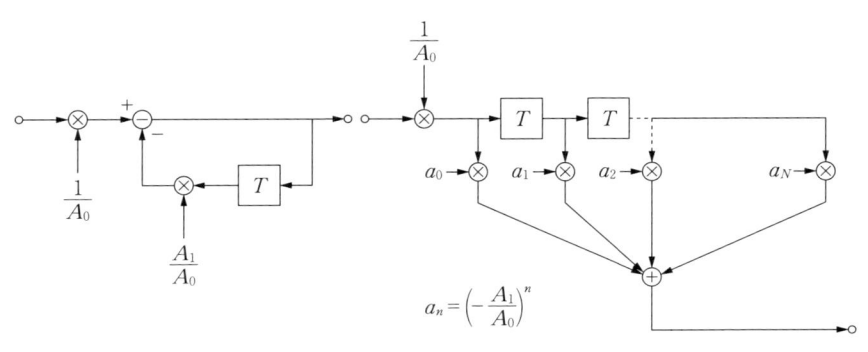

図7.19 2パス伝送路に対する帰還等化器   **図7.20** トランスバーサル等化器

式のように展開できる。

$$H(z)^{-1} = \frac{1}{A_0} \sum_{m=0}^{\infty} a^m z^{-m}$$

ここで，$a = -A_1/A_0$ である。この伝達関数は**図7.20**に示したトランスバーサルフィルタとして知られている回路で実現できる。インパルス応答はもし $|az| = |a| < 1$ であれば収束し，さもなければ発散する。この結果は帰還回路が安定か否かに対応している。式(7.71)をつぎのように書き変えよう。

$$H(z)^{-1} = \frac{1}{A_1} \times \frac{z}{1+(A_0/A_1)z} = \frac{1}{A_1} z \sum_{m=0}^{\infty} b^m z^m$$

ここで，$b = -A_0/A_1$ である。この回路は $|b| < 1$ のとき安定である。トランスバーサルフィルタで z^{-1} の代わりに z とすれば，これはトランスバーサルフィルタでの時間を反転させることになる。

トランスバーサル等化器を実現するためには，このフィルタの長さを打ち切らねばならない。打切りの影響を示すために，伝送路と等化器を含んだ回路のインパルス応答の例を**図7.21**に示す。この場合の全体の伝達関数は $H(z)H^{-1}(z) = 1 - (az^{-1})^M$（$M$ はタップ数）となる。

有限長の等化器は**図7.22**に示すように一般化できる。この回路は線形回路でつくられているので，線形等化器と呼ばれる。伝達関数はつぎのようになる。

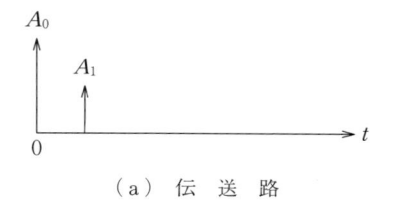

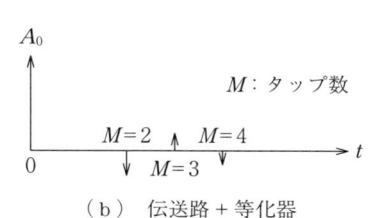

図 7.21 　トランスバーサル等化器のインパルス応答への効果（$A_1/A_0=0.5$）

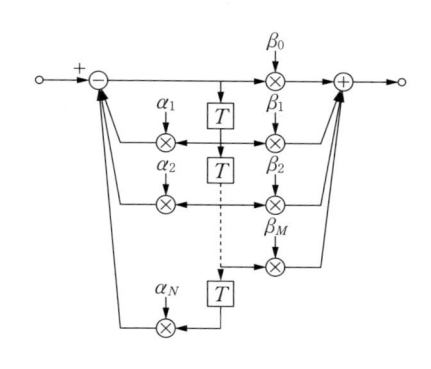

図 7.22 　線 形 等 化 器

$$H(z)=\frac{N(z^{-1})}{D(z^{-1})}=\frac{\sum_{m=0}^{M}b_m z^{-m}}{1+\sum_{n=1}^{N}a_n z^{-n}}$$

　回路の安定性のためには，式 $D(z^{-1})=0$ の根の絶対値が，1より小さくなくてはならない（2.4.4項）．線形等化器の設計は，動作が安定であることと等化器の大きさがある値以下という条件の下で，最良の特性を与えるように係数 a_n, b_m を決めるということになる．不安定性の問題があるために，線形等化器においてはトランスバーサルフィルタが専ら用いられる．

　等化器の特性の評価基準としては誤り率を考えるべきである．しかし，誤り率はタップ係数の非線形な関数であるので，難しい問題となる．したがって，希望信号と等化後の信号との差（誤差）を評価基準とする．

　ディジタル伝送方式においては，サンプリング時あるいは判定時における信号の誤差が重要である．この場合，シンボル当り一つのサンプル値で等化器を動作させることができる（シンボル速度サンプリングでの等化）．しかし，シンボル速度サンプリングの等化はサンプルタイミングに敏感に依存し，タイミング誤差によって等化器の特性が劣化することが知られている．したがって，

サンプルタイミングと等化を結合した最適化を行なわなければならない。シンボル当りに2回のサンプリングを行えばこの問題が生じない[11]。

7.3.2 等化における特性評価基準

伝送路歪みがないときに符号間干渉を生じないディジタル伝送方式を考えよう。以下では，簡単のために実信号を考える。信号のサンプル値を $a_k(k=0, 1, 2, \cdots)$ としよう。ここで，a_k は送信データに対応して離散値の組みの中の一つをとる。符号間干渉によりサンプル値は a_k からずれる。等化器の入力を $y(t)$ としよう。このとき

$$y(t) = \sum_k a_k h(t-kT)$$

と書ける。ここで $h(t)$ は送信フィルタ，伝送路および受信フィルタを従属に接続した回路全体のインパルス応答を示す。$t=kT$ における誤差（符号間干渉）は $y(kT)-a_k$ となる。

トランスバーサル等化器を考えよう。このとき，等化器の出力信号はつぎのようになる。

$$z(kT) = \sum_{n=-N}^{N} y(kT-nT')w_n \qquad (T' \leq T)$$

ここで，w_n はタップ係数，T' は等化器のサンプリング周期である。これ以降，$z_k = z(kT)$，$y_k = y(kT)$ のような表現を用いることにする。

誤差はつぎのように表される。

$$e_k = z_k - a_k$$

誤差を測定するために二つの基準がある。二乗平均誤差 $\langle e_k^2 \rangle$ と最大絶対誤差 $\max|e_k|$ である。$\langle e_k^2 \rangle$ あるいは $\max|e_k|$ を最小にすべく w_n を調整することになる。

〔1〕 **二乗平均誤差と二乗平均アルゴリズム** シンボル速度サンプリング ($T'=T$) による等化を考えれば

7.3 適応自動等化器

$$\langle e_k^2 \rangle = \left\langle \left(\sum_{n=-N}^{N} y_{k-n} w_n - a_k \right)^2 \right\rangle$$

となる。$\langle e_k^2 \rangle$ を最小化するために，w_n に対する $\langle e_k^2 \rangle$ の微分を零にする。このとき，$2N+1$ 個の連立 1 次方程式を得る。

$$\frac{\partial}{\partial w_n}\langle e_k^2 \rangle = 2\left\langle y_{k-n}\left(\sum_{m=-N}^{N} y_{k-m} w_m - a_k \right) \right\rangle = 0 \quad (n = -N, -N+1, \cdots, N)$$

上式はつぎのように行列の形に書き換えられる。

$$[Y_{mn}] \begin{bmatrix} w_{-N} \\ w_{-N+1} \\ \vdots \\ w_N \end{bmatrix} = \begin{bmatrix} c_{-N} \\ c_{-N+1} \\ \vdots \\ c_N \end{bmatrix} \tag{7.72}$$

ここで，行列の要素はつぎのようになる。

$$Y_{mn} = \langle y_{k-m} y_{k-n} \rangle, \quad C_m = \langle y_{k-m} a_k \rangle$$

式(7.72)に逆行列 Y_{mn}^{-1} を乗じることにより，最適なタップ係数をつぎのように得る。

$$\begin{bmatrix} w_{-N} \\ w_{-N+1} \\ \vdots \\ w_N \end{bmatrix} = [Y_{mn}]^{-1} \begin{bmatrix} c_{-N} \\ c_{-N+1} \\ \vdots \\ c_N \end{bmatrix}$$

これまでの議論においては，送信されたデータ a_k を知らなければならない。この目的のため，試験信号，参照信号，あるいはトレーニング信号と呼ばれる a_k の定まった系列を情報信号に先立って送信する。実時間で逆行列を求めることは，実際上困難である。その代わりに反復法を用いる。$\partial/\partial w_n \langle e_k^2 \rangle$ はタップ係数 w_n を最適値から変化させたとき，平均二乗誤差 $\langle e_k^2 \rangle$ が増加する $(\partial \langle e_k^2 \rangle / \partial w_n > 0)$ か，あるいは減少する $(\partial \langle e_k^2 \rangle / \partial w_n < 0)$ か，を示していることに注目しよう。これにより，最適値に近づくために，w_n を増加させるべきか減少させるべきかを知ることができる。タップ係数の更新はつぎのように行う。

$$w_n(j+1) = w_n(j) - \Delta \frac{\partial}{\partial w_n}\langle e_k^2(j)\rangle \qquad (j=0,1,2,\cdots)$$

ここで，jはj番目の反復を表し，Δは小さな定数である．この方法は最急降下法として知られている．つぎの関係

$$\frac{\partial}{\partial w_n}\langle e_k^2\rangle = \left\langle y_{k-n}\left(\sum_{m=-N}^{N} y_{k-m}w_m - a_k\right)\right\rangle = \langle y_{k-n}e_k\rangle$$

を用いることにより，最小平均二乗誤差等化器を図7.23に示すように得る．トレーニングモード動作時には参照信号a_kを用い，情報モード動作時には判定データ$\hat{a}_k$を用いる．もし伝送路の特性が変化しなければ，トレーニングが終了した際にタップ係数w_nを固定する．移動無線回線のように時間で変動する回線では，等化器は判定データを用いた適応アルゴリズムによって，回線の時間変動に適応しなければならない．

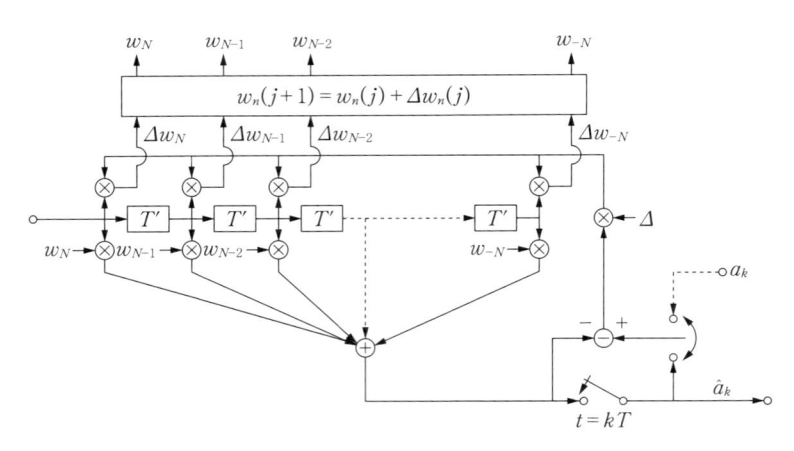

図7.23 最小平均二乗誤差等化器

〔2〕 **ピーク歪み基準とゼロフォースアルゴリズム**　　ピーク歪みはつぎのように定義できる．

$$C_1 = \max_{\{a_k\}}|z_k - a_k| = \max_{\{a_k\}}\left|\sum_{n=-N}^{N} y_{k-n}w_n - a_k\right| = \max_{\{a_k\}}\left|\sum_n a_{k-n}t_n - a_k\right|$$

ここで

$$t_n = \sum_{i=-N}^{N} h_{n-i} w_i$$

また，$h_n = h(nT)$，t_n は等化器を含んだ全体のシステムインパルス応答のサンプル値である．簡単のため $\max|a_k|=1$, $t_0=1$ としよう．このとき

$$C_1 = \sum_{n(\neq 0)} |t_n|$$

となる．C_1 は t_n $(n \neq 0)$ が零になったとき最小値（$=0$）になる．$t_n=0$ ($n \neq 0$) は等化器の出力で符号間干渉がないことを意味している．文献11)によれば，もし $\sum_{i(\neq 0)} |h_i| < |h_0|$ であれば，$t_n=0$ ($n \neq 0$) は w_n をつぎのように調節すれば得られることが示される．

$$\langle a_{k-n}(z_k - a_k) \rangle = 0 \qquad (n = -N, ..., N) \tag{7.73}$$

a_k はランダムであるから，上式はつぎのように書き換えられる．

$$\left\langle a_{k-n}\left(\sum_m a_{k-m} t_m - a_k\right)\right\rangle = \langle a_{k-n}^2 \rangle t_n \qquad (n \neq 0)$$

式(7.73)を得るための反復アルゴリズムは

$$w_n(j+1) = w_n(j) - \Delta a_{k-n}(z_k - a_k) \qquad (n = -N, \cdots, N)$$

となる．ここで Δ は微小定数である．ゼロフォースアルゴリズムによる等化器を図7.24に示す．ゼロフォースアルゴリズムは $\langle a_{k-n} e_k \rangle = 0$ を達成し，こ

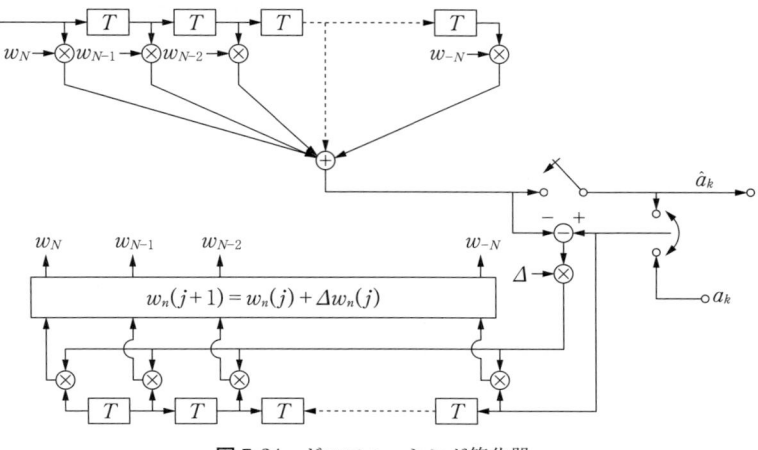

図7.24 ゼロフォーシング等化器

れは，$\langle y_{k-n}e_k \rangle = 0$ を与える最小平均二乗アルゴリズムとは異なる。

LMS あるいはゼロフォースアルゴリズムを用いた線形等化器は，雑音がない場合にはどちらも逆フィルタとなる（雑音を考えると，二つのアルゴリズムに違いが現れる。LMS は符号間干渉と雑音電力増加との間で妥協点をとるように最適なタップ係数を探すのに対して，ゼロフォースアルゴリズムは雑音を考慮しない）。これより，回線の等化は回線特性の予測と等価である。この観点から線形等化器の原理は適応等化において重要な役割を果たしている。線形等化器は文献 11)においてよく検討されている。

7.3.3 判定帰還等化器 [10]

図 7.25 にこの等化器の構成を示す。等化器の出力信号 z_k はつぎのように表される。

$$z_k = \sum_{n=-N_1}^{0} y_{k-n} w_n + \sum_{n=1}^{N_2} \hat{a}_{k-n} w_n \qquad (7.74)$$

判定帰還等化器は，z_k の代わりに判定された $\hat{a}_k$ が帰還される点で線形帰還等化器と異なる。非線形回路，すなわち判定回路が帰還回路に導入されているので，不安定性の問題が生じない。

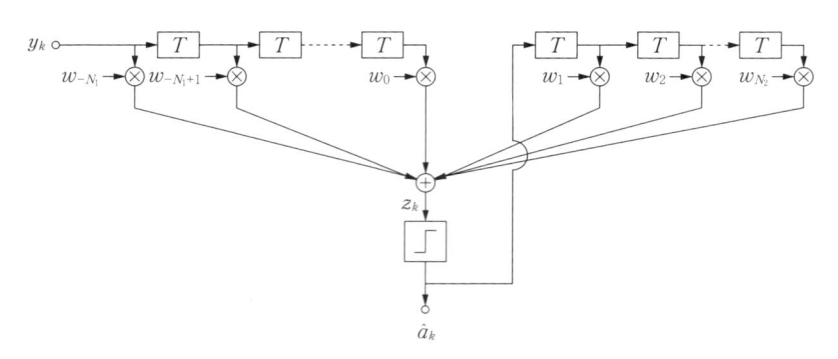

図 7.25 判定帰還等化器

評価基準としては，最小二乗誤差あるいはピーク歪みを用いることができる。たいていの場合，最小二乗誤差が用いられる。このとき目標関数は

$\langle |e_k(=z_k-\hat{a}_k)|^2\rangle$ となる。判定誤りを考慮すると解析が困難になる。そこで、判定誤りがないとしよう ($\hat{a}_k=a_k$)。さらにデータはランダムだと仮定する。式(7.73)を用い、$\langle |e_k|^2\rangle$ を帰還係数 w_n で微分したのち零とおくことにより、帰還係数 w_n はフィードフォワード係数により、つぎのように表される。

$$w_n = -\sum_{k=-N_1}^{0} w_k h_{n-k} \qquad (n=1, 2, \cdots, N_2) \tag{7.75}$$

$i<0$ あるいは $i>L$ に対して $h_i=0$ と仮定すれば、$n>L$ に対して $w_n=0$ となる。

$\langle |e_k|^2\rangle$ をフィードフォワード係数で微分したのち零とおき、式(7.75)を用いると

$$\sum_{k=-N_1}^{0} \varphi_{nk} w_k = h_{-n}^* \qquad (n=-N_1, \cdots, 1, 0)$$

を得る。ここで

$$\varphi_{nk} = \sum_{m=0}^{-n} h_m^* h_{n+m-k} \qquad (n, k=-N_1, \cdots, 1, 0)$$

もし、最急降下法を用いれば、w_n はフィードフォワード部分では、次式で更新される。

$$w_n(j+1) = w_n(j) - \Delta e_j y_{j-n}^* \qquad (n=-N_1, \cdots, -2, -1, 0)$$

また帰還部においては

$$w_n(j+1) = w_n(j) - \Delta e_j \hat{a}_{j-n} \qquad (n=1, 2, \cdots, N_2)$$

となる。ここで Δ は小さな定数である。

7.3.4 ビタビ等化器

符号間干渉が存在する場合のディジタル伝送において、最尤系列推定（MLSE）受信機は最適な特性を与える。MLSE受信機においては、ビタビアルゴリズム（3.3.8項）が専ら用いられる。この方法は周波数選択制フェージング伝送路に適用できる。このためには、整合フィルタの設計のために、時間的に変化する伝送路のインパルス応答を推定する必要がある。ビタビ等化機の構造を**図7.26**に示す。

```
     受信信号 ○──→┌─────────────┐──→○ データ
                  │ビタビアルゴリズムを│
                  │用いた受信機    │
                  └─────────────┘
                        ↑
                  ┌─────────────┐
                  │ 伝送路推定器   │
                  └─────────────┘
```

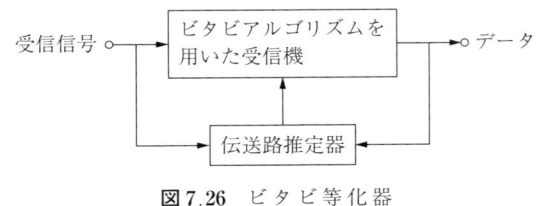

図 7.26 ビタビ等化器

ビタビ等化器での伝送路歪みへの対処の仕方は通常の等化器とは異なっている．すなわち，伝送路の逆特性の回路を与えるのではなく，受信機で信号の複製を作成する．それでも，伝送路のインパルス応答が既知であるかぎり，最適な受信機である．判定帰還等化器のように，受信信号に対して非線形な処理が行われるので，これもまた非線形等化器である．

7.3.5 適応アルゴリズムと予測アルゴリズム

ゼロフォース，最小平均二乗誤差アルゴリズムの他にも，反復最小二乗 (recrusive least-squares, RLS) アルゴリズム（カルマン (Kalman) アルゴリズムとも呼ばれる）がよく用いられる．これについては，2.5.2 項で紹介した．その他にも，高速カルマン，格子 (lattice) アルゴリズムなどの方法が知られている．ほとんどの等化器はタップ係数を更新するのにトレーニング系列を仮定している．トレーニング信号を必要としない等化器の種類もあり，これはブラインド等化器[13]と呼ばれている．以上のような項目は本書の範囲を越えている．興味のある読者は文献 10), 11), 14), 15) を参照してほしい．

7.3.6 予 等 化

これまでの議論においては，等化は受信側で行うことを念頭においていた．ここでは，信号の等化を送信側で行うトムリンソン・原島[85),86)]の方法と，送受信の双方で行うベクトル符号化 (vector coding)[88)] について述べる．これらの方法は伝送路の特性が送信側で既知であることを前提としている．

離散時間システムを考え，送信信号，受信信号，および雑音をそれぞれ $x[n]=x_n$, $y[n]=y_n$, $z[n]=z_n$ とすれば，つぎのように表現できる．

$$y_n = \sum_{m=1}^{N} h_{n-m} x_m + z_n \qquad (n=1, 2, \cdots, N+M)$$

ここで，$h_n = h[n]$ は伝送路のインパルス応答であり，ここでは

$$h_i = 0 \qquad (i<0, \ i>M)$$

とする．

y_n に $1/h_0$ を乗算しても受信の信号と雑音の比は変化しないので，$h_0=1$ としても一般性を失わない．

〔1〕 **トムリンソン・原島の予等化** これを用いた伝送システムを図 7.27 に示す．信号は連続的に入力されるので，有限の信号の長さを考える必要はない．この図で $H(z)$ は伝送路のインパルス応答 $h[n]$ の z 変換である．したがって

$$H(z) = 1 + h_1 z^{-1} + h_2 z^{-2} + \cdots + h_M z^{-M}$$

この回路の動作を理解する前に，モジュロ演算回路を省略して考える．このとき予等化回路の伝達関数 $P(z)$ はつぎのようになる．

$$P(z) = \frac{1}{1+(H(z)-1)} = \frac{1}{H(z)}$$

したがって，$P(z) = H^{-1}(z)$，すなわち $P(z)H(z)=1$ となり，予等化回路は伝送路の逆回路となり，伝送路歪みを除去できる．ところで，この予等化回路は帰還回路であるため，動作が不安定もしくは予等化により電力が増大するという問題がある．トムリンソン・原島の予等化は，モジュロ演算という非線形回路の導入によってこの問題を回避している．ところで，$h_1=1$, $h_i=0$ ($i \geq$

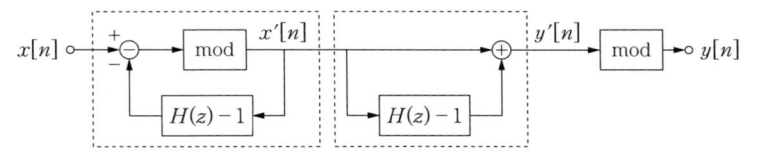

図 7.27 トムリンソン・原島の予等化を用いた伝送システム

2) とすれば,伝送路はデュオバイナリー符号化に相当し,予等化はプリコーダと同じになる(3.2.6項の相関符号化)。

トムリンソン・原島の予等化は任意の符号間干渉(h_i)に対処できるとともに,入力信号として(送信スペクトルの広がりを無視すれば)アナログ信号にも適用できる。

モジュロ演算は信号入力 x に対して,つぎのように x' を出力する。

$$x' = x \pmod{2A} = x + 2A \cdot i$$

ここで,A は任意の定数であり,整数 i は x' の値が $-A \sim A$ の範囲になるように選ばれる。これにより,負帰還回路の出力レベルが $|x'| < A$ に制限されるので,動作が不安定になる(発散)ことがなくなる。

$|x| < A$ であれば

$$y'[n] = x[n] \pmod{2A} = x[n] + 2Ai$$

となる。したがって,受信側で mod 演算を行うことで

$$y[n] = y'[n] \pmod{2A} = x[n]$$

となる。

トムリンソン・原島の予等化は,送信側で伝送路の特性を知る必要があるので,また受信側で(非線形)等化を行うのに比較してさほど大きな特性改善が得られないため,このままでは実際に用いられることが少なかった。現在では,符号化変調方式(trellis coded modulation)や,受信側では信号処理を行うことができない複数ユーザ MIMO システム(7.2.3項)において,重要な技術となっている。

ディジタル伝送においては,モジュロ演算のパラメータ A は,誤り率の劣化を考慮して選ばれなければならない。M 値直交振幅変調での同相成分,直交成分のディジタル電圧値を $\pm B, \pm 3B, \pm 5B, \cdots, \pm(\sqrt{M}-1)B$ とするときは,$A = \sqrt{M} B$ とする。

〔2〕 **ベクトル符号化** 伝送システムを図7.28に示す。この方法は送信と受信の双方で線形信号処理を行うことによって，符号間干渉を抑圧するとともに，最良の受信誤り率を達成するものである[88]。信号を時間領域で考える代わりに空間領域で考えれば，ここでの取扱いは固有ビームMIMOシステム(7.2.3項)と同じである。

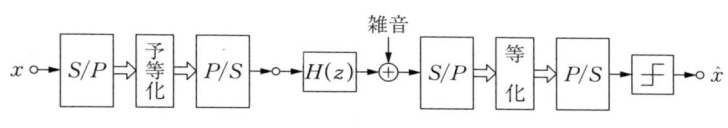

図7.28 ベクトル符号化を用いた伝送システム

送信信号のデータブロックを列ベクトル表現して，$X = (x_1, x_2, \cdots, x_N)^T$（$T$: 転置）と表す。予等化はつぎのような線形演算により行う。

$$x'_n = \sum_{m=1}^{N} p_{nm} x_m$$

ここで，p_{nm} は予等化係数であり，以下の議論により，伝送路パラメータに応じて決定される。行列表現すると

$$X' = PX \tag{7.76}$$

となる。送受信のパルス波形整形フィルタはルートナイキスト特性を有するものとする。受信フィルタを通ったのち，シンボル周期でサンプルされた信号は，雑音を無視してつぎのようになる。

$$y_n = \sum_{m=1}^{N} h_{n-m} x'_m \quad (n = 1, 2, \cdots, N+M)$$

ここで，M は伝送路インパルス応答の長さである。

上式を行列表現すると，つぎのようになる。

$$Y = HX' \tag{7.76}'$$

ここで

$$H = \begin{bmatrix} h_0 & 0 & 0 & \cdots & 0 \\ h_1 & h_0 & 0 & \cdots & 0 \\ \vdots & \vdots & \vdots & \ddots & \vdots \\ h_M & h_{M-1} & h_{M-2} & \cdots & 0 \\ 0 & h_M & h_{M-1} & \cdots & 0 \\ \vdots & \vdots & \vdots & \ddots & \vdots \\ 0 & 0 & 0 & \cdots & h_M \end{bmatrix} \quad (N \times (N+M))$$

受信側での等化も線形演算を行うものとする。その出力を y'_n ($n=1, 2, \cdots, N$) とすれば

$$y'_n = \sum_{m=1}^{N+M} q_{nm}(y_m + z_m) = \sum_{m=1}^{N+M} q_{nm} y_m + \sum_{m=1}^{N+M} q_{nm} z_m \quad (n=1, 2, \cdots, N)$$

ここで,q_{nm} は受信フィルタの係数であり,z_n ($n=1, 2, \cdots, N+M$) は雑音のサンプル値である。上式の行列表現はつぎのようになる。

$$Y' = QY + QZ \quad \text{ここで} \quad Q = \begin{bmatrix} q_{11} & q_{12} & \cdots & q_{1\,N+M} \\ q_{21} & q_{22} & \cdots & q_{2\,N+M} \\ \vdots & \vdots & \ddots & \vdots \\ q_{N1} & q_{N2} & \cdots & q_{N\,N+M} \end{bmatrix}$$

上式に式(7.76),(7.76)′を代入すると

$$Y' = QHPX + QZ$$

上式の第1項は信号,第2項は雑音を表す。これらをつぎのように表すことにする。

$$S' = QHPX, \quad N' = QZ$$

われわれの目標は,ひとまず送信電力が一定という条件の下で,受信出力の平均の信号電力と雑音電力の比を最大にする P, Q を求めることになる。以下では,$\|\cdot\|^2$ は2乗ノルムを意味する。例えば,$\|x\|^2 = \sum_{n=1}^{N} |x_n|^2$ である。

送信信号の平均エネルギー P'_s は

$$P'_s = \langle \|X'\|^2 \rangle = \langle \|PX\|^2 \rangle = \langle (PX)^H \cdot PX \rangle$$

$$= \left\langle \sum_{n=1}^{N} \left| \sum_{m=1}^{N} p_{nm} x_m \right|^2 \right\rangle = \left\langle \sum_{n=1}^{N} \left(\sum_{m=1}^{N} p_{nm} x_m \right) \left(\sum_{m'=1}^{N} p^*_{nm'} x^*_{m'} \right) \right\rangle \quad (7.77)$$

ここで，送信信号は無相関であり，つぎの性質を満たすものとする．

$$\langle x_m^* x_n \rangle = \begin{cases} P_s & (m=n) \\ 0 & (m \neq n) \end{cases} \quad (m, n = 1, 2, \cdots, N)$$

このとき，式(7.77)はつぎのようになる．

$$P_s' = \sum_{n=1}^{N} \sum_{m=1}^{N} |p_{nm}|^2 P_s \tag{7.78}$$

雑音については，次式を仮定する．

$$\langle z_m^* z_n \rangle = \begin{cases} \sigma^2 & (m=n) \\ 0 & (m \neq n) \end{cases}$$

以下の議論においては，1シンボル当りの送信電力を一定とするために，$\boldsymbol{p}_n = (p_{n1}, p_{n2}, \cdots, p_{nN})^T$ とするとき

$$\|\boldsymbol{p}_n\|^2 = \sum_{n=1}^{N} |p_{nm}|^2 = 1$$

と規格化する．この関係と式(7.78)より，次式が得られる．

$$P_s' = N P_s$$

さて，N 個の信号のうち一つのみ，例えば，x_1 のみが送信されその他は零（$x_n = 0, n = 2, \cdots, N$）とした場合を考える．このとき，式(7.76)は，つぎのようになる．

$$X' = (p_{11}, p_{21}, \cdots, p_{N1})^T x_1 = \boldsymbol{p}_1 x_1 \quad (\boldsymbol{p}_1 = (p_{11}, p_{21}, \cdots, p_{N1})^T)$$

受信信号 $Y = (y_1, y_2, \cdots, y_{N+M})^T$ はつぎのようになる．

$$Y = H \boldsymbol{p}_1 x_1$$

したがって

$$y_n = x_1 \sum_{m=1}^{N} h_{nm} p_{m1} \quad (n = 1, 2, \cdots, N+M)$$

Y に Q を乗じた信号 $Y' = (y_1', y_2', \cdots, y_{N+M}')^T$ は，つぎのようになる．

$$Y' = QH\boldsymbol{p}_1 x_1, \tag{7.79}$$

$$y_i' = \sum_{n=1}^{M+N} q_{in} y_n = x_1 \sum_{n=1}^{M+N} q_{in} \sum_{m=1}^{N} h_{nm} p_{m1} \quad (i = 1, 2, \cdots, N)$$

$|y_i|^2$ は

$$q_{in} = k \sum_{m=1}^{N} h_{nm}^* p_{m1}^* \quad (k\text{は定数}, \quad i=1,2,\cdots,N, \quad m=1,2,\cdots,M+N)$$
(7.80)

のときに最大になる（シュワルツの不等式）。上式は，i には依存しないので

$$q_1 = (q_{11}, q_{12}, \cdots, q_{1\,N+M})^T$$

と表すことにする。ここで添字1はベクトル p_1 に対応させるために用いた。このとき，式(7.80)はつぎのように表現できる。

$$q_1 = kH^* p_1^*$$

雑音を加算したのちの定数倍は信号対雑音特性に影響しないので，以降 $k=1$ とおく。

同様にして，信号 x_n のみが零でない場合を考えると

$$q_n = H^* p_n^*$$

となる。列ベクトル q_n を並べて行列の形にするとつぎのようになる。

$$Q^T = (q_1, q_2, \cdots, q_N) = H^*(p_1^*, p_2^*, \cdots, p_N^*) = H^* P^*$$

これより，つぎの表現が得られる。

$$Q = (HP)^H = P^H H^H \quad (H: \text{共役転置})$$
(7.81)

信号 x_n のみが零でない場合には，上式と式(7.79)を参考にして

$$Y' = x_n p_n^H H^H H p_n$$

となる。シュワルツの不等式を用いれば，$|Y'|$ を最大にするには

$$p_n = k_n' H^H H p_n$$

とすればよい。上式を書き換えれば

$$H^H H p_n = \lambda_n p_n \quad \left(\lambda_n = \frac{1}{k_n'}\right)$$
(7.82)

となる。これより，ベクトル p_n は行列 $H^H H$ の固有ベクトル，λ_n はその固有値である。$H^H H$ は正規行列であるので，p_n は直交する。すなわち

$$p_n^H p_n = \begin{cases} 1 & (m=n) \\ 0 & (m \neq n) \end{cases} \quad (\|p_n\|^2 = 1 \text{ となるように正規化})$$

式(7.82)の両辺に左より p_n^H を乗じると $p_n^H H^H H p_n = \|H p_n\|^2 = \lambda_n \|p_n\|^2$ であるから，固有値 λ_n は正の実数である。

等化器の出力 Y' は，つぎのようになる $(\|p_n\|^2 = 1)$。

$$Y' = x_n p_n^H \cdot \lambda_n p_n = \lambda_n x_n \tag{7.83}$$

λ_n がつねに正であるため，伝送路において信号の極性が変化することはない。

さて，すべての信号を送信した場合を考えよう。このとき

$$PX = X' = x_1 p_1 + x_2 p_2 + \cdots + x_N p_N$$

となる。上式に左より $H^H H$ を乗じると

$$H^H H PX = H^H H X' = x_1 H^H H p_1 + x_2 H^H H p_2 + \cdots + x_N H^H H p_N$$
$$= \lambda_1 x_1 p_1 + \lambda_2 x_2 p_2 + \cdots + \lambda_N x_N p_N$$

上式の両辺に左より p_n^H を乗じると，$p_n^H H^H H PX = \lambda_n x_n$ となる。これより

$$Y' = p^H H^H H PX = [\lambda_1 x_1 \quad \lambda_2 x_2 \quad \cdots \quad \lambda_N x_N]^T = \Lambda X \tag{7.84}$$

ここで，$\Lambda (N \times N)$ は λ_n を対角要素とする対角行列である。

$$\Lambda = \begin{bmatrix} \lambda_1 & 0 & \cdots & 0 \\ 0 & \lambda_2 & \cdots & 0 \\ \vdots & \vdots & \ddots & \vdots \\ 0 & 0 & \cdots & \lambda_N \end{bmatrix}$$

したがって，信号 $x_1 \sim x_N$ は符号間干渉なく受信されることになる。式(7.84)より，$P^H H^H H P = \Lambda$ となる。P はユニタリー行列であるから，$P^H = P^{-1}$ である。したがって，$P^H H^H H P = P^{-1} H^H H P$ となる。この表現により，われわれの行ってきたことは，行列 $H^H H$ の固有ベクトルによる対角化であったことがわかる。

信号 x_n に対する平均の受信信号電力 S_n は式(7.84)よりつぎのようになる。

$$S_n = \langle |\lambda_n x_n|^2 \rangle = \lambda_n^2 \langle x_n^2 \rangle = \lambda_n^2 P_s$$

また等化後の雑音成分を n_n' とすれば

$$n_n' = \sum_{m=1}^{N+M} q_{nm} z_m$$

平均の雑音電力は

$$N_n = \langle |n'_n|^2 \rangle = \left\langle \left(\sum_{m=1}^{N+M} q_{nm}z_m\right)\right\rangle \left\langle \left(\sum_{m=1}^{N+M} q_{nm}^* z_m^*\right)\right\rangle$$

$$= \sum_{m=1}^{N+M} |q_{nm}|^2 \langle |z_m|^2 \rangle = \sum_{m=1}^{N+M} |q_{nm}|^2 \sigma^2 = \|\boldsymbol{q}_n\|^2 \sigma^2$$

ところで，式(7.81)より，$\boldsymbol{q}_n = \boldsymbol{p}_n^H H^H$ が得られる．これより

$$\|\boldsymbol{q}_n\|^2 = \boldsymbol{p}_n^H H^H \cdot H\boldsymbol{p}_n = \boldsymbol{p}_n^H \lambda_n \boldsymbol{p}_n = \lambda_n \qquad (\|\boldsymbol{p}_n\|^2 = 1)$$

これより，$N_n = \lambda_n \sigma^2$ となる．

信号対雑音電力比は，以下のように与えられる．

$$\frac{S_n}{N_n} = \lambda_n \frac{P_s}{\sigma^2}$$

考　察：いままでの議論において，伝搬路行列は具体的な形では登場しなかった．さらには，信号ブロック（ベクトル）も一般的に取り扱っており，特に単一キャリア信号を時間的に並べたものである必要性はなかった．したがって，これまでの議論は任意の伝送システム，例えば OFDM，SDM，MIMO などのシステムに適用できる．特性および構造の違いは伝搬行列，したがってその固有値，固有ベクトルの違いによって異なるのみとなる．

7.3.7　周波数領域等化器

伝送速度が高くなり，したがってシンボル周波数が高くなるに従い，多重伝搬路の分離できるパスの数が多くなる．これに従って等化器のタップ数も増加し，必要な演算量が増大する．その問題に対処するために，周波数領域等化[89]が用いられる（図 7.29）．

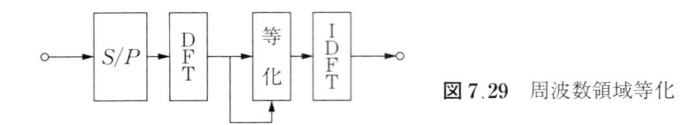

図 7.29　周波数領域等化

複数シンボルからなる受信信号ブロックを受信したらこれを高速フーリエ変換（FFT）したのち，推定した伝送路特性を用いて周波数領域で乗算を行って等化し，IFFT により時間領域の信号に戻し，受信回路へ出力する．演算量の

削減は高速フーリエ変換によるものである。等化基準として最小平均二乗誤差（MMSE）を用いれば，インプリシットダイバーシチ効果を得ることもできる（7.1 節）。また，判定帰還等化を行うことで，さらに特性の向上を図ることができる。この場合には，フィードフォワード部のみを周波数領域で等化する。フィードバック部は時間領域で行うけれども，判定値を整数値で表現できるので，演算量（乗算）の増加は問題とならない。FFT におけるタイミング同期の便宜上，OFDM 伝送と同様に信号ブロック間にガード区間を設け，ここに，ブロックの後方部をコピーして挿入する。

伝送路特性の推定は参照信号ブロックを送信し，これを受信したのち FFT して，送信参照信号のそれと比較することにより，周波数伝送関数として知ることができる。

7.3.8 ターボ等化器

符号間干渉は，ある時刻の送信信号がその後のシンボルのサンプル時刻に重みづけ加算されることを意味する。干渉する値は，送信フィルタ，伝送路，受信フィルタのインパルス応答とのたたみ込み積分として表される。このことは，送信側でディジタル信号の段階で行うたたみ込み符号化と，意図的に行うか否かの違いはあるものの，ある時刻の送信信号がその後の信号に加算されるので，実質的に等価である。したがって，ターボ符号において，二つの符号器の一つをチャネルでのたたみ込み演算部分に取り替えても，ターボ符号の効果が出ることは理解できる。この受信方法を初めて提案した論文[90]において，ターボ等化器と名づけられた。受信信号は伝送路のインパルス応答が有限シンボルであれば，その状態は有限の状態推移図で表現できる。したがって，通常のターボ復号器と同じようにして，外部情報である事前確率を計算して，後段のターボ復号器との間で交換できる。その結果，復号後の誤り率を符号間干渉がない場合と同程度にすることができる。この方法の欠点は，伝送路のインパルス応答（M）が長くなることと，ディジタル信号が多値（L）になると状態数が L^M と多くなり，計算量が増加することである。

計算量を削減するために，通常の線形等化器や判定帰還等化を用いて，事前確率を近似的に計算する方法が知られている[91),92)]。また，伝送路特性の推定をターボ復号と組み合わせて，反復的に行うことで伝送路特性の推定精度を高めることができる[93)]。伝送路推定とターボ復号結果を用いて符号間干渉を打ち消すこともできる。ターボ符号にかぎらず，誤り訂正復号結果の信頼性，あるいは誤り検出を監視することにより，受信機の動作，例えば搬送波再生における位相スリップ（QPSKにおいては，$\pm\pi/2, \pi$）を検出することもできる。

7.3.9 歪み等化器に関する議論

受信特性を劣化させるのは，雑音と符号間干渉である。ディジタル通信では受信において信号の判定を行うので，この時刻における雑音電力と符号間干渉を問題にすればよい。雑音電力については受信（雑音電力制限）フィルタのみが影響する。これに対して，符号間干渉は，送信（帯域制限）フィルタ，言い換えれば送信パルス波形，受信フィルタおよび伝送路歪みが関わってくる。伝送路歪みがなければ，送信フィルタと受信フィルタが共に設定可能であるとの前提の下で，受信誤り率が最小となる（最適）受信が可能となる。すなわち，送受信フィルタが全体で符号間干渉がない（ナイキスト第1基準）組合せの中から，受信フィルタが整合フィルタになるように選べばよい（3.3.6項）。これらのフィルタはルートナイキストⅠフィルタ（square root Nyquist I filter）として知られており，ディジタル無線通信のほとんどに採用されている。伝送路歪みを等化するうえで，ルートナイキストフィルタは独立に考えられるので，ここでは，これらの送受信フィルタを用いることを前提とする。

伝送路歪みが存在する場合には，これに対処するためのなんらかの処理（等化）を行うことで，受信誤り特性を改善できる。この際，歪みのみを考えれば，伝送路に対する逆回路（2.3.4項）を送信側あるいは受信側に用いればよい。ただし，受信側に設けた場合には雑音電力が上昇し，送信側においた場合には，伝送路での減衰の大きい周波数成分に電力を多く割り当てなければならないので，受信機に入ってくる入力電力が減少するという問題が生じる。した

がって，等化器を設計する際には，雑音と干渉を同時に考慮する必要がある。

　誤り率は雑音および干渉に対して，非線形な関数となるので，誤り率を最小とする厳密な設計基準を設けることは困難である。そのため，通常は信号判定時刻における（判定）誤差の2乗の平均を最小にする，最小平均二乗誤差（MMSE）基準を採用する。この基準の下で，受信あるいは送信，またはこれらの双方に設けた等化器を設計する。具体的には，送信電力が一定という条件の下で，等化器の（制御）変数を平均二乗誤差が最小になるように決定する。等化器の種類には，線形と非線形のものがある。非線形等化のほうが，離散値をとるディジタル信号の性質を利用しているので，線形等化に比べて特性がよい。

　最尤系列推定受信は，伝送路歪みがある場合の，最も確からしい系列を与えるという意味で，最適な受信方法である（3.3.7項）。これは，受信信号に非線形な処理を行うので，非線形等化に分類できる。ただし，伝送路歪みによる符号間干渉を低減するという直接的な処理は行わない。この方法も，ディジタル信号が離散値をとることから可能になっている。

　伝送路特性の固有ベクトル展開を行う方法（ベクトル符号化）は，歪みのある伝送路に対して，送信と受信における処理により，信号の直交化を行うものである。信号の直交化により符号間干渉はなくなるので，この干渉を考慮する必要はない。そのため，設計基準は信号対雑音電力比を最大にすることになる。これにより，整合フィルタ受信となり，結果として伝搬路特性の相関行列の固有ベクトル展開に帰着する。固有ベクトル展開は，信号を時系列として送受信することから離れている。すなわち，多数の直交する長い時間の符号（パルス波形）を用いて，ディジタル信号を並列伝送している。そのため，固有値の小さい固有ベクトル（符号）も用いて伝送される信号は受信 S/N が低下し，誤り率特性が劣化する。これを防ぐためには，この符号の送信電力を高く設定しなければならない。これらの点から，ベクトル符号化伝送は OFDM 伝送に近い。OFDM も直交する符号を用いて並列伝送することにより，伝送路歪みの影響を低減している。等化とみなせる処理は送信側で行っており，伝送路の

特性を利用していないので，符号間干渉をゼロにすることはできない。

　等化は時間領域で行う方法と周波数領域で行う方法に分類できる。周波数領域で等化を行う場合には，受信した信号をブロックにまとめてからブロック単位で処理を行うので，検出信号の出力までの時間遅延が大きくなる。ただし，伝送速度が速くなって，多数のシンボルが干渉するようになると，時間領域の等化に比べて信号の演算量を軽減できる利点がある。時間領域で等化を行う場合にも，受信した信号をいったん蓄積し，等化復調を反復して行うことで，特性の改善を図ることができる[94]。

　等化器を用いた場合の受信誤り率特性の理論解析は，特に非線形等化のときに困難である。誤り率の上限としては，符号間干渉を無視して，整合フィルタ受信を行って得られる S/N のみで得られる誤り率を用いることができる。この値を基準として，理想的な特性からの劣化という観点から種々の等化方式の特性を比較すれば，見通しがよくなる。

7.3.10　移動無線通信への適用

　等化器を用いない場合の陸上移動無線での最高データ伝送速度は，野外実験[16]によれば 100 kbps 以下である。移動無線回線への等化器を導入する試みは，伝送速度が数百 kbps の TDMA 移動無線電話方式が提案されることに対応して行われた。

　周波数選択制フェージング回線における判定帰還等化器は，Raith, Stjernvall, Uddenfeldt[17]によって計算機シミュレーションにより検討された。等化器を用いることによって，300 kbps の伝送速度が実用化できることが示された。等化器によるインプリシットダイバーシチ効果（7.4節）およびその他の点で，FDMA 方式よりも TDMA 方式が有利であると主張している。等化器を用いた野外実験では，170 kbps と 340 kbps の伝送に成功している[18]。高速追従を行うためにカルマンアルゴリズムを用いた判定帰還等化器は，文献19)で述べられている。隣接チャネル干渉抑圧を兼ねた判定帰還等化は文献20)で議論されている。伝送路の最小位相推移および非最小位相推移条件の双

方に対処するため，時間反転機能を有する判定帰還等化器が文献 21), 22)で提案されている。

ディジタル FM で最大系列推定（MLSE）を行う受信機も提案されている[23]。これは周波数選択制フェージング回線に適用できる。移動無線回線における MLSE ビタビ受信機の特性は文献 24)～30)で調べられている。汎ヨーロッパディジタル自動電話（GSM）システムの信号伝送において，ビタビ等化器はエコー遅延が 20 ms で移動速度が 200 km/h でも良好に動作することが示された[27]。

受信機における周波数オフセットは，実際的な問題の一つである。MSLE 受信機においての周波数オフセット補償技術は，文献 27), 28)に述べられている。MSLE 受信での他の問題としてサンプルタイミングの制御が挙げられる。この目的のため，ダブルサンプリングを基礎とする技術が提案されている[29]。データ伝送期間における等化器の追従速度は，特にバースト長が長い場合に速くならなくてはならない。米国および日本のディジタル（TDMA）自動車電話信号がこの場合になる。MLSE 受信機はディジタル自動車電話方式で，最大ドップラー周波数が 80 Hz まで対応できる[29),30)]。

大半の等化器は線形伝送路を仮定している。線形変調信号であるにせよそうでないにせよ，受信信号は線形伝送路を通らなければならない。しかし，伝送路においては，線形でない部分がある。例えば，振幅制限器，差動検波器，周波数検波器などがそれである。リミタ差動検波器を用いた受信機において，周波数選択制フェージングに対処するための等化器が提案されている[31]。この方法の原理はトレーニング系列を用いて，符号間干渉を学習することに基づいている。過去の判定データと入力信号に対応して，符号間干渉を推定し，この分を判定すべき信号から差し引いている。

7.4　誤り制御技術

ディジタル通信における受信誤りに対処する方法には，誤り訂正と再送があ

る。誤り訂正は，情報ビットに加えて冗長（パリティ）ビットを付加して送信し，受信側で誤りを訂正する。再送方式では，誤り検出のためのパリティビットを付加して送信し，受信側において誤りの有無を検査する。誤りを検出すると送信側に再送を要求する（ARQ）。誤り訂正は受信側のみで処理が完結するので，前方誤り訂正（forward error correction，FEC）と呼ぶことがある。これに対して，誤り検出再送は，誤りを検出すると送信側に再送を要求するための信号を返す（帰還）必要がある。FECは，誤り訂正能力に限界があるのに対して，ARQは誤り検出にほとんど失敗しない。このような性質の違いから，この両者を組み合わせた，ハイブリッドARQが特にデータ伝送において用いられる。ここでは，これらの方式について基礎的な解説を行う。

伝送誤りは雑音と歪みが原因で生じる。誤りには二つのタイプがある。ランダム誤りとバースト誤りである。ランダム誤りは熱雑音によって生じる。バースト誤りは伝送回線における信号がフェージングにより減衰した期間で生じる。後で示すように，誤りのタイプによって異なるアプローチが有効となる。インターリーブはバースト誤りをランダム誤りに変えるものである。この方法では，データの一かたまりを**図7.30**に示すような2次元の表に格納する。送信側で，データは水平方向に書き込まれ，垂直方向に送信される。受信機側では，これと逆に書込み・読出しを行う。バースト誤りは表の水平方向の長さだけたがいに離される。この方法では，信号伝送遅延が生じることが短所になる。極端に遅いフェージング回線で生じた長いバースト誤りに対処しようとすると，遅延が耐えられなくなるほど大きくなる。このような状況では，バースト誤りの長さを短縮するために，ダイバーシチ通信あるいは周波数ホッピング

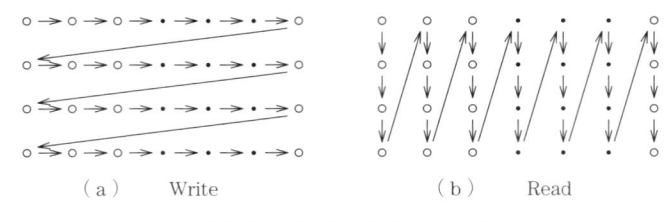

(a) Write　　　　(b) Read

図7.30　ビットインターリーブ

が有効になる。

この節では誤り制御技術について簡単な紹介を行う。より深い議論のためには，他の成書[34),35)]を参照されたい。

誤りを検出する最も原始的な方法はパリティ検査符号である。符号化された信号ビットの2を法とする加算結果（mod 2）が零になるように，一つの検査ビットを加えるものである（図7.31）。信号ビットを $(a_1, a_2, \cdots, a_n)$ のように表そう。このとき検査ビット c は $\sum_{i=1}^{n} a_i \pmod{2}$ となる。この方法では受信ビット b_i に対して $\sum_{i=1}^{n+1} b_i$ が零であるかそうでないか，すなわち検査ビットを含んだ受信ビットのパリティを検査することにより，単一の誤りまたは奇数個の誤りを検出できる。パリティ検査符号は，データ信号を2次元に配列して，水平方向および垂直方向に適用できる（図7.32）。この場合，単一誤りは検出したのち訂正できる。

a_1	a_2	a_3	c
0	0	0	0
0	0	1	1
0	1	0	1
0	1	1	0
1	0	0	1
1	0	1	0
1	1	0	0
1	1	1	1

a_{11}	a_{12}	a_{13}	c_1
a_{21}	a_{22}	a_{23}	c_2
a_{31}	a_{32}	a_{33}	c_3
b_1	b_2	b_3	c_4

図7.31 パリティ符号化　　**図7.32** 水平垂直パリティ符号化

さらに多くの検査ビットを使い，より高度の符号化アルゴリズムを用いることにより，よりよい誤り検出/訂正特性を得ることができる。誤り訂正符号は二つのグループに分類できる。すなわち，ブロック符号とたたみ込み符号である。ブロック符号では，k 個のデータビットを一かたまりとして，$n\ (>k)$ ビットの符号語を生成する。たたみ込み符号では，データビットは mod 2 のたたみ込みによって連続的に符号化される。一つのデータビットは，拘束長と呼ばれる N ビットにわたって符号語に関与する（例えば図7.35を参照。このとき $N=3$ である）。

誤り訂正符号の重要な範疇の一つは，線形ブロック符号である．長さが n ビットの符号語 c は，各成分が 1 あるいは 0 の n 次元のベクトルで表すことができる．すなわち，$c = (c_1, c_2, \cdots, c_n)$．長さが k のデータ語を $d = (d_1, d_2, \cdots, d_k)$ と表そう．検査ビットの数は $m = n - k$ となる．比 k/n は符号化率あるいは符号化効率と呼ばれる．

符号語は n 次元空間の 2^n 個の点の部分空間である 2^k 個の異なる点をとる．誤り訂正符号は，異なる二つの符号語の間で異なるビットの数（ハミング距離と呼ばれる）の最小値がある値以上になるようにつくられる（図 7.33）．最小距離が $2t+1$ であれば，t 個の誤りを訂正することができるか，もしくは $2t$ 個の誤りを検出できる．

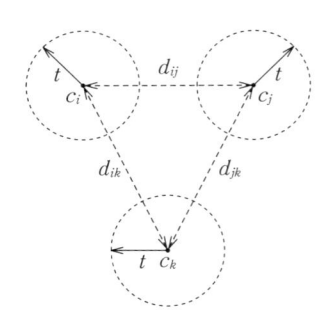

図 7.33 最小距離 $2t+1$ の符号

データビットと，データビットの線形結合によって検査ビットからなる符号語をつくる符号の一群は，組織的符号として知られている．

7.4.1 線形ブロック符号[36]†

線形（組織的）ブロック符号はつぎのように与えられる．

$$c_1 = d_1, \quad c_2 = d_2, \cdots, \quad c_k = d_k,$$
$$c_{k+1} = h_{11}d_1 \oplus h_{12}d_2 \cdots \oplus h_{1k}d_k, \quad c_{k+2} = h_{21}d_1 \oplus h_{22}d_2 \cdots \oplus h_{2k}d_k, \cdots,$$
$$c_n = h_{m1}d_1 \oplus h_{m2}d_2 \cdots \oplus h_{mk}d_k \tag{7.85}$$

ここで，$\oplus$ は mod 2 の加算を表す．

---

† 文献 36) より許可を得て引用．

7.4 誤り制御技術

行列表現を用いれば

$$c = dG$$

ここで

$$G = \begin{bmatrix} 100\cdots0 & h_{11}h_{21}\cdots h_{m1} \\ 010\cdots0 & h_{12}h_{22}\cdots h_{m1} \\ \cdots & \cdots\cdots \\ 000\cdots1 & h_{1k}h_{2k}\cdots h_{mk} \end{bmatrix} = [I_k, P]$$

である。行列 G は生成行列と呼ばれる。

符号ベクトルはつぎのように表される。

$$c = [d, c_p]$$

ここで，$c_p = dP$ はパリティ検査ベクトルである。

線形ブロック符号における復号　　受信語 r はつぎのように与えられる。

$$r = c \oplus e$$

ここで，e は誤りベクトルである。行列 H^T をつぎのように定義しよう。

$$H^T = \begin{bmatrix} P \\ I_m \end{bmatrix}$$

ここで，I_m は大きさが $m \times m$ ($m = n - k$) の単位行列である。

行列 H^T はつぎの性質を有する。

$$cH^T = [d, c_p]\begin{bmatrix} P \\ I_m \end{bmatrix} = dP \oplus c_p = c_p \oplus c_p = 0$$

行列 H^T の転置行列，$H = [P^T, I_m]$ はパリティ検査行列と呼ばれる。シンドロームと呼ばれるベクトルはつぎのように計算できる。

$$s = rH^T = (c \oplus e)H^T = cH^T \oplus eH^T = eH^T$$

ベクトル s は m ($=n-k$) 次元を有している。受信ベクトル r の中に誤りがなければ ($e=0$)，s は零である。したがって，$s \neq 0$ であれば，誤りが存在すると判断できる。シンドロームを計算したら，誤りベクトル e を見つけるというつぎの段階に進む。もし e がわかれば，訂正された語を $c = r \oplus e$ として得ることができる。しかし，誤りベクトルはシンドローム s から一義的に決定でき

るものではない。同じシンドロームを与える誤りベクトルとデータベクトルの組が複数存在する。訂正後の誤り確率が最小になるという意味での最良の戦略は，成分の値が1となる数が最小となる（最小重みベクトル）誤差ベクトルを選ぶことである。このような誤り訂正方法として，最小重み誤りベクトルとそれに対するシンドロームの2^m個の組を用意しておく。

7.4.2 巡回符号[36]

巡回符号は線形ブロック符号の範疇に入る。巡回符号では，符号を巡回シフトすると，他の符号になる。巡回符号のこの性質により，取扱いが簡単になる。符号化，復号化をシフトレジスタを用いて行うことができるとともに，多項式としての数学表現が可能になる。nビットの符号語はつぎのように表される。

$$c(x) = c_1 x^{n-1} + c_2 x^{n-2} + \cdots + c_n$$

係数は符号語の成分を表しており，0または1をとる。係数の加算はmod 2の加算であり，乗算は通常の整数の乗算則に従う。データの多項式と，符号の生成多項式をそれぞれ$d(x)$と$g(x)$としよう。組織的巡回符号はつぎのように生成できる。

$$c(x) = x^{n-k} d(x) + \rho(x)$$

ここで$\rho(x)$は$x^{n-k} d(x)$を$g(x)$で割り算した剰余である。すなわち

$$\rho(x) = \mathrm{Rem}\frac{x^{n-k} d(x)}{g(x)}$$

係数の加算はmod 2で行うので，$f(x) + f(x) = 0$となるから，符号語$c(x)$は生成多項式$g(x)$で割り切れる。

誤りの多項式を$e(x)$と表そう。このときシンドローム多項式$s(x)$はつぎのようになる。

$$s(x) = \mathrm{Rem}\frac{r(x)}{g(x)} = \mathrm{Rem}\frac{c(x) + e(x)}{g(x)} = \mathrm{Rem}\frac{e(x)}{g(x)}$$

もし，誤りがなければ，あるいは符号語（送信された符号と異なるかもしれな

い）が受信されると $s(x)=0$ となる．$s(x)$ から誤り多項式 $e(x)$ を一つ決定するとき，係数が1をとる数が最も少ないもの（最小重みベクトル）を選ぶ．

巡回符号は，図7.34に示すような帰還シフトレジスタによって発生できる．スイッチ S_1 は P_1 に接続されている．k 個のデータビットに続いて連続した $n-k$ 個の0がシフトレジスタに入力される．k 番目のデータビットが最後のレジスタを抜け出たとき（このときのレジスタの内容が剰余に対応している），スイッチを P_2 に接続し，$m(=n-k)$ 個のパリティ検査ビットが出力される．この帰還フィードバックレジスタは割り算 $d(x)x^{n-k}/g(x)$ を実行している．したがって，シンドローム $s(x)$ も同じシフトレジスタによって得ることができる．

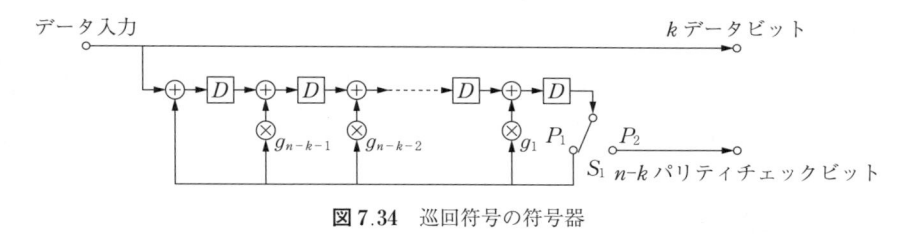

図7.34 巡回符号の符号器

誤りを検出/訂正する能力は生成多項式で決まる．最小距離が $2t+1$ の符号は $2t$ 個の誤りまで検出できる．以下では，巡回符号のバースト誤り検出能力について検討する．長さが L ビットのバースト誤りはつぎのように表現できる．

$$e(x)=x^i b(x) \qquad (i=0,1,2,\cdots,n-L)$$

ここで $b(x)$ は誤りパターンを表す多項式である．

$$b(x)=x^{L-1}+b_2 x^{L-2}+\cdots+1$$

次数が $m=n-k$ の生成多項式を仮定しよう．長さ $L \leq m$ の任意のバースト誤りを検出できる．なぜなら，このとき $e(x)$ は $g(x)$ で割り切れないからである．長さ $L>m$ のバースト誤りも，ある確率で検出できる．誤りパターンの数は 2^{L-2} 個ある．$g(x)$ で割り切れる誤りパターンの数は $L=m+1$ に対して1個，$L>m+1$ に対して 2^{L-m-2} 個ある．これより誤りを検出できない確率は

$$P_m = \begin{cases} \dfrac{1}{2^{m-1}} & (L = m+1) \\ \dfrac{1}{2^m} & (L > m+1) \end{cases} \tag{7.86}$$

となる。

誤り検出符号は CCITT（現在 ITU-T）により標準化されている。この中の一つはつぎのように与えられている。

$$g(x) = x^{16} + x^{12} + x^5 + 1$$
$$= (x+1)(x^{15} + x^{14} + x^{13} + x^{12} + x^4 + x^3 + x^2 + 1)$$

この符号の最小距離は $d_{\min} = 4$ であることが知られている。したがって，3個の誤りまで検出できる。$g(x)$ が $x+1$ で割り切れ，$g(-1) = g(1) = c(1) = 0$ であるから，奇数個の誤りは検出できる。$g(x)$ の次数は 16 であるから，16 以下の長さのバースト誤りは検出できる。16 よりも長いバースト誤りを検出できない確率は，式(7.86)で $m = 16$ として与えられる。

7.4.3　たたみ込み符号

たたみ込み符号を数学的表現で記述するのは難しい。そこで，ここではいくつかの例を用いて説明する。符号化率 1/2 のたたみ込み符号の例を図 7.35 に示す。符号器は 1 ビットが入力されるたびに 2 ビットを出力する。出力ビットは，入力ビットとシフトレジスタに格納されているその前の 2 ビットにより決まる。したがって，これは 8 状態をとるシステムである。このシステムは 8 状態をとるけれども，その入出力関係は，図 7.36 に示すように 4 状態で一義的に記述できる。ここで例えば状態 10 はレジスタ D_1 と D_2 がそれぞれ 1，0 を格納していることに対応している。入力ビットが入るたびに，各枝に示すような 2 ビットを出力して，状態を変化させるかそのままにとどまる。入力ビットはかっこの中に示してある。

入力データはその後の 3 ビットの符号に影響しているので，3.3.8 項で述べた最尤系列推定あるいはビタビアルゴリズムを復号に用いることができる。

7.4 誤り制御技術　425

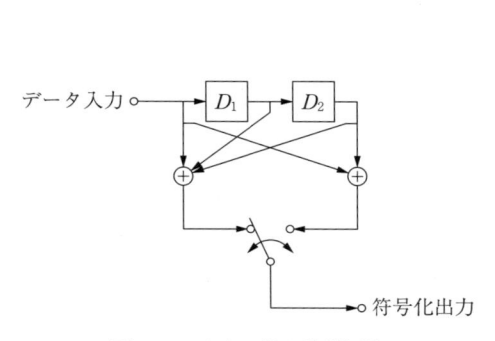

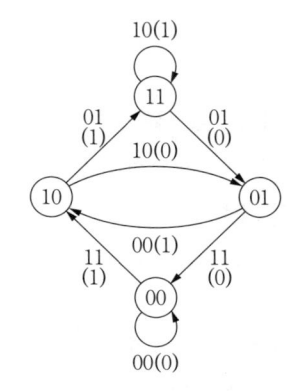

図 7.35 たたみ込み符号回路

図 7.36 符号化回路の状態推移

図 7.37（a），（b）は同一の送信データを仮定したときの復号の過程を示している。ハミング距離を枝メトリックとして用いる。伝送誤りがない場合には（図（a）），通路合流（path merge）が時刻 7 で生じている（すべての生残りパスが状態 01 を起源としている）。誤りが生じていても（図（b）），データは正しく復号される。しかし，データの決定は，誤りのために通路合流が遅れたこ

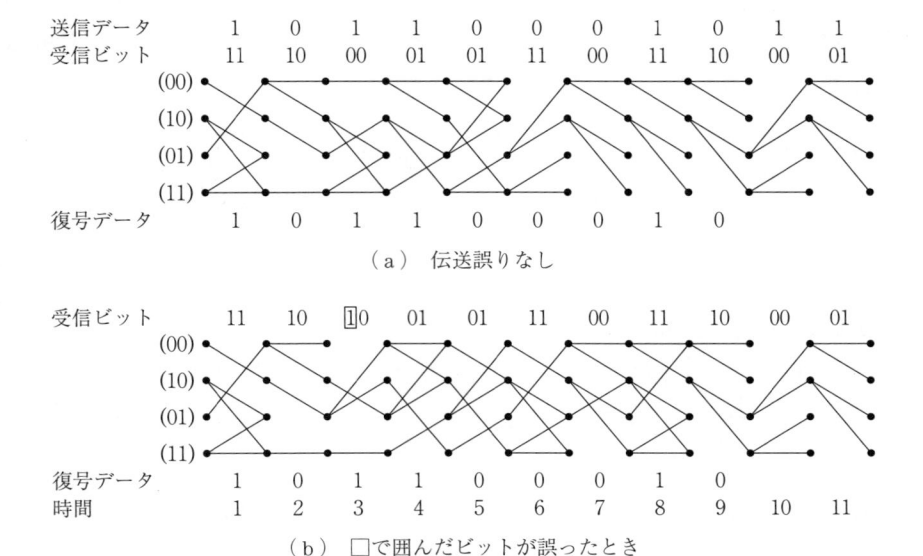

（a）伝送誤りなし

（b）□で囲んだビットが誤ったとき

図 7.37 ビタビアルゴリズムによる復号過程の例

7.4.4 連　接　符　号

　誤り訂正能力を高めるために，二つの符号を組み合わせた符号を連接符号という（**図 7.38**）。伝送路に近いほうを内符号，遠いほうを外符号と呼ぶ。内符号はランダム誤りを訂正する，例えば，たたみ込み符号，外符号はバースト誤りに強いリード・ソロモン符号が用いられる。内符号が誤り訂正に失敗するとバースト誤りが発生しやすくなるので，このような構成が望ましい。場合によっては，内符号と外符号の間にインターリーバを用いてバースト誤りに対してさらに強くする。連接符号は，一つの符号として考えると符号長が等価的に長くなるので，誤り訂正能力が高くなる。また，復号を独立に行うので，等価的な符号長が長い割には，演算量の増加がない。連接符号を初めて用いたのは，深宇宙探査船との通信であるといわれており，その後，衛星放送や DVD などに用いられている。連接符号は通常，符号を直列に組み合わせたものを呼んでいる。符号を並列に接続するターボ符号も，二つの符号を用いるという意味では連接符号の範疇に入れることができる。連接符号は，ターボ符号が登場するまでは，最も高い誤り訂正能力を示していた。

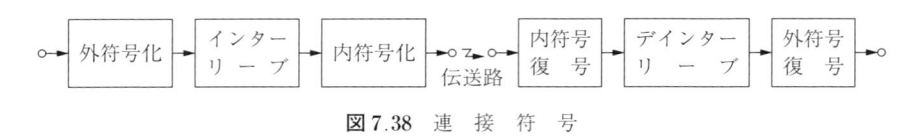

○—[外符号化]—[インターリーブ]—[内符号化]—○ z 伝送路—[内符号復号]—[デインターリーブ]—[外符号復号]—○

図 7.38　連　接　符　号

7.4.5 ターボ符号

　この符号は 1993 年に Berrou, Glavieux, Thitimajashima によって発表された[95),96)]。シャノン限界に迫る画期的な特性を示す。**図 7.39** に示すように，送信データをそのまま符号化すると同時に，インターリーバを介して時間軸での順序を入れ替えたのち，もう一つの符号器で符号化する。これらの出力をデータとともに多重化して送信する（組織的符号のとき）。符号化率を上げるため

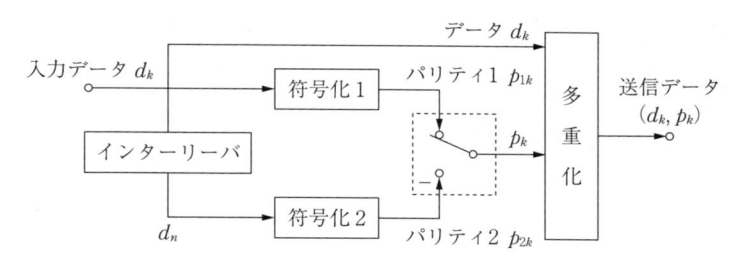

図 7.39 ターボ符号器の構成例（組織的符号）

に，符号出力を間引くこともある。

インターリーバを介することにより同じデータ（等価的にパリティビット）を異なる系列として，複数回送信することになる。これにより，1回の符号化を行うよりも復号の信頼度が上がる。

復号は二つの符号化に対応してそれぞれ行う（**図 7.40**）。送信データおよびパリティに対応する受信アナログ信号とともに，他の復号器から出力されるビットごとの事前確率（信頼度情報）を入力すると，復号器は信頼度をビットごとに新しく計算する。そののち，入力された事前情報を差し引いた事前確率を他の復号器に出力する。出力したビットごとの信頼度情報は，他の復号器の信頼度情報に反映され，再びその復号器へ帰還される。これを規定の回数だけ繰り返す。出力の一部を用いて入力空気を圧縮（過給）するターボエンジンとの類推で，この符号化は，ターボ符号と名前が付けられている。信頼度情報を交換しながら交互に復号を続けることにより，復号出力（復号器1あるいは復号器2の出力の判定値）が収束し，ビット誤り率が改善される。データビット

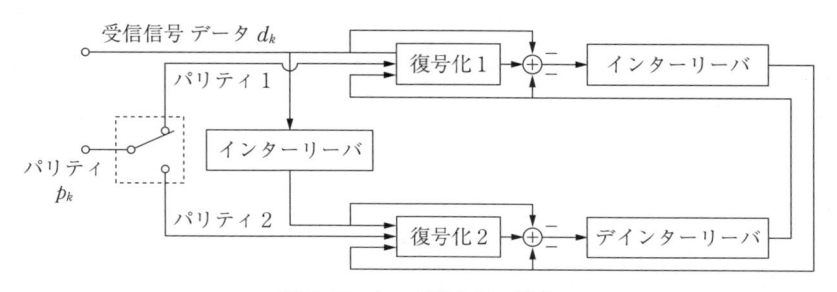

図 7.40 ターボ復号器の構成

の事前確率を用いるので，ビット単位での誤り率を最小にすることになる．この点で最尤系列推定とは異なる．

以下，数式も交えて説明を続ける[97),98)]．符号器1の例を図7.41に示す．データ d_k を再帰型たたみ込み符号回路に入力することにより，パリティビット p_{1k} を生成する．符号器2は，データ d_k をインターリーバに通して得られる d_n を符号器1と同様のたたみ込み符号回路に通すことによって，パリティビット p_{2k} を生成する．符号器2のたたみ込み符号回路は，符号器1のそれと同一であってもよい．符号化率を上げるときには，パリティビットの間引きを行う（図7.38）．図7.38に示したターボ符号器の場合は，符号化率は1/2になる．

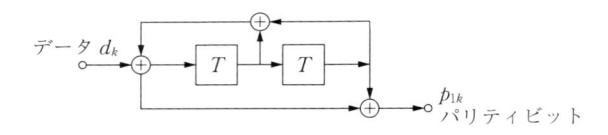

図7.41　符号器の例

図7.41に示した帰還たたみ込み符号回路は，記憶回路の数が2個の場合である．このとき，パリティビットは，二つの記憶回路の出力と入力データ d_k との加算（mod 2）で決められる．記憶回路の内容 {1, 0} の組合せ状態は四つあるので，これを第1，第2の記憶回路の内容により，(0, 0)，(0, 1)，(1, 0)，(1, 1)，あるいは2進数で表して $m = 0, 1, 2, 3$ と表記する．状態推移図は図7.42のようになる．ここで，s_k は時刻 k における状態を表し，初期状態は $m = 0$ とした．実線は入力データが1を，破線は0の場合を表している．ここでは，簡単のために，データ d_k は $(d_0 \sim d_5)$ の場合を表している．これに，データ d_6, d_7 を付加して，強制的に状態 $m = 0$ に戻している．d_6, d_7 の値は，状態 s_6 によって定められる．送信データ系列 $d_k (k = 1, 2, \cdots, N)$ が与えられると，状態推移の経路は一義的に決定される．したがって，経路を決定できればデータ系列を決定できる．

いま，データの系列 $\boldsymbol{d} = \{d_1, d_2, \cdots, d_N\}$ ($d_k = 0$ or 1) を送信することを考えよう．このとき，ターボ符号器で生成されるパリティの系列を $\boldsymbol{p} = \{p_1, p_2, \cdots, p_N\}$

7.4 誤り制御技術

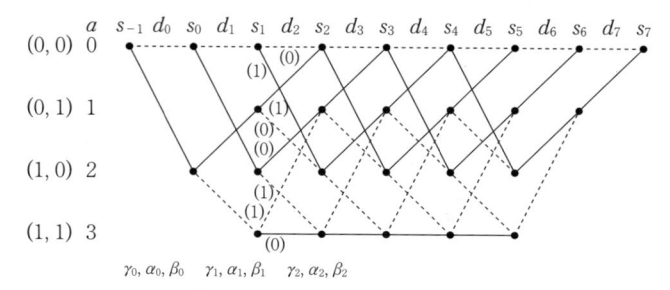

```
       a  s₋₁ d₀ s₀ d₁ s₁ d₂ s₂ d₃ s₃ d₄ s₄ d₅ s₅ d₆ s₆ d₇ s₇
(0,0)  0
(0,1)  1
(1,0)  2
(1,1)  3
          γ₀, α₀, β₀   γ₁, α₁, β₁   γ₂, α₂, β₂
```

図 7.42 状態推移図（実線：$d_k=1$，破線：$d_k=0$，推移の下に示した値はパリティビットの値を示す）

$(p_k=0 \text{ or } 1)$ と表す。

伝送路に送信されるパルスの電圧値を ± 1 とすれば

$$x_k = 2d_k - 1, \quad y_k = 2p_k - 1$$

と表される。これより

$$x_k = \begin{cases} 1 & (d_k=1) \\ -1 & (d_k=0) \end{cases}, \quad y_k = \begin{cases} 1 & (p_k=1) \\ -1 & (p_k=0) \end{cases}$$

となる。

x_k, y_k を同時に QPSK で変調して送信することを考える。伝送路は無歪みかつ静的であり，加法的ガウス雑音を仮定する。このとき，データおよびパリティに対応する受信信号は，それぞれつぎのように表すことができる（図 7.42）。

$$R_{d_k} = \rho x_k + n_{d_k}, \quad R_{p_k} = \rho y_k + n_{p_k}$$

ここで，ρ は伝搬路係数，n_{d_k} および n_{p_k} は独立なガウス雑音である。

〔1〕 **対数尤度比**（log likelihood ratio, **LLR**）　ターボ復号の説明の前準備として，LLR の概念を導入しておく。これは，ディジタル信号が二つの値をとる確率の値の比としてつぎのように定義される。

$$L(d_k) \equiv \ln \frac{P_r(d_k=1)}{P_r(d_k=0)} \left(= \ln \frac{P_r(x_k=1)}{P_r(x_k=-1)} \equiv L(x_k) \right)$$

$P_r(d_k=1) > P_r(d_k=0)$ であれば $L(d_k) > 0$ となり，逆であれば $L(d_k) < 0$ となる。$P_r(d_k=0) = 1 - P_r(d_k=1)$ であるから

$$e^{L(d_k)} = \frac{P_r(d_k=1)}{1 - P_r(d_k=1)}$$

これより

$$P_r(d_k=1) = \frac{e^{L(d_k)}}{1 + e^{L(d_k)}} = \frac{1}{1 + e^{-L(d_k)}}$$

同様にして

$$P_r(d_k=0) = \frac{e^{-L(d_k)}}{1 + e^{-L(d_k)}}$$

これより

$$P_r(d_k)\bigl(=P_r(x_k)\bigr) = \frac{e^{-L(d_k)/2}}{1 + e^{-L(d_k)}} e^{x_k L(d_k)/2} \tag{7.87}$$

ガウス雑音下において，データ d_k を送信したときに，受信信号が R_{d_k} であるときの LLR はつぎのように定義される。

$$L(R_{d_k}|d_k) \equiv \ln \frac{P_r(R_{d_k}|d_k=1)}{P_r(R_{d_k}|d_k=0)} \tag{7.88}$$

ガウス雑音下では

$$P_r(R_{d_k}|d_k) = P_r(R_{d_k}|x_k) = \frac{1}{\sqrt{2\pi}\,\sigma} e^{-\frac{(R_{d_k} - \rho x_k)^2}{2\sigma^2}}$$

となる。ここで，ρx_k と σ^2 は（雑音）帯域制限フィルタ通過後の受信信号の時刻 k におけるサンプル値と雑音電力である。

これより

$$L(R_{d_k}|d_k) = \frac{2\rho}{\sigma^2} R_{d_k} = L_c R_{d_k} \quad \left(L_c \equiv \frac{2\rho}{\sigma^2} \right)$$

となる。同様に

$$P_r(R_{p_k}|p_k) = P_r(R_{p_k}|y_k) = \frac{1}{\sqrt{2\pi}\,\sigma} e^{-\frac{(R_{p_k} - \rho y_k)^2}{2\sigma^2}}$$

となる。

　受信に整合フィルタを用いた場合について考えよう。送信パルス波形を $p(t)$ として，送信信号を $Ax_k p(t)$ とする。このとき，受信信号 $r_R(t) = LAx_k p(t) + n(t)$ （L は伝搬定数）を整合フィルタに通した出力のサンプル時刻における値を改めて $R_{d_k}(=r_k(t)*p(t_m-t)|_{t=t_m})$ とおき，そのうち信号に対する部分のみを ρx_k とすれば

$$\rho = LA \int p^2(t)dt, \quad \frac{E_b}{N_0} = \frac{\rho^2}{\sigma^2}$$

となる。ここで，$E_b = (LA)^2 \int p^2(t)dt$ は，受信ベースバンド信号のビット当りのエネルギーである。また，ベースバンド白色ガウス雑音 $n(t)$ の電力密度（両側帯域）を N_0 とした。したがって，$\sigma^2 = N_0 \int p^2(t)dt$ である。

　これらの関係を用いると

$$P_r(R_{d_k}|x_k) = \frac{1}{\sqrt{2\pi}\sigma} e^{-\frac{E_b}{2N_0}(R_{d_k}/\rho - x_k)^2} \tag{7.89}$$

となる。これより

$$L(R_{d_k}|d_k) = 2\frac{E_b}{N_0}\frac{R_{d_k}}{\rho} \tag{7.90}$$

となる。同様に

$$P_r(R_{p_k}|y_k) = \frac{1}{\sqrt{2\pi}\sigma} e^{-\frac{E_b}{2N_0}(R_{p_k}/\rho - y_k)^2} \tag{7.91}$$

$$L(R_{p_k}|p_k) = 2\frac{E_b}{N_0}\frac{R_{p_k}}{\rho}$$

となる。

〔2〕**最大事後確率**（the maximum a-posteriori, **MAP**）アルゴリズム

　受信信号の系列を $\boldsymbol{R} = \{R_1, R_2, \cdots, R_N\}$ （$R_k = (R_{d_k}, R_{p_k})$）と表すことにする。

　$\boldsymbol{R}$ を受信したとき最も確からしい送信したデータ d_k（$k=1, 2, \cdots, N$）を推定したい。すなわち，受信系列が $\boldsymbol{R}$ であったときに $d_k = a$ となる（事後）確率

$$P_r(d_k = a|\boldsymbol{R})$$

を最大にする $a = \{1, 0\}$ を決定することを考える。

LLRをつぎのように定義する。

$$L(d_k|\boldsymbol{R}) \equiv \ln \frac{P_r(d_k=1|\boldsymbol{R})}{P_r(d_k=0|\boldsymbol{R})} \tag{7.92}$$

これにより，$L(d_k|\boldsymbol{R})>0$ であれば $\hat{d}_k=1$，$L(d_k|\boldsymbol{R})<0$ であれば $\hat{d}_k=0$ と推定する。

状態推移図から理解できるように

$$P_r(d_k=a|\boldsymbol{R}) = \sum_{d_i|d_k=a} P_r(\boldsymbol{d}_i|\boldsymbol{R})$$

ここで，和は $d_k=a$ となるすべてのデータ系列についてとることを意味する。以後，特定の系列を $\boldsymbol{d}_i=\{d_{ij}\}$（$j=1, 2, \cdots, N$）と表すことにする。同様にパリティ系列を $\boldsymbol{p}_i=\{p_{ij}\}$ と表す。任意の初期状態から任意の最終状態までを考えると，$\boldsymbol{d}_i, \boldsymbol{p}_i$（$i=1, 2, \cdots, 2^N$）の総数は N とともに指数的に増加する。

事後確率をそのまま計算するのは困難であるので，つぎのベイズ（Bay's）の定理を用いる。

$$P_r(a, b) = P_r(b|a)P_r(a) = P_r(a|b)P_r(b)$$

これより

$$P_r(a|b) = \frac{P_r(b|a)P_r(a)}{P_r(b)}$$

ここで，$P_r(a, b)$ は a, b が同時に生起する確率で，$P_r(a|b)$ は b が起こったとしたときの a の発生確率である。上式より

$$P_r(d_k=a|\boldsymbol{R}) = \frac{P_r(\boldsymbol{R}, d_k=a)}{P_r(\boldsymbol{R})} = \frac{P_r(\boldsymbol{R}|d_k=a)P_r(d_k=a)}{P_r(\boldsymbol{R})}$$

$$= \sum_{d_i|d_k=a} P_r(\boldsymbol{R}|\boldsymbol{d}_i)P_r(\boldsymbol{d}_i)/P_r(\boldsymbol{R}) \tag{7.93}$$

d_k および雑音 n_{d_k}, n_{p_k} が独立とすれば

$$P_r(\boldsymbol{R}|\boldsymbol{d}_i)P_r(\boldsymbol{d}_i) = \prod_{j=1}^{N} P_r(R_j|d_{ij})P_r(d_{ij}) = \prod_{j=1}^{N} \gamma_{ij} \tag{7.94}$$

ここで

$$\gamma_{ij} \equiv P_r(R_j|d_{ij})P_r(d_{ij}) = P_r(R_j, d_{ij})$$

とした．

式(7.92), (7.93), (7.94)より，次式が得られる．

$$L(d_k|\boldsymbol{R}) = \ln \frac{\sum_{d_i|d_k=1} \prod_{j=1}^{N} \gamma_{ij}}{\sum_{d_i|d_k=0} \prod_{j=1}^{N} \gamma_{ij}} = \ln \frac{P_{AP}(d_k=1)}{P_{AP}(d_k=0)} \tag{7.95}$$

ここで

$$P_{AP}(d_k=a) \equiv \sum_{d_i|d_k=a} \prod_{j=1}^{N} \gamma_{ij} \tag{7.96}$$

この計算をそのまま実行すると，γ_{ij} について $(N-1)2^N$ 回の乗算が必要となる．その計算量を削減する方法として，BCJR法[99]を変更した方法[95]がつぎのように知られている．

式(7.96)をつぎのように変形する．

$$P_{AP}(d_k=a) = \sum_{d_i|d_k=a} \left(\prod_{j=0}^{k-1} \gamma_{ij} \right) \gamma_{ik} \left(\prod_{j=k+1}^{N-1} \gamma_{ij} \right)$$

この式は，たたみ込み符号の場合には，状態推移図（図7.42参照）を参照することにより，つぎのように表されることがわかる（N 回の乗算を行ってから和をとる代わりに，より少ない回数の乗算に分割し，その和をとったのち乗算している．これにより乗算回数が減る）．

$$P_{AP}(d_k=a) = \sum_{(s' \to s):d_k=a} \left\{ \left(\sum_{d_i|s_{k-1}=s'} \prod_{j=1}^{k-1} \gamma_{ij} \right) \gamma_k(s', s) \left(\sum_{d_i|s_k=s} \prod_{j=k+1}^{N} \gamma_{ij} \right) \right\}$$
$$\equiv \sum_{(s' \to s):d_k=a} \alpha_{k-1}(s') \gamma_k(s', s) \beta_k(s) \tag{7.97}$$

ここで，$\sum_{(s' \to s):d_k=a}$ は $d_k=a$ に対応するすべての推移 ($s_{k-1}=s' \to s_k=s$) についての和をとることを意味する．また

$$\alpha_{k-1}(s') = \sum_{d_i|s_{k-1}=s'} \prod_{j=1}^{k-1} \gamma_{ij}$$

である．ここで，$\sum_{d_i|s_{k-1}=s'}$ は時刻 $k-1$ における状態 $s_{k-1}=s'$ へ至るすべての

系列 $d_{i1} \sim d_{ik-1}$ ($i=1, 2, \cdots$) についての和をとることを意味している。さらに

$$\beta_k(s) = \sum_{d_i | s_k = s} \prod_{j=k+1}^{N} \gamma_{ij}$$

である。$\sum_{d_i | s_k = s}$ は状態 $s_k = s$ から発生するすべての系列 $d_{ik} \sim d_{iN}$ ($i=1, 2, \cdots$) についての和をとることを意味している。

$\gamma_k(s', s)$ は $s_{k-1} = s'$ の条件の下で，R_k と $s_k = s$ の結合確率であり，つぎのように与えられる。

$$\gamma_k(s', s) = P_r\left(\{R_k, s_k = s\} | s_{k-1} = s'\right)$$
$$= P_r\left(R_k | \{s_{k-1} = s', s_k = s\}\right) P_r\left(s_k = s | s_{k-1} = s'\right)$$

以下，この式の意味するところを調べてみよう。

$s_{k-1} = s'$，$s_k = s$ が1組与えられるとする。状態推移図からわかるように，推移が存在しない場合には

$$P_r\left(s_k = s | s_{k-1} = s'\right) = 0$$

となる。推移が存在する場合には

$$P_r\left(s_k = s | s_{k-1} = s'\right) = P_r(d_k = a)$$

となる。ここで，a の値 $\{1, 0\}$ は (s', s) によって決まる。推移が存在する場合には，s' と s が与えられると，d_k と p_k が一義的に決まる。系列 $\boldsymbol{d}_i$ が与えられているとすると，s_k, d_k ($k=1, 2, \cdots, N$) は一義的に決まるので，s', s をこのようにとると

$$P_r\left(R_k | \{s_{k-1} = s', s_k = s\}\right) = P_r\left(R_k | d_{ik}\right), \quad P_r(d_k = a) = P_r(d_{ik} = a)$$

となる。このとき

$$\gamma_k(s', s) = \gamma_{ik}$$

となる。したがって

$$L(d_k|\boldsymbol{R}) = \ln \frac{\sum_{d_i|d_k=1} \prod_{j=1}^{N} \gamma_{ij}}{\sum_{d_i|d_k=0} \prod_{j=1}^{N} \gamma_{ij}} = \ln \frac{\sum_{d_i|d_k=1} \prod_{k=1}^{N} \gamma_k(s', s)}{\sum_{d_i|d_k=0} \prod_{k=1}^{N} \gamma_k(s', s)} \quad (7.98)$$

ここで，s', s は $\boldsymbol{d}_i$ によって定まるようにとるものとする。

状態推移図からわかるように，$\alpha_{k-1}(s')$ および $\beta_k(s)$ の計算はつぎのように漸化式を用いて行うことができる。

$$\alpha_k(s) = \sum_{\text{all } s'} \alpha_{k-1}(s') \gamma_k(s', s) \quad (7.98)'$$

ここで，和は，状態 $s_{k-1}=s$ へ至る s_{k-2} のすべての状態 s' に対応する推移についてとる。

$\beta_k(s)$ の計算はつぎのように逆方向の漸化式となる。

$$\beta_{k-1}(s') = \sum_{\text{all } s} \beta_k(s) \gamma_k(s', s)$$

ここで，和は，状態 $s_{k-1}=s'$ から分離するすべての s_k の状態 s への推移に対してとるものとする。

$\alpha_{k-1}(s')$ の計算における初期値 $\alpha_0(s')$ は初期状態を $s_0=0$ として，$s'=0$ のとき $\alpha_0(s')=1$，$s' \neq 0$ のとき $\alpha_0(s')=0$ とする。

$\beta_k(s)$ の初期値，$\beta_N(s)$ については，状態が一つに終端されているか否かによって異なる。$s_N=0$ に終端されている場合には，$s=0$ のとき $\beta_N(s)=1$，$s \neq 0$ のとき $\beta_N(s)=0$ として計算する。帰還型たたみ込み符号器の二つをインターリーバを介した一つのデータで終端させることは困難である。そのため，実際には，終端ビットを二つの符号器に別々に加えることが行われる[97]。終端させない場合には，$\beta_N(s)=1$(すべての s)とする場合と

$$\beta_N(s) = \begin{cases} 1 & (s=0) \\ 0 & (s \neq 0) \end{cases}$$

とする場合がある[98]。

以上の議論より，問題は $\gamma_k(s', s)$ ($k=1, 2, \cdots, N$) の計算に帰着した。以下これを具体的に求める。

推移 $s_{k-1}=s' \to s_k=s$ は許されるものに限ることにする。このとき

$$\gamma_k(s', s) = P_r(R_k|\{s', s\})P_r(d_k)$$

また，$\{s', s\}$ は $\{d_k, p_k\}$ で一義的に定まるので

$$P_r(R_k|\{s', s\}) = P_r(R_k|\{d_k, p_k\})$$

である。

$$R_k = (R_{d_k}, R_{p_k})$$

であり，R_{d_k} と R_{p_k} は独立であるから

$$P_r(R_k|\{d_k, p_k\}) = P_r(R_{d_k}|d_k)P_r(R_{p_k}|p_k)$$

である。したがって

$$\gamma_k(s', s) = P_r(R_{d_k}|d_k)P_r(R_{p_k}|p_k)P_r(d_k) \tag{7.99}$$

もし，パリティビットが複数ある場合には，これを p_{kl} とおいて

$$P_r(R_{p_k}|p_k) = \prod_{l=1}^{n} P_r(R_{p_k}|p_{kl})$$

となる。パリティビットが間引きされている場合で，もし R_{p_k} と p_k が対応しない場合には，$P_r(R_{p_k}|p_k)$ は $p_k=a$ に依存しないので定数に設定する。あるいは，$P_r(R_{p_k}|p_k)$ の計算において，等価的に $R_{p_k}=0$ とすればよい。

以下，$\gamma_k(s', s)$（式(7.99)）を受信信号を用いて与える式を求めよう。まず

$$P_r(d_k) = P_r(x_k) = c_1 e^{x_k L(d_k)/2} \tag{7.99}'$$

となる（式(7.87)）。ここで

$$c_1 = \frac{e^{-L(d_k)/2}}{1+e^{-L(d_k)}}$$

である。式(7.89)と式(7.91)より

$$P_r(R_{d_k}|d_k)P_r(R_{p_k}|p_k) = P_r(R_{d_k}|x_k)P_r(R_{p_k}|y_k)$$

$$= \frac{1}{2\pi\sigma^2} \exp\left[-\frac{E_b}{2N_0}\left(\frac{R_{d_k}}{\rho} - x_k\right)^2\right] \exp\left[-\frac{E_b}{2N_0}\left(\frac{R_{p_k}}{\rho} - y_k\right)^2\right]$$

$$= \frac{1}{2\pi\sigma^2}\exp\left\{-\frac{E_b}{2N_0}\left[\left(\frac{R_{d_k}}{\rho}\right)^2+\left(\frac{R_{p_k}}{\rho}\right)^2+2-2\frac{R_{d_k}}{\rho}x_k-2\frac{R_{p_k}}{\rho}y_k\right]\right\}$$

$$= c_2 \cdot c_3 \exp\left[\frac{E_b}{N_0}\frac{1}{\rho}\left(R_{d_k}x_k+R_{p_k}y_k\right)\right] \tag{7.100}$$

ここで

$$c_2 = \frac{1}{2\pi\sigma^2}\exp\left[-\frac{E_b}{2N_0}\frac{1}{\rho^2}\left(R_{d_k}^2+R_{p_k}^2\right)\right], \quad c_3 = \exp\left(-\frac{E_b}{N_0}\right)$$

したがって

$$\gamma_k(s',s) = c_1 c_2 c_3 e^{x_k L(d_k)/2}\cdot\exp\left[\frac{E_b}{N_0\rho}\left(R_{d_k}x_k+R_{p_k}y_k\right)\right] \tag{7.101}$$

ここで，c_1, c_2, c_3 は x_k に依存しない．したがって，$x_k=1$ ($d_k=1$) と $x_k=-1$ ($d_k=0$)，同様に $y_k=\pm 1$ について，$\gamma_k(s',s)$ を計算して比（式(7.98)）をとると，これらは消える．

〔3〕 **反復ターボ復号化**　式(7.99), (7.97)を式(7.95)に適用すると

$$\Lambda(d_k) \equiv \ln\frac{P_r(d_k=1|\boldsymbol{R})}{P_r(d_k=0|\boldsymbol{R})} = \ln\left[\frac{P_r(R_{d_k}|d_k=1)P_r(d_k=1)}{P_r(R_{d_k}|d_k=0)P_r(d_k=0)}\right.$$

$$\left.\times\frac{\sum_{(s'\to s):d_k=1}\alpha_{k-1}(s')\gamma_k^p(s',s)\beta_k(s)}{\sum_{(s'\to s):d_k=0}\alpha_{k-1}(s')\gamma_k^p(s',s)\beta_k(s)}\right]$$

$$\equiv L_{ch}(d_k) + L_a(d_k) + L_e(d_k)$$

となる．ここで

$$L_{ch}(d_k)\left(=L(R_{d_k}|d_k)\right) = \ln\frac{P_r(R_{d_k}|d_k=1)}{P_r(R_{d_k}|d_k=0)},$$

$$L_a(d_k)\left(=L(d_k)\right) = \ln\frac{P_r(d_k=1)}{P_r(d_k=0)},$$

$$L_e(d_k) = \ln \frac{\sum_{(s' \to s):d_k=1} \alpha_{k-1}(s')\gamma_k^p(s',s)\beta_k(s)}{\sum_{(s' \to s):d_k=0} \alpha_{k-1}(s')\gamma_k^p(s',s)\beta_k(s)}$$

ここで

$$\gamma_k^p(s',s) \equiv P_r(R_{pk}|p_k)$$

ここで，p_k は (s',s) に対応する値をとるものとする。

受信系列 R を受信すると，まず復号器1において，$L_{ch}(d_k)$，$L_e(d_k)$（$k=1, 2, \cdots, N$）を計算する。このとき，必要となる $L_a(d_k)$（$=L(d_k)$）は零とする。復号器1は $L_e(d_k)$ の値を（インターリーバを介して）復号器2へ渡す。復号器2はインターリーブされた受信系列 R' と復号器1より受け取った $L_e(d_n)$ を $L_a(d_n)$ として，$L_{ch}(d_n)$，$L_e(d_n)$ を計算する。計算が終わると復号器2は $L_e(d_n)$ をデインターリーブして $L_e(d_k)$ として復号器に渡す。復号器1は受け取った $L_e(d_k)$ を $L_a(d_k)$ として，これと受信系列 R により，$L_{ch}(d_k)$，$L_e(d_k)$ を計算する。ここで述べたように，信頼度情報を更新するために，他の符号器へ渡すのは新しく生成した $L_e(d_k)$ のみである。$L_{ch}(d_k)$ は共通であり，$L_a(d_k)$ は相手から受け取った値である。以後，この計算を反復する。適当な反復計算ののちに，復号器2の $\Lambda(d_n) > (<)0$ により，$\hat{d}_n = 1(0)$ として判定したのち，デインターリーブして $\hat{d}_k$ として出力する。

〔4〕 **Max-Log-MAP アルゴリズム** MAP 復号の計算量を削減する方法として，Max-Log-MAP および軟出力ビタビアルゴリズム（SOVA）が知られている[98]。

Max-Log-MAP ではつぎの近似を用いる。

$$\ln\left(\sum_i e^{x_i}\right) \approx \max_i(x_i)$$

この近似を用いるために，つぎのような変数を定義する。

$$A_k(s') \equiv \ln[\alpha_k(s')], \quad B_k(s) \equiv \ln[\beta_k(s)], \quad \Gamma_k(s',s) \equiv \ln[\gamma_k(s',s)]$$

α_k に対する漸化式（7.98）$'$ に適用すれば

7.4 誤り制御技術

$$A_k(s) = \ln\left\{\sum_{\text{all } s'} \alpha_{k-1}(s')\gamma_k(s', s)\right\} = \ln\left\{\sum_{\text{all } s'} \exp[A_{k-1}(s') + \Gamma_k(s', s)]\right\}$$

$$= \max_{s'}\{A_{k-1}(s') + \Gamma_k(s', s)\}$$

これは,和をとる代わりに最大のものを選択することを意味する.同様にして

$$B_{k-1}(s') = \ln\left[\sum_{\text{all } s} \beta_k(s)\gamma_k(s', s)\right] = \ln\left\{\sum_{\text{all } s} \exp[B_k(s) + \Gamma_k(s', s)]\right\}$$

$$= \max_s\{B_k(s) + \Gamma_k(s', s)\}$$

となる.

これより,$\Gamma_k(s', s)$ が与えられると,$A_k(s)$, $B_{k-1}(s')$ が漸化的に求められる.このとき,必要となる $\Gamma_k(s', s)$ はつぎのように与えられる.

$$\Gamma_k(s', s) \equiv \ln(\gamma_k(s', s)) = \ln\left[P_r(d_k)P_r(R_k | s_{k-1}=s', s_k=s)\right]$$

$$= \ln\left[P_r(d_k)P_r(R_{d_k}|d_k)P_r(R_{p_k}|p_k)\right]$$

式(7.101)より

$$\Gamma_k(s', s) = c' + \frac{x_k L(d_k)}{2} + \frac{E_b}{N_0 \rho}(R_{d_k}x_k + R_{p_k}y_k) \tag{7.102}$$

ここで

$$c' = \ln(c_1 c_2 c_3)$$

であり,この値は x_k, y_k には依存しないので,計算においては省略できる.

結局のところ Max-Log-MAP アルゴリズムはつぎの近似計算を行っていることになる.

$$L(d_k | \boldsymbol{R}) = \ln \frac{\sum_{(s', s):\, d_k=1} \alpha_{k-1}(s')\gamma_k(s', s)\beta_k(s)}{\sum_{(s', s):\, d_k=0} \alpha_{k-1}(s')\gamma_k(s', s)\beta_k(s)}$$

$$= \ln \frac{\sum_{(s', s):\, d_k=1} \exp[A_{k-1}(s') + \Gamma_k(s', s) + B_k(s)]}{\sum_{(s', s):\, d_k=0} \exp[A_{k-1}(s') + \Gamma_k(s', s) + B_k(s)]}$$

$$\approx \max_{(s', s):\, d_k=1}[A_{k-1}(s') + \Gamma_k(s', s) + B_k(s')]$$

7. ディジタル移動無線通信におけるその他の関連技術

$$-\max_{(s', s) : d_k = 0}\left[A_{k-1}(s') + \Gamma_k(s', s) + B_k(s')\right] \quad (7.103)$$

$d_k = a\ (a = 0, 1)$ に対する複数の推移の和をとる代わりに，最大値を与える推移で代表させている．これにより，計算は式(7.102)のように，対数の計算が不要になり簡単になる．

MAP復号の計算量を削減する他の方法であるSOVAは，通常のビタビアルゴリズムにつぎのような二つの変更を加えている．一つ目は事前確率$P_r(d_k)$を導入してブランチメトリック計算することである．二つ目の変更は，ターボ反復復号に対処するために，外部信頼度情報（軟値）を出力していることである．ここでは，これ以上の説明[98]は省略する．

〔5〕 **ターボ符号の例**　第3世代セルラーシステムに標準化[100]されているターボ符号の例を図7.43に示す．この符号は符号化率1/3の組織的たたみ込み符号である．各符号器はメモリ個数が3個の帰還型たたみ込み回路となっている．各符号器の入力にあるスイッチは，データに関しては，実線側に接続される．入力データが終わると破線側に接続され，X_k, Z_k, Z'_k, X'_kがそれぞれ3ビット出力される．このようにすることで，最終時刻S_Nにおいて$S_N = 0$に終端できる．この符号に対する受信誤り率特性の例を図7.44に示す．復号は

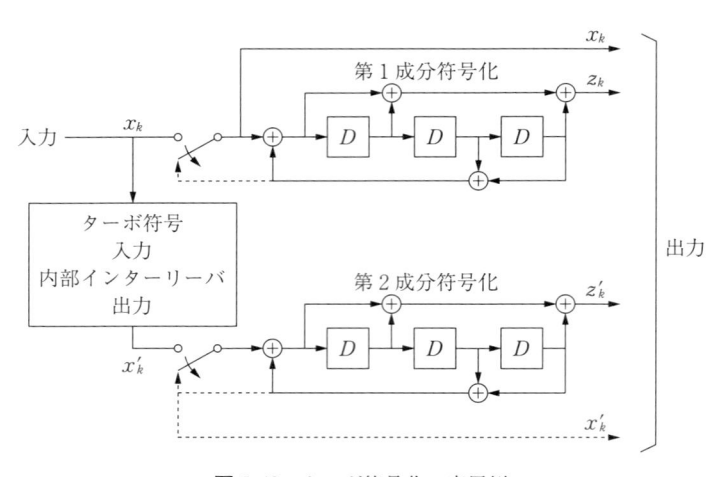

図7.43 ターボ符号化の実用例

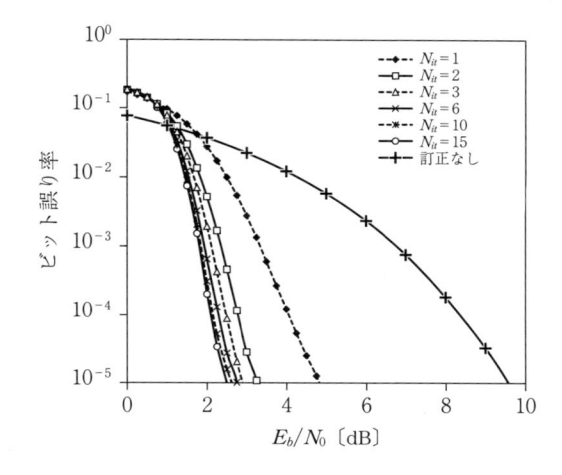

図 7.44 ターボ符号の特性例

Max-Log-MAP アルゴリズムを，インターリーバはランダムインターリーバを用いた．

反復回数を増加させるに従い，誤り率特性が急峻になっていくことがわかる．ただし，その先では，誤り率のフロアが生じている．フロアの値はインターリーバのサイズに依存することが知られている．

7.4.6 低密度パリティ検査（LDPC）符号

低密度パリティ検査（low density parity check，LDPC）符号は，1960 年代に Gallager [101] により提案されたもので，線形ブロック符号のうち，パリティ検査行列の要素が 1 になることが少ない．復号は各ビットごとに最大事後確率（MAP）に基づいて行う．当時は計算の複雑性のために注目されていなかったが，1990 年の後半になって，その誤り訂正能力の高さから再評価されるようになった符号である[102]．

ここでは，LDPC 符号の復号についてのごく大まかな説明を行う．例として，パリティ検査行列がつぎのように与えられる場合を考える．

$$H = \begin{bmatrix} 1 & 1 & 1 & 0 & 0 & 0 \\ 0 & 0 & 1 & 1 & 0 & 0 \\ 0 & 0 & 0 & 1 & 1 & 1 \end{bmatrix} \tag{7.104}$$

これより，符号長 $N=6$，パリティビット数 $K=3$，したがって符号化率が $(N-K)/N=0.5$ の符号であることがわかる．符号の生成行列 G は

$$GH^T = 0 \quad (3\times3\ 行列)$$

を解くことで得られる．その解は一義的に定まらない．ここでは，例えば

$$G = \begin{bmatrix} 1 & 0 & 1 & 1 & 1 & 0 \\ 0 & 1 & 1 & 1 & 0 & 1 \\ 0 & 0 & 0 & 0 & 1 & 1 \end{bmatrix}$$

とする．送信データを $d=(d_1, d_2, d_3)$ とすれば，送信符号 c

$$c = dG$$

となる．符号 c の組に番号を付けて c_i ($i=1, 2, \cdots, 2^{N-K}$) と表すことにする．受信信号を $r=(r_1, r_2, r_3, r_4, r_5, r_6)$ と表す．誤りがなければ，シンドローム系列 $s=rH^T=0$ (1×3) となる．H が式(7.104)により与えられているとき，$s=(s_1, s_2, s_3)$ と表して

$$s_1 = r_1 \oplus r_2 \oplus r_3, \quad s_2 = r_3 \oplus r_4, \quad s_3 = r_4 \oplus r_5 \oplus r_6$$

ここで，$\oplus$ は mod 2 の足し算を表す．

MAP復号は受信した（アナログ）信号 r が与えられたとき，符号 $c=(c_1, c_2, \cdots, c_6)$ の各要素 (c_n) の最も確からしい値 $c_n=0$，あるいは $c_n=1$ を求めるものである．$c_n=a$ ($a=0$ or 1) となる事後確率は，ベイズの定理を使ってつぎのとおりに与えられる．

$$P_r(c_n = a | r) = \sum_{c_i : c_{in}=a} \frac{P_r(r|c_{in}=a) P_r(c_{in}=a)}{P_r(r)}$$

ここで，$\sum_{c_i : c_{in}=a}$ は $c_n=a$ となる符号の組について和をとることを意味している．$P_r(c_n=1|r) > P_r(c_n=0|r)$ であれば $\hat{c}_n=1$ と判定し，逆であれば $\hat{c}_n=0$ と判定する．$P_r(r)$ は $c_n=a$ には依存しないので，計算において省略できる．各受信信号は独立であるので，つぎのように表される．

$$P_r(r|c_{in}=a) P_r(c_{in}=a) = \prod_{n=1}^{N} P_r(r_n|c_{in}=a) P_r(c_{in}=a)$$

これより

7.4 誤り制御技術

$$P_r(c_n=a|r) = \sum_{c_i:c_{in}=a} \prod_{n=1}^{N} \frac{P_r(r_n|c_{in}=a)P_r(c_{in}=a)}{P_r(r)}$$

となる．これより計算は確率の積に対する和を求めることになる．これはMAP復号であるので，たたみ込み符号に対するターボ復号と同一の表現となる．したがって，積和の演算を効率的に行う方法も同様に適用できることになる．条件付き確率 $P_r(r|c_{in}=a)$ は，雑音の統計的性質（pdf）がわかれば，受信信号 r_n によって与えられる．ガウス雑音の場合には，例えば式(7.89)，(7.91)と同等の式で与えられる．MAP復号を行う場合の要点は，事前確率 $P_r(c_{ij}=a)$ をいかに求めるかにある．帰還形たたみ込み符号の場合には，ある時刻の送信信号はそれ以前の送信信号のすべての影響を受ける．そこで，式(7.96)の乗算はすべて実行しなければならない．これに対してブロック符号では，誤り検査行列 $H(M\times N)$ の各行（1, 2, …, M）で1が立っている要素に対応する要素のみが（パリティ検査が零になるという条件で），たがいに影響している．これらの組を $A(m)$ と表すことにする．式(7.104)で与えられる場合には，パリティ検出に関係している受信信号は図 7.45 のように模式的に表される（タナーグラフ[103]）．図において m は H の行番号に対応しており，j は列番号に対応している．$m=1$ に関係しているのは $h_{1j}=1$ となる $j=1, 2, 3$ であり（$A(1)=\{1, 2, 3\}$），$m=2$ に関係しているのは $h_{2j}=1$ となる $j=3, 4$ であり（$A(2)=\{3, 4\}$），$m=3$ に関係するのは $j=4, 5, 6$ である（$A(3)=\{4, 5, 6\}$）．

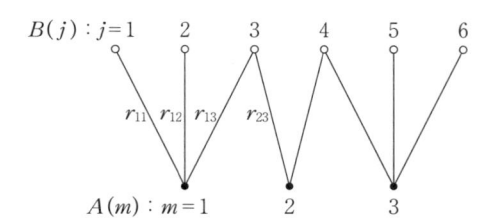

図 7.45 タナーグラフの例

受信信号を硬判定する場合には，その結果を $\hat{r}_j$ ($j=1, 2, …, 6$) とすると，シンドロームはパリティ検査方程式により

$$s_1=\hat{r}_1\oplus\hat{r}_2\oplus\hat{r}_3, \quad s_2=\hat{r}_3\oplus\hat{r}_4, \quad s_3=\hat{r}_4\oplus\hat{r}_5\oplus\hat{r}_6$$

と計算される。したがって，この図において，m は，シンドローム系列の m 番目の要素を計算するときの受信データ r_j（$h_{mj}=1$ が乗算される）の組を表現したものとなっている。LDPC 符号の復号も事前確率 $P_r(c_{ij}=a)$ を反復的に更新することでは，ターボ復号と同様である。

事前確率を計算するために，つぎのような外部値を定義する。

$$r_{mn}(0) = K \sum_{c_j: c_n=0} \prod_{j(\neq n) \in A(m)} q_{mj}(c_j) P_r(r_j|c_j) \tag{7.105}$$

$$r_{mn}(1) = K \sum_{c_j: c_n=1} \prod_{j(\neq n) \in A(m)} q_{mj}(c_j) P_r(r_j|c_j) \tag{7.105}'$$

$\prod_{j(\neq n) \in A(m)}$ は $A(m)$ に含まれる j について $j=n$ を除外して積をとることを表す。したがって，$r_{mn}(a)$ $(a=0,1)$ は $q_{mn}(a)$ および $P_r(r_n|c_n)$ を含まないこととなる。記号 $\sum_{c_j: c_n=a}$ は $A(m)$ に含まれるデータの組合せについて，$c_n=a$ となる和をとることを意味する。例えば，図7.44 で表された符号の場合には，$A(1)$ $(c_1 \oplus c_2 \oplus c_3 = 0)$ において，$c_1=0$ に対するデータの組は $(c_2=0, c_3=0)$ と $(c_2=1, c_3=1)$ がある。同様にして $c_1=1$ に対する組合せは $(c_2=1, c_3=0)$ と $(c_2=1, c_3=0)$ がある。$c_2=a$，$c_3=a$ $(a=0,1)$ についても同様である。

定数 K は，$r_{mn}(0)+r_{mn}(1)=1$ となるように定める。積和の演算は，ターボ符号の場合と同様にパリティ検査条件の下で与えられるトレリス表現（**図7.46**）により，ターボ符号の復号計算のように BCJR アルゴリズムを用いることができる。

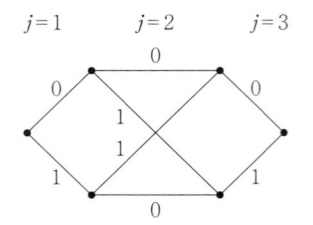

図7.46 $A(1)$ に対するトレリス（偶数パリティ）

反復アルゴリズムはつぎのようになる。
ステップ1：事前確率をすべて $q_{mn}(0)=q_{mn}(1)=1/2$ とおく。
ステップ2：式(7.105), (7.105)′ により，$r_{mn}(0)$, $r_{mn}(1)$ を計算する。

ステップ3：この値を外部値として，$h_{mn}=1$ に対応するすべての mn の組に対して，$q_{mn}(0)$ と $q_{mn}(1)$ をつぎのように更新する．

$$q_{mn}(0)=K'\prod_{m'(\neq m)\in B(n)}r_{m'n}(0), \quad q_{mn}(1)=K'\prod_{m'(\neq m)\in B(n)}r_{m'n}(1)$$

ここで，乗算は $m'\neq n$ のものに限る．このことは，事前確率 $q_{mn}(a)$ の更新には，$A(m)$ からの出力外部値 $r_{mn}(a)$ は使用しないことを意味する．定数 K' は $q_{mn}(0)+q_{mn}(1)=1$ になるように定められる．

ステップ4：（推定語の計算） $n=1,2,\cdots,N$ に対して

$$Q_n(0)=P(r_n|c_n=0)\prod_{m\in B(n)}r_{mn}(0), \quad Q_n(1)=P(r_n|c_n=1)\prod_{m\in B(n)}r_{mn}(1)$$

を計算する．

これは，c_n の事前確率 $P_r(c_n=a)$ のすべての外部値の積で表し，すなわち $P(c_n=a)=\prod_{m\in B(n)}r_{mn}(a)$ として，同時確率 $P(r_n,c_n=a)=P(r_n|c_n=a)P(c_n=a)$ を計算していることになる．$Q_n(0)>Q_n(1)$ であれば，$\hat{c}_n=0$ として推定し，逆であれば $\hat{c}_n=1$ とと推定する．

ステップ5：（パリティ検査） もし，シンドロームが

$$s=(\hat{c}_1,\hat{c}_2,\cdots,\hat{c}_N)\boldsymbol{H}^T=\boldsymbol{0}$$

であれば，$(\hat{c}_1,\hat{c}_2,\cdots,\hat{c}_N)$ を推定語として出力し，アルゴリズムを終了する．そうでなければ，ステップ2に戻る．一定の反復回数まで繰り返してもシンドロームが零にならなければ，それまでの $\hat{\boldsymbol{c}}$ を出力してアルゴリズムを終了する．

以上のアルゴリズムは和・積（sum-product）法と呼ばれる．他にも，ターボ復号で述べたように対数尤度比を定義して，これを基にして演算を行うこともできる．

LDPC符号の特性は，符号の長さを大きくし，符号語に従って検査行列を適切に設定することにより，シャノン限界に近くなることが明らかになっている．検査行列の要素が1となる割合が少ない，いわゆる疎であることが，計算量を抑えながら，特性を向上させる鍵となっている．LPDC符号の特性の例を**図7.47**に示す．

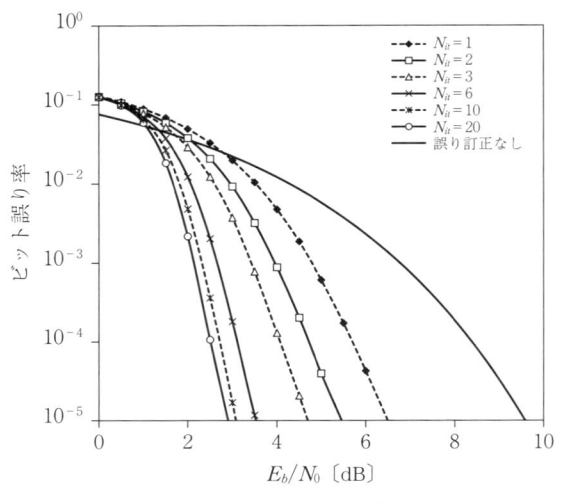

図 7.47　LDPC 符号の特性例

7.4.7　事前確率と誤り率の現象論的表現

事前確率 $\lambda \left(= \ln \dfrac{P_r(d_k=1)}{P_r(d_k=0)}\right)$ は受信機の復号器において，外部（他の復号器）から与えられる（extrinsic probability）。二つの復号器の間でこの確率を反復的に計算することにより，その推定精度を高めている（進化，evolution）。推定される事前確率情報は，符号の構成および復号方法によって異なる。反復推定過程の理論的解析[104)~106)]が行われているものの，与えられた符号に対して，反復復号過程における誤り率特性を与えるのは困難である。ここでは，ある符号に対する誤り率特性の実験値が与えられているとき，その特性からいくつかのパラメータを抽出し，その符号に対する誤り率を現象論的に表現する式を求める。

λ の確率密度関数を $f(\lambda)$ とすれば，平均の誤り率は，3.3.2 項でつぎのように与えている。

$$\langle P_e \rangle = \int_{-\infty}^{\infty} Q\left[\sqrt{2\gamma}\left(1+\frac{\lambda}{4\gamma}\right)\right] f(\lambda) d\lambda \tag{7.106}$$

7.4 誤り制御技術　447

$f(\lambda)$について，出力対称性のあるシステムについて，データがすべて1の場合には，つぎのような関係（対称性）があることが示されている[106]。

$$\ln\frac{f(\lambda)}{f(-\lambda)} = \lambda \tag{7.107}$$

ここでは，文献104), 105)にならって$f(\lambda)$をつぎのようにガウス関数で近似する。

$$f(\lambda) = \frac{1}{\sqrt{2\pi}\,\sigma_n} e^{-\frac{(\lambda-\mu_n)^2}{2\sigma_n^2}} \tag{7.108}$$

ここで，添字nはn回目の反復を表わすために導入した。SNRの通常の表現にならって，つぎのSNRを定義する。

$$\gamma_n = \frac{\mu_n^2}{\sigma_n^2}$$

式(7.107)の関係式より$2\mu_n = \sigma_n^2$，したがって

$$\mu_n = 2\gamma_n, \quad \sigma_n = 2\sqrt{\gamma_n}$$

と表される。これより，式(7.108)はつぎのようにγ_nのみで表される。

$$f(\lambda) = \frac{1}{\sqrt{8\pi\gamma_n}} e^{-\frac{(\lambda-2\gamma_n)^2}{8\gamma_n}}$$

γ_nをどのように与えるかを考える。これらが定性的に満足しなければならない条件はつぎのようなものである。（ⅰ）λは推定されるLLRなので，伝送路の$E_b/N_0 = \gamma$の増加に応じて，$f(\lambda)$の分布はλの大きいほうに移動する。（ⅱ）γ_nはnが大きくなるにつれて増加する（ただし，これは，シャノン限界を与えるγに対応するγ_cよりも大きい場合のみである）。このような条件を満足するために，われわれはつぎのような経験式を用いる。

$$\gamma_n = a_n \left(\frac{\gamma - \gamma_c}{\gamma_{n_0} - \gamma_c}\right)^{m(n)} \gamma \quad (\gamma > \gamma_c)$$

ここで，γ_cはシャノン限界を与えるγの値である。$a_n, m(n), \gamma_{n_0}$は誤り率特性との突合せ（fitting）で定める。

計算結果の例　Berrouらの論文96)の結果と突き合わせたところ，抽出し

たパラメータの値は**表7.2**のようになった。この場合は符号化率が1/2の符号を用い，2値ベースバンド伝送を行っている。したがって

$$\log_2\left(1+\frac{S}{N}\right)=\log_2\left(1+\frac{E_b}{N_0}\right)=\frac{C}{W}=1$$

これより，$\gamma_c=0$ dB となる。

表7.2 抽出したパラメータの例

n	$m(n)$	γ_{n0} [dB]	a_n
1	1	4	4.5
2	1.7	2.2	7.3
3	2	1.5	8.8
6	3	0.95	10
18	6	0.7	10.8

γ_{n0}の値は誤り率が10^{-4}になるγの値で定めた。これらの値と式(7.107)を用いて計算した誤り率特性を，**図7.48**に示す。図中において×印で示した点は，実験値を代表的に選んだものである。理論と実験は当然とはいえ，かなり

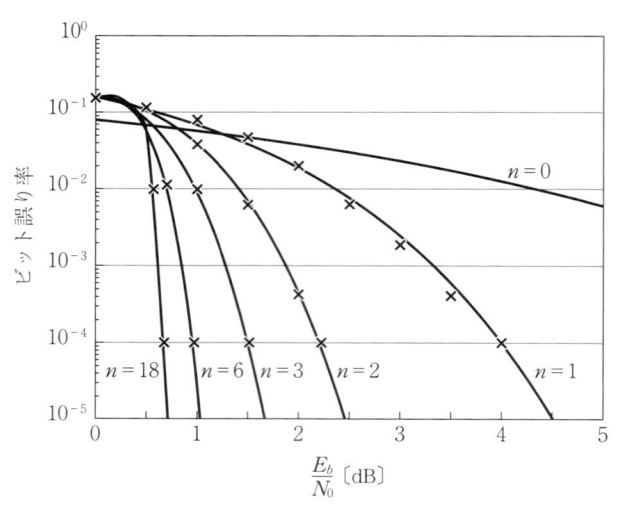

図7.48 ターボ符号の誤り率特性の計算例
（×印は文献96)の結果の一部）

よく一致している。

7.4.8 自動再送要求（ARQ）

自動再送要求（automatic repeat request, ARQ）を用いたシステムでは，誤りがあるデータの再送信を要求する。ARQ には三つのタイプがある。(1) 停止そして待機（stop and wait），(2) N だけ戻る（go back N），(3)選択的再送（selective repeat），である。Stop and Wait ARQ 方式においては，受信機は正しく受信した場合には確認（ACK）信号を送り，受信データに誤りがあれば再送信を要求する不確認（NAK）信号を送る。この方式は，データのかたまりを受けるたびに確認をとるため，送信効率が低い。

Go Back N ARQ 方式においては，符号データのかたまりを連続に送信する。送信機は，再送信を要求している NAK 信号を受信すると，N データブロックまでさかのぼりそのデータから再送信を行う。データのかたまりを送信してから NAK 信号を受信するまでの間の遅延時間は，N 個のデータブロックを送信する時間よりも短くなければならない。この方式の無駄時間は Stop and Wait ARQ 方式よりも少ない。しかし，再送のたびに誤りがないデータを含んで N 個のデータのかたまりを送っているので，まだ時間を無駄にしている。

選択再送 ARQ においては，データのかたまりを連続的に送信し，誤ったデータのかたまりだけを再送する。したがって，この方式の効率が最も高い。ただし，この方式では，データのかたまりの順序およびバッファの管理が他の方式に比べて複雑になる。

誤り訂正（FEC）と ARQ はどちらも受信誤りに対処する方式であるものの，その効果は異なる。FEC は，誤り率が訂正能力以上になるか，誤りが集中的（バースト）に起こるとその能力が減少し，誤りがそのまま受信されることが多くなる。また，誤り訂正能力を高めるためには，符号化率を下げる必要がある。そのため，回線品質がよい状況でも，回線利用効率が低下する。これに対して，ARQ は同じ誤り率であったとしても，誤りがランダムであれば再送回数が増え，バースト的であれば都合がよくなる。また，誤り検出の失敗は実際

上まず生じない。さらに，誤り検出のためのパリティビットは巡回（CRC）符号（7.4.2項）のように，データの長さに関係なく一定（16ビットあるいは32ビット）であるので，データ長を長くしておけば，パリティビットによる伝送効率の低下は無視できる。このように，FECとARQは，受信誤り対策として補完的である。したがって，これらの双方を用いる方式が有効であり，ハイブリッド(H-)ARQとして知られている。ここで，誤り検出のためのパリティビットはつねに送信される。以下では，このビットもデータビットの中に含めるものとする。

　H-ARQはつぎのようにタイプIとタイプIIに分けられる。タイプI方式では，FEC符号をつねに送信する。これを再送要求がなくなるまで続ける。タイプIIの方式は，最初はデータのみを送信する。誤りが検出されなければつぎのデータの伝送に進む。誤りが検出され，再送要求が来ると，当該データに対するFECパリティビットを送信する。受信側ではこれを用いて誤り訂正を行う。それでも誤り訂正に失敗する場合に，送信側からどのような信号を送るかは方式によって異なる。回線状態がよくて，誤りがほとんど起きない場合には，初回にデータのみを送るタイプII方式が有利である。誤り率が高くなっても，FECにより誤り訂正可能な範囲であれば，タイプI方式は誤り再送が少ない点で有利である。ただし，タイプIIではパリティビットだけを送信するので，タイプIIに比べて伝送効率の点ではさほど大きな差はない。

　再送信が終わるのは，誤りが検出されなくなったときである。再送信の回数を下げるために，以前に受け取ったパケットを廃棄せずに残しておき，新しく受け取ったパケットと合成して復号を行う方法が軟合成ARQとして知られている。その一つの方法は，同一のパケットを再送し，各ビットごとに最大比合成するものであり，チェイス（Chase）復号と呼ばれる。最大比合成により各ビットのE_b/N_0が増加する。もう一つの方法は，再送するたびに符号を変えるもので，逓増冗長（incremental redundancy, IR）方式と呼ばれる。例えば，組織的たたみ込み符号のターボ復号において，パンクチャするパリティビットの位置を再送ごとに変化させる。パリティ（冗長）ビットが再送ごとに増加す

るので，誤り訂正能力が向上する。データビット部分は同じなので，最大比合成を行うことができる。再送のたびに符号化率が低くなるので，符号化利得が高くなる。この効果は，再送最大比合成による E_b/N_0 の増大の効果よりも大きいので，チェイス復号よりも特性がよくなる。詳しくは文献32)を参照されたい。ハイブリッド ARQ は HSPA，LTE（9.7.6項）などに使用されている[107]。

7.4.9 移動無線通信への適用

移動無線伝送路は，フェージングに起因するバースト誤りと高い平均誤り率が特徴となる。誤り制御は実際の応用での要求条件によって使い分けられる。データ通信においては誤り検出が必須となる。バースト誤りに対処するためには，インターリーブあるいはバースト誤り訂正符号を使う。これらの技術も，極端に長いバースト誤りには役に立たないので，ARQ が有効になる。

アナログ自動車電話への応用として，伝送モードを自動的に変化させるデータ方式（adaptive error control system，AECS）が開発されている[37]。音声帯域データモデム（CCITT 標準方式 V.27 ter.）により 4 800 kbps の伝送が可能である。誤り率特性を図 7.49 に示す。

誤り率が 10^{-4} 以下においては，伝送効率の点から誤り訂正を行わない選択再送 ARQ（HDLC）を用いる。誤り率が 10^{-3} 程度においては，3個の誤りを訂正する BCH 符号（$n=31, k=26$）をインターリーブと併用して使っている。誤り率が 10^{-2} 程度では，符号化率が 1/2 のバースト誤り訂正符号（拡散符号，diffused code）を用いる。誤り率が 10^{-1} のように高くなると同一データのかたまりを5回連続に送信している。受信機では5回の多数決判定を行う。このようにして，これらの誤り訂正の符号化率は $26/31 = 0.84$，0.5，0.2 と変化する。

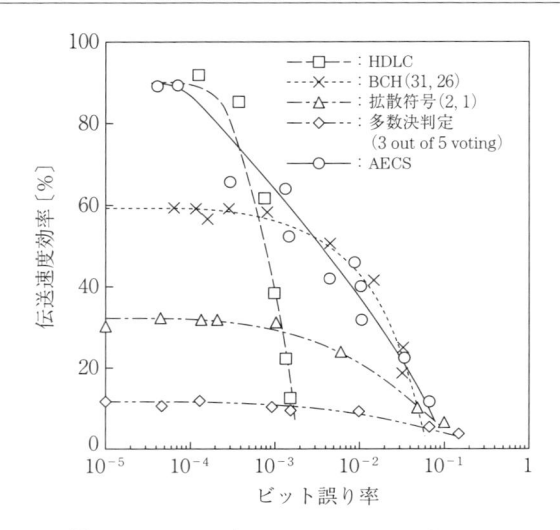

図7.49 アナログセルラーシステムにおいて，符号化を行ったときの，ビット誤り率に対する伝送速度効率（シミュレーション）（データは（株）沖電気のご厚意による）

7.5 トレリス符号化変調 [38), 39)]

　トレリス符号化変調は符号化と変調を組み合わせた技術である。符号化と変調を統一することにより，帯域を拡大することなく，よりよい誤り率特性を得ている。この技術の原理を理解するために，ひとまず，符号化と変調を独立に行った場合を考えておくとよい。符号化を行わない QPSK と符号化率 2/3 の 8 相 PSK を比べてみよう。同じデータ速度に対して，どちらも同じ帯域を有する。8 相 PSK においては，復調，シンボルごとの判定，そして誤り訂正が行われる。8 相 PSK は，符号化を行わない 4 相 PSK と比べて誤り率特性でさしたる優位性を示さない。この理由は，8 相 PSK の高い誤り率特性のため，符号化利得が失われるからである。

　符号化変調方式においては，信号を系列として検出（最尤系列推定）することを前提として，最小の誤り率を得るように符号化と変調を組み合わせてい

7.5 トレリス符号化変調

る。判定基準は符号化変調された信号系列の間のユークリッド距離である。信号間の最小距離（自由距離（free distance）と呼ばれる）d_{free} と分散 σ^2 の無相関ガウス雑音に対して，誤り率は近似的につぎのように与えられる。

$$P_e \approx N_{free} Q(d_{free}/2\sigma) \qquad (P_e \ll 1) \tag{7.109}$$

ここで

$$Q(x) = \frac{1}{(\sqrt{2\pi})} \int_x^\infty \exp\left(\frac{-y^2}{2}\right) dy$$

であり，N_{free} は，一つの状態から分かれて一つ以上の状態推移を行ったのち，再び合流する，距離 d_{free} を有する最近接信号系列の平均個数を示す。

符号化変調方式の一つの例として，8相PSK符号を**図7.50**に示す。2ビットの入力信号のうち，一つのビットは符号化率が1/2のたたみ込み符号器に入力される。これより，全体の符号化率は2/3になる。符号語 a_n は**図7.51**に示す位相点の一つに割り当てられる。符号化変調8相PSKの4状態トレリス図

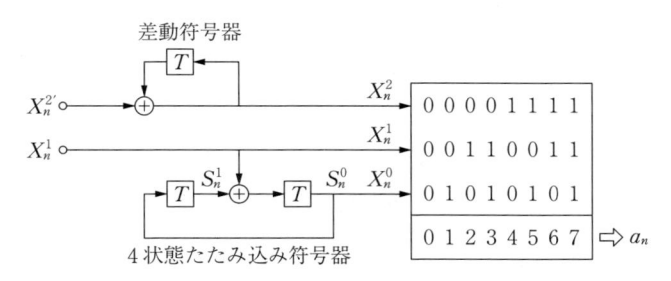

図7.50 4状態8PSK符号の符号化回路[38]

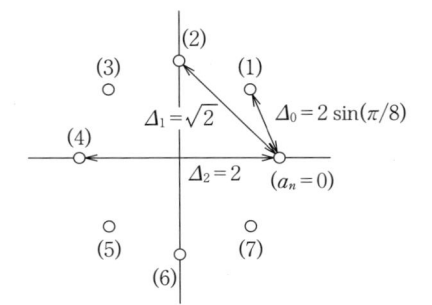

図7.51 8PSK信号

を**図7.52**に示す。8相信号点は，4状態トレリスにおける遷移に対して，つぎのような規則で割り当てられる。

(1) 部分集合 (0, 4), (1, 5), (2, 6) および (3, 7) では同一（平行）の遷移となる。この部分集合での信号間距離は $\Delta_2 = 2$ となる。

(2) 一つの状態から発生するかまたは一つの状態に合流するかする遷移は，部分集合 (0, 4, 2, 6) か (1, 5, 3, 7) である。この部分集合における信号間距離は最低でも $\Delta_1 = \sqrt{2}$ となる。

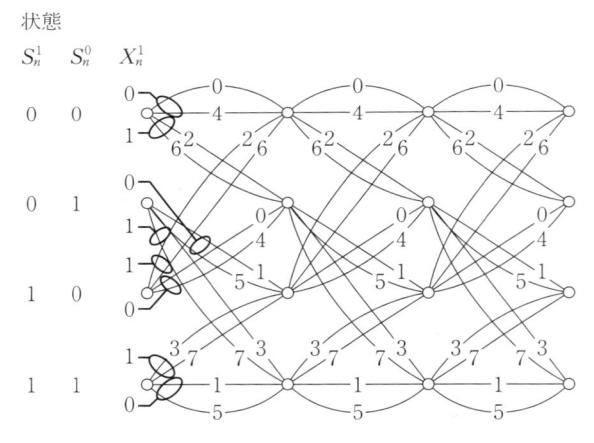

図7.52 4状態トレリス符号化8PSKのトレリス線図[38]

図7.52に示したトレリスにおいて，一つの状態から出発し，一つ以上の遷移を行ってから一つの状態に合流する二つの信号系列の間の距離は，最低でも $\Delta_1^2 + \Delta_0^2 + \Delta_1^2 = \Delta_0^2 + \Delta_2^2$ となる。同一遷移における2乗距離は Δ_2^2 であるから，4状態8相PSKの自由距離は $d_{free} = 2$ である。これを符号化しないQPSKの自由距離 $d_{free} = \sqrt{2}$ と比べれば，トレリス符号化8相PSKは，符号化しないQPSKに対して3dBの利得が得られることになる。他の符号を用いればより大きな利得が得られる。トレリス符号化変調は，QAMのような他の変調方式にも適用できる。

トレリス符号化では同期検波最尤系列推定，例えば，ビタビアルゴリズムを

前提としている。

トレリス符号化変調をフェージング回線に適用した議論は，文献40), 41)で行われている。トレリス符号化16QAMの移動無線通信用TDMA方式への適用も行われている[42]。包絡線制御を行った（移動無線送信電力増幅器の電力効率のために）トレリス符号化8相PSKは文献43)に述べられている。

7.6 適応干渉抑圧

無線通信では，受信信号はときには他の信号から干渉を受ける。干渉は意図的であったり，なかったりする。通信あるいはレーダにおける故意の干渉（ジャミング）は，軍用途で重要になる。非軍用においても，干渉キャンセルはセルラー方式などでのスペクトルのより有効な利用につながるので，重要である。移動無線通信での干渉キャンセルは，現在（本書執筆時）で大きな話題の一つである。

移動無線通信においては干渉信号も希望信号も時間的に変化するので，干渉キャンセルは適応的でなければならない。適応干渉キャンセルには二つの範疇がある。一つは適応アンテナ配列[44]，もう一つは信号処理を用いるものである。

適応アンテナを最初に考えよう。適応アンテナは干渉信号の方向に指向性パターンの零点をつくるものである。例として，**図7.53**に示すように，水平面内で無指向性を示す二つのアンテナからなるアンテナ配列を考えよう。受信信号は複素係数で重みづけしたのち加算される。

簡単のため，一つの平面波を仮定しよう。アンテナ1とアンテナ2における信号は位相差 $\Delta\varphi = (2\pi d/\lambda)\cos\theta$ を除いて同じである。ここで，d はアンテナ間距離，λ は搬送波の波長である。受信信号における変調信号の影響は無視する。これは，二つのアンテナに信号が到着する時間差の間で，変調信号がほんの少ししか変化しないとすれば許される。複素重み係数 w_1 と w_2 について

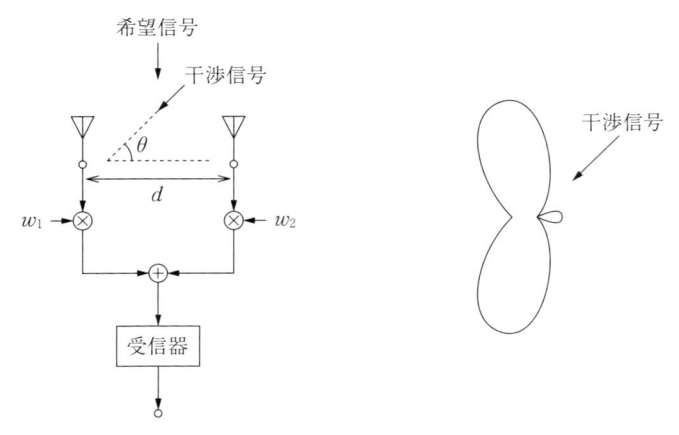

図7.53 アレーアンテナ　　**図7.54** アレーアンテナの指向性パターン

$|w_1|=|w_2|=1$, さらに $\angle w_1 - \angle w_2 = \Delta\theta$ としよう。このとき、アンテナ配列の指向性パターン、言い換えれば、合成された信号電力の θ に関する関数はつぎのようになる。

$$G(\theta) = \cos^2\left(\frac{\pi d}{\lambda}\cos\theta + \frac{\Delta\theta}{2}\right) \tag{7.110}$$

零点を θ_0 の方向につくるとすれば、$\Delta\theta = -(\pi d/\lambda)\cos\theta_0 \pm \pi$ とすればよい。$d=\lambda/2$, $\Delta\theta = (1-1/\sqrt{2})\pi$ としたときの指向性パターンを**図7.54**に示す。

アンテナ配列を干渉に対して適応的に動作させるためには、重み係数 w_1 と w_2 を自動的に調節しなければならない。この方法として、最小平均二乗アルゴリズムが、よく知られている。これは、つぎの平均二乗誤差を最小にするように、w_1 と w_2 を調整する。

$$\langle |e(t)|^2 \rangle = \left\langle \left| s(t) - \sum_{i=1}^{N} w_i r_i(t) \right|^2 \right\rangle$$

ここで、$r_i(t)$ はアンテナ i に受信される信号、$s(t)$ は参照信号あるいは希望信号である。

レーダにおいては、参照信号は送信したのち反射されて戻って来た信号である。アナログ通信においては、参照信号を周期的に送信しなければならない。

7.6 適応干渉抑圧

ディジタル通信においては，図 7.55 に示すように受信信号から生成することができる。$h(t)$ は送信受信フィルタを含む伝送路全体のインパルス応答である。ディジタル通信でこのように参照信号を生成できるのは，離散的な有限のレベルの信号を伝送しているからである。最適な重み係数を得るために，7.3 節で述べた自動等化器用の反復法を適用できる。最小二乗アルゴリズムを用いた合成ダイバーシチ受信機は，干渉レベルがそこそこになると適応干渉キャンセラとして動作し，干渉がなければ最大比合成ダイバーシチとして動作する[72),73)]。

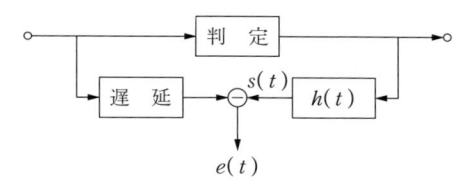

図 7.55　ディジタル通信における誤差信号の発生法

雑音と干渉が同時に存在するときの，適応アンテナの最適重みを最小平均二乗誤差基準の下で求め，このとき達成される希望信号電力の干渉信号電力と雑音電力の和に対する比，SINR を求める。N 本のアンテナに，希望信号も含めて M 個の信号 s_i が受信され，これに雑音 n_n が加わるものとする。

n 番目のアンテナに受信される信号はつぎのように書ける。

$$r_n = \sum_{j=1}^{M} h_{nj} s_j + n_n \quad (n=1, 2, \cdots, N)$$

ここで，h_{nj} は信号 s_j が送信されて，アンテナ n に受信されるまでの伝搬係数である。信号 s_i を希望信号とする。また，適応アンテナで重み w_n を用いて合成される信号を $\hat{s}_i$ とする。このとき

$$\hat{s}_i = \sum_{n=1}^{N} w_n r_n$$

となる。

平均二乗誤差をつぎのように表す。

$$J = \left\langle \left| s_i - \hat{s}_i \right|^2 \right\rangle$$

ここで,記号 $\langle \cdot \rangle$ は平均を示す.信号と雑音について,つぎのように仮定する.

$$\langle s_i s_j^* \rangle = \begin{cases} S & (i=j) \\ 0 & (i \neq j) \end{cases}, \quad \langle n_i n_j^* \rangle = \begin{cases} N & (i=j) \\ 0 & (i \neq j) \end{cases}, \quad \langle s_i n_j^* \rangle = \langle s_i^* n_j \rangle = 0 \tag{7.111}$$

平均二乗誤差を最小にする重み w_n を求めるために

$$\left\langle \frac{\partial}{\partial w_m^*} J \right\rangle = 0 \qquad (m=1, 2, \cdots, N) \tag{7.112}$$

を実行すると

$$\frac{\partial}{\partial w_m^*} |s_i - \hat{s}_i|^2 = -(s_i - \hat{s}_i) r_m^*$$

となる.式(7.111)を使って

$$\langle s_i r_m^* \rangle = h_{mi}^* \langle |s_i|^2 \rangle = h_{mi}^* S \tag{7.113}$$

$$\langle \hat{s}_i r_m^* \rangle = \left\langle \left(\sum_{n=1}^{N} w_n r_n \right) r_m^* \right\rangle = \sum_{n=1}^{N} w_n \left[\sum_{j=1}^{M} h_{nj} h_{mj}^* S + N \delta_{mn} \right] \quad \left(\delta_{mn} = \begin{cases} 1 & (m=n) \\ 0 & (m \neq n) \end{cases} \right) \tag{7.114}$$

式(7.112)〜(7.114)を用いて,つぎの行列式を得る.

$$[\boldsymbol{H} + \rho^{-1} \boldsymbol{I}] \boldsymbol{w}^T = \boldsymbol{h}_i^{*T} \qquad (T:転置)$$

ここで,$\boldsymbol{w} = (w_1, w_2, w_3, \cdots, w_N)$,$\boldsymbol{h}_i = (h_{1i}, h_{2i}, h_{3i}, \cdots, h_{Ni})$ であり,行列 $\boldsymbol{H}$ の要素は $H_{mn} = \sum_{j=1}^{M} h_{mj}^* h_{nj}$,$\rho = S/N$,$\boldsymbol{I}$ ($N \times N$) は単位行列である.上式を解くことによって,最適な重みが以下のように求まる.

$$\boldsymbol{w}^T = [\boldsymbol{H} + \rho^{-1} \boldsymbol{I}]^{-1} \boldsymbol{h}_i^{*T}$$

このとき,希望信号電力 S_0,干渉電力 I_0,雑音電力 N_0 はつぎのようになる.

$$S_0 = \left\langle \left| \sum_{n=1}^{N} w_n h_{nj} s_i \right|^2 \right\rangle = |\boldsymbol{h}_i \boldsymbol{w}^T|^2 S, \quad I_0 = \left\langle \left| \sum_{n=1}^{N} w_n h_{nj} s_i \right|^2 \right\rangle = \sum_{j=1, j \neq i}^{N} |\boldsymbol{h}_i \boldsymbol{w}^T|^2 S,$$

$$N_0 = \boldsymbol{w} \boldsymbol{w}^{*T} N = \|\boldsymbol{w}\|^2 N$$

これより SINR はつぎのように表される.

7.6 適応干渉抑圧

$$\mathrm{SINR} = \frac{S_0}{I_0 + N_0} = \frac{|h_i w^T|^2}{\sum_{j=1, j \neq i}^{N} |h_j w^T|^2 + \|w\|^2 \rho^{-1}} \quad (7.115)$$

これまでの議論においては，伝搬定数 h_{nj} がすべて既知であるとした．もし，これが不明であるとすると，重み係数 w は，つぎの方程式を解いて求めることになる．

$$\sum_{n=1}^{N} \langle r_n r_m^* \rangle w_n = \langle s_i r_m^* \rangle \quad (m = 1, 2, \cdots, N)$$

ここで必要な相関値 $\langle r_n r_m^* \rangle$, $\langle s_i r_m^* \rangle$ を求める際に，標本数が少ないと精度が低い．結果として，受信 (SINR) 特性が低下する．

希望波信号に対する伝搬定数 h_{ni} は，復調するためにも，参照信号を用いて推定できることが多い．この場合には，この h_{ni} を用いて，以下に示すように相関値の精度を上げることができる．

アンテナ n に受信される信号から，希望波信号を除いた信号を $r'_n = r_n - h_{ni} s_i$ とおけば

$$\langle r'_n r'^*_m \rangle = \sum_{j=1, j \neq i}^{M} \langle s_{nj} s^*_{mj} \rangle + N \delta_{nm}$$

となる．ここで，s_{nj} は n 番目のアンテナに受信される信号 s_j である ($s_{nj} = h_{nj} s_j$)．希望波信号を除いたので，相関値 $\langle r'_n r'^*_m \rangle$ の推定精度が上がる．これより

$$\langle r_n r_m^* \rangle = h_{ni} h_{mi}^* S + \langle r'_n r'^*_m \rangle$$

とすればよい．また，$\langle s_i r_m^* \rangle = h_{mi}^* S$ とおく (式(7.113))．

アンテナ配列は干渉信号が希望波信号と同一の方向にあると，キャンセルできない．他の範疇の適応干渉キャンセラはこのような場合にも対処できる．MLSE (maximum likelihood estimation) に基づいた，アンテナ配列を行わない適応干渉キャンセラ[45]を**図7.56**に示す．

MLSE (ビタビアルゴリズム) を希望信号と干渉信号の双方の推定に用いている．この方式は適応等化器も同時に仮定している．等化器の適応アルゴリズ

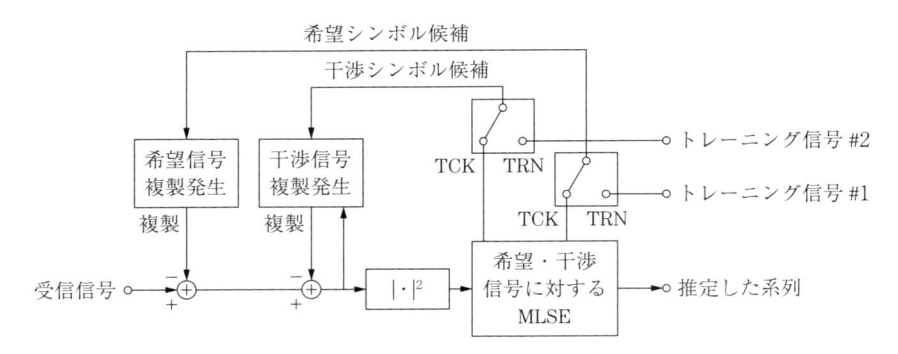

460   7. ディジタル移動無線通信におけるその他の関連技術

図7.56 RLS-MLSE を用いた適応干渉抑圧回路

ムは反復最小二乗(recursive least squares)法を用いている。希望波と干渉波の信号に対する参照信号を，それぞれの候補信号と伝搬路のインパルス応答を用いることで，生成する。これらを受信信号から差し引くことにより，誤差信号を得る。誤差信号の2乗が MLSE の目標関数となる。初期補足のためトレーニング信号を仮定する。この適応干渉キャンセラ/等化器はダイバーシチ受信と組み合わせることができる。文献 56)ではトレリス変調がさらに導入されている。計算機シミュレーション実験によれば，トレリス符号化変調を行わない場合よりもよい特性が得られている。

　干渉信号を抑圧するために，干渉レベル情報を用いた前方誤り訂正が提案されている[48]。信号伝送に周期的に隙間を空けておき，この時間に干渉信号を測定している。以下では，スペクトル拡散符号分割多重(SS-CDMA)方式における適応干渉キャンセルについて述べる。CDMA 方式用の単純な多ユーザ検出器は，整合フィルタとしきい値回路の組を用いて**図7.57**に示すように構成できる。この受信機では，異なるユーザに対するスペクトル拡散符号間の相互相関のため，特性が劣化する。最適な多ユーザ受信機は最尤系列推定検出器で得られる。この受信機の複雑さはユーザの数とともに指数関数的に増加する。そこで，受信機の複雑さを軽減するために，準最適な受信機が提案されている[49]〜[53]。多段階適応キャンセラを**図7.58**に示す。ユーザ#1 からユーザ#($N-1$)までの干渉を，入力信号から順次差し引いて希望信号(ユーザ#N)

7.6 適応干渉抑圧

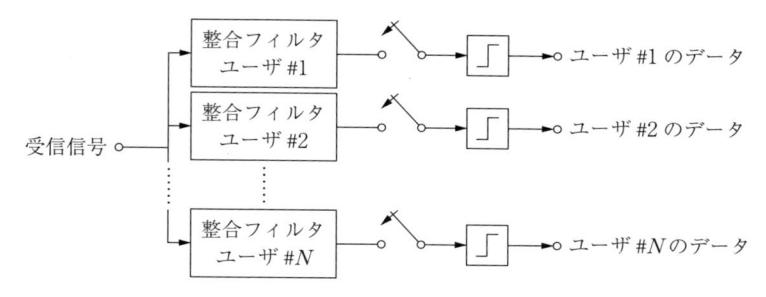

図 7.57 システムにおけるマルチユーザ検出器

を得ている。干渉信号の複製信号を作成するためにデータの仮判定を行っている。この受信機では多ユーザのスペクトル拡散符号がわかっているものとしている。他のユーザの符号がわからないときのSS-CDMA方式に対する適応干渉キャンセル受信機（**図 7.59**）が，文献54), 55)で議論されている。受信信号を希望信号（ユーザ#N）のSS符号に整合したフィルタに入力する。このフィルタの出力をチップ周期の数分の1間隔でサンプルする。他ユーザからの干渉は，符号の直交性を使って適応フィードフォワードフィルタで抑圧する。フィードバックフィルタはこのとき生じた符号間干渉を等化する。フィルタを適応せるためには，最小平均二乗誤差法などを使うことができる。フェージング伝送路での適応速度を改善する方法が文献56), 57)に示されている。

　アンテナ配列は空間ダイバーシチと異なると思うかもしれない。しかし，図7.53と図7.2からわかるように，アンテナ配列は同期合成ダイバーシチと同じ構成である。もし，われわれがダイバーシチ合成方式をアンテナ配列と同様に考えれば，ダイバーシチは重み係数で決定される指向性パターンを与える（受信機に対する指向性パターンは，線形回路の性質により送信機に対するそれと同じになる）。アンテナ配列とダイバーシチ合成方式の差違は表面的なものであり，前提とする到着信号の仮定の違いである。配列アンテナでは通常，平面波とした一つの希望波と少数の干渉波を仮定している。その結果として，アンテナ間における受信信号の相関は，配列アンテナにおいては高く，ダイバーシチに関しては低い。これらの状況は移動端末と基地局の環境に対応して

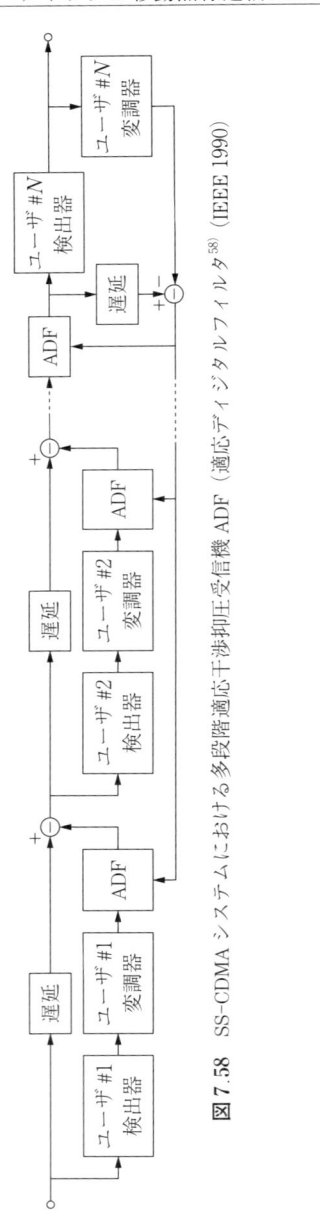

462   7. ディジタル移動無線通信におけるその他の関連技術

図 7.58 SS-CDMA システムにおける多段階適応干渉抑圧受信機 ADF (適応ディジタルフィルタ)[58] (IEEE 1990)

図 7.59 他ユーザの符号の知識なしでの，干渉抑圧 SS-CDMA 受信機 (T_c：チップ周期，T_b：ビット周期，M：整数)

いる。

　最小平均二乗誤差アルゴリズムのような，適当な合成アルゴリズムを使えば，配列アンテナとダイバーシチは同じように動作する。たとえとして，主信号とは異なる方向から一つのエコー信号が到達する場合を考えよう。このとき，アンテナ配列もダイバーシチも，エコー信号を時間遅延の大きさによって，利用するかキャンセルするという動作を行う。

7.7　音声符号化[58]

　音声符号化の最も直接的な方法は，周期的にサンプルする通常のアナログ-ディジタル変換である。サンプルされた信号は定められた間隔の離散値に量子化される。入力信号レベルと量子化された値との差を，量子化誤差あるいは量子化雑音と呼ぶ。量子化雑音電力を以下に計算しよう。量子化雑音は独立で，そのレベルは $-\Delta/2$ から $\Delta/2$ までの範囲，周波数は $-f_s/2$ から $f_s/2$ の範囲で一様に分散すると考えられる。ここで Δ はレベル間隔であり，f_s はサンプリング周波数である。雑音電力の期待値は

$$N = \int_{-\Delta/2}^{\Delta/2} x^2 p(x) dx = \frac{\Delta^2}{12}$$

ここで，確率密度関数 $p(x)=1/\Delta\ (|x|\leq\Delta/2)$。また $p(x)=0\ (|x|>\Delta/2)$ を用いた。ピーク値が A_p である正弦波を 2^n レベルの量子化器で量子化する場合を考えてみよう。信号の平均電力は，Δ を用いて $S=(1/2)A_p^2=(1/2)\times(2^{n-1}\Delta)^2$ と表される。平均の信号対量子化雑音電力比はつぎのようになる。

$$\frac{S}{N} = \frac{\frac{1}{2}\cdot 2^{2(n-1)}\Delta^2}{\frac{\Delta^2}{12}} = \frac{3}{2}\times 2^{2n} \fallingdotseq 6n+1.8\ \text{〔dB〕}$$

7.7.1　パルス符号変調（PCM）

　先に述べた符号化方式において信号レベルを小さくすると，n と Δ を固定

したとして，信号対雑音電力比が減少する。この方式を音声信号伝送に適用するのは，音声信号レベルがいつも一定であるとはかぎらないので，適当ではない。この問題を解決するために，図7.60に概念図を示すように，量子化器への入力信号を圧縮するという技術を使っている。これがパルス符号変調（pulse code modulation, PCM）方式である。入力信号はその入力レベルに応じて瞬時に圧縮される。圧縮の効果は低いレベルの信号に対して Δ を小さくすることと等価である。このようなわけで，入力信号レベルによる信号対雑音電力比の変化が少なくなる。受信機では，圧縮した信号を基に戻すため，伸張を行う。

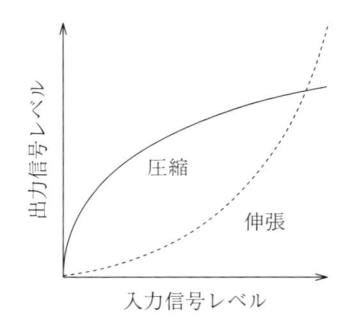

図7.60 信号の圧縮と伸張

CCITTは二つの圧縮法則を標準化している[59]。一つは μ 法則

$$y = \frac{\mathrm{sgn}(x)}{\ln(1+\mu)}\ln\left(1+\mu\left|\frac{x}{x_p}\right|\right) \qquad \left(\left|\frac{x}{x_p}\right| \leq 1\right)$$

であり，他はA法則である。

$$y = \begin{cases} \dfrac{A}{1+\ln A}\dfrac{x}{x_p} & \left(\left|\dfrac{x}{x_p}\right| \leq \dfrac{1}{A}\right) \\ \dfrac{\mathrm{sgn}(x)}{1+\ln A}\left[1+\ln A\left|\dfrac{x}{x_p}\right|\right] & \left(\dfrac{1}{A} \leq \left|\dfrac{x}{x_p}\right| \leq 1\right) \end{cases}$$

ここで，x_p は最大入力信号レベルであり，$\mu = 100, 255$, $A = 87.6$ が標準化されている。サンプリング周波数は8 kHz，量子化レベル数は 2^8 である。したがって，音声符号化速度は64 kbpsである。PCMは，伝送速度が高く広い帯

7.7.2 デルタ変調

デルタ変調の符号器，復号器を**図7.61**に示す．以前に符号化した信号を用いて発生させた局部信号 $s_l(t)$ を入力信号 $s_i(t)$ から差し引くことで誤差信号をつくる．誤差信号の極性を検出し，これに応じて，符号化出力信号 '1' あるいは '0' を出力する（1ビット量子化）．復号器は，符号器における帰還回路（局部復号器と呼ぶ）と同じである．局部復号器は，各クロックタイミングごとにその出力にステップサイズ Δ あるいは $-\Delta$ を加えることで，言い換えれば積分を行うことで，入力信号を追跡している．局部復号器の積分器は，実際はもっと一般化された低域通過フィルタで置き換えられる．このフィルタは，これまでの信号からつぎの信号をつくる予測器と呼ぶことができる．追跡の最小誤差は $\pm\Delta$ であり，この値を小さくすると信号対雑音電力比を高くできる．しかし，Δ を小さくすると追跡速度が遅くなり，**図7.62**に示すように，早く

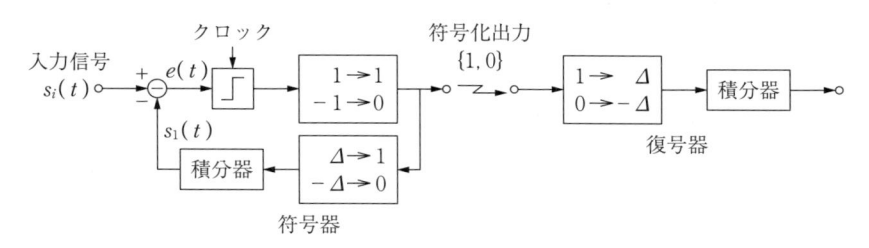

図7.61 デルタ変調方式

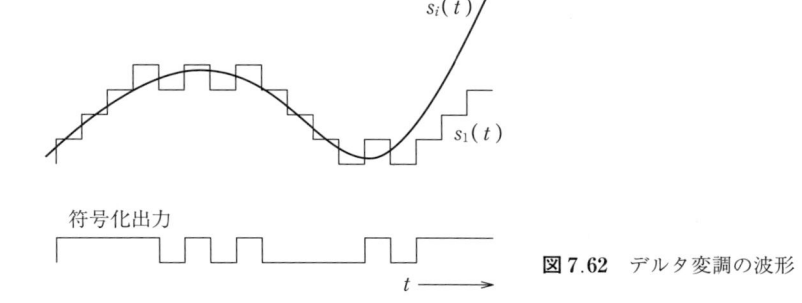

図7.62 デルタ変調の波形

変化する信号入力に対して誤差が大きくなる。追跡速度は，復号化速度を上げることにより高くできる。

適応デルタ変調（ADM）は，ステップサイズを変化させることで，符号化速度を上げることなく入力信号に高速に追跡する。適応デルタ変調のブロック図を**図 7.63**に示す。局部復号フィルタには一般化したフィルタを用いる。検出器が '1' あるいは '0' が決められた数だけ続いたと検出すると，これまでのステップ幅に与えられたステップ幅 Δ_0 を足すことによって，ステップ幅を大きくする。受信機における復号器は，符号器における局部復号器と同じである。受信機の復号器は受信したデータ信号を使って，$H(z), \Delta_0$ および連続 '1', '0' 検出器の構造を既知として，複製信号 $s_l(t)$ を検出する（伝送誤りはないとしている）。ADM は符号化速度が 10〜30 kbps で移動通信に用いられる。

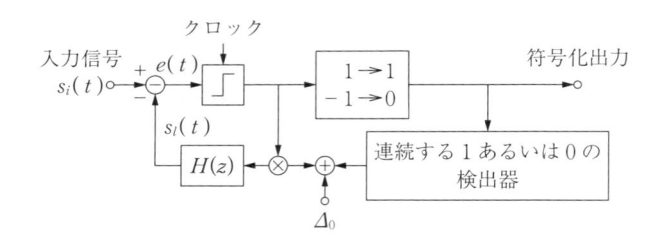

図 7.63　適応デルタ変調の符号回路

7.7.3　適応差分 PCM（ADPCM）

適応差分 PCM（ADPCM）は多値量子化器と予測フィルタを用いる。CCITT で標準化した ADPCM 方式を**図 7.64**に示す。サンプリング周波数は 8 kHz，量子化レベル数は 2^4 である。これより符号化速度は 32 kbps となる。

量子化器と予測器の詳細を**図 7.65**に示す。量子化誤差 $e(n) - e'(n)$ が小さければ，受信機の復号器出力信号 $\tilde{x}(n) = \hat{x}(n) + e'(n)$ は伝送誤りがないかぎり，入力信号 $x(n)$ に近い値となる。図 7.64 において，もし量子化器，符号器，復号器を取り除いてアナログ伝送を行えば，受信信号出力は入力信号 $x(n)$ とまったく同じになる。このことは，送信側の回路の伝達関数は受信側のそれと

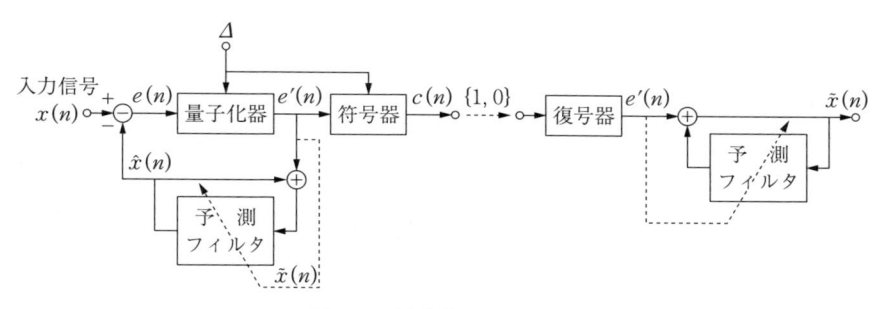

図 7.64 適応差分 PCM 方式

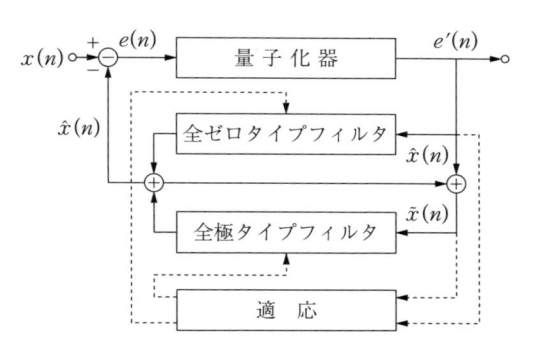

図 7.65 ADPCM の予測器の詳細ブロック図

まったく逆になっていることを示す．受信側の帰還フィルタは合成フィルタと呼ばれ，送信側の帰還路にも用いられている．予測によって，$e(n)$ のダイナミックレンジが $x(n)$ に比べて狭くなるので，量子化器のビット数を少なくすることができる．予測器の係数は量子化器の出力信号 $e'(n)$ によって適応的に変化する．この信号 $e'(n)$ は受信機でも得られ，受信側の予測フィルタの係数もこれにより制御できるので，特別に制御信号を送信する必要はない．このように，$e'(n)$ により送信側と受信側を量子化器出力で共通に制御するために，予測器を含む帰還回路の構造は巧妙になっている．

32 kbps の ADPCM は，ヨーロッパおよび日本のディジタルコードレス電話方式に採用されている．

7.7.4 適応予測符号化

適応予測符号化（adaptive predictive coding）のように，より洗練された予

測を用いれば符号化効率を高めることができる。この方式の基本は音声信号の規則性に基づいている。音声信号波形の例を**図 7.66** に示す。これは女子大生が'さい'と日本語でしゃべったものである。この波形には音声信号発生機構に基づく規則性が現われている。音声発生モデルを**図 7.67** に示す。同期的なパルスと白色雑音を音源としている。前者は声帯の振動によって生じる有声音を発生させる。

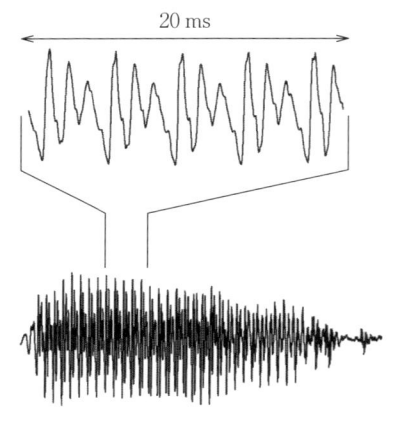

図 7.66 音声信号波形の例

図 7.67 音声信号の発生モデル

声帯の振動周波数（ピッチと呼ばれる）は図 7.65 のパルスピーク繰返しに対応している。白色雑音は摩擦音（無声音）を発生させるためのものである。フィルタは音源入力から出力，すなわち口，舌，鼻までの声道の特性を表現している。波形の規則性は数十ミリ秒の間，変化しない。したがって，ある時間区間の規則波形は，ピッチ，音量，声道の伝達関数（短期予測フィルタ係数）などの少数のパラメータで表すことができる。

　短期予測フィルタの係数は LPC（liner predictive coding）分析によって得られる。短的にいえば，LPC 分析は，短期間の音声信号を試験信号として声道の伝達関数を決定する。LPC 分析についての詳細はここではふれない。詳しくは文献 58)〜61)を参照されたい。適応予測符号化は効率的な音声符号化のほとんどに用いられている。

長期間（ピッチ）予測はピッチ予測誤差の2乗を最小化するように行われる．1次ディジタルフィルタを用いるとすれば，誤差はつぎのように定義される．

$$E = \sum_{n=0}^{N-1} \left[e(n) - \beta e(n-T) \right]^2$$

ここで，$e(n)$ は LPC によって得られる短期予想誤差，β は係数，T はピッチ周期，N は一つのブロックに含まれる音声信号のサンプルである．β と T を E を最小化するように求める．

APC（adaptive predictive coding）方式を**図 7.68** に示す．この符号方式と ADPCM との違いは，適応パラメータの推定方法とその伝達方法にある．APC 方式では，入力信号はある時間区間，例えば 20 ms バッファに蓄える．これを用いて，LPC により短区間パラメータを分析し，その後，長区間推定を行う．量子化ステップサイズも蓄えた信号を用いて決定する．得られたパラメータ（副情報，side information）は符号化した信号と多重化され，伝送される．

ここまで述べた方式では，パラメータ推定と符号化は独立に行われる．以下に述べる方式（ハイブリッド符号と呼ぶことがある）では，入力信号と局所的に復号化した信号の間の波形誤差を評価関数として，パラメータ推定と符号化を結合した分析を行う．

7.7.5 マルチパルス符号化

マルチパルス符号化（multipulse coding）方式のブロック図を**図 7.69** に示す．短期間，長区間パラメータの推定を，決められた長さだけ蓄えた音声信号を用いて行う．合成フィルタの入力音源としては，振幅および位置が異なる多数のパルスを用いる．これらのパルスはつぎの評価関数を最小化するように決定される．

$$E = \sum_{n=0}^{N-1} \left\{ \left[x(n) - \sum_{j=1}^{k} g_j h(n-m_j) \right] * w(n) \right\}^2$$

ここで，$x(n)$ は入力信号のサンプル値，g_i と m_j は j 番目のパルスの振幅と位

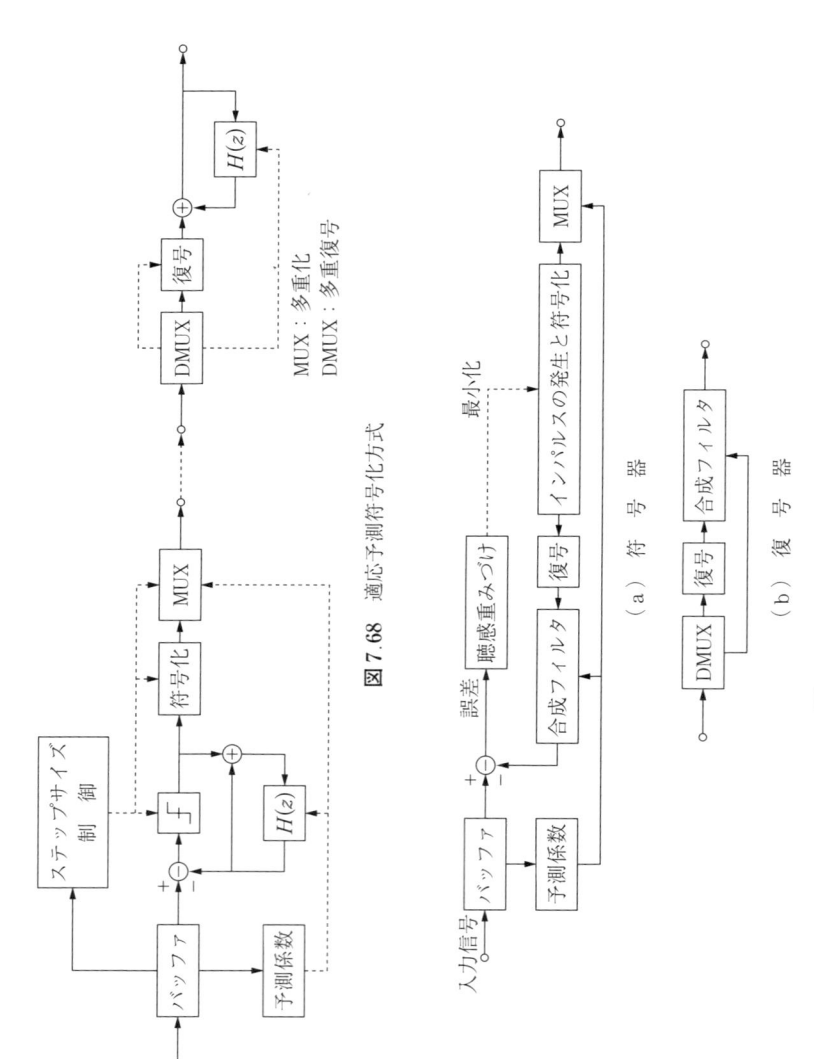

470   7. ディジタル移動無線通信におけるその他の関連技術

図 7.68 適応予測符号化方式

MUX：多重化
DMUX：多重復号

図 7.69 マルチパルス符号化方式

(a) 符 号 器

(b) 復 号 器

置，$h(n)$ は合成フィルタのインパルス応答のサンプル値，$w(n)$ は聴感重み係数のインパルス応答のサンプル値である．信号＊はたたみ込み積分を表す．聴感重み係数は人の耳で聞いたときの音質を改善するために用いている．符号化（分析）は局所的に復号した（合成）信号を帰還することにより行い，A-b-S（analysis-by-synthesis，分析合成）法と呼ばれる．マルチパルス符号化における技術の焦点は，よい音質を得るためにマルチパルスを決定することと，それを効率的に符号化することである．マルチパルス符号化は信号処理量が大きくなる．信号処理量を削減するために，GSM ディジタル自動車電話での音声符号化では，パルス間隔は一定値になるように制限している（RPE-LPC/LTP, regular pulse excited LPC with long term prediction）[62]）．

まず，LPC 予測誤差をつぎのように計算する．

$$e(n) = x(n) - \sum_{i=1}^{P} a_i x(n-i)$$

ここで，a_i と P はそれぞれ LPC フィルタの係数と次数である．ピッチパラメータ β, M は次式を最小化するように決められている．

$$E(\beta, M) = \sum_{n=0}^{N-1} \left[e(n) - \beta v(n-M) \right]^2$$

ここで，N はサブフレーム長（例えば，5 ms すなわち $N=40$），β はピッチ係数，M はピッチ周期，$v(n)$ は過去のサブフレームにおける規則パルス列で表した音源である．与えられた β と M を用いて，規則パルス列 $x_m(i)$ は $d(n) = e(n) - \beta v(n-M)$ をある区間（例えば4）でサンプルしたものである．すなわち

$$x_m(i) = d(m + 4 \cdot i) \quad (m = 0, 1, 2, 3)$$

ここで，m は規則パルス列の初期位相を示す．この初期位相は $\sum_{i=0}^{N_{sub}} x_m^2(i)$ を最大にするように決める．ここで N_{sub} はサブフレームの長さであり，例えば40となる．規則パルス列の振幅は適応 PCM を用いて符号化される．送信信号は，各フレーム長（20 ms）に対する LPC 予測パラメータ，ピッチ周期 M，ピッチ係数 β，および各サブフレーム長（40 サンプル＝5 ms）におけるパルス列の振

幅と初期位相である。

7.7.6 符号励振 LPC（CELP）

符号励振 LPC（code excited LPC, CELP）は，合成フィルタの音源信号入力として，あらかじめ用意した複数の波形を用いることがマルチパルス符号化と異なる。聴感重みづけした誤差信号を最小とするように，コードブックに格納されている一つの波形を選ぶとともに利得係数を決定する（図 7.70）。選択した波形を表す番号と利得係数を合成フィルタのパラメータとともに伝送する。ある個数のサンプル値からなる波形に対して，一つの番号を割り付けることをベクトル量子化と呼ぶ。ベクトル量子化を用いることにより，サンプル当りの平均ビット数は 1 よりも小さくなることがある。

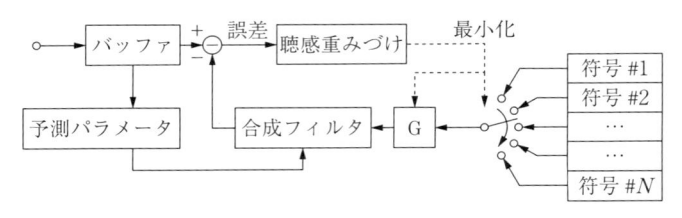

図 7.70 CELP 符号化

合成フィルタにおける長区期（ピッチ）予測フィルタは，誤差信号を用いて適応的に制御できる。この場合，合成フィルタは図 7.71 のようになる。このピッチ予測フィルタは 1 次フィルタである。遅延量と係数 β は聴感重みづけした誤差電力を最小にするように調整する。ある長さ（例えば 5 ms）のデータサブフレームをシフトレジスタに格納して遅延する。このレジスタを適応コードブックと呼ぶ。

VSELP（vector sum excited LPC）は，最適コード探索のための計算量とメモリ規模を削減するために提案された方式である。加えて，伝送路誤りに強くなっている。図 7.72 に示すように，VSELP では，一つの音源を表すのに複数のコードブックを用いる。各コードブックは図 7.73 に示すように構成される。音源の数が 2^M 個（指標 $i = 0, 1, 2, \cdots, 2^{M-1}$）の場合を考えよう。$M$ 個の異なる

7.7 音声符号化 473

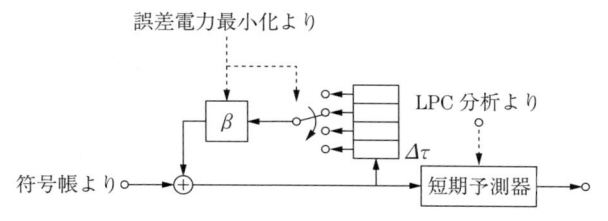

図 7.71 適応符号帳を用いた CELP（ピッチ予測）

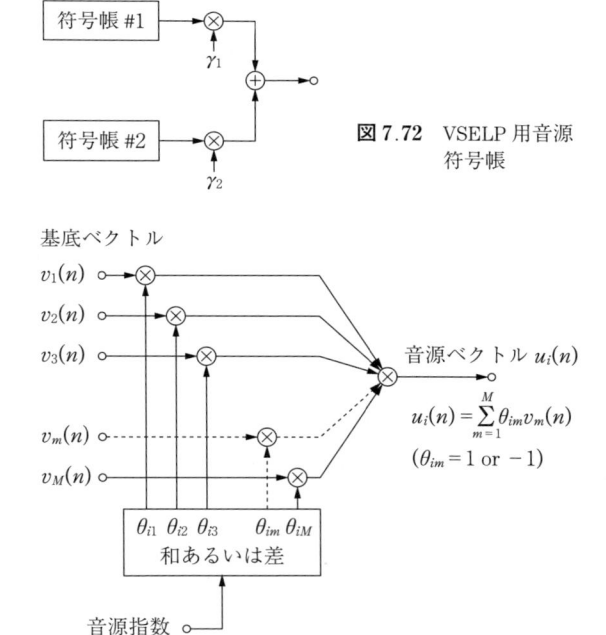

図 7.72 VSELP 用音源符号帳

図 7.73 VSELP に対する音源生成回路の構成

基底ベクトルを用意する．これらは，実験によって求めて，標準化したものである．一つの音源ベクトルはつぎのように発生する

$$u_i(n) = \sum_{m=1}^{M} \theta_{im} v_m(n) \qquad (i = 0, 1, 2, \cdots, 2^M - 1)$$

ここで θ_{im} は音源指標 i に対応して，1 あるいは -1 をとる．これにより 2^M 個の音源が記憶している M 個の基底ベクトルから発生される．各コードブッ

クに対する M ビットの指標をサブフレームごとに送信する。受信側では，上式と図 7.69（b）で示すようにして音源を作成する。この音源を合成フィルタに入力することによって，送信アナログ信号を得る（図 7.69）。

M ビットのうち 1 個が伝送路で誤っているとしよう。このとき M 個の基底ベクトルのうち一つの極性が反転する。このとき発生される音は（他の基底ベクトルに誤りはないから）元の音からまったく異なってしまうということはない。これが，VSELP が伝送路誤りに強い理由である。二つのコードブックを用いることにより，必要な信号処理量を削減できる。この点については本書では述べない。

VSELP は米国と日本のディジタル自動車電話のフルレート標準方式になっている。符号化速度は，前者と後者のシステムにおいて，それぞれ 13 kbps（7.9 kbps が音声用，残りは誤り制御用），11.2 kbps（6.7 kbps が音声用，残りは誤り制御用）である[63],[64]。

日本のディジタル自動車電話システムでのハーフレート（符号化）方式として PSI-CELP（pitch synchronous innovation CELP）が採用されている。符号化速度は 5.6 kbps であり，このうち 3.45 kbps が音声符号化用，残りの 2.15 kbps が誤り制御用である。PSI-CELP 符号器を**図 7.74** に示す。フレーム，サブフレームの長さは，それぞれ 40 ms と 10 ms である。ピッチ予測，予測誤差，コードブックの利得をサブフレーム単位で符号化している。PSI-CELP には，音源信号の量子化に三つの種類のコードブックを用いている。適応（ピッチ予測用），固定，および統計的なコードブックである。適応コードブックと固定コードブックは，それぞれ有声音，無声音に応じて用いられる。PSI-CELP の最も重要な点は，統計的符号がピッチに同期していることである。

ACELP　　1990 年代になって CELP 符号化の特性改善が行われた。その代表的なものとして ACELP（algebraic CELP）が知られている。これは，8 kbps 符号速度で 32 kbps の ADPCM 同等の品質を示す。符号帳（コードブック）の中味は，従来のベクトル量子化された信号波形ではなく，パルスの代数的な演算によって決定している。例えば，1995 年に ITU-T によって標準化された

7.7 音声符号化   475

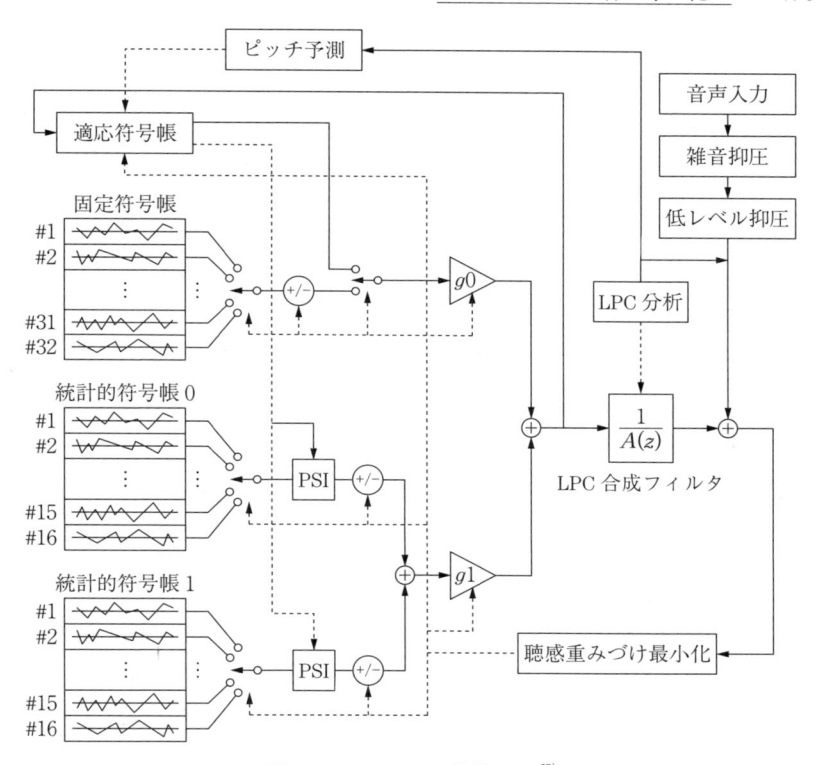

図 7.74 PSI-CELP 符号回路 [65]

G.729（CS-ACELP, CS は conjugate structured の略）においては，符号帳の中味 $c(n)$ はつぎのように表現される．

$$c[n] = S_0\delta[n-m_0] + S_1\delta[n-m_1] + S_2\delta[n-m_2] + S_3\delta[n-m_3]$$

$$(n=0, 1, \cdots, 39)$$

ここで，$\delta[n]$ は単位パルス，すなわち

$$\delta[n] = \begin{cases} 1 & (n=1) \\ 0 & (n \neq 0) \end{cases}$$

である．S_i $(i=0, 1, \cdots, 3)$ は ± 1 をとる．

これからわかるように，符号帳の中味は振幅が ± 1 をとる四つのパルスとなっており，したがってマルチパルス符号化と呼ぶこともできる．パルスの立

つ時刻は m_0, m_1, m_2, m_3 によって与えられる。G.729 においては，四つのパルス位置は表 7.3 によって前もって決められている候補の中から，最適なものを一つ選ぶ。

表 7.3 ACELP におけるパルス位置の候補の例

パルス番号	位置の候補
m_0	0, 5, 10, 15, 20, 25, 30, 35
m_1	1, 6, 11, 16, 21, 26, 31, 36
m_2	2, 7, 12, 17, 22, 27, 32, 37
m_3	3, 8, 13, 18, 23, 28, 33, 38
	4, 9, 14, 19, 24, 29, 34, 39

一つの符号帳を表現するためには，m_0, m_1, m_2 が各 3 ビット，m_3 が 4 ビット必要である。さらに，各パルスの振幅表現に 1 ビット必要であるから，全体のビット数は 17 ビットとなる。符号帳は 40 サンプルのサブフレームごとに選択される。標本化周波数は 8 kHz であるので，サブフレーム長の時間長は 5 ミリ秒である。したがって伝送速度は 3.4 kbps となる。G.729 においては全体の符号速度が 8 kbps であるので，残り 4.6 kbps をその他のパラメータの伝送に用いる。パルスの振幅を ±1 に固定しているので，符号化ビット数を削減できる。また，同じ理由で分析・合成における演算量を削減できる。さらには，励振ベクトルを計算によって生成するのでメモリ量を削減できる。G.729 における CS-ACELP の符号器の基本構成は，固定符号長 ACELP（図 7.70）にピッチ予測を用いる適応符号帳（図 7.71）を加えたものとなっている。この符号方式は当初から FPLMTS（future public land mobile telecommunication systems）に適用することを目的としていた。そのため，伝送路誤りに対して耐性を示す方法が採用されている。その一つは共役構造を有する利得符号帳である。ピッチ周期適応符号帳と代数的雑音符号帳に対するそれぞれの利得はまとめて（ベクトル）量子化され，ベクトル量子化利得符号帳に書き込まれる。この利得符号帳は二つの副符号帳の和として（共役構造）表現している。これにより，一方の副符号帳を指定する番号が伝送路誤りによって誤ったとしても，もう一方の副符号帳が正しければ，全体として誤りの影響を軽減できる。

また，符号帳の記憶容量も低減できる。

雑音符号帳の利得は，後方予測を導入することによってそのダイナミックレンジを圧縮している。

LPC係数を量子化して伝送することは行わないで，LSP（line spectral pair）係数に，いったん変換したのち，LSP係数の量子化およびサブフレーム間での直線補間を行うことで符号化効率を上げている。

ACELPはセルラーシステムの音質改善のために導入された[108]。GSMシステムにおいては，1996年 EFR（enhanced full rate）として，それまでの符号化方式（RPE-LTP）と同じ伝送速度22.8 kbpsで標準化された。1998年には伝送速度が適応的に，4.75, 5.15, 6.7, 7.95, 10.2, 12.2 kbpsをとる AMR（adaptive multi rate）が制定された。この方式は1999年に IMT-2000 システム向けに3GPPより承認された。米国のセルラーシステム D-AMPS においては，これまでの VSELP に加えて，1996年に EFR（13 kbps）が制定された。cdmaOne（3GPP2）システムにおいては，これまでの QCELP（Qualcom CELP）に加えて，1997年に EVRC（enhanced variable bit rate coder）（IS-127）が制定された。伝送速度は8, 4, 0.8 kbpsである。PDC（personal digital cellular）システムにおいては，VSELP，PSI-CELP に加えて，1998年に ACELP（11.2 kbps）が制定された。この方式は CS-ACELP に移動通信用の誤り対策が講じられている[109]。

7.7.7 LPCボコーダ

一般的に，音声復号器は，音源信号を（合成）フィルタに入力することによって送信音声信号を再生する。他の線形予測符号化と同様に，LPCボコーダはLPC合成フィルタを用いる。この方式では，合成フィルタへの入力信号は図7.75に示すように簡略化される。

符号器では，LPC短区間解析，ピッチ解析，有声音・無声音信号判定を行う。無声音，有声音はそれぞれ白色雑音および周期パルス列で表す。ピッチ周波数，有声音・無声音の指標，利得係数 g_n, g_p および合成フィルタパラメータ

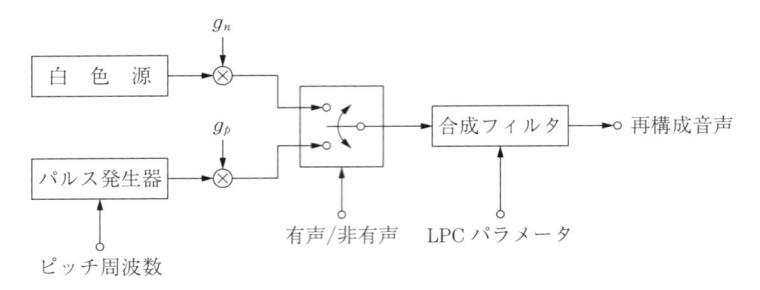

478　　7. ディジタル移動無線通信におけるその他の関連技術

図 7.75　LPC ボコーダの復号回路

を送信する。符号化速度が 2.4 kbps と低いので，音質は本書執筆時点では，公衆通信に用いるには不十分である。

7.7.8　移動無線通信への応用

音声符号化を移動無線通信に適用する場合，音声，符号化速度，符号/復号遅延，および必要となる信号処理量が重要な事項になる。音声品質を考える際には，伝送路誤りがない場合に加えて，これがある場合も考えなければならない。符号化速度はスペクトル効率に影響し，その重要性はシステムによって変わる。公衆移動無線通信に用いられている音声符号化方式は，ディジタルコードレス電話システムの 32 kbps の ADPCM から，日本におけるハーフレートディジタル自動車電話システムの 5.6 kpbs PSI-CELP まで及んでいる。符号/復号遅延が長い場合には，エコー抑制/キャンセルを導入しなければならない。信号処理量に対する要求条件は微細半導体技術の進歩のおかげでゆるくなっている。

移動無線通信回線では，ランダム誤りと同様にバースト誤りが音声品質を劣化させる。音質劣化の程度は音声符号化方式に依存する。（適応）デルタ変調は伝送路誤りに強い。すなわち，比較的低速度の符号化速度，例えば 16 kbps では誤り率が 10^{-2} 程度まで許容できる。

PCM，ADPCM では，伝送路誤りが耳障りなクリック雑音を発生する。クリック雑音の影響を軽減する技術が知られている[66]〜[68]。その方法には二つの

種類がある．雑音部をゼロレベルにする方法（blanking）と，前の信号で置き換える方法である．これらの方法では，音声信号のスムースなつながりが求められる．クリック雑音の検出は誤り検出信号を用いたり，信号を微分して，レベルの急激な変化を検出したりして行う．ADPCMに対しては，音声予測フィルタ係数間の相関を用いる方法が提案されている．この方法では，誤りを検出すると，予測フィルタの係数を前の信号期間の係数で置き換えている．

高効率（低速）符号化方法では，伝送路誤りにより音質が堪え難いほど劣化する．この場合，誤り制御は必須となる．音質に対する誤りの影響は合成フィルタ係数，音源に割り当てられたビットのものが大きい．例として，PSI-CELPにおける信号対雑音電力比に誤りが生じたビットに，どのように依存するかを図7.76に示す．ピッチ予測およびピッチ周期に用いる遅延パラメータは伝送路誤りに対してかなり敏感である．伝送路誤りに対して，敏感さが異なるビットを保護するために，個々の情報ビットに対して，異なる誤り訂正能力を有する誤り訂正符号化を行う[69]．

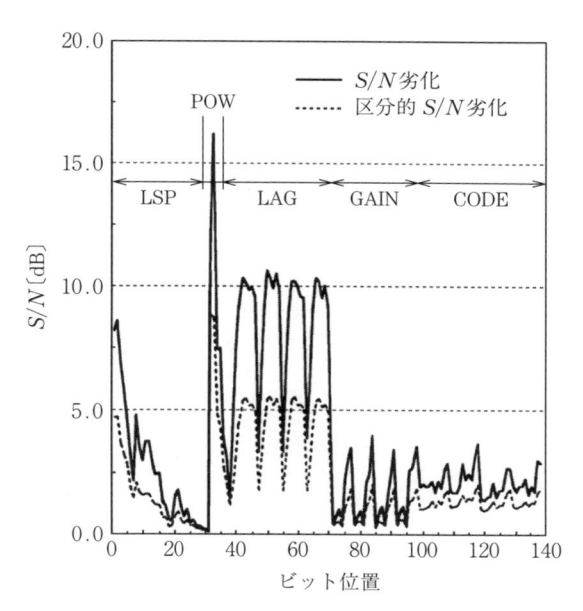

図7.76 PSI-CELPの音質に与える伝送誤りの影響[74]

フェージング期間で起こる長いバースト誤りに対しては，前方誤り訂正は役に立たない。この場合には，CRC（cyclic redundancy check）誤り検出によって，誤り目印（フラグ）が立ってくると，誤っている信号区間を先の区間の信号で置き換える。バースト誤りがとても長くなると，信号を消す（blanking）他はない。

音声符号化の話題からそれるが，音声検出および雑音挿入がVOX（voice-operated transmission，音声駆動送信）方式では重要となる。VOXとは無線信号の送信を音声信号が存在するときのみ行い，無音区間ではそれを停止するものである。音声検出には，入力信号レベルとレベルクロス回数を測定する方法，LPC予測誤差信号電力を測定する方法[70]，予測係数を用いる方法[68]，などがある。VOX方式では，無音区間では音声信号は完全に消される。聞き手にはなんの音も聞こえないので，回線が断になったのではないかとまごつく。これを避けるため，無音区間においてコンフォート（comfort）雑音を受信機で発生させる[71]，ということを行っている。

8

ディジタル移動無線システムの装置と回路

　この章では，ディジタル移動無線システムの装置と回路について述べる。基地局および移動機の基本的な構成といくつかの回路の詳細を示す。ここで，あるいは他の章で述べた方式および回路は，すでに特許がとられているかもしれない。ディジタル信号処理回路の出現で，移動無線機のある部分はソフトウェア的につくられている。本書ではこの点にはふれていないので，文献47)を参照してほしい。

8.1　基　地　局

　NTT移動通信網（株）の日本のディジタル自動車電話（PDC）の基地局の簡単なブロック図を**図**8.1に示す[1]。一つの基地局は三つのセクタ（9.1.1項〔2〕）の領域を受け持つ。2枝ダイバーシチ受信が用いられている。アンテナ利得は800 MHzで，開口長は5.4 mのものと2.7 mのものがあり，それぞれ17 dBiと14 dBiである（ここでdBiは無指向性アンテナの利得を0 dBとしたときの値である）。一つのアンテナは，送受信デュープレクサによって送受信に共用され，他の一つは受信専用である。雑音指数を小さくするために，雑音

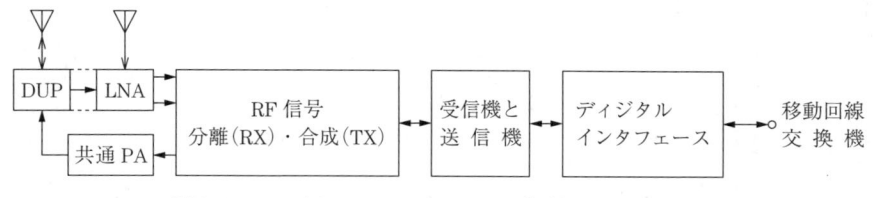

図8.1　ディジタルセルラーシステム基地局のブロック図

指数が 3 dB 以下，利得が 40 dB の低雑音共通受信増幅器を屋外に設けている．電波ビームは垂直アレーアンテナのフィーダ回路の位相を推移させることにより，垂直面内で 0～5° あるいは 3～11° だけ下に傾ける（ビームチルト，9.1.1 項〔3〕）ことができる．

送信共通電力増幅器は，16 個の無線信号（π/4 シフト QPSK）を相互変調を -60 dB に保ちながら，全出力電力として 20 W を出している．この特性は，8.6.3 項で述べるフィードフォワード型非線形歪み補償技術（SAFF）によって得ている．この共通増幅器は，基地局送信機の大きさと価格を劇的に下げた．すなわち，多数の同軸共振器からなる大形の信号結合回路に代わって，小型のマイクロストリップ線路結合器が用いられるようになった．これが可能になったのは，共通増幅によって，送信混変調の問題がない低レベルで信号を合成できるからである．基地局装置が小型・低重量になる利点は，設置場所を例えば通常のビルの部屋など種々の場所に柔軟に選べるので，強調してもし過ぎることはない．加えて，従来の信号結合方式の制約から逃れて，動的チャネル割当てのようなチャネル割当てが柔軟に行えるのも長所である．

送信/受信機の部分は，RF 信号と符号化した音声信号を入力/出力として，変調/復調，TDMA フレームの組立て/分解などを行う．インタフェース回路の部分は，符号音声信号と制御用の信号の多重化を含んでいる．

8.2 移　　動　　局

日本の 800 MHz 帯ディジタル自動車携帯電話（personal digital cellular, PDC）における携帯移動機のブロック図を**図 8.2** に示す．アンテナ選択ダイバーシチを用いている（7.1.4 項）．一つのアンテナはホイップアンテナであり，デュープレクサを介して送信と受信に用いられている．他の一つは筐体（きょうたい）に埋め込まれた F 型のアンテナであり，受信専用に用いられている．アンテナ選択は復調器の出力信号で制御している．3 スロットからなる TDMA 信号は波形整形，π/4 シフト QPSK 変調されてから最大出力電力 0.8 W まで増幅さ

8.3 スーパーヘテロダインと直接変換受信　　483

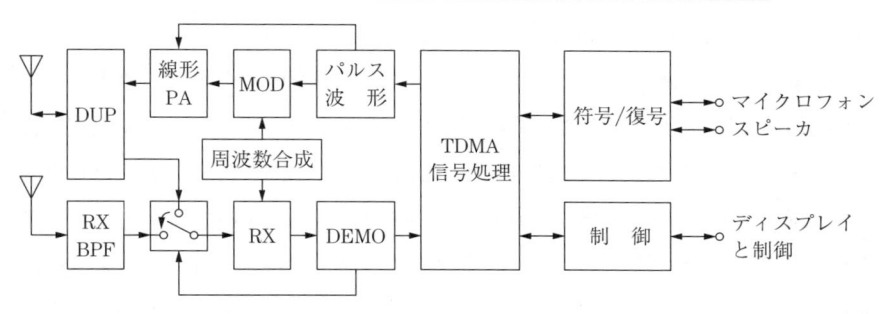

図8.2 ディジタルセルラーシステム移動局のブロック図

れる．変調信号の包絡線を非線形歪み補償のため電力増幅器に供給している．
11.2 kbps VSELP音声符号化/復号化器（7.7.6項）は1チップのディジタル
信号演算器でつくられている．VOX（音声駆動送信）と間欠受信を行って，電
力消費を低減している．充電後のバッテリー寿命は，受信時で30時間であり
VOXを用いていない最大出力送信時で60分である．

　受信回路はRF低雑音増幅器，周波数変換器，チャネル選択帯域通過フィル
タ，IF増幅器，などからなる．搬送波信号は周波数シンセサイザで発生する．
このシンセサイザはディジタルループリセット技術により，2ミリ秒以下の高
速切替えを達成している．

　車載機および肩掛け型の移動機には，二つの受信回路を用いる検波後ダイ
バーシチが採用されている．

8.3　スーパーヘテロダインと直接変換受信

　スーパーヘテロダイン受信機のブロック図を**図8.3**に示す．受信RF（高周

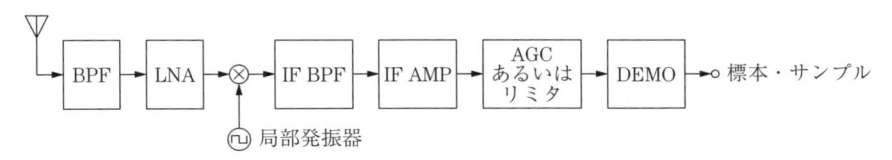

図8.3 スーパーヘテロダイン受信機のブロック図

波）信号は，増幅されたのち IF（中間周波）信号に変換される。低雑音増幅器の利得は，希望信号と他の信号との間での混変調を防ぐために，過大にしてはいけない。チャネル選択には帯域通過フィルタを用いる。チャネル選択特性をよくするために，急峻な減衰の特性が望ましい。米国のディジタル自動車・携帯電話方式用の，ナイキスト第1基準の平方根の特性を有するチャネルフィルタの特性の例を，図 8.4 に示す。変調信号に対する歪みを低くするように，振幅特性と同様に遅延特性にも考慮が払われている。IF 増幅器の利得は，チャネル選択がすでに行われた後で混変調のおそれがないので，大きくとることができる。

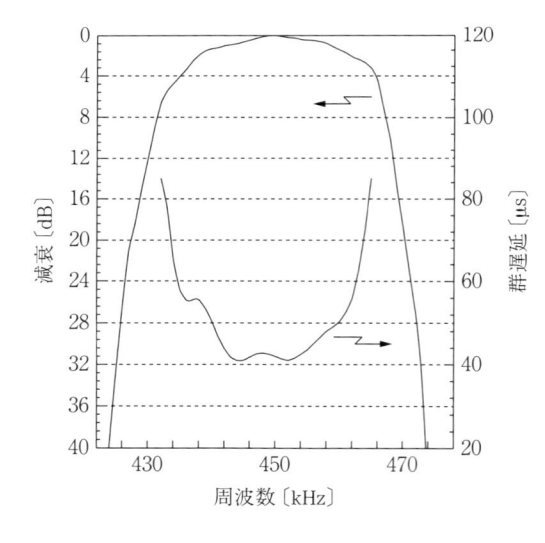

図 8.4 米国ディジタルセルラー用セラミック帯域通過フィルタの周波数特性（データは（株）村田製作所のご厚意による）

IF 増幅器の出力は，振幅制限器あるいは自動利得制御を通ったのち，復調器に入力される。ときには，もう一度，周波数変換を行う（ダブルコンバージョン方式）こともある。スーパーヘテロダイン受信の特徴は，信号帯域と IF 周波数の比がほどほどであることによる高い周波数選択性能と，入力の RF 信号と IF 信号とで周波数が異なるので，高利得の増幅での安定性があることである。ヘテロダイン受信の不利な点は，イメージ（鏡像）周波数の問題である。すなわち，希望信号周波数と局部周波数に関して，鏡像の関係にある周波

数の信号が同じ IF 信号に変換され，チャネル選択フィルタでは分離できない（図 8.5）。この問題を避けるためには，周波数変換を行う前に，イメージ周波数の信号を十分に減衰させる帯域通過フィルタを用いる必要がある。

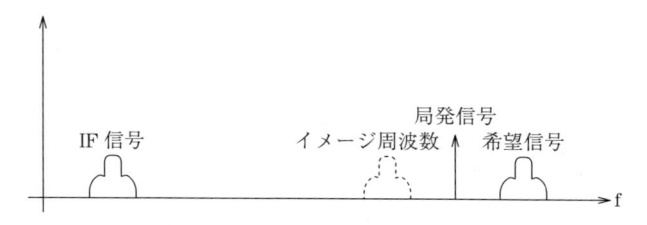

図 8.5 ヘテロダイン受信機のイメージ周波数

直接変換（ホモダインとも呼ばれる）受信のブロック図を図 8.6 に示す。周波数が搬送波周波数に等しい 1 組の（2 個の）周波数変換器を用いて，RF 信号を直交ベースバンド信号に変換する。チャネル選択はベースバンド帯の低域通過フィルタで行う。このフィルタおよびその後の回路はベースバンド信号を扱うので，集積回路化に適している。さらには，イメージ周波数の問題がない。しかし，この方式にはつぎのような新たな問題が生じる。(1) ベースバンド信号で $1/f$ 雑音が生じる。(2) ベースバンド信号に対して直流結合回路が必要である。(3) 局発信号が漏洩すると，他の受信機に容易に干渉する。

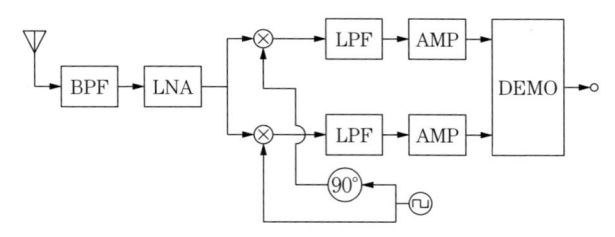

図 8.6 ダイレクトコンバージョン受信機のブロック図

直接変換信号に対する復調の原理は，変調信号の零 IF 複素表現，あるいは同相・直交表現に基づいている。例えば，FM 信号を考えてみよう。RF 信号はつぎのように表される。

$$s(t) = A_0 \cos[\omega_c t + \theta(t)] = \mathrm{Re}\left[A_0 e^{j\theta(t)} e^{j\omega_c t}\right]$$

ここで，ω_c は搬送波周波数，$\theta(t) = k\int_0^t f(t)dt$ である。ここで $f(t)$ は送信ベースバンド信号，k は変調における定数である。同相・直交は $x(t) = A_0 \cos\theta(t)$，$y(t) = A_0 \sin\theta(t)$ となる。復調器は $x(t)$ と $y(t)$ に対して，つぎのように動作する。

$$d(t) = \frac{d}{dt}\theta(t) = \frac{d}{dt}\tan^{-1}\frac{y(t)}{x(t)} = \left[x(t)\frac{dy(t)}{dt} - y(t)\frac{dx(t)}{dt}\right]/A_0^2 = kf(t)$$

直接変換受信機の問題を解決するために，低い中間周波数を用いる方式が知られている。これは，あくまでヘテロダイン受信であるので，イメージ周波数の問題は避けられない。以下では，直交検波を用いたイメージ抑圧受信方式について説明する。

任意の（被）変調信号はつぎのように表される。

$$s(t) = x(t)\cos\omega_c t - y(t)\sin\omega_c t \tag{8.1}$$

ここで，$x(t)$，$y(t)$ はそれぞれ同相成分，直交成分であり，ω_c は搬送波周波数である。

これを複素表現すれば，つぎのようになる。

$$s(t) = \mathrm{Re}\left[z(t)e^{j\omega_c t}\right]$$

ここで

$$z(t) = x(t) + jy(t)$$

である。

式(8.1)で表される信号を直交検波すると，定数を除いて，出力信号はつぎのようになる。

$$a(t) = x(t)\cos\omega_{IF}t - y(t)\sin\omega_{IF}t$$
$$b(t) = -x(t)\sin\omega_{IF}t - y(t)\cos\omega_{IF}t$$

ここで，ω_{IF} は中間周波数である。すなわち，$\omega_{IF} = \omega_c - \omega_L$ である。$a(t)$，$b(t)$ はつぎのように複素表現できる。

$$a(t) = \mathrm{Re}\left[z(t)e^{j\omega_{IF}t}\right], \quad b(t) = \mathrm{Re}\left[z(t)e^{j(\omega_{IF}t + \pi/2)}\right]$$

8.3 スーパーヘテロダインと直接変換受信

もし，$\omega_{IF} = -(\omega_c - \omega_L) = \omega_L - \omega_c$ であれば，つぎのようになる。

$$a(t) = x(t)\cos\omega_{IF}t + y(t)\sin\omega_{IF}t = \text{Re}\left[z(t)e^{-j\omega_{IF}t}\right] = \text{Re}\left[z^*(t)e^{j\omega_{IF}t}\right],$$

$$b(t) = x(t)\sin\omega_{IF}t - y(t)\cos\omega_{IF}t$$
$$= \text{Re}\left[z(t)e^{-j(\omega_{IF}t - \pi/2)}\right] = \text{Re}\left[z^*(t)e^{j(\omega_{IF}t - \pi/2)}\right] = -\text{Re}\left[z^*(t)e^{j(\omega_{IF}t + \pi/2)}\right]$$

直交検波回路に以下のような二つの信号 $s(t), i(t)$ が入力されたとしよう。

$$s(t) = x_s(t)\cos\omega_s t - y_s(t)\sin\omega_s t, \quad i(t) = x_i(t)\cos\omega_i t - y_i(t)\sin\omega_i t$$

また，ω_s と ω_i はイメージ周波数の関係にあるとしよう。すなわち

$$\omega_{IF} = \omega_s - \omega_L = \omega_L - \omega_i$$

このとき，先までの議論により，次式が得られる。

$$a(t) = x_s(t)\cos\omega_{IF}t - y_s(t)\sin\omega_{IF}t + x_i(t)\cos\omega_{IF}t + y_i(t)\sin\omega_{IF}t$$
$$= \text{Re}\{[z_s(t) + z_i^*(t)]e^{j\omega_{IF}t}\} \qquad (8.2)$$

$$b(t) = -x_s(t)\sin\omega_{IF}t - y_s(t)\cos\omega_{IF}t + x_i(t)\sin\omega_{IF}t - y_i(t)\cos\omega_{IF}t$$
$$= \text{Re}\{[z_s(t) - z_i^*(t)]e^{j(\omega_{IF}t + \pi/2)}\} \qquad (8.3)$$

ここで，$z_s(t) = x_s(t) + jy_s(t)$，$z_i(t) = x_i(t) + jy_i(t)$ である。

〔1〕 **位相推移法** この方法の回路を図8.7に示す。信号 $b(t)$（式(8.3)）の位相を90°遅らせると

$$\hat{b}(t) = \text{Re}\{[z_s(t) - z_i^*(t)]e^{j\omega_{IF}t}\}$$

$a(t)$ と $\hat{b}(t)$ を比べることにより，図8.7の回路により，希望信号とイメージ信号が分離できることは直ちに理解できる。

〔2〕 **ダブルコンバージョン法** 構成を図8.8に示す。2回目の周波数変換の出力信号を $a'(t), b'(t)$ とすれば，いままでの議論より

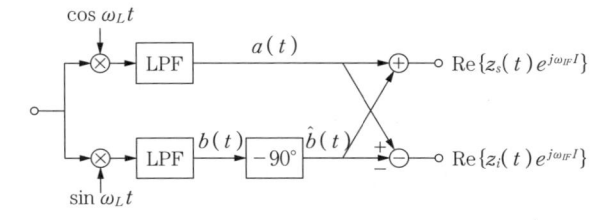

図8.7 位 相 推 移 法

488　8. ディジタル移動無線システムの装置と回路

$$a'(t) = \text{Re}\{[z_s(t) + z_i^*(t)]e^{j\omega'_{IF}t}\}, \tag{8.4}$$

$$b'(t) = \text{Re}\{[z_s(t) - z_i^*(t)]e^{j\omega'_{IF}t}\} \tag{8.4}'$$

となる。ここで，$\omega'_{IF} = \omega_{IF} - \omega'_L$ である。

式(8.4), (8.4)′より，図8.8の回路で希望信号とイメージ信号が分離できることがわかる。これより，2段目の直交ミキサは，図8.7の位相推移回路と等価な動作をしていることになる。

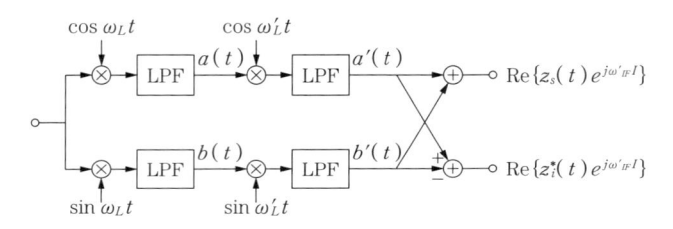

図8.8　ダブルコンバージョン法

〔3〕　**ダブルコンバージョン法の変形**　　$a(t), b(t)$ を直接変換（同相成分，直交成分）すると，図8.9の方式が得られる。最後のLPF（ローパスフィルタ）（4個）は，加算，減算回路の後に2個，設けてもよい。

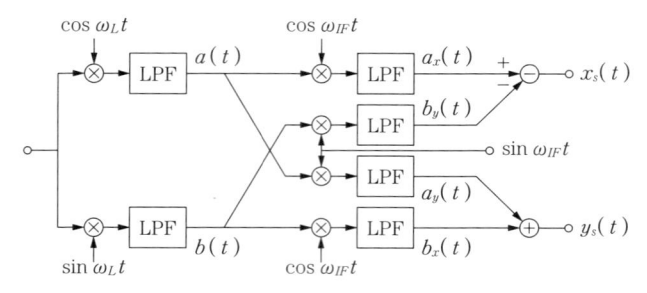

図8.9　ダブルコンバージョン法の変形

式(8.2), (8.3)より，図の $a_x(t), a_y(t), b_x(t), b_y(t)$ は，それぞれつぎのようになる。

$$2a_x(t) = x_s(t) + x_i(t), \quad 2a_y(t) = -y_s(t) + y_i(t),$$
$$2b_x(t) = -y_s(t) - y_i(t), \quad 2b_y(t) = -x_s(t) + x_i(t)$$

これより，次式が得られる．

$$a_x(t) - b_y(t) = x_s(t), \quad a_x(t) + b_y(t) = x_i(t)$$
$$a_y(t) + b_x(t) = -y_s(t), \quad a_y(t) - b_x(t) = y_i(t)$$

8.4 送信と受信の多重

デュープレクサ（2重共用器）を介して一つのアンテナを送信と受信に使用する．図 8.10 にデュープレクサのブロック図を示す．二つの帯域通過フィルタの中心周波数は，それぞれ送信周波数帯と受信周波数帯に選ぶ．サーキュレータは，入力信号が回転方向のつぎの端子に出力される非可逆回路である．このサーキュレータは，ときには省略され，帯域通過フィルタがアンテナに並列に接続される．

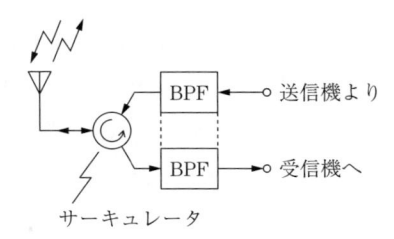

図 8.10 アンテナ共用器

同じ周波数を送信，受信する際に用いる方式は，半二重通信（half-duplex, あるいは press to talk）方式あるいは時分割多重（time division duplex, TDD）方式と呼んでいる．半二重通信では制御ボタンを押したり離したりして，送信を切り替える．TDD 方式（ピンポン方式とも呼ばれる）では，時間を一定間隔で高速に切り替えて，送信と受信を交互に行う．これらの方式では送信と受信は同時には起こらないので，アンテナ共用器はスイッチで置き換えることができ，送受信機を小型化，低価格化できる．

8.5 周波数合成器[4]

多数の周波数チャネルから一つを選んで通信するシステムでは,周波数合成器(freguency synthesizer,周波数シンセサイザ)は不可欠となる。周波数合成器のブロック図を**図8.11**に示す。これはVCO(voltage controlled oscillator,電圧制御発信器)出力信号を周波数分周した後,安定な基準信号に同期させている。VOC出力周波数f_0はつぎのようになる。

$$f_0 = Nf_r$$

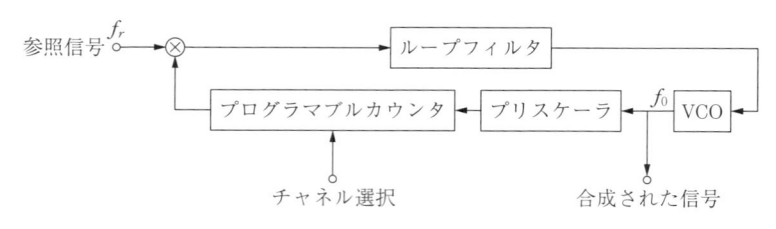

ここでは,Nは全体の周波数分周数であり,f_rは基準周波数である。もし$f_r=$ 12.5 kHz とすれば,f_0は12.5 kHzおきに可変でき,例えば$N=64\,000$から66 000 まで変化させると周波数は800 MHzから825 MHzまで設定できる。基準信号は,安定な水晶発振器を周波数計数器(カウンタ)で分周することによって得る。温度に応じて補償する技術によって,1.5 ppm(ppmはpart per millionの略)の周波数安定度(実用温度幅において)が得られる。周波数分周は,いわゆるプリスケーラ(prescaler)とプログラマブル計数器で行う。前者は固定分周比の高速計数器であり,後者は,チャネル選択用ディジタル信号でカウント数が変化できる周波数分周プログラマブル計数器である。プリスケーラは高い周波数を低消費電力で扱うために用いられている。

図8.11 周波数合成回路

移動無線装置に用いられる周波数合成器に求められる主な技術的要件は,小型,低消費電力,低雑音,周波数安定性およびチャネル切替の高速性である。小型化はVCOの共振器,その他の電子回路で決まる。低雑音のためには,高

8.5 周波数合成器

Qの共振器,低雑音トランジスタが必要となる.トランジスタ技術,大規模集積回路,共振器用の高誘電率基板などが進歩したので,小型,低雑音特性が得られるようになった.

プリスケーラは最も高い周波数で動作するので,最も電力消費の大きい回路である.その他の回路は低い周波数で動くので,低消費電力のCMOS (complementry metal oxide semiconductor) トランジスタを使用することができる.半導体技術の進歩により,800 MHzのプリスケーラの消費電力はGaAs回路で10 mW,安価なシリコンバイポーラトランジスタ回路で20 mWと低くなっている.周波数合成器を間欠的に動作させることで消費電力を低減できる.この技術を有効にするためには,起動時間を短くしなければならない.この目的のため,SPILL (state preserving intermittently locked loop) と名づけた方法[5]が提案されている.これでは,プログラム計数器とプリスケーラの値を電力低減期間の直前に記憶しておき,動作再開始時における初期値として用いている.

周波数合成器の安定度は基準信号の安定度で決まる.基地局では,大きさ,価格,消費電力に対する要求基準が移動機ほど厳しくないので,高い周波数安定度が得られる.基地局から送信された信号を参照信号として,基準信号を補正することで高い周波数安定度を得る手法がある.この種の技術により,0.3 ppm以下の安定度が達成される.

セルラー方式においては,ハンドオフ時に,ある周波数から他の周波数に高速に切り替わらなければならない.このことは,TDMA方式でより重要になる.なぜなら,移動機は短い時間に周波数を切り換え,他のチャネルを観測してから,また通信中の周波数に戻って来なければならないからである(移動機補助ハンドオフ).このための簡単な方法は,二つの周波数合成器を用意しておくものである.一つの周波数合成器でありながら1 ms以下の高速切替時間を有するものが提案されている.この方法では,位相検波器として高速と低速の計数器を用いており,切替周波数に対応する直流電圧の予測値をVCOの制御電圧に加算している.高速,低速のカウンタは,それぞれ密および粗な位相

誤差検出を行っている。

8.6 送 信 回 路

8.6.1 ディジタル信号波形発生器

一般に，ディジタル信号波形はインパルスを送信フィルタに入力することによって得られる。これに加えて，図 8.12 に示すような表参照（table look-up）が知られている。データ系列に対応する波形を前もって計算して ROM（read-only memory）に記憶しておき，シフトレジスタに入力されるアドレス（データ系列）に従って読み出す。記憶回路の内容は

$$s(n\Delta T) = \sum_{m=-M}^{M} a_m h(n\Delta T - mT) w(n\Delta T - mT)$$

$$(n = 0, 1, 2, \cdots, N-1)$$

である。ここで，a_m はディジタルデータ，T はシンボル周期，ΔT はサンプリング周期，$N = T/\Delta T$，$h(t)$ はパルス波形（インパルス応答）であり，これを $(2M+1)T$ 区間で打ち切ってある。$w(t)$ は窓関数（window function）である。2値の両極性信号に対して，a_m は +1 か -1 をとる。例としてナイキスト第1基準の平方根の特性に対するパルス波形を示せば

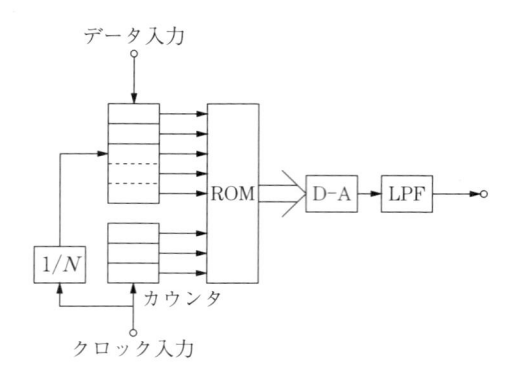

図 8.12 ディジタル信号発生器

8.6 送信回路

$$h(t) = \frac{f_s}{\pi f_s t}\sin\left[(1-\alpha)\pi f_s t\right] + \frac{f_s}{(\pi/4\alpha)^2 - (\pi f_s t)^2}$$

$$\times \left\{\frac{\pi}{4\alpha}\cos\left[(1+\alpha)\pi f_s t\right] + \pi f_s t \sin\left[(1-\alpha)\pi f_s t\right]\right\} \quad (8.5)$$

となる。ここで、α はロールオフ率、f_s はシンボル周波数である。

方形状の窓関数は

$$w(t) = \begin{cases} 1 & (-MT \leq t \leq MT) \\ 0 & (その他) \end{cases}$$

となり、一般化ハミング（Hamming）窓関数は

$$w(t) = \begin{cases} \beta + (1-\beta)\cos\left(\frac{\pi}{2}\frac{t}{MT}\right) & (-MT \leq t \leq MT,\ \beta = 0 \sim 1) \\ 0 & (その他) \end{cases}$$

と与えられる。ROMのアドレス数は $N2^{2M+1}$ となる。パルス波形の打切りと窓関数（$\beta = 0.56$）の影響を図8.13に示す。窓関数の導入により、帯域外放射を減少している。

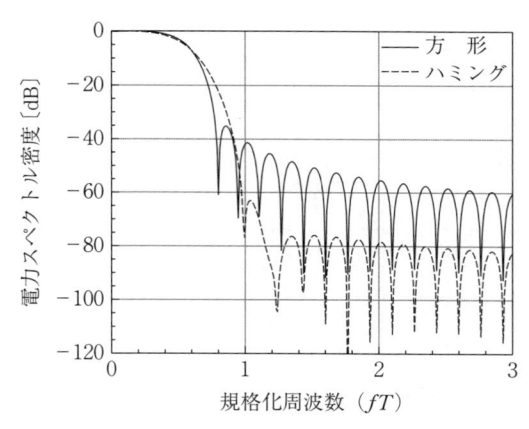

図8.13 打切りと窓関数がスペクトルに与える影響（$M=3$）

8.6.2 FSK 変 調 器

VCO は，周波数変調器の一つとしてよく用いられる。周波数変調器において，中心周波数および変調指数の安定性は重要である。図 8.14 は中心周波数の安定化を図った周波数変調器を示す。中心周波数は参照信号に固定される。中心周波数の安定性が周波数変調により影響されるのを減少させるため，VCO 出力を周波数分周することで，変調指数を小さくしている。この回路はアナログ音声信号やマンチェスター符号化信号などのように，直流成分を有しない変調入力信号に適している。

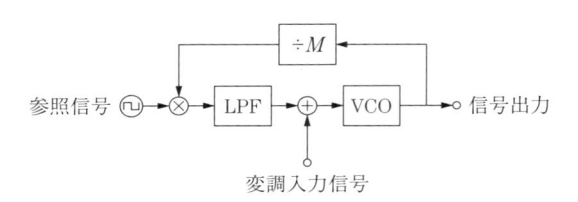

図 8.14 中心周波数を安定化した FM 変調器

中心周波数と変調指数を共に安定化した FM 変調器を図 8.15 に示す。ここで変調指数が 0.5 となる FSK 信号族（MSK，Tamed FM，GMSK）を前提としている。6.2.1 項で論じたように，信号を周波数逓倍回路に入力することで周波数が，$2f'_M = 2(f'_c - \Delta f')$ と $2f'_s = 2(f'_c + \Delta f')$ の輝線部分が得られる。ここで，f'_c は中心周波数，$\Delta f'$ は周波数偏移である。$\Delta f' = 1/4T$（$1/T = f_b$ はビット周波

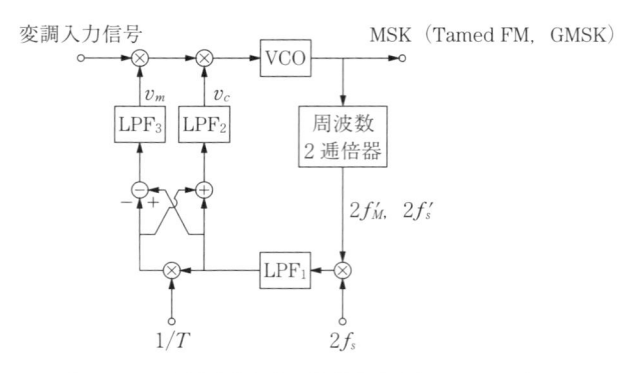

図 8.15 中心周波数と変調指数を安定化した FM 変調器
　　　（変調指数が 0.5 の FSK 信号）

数)となるべきである．f_c'と$\Delta f'$は，それぞれ本来の中心周波数および$1/(4T)$からわずかにずれているものとする．図においてLPF_1は搬送波の高次成分を抑制し，LPF_2とLPF_3は直流成分を通過させる．閉回路が固定（lock）されると，中心周波数制御信号v_cは$f_c'+f_b/2=f_s' \to f_s$とするように，利得（あるいは変調指数）制御信号v_mは$\Delta f' \to 1/4T$とするように，なることが理解できよう．

直交変調を用いたFM変調器[6]を**図8.16**に示す．この変調器の原理はつぎの数式表現で表される．

$$s(t) = \cos[\omega_c t + \varphi(t)] = \cos\varphi(t)\cos\omega_c t - \sin\varphi(t)\sin\omega_c t$$

ここで，ω_cは搬送波周波数，$\varphi(t)$は位相である．位相$\varphi(t)$はつぎのように与えられる．

$$\varphi(t) = k\sum_{m=-M}^{M} a_m g(t-mT)$$

ここで，kは変調における定数，$g(t)$は位相インパルス応答

$$g(t) = \int_{-\infty}^{t} h(x)dx$$

であり，$h(t)$は周波数インパルス応答である．この回路により，中心周波数と変調指数が安定に保たれる．しかし直交変調におけるバランス，搬送波信号のスプリアス成分が実用上の問題点として生じる．

これらの問題はIF（中間周波）周波数帯において，ディジタル信号処理を導入することにより，回避できる．しかし，アナログ回路をディジタル信号処

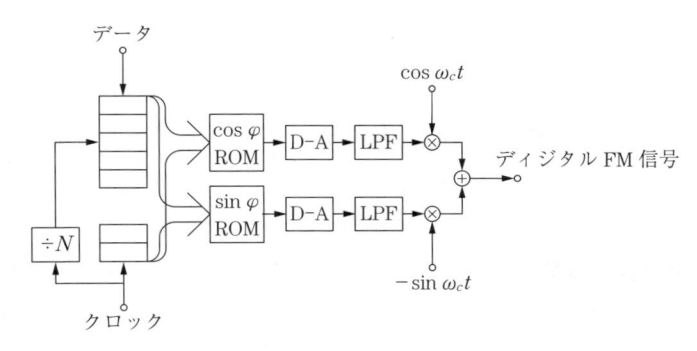

図8.16 直交変調を用いたディジタルFM信号発生器

理回路で置き換えると,消費電力の大きいディジタル乗算器や加算器を必要とすることになる。図 8.17 に示すように,信号処理が最小になるような簡単な方法が提案されている[7]。

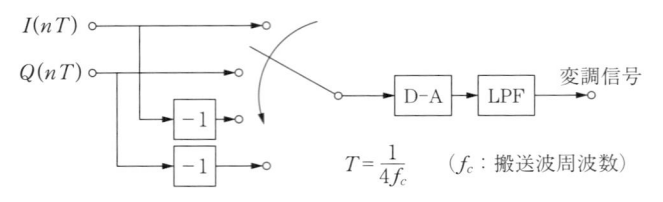

図 8.17 ディジタル信号処理による直交変調器

直交変調された信号のサンプル値はつぎのように表される。
$$s(nT) = I(nT)\cos(\omega_c nT) + Q(nT)\sin(\omega_c nT) \quad (n=0,1,2,\cdots)$$
もし,$T = \pi/2\omega_c = 1/4f_c$ ($f_c = \omega_c/2\pi$) と選べば
$$s(4nT) = I(4nT)$$
$$s[(4n+1)T] = Q[(4n+1)T], \quad s[(4n+2)T] = -I[(4n+2)T],$$
$$s[(4n+3)T] = -Q[(4n+3)T]$$
となる。この方法では,乗算器も加算器も必要としない。

8.6.3　線形電力増幅器

高電力効率で低非線形歪みの電力増幅器は,線形変調を移動無線に導入するときに必要となる回路部品のうちの主要な一つである。電力効率に優れた電力増幅器を得るために,非線形歪み補償法が古くから研究されている。AM 放送や SSB（single side band）無線通信において,非線形歪み補償技術が検討されてきた。非線形歪み補償増幅器は,負帰還,プレディストーション,フィードフォワードの三つの範疇に分類できる。ここでは,近年重要になっている,プレディストーションに重きを置いて説明する。

〔**1**〕　**負帰還増幅器**　　これは電力増幅器,特にオーディオ増幅器の非線形歪み補償法としてよく知られている（例 2.11）。この原理はつぎのとおりである。$x(t)$ を入力,$y(t)$ を出力としよう。すると

8.6 送信回路

$$y(t) = Ax(t) + \Delta f_d[x(t)] \tag{8.6}$$

ここで，A は（線形）増幅係数であり，関数 $\Delta f_d[\cdot]$ は非線形歪みを表す。$\Delta f_d[\cdot]$ は与えられた $x(t)$ に対する増幅器の非線形に依存する。**図 8.18** に示す負帰還増幅器を考えよう。ここで係数 $A\beta$ は，負帰還によって生じる出力電力レベルの変化を補償するために導入している。式(8.6)から次式を得る。

$$y(t) = A[A\beta x(t) - \beta y(t)] + \Delta f_d[A\beta x(t) - \beta y(t)] \tag{8.7}$$

書き変えて

$$y(t) = \frac{A^2\beta x(t) + \Delta f_d[\varepsilon(t)]}{1 + A\beta} \tag{8.8}$$

となる，ここで，$\varepsilon(t) = A\beta x(t) - \beta y(t)$ である。$|A\beta| \gg 1$ の場合，$y(t)$ はつぎのように近似できる。

$$y(t) \approx Ax(t) + \frac{\Delta f_d[\varepsilon(t)]}{A\beta} \tag{8.9}$$

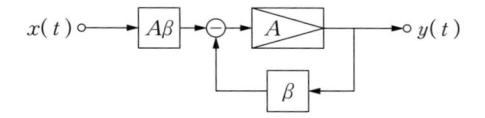

図 8.18 負帰還増幅器

歪みが小さい場合，すなわち $\Delta f_d[\varepsilon(t)] \ll |A^2\beta x(t)|$ の場合には，式(8.8)を使って，$y(t)$ はつぎのように近似できる。

$$y(t) \approx \frac{A^2\beta x(t)}{1 + A\beta}$$

また，$\varepsilon(t)$ は

$$\varepsilon(t) \approx x(t) \tag{8.10}$$

となる。この近似は，帰還路において，非線形歪みを無視したことを意味する。式(8.10)を頭において，式(8.6)と式(8.9)を比べることにより，非線形歪みが係数 $A\beta$，すなわち帰還係数だけ減少することがわかる。

高周波（RF）帯における負帰還は，帰還回路の実装の点から難しくなる。この点を解決するため，RF 信号を復調して，ベースバンド信号を得る手法が

知られている。このベースバンド信号をベースバンド信号帯，あるいは変調器へ負帰還するものである。RF信号を直交座標系（同相と直交の信号成分）と極座標系（振幅成分，位相成分）に復調する方法をそれぞれ，**図8.19**と**図8.20**に示す。直交座標ループ（負帰還制御）法は，直交信号を用いているので，直交変調器を用いるシステムに適している。この方法は，$\pi/4$シフトQPSK信号について140 MHz帯ABクラス電力増幅器に適用された[12]。電力効率35％，帯域外輻射電力密度-60 dBという特性が，帰還利得を30 dBとることにより達成されている。この方法を800 MHz帯の増幅器に導入した結果は，文献13)に示されている。

図8.19 直交ループ変調帰還増幅器

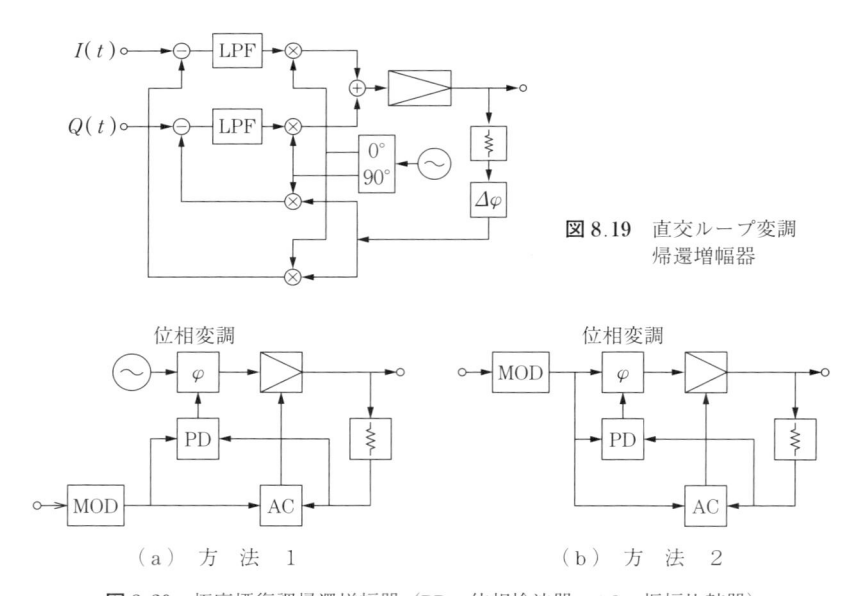

(a) 方 法 1

(b) 方 法 2

図8.20 極座標復調帰還増幅器（PD：位相検波器，AC：振幅比較器）

極座標法は$\pi/4$シフトQPSKの送信機に適用された[14]。この方法は，マルチチャネルシステムにおいて異なる周波数を選択する際に生じる信号位相推移に対して強いという利点がある。振幅成分のみを帰還した場合については，文献15)に述べられている。850 MHzの電力増幅器で電力効率50％，3次歪み-30 dBが得られている。

負帰還法の長所は，温度や経年によって増幅器のパラメータが変化したとしても，非線形歪み補償特性が保たれることである．帰還制御の短所は，不安定（発振）になる可能性があることである．このため，この方法を適用する際には，特にチャネル選択において周波数を広く変化させる場合に，注意が必要となる．

〔2〕 **フィードフォワード法**　フィードフォワード増幅器のブロック図を図8.21に示す．増幅器で発生する歪み（誤差）を，入力信号と出力信号を比較することによって検出する．検出した歪み信号を別の線形増幅器で増幅し，主増幅器の出力における歪み信号と同じレベルにする．増幅した誤差信号を主増幅器の出力から差し引く．この方法の原理的な長所，短所はプレディストータ法と同じである．

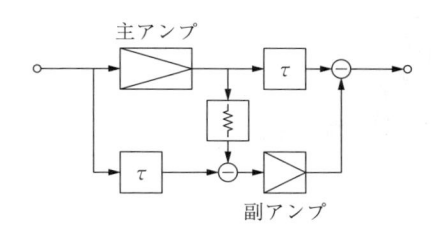

図8.21　前方帰還（フィードフォワード）増幅器

フィードフォワード法においては，第2の信号経路での時間遅延と利得の調整が重要となる．また，副増幅器の直線性は高くなければならない．これにより，総合の電力効率が下がることになる．フィードフォワード法に対する自動誤り校正法が図8.22のように導入されている．図8.23は800 MHz帯の電力増幅器の結果を示す[16]．32 W（平均）のFET電力増幅器において，非線形歪みを30 dB以上抑制している．これは，20 MHzの帯域幅で得られている．この増幅器で，100 kHz間隔で並んだ1 Wの電力の信号を，32個同時に増幅できる．不使用チャネルへの漏洩電力は−60 dB以下である．

文献9)においては，線形変調信号を振幅成分と位相成分（定振幅）に分けて，別々に増幅している．増幅された位相成分を振幅成分で変調している．この方法の原理はフィードフォワード法の範疇に入る．利得制御（振幅変調）は

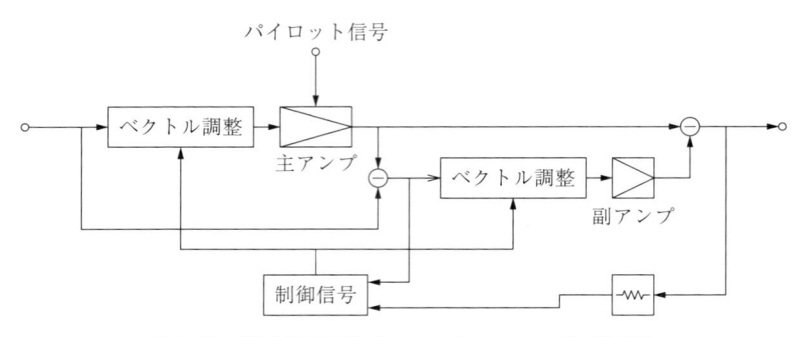

図 8.22 適応前方帰還（フィードフォワード）増幅器

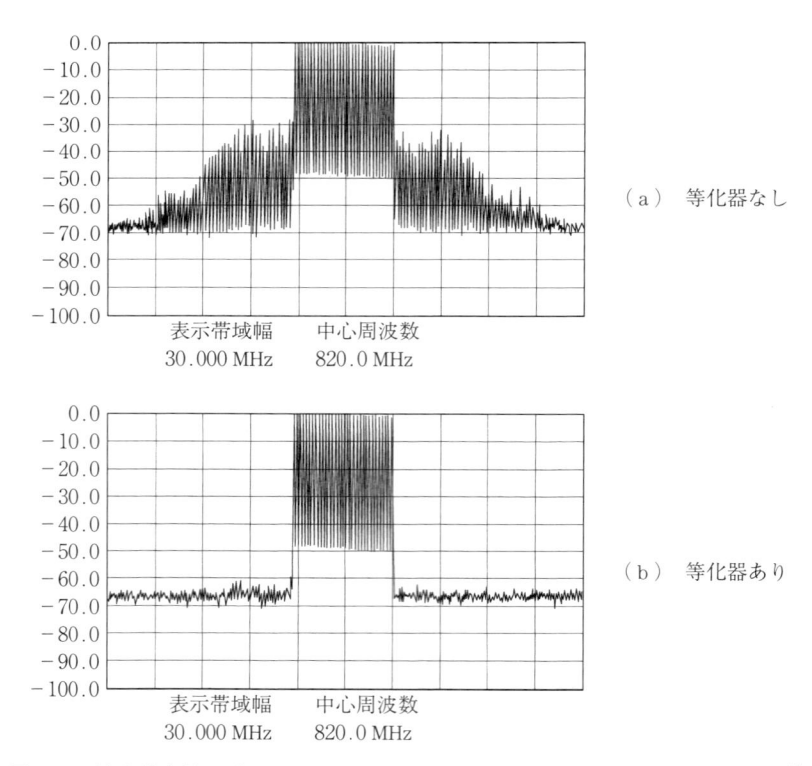

図 8.23 適応前方帰還（フィードフォワード）増幅器によるスペクトル特性の改善[16]

電力増幅器に供給している電圧を制御することで行っている。似たような考え方で，入力信号レベルに対応して，バイアス電圧を変化させる方法もある。

〔3〕 **LINC 増幅器** LINC (linear amplification with nonlinear components) 方式[17]はプレディストータとフィードフォワードの原理を組み合わせたものである（**図 8.24**）。入力信号は一般に次式で表される。

$$s_\alpha(t) = E(t)\cos[\omega_0 t + \theta(t)]$$

ここで，包絡線 $E(t)$ と位相 $\theta(t)$ は変調入力ベースバンド信号に対応している。$E(t) = E_m \sin \varphi(t)$ と表すことにより，$s_\alpha(t)$ はつぎのように書ける。

$$s_\alpha(t) = s_1(t) - s_2(t)$$

ここで

$$s_1(t) = \frac{E_m}{2}\sin[\omega_0 t + \theta(t) + \varphi(t)]$$

また

$$s_2(t) = \frac{E_m}{2}\sin[\omega_0 t + \theta(t) - \varphi(t)]$$

$s_1(t)$ と $s_2(t)$ は定包絡線信号であるので，飽和電力増幅器（利得 G）で増幅できる。合成した出力信号は $Gs_1(t) - Gs_2(t) = GE_m \sin\varphi(t)\cos[\omega_0 t + \theta(t)] = Gs_\alpha(t)$ となる。この線形電力増幅器をうまく動作させるために重要な点は，信号分配回路を完全にすることと，二つの信号経路のバランスをとることである。

〔4〕 **プレディストータ** プレディストータ (predistorter, PD) は，増幅器で発生する歪みを打ち消すように，入力信号に前もって歪み信号を加える

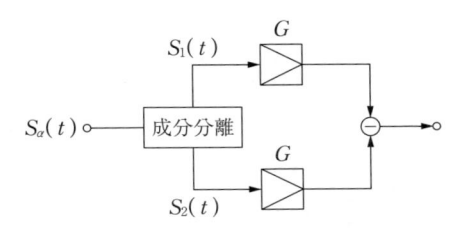

図 8.24 LINC 増幅器

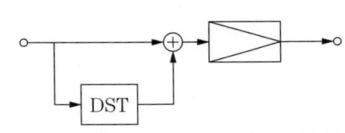

DST : distortion generator（歪み発生器）

図 8.25 プレディストータを用いた非線形歪み補償増幅

ものである（図 8.25）。増幅器の特性を式(8.6)で与えるものとしよう。このとき，あらかじめ歪ませた入力信号はつぎのようになる。

$$x'(t) = x(t) - \frac{\Delta f_d[x(t)]}{A}$$

ここで $x(t)$ は増幅すべき信号を表す。増幅器の出力は

$$y(t) = Ax(t) - \Delta f_d[x(t)] + \Delta f_d\left\{x(t) - \frac{\Delta f_d[x(t)]}{A}\right\}$$

となる。歪みが小さい場合には $(|\Delta f_d[x(t)]| \ll A|x(t)|)$，$y(t)$ はつぎのように近似できる。

$$y(t) \approx Ax(t)$$

したがって，歪みが打ち消された。

　プレディストータ増幅器の長所は，これが開ループであることから，原理的に不安定性（発振）の問題がないことである。しかし，増幅器のパラメータが最初の設定値から変化すると補償特性が劣化する。この点を解決するために，永田 [18] は適応的な制御法を図 8.26 に示されているような形で提案した。帰還回路を導入することにより誤差を検出し，プレディストータを自動的に補正している。プレディストータは RAM（ランダムアクセスメモリ）を用いてベースバンド帯で構成されている。増幅器の出力を検波して入力信号と比較することで，誤差信号を得ている。誤差信号はプレディストータ（RAM）に入力される。このようにして，プレディストータは電力増幅器の特性の変化に適応している。ここで，閉ループの帯域は，信号の帯域に比べてずっと狭いことに注意してほしい。これは，帰還歪み補償法とは異なる。補正アルゴリズムは反復

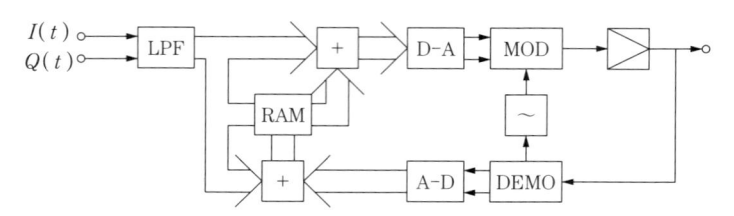

図 8.26　適応プレディストータを用いた増幅器

法によっている．この方法の収束速度を上げるためのアルゴリズムも知られている[19]．

プレディストータ，特にベースバンドでディジタル信号処理を行うディジタルPD (DPD) は，より複雑な信号処理の導入によりさまざまな改良が行われ，基地局用電力増幅器においては，専らこれが用いられている．

PDは増幅器の逆回路（線形利得は別にして，2.3.4項）となるのが理想的である．しかし，電力増幅器の入出力特性を完全に求めることに加えて，逆回路を完全に実現するのは困難である．そのために，与えられた条件を満たすようにPDを設計する．PDに求められる条件は，高い歪み補償特性，少ない計算量，および電力増幅器の特性変化に対する追随性である．追随性に関しては，誤差を監視しておき必要に応じてPDの制御変数を更新することで対処する．歪み補償特性に関しては，帯域外歪みとして，隣接チャネル漏洩電力比 (adjacent channel leakage power ratio, ACPR) を仕様に定めている基準値以下にしなければならない．帯域内歪みについては，通常EVM (error vector magnitude) で規定される．EVMの許容最大値はシステムによって異なり，変調多値数が大きくなるほど低くしなければならない．この二つの条件を同時に満足する評価基準の下でPDを設計するのは困難である．その一つの原因は，PDを有効に動作させるためには，信号のPAPRを低減する方法と組み合わせる必要があるからである．よく用いられるPAPR低減法であるクリッピング＆フィルタリングは，先に挙げた二つの条件とPAPR低減量が両立しない傾向にある．

PDの設計法には，二つの種類がある．一つは増幅器を近似する回路（数式）モデルをつくり，特性をできるだけ忠実に再現するモデル変数を決定したのち，モデルの逆回路を求める間接的な方法である（**図8.27**(b)）．他方は，PDの構成を決めたのち，歪みが最小になるようにPDの変数を決定する直接的な方法である（図(a)）．この方法の変形として，図(c)に示すように予備のPDを増幅器の後に接続し，そのパラメータを決定したのち，その複製を実際のPDとするものである．その原理は，PDが増幅器の逆回路になっていれ

(a) 直接学習型

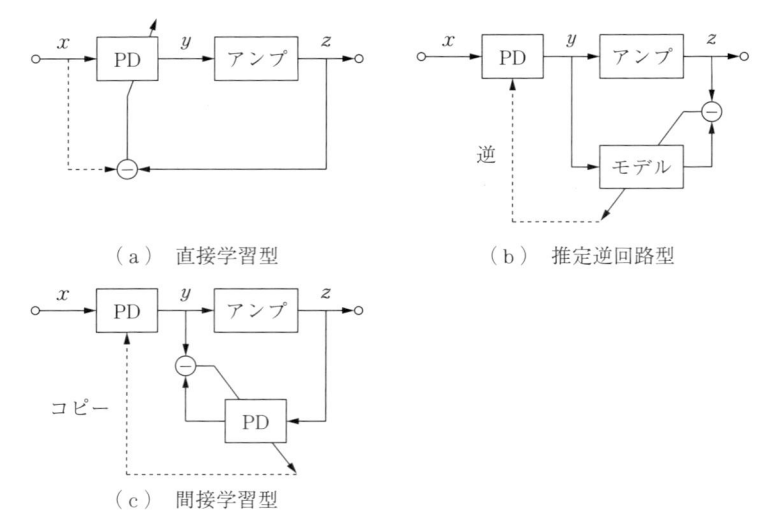

(b) 推定逆回路型

(c) 間接学習型

図 8.27　プレディストータの構成法

ば，PD を増幅器の入力においても出力においてもよい（2.3.4 項），ということに基づいている。この方法は，予備の PD の動作をオフラインで行っておき，その動作の安定性，収束性を確かめたのち，実際の PD を動かせる利点がある。また，後述するように，PD を級数で表現する際に，変数（係数）を閉じた式で求めることができる。

（a）増幅器のモデル化　　回路の出力が現在の入力の値だけではなく，過去の値にも依存することをメモリ効果という。これは，その回路の周波数特性が無歪み特性を満足していないことを意味する。メモリ効果を無視すれば，モデルは簡単になる。このとき出力 $y(n)$ は入力の瞬時値 $x(n)$ で決まる。ここでは，等価ベースバンド表現を用いる（2.1.6 項）。時刻の表示を省略して，$y(n)=y$，$x(n)=x$ とおけば，つぎのように一般的に表される。

$$y = G(|x|)e^{j\theta(|x|)}x$$

ここで，利得 $G(|x|)$，位相 $\theta(|x|)$ は実関数であり，$G(|x|)|x|$ と $\theta(|x|)$ の $|x|$ に対する関係を，それぞれ AM-AM 特性，AM-PM 特性と呼ぶ。これらの特性は正弦波信号を入力とするネットワークアナライザを用い，電力を掃引す

ることによって測定できる。得られた特性の例は図 5.36 に示してある。出力が飽和点に近づくにつれて，利得が減少して位相の回転が大きくなる。ただし，電源効率は高くなる。

狭帯域帯域通過信号の入出力特性は，級数表示を用いると，つぎのように表される（2.1.6 項）。

$$y = a_1 x + a_3 |x|^2 x + a_5 |x|^4 x + \cdots = \left(\sum_{i=0} a_{2i+1} |x|^{2i} \right) x$$

ここで，増幅器がすべての高調波（搬送波周波数の整数倍）にわたってメモリ効果を有しなければ，係数 a_i の位相はすべて等しい。このとき AM-PM 特性は平たんである。しかし，実際の増幅器は，高次高調波をブロックするために基本周波数の帯域通過フィルタを有するので，その周波数特性を反映して，係数 a_i の位相は異なる。

$$\sum_{i=0} a_{2i+1} |x|^{2i} = G(|x|) e^{j\theta(|x|)}$$

とおくことによって，AM-AM 特性，AM-PM 特性を表現できる[20]。

PD は利得特性 $(G(|x|))$ および AM-PM 特性が入力レベル $|x|$ に依存しないように，入力のレベルに応じて利得と位相を制御する（**図 8.28**）。その構成は，テーブル（look-up table, LUT）を用いるものと，級数 $\sum_{i=0} a_{2i+1} |x|^{2i}$ の逆関数を用いるものとがある。どちらも引数は入力信号の絶対値である。ここで増幅器モデルにおいては，複素利得 $G(|x|) e^{j\theta(|x|)}$ は $|x|^2$ の級数であり，$|x|$ の奇数時の項はない。ただし PD においては，$|x|$ の奇数時の項を含めると，補償特性がやや向上することが知られている[21]。

信号帯域が広くなると増幅器の周波数特性が無視できなくなり，メモリ効果が現れる[22]。増幅器でメモリ効果が現れる原因は，高周波回路，電源回路，

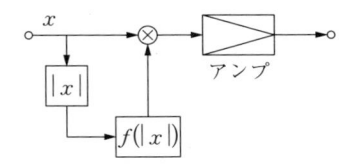

図 8.28 プレディストータの構成（メモリ効果を考えないとき）

および熱放散（回路）の周波数依存性である．熱効果は，トランジスタの熱損失による障壁温度が信号電力の変化によって変動し，これにつれて増幅特性が変動することで起きる．高周波では，入力信号の帯域内の周波数特性が問題となる．増幅すべき信号の帯域と搬送波周波数の比（相対帯域）が小さい場合には，メモリ効果は少ない．電源回路によるメモリ効果は，以下に示すように偶数次歪みが原因である．電源回路は直流を供給しながら高周波信号はブロックするように構成される．このとき，リード線のインダクタンスによるインピーダンス $j\omega L$ は，周波数が低ければ無視できるものの，流れる電流の周波数が高くなると無視できなくなる．偶数次歪み成分は，基本搬送波周波数帯には発生しないで，高次周波数帯とともに，直流付近に現れる（2.1.6項）．$2n$ 次の偶数次歪みによる直流付近の歪み信号の帯域は，元の信号の帯域の $2n$ 倍に広がる．このことにより，信号が広帯域になるにつれて，トランジスタから電源を見たインピーダンスが無視できなくなる．結果として，低周波歪みの電流に応じてトランジスタの動作電圧が揺さぶられる．これにより搬送波信号が変調を受け，帯域内に新たな歪み成分が発生する．しかも，この歪み成分は電源回路のインピーダンスの周波数特性 $H(\omega)$ をそのまま反映する．$2n$ 次の偶数次歪みを考えよう．直流成分は，複素ベースバンド信号を $x(t)$ とするとき $|x(t)|^{2i}$ となるので，これによる搬送波歪みはつぎのように書ける．

$$y(t) = \left[b_i |x(t)|^{2i} * h(t)\right] x(t)$$

ここで，b_i は定数，$h(t)$ は電源回路のインパルス応答であり，$H(\omega)$ の逆フーリエ変換で与えられる．サンプル値表現を用いると

$$y(n) = \sum_{j=0}^{M} h(j) \sum_{i=0}^{N} b_i |x(n-j)|^{2i} x(n) \tag{8.11}$$

となる．これは，振幅級数モデルと呼ばれる[23]．もし，電源回路のインピーダンスをインダクタンス L のみで表し，電流を $|x(t)|^{2i}$ とすれば，電圧は $v_i(t) = L d|x(t)|^{2i}/dx$ である．微分を差分で近似して

$$y(n) = \sum_{i=0}^{N} b_i \left[\left| x(n) \right|^{2i} - \left| x(n-1) \right|^{2i} \right] x(n)$$

となる。

　メモリ効果を含んで増幅器の歪み特性を最も一般的に表現する方法はボルテラ級である（2.1.5項）。サンプル値表現を用いると，それは，つぎのように書ける。

$$y(n) = \sum_{k=1}^{K} \sum_{i_1=0}^{M} \cdots \sum_{i_p=0}^{M} h_p(i_1, i_2, \cdots, i_p) \prod_{j=1}^{k} x(n-i_j) \tag{8.12}$$

ここで，$h_p(i_1, i_2, \cdots, i_p)$ はモデルパラメータ，K は非線形歪みの最高次数，M はメモリ長である。

　この表現はパラメータの数が多いので実用的でない。これを簡略化したものがメモリ級数モデル[24]であり，つぎのように書ける。

$$y(n) = \sum_{j=0}^{M} \sum_{i=1}^{N} a_{ji} \left| x(n-j) \right|^{i-1} x(n-j)$$

これは，式(8.12)を行列表現したときに対角項のみを用いていることになる。また，歪みの次数を偶数次のみならず，奇数次にも拡張したものとなっている。このモデルは，式(8.11)に現れる $\left| x(n-j) \right|^{2i} x(n)$ の項（非対角項）を表現できない。この項は，増幅器の実際の動作を表現しているので重要である。そのために，メモリ級数を拡大した，一般化メモリ級数が提案されている[25]。

　メモリ効果は信号が広帯域になったときのみ無視できなくなるので，瞬時モデルから出発して，メモリ効果を表現する回路ブロックを個別に追加するのは，自然な成行きである。このとき，直列モデルと並列モデルがある（図8.29）。直列モデルはどちらを先にするかで二つの構成に分けられる。直列モデルに対する逆回路は，二つの回路ブロックの接続順と逆に接続した直列回路を設け，それぞれの逆回路をつくればよい。並列モデルに対しては，歪み成分を帰還部とする負帰還回路をつくればよい（図8.30）。この場合に，メモリがない歪み成分を負帰還する回路の出力は，メモリ回路のように時間を進めなが

(a) 直列型　　　　　　　　　**(b) 並列型**

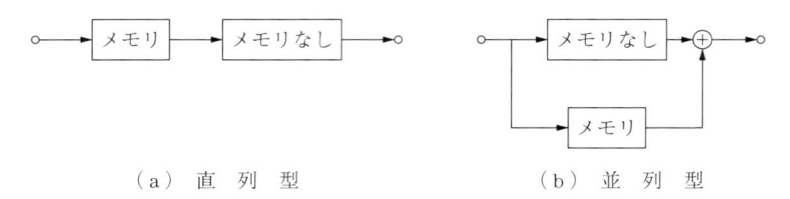

図 8.29　メモリ効果を考慮した増幅器のモデル

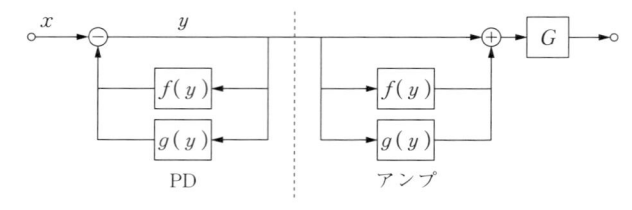

図 8.30　並列型増幅器モデルに対するプレディストータの構成

ら求めることはできないで，非線形方程式を解かなければならない．このとき，以下のように時間を止めて反復的に解くことができる．初期値を $y_0 = x$ として，$y_n = y_{n-1}$ ($n = 1, 2, \cdots$) と繰り返して，これを収束するまで続ければよい．非線形歪みが小さいときには，少ない回数で収束する．

逆回路である PD によって，増幅器の出力から完全に歪みを取り除くことは実際上，無理である．なぜなら，PD のモデルが不完全であり，また回路規模および演算精度が有限であるからである．場合によっては，逆回路が存在しないときがある．例えば，飽和領域を越える入力に対して線形に戻すことは不可能である．したがって，なんらかの評価基準の下で最良のパラメータを決定し，近似的に逆回路を実現することになる．よく使われる評価基準は，理想的な出力と実際に得られる出力との誤差の2乗の平均値を最小にする MMSE 基準である．入力信号を $x(t)$，実際の出力を $z(t)$，線形利得を G とするとき，平均二乗誤差はつぎのように定義される．

$$J = \left\langle |z(t) - Gx(t)|^2 \right\rangle$$

この基準を用いるときの留意点として，PD と増幅器には必ず時間遅延 $\Delta\tau$ があるので，これを推定し，上式において $x(t - \Delta\tau)$ と補正しなければならない．

$\Delta \tau$ の推定誤差の影響は,信号が広帯域になるに従い大きくなる.このような煩わしさを避けるために,非線形歪みによって生じる帯域外輻射電力を観測し,これを最小にするPDのパラメータを決定する方法[26]がある.この方式の欠点は,帯域内の歪みを減少させる効果が低いことである.

MMSE基準を用いたとして,最適パラメータを決定するアルゴリズムはいくつか考えられる.最も一般的に用いることができる方法は,パラメータを試行錯誤的に変化させて,最適値を探索する摂動法である.微係数を用いて,反復的に最適解に近づく最急降下法も考えられる.ここでは,逆回路の性質を使って,解を簡単に求める方法[27]を紹介する.この方法は,図8.31に示すように,間接学習型のメモリ級数PDを仮定する.逆回路は増幅器の後に接続してもよいので,増幅器の入力 $y(n)$ と PD の出力 $\hat{y}(n)$ は理想的な場合には一致する.ここで,増幅器の線形利得 G を考慮して,PDの入力を G で割り算してある.PDの入出力関係をメモリ級数で表す.

$$\hat{y}(n) = \sum_{k=1}^{K} \sum_{q=0}^{Q} a_{kq} u_{kq}(n)$$

ここで,$u_{kq}(n) = |x(n-q)|^{k-1} x(n-q)$, $x(n) = z(n)/G$ である.

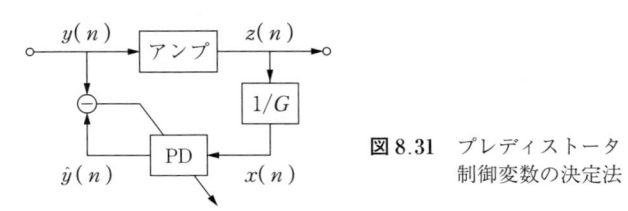

図8.31 プレディストータ制御変数の決定法

$\hat{y}(n)$ が変数 a_{kq} に対して線形であるので,以下のように線形演算によってMMSE基準での最適値が求まる.増幅器の入出力信号 $y(n), z(n)$ を N 個取得したものとする.平均二乗誤差はつぎのように表される.

$$J = \sum_{n=1}^{N} |y(n) - \hat{y}(n)|^2 = \sum_{n=1}^{N} \left| y(n) - \sum_{k=1}^{K} \sum_{q=0}^{Q} a_{kq} u_{kq}(n) \right|^2$$

これを,a_{lm}^* で偏微分する.

$$\frac{\partial}{\partial a_{lm}^*}J = \sum_{n=1}^{N}\left[y(n) - \sum_{k=1}^{K}\sum_{q=0}^{Q} a_{kq}u_{kq}(n)\right]\left(-u_{lm}^*\right)$$

$$(l=1,2,\cdots,K,\quad m=0,1,\cdots,Q)$$

$\partial J/\partial a_{lm}^* = 0$ とおけば,つぎの,$K(Q+1)$ 個の連立1次方程式を得る。

$$\sum_{k=1}^{K}\sum_{q=0}^{Q} c_{kqlm}a_{kq} = d_{lm}$$

ここで,$c_{kqlm} = \sum_{n=1}^{N} u_{kq}(n)u_{lm}^*(n)$, $d_{lm} = \sum_{n=1}^{N} y(n)u_{lm}^*(n)$ とおいた。上の連立方程式を解けば,最適な a_{kq} が得られる。

連立方程式を解く代わりに,最小平均二乗アルゴリズム(LMS,2.5.2項)を用いて,反復的に解くことができる。すなわち

$$a_{kq}(n+1) = a_{kq}(n) - \mu\frac{\partial}{\partial a_{lm}^*}J(n) = a_{kq}(n) + \mu\varepsilon(n)u_{lm}^*(n) \quad (n=0,1,\cdots)$$

ここで,$\varepsilon(n) = y(n) - \hat{y}(n)$,$\mu$ は正の小さな定数である。

以上では,メモリ級数のみを用いたが,級数 $u_{kq}(n)$ は任意であるので,別の級数,例えば,$b_{qi}|y(n-q)|^{i-1}y(n)$ などを加えても(b_{qi} は新しい変数),同じ方法を用いることができる。

(b) 直交級数展開 LMSアルゴリズムを用いて,反復演算の収束速度を上げる方法として,直交級数を用いる方法が知られている[28]。出力 y が入力 x の級数で与えられるものとする。直交級数 $\varphi_k(x)$ はつぎのように定義される。

$$\langle \varphi_k(x)\varphi_l^*(x)\rangle = \sum_{n=1}^{N} \varphi_k(x(n))\varphi_l^*(x(n)) = \delta_{kl}$$

δ_{kl} は,$k=l$ のとき1,$k\neq l$ ののとき0をとる(クロネッカーのデルタ)。$\varphi_k(x)$ をつぎのように,級数で表すものとする。

$$\varphi_k(x) = \sum_{i=0}^{k} c_{ki}u_i(x)$$

ここで,$u_i(x)$ は x の級数であり,例えば,$u_i(x) = |x|^{2i}x$ と表される。$y = \sum_{k=0}^{N} a_k u_k(x)$,$\hat{y} = \sum_{k=0}^{N} \hat{a}_k u_k(x)$ の代わりに,それぞれ $y = \sum_{k=0}^{N} b_k \varphi_k(x)$,

$\hat{y} = \sum_{k=0}^{N} \hat{b}_k \varphi_k(x)$ と表せば，LMS アルゴリズムを適用するとき，係数 $b_k(n)$ の更新量 $\Delta b_k(n) = \mu[y(n) - \hat{y}(n)]\varphi_k^*[x(n)]$ の項は，$\varphi_k(x)$ の直交性のために他の係数の変化分 $\Delta b_l(n)$ $(l \neq k)$ に平均的に独立になり，その影響を受けない。これにより，収束速度が上がる。

$\varphi_k(x) = \sum_{i=0}^{k} c_{ki} u_i(x)$ の展開係数 c_{ki} は，直交関係式を用いて c_{10} から順に求められる。

〔5〕 **ピーク対平均電力比の低減法** 信号の尖頭値（ピーク）対平均電力比（PAPR）の値は電力増幅において，電源電力効率と非線形歪みを両立させる際に大きな影響を与える。非線形歪みを一定値以下にするときに PAPR が大きいと，平均電力は増幅器の尖頭値出力から大きく下げ（バックオフ）なければならない。そのため電力効率が低下する。この点から，PAPR の低い変調方式，例えばオフセット PSK や HPSK が望ましい（6.3節）。ただし，これらの変調方式であっても，送信側で予等化（フィルタリング，7.3.6項）を行うと PAPR が増加する。その他にも，OFDM や CDM のように同一時刻で複数の信号を加算（多重）して伝送すると，変調方式にほとんど関係せずに PAPR の値が増大する。ここでは，OFDM 伝送を前提として，PAPR を下げる方法を説明する[29]。

PAPR を下げる際に，平均電力は受信信号品質を確保するために動かせないので，ピーク電力を下げることになる。ピーク電力は各信号が同相で加算されるときに発生するので，各信号の位相が同相にならないように位相を制御することがまず考えられる。具体的には，各副搬送波の位相を PAPR が低下するように調整する。ただし，受信側でこの操作を元に戻す必要があるので，そのための（副）情報（side information）をデータ信号と別に送信しなければならない。副搬送波の位相を細かく変化させるのは，最適位相の探索のための計算量が多くなるとともに，副情報の量が増えて，伝送効率が低下する。これを防ぐために，位相制御を少数の代表的なパターンに限定し，その中から PAPR が最小になる一つを選ぶ方法が，選択的マッピング（selective mapping，SLM）

として知られている。副情報としては，選んだパターンを表す番号を送信すればよい。副搬送波の数が増えるとパターンの数が増加するので，いくつかの副搬送波をまとめてブロックをつくり，このブロック内では同じ位相制御を行う方式がある（partial transmit sequence，PTS）。

その他の方法として，決められた周波数に余分な副搬送波を設け，ここにピークを打ち消すような信号を注入するものがある[30]。この方法は，副情報を送信する必要がない。

以上の方法は，送信する信号に歪みを与えることはない。これに対して，ピーククリッピング・フィルタリング（peak clipping and filtering）法は信号に歪みを与える。この方法は，ピーク電力を決められた値になるように制御（クリップ）したのち，帯域制限フィルタに通す。クリッピングは非線形処理であるために，帯域外（不要）スペクトル成分を生じる。これを抑圧するために，フィルタにより帯域制限を行う。帯域制限を行うとピーク電力が新たに設定値を越えることがあるので，この処理を複数回行うことがある。帯域制限処理では帯域内の歪み成分は除去できないので，変調精度，例えば，その指標であるEVM（error vector magnitude）の値を劣化させる。この方式は副情報を必要としないこと，信号処理量が比較的に少ないこと，ピーク抑圧のための標準化仕様を定める必要がないことで，最も実際的な方法である。この方法を用いた場合のCCDF（6.3.1項）の変化の例を**図8.32**に示す。ピーク電力の設定値を低くするに従いEVMの値が大きくなるので，これらの兼合いが重要となる。

ドハーティ電力増幅器　電力増幅器の線形性と電源効率を両立させるために，非線形歪み補償やピーク対平均電力比の低減は有効であるものの，入力信号電力が低いときには，電源効率の改善効果は少ない。したがって，電力増幅器そのものの特性を改善しなければならない。その最も有効な方法が，1936年にドハーティ（W.H. Doherty）によって発明された増幅方式である[31]。この技術は現代の信号処理技術を駆使したディジタルプレディストータと組み合わされて，基地局用増幅器の主流になっている。ここでは，その概略を説明する。

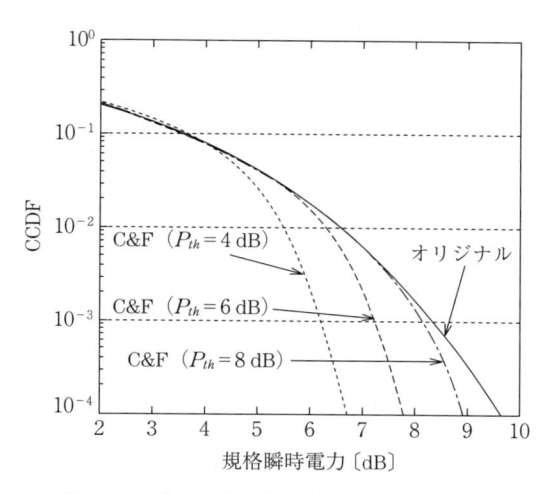

図 8.32 ピーク対平均電力比抑圧特性の例
(128 キャリア OFDM 信号)

原理を理解するためには，ドハーティ増幅器よりも古くから知られている平衡 (push-pull) 型増幅器と対比して考えるのがよい．ドハーティ自身もこのような道筋で新しい方式の考案に至ったのかもしれない．平衡型増幅器を**図 8.33** に示す．入力信号を逆位相になるよう分配し，おのおので B 級増幅回路を駆動する．B 級増幅であるから，信号が正の極性のときには一方の増幅器で増幅し，負の極性のときには他方の増幅器が動作する．二つの増幅器出力を負荷に対して直列に接続することにより合成する．B 級増幅により電力効率に優れるとともに，平衡動作により線形性も保つことができる．ただし，どちらも

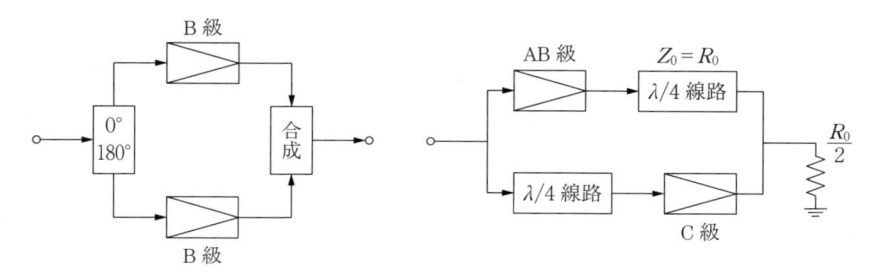

図 8.33 平衡増幅器

図 8.34 ドハーティ増幅器

B級増幅であるため，入力信号レベルが低いときには，電源効率が低下する。この問題を解決するために，一方の増幅器をAB級に設定し，他方をC級で動作させた場合を考えよう。低入力電力時にはAB級増幅器が早く飽和するので，このときの電源効率を改善できる。高入力電力時にはC級（ピーク）増幅器が動作するので，合成した出力電力は，飽和点付近では元の平衡型増幅器とさほど変らないであろう。この方法の欠点は非線形歪みが大きいことである。入力レベルを次第に高くしていき，C級増幅器が動作を始めると出力が急激に増加するので，入出力特性が直線から大きくずれるからである。別の見方をすると，この入力レベルを境にして，利得が急に変化（高く）することになる。

ドハーティ増幅器（図8.34）では，AB級とC級の増幅器を並列動作させるので，低入力レベルでの電源効率が図8.35に示すように，平衡型増幅器と比べて改善されている。ここで，電源効率は，出力電力から入力電力を差し引いた電力の直流電力に対する比で定義している。図に示すように，入力電力対出力電力の関係もかなりよい直線性を示している。このように，ドハーティ増幅器において線形性の劣化を防止できるのは，電力合成を行うときにインピーダ

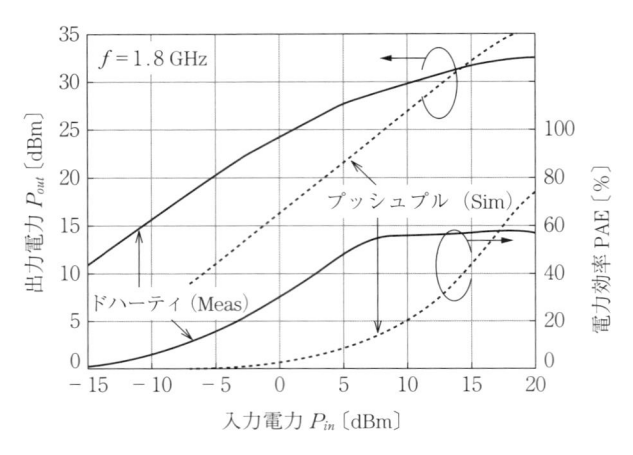

図8.35　ドハーティ増幅器の入力電力に対する出力電力および電源効率（PAE）の例（プッシュプル増幅器の特性も併せて示す。データは，電通大，本城教授のご厚意による）

ンス変換回路（1/4波長線路）を使用しているところにある．これにより，ピーク（C級）増幅器が動作し始めると同時に，キャリア（AB級）増幅器の利得が自動的に低下する．その動作機構を以下に説明する．ドハーティ増幅器の負荷抵抗を $R_0/2$ とする．キャリア増幅器の出力は特性インピーダンスが R_0 の1/4波長線路を介して，ピーク増幅器の出力が並列に負荷に接続されている．低入力レベル時には，ピーク増幅器は動作しないので，負荷側から見たインピーダンスは，原理的には無限大になる．したがって，1/4波長線路には，$R_0/2$ の負荷が接続されているのと等価である．このとき，キャリア増幅器の出力から1/4波長線路を見込んだインピーダンスは，1/4波長線路の一般的な性質より（付録8.1）

$$Z_{in} = \frac{R_0^2}{R_L(=R_0/2)} = 2R_0$$

となる．ここで，R_L は1/4波長線路の先端に接続されたインピーダンスである．これより，キャリア増幅器の負荷は $2R_0$ となる．

つぎに，ピーク増幅器が動作状態になった場合を考える．キャリア増幅器とピーク増幅器の出力電流が位相も含めて（ピーク増幅器の入力側にある1/4波長線路は位相を合わせるため），等しいとすると，おのおのの増幅器の出力から見た負荷インピーダンスは，相手側からの電流の寄与分を考えて，R_0 となる．このとき，キャリア増幅器の出力から見たインピーダンスは，$Z_{in}=R_0^2/R_0=R_0$ となる．増幅器に用いるトランジスタは電流源で近似できるので，負荷抵抗が $2R_0$ から R_0 に減少すると，出力電力は半分になる．したがって，利得が半分になる．以上により，ピーク増幅器の動作に合わせて利得が調整され，結果として，利得対入力レベル特性が全入力レベル領域で平たんに近くなる．すなわち，増幅器全体の直線性が保たれることになる．実際には，線形性は十分ではなく，なんらかの非線形歪み補償が必要である．ドハーティの論文では，用途がアナログAM放送であり帯域が狭いので，負帰還が用いられている．セルラーシステム基地局用途に，ディジタルプレディストータを適用したドハーティ電力増幅器の特性例を**図**8.36に示す．

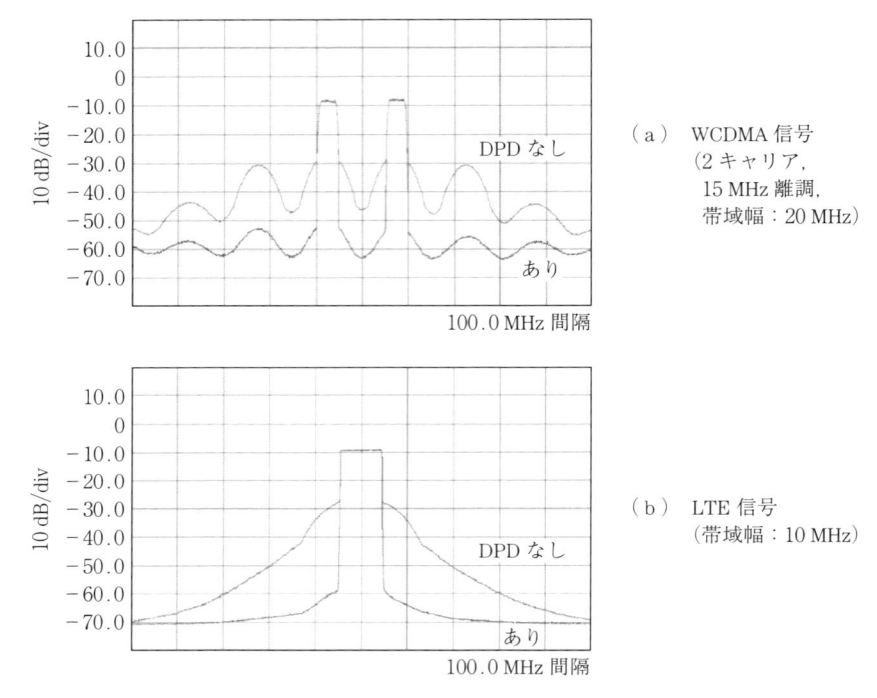

516   8. ディジタル移動無線システムの装置と回路

図8.36 ディジタルプレディストータを適用したドハーティ電力増幅器の特性
（周波数帯：2 GHz帯，送信電力：40 W，最終段PAドレイン効率：50～60%，トランジスタ：GaN，データは(株)日立国際電気のご厚意による）

(a) WCDMA信号
（2キャリア，15 MHz離調，帯域幅：20 MHz）

(b) LTE信号
（帯域幅：10 MHz）

8.6.4 送信電力制御

送信電力制御は不必要に大きな電力での送信を抑えるので，他の信号に与える干渉を減少させる。送信電力制御回路の実現の難しさは，使用する送信電力増幅器の型式，すなわち増幅器（例えばCクラス増幅器）か（準）線形増幅器かによって異なる。Cクラス増幅器とABクラスの増幅器の入出力特性を**図8.37**に示す。Cクラス増幅器では，入力信号レベルがわずかに変化しても出力電力は大きく変化するので，出力電力を制御するのは困難である。そのためには帰還制御技術をとるより他はないであろう。これに対して，準線形電力増幅器では，単に入力に可変減衰器を設けるだけでよい（フィードフォワード制

8.6 送信回路

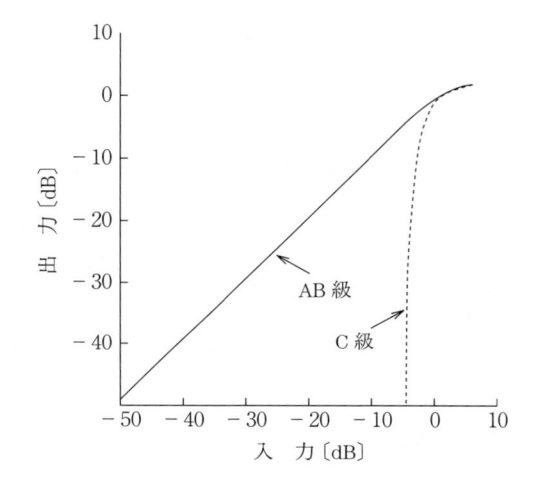

図 8.37 AB 級および C 級増幅器の入出力関係

御)。

　送信電力制御は TDMA 方式でのバースト信号伝送に必要である．スペクトルの広がりを防ぐために，バースト信号上の立上りと立下りにおいて，それぞれ出力信号レベルをゆるやかに上昇，および下降させなければならない．この目的のために，出力信号レベルの制御を行った電力増幅器を**図 8.38** に示す．C クラスの増幅器を仮定している．線形電力増幅器においては，このような帰還制御は不要である．そのため，定振幅変調の場合でも，TDMA 方式では（準）線形電力増幅器をよく用いる．線形電力増幅器を用いると，5.2 節で述べた定振幅変調方式の利点を減少させることになる．

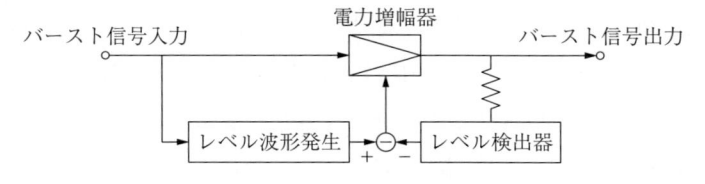

図 8.38 出力レベル波形を制御した増幅器

　送信電力制御はフェージング伝送路に追随して動作させることもある．このとき，前方帰還（フィードフォワード）と後方帰還（フィードバック）制御の2 通りが知られている．前者は，一つの周波数を使った時分割送受信多重方式

のように,上りと下りの回線間の相関が高い場合に用いられる。後者は,上下回線の相関が期待できない2周波送受信多重方式で用いられる。帰還制御では,受信信号レベルを送信側へ通知することにより,送信電力制御を行う。

高速フェージング伝送路では,自動送信電力制御の追随速度が重要である。このためには,過去の信号レベルをも用いて信号レベルを予測するのが効果的である。信号レベルの予測を信号振幅に基づいて行うのは効果的ではない。なぜなら,振幅は,フェージングにより鋭角的に減衰する動きをするからである。代わりに,受信信号の同相信号および直交信号に基づいて予測するのがよい[32]。このような成分は連続的な変化を行うからである。

電力制御には,異なる二つの基準が用いられる。一つは,受信信号レベルを一定に保つものであり,他の一つは信号対干渉電力比をある値に保つものである。後者に対して,分散制御による方法が文献33)で検討されている。このとき,システムを安定にするための自動送信電力制御を行う方法も提案されている[34]。

8.7 受 信 回 路

8.7.1 AGC 回 路

AGC (automatic gain control) 回路は,移動無線伝送路での受信レベルの広範囲の変動に対処するために必要である。定包絡線信号には,AGC回路に代わって振幅制御(リミタ)を用いることができる。ただし,この種の変調の場合にも,伝送歪み等化を行う場合にはAGC回路が必要である。歪んだ信号を振幅制御すると,その非線形操作のために等化が困難になるからである。

よく用いられるAGC回路を**図**8.39に示す。変調による振幅変動の影響を避けるため,無変調のパイロット信号を用いることもある。出力信号は帰還制御により一定の値に保たれる。変調信号の振幅変動に追随しないように,低域通過フィルタの帯域は狭くしなければならない。この方式では,追随速度対動作の安定性が問題となる。

8.7 受信回路

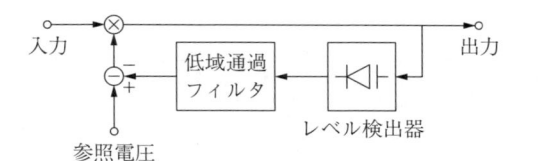

図8.39 帰還制御を用いた自動利得制御回路

フィードフォワードAGC回路を**図8.40**に示す．平均信号レベルを検出したのち，この逆数を入力信号に乗算することで，非変調信号波形を保ちながら，信号レベルを一定にしている．フィードフォワードAGCの他の方式を**図8.41**に示す．受信信号の振幅制御と振幅検出を並行して行う．振幅検出は変調による信号の振幅の変化のみを扱い（フェージングによるゆっくりした変動には追随しない），振幅制御出力に乗算することにより，一定レベルの信号を得ている．

図8.40 前方制御型自動利得制御回路

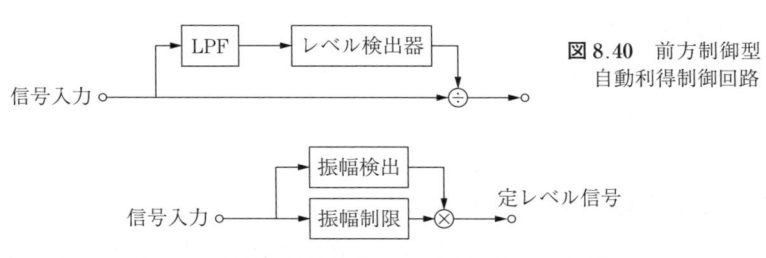

図8.41 振幅制限器を用いた前方帰還自動利得調整

図8.42に示すもの[35)]はAGC回路ではない．しかしAGCと同様，信号レベルの変動範囲が大きいという問題を解決している．入力信号を対数増幅器に加える．典型的な対数増幅器の構成を**図8.43**に示す．対数増幅器は入力信号レベルの対数（RSSI（received signal strength indicator）と呼ばれることもある）

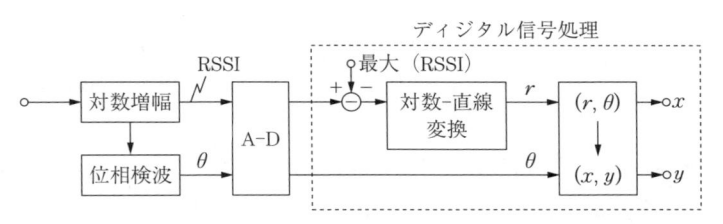

図8.42 広いダイナミック領域に対応するディジタル信号処理受信機

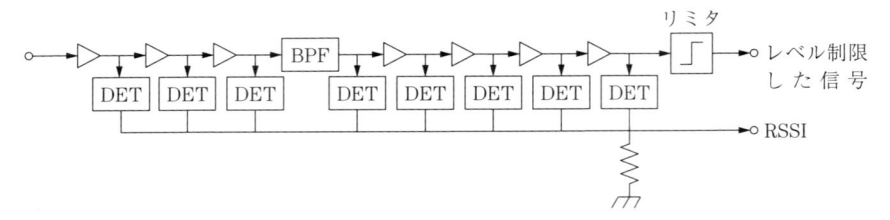

520   8. ディジタル移動無線システムの装置と回路

図 8.43 RSSI を用いた対数増幅器

と，振幅制御した信号を出力する。

　振幅制御した信号は位相検出器に入力される。検出した位相 θ と RSSI 信号はアナログ-ディジタル変換器でディジタル信号に変換される。対数増幅器により信号レベルが圧縮されるので，アナログ-ディジタル変換器の動作レベル範囲の問題が軽減できる。サンプルした RSSI 信号の一つのブロックのうち最大値を見つけ，これをサンプル値から引き算することにより受信信号レベルを規格化している。これよりのち，RSSI 信号は対数を元に戻す処理が行われる。位相と振幅を直交成分に変換して，復調などのつぎの処理を行う。

8.7.2　論理回路を用いた信号処理

　ここでは，ベースバンドパルス信号および角度変調信号を 2 値の論理信号に変換したのち，論理回路で処理を行う回路について説明する。

　遅延回路は**図 8.44** に示すようにシフトレジスタで実現できる。遅延時間は，クロック周波数とシフトレジスタの段数で正確に定めることができる。信号周波数が高くなるか，または遅延時間が長くなると，シフトレジスタの規模が大きくなる。

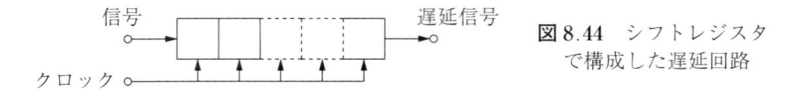

図 8.44　シフトレジスタで構成した遅延回路

　図 8.45 は入力信号の移動平均をとる回路を示す。移動平均は，伝達関数 $H(\omega) = \sin(\omega T)/\omega T$ を有する低域通過フィルタと等価である。ここで，T は平均をとる周期である。移動平均は，サンプル時刻において積分放電フィルタ

図 8.45 移動平均回路

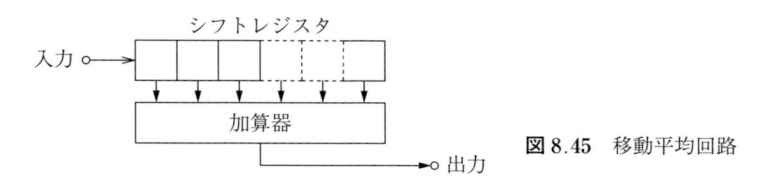

と等価でもある（2.3.2 項）。

時間微分と整流を行う回路を**図 8.46**(a)に示す。その動作の説明図を図(b)に示す。この回路はクロック再生において有用である。

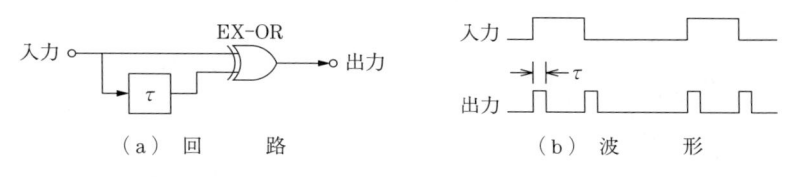

図 8.46 ディジタル信号を時間微分して整流を行う回路

位相検出器（比較器）を排他的論理和（EX-OR）出力波形とともに**図 8.47**に示す。図 8.45 に示した移動平均回路を低域通過フィルタ（LPF）として用いることができる。LPF の他の構成法としてカウンタがある。これは，局部信号（位相検波機の一方の入力）の 1 周期内，かつ EX-OR がハイ（high）に

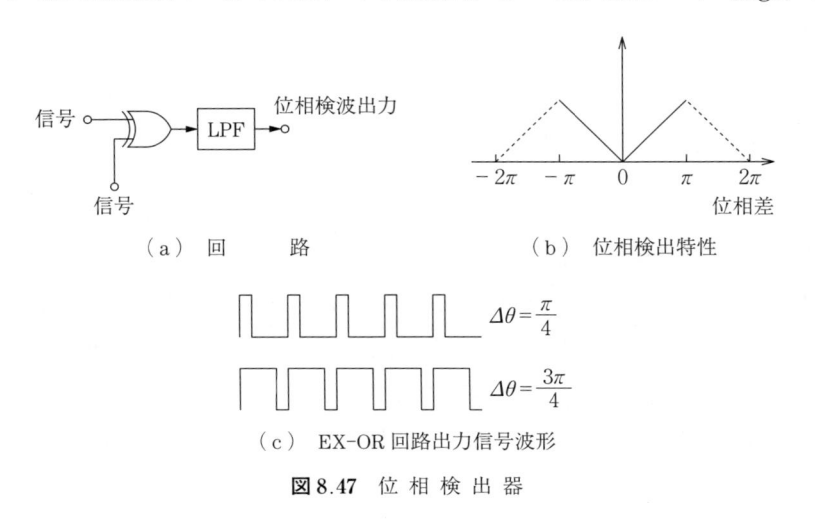

(a) 回　路　　　　　(b) 位相検出特性

$\Delta\theta = \dfrac{\pi}{4}$

$\Delta\theta = \dfrac{3\pi}{4}$

（c）　EX-OR 回路出力信号波形

図 8.47　位 相 検 出 器

なる時間内で高速パルスの数を数える。数えた数値は二つの信号の間の位相差に比例する。したがって，位相検出特性は直線になる（アナログ乗算回路によるそれは sin 特性）。この位相検出器は位相差が $0\sim\pi$ の範囲で動作する。この回路は，LPF の遮断周波数を的確に設定すれば，周波数（下方）変換器として動作する。直交位相検波器を図 8.48 に示す。この回路は位相差が $-\pi\sim\pi$ の間で動作する。

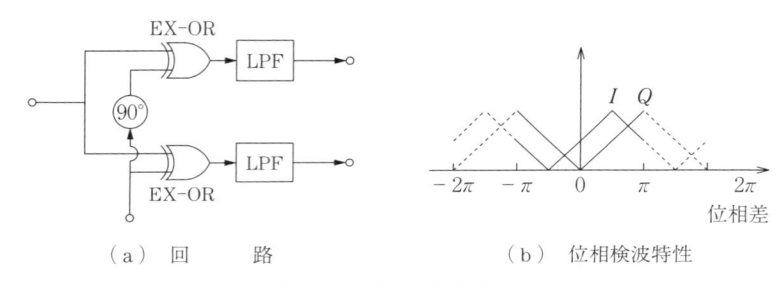

図 8.48　直交位相検出器

位相差を二つの状態として，すなわち位相が進んでいるか遅れているかを検出する回路を，図 8.49 に示す。これは D 型フリップフロップ回路である。この位相検出器では LPF を必要としない。

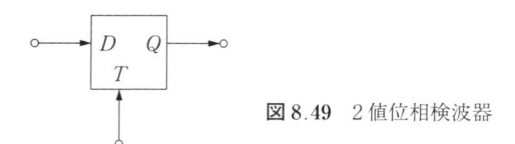

図 8.49　2 値位相検波器

8.7.3　復　　調　　器

MSK, GMSK, および Tamed FM に対する同期検波回路を図 8.50 に示す[36]。入力信号は，帯域通過フィルタで帯域制限されたのち，論理信号に変換されているものとする。この回路の大半は論理回路で構成されている。この回路の動作は，先に述べた回路素子を参照しながら，図 6.11 に示した回路と比較することにより理解できよう。

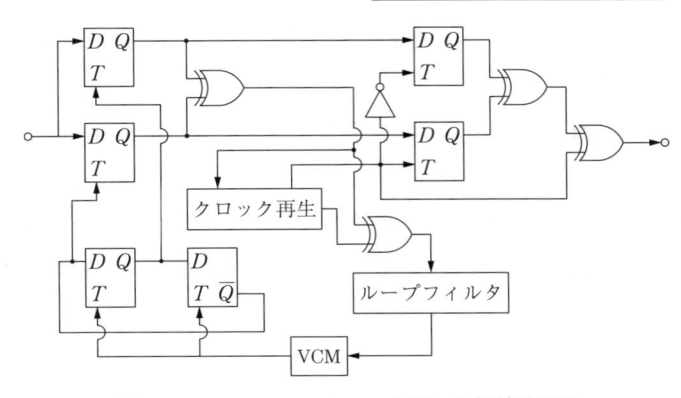

図 8.50 MSK, GMSK, TFM 信号の同期検波回路

　同期検波は，非同期検波（例えば差動検波）に比べて静的，あるいは低速なフェージング伝送路ではよりよい特性を示すものの，高速フェージング下では誤り率のフロアが高くなり，特性が劣る。高速フェージング下において特性を改善した同期検波器を**図 8.51** に示す[48]。この復調器は，二つの動作モードを有している。フェージング速度が遅くかつ信号レベルが低いときには，通常のコスタスループによる搬送波再生モードとなり，その他のときには適応キャリア追跡モードとなる。適応キャリア追跡モードでは，高速フェージングにより搬送波位相がある基準値以上ずれると，これを補正している。適応キャリア追跡モードの動作は差動検波と等価である。

　QPSK あるいは $\pi/4$ シフト QPSK の差動検波は，中間周波帯で遅延線と位相

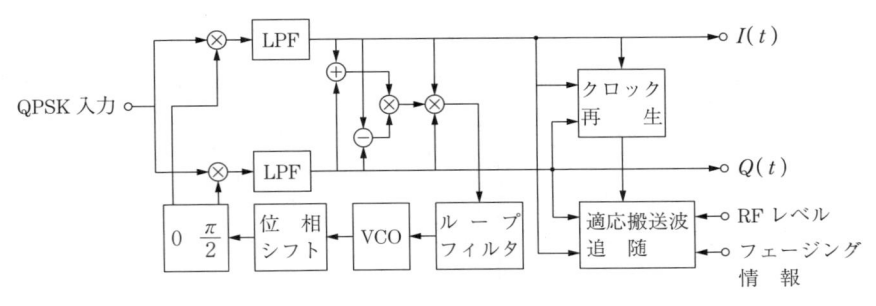

図 8.51 コスタスループと適応搬送波追随を用いた 2 重動作モード搬送波再生回路図

検波器により構成できる．遅延線を用いる代わりに，準同期局発信号に対する瞬時位相を検出する方法が知られている．これを図 8.52 に示す．論理回路で実装した復調器を図 8.53 に示す．直交検波器を排他的論理和（EX-OR）回路とカウンタにより構成している．図 8.48 に示された位相検出特性により，瞬時位相 θ は θ の絶対値と符号により表されることがわかる．この事実に基づいた差動検波器を図 8.54 に示す．D 型フリップフロップは以前に説明したように位相差の符号（2 値位相）を検出する．復調後合成ダイバーシチを含んだ全ディジタル差動検波器は文献 37)に紹介されている．

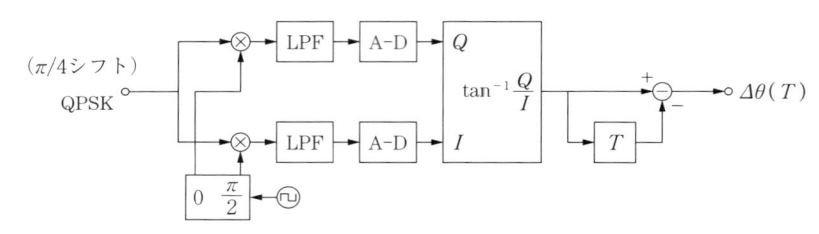

図 8.52 $\pi/4$ シフト QPSK の差動検波器

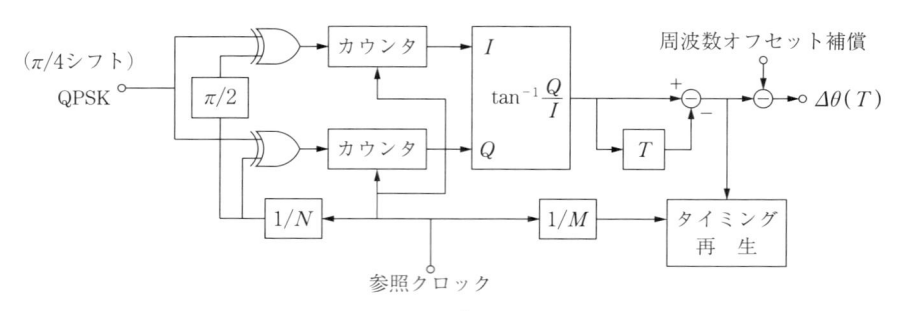

図 8.53 論理回路で構成した（$\pi/4$ シフト）QPSK の差動検波器

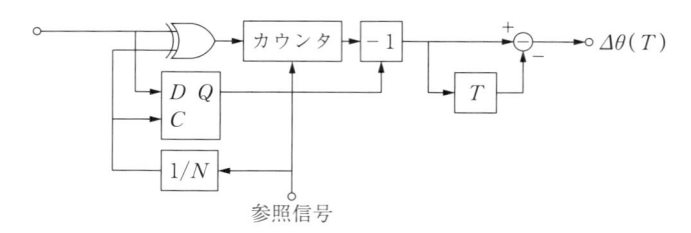

図 8.54 排他的論理和位相検波と 2 値位相検波器を用いた差動検波器

8.7 受信回路　525

　搬送波周波数にオフセットがあると，差動検波の誤り率特性が劣化する。周波数オフセットを $\Delta\omega$ とすると，検波誤位相（差）$\Delta\theta(T)$ に余分な位相シフト $\Delta\omega T$ が付加される。$\pi/4$ シフト QPSK では，信号の位相シフトは $\pm\pi/4$，$\pm 3\pi/4$ であるから，これからの位相誤差を使って周波数オフセット補正できる[38]。

　2値 FM に対する直接変換復調器を図 8.55 に示すように構成できる[39]。リミタと D 型フリップフロップを復調器に用いている。この復調の原理は，直交（2次元）平面内における信号の軌跡（局発信号に対する）回転方向を検出するものである。信号の周波数が局発信号よりも高（低）ければ，左（右）回転する。信号が 2π 回転するごとに1回の検出が行われる。したがって，この復調器は変調指数が2以下では対応できない。図 8.56 に示す復調器により，2π 回転ごとに4回の検出が可能になる[40]。検出は直交信号の立上りおよび立下り時刻で行われる。他の復調器を図 8.57 に示す[41]。この復調基の原理は，周波数2逓倍をベースバンドで等価的に行った信号の回転方向を検出している

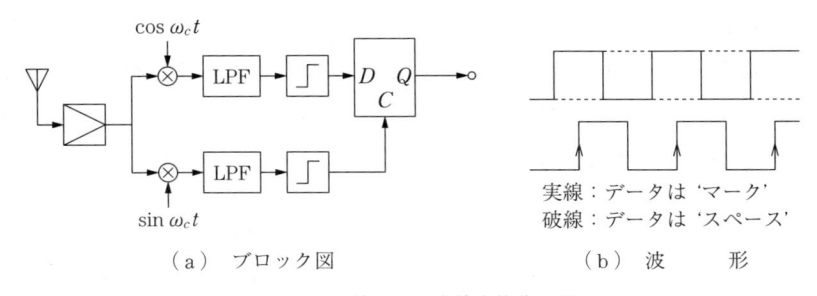

図 8.55　2値 FM 用直接変換復調器

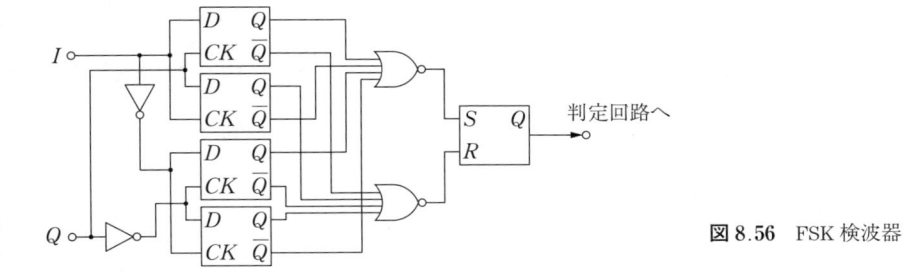

図 8.56　FSK 検波器

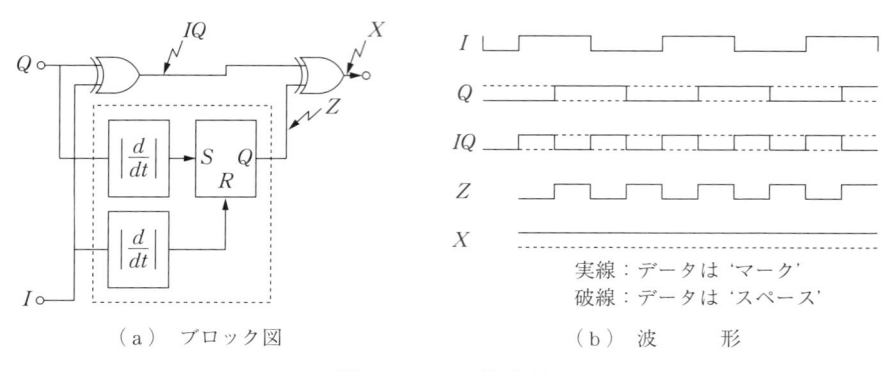

図 8.57 FSK 検波器

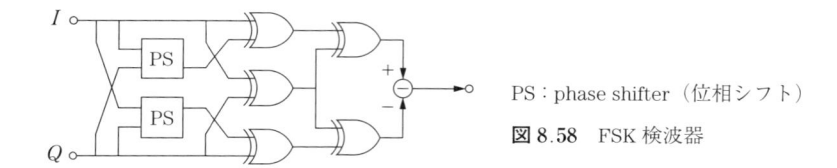

(a) ブロック図　　(b) 波　形

実線：データは'マーク'
破線：データは'スペース'

PS：phase shifter（位相シフト）

図 8.58 FSK 検波器

ものである。**図 8.58** にまた別の復調器を示す[42]。この回路も周波数2逓倍の概念により動作している。

群変調器（group modulator）あるいはその相手側である群復調器（group demodulator）は，周波数軸多重された信号の変調/復調を行うものである（**図 8.59**）。これは同一時刻に複数の信号を変調/復調する。したがって，マルチ

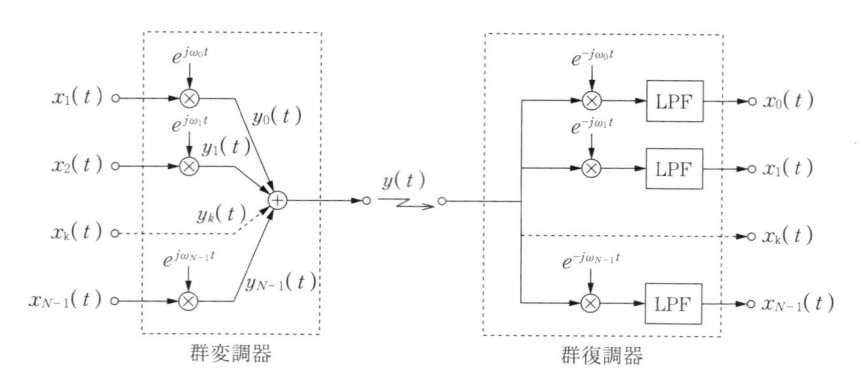

図 8.59 群変調器と群復調器

キャリア伝送方式や FDM 方式の基地局の送受信器に用いられている．ディジタル信号処理による回路実現法は，すでに 6.5 節で述べた．

8.8 直流遮断および直流オフセットへの対策

　直流遮断あるいは交流結合は，ベースバンド信号が回路の直流オフセットにより影響を受けるのを防いでくれる．直流遮断伝送路でディジタル信号を伝送するために，直流成分を含まない波形を用いる．例えば，スペクトル特性を犠牲にしてマンチェスター符号（3.2.4 項）を用いる．

　他の方法として，直流遮断伝送路による波形歪みを補償する．**図 8.60** にディジタル伝送路に対するそのような方法を示す．失われた直流成分を受信データ信号を低域フィルタに入力することにより再生している．これは判定帰還等化器（7.3.3 項）となっている．

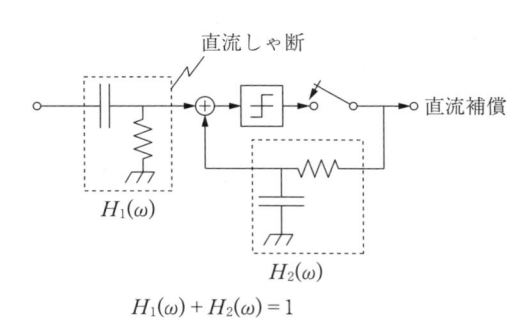

$$H_1(\omega) + H_2(\omega) = 1$$

図 8.60　ディジタル信号に対する直流補償回路

　直流オフセット対策として，**図 8.61** に示すように，直流オフセットの値を検出してこれを入力信号から差し引く方法もある．積分器は低域通過フィルタで置き換えてよい．このような方法は，**図 8.62** に示すように ALC（automatic level control）回路にも適用できる．直流オフセットとレベルオフセットとの双方を結合して制御する方法が，4 値ディジタル FM/周波数検波方式で用いられている [43]．

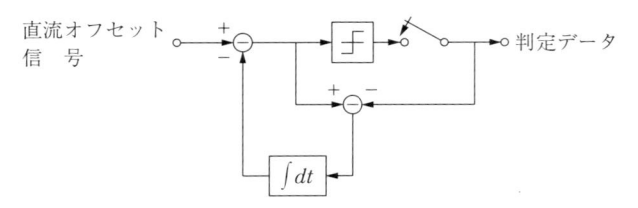

図 8.61 直流オフセット制御回路

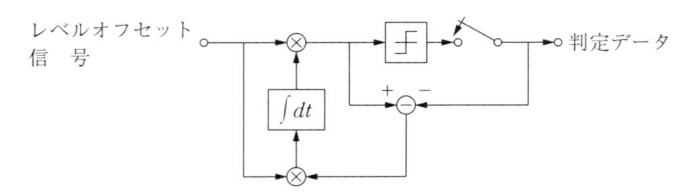

図 8.62 ディジタル信号の自動レベル調整回路

TDMA 方式における基地局受信機では,各バースト信号に対して直流オフセットが異なるので,直流オフセット制御が困難になる。TDMA ディジタル FM/周波数検波方式では,各加入局からのバースト信号の搬送波周波数に差があるので,このような問題が発生する。搬送波周波数の差が直流オフセットの差になって現れるからである。この問題に対して,1 シンボル遅延させた信号を現在の信号から差し引く方法が知られている[44]。このような引き算によって直流オフセットはシンボル速度で取り除くことができる。これは,インパルス応答 $h(t) = \delta(t) - \delta(t - T_s)$ を有するパーシャルレスポンス方式と等価である。ここで T_s はシンボル周期である。しかしこの方式では誤り率特性が劣化する。この特性劣化は,最尤系列推定(ビタビアルゴリズム,3.3.8 項)を行うことで改善される[45]。

バースト信号受信において,図 8.60 および図 8.61 に示した直流オフセットおよびレベルオフセット補償を,プリアングル信号を使って動作させることも知られている[46]。

9 ディジタル移動無線通信システム

ここでは，ディジタル移動無線通信システムについて述べる。基本的な概念を述べたのち，システムについて説明する。この本を書いている時点で，ディジタル移動通信システムは急速に変化しており，新システムが現われている。移動無線システムを本書よりも詳しく知りたい読者は，文献 2), 13), 43), 57)〜67)を参照してほしい。

9.1 基本的な概念

9.1.1 セルラー方式

セルラー方式では，サービス領域をたくさんの小さなゾーン（あるいはセル）で覆っている（**図 9.1**）。一つのセルには一つの基地局が対応している。同一チャネル干渉が無視できるセル間で無線チャネルを再利用することができるので，この方式により，システム容量，すなわち収容できる加入者の数を増加できる。セルのグループを繰り返し使用することで，全体のサービス領域に

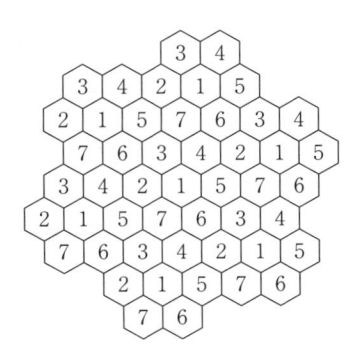

図 9.1 セルラーシステムにおけるゾーン配置の例

対処している。これに加えて，一つの基地局のカバーする領域（セル）が一つの領域でカバーする領域よりもずっと小さくなるので，送信電力を低くできる。反面，セルラー方式では，移動する端末の位置登録やゾーンの境界を越える端末の通話を継続させるためのハンドオフ制御のため，高度な手続きが必要となる。セルラー方式のこのような動作は，電子交換機，周波数合成器を有する無線機，およびディジタル通信などの無線通信技術を含む，近代のネットワーク技術により可能となった。

セルラー方式を支える技術は二つのグループに分けられる。一つは，位置登録，呼出し，ハンドオフなどのシステム制御に関するもの。他のものは周波数スペクトル利用効率に関係する。以下，後者の説明を続ける。

セルラー方式のスペクトル利用効率はつぎのように表される[1]。

$$\eta = \frac{1}{s} \frac{a_c}{2 \Delta w n_g n_z} \tag{9.1}$$

ここで，a_c は基地局当りに運んだ呼量，s は各セルの大きさ，$2\Delta w$ はチャネル対の帯域，n_g はセルグループ数（あるいはセルクラスタ数），n_z はセル当りのチャネル数である。システムの全帯域は $2\Delta w n_g n_z$ となる。セルを小さくすると加入者の密度を上げられるので，システムの全容量は増加する。しかし，より多くの基地局を展開しなければならない。小さなセルグループ数は再利用距離が短いことを意味する。再利用距離は，電波が距離とともにいかに急速に減衰するかということと，同一チャネル干渉に対する保護比がどれだけ大きいかに影響される。

a_c/n_z は，与えられた数のチャネルに対する運ばれた呼量を表している。アーラン B 式[2]を仮定すれば，a_c はチャネル数と呼損率の関数として表される。信号帯域が狭くなれば帯域当りのチャネル数を多くとれる。しかし，一般的に狭帯域信号は干渉保護比を高くとらなければならず，その結果，セルグループ数 n_g が大きくなる。そのため，チャネル当りの最適な帯域を求めるのはやさしくない。

六角形のセル配置を仮定すると，一つのグループに属するセルの数はつぎの

ように与えられる[2]。

$$n_g = \frac{1}{3}\left(\frac{D}{R}\right)^2 = i^2 + j^2 + i\cdot j \qquad (i, i = 1, 2, 3, \cdots)$$

ここで，R はセル半径，D は同一チャネルを使用する最も近いセルの中心の間の距離である。セルグループ数を決めるのは，これがシャドウイング，ゾーン形状，希望波と干渉波信号レベルの相関を含む電波伝搬特性と干渉保護比に依存するので，困難である[3]。

〔1〕 **オムニセル** セル（ゾーン）は一つの基地局のアンテナでカバーされる領域である。無指向性（omnidirectional）アンテナを用いた場合，基地局の周りに円形のゾーンが形成される。セル群を繰り返して，すべてのサービス領域を覆う（基地局配置）方法として，三角形，長方形，六角形などの配置が行われる。六角形配置は，同一チャネル干渉量が与えられた際セル群の大きさが最小になる，という意味で最適である。

〔2〕 **セクタセル** 一つの基地局において，水平面内の異なる方向に N 個のアンテナを用いると，図 9.2 に概念的に示したように N 個のセクタセルが形成される。異なるセクタセルでは異なるチャネルを利用する。セクタセル配置は基地局を展開する効率の点から有利である。一つのオムニセルを N 個セクタセルに分割すると，各セクタセルはオムニセルの $1/N$ の大きさになる。これより，小さなセルを基地局の数を増加することなく構築することができ

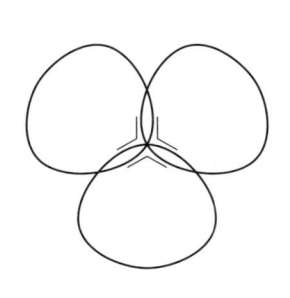

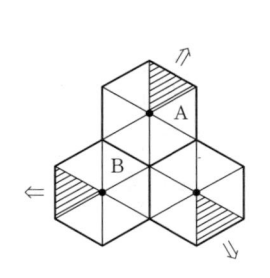

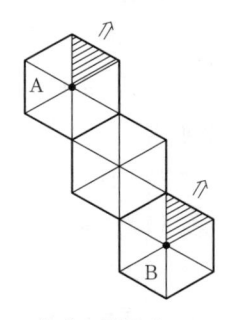

　　　　　　　　　　　　　　　　　　　　（a）背中合せビーム　　（b）平行ビーム

図 9.2 3 セクタセル　　**図 9.3** 6 セクタセルシステムにおけるセル配置

る。実際，この技術は，都市における通信トラフィックの増加に対処するため導入されている。

セクタセル配置は，**図 9.3** に示すような（背中合せと平行のビーム）二つの方式に分類できる。ここで，斜線を引いたセクタで同一チャネルを使用する。セクタアンテナの指向性により，同一チャネル干渉は方向によって異なる。この事実に基づいて，水平方向と垂直方向で再利用距離を異ならせた，効率的な平行ビームセクタセル配置が提案されている[4]。5 サイト再利用方式の例を**図 9.4** に示す。この図では，水平方向のビームアンテナを仮定して，同一チャネルを使用するセクタ（黒く塗りつぶされている）の垂直軸方向は水平軸方向よりも近づけられている。信号対干渉電力比が 13 dB という条件下で，3 セクタ 5 セル配置が可能とされている。

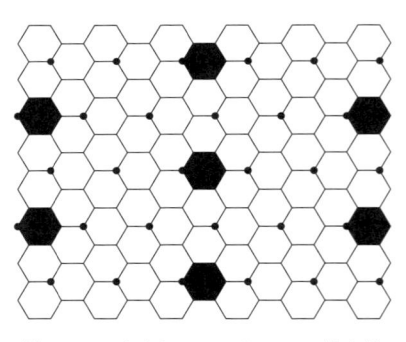

図 9.4 5 サイト 3 セクタセルの効率的なセル配置

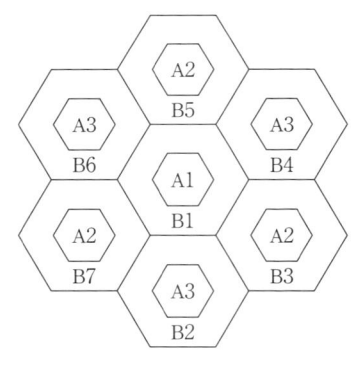

図 9.5 再利用の分割

〔3〕 ビーム傾斜（beam tilting）　基地局のアンテナは，垂直方向の複数の放射素子を配置することで，垂直面内で指向性を示す。ビーム傾斜は，アンテナの指向性を下方に向ける技術で，他のセルへの干渉を低減する[5]。この技術は，複数伝搬エコー信号レベルを減少させることで，選波数選択性フェージングの影響を低減する効果がある[6]。

〔4〕 再利用分割（reuse partioning）　一つのセル内で，信号対干渉電力比（CIR）は移動機の位置に依存して変化する。基地局に近ければ，CIR は高

くなる。これが再利用分割の概念につながる[7]。再利用係数は，例えば**図9.5**に示すように，セルの内側では5から3に少なくすることができる。

再利用係数が N_A と N_B の二つのグループに再利用が分割されているものとしよう。全システムチャネル数が S のうち，割合 P が N_A のグループに割り当てられると仮定する。このとき，一つのセルに割り当てられるチャネル数は

$$C = \left[\frac{P}{N_A} + \frac{1-P}{N_B}\right]S$$

となる。

等価的な再利用係数 N_{eq} は

$$N_{eq} = \frac{S}{C} = \frac{N_A N_B}{PN_B + (1-P)N_A} = fN_A + (1-f)N_B$$

となる。ここで

$$f = \frac{PN_B}{PN_B + (1-P)N_A}$$

等価的な再利用係数は P に依存して，N_A ($P=1$) から N_B ($P=0$) まで変化する。

〔5〕 **不均一トラフィック分布に対するセル配置**　トラフィック密度がサービスエリア内で均一になることは少ない。都市部でピークをとる釣鐘状の分布をとることが多い。これに対処するため，都市部では小さなセルを用い，トラフィック密度が低くなるにつれて，次第にセルの大きさを大きくする。

他の例として，いくつかの小さな局所的な領域でトラフィック密度が高い場合が挙げられる。この場合，サービスエリア全体に小さなセルを展開するのは経済的ではない。小さなセルはトラフィック密度の高いところだけに設置し，その他は大きな（アンブレラ）セルで覆うのがよい（**図9.6**）。

〔6〕 **マイクロセルシステム**　先に述べたように，セルを小さくするとより高い周波数効率を得ることができる（式(9.1)）。従来のセルは半径が1 kmよりも大きい。セル半径が数百 m 程度のものは，マイクロセルシステムと呼ばれている。セルの大きさが数十 m ものものはピコセルと呼ぶことがある。セルの大きさが小さくなっているので，アンテナの高さは例えば街路灯の高さ

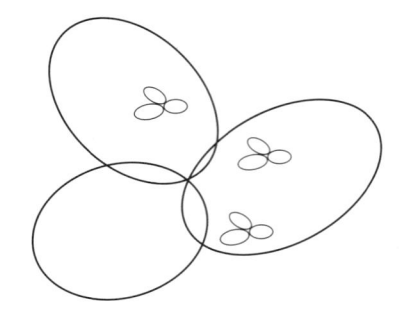

図 9.6 大セルで覆われた小セル

まで低くなり，これにより，建物や道路，その他の障害物により電波伝搬が大きく影響を受ける。セル形状はひどく歪んで[8]，円形や六角形で代表して表すことができない。この状況では電波伝搬を予測することが困難であり，チャネルの再利用設計が難しくなる。加えるに，信号が届かない，いわゆるデッドスポット領域を少なくするために，セルを大きく重なり合わせなければならない。結果として，セル群数を大きくしなければならず，スペクトル効率の低下につながる。さらには，高速移動する端末に対しては，ハンドオフ（hand-off）が頻繁に起こる。以下では，これらの問題に対する解決策を論じる。

〔7〕 **マイクロセルとマクロセルの重畳方式** マイクロセルとマクロセルを重畳した方式[9),10)]は，つぎのような利点がある。呼出しや位置登録がマクロセルシステムで実行されるのでこの回数が減少し，また高速移動端末をマクロセルに接続するので，ハンドオフが少なくなる。マイクロセルとマクロセルで無線チャネル（air interface）に対して同じ標準を採用すれば，移動端末の変更は最小に抑えられる。マイクロセルでの不必要に高い出力電力を抑えるため，自動送信電力機能を付加するのが望ましい。マイクロセルとマクロセルを重畳した方式でのチャネルの割当てとしては，いくつかの方法が知られている。(1) チャネルをマクロセルとマイクロセルに分割する，(2) マクロセルで使われていないチャネルをマイクロセルに割り当てる，(3) 同じチャネルをマイクロセルとマクロセルで同時に割り当てる[11]，の3方法などである。最後の方法が最も高いスペクトル利用効率を与える。この方式は，マイクロセルの電力をマクロセルからの干渉を抑圧するように上げることで可能となってい

9.1 基本的な概念

る。マイクロセルの半径を 640 m，マクロセルの半径を 3 km と仮定した場合の大まかな推測では，送信電力の上昇は約 5 dB である[12]。マイクロセルの送信電力はマクロセルに比べてずっと低いので，マクロセルからマイクロセルへの干渉のみが問題となり，その逆は無視できる。

　マクロセルの下に，マイクロセルあるいはピコセルを重畳して展開するための検討が，異種（ヘテロジニアス）ネットワークの名の下で，特に LTE システムにおいてなされている[13]。さらには，ヘムトセル（ホーム基地局）と呼ぶさらに小さいセルを対象とするシステムも導入されている。ピコセルシステムは，建物内への電波の到達損失を補うために，家庭（建物）内に小さなホーム基地局を設置し，バックボーンネットワークへの接続は，家庭から有線で行われる。通常はアクセスを制限した私的なネットワークを形成する。異種（ヘテロジニアス）ネットワークの導入における最大の課題は，先に述べたように，異種セル間の干渉を防いで周波数利用効率を高めることにある。周波数利用効率の観点からは，できるだけピコセルに接続することが望ましい。しかし，ピコセル基地局の送信電力が低いために，ピコセルのセル端でマクロセルからの干渉が高くなる。この干渉を防ぐために，マクロセルとピコセルの間で協調して回線割当てを行うための具体策を，標準仕様として制定しようとしている。

〔8〕**ハンドオフ**　　移動機が，通信中に，セルの境界を越えて他のセルに移動すると，その呼は新しいセルの基地局を介して接続しなければならない。これを（インターセル）ハンドオフあるいはハンドオーバ（hand over）と呼ぶ。ハンドオフは，無線信号品質が定められた基準値に低下したときに始動される。基地局はハンドオフ要求を回線制御局に求め，これにより回線制御局は周りの他の基地局に対して当該チャネルの信号レベルを測定させ，その結果を報告させる。回線制御局は，信号レベルが最も高く，かつ空きチャネルがある基地局を選択する。もし，通話を収容できる基地局がない場合には，ハンドオフは失敗し，その呼は終了される。

　実際のハンドオフ方式はもう少し手が込んでいる。例えば，一つのしきい値ではなく二つのしきい値を用いてヒステリシス（履歴）ループ制御を行ってい

る。これを説明するため，二つの領域の境界での信号レベルを**図9.7**に例示する。基地局#1での受信信号レベルがしきい値(a)以下に低下すると，基地局#2へのハンドオフが起動される。基地局#2でのレベルがしきい値(a)以下になったとしても，その値がしきい値b($<a$)よりも低くならないかぎり，基地局#1へのハンドオフは行われない。このようにしないと，ハンドオフが短期間に多数回実行されるので，回線制御手続きが増加し，また音声信号の中断が生じる。TDMA方式では，移動局がハンドオフ先の基地局を選択することで，ハンドオフ手続きに参加する（移動局補助ハンドオフ）。このようなことが可能になるのは，通信中の移動局が，使用中以外のTDMAスロットにおいてハンドオフ先候補基地局からの信号レベルを観測できるからである。このような分散制御により，回線制御局のハンドオフ処理の負荷を低減できる。

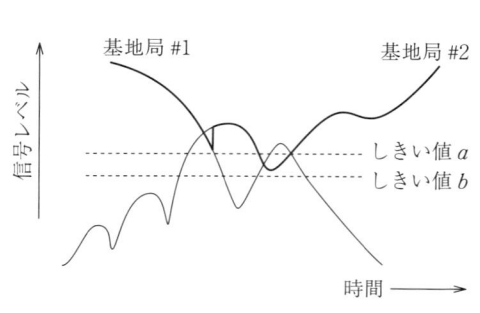

図9.7 ハンドオフの概念説明図

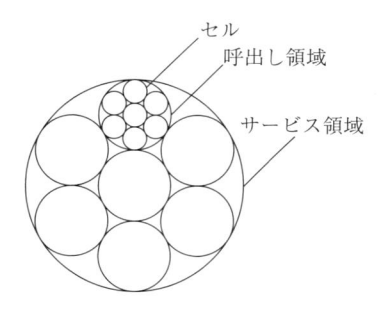

図9.8 セル，呼出し領域，サービス領域の関係

　ハンドオフ失敗による回線強制切断は，利用者にとって大問題であるから，ハンドオフ失敗確率を最小にすることが重要である。このため，ハンドオフのための回線を保留したり，待ち行列を導入したりする方式が考えられている。

〔9〕　**位置登録と呼出し**　　移動局はサービスエリア全領域内を動き回る。移動局に着信があった場合，すべての基地局からその移動局を呼び出すのは，呼出しトラフィックが大きくなるので効率的ではない。一つのシステムでは，サービス領域は**図9.8**に例示するように，複数の呼出し領域に分割されている。一つの移動局は一つの領域で呼び出される。各移動局をどの呼出し領域が

受け持つかを決めるため,移動局は一つの呼出し領域に登録される。位置登録は,移動局が最後に位置登録を行った呼出し領域の固有符号と異なる符号を受信したときに行う。呼出し領域サイズが小さくなると,位置登録トラフィックが増加する。それゆえ呼出し領域サイズは,呼出しと位置登録とのトラフィックのバランスを考慮して決める。

位置情報は交換局のファイル (home location register) に記憶されている。移動局が他の交換局の受持ち領域に移動すると,その移動局の位置情報はファイル (visitor location register) に書き込まれると同時に,これを知らせるためにホーム局に通知される。

アナログセルラー方式においても,ディジタルデータ伝送が,呼出し,位置登録,呼設定,終了などの制御を行うために必要になる。この方式では,ディジタルデータがアナログ音声回線により伝送されるので,データ速度が遅くなる。このため,システム制御に制約がかかる。ディジタルセルラー方式では高速伝送が行えるので,この問題がない。

呼出し領域サイズが小さくなるにつれて,位置登録の頻度が高くなる。加えて,位置登録エリアの境界で位置登録が行ったり来たりする。この現象を防ぐため,NTT のディジタルセルラー方式では,位置登録を重ね合わせる方式がとられている[14]。この方式では,一つの層の位置登録領域の境界が,もう一つの層のそれの中心に置かれている。

位置登録と呼出し領域を自動的に生成する手法が提案されている[15]。完全に分散的な位置登録手法が,文献16)に論じられている。

9.1.2 多重アクセス

通信媒体(移動通信においては無線回線)は複数の利用者が使用する。多重アクセス方式はランダムアクセス(コンテンション)と制御アクセス方式に分類される。制御アクセス方式は,要求予約方式 (demand assign),ポーリング方式 (polling),およびトークンパッシング (token passing) 方式に再分類できる。要求予約方式は,要求に応じて回線が割り当てられる。この方式は電話

において用いられ，その他はデータ通信方式で用いられる。ポーリング方式では，中央局が加入局を順番に呼び出し，呼び出された局のみが回線に接続することができ，トークンパッシング方式では，トークンを受け取った局が回線にアクセスできる。一通信が終わるとトークンはつぎの局に渡される。

〔1〕 **ランダムアクセス方式** ランダムアクセスは，データ通信あるいは要求予約方式における予約要求段階で行われる。ランダムアクセス方式では異なる局から送信された信号が衝突することがある。衝突した競合局が衝突後直ちに再送信すると，衝突は永久に生じる。衝突が続くことを避けるために，ある定められた時間区間からランダムに選択した時間を経過したのち（バックオフ），信号を送信する。

ランダムアクセスを用いたデータ通信方式では，データはいわゆるパケット（packet）と呼ばれる形式で送信される。これは，データの一かたまりであり，フラグ（flag），制御データ，宛先，情報データ，誤り検出のための符号により構成される（図9.9）。交換技術の用語で，従来の電話は回線交換（circuit-switched）方式と呼び，回線は通話の間ずっと保持される。パケットデータ伝送システムはパケット交換方式（packet-switch）と呼ぶ。回線はパケットが送信されているときのみ保持され，パケットがなくなると解放される。

01111110	宛先	制御	データ	チェックビット	01111110
（フラグ）	8	8		6	〔bits〕

図9.9 パケット信号のフレーム構造

パケット交換方式では，平均スループット（throughput）および平均伝送遅延が特性の主要な指標である。スループット（Sと表す）は，単位時間当りの回線利用率として定義される。遅延（Dと表す）はパケットが発生してから受信されるまでの時間である。これらの特性を以下に議論しよう[17]。

パケットがランダムに到着するものとしよう。1パケット時間 T 内に k 個のパケットが到着する確率は，つぎのように与えられる（付録9.1）。

9.1 基本的な概念

$$P_k(T) = \frac{(\lambda T)^k}{k!} e^{-\lambda T}$$

ここで，λ は単位時間内に再送を含めたパケットが到着する割合である．送信すべきパケットの平均の数を $G = \lambda T$ と表そう．

ALOHA方式はランダムアクセス方式の一つとして有名である．これには二つの版がある．純（pure）ALOHAとスロット付き（slotted）ALOHAである．純ALOHAでは，パケットが生成されるとそのパケットを直ちに送信する．スロット付きALOHAでは，システム全体で知っている時間スロットに同期してパケットが送信される．

スループット S は，G と一つのパケットが衝突に合わない確率の積で表される．純ALOHAでは，一つのパケットが衝突に合わない確率は $P_0(2T)$ で与えられる．これより，スループット S（$< G$）はつぎのようになる．

$$S = GP_0(2T) = Ge^{-2G}$$

一つのパケットの伝送が成功するまでの平均の再送回数は $G/S - 1$ で与えられる．これより，平均伝送遅延は

$$D = T + 2\tau + (e^{2G} - 1)(T + 2\tau + B)$$

となる．ここで，τ は回線での伝送時間，B は衝突における平均バックオフ時間である．

スロット付きALOHAでは，一つのパケットが衝突しない確率は $P_0(T) = e^{-G}$ となる．これは与えられた G について，純ALOHAよりも大きくなる（$e^{-G} > e^{-2G}$）．平均のスループットは

$$S = Ge^{-G}$$

となる．

パケットはつぎのスロットが始まるまで，平均して $T/2$ だけ待つ．衝突したパケットは，0から $K-1$ 個の時間スロットのうちからランダムに選んだ分だけ待つと仮定しよう．このとき平均のバックオフ時間 B は $(K-1)T/2$ となる．これより平均の伝送遅延は，つぎのようになる．

$$D = 1.5T + 2\tau + (e^G - 1)\left[\frac{(K+1)T}{2} + 2\tau\right]$$

〔2〕**CSMA方式**　　CSMA (carrier sense multiple access) 方式では，各局は，回線が使用中か否かを知るために，回線の搬送信号レベルを測定する。回線が空いていると観測すれば，その局はパケットを送出し，そうでなければつぎの機会を待つ。他の局から送信された信号は遅延があるので，搬送波信号の測定による回線の空きかどうかの測定は完全ではない。

CSMA方式は，つぎの三つのサブグループに分類できる。非パーシステント (nonpersistent) CSMA，1パーシステントCSMA，およびpパーシステントCSMAである。非パーシステントCSMAでは，回線が使用中と判断したらバックオフ状態に入る。1パーシステントCSMAでは，回線が空きと判断したら直ちに送信する。pパーシステントCSMAでは，回線が空きと判断されても確率pでしかパケットを送信せず，確率$1-p$でt時間待ったのち，搬送波信号の観測を再び行う。

CSMA方式は衝突検出を行うことで改善できる (CSMA/CD)。この方式では，信号の送信中においても搬送波信号の観測を行う。衝突が検出されると，送信を停止して回線を無駄に使用しない。搬送波信号検出はケーブル伝送システムではうまく動作するが，無線通信システムでは，電波伝搬の不確定性のため通信中のすべての局に電波が届くとはかぎらないので，不確実になる。参考のため，スループット対負荷特性を**図9.10**[18]に示す。

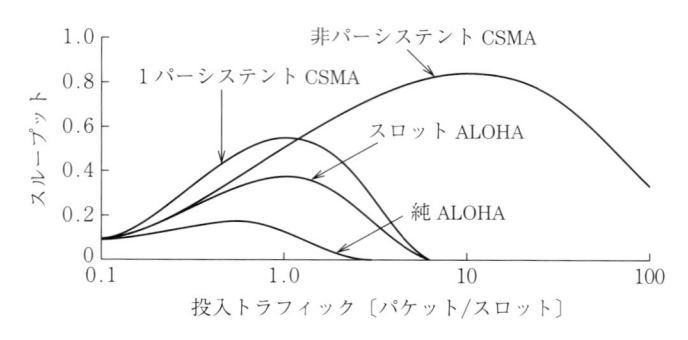

図9.10　スループットと投入トラフィック量の関係

9.1.3 回線割当て

　移動電話システムによっては，無線回線が要求に応じて割り当てられる．セルラー方式では，各セルでの回線割当てが重要になる．なぜなら，異なるセル間での回線再利用効率に直接的に影響するからである．回線割当ては，固定割当て，動的割当て，およびハイブリッド割当ての三つに分類できる．固定割当てでは，セル設置の設計に応じて回線割当て計画を前もって行う必要がある．セル設置と回線割当ては，実際のセルラー方式を構築する際に，多分最も重要な技術項目であろう．その理由は，実際の電波伝搬特性は，われわれが理論的解析でよく仮定する理想的な状態とは異なり，均一ではないからである．動的回線割当てはずっと昔から知られており，利用可能な最初のもの (first available)，二乗平均 (mean square)，最近隣 (the nearest neighbor)，および回線借用 (channel borrowing) などの方式が文献2)に述べられている．近年では，マイクロセルシステムが話題になるにつれて，動的回線割当てが注目を集めている．電波伝搬特性がひどく不規則なため，セル間の干渉の見積りが事実上不可能なマイクロセルシステムでは，その適応的および分散的な動作が必要だからである．このような状況では，セル設置設計と回線割当てを前もって行うことができない．

　〔1〕 **最初に見つけた回線割当方式**　　この方式はランダム割当てであり，あるセルで呼が発生すると，その基地局では決められた順番あるいはランダムに利用可能な回線を探す．回線が利用可能かどうかは，単に受信信号レベルを観測することで行う．そのレベルが基準値以下であれば，その回線は使用できるとする．かくして，回線は干渉し合っているセル間での回線使用状態に応じて変化しながら，各セル自身での判断に基づいて，全回線の中から選ばれて使用される．回線は分散的な方法で自律的に割り当てられる．結果として，回線"割当て"という用語は回線"選択"と言い換えたほうがよいだろう．これにより，われわれは回線割当て設計から逃れられる．動的回線割当て方法のすべてが自律的あるいは分散的であるわけではない．この回線割当て方式の特性は，回線を探索する方法（ランダムおよび順序検索）によって大きく異なる．

ランダム検索は，回線の組織だった利用を行わないので，順序検索に比べて回線再利用特性が劣る。順序検索を行う最初の回線割当て方式の一つは，ARP（autonomous reuse partitioning）方式として知られており，後で議論する。

〔2〕 **チャネル棲分け方式** (channel segregation)[19),20)]　この方式は，回線割当てに学習という概念を導入した初めてのものである。この方式では，各セルは他のセルとの間での干渉と回線再利用の経験を通じた学習により，気に入りの回線を獲得する。回線再利用が自律的に構築される。'棲分け'（segregation）という用語は，多数の利用者が分散的な仕方で資源を共有する方式として理解できる。チャネル棲分け方式の手順は，以下のように記述できる。各基地局は回線ごとの優先度を記録した表を有しており，高い優先度の値を有する回線を優先的に探索する。

1) 新しい呼が到着すると，基地局は，使用していない回線の中から最も高い優先度の回線を選ぶ。
2) この回線が新しい呼が使用可能かどうかを試験する。具体的には，その回線での信号レベルを基地局と（あるいは）移動局で測定する。測定値が基準値以下であれば，回線は空き，そうでなければふさがっていると判断する。
3) もし回線が空きと判断したら，その回線の優先度を上げて使用する。
4) もし回線がふさがっていると判断したら，その優先度を下げて，つぎに優先度の高い回線を選んで試験する。
5) 手順1)～4)を繰り返す。利用可能な回線がなければその呼は損失となる。

受信信号レベルよりも，希望波と干渉波のレベル比の推定値のほうが，候補回線を試験する基準としてよりよいだろう。この方式で重要なことは，上記の手順が各基地局で独立に行われることである。基地局の間では，情報の交換も中央制御情報も要らない。

回線棲分けはTDMA/FDMA方式にも適用されている[21)]。TDMA/FDMA方式では，時分割回線とともに周波数分割回線が設けられている。TDMA/

FDMA 方式でランダム回線割当てを用いると，無線回線が空いているにもかかわらず，呼損が生じるという問題がある．この問題は，ある周波数における時分割回線が使用中であり，他の周波数には空き回線が存在するときに生じる．その理由は，基地局の送信機がスロットごとに高速に周波数を切り替えることができないため，その空き回線を使用できないからである．回線を使用できないこのような事態の発生確率は，時分割・周波数分割回線をランダムに使用すると高くなる．回線棲分けを用いた TDMA/FDMA 方式の計算機シミュレーション結果によれば，このような回線使用不能による呼損確率が減少することが示されている．これは，ある基地局での使用チャネルが同一の周波数に集まろうとする，束（bunching）効果の結果である．なお，マイクロセルとマクロセルを重ねた方式にも回線棲分けが適用されている[12]．

複数の送受信機をたがいに近くに置くと，相互変調（intermodulation）と呼ばれる問題が起こる．この干渉波は送受信機の回路の非線形性によって生じる．このような干渉波の周波数は，搬送波周波数およびその高調波周波数の間での和と差の周波数となる．相互変調波によって干渉を受けないような周波数の組を注意して選ばなければならない．回線棲分けは，搬送波周波数の組を自動的に適切に選ぶことで，相互変調による干渉を回避できる[22]．

〔3〕 **自律的再利用分割**（autonomous reuse partitioning, **ARP**） この動的回線割当て方式は再利用分割を自動的に生成する[23]．この方式の手順は以下のように簡単である．

1) 回線をすべての基地局で同じ順序に並べる．
2) 呼が発生すると，回線が使用可能か否か先の順序で試験する．上り・下り回線で CIR（希望波対干渉波電力比）が基準値以上であればその回線は空きと判断する．最初に見つけた空き回線を使用する．
3) 空き回線が見つからなければ，呼損とする．

これは完全に分散制御方式である．基地局に近い端末は，CIR が高いので，早い順番の回線が割り当てられる確率が高くなる．基地局から遠い端末は，CIR が低いので遅い順番の回線が割り当てられる．これにより，再利用分割が自

ARPにおける回線検索回数を減らすために，自己組織化再利用分割方式（self-organizing reuse partitioning，SORP）が提案された[24]。この方式では，基地局における受信電力を用いて，各回線の平均電力を各基地局ごとに計算する。移動局からの信号電力に最も近い平均電力の回線から検索を行う。

ARPの回線検索回数を減らす他の方法も知られている[25]。これは基地局で受信された信号電力によって，検索開始回線を適応的に選択する。各基地局では，各回線について平均の受信電力を計算しておき，記憶しておく。j番目の回線を考えよう。平均受信電力 $S(j)$ はつぎのように計算する。

$$S(j) \leftarrow \frac{nS(j)+P}{n+1}$$

ここで，n はこれまでその回線を割り当てた回数，P は移動局の現在位置での受信電力〔dB〕である。検索開始回線は現在の受信電力にマージン（余裕）を加えた値の平均電力を示すものとしている。自己組織化再利用分割方式（SORP）を回線棲分けと組み合わせる方法も，知られている[26]。

〔4〕 **パケット予約多重アクセス**（packet reservation multiple access，**PRMA**）　　この方式[27]は予約ALOHA方式に近い。回線はフレームを構成するいくつかの時間スロットに分割されている。音声信号はパケットの形で有音時のみに送信されるため，音声検出装置を端末に備えている。音声パケット間の衝突を避けるために，音声端末ごとに，一つの発生時間にわたり一つの時間スロットを予約する。発音が始まると，予約されていない時間スロットにランダムアクセスすることにより予約を行う。この際，あるスロットが予約中か空きかは基地局から放送されている。音声信号は予約が成功するまで待たされ，予約が32m秒以内にとれなければ，その音声パケットは廃棄される。これがPRMAと予約ALOHAとの違いである。

音声信号の有音区間は40％程度であり，PRMA方式では無線回線が統計的に多重使用されるので，使用効率が高くなる。すなわち，無線回線の数は会話中の音声端末の数より少なくできる。統計的多重技術は，TDMA方式ではDSI (digital speech interpolation) として知られている[28]。これは複雑な制御を必要とするが，DSI の効果は PRMA 方式では簡単に得られる。PRMA をディジタルセルラー方式に適用するために，PRMA と回線棲分けを組み合わせることも提案されている[29]。

その他の回線割当て方式は，文献 30)～34)を参照されたい。

〔5〕 **無線データパケット伝送における回線割当て方式** 無線通信においては，通信距離による電波伝搬損失，フェージングによる受信信号レベルの時間変動のために，回線品質がユーザごとに異なる。さらにこれが時間によって変動する。音声伝送においては，即時性が要求されるので，一つの基地局に限れば，回線割当て法は限定される。これに対して，データパケット伝送においては，伝送遅延がある程度許容されるので，回線割当てとして種々の方法が考えられる。無線回線パケット伝送における回線割当ての課題は，各ユーザごとに異なる回線品質が与えられているとき，システム全体の性能（伝送速度）とユーザへの回線の割当ての公平性をいかに両立するかにある。

無線パケット伝送において，回線割当て計画法（scheduling）の重要性を指摘するとともに，有効な方法を初めて提案したのは，Qualcomm 社の HDR (high data rate) システム[35],[36]においてであろう。この方法は比例公平共用 (proportional fair sharing, PFS) と呼ばれる。現時刻での回線品質により与えられる伝送速度とこれまでの平均伝送速度の比を評価基準として，この値が最大となるユーザに回線を使用させる。これにより，システム全体の伝送速度とユーザへの割当ての公平性を両立させている。この方式は文献 37)に示されている比例的公平 (proportionally fair, PF) 基準に関連している[36],[38]。PFS 方式は，フェージング下での平均化した伝送速度を考えると，PF 基準を満足することが論文 39)に示されている。

ここでは，まず PF 基準による割当て法を説明する。その後，他の割当てアルゴリズムである Round-Robin (RR)，最大スループット (maximum throughput, MT) とともに，それらのスループット特性を，レイリーフェージング環境下において，伝送速度が回線の信号対雑音電力比に比例する簡単な

仮定の下で求める。

ユーザ i の S/N の値を q_i とすれば，伝送速度 x_i は

$$x_i = k q_i \quad (i=1,2,\cdots,N)$$

であると仮定する。ここで k は定数であり，N はユーザの総数である。平均の伝送速度は，回線の割当て時間率を p_i として

$$y_i = \langle x_i \rangle = p_i x_i \quad \left(\sum_{i=1}^{N} p_i = 1\right)$$

となる。ここで，平均をとる時間の間で p_i も x_i も変化しないものとする。各ユーザのデータはつねに送信待ちの状態にあるものとする（full buffer）。

（a） 比例的公平基準とアルゴリズム 比例的公平基準（proportionally fair criteria）を達成する割当て（PF 法）とは，別の割当て y_i^* の相対的な変化の総和が負または零になるということで定義される[37]。すなわち

$$\sum_{i=1}^{N} \frac{y_i^* - y_i}{y_i} = \sum_{i=1}^{N} \frac{p_i^* - p_i}{p_i} \leq 0 \quad \left(\sum_{i=1}^{N} p_i = \sum_{i=1}^{N} p_i^* = 1\right)$$

このような $\{p_i\}$ $(i=1,2,\cdots,N)$ を求めたい。

$$\Delta p_i = p_i^* - p_i \quad \left(\sum_{i=1}^{N} \Delta p_i = 0\right)$$

とおけば

$$\sum_{i=1}^{N} \frac{\Delta p_i}{p_i} = 0$$

となるような $\{p_i\}$ を求めればよい。ここでは，文献 37) に示されている議論を基に進める。

評価関数

$$U(p_1, p_2, \cdots, p_N) = \sum_{i=1}^{N} \log p_i x_i$$

を $\sum_{i=1}^{N} p_i = 1$ となる条件の下で最大化する $\{p_i\}$ を求める。λ を定数とするラグランジュの未定定数法を用いる。

$$L(p_1, p_2, \cdots, p_N) = \sum_{i=1}^{N} \log p_i x_i - \lambda \left(\sum_{i=1}^{N} p_i - 1 \right)$$

上式を p_i で偏微分して零とする。

$$\frac{\partial L}{\partial p_i} = \frac{x_i}{p_i x_i} - \lambda = \frac{1}{p_i} - \lambda = 0 \qquad (i=1, 2, \cdots, N)$$

これより，$p_i = 1/\lambda$ $(i=1, 2, \cdots, N)$ となる。λ の値は，$\sum_{i=1}^{N} p_i = 1$ より $\lambda = N$ となる。

(b) その他の割当て方法

(1) <u>Round-Robin</u>　順番に割り当てる方法である。したがって $p_i = 1/N$ であり，結果は PF 法と同じである。

(2) <u>最大スループット法</u>　全体の伝送速度を最大にするように割り当てる。$p_m = 1$, $p_{i \neq m} = 0$ となる。ここで，割り当てられるユーザ m は，$x_m = \max\{x_1, x_2, \cdots, x_N\}$ となるユーザである。

(3) <u>PFS 法</u>　回線品質で決まる伝送速度と，これまでの平均伝送速度の比 θ_m が最大となるユーザ m に割り当てる。すなわち，$p_m = 1$, $p_{i \neq m} = 0$。ここで，m は $\theta_m = \max\{\theta_1, \theta_2, \cdots, \theta_N\}$。

(c) 伝送速度の計算

簡単のためにユーザ数が 2 人の場合を考える。レイリーフェージングの下で，ユーザ 1, 2 の受信電力 γ_i $(i=1, 2)$ の確率密度関数はつぎのように与えられる（4.3 節）。

$$p(\gamma_1) = \frac{1}{b_1} e^{-\gamma_1/b_1}, \qquad p(\gamma_2) = \frac{1}{b_2} e^{-\gamma_2/b_2}$$

ここで

$$b_1 = \langle \gamma_1 \rangle, \qquad b_2 = \langle \gamma_2 \rangle$$

である。簡単のために $b_1 \geq b_2$ と仮定しておく。

雑音電力を N とすれば，$q_i = \gamma_i / N$ である。伝送速度は $x_i = k q_i = k \gamma_i / N = k' \gamma_i$ $(k' = k/N)$ となる。

(1) <u>Round-Robin</u>

$$\langle y_i \rangle = \frac{k'}{2} \int_2^{\infty} \gamma_i p(\gamma_i) d\gamma_i = \frac{k'}{2} \langle \gamma_i \rangle = \frac{k'}{2} b_i \qquad (i=1, 2)$$

(2) 最大スループット法

$$p_1 = \begin{cases} 1 & (\gamma_1 \geqq \gamma_2) \\ 0 & (その他) \end{cases}, \quad p_2 = \begin{cases} 1 & (\gamma_1 < \gamma_2) \\ 0 & (その他) \end{cases}$$

となる。これより

$$\langle y_1 \rangle = k' \int_0^\infty d\gamma_1 \gamma_1 p(\gamma_1) \int_0^{\gamma_1} p(\gamma_2) d\gamma_2,$$

$$\langle y_2 \rangle = k' \int_0^\infty d\gamma_2 \gamma_2 p(\gamma_2) \int_0^{\gamma_2} p(\gamma_1) d\gamma_1$$

積分を実行すると,次式が得られる。

$$\langle y_1 \rangle = k' b_1 \left[1 - \frac{1}{(1+1/\beta)^2} \right], \quad \langle y_2 \rangle = k' b_2 \left[1 - \frac{1}{(1+\beta)^2} \right]$$

ここで,$\beta = b_2/b_1$ である。

この方法では平均電力が極端に小さいユーザには,送信機会がほとんどなくなる。このユーザを優遇するために,この方法の変形を考える。ここでは,つぎのようにする。

$$p_1 = \begin{cases} 1 & \left(\dfrac{\gamma_1}{b_1} \geqq \dfrac{\gamma_2}{b_2} \right) \\ 0 & (その他) \end{cases}, \quad p_2 = \begin{cases} 1 & \left(\dfrac{\gamma_1}{b_1} < \dfrac{\gamma_2}{b_2} \right) \\ 0 & (その他) \end{cases}$$

結果として,次式を得る。

$$\langle y_1 \rangle = \frac{3}{4} k' b_1, \quad \langle y_2 \rangle = \frac{3}{4} k' b_2$$

(3) <u>PF 法</u>　　結果は Round-Robin と同じになる。この方法についても変形を考えよう。ここでは,下記のように,平均電力の低いユーザを平均電力の逆数に応じて優遇する。

$$\frac{p_1}{p_2} = \frac{b_2}{b_1} = \beta \quad \text{このとき} \quad p_1 = \frac{\beta}{1+\beta}, \quad p_2 = \frac{1}{1+\beta}$$

となる。結果として,つぎのようになる。

$$\langle y_1 \rangle = \frac{\beta}{1+\beta} k' b_1, \quad \langle y_2 \rangle = \frac{1}{1+\beta} k' b_2 = \frac{\beta}{1+\beta} k' b_1 = \langle y_1 \rangle$$

(4) <u>PFS 法</u>　差分方程式を解くことによって，収束解がつぎのように求められている[38]。

$$\langle y_1 \rangle = \frac{3}{4}k'b_1, \quad \langle y_2 \rangle = \frac{3}{4}k'b_2$$

計算結果を**図 9.11** に示す。MT の変形方式である MT′ の特徴は，電力の低いユーザの伝送速度を大きく改善しながらも，全体の伝送速度は，MT を除く他の方式に比べて断然に高いことである。その理由は，MT′（および MT）が回線の品質の最もよいユーザに割当てを行っているからである。これは，フェージング回線に用いられる選択ダイバーシチの効果と同じである。したがって，このような効果は，マルチユーザダイバーシチ[40],[41] と呼ばれている。

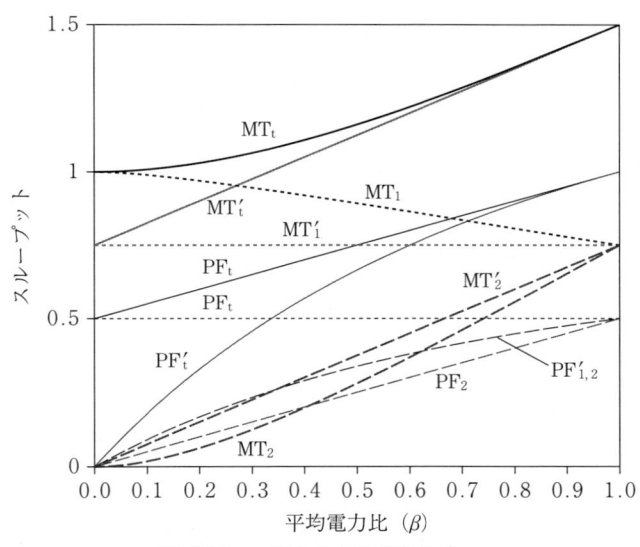

（添字はユーザ 1, 2 および全体 t）
MT：最大スループット　　MT′：MT の変形
PF：比例公平　　　　　　PF′：PF の変形

図 9.11　レイリーフェージング下での伝送特性

HDR システムにおける PFS 方式は，これまでの平均伝送速度を変数として有していることがその他の方式との最大の違いである．ただし，現在得られる伝送速度とこれまでの平均伝送速度の比を評価基準として，これが最も高いユーザを回線変動に追随しながら選択することで，マルチユーザダイバーシチ効果を得ていることは，MT および MT′ と同じである．

9.1.4　FDMA，TDMA，CDMA

回線交換方式で多数の利用者を収容するために，多くの回線を用意しなければならない．与えられた帯域を使って回線をつくるとき，三つの方法がある．それは，周波数，時間，および符号のいずれかで分割して多重（multiplexing）する方法である．上り回線（加入局から基地局へ）を考えると，回線を多数の人で利用（アクセス）する（multiple access）．これより，FDMA（周波数分割多重接続），TDMA（時分割多重接続），CDMA（符号分割多重接続）方式が考えられる．これらの多重接続方式によって無線伝送方式がかなり異なるので，どの方式を選択するかは大きな議論の的となる．

FDMA はアナログ無線方式で使われる．この方式は，信号処理が最も少なくて実現でき，回線数は搬送波周波数の間隔で決まる，という特徴がある．回線は周波数領域で分割（直交）されるので，安定な搬送波周波数源と，急峻な周波数伝達関数を有する回線選択フィルタが必要となる．この場合，変調波の帯域が狭いほどよい．ディジタルセルラー方式では，低速音声符号化と帯域の狭い線形変調の出現により，回線当りの帯域は極端に狭くなる．さらには，高い周波数が使われる傾向にある．この状況により，周波数領域で回線を分離するための保護帯域（guard band）を，周波数効率を低下させないで確保するのが相対的に苦しくなる．FDMA 方式は，狭帯域ゆえに周波数選択性フェージングに強いという特長があるものの，近年のディジタル移動通信方式では省みられることがない．その理由は後で述べる観点から見て，TDMA および CDMA より優れている点がないからである．ただし，FDMA の範疇に入るマ

ルチキャリア伝送を用いる OFDMA は，動的チャネル割当てと組み合わされて，LTE システムなどの最新のシステムに採用されている。

　TDMA 方式はディジタル通信において，実用的になった。それは，音声信号がディジタル信号に変換されるので，時間領域での多重が簡単になったからである。回線は，フレームと呼ぶ時間区間で繰り返される周期的なスロット（slot）として与えられ，時間軸上で直交しているので選択するのは容易である。単にほしい時間スロットにおいてスイッチを開くだけでよい。加えるに，時分割チャネル間では，単一の搬送波信号を用いているかぎり，非線形伝送路に通してもチャネル間で干渉が起こらない。基地局の無線機の数は $1/N$ になる。ここで，N は一つの搬送波に時分割多重される回線の数である。

　N 回線を多重するので，全体の伝送速度は一つの回線のそれの N 倍になる。伝送速度が N 倍になるので，FDMA と比べて帯域およびピーク電力は N 倍になるが，しかし回線当りの帯域および平均電力は同じである。高速伝送になると，周波数選択性フェージング伝送路で符号干渉を起こしやすくなる。

　TDMA 方式では，フレーム内における時間スロットの同期が重要になる。なぜなら，もしこの同期がとれていないと，回線がたがいに衝突することになるからである。この同期を確立するために，基地局はフレーム同期信号を周期的に送信し，加入者局はこれに同期をとる。加入者局が通信領域内で基地局から異なる距離にある場合には，信号の遅延時間の差が問題になる。この問題を解決する一つの方法は，基地局から制御信号を送信して，加入者の送信タイミングを調節することである。同期確立手続きの最初に，加入者局は，あらかじめ決められている領域の最も遠い位置から送信しても衝突が起こらないように，十分に短いバースト信号を送信する。基地局はその加入者からの信号のタイミング誤差を測定し，その情報を加入者局に送り返す。このタイミング制御を行っても，残っている誤差の影響を避けるために，時間スロットの間に防護時間（guard time）を置いている。この防護時間と固定信号であるプリアンブル信号は余分であり，TDMA 信号の周波数効率を低下させる。

　CDMA 方式は，回線を分けるのに異なるスペクトル拡散符号を用いる。ス

ペクトル拡散方式には，直接拡散（direct sequence, DS）と周波数ホッピング（frequency hopping, FH）がある．まず DS 方式から考えよう．ウォルシュ関数（2.1.3項）のような直交符号を用いれば，拡散前の一つの回線の帯域の N 倍の帯域を用いていることにより，N 個の回線を同一の周波数および時刻において直交多重できる．また，CDMA 方式は SS（spread spectrum）通信の利点を生かすことができる．すなわち，高い時間分解能と広帯域性である．さらには，周波数や時間スロットの割当て管理を不要にすることもできる．

CDMA 方式はスペクトル拡散符号の間の直交性に立脚しているので，直交性の程度（相関）が実際のシステムで重要になる．符号波形の変化，時間ずれなどにより符号間の残留相関が現れ，直交性を低下させる．移動無線通信に応用した場合には，遠近問題（4.5節）により，直交性のくずれが重要となる．そのため，基地局に受信される信号レベルを一定に保つ，いわゆる自動送信電力制御が必要になる．

FH は上記の議論の点からは DS とかなり異なる．低速 FH では，直交性は，FDMA 方式と同様に周波数の違いによっている．FH 方式では同一回線干渉，およびフェージングの影響をランダム化できる．

9.1.5　セル間干渉の抑圧

セルラーシステムにおいては，異なるセルにおいて同じ回線を利用するので，同一チャネル干渉が避けられない．特に端末がセル端に位置する場合には，基地局から遠いので信号電力が低下するとともに，他セルの基地局に近いので干渉電力が高い．他セルからの干渉を抑圧するためにはいくつかの方法がある．スペクトル拡散通信では，拡散率に比例して干渉電力を下げることができる．ただし，伝送速度が高くなると拡散率が低下するので，その効果が薄れる．時間軸あるいは周波数軸上では，信号の直交性を高く保つことができる．これを利用するためには，同一チャネルを使用しないように前もってセル間でのチャネル割当てを決めておくか，隣接セル間でチャネルの使用情報を交換する必要がある．

9.1 基本的な概念   553

隣接するセルの基地局が積極的に協調して,セル端の端末の通信品質を高める方法が考えられる[42]。その具体的な一つの方法は,一つの端末に対して複数の基地局から同一信号を送信するものである。これは,送信サイトダイバーシチであり,干渉を起こさないとともに,端末の受信電力を増加させることができる。二つ目の方法は,端末へ送信する基地局を回線状態の変化に応じて高速に切り替える方法である。3番目の方法は,基地局で適応アレーアンテナを用いることで,他セルの端末への干渉が少なくなるように,電波ビームを形成するものである。

9.1.6 中継伝送方式

 基地局と端末の間の距離が長くなると,伝搬損失が大きくなるので,途中に中継局を設けるのが効果的である。このとき,基地局と中継局の間の無線伝送に新たな周波数を用いれば,どのようなシステムにも柔軟に対処できる。ただし,周波数を別個に確保するのは困難である。この場合には,もともと基地局と端末間で用いる周波数を流用しなければならない。

 最も簡単な中継方法は,受信した電波を増幅してそのまま送信するものである (amplify and forward,AF)。この方法の欠点は,送信信号が入力側に回り込んで発信するなど,動作が不安定になることである。安定性 (2.3.2項) を確保するためには,送信側と受信側の結合損失を大きくする,増幅率を減少させる,あるいは受信側に回り込んだ信号を抑圧する,などの対策が必要になる。その他の欠点は,中継局での雑音が加わるので,信号対雑音電力比 S/N が劣化することである。

 不安定性の問題を回避するためには,AF 方式から離れ,中継局の送信と受信の周波数を変える,同じ周波数を用いながら受信と送信を時間を分けて伝送する,などの方法も考えられる。前者は与えられた周波数の,後者は時間軸上で半分しか同時には使えないので,AF 方式に比べて回線利用効率が低くなる。

 AF 方式における雑音の増加の問題は,受信した信号を復調,判定したのち,再び変調して送信する方式 (DF (decode and forward) 方式) では回避でき

る。DF 方式では，以下に述べるように，ディジタル伝送の特長を生かして回線利用効率を上げることができる。中継局では上りと下りの信号を受信すると，復調，判定してディジタル信号（1, 0）に戻す。得られた上りと下りのディジタル信号の各ビットにモジュロ2の加算（すなわち，排他的論理和）をして，上り・下り方向に同時に送信する。これを受け取った基地局と端末は，自分が送信したディジタル信号を保存しておき，中継局から送られてきたディジタル信号にモジュロ2の加算を行えば自分の送った信号はキャンセルされるので，相手側からの送信データを得ることができる。この方法はネットワーク符号化と呼ばれ，上り方向と下り方向の中継伝送を別個に行うのではなく，同時に行うことで，回線利用効率を上げる方法として利用されている。

中継局の動作を究極的に複雑化した場合，もはやそれは中継局ではなく基地局の機能と同等になる。この場合，ユーザごとのデータのレベルまで対処する（例えば，ハイブリッド ARQ，7.4.8 項）ことになるので，レイヤ 3 の中継と呼んでいる。これは，後述の LTE システムで検討されている（9.7.6 項）[13],[43]。

9.2 アナログ移動無線通信システムにおけるディジタル伝送

アナログ移動無線通信システムにおいても，システム制御のためにディジタル信号を伝送しなければならない。表 9.1 は，NTT，米国（AMPS），ノルディック（NMT）のセルラー自動車電話と日本における双方向無線システム（MCA）などのアナログ移動通信システムで使われている，ディジタル伝送技術をまとめたものである[44]。この表から，データ伝送速度は低いことがわかる。FM 変調器，リミタ・周波数弁別機などの主要な回路はディジタル伝送とアナログ FM 音声信号伝送とに兼用されている。データ信号は直流成分が遮断されているアナログ音声信号伝送路を通ることになるため，マンチェスター符号や副搬送波方式（3.2 節）が用いられる。

9.3 無線呼出しシステム（ページング）

表 9.1 アナログ移動通信方式におけるディジタル伝送技術

	移動電話方式			トランクシステム
	NTT	AMPS	NMT-450	MCA*
信号方式 　ビット速度 　符　号	300 bps スプリットフェーズ	10 000 bps スプリットフェーズ	1 200 bps NRZ	1 200 bps NRZ
変　調 最大周波数偏移	FSK ±4.5 kHz	FSK ±8 kHz	サブキャリア FSK** ±3.5 kHz	サブキャリア FSK** ±3.5 kHz
誤り訂正	BCH （複数回再送信）	BCH （複数回再送信）	ハーゲルバーガ	ハーゲルバーガ
チャネル間隔 周波数帯	25 kHz 800 MHz	60 kHz 800 MHz	25 kHz 450 MHz	25 kHz 800 MHz

*　私的通信のためのプレストーク方式
** マーク周波数＝1 200 Hz
　　スペース周波数＝1 800 Hz

9.3　無線呼出しシステム（ページング）

　無線呼出し（ページング）は，有線から移動端末への1方向ディジタル伝送方式である．当初は，端末が呼び出されたとき，可聴信号トーンのみで知らせる方式であった．それに続く世代のシステムでは，数字情報を伝送して受信機に表示するようになり，さらに近代のシステムでは，メッセージ信号まで伝送できるようになった．この無線メッセージ通信は，電子メールの発展とともにさらに増加するに至っている．メッセージ通信は呼び出された人を邪魔することがないし，振動モードでの呼出しにしておけば，他の人々へ迷惑をかけることもない．無線呼出し端末は，小型，軽量，薄型になってきており，カード型の端末では小型化するために，直接変換受信方式（8.3節）が用いられている．

　この呼出しシステムとしては，POCSAG (post office code standardization advisory group) 方式が広く知られており[45]，仕様を表9.2にまとめ，さらに信号形式を図9.12に示した．呼出しトーンのみのサービスでは，1チャネル当り23万加入を収容できる．

556   9. ディジタル移動無線通信システム

表 9.2 POCSAG 呼出し方式

周波数	280 MHz 帯
チャネル間隔	25 kHz
変調方式	NRZ-FSK
チャネル速度	512 bps
誤り訂正	BCH(31, 21)

表 9.3 ERMES の仕様

符号形式	短縮巡回符号(30, 18)
宛先容量	1 箇国当り 3 200 万
周波数帯	169.425〜169.8 MHz
RF チャネル数	16
チャネル間隔	25 kHz
変調方式	4-PAM/FM（4-level FSK）
システムビット速度	6 250 bps

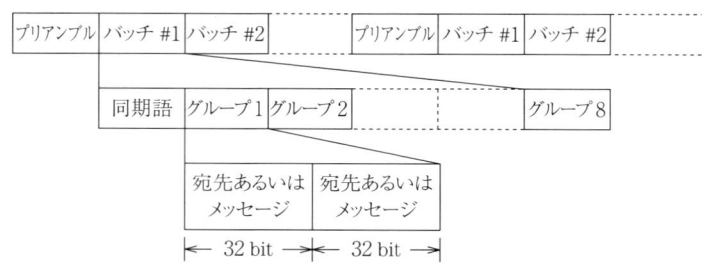

図 9.12 POCSAG 呼出し方式の信号形式

　ETSI（European Telecommunication Standards Institute）は，欧州内を移動する利用者の数の増加に対処するため，ERMES（European radio messaging system）[46]というシステムを標準化した。仕様を**表 9.3** に示す。表から，回線データ速度を 6 250 bps に高くしているのがわかる。また，チャネル間隔 25 kHz 内でこの速度を達成するため，多値 FM を採用している。この方式では，複数の基地局から同時送信を行っている場合，異なる基地局からの送信信号のタイミングは 50 ms 以下に同期がとれていなければならない。

　この ERMES では，トーン呼出し，英文字・数字伝送のサービスを行っている。補助的なサービスとして追跡呼出し・繰返しメッセージ，緊急メッセージ表示などのサービスもある。一つの端末は 16 RF チャネルを掃引できなければならない。

　日本においては，FLEX（モトローラ社の登録商標）と呼ばれるシステムを基にした新呼出し方式が標準化されている。1 600，3 200，6 400 bps の 3 種のデータ速度がサービスに応じて選択できる。すなわち，データ速度はトラ

フィック度と通信領域の大きさを妥協させて決める．高速伝送は加入者密度の高いところで最大距離を短くして行う．6 400 bps と 3 200 bps の伝送速度については 4 値 FSK を，3 200 bps と 1 600 bps については 2 値 FSK を用いる．長距離伝送を行うために，最大 4 回まで同一データを伝送する時間ダイバーシチが用いられる．符号は BCH(31, 21) と 1 個のパリティビットで構成される．データ伝送速度，繰返し伝送数などを表すフレーム情報を伝送することにより，方式を柔軟に動作させている．トーンのみ，あるいは数字，文字，メッセージ，およびデータといった多彩な伝送サービスを，フレーム内の異なるフィールド（宛先，ベクトル，およびメッセージフィールド）を用いることにより，効率的に収容できる．ベクトルフィールドのデータは，呼出し端末に対するメッセージの起点と終点を示している．

9.4 双方向ディジタル移動無線

いわゆる双方向移動無線は，配車サービスや警察無線などの用途のための，プレストークの私設無線方式である．移動無線においてディジタル音声伝送を最初に行ったのが，この双方向移動無線である．その当時，ディジタル移動無線技術はさほど発達していなかったので，ADM (adaptive delta modulation) による音声符号化とディジタル FM が用いられた[47]．この方式としては，16 kbps の ADM 音声符号化と 4 値 FM を用いた 25 kHz チャネル間隔，150 MHz 帯のディジタル移動無線装置が報告されている[48],[49]．RF，IF および変調・復調回路は，アナログおよびディジタル伝送に共通して用いる．

双方向移動無線としては，警察用ディジタル移動無線電話も知られている[50]．8 kbps の効率的な音声符号化と定振幅ディジタル変調を用いることで，この方式では 12.5 kHz のチャネル間隔を実現し，誤り率が 5×10^{-2} まで使用できる．

9.5 移動無線データシステム

配車などの移動無線サービスをディジタルデータ伝送を導入して改善できる。テキストやデータメッセージの伝送は，音声通信の代替となったり，あるいは音声通信を補助したりできる。これらのディジタル移動無線方式は，すでに実用に供されている。

9.5.1 MOBITEX

これは，スウェーデンで開発された複数の周波数チャネルを用いた（集線）方式である。ディジタルデータとアナログ音声を伝送する方式で[51),52)]，基地局は複信（duplex）であり，端末は2波による複信あるいは単信で動作する。チャネル間隔は25 kHzである。また，ディジタル変調はFFSKであり，伝送速度は1 200 kbpsである。無線回線では，BCH (15, 10) 符号がデータ誤り訂正とARQに用いられている。

9.5.2 テレターミナルシステム

この方式は，公衆陸上無線データ通信システムとして，日本で開発されたものである[45),53)]。データ信号を集線パケット無線回線で伝送する方式で，このシステム仕様を**表9.4**に示す。リードソロモン符号 (15, 11, 5) とARQが無

表9.4 テレターミナル方式の仕様

項　目	移　動	基　地
周　波　数	800 MHz 帯	
送 信 方 式	2周波交互通信	2周波双方向
変 調 方 式	FSK	
チャネル間隔	25 kHz	
チャネル速度	9 600 bps	
送 信 電 力	5 W	20 W
送受信周波数間隔	55 MHz	

線回線における誤り制御のために用いられている．多重接続方式はポーリング方式であり，順番に指定された端末がデータパケットを伝送する．実用化されたものの，商用が不成功に終わり現在では，サービスが停止された．

9.5.3 アナログセルラー方式における移動無線データシステム

セルラー方式は有線公衆回線交換電話網（PSTN）に接続されているため，PSTNにおけるデータサービスをアナログセルラーシステムにまで拡張するのが望ましい．この目的のため，CDLC（cellular data link control）システムとCDPD（cellular digital packet data）システム[55]が提案された．

CDLCシステムでは，PSTNからアナログFMセルラーシステムとつながる音声回線において，CCITTV26モデムが用いられている．下り回線では，BHC (16, 8) とリードソロモン符号(72, 68)を回線状態に応じて選択して用い，上り回線ではゴーレイ符号(23, 12)を用いている．通信プロトコルはHDLC標準に基づいたレイヤ2の全複信方式である．

CDPDシステムは，データ信号を全複信無線回線で19.2 kbpsの回線速度でパケット形式にて伝送している．移動データ基地局はアナログFMセルラー基地局と同じ場所に設置することが多い．CDPDシステムは，アナログセルラーシステムの回線のうち空いている回線を見つけ，これをデータ伝送に用いる．この回線で音声通信が始まると，データ伝送を停止し，他の空いている回線に切り替える（回線ホッピング）．回線ホッピングは，移動データ基地局が端末に対してホッピング情報を放送することによって制御する．

CDPDプロトコルは物理レイヤとデータリンクレイヤを提供する．上位レイヤについてはどれを用いてもよい．例えば計算機網におけるTCP/IP（transmission control protocol/internet protocol）やOSI（open system interconnection）[17]などである．価値付加網（value-added network）の仕様により，種々のデータサービスを移動データユーザに提供する．

9.6 ディジタルコードレス電話

アナログコードレス電話が世界中で使われている。移動範囲は数十 m に限定さているものの，たくさんの人々が無線通信の恩恵に浴している。普及は屋内仕様に限られている。ディジタルコードレス電話は，その高容量性，ディジタルスクランブルによる高秘話性，および高速データ伝送により，家庭内にかぎらず企業や公衆領域でも広く使用される。ディジタルコードレス電話の種々の応用を考えるとき，特性は無線インタフェースにより限定される。ここでは，これまで提案されたディジタルコードレス電話方式について述べる。

9.6.1　CT-2

CT-2（second-generation cordless telephone）は英国で開発された。その仕様を他の方式のものと一緒に**表** 9.5 に示す。一つの周波数での時分割送受信多重（time-division duplexing）を採用している。2 波送受信多重とは違って，周波数帯を一つのみ用意すればよいので，周波数スペクトルの割当てが容易になる。加えて，同一の周波数で送受信を行うため上下回線の相関が高くなるの

表 9.5　ディジタルコードレス電話の仕様

	CT-2	DECT	PHS
周波数帯	900 MHz	1 900 MHz	1 900 MHz
アクセス方式	FDMA/TDD	TDMA/TDD	TDMA/TDD
キャリア当りのチャネル数	1	12	4
音声符号化	32 kbps ADPCM	32 kbps ADPCM	32 kbps ADPCM
変調方式	GMSK	GMSK	$\pi/4$ シフト QPSK
チャネル速度	72 kbps	1 152 kbps	384 kbps
周波数間隔	100 kHz	1.728 MHz	300 kHz
フレーム長	2 ms	10 ms	5 ms
送信電力（ピーク）（平均）	20 mW 10 mW	250 mW 10 mW	80 mW 10 mW

で，上下回線でのダイバーシチ通信が，基地局のみにダイバーシチ回路を設置するだけで実現できる．さらには，移動端末間の直接通信も簡単に行うことができる．多重アクセスはFDMA方式であり，伝送速度は32 kbpsである．音声符号化は32 kbpsのADPCMである．回線符号化は行っていない．これらの基本概念は，システム価格を抑えることと，音声品質を高くすることを意図したものである．

CT-2を用いた公衆通信サービスがテレポイント（telepoint）として英国で初めて行われた．このシステムは移動端末からの発信のみに限定されている．移動端末を呼び出すには無線呼出しシステムを利用する．このことと，セルラー自動車電話に比べたときのサービス領域の狭さが，おそらく英国においてテレポイントシステムが成功しなかった理由であろう．

9.6.2　DECT

DECT（digital European cordless telecommunications）は，ETSI（European Telecommunication Standard Institute）により標準化された．TDMA/TDD方式であり，回線速度は1.152 Mbps，周波数帯は1 900 MHz帯である．その他の主な仕様はCT-2システムと同じである．かなりの高速の回線速度がDECTシステムサービスの特長である．

9.6.3　PHS

PHS（personal handy-phone system）は日本で標準化されたもので，最初はPHP（personal handy phone）と呼んでいた．キャリア当り4チャネルのTDMA/TDD方式である．変調方式は$\pi/4$シフトQPSKであり，フレーム長は5 msである．その他の仕様はDECTと似ている．フレームの構造を図9.13に示す．ピーク送信電力は80 mWであり，結果的に通信距離は100〜200 mとなる．回線選択前および通信中の間干渉検出が標準仕様として義務づけられている．通信を開始するためには，基地局で干渉検出を行って，他のゾーンと干渉していないと判明した回線を選択しなければならない．通信中において干渉が

562   9. ディジタル移動無線通信システム

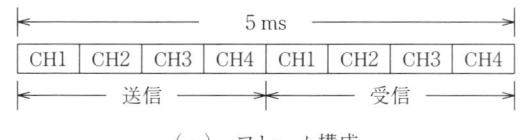

```
|←――――――――  5 ms  ――――――――→|
| CH1 | CH2 | CH3 | CH4 | CH1 | CH2 | CH3 | CH4 |
|←―――――  送信  ―――――→|←―――――  受信  ―――――→|
```

(a)　フレーム構成

R	SS	PR	UW	CI	SA	情報（音声，データ）	CRC
4 (bit)	2	6	16	4	16	160	16

SACCH

　　R　：ランプ時間
　　SS　：開始シンボル
　　PR　：ビット同期用プリアンブル
　　UW　：フレーム同期用符号
　　CI　：チャネル ID
　　CRC：巡回冗長チェック
　　SA　：低速付随チャネル

(b)　信 号 様 式

図 9.13　PHS の信号形式

検出されると，他の回線へ切り替える（イントラセルハンドオフ）。

9.7　ディジタル移動電話システム

　ディジタル移動通信技術が急速に発展したのは，ディジタル自動車電話システムを実現するための研究開発が促進されたからである．TDMA 方式の有利性に着目して，先駆的な TDMA の実験が 1982 年に行われている[56]．しかし，実験結果として，高速 TDMA 伝送は周波数選択性フェージングのために困難であるというものであった．1985 年に開催された第 1 回の陸上移動無線通信に関するノルディックセミナは，ディジタル移動通信の研究者，少なくとも筆者を驚かせた．たくさんの意欲的システムの提案が行われていたからである．そのうちのあるものは，その後の汎ヨーロッパ（GSM）ディジタル自動車電話方式に影響を与えている．GSM 方式の標準化に向けて汎ヨーロッパの組織が発足した．それから間もなく，米国と日本でディジタル自動車電話システム

9.7 ディジタル移動電話システム　　563

の標準化作業が開始した．ここでは，GSM，米国のディジタルセルラー，日本の（パーソナル）ディジタルセルラー方式について，簡単に紹介する．詳しくは文献 13), 43), 57)～67) を参照されたい．

9.7.1　GSM　方　式

ヨーロッパ諸国は，1990 年代に導入を目指して，汎ヨーロッパディジタル移動無線電話の標準方式を作成するための，GSM（Group Special Mobile）と呼ぶ委員会を発足させた．GSM（後では，global systems for mobile communication）システムの目標はつぎのような事柄である．

　　**周波数利用率，主観音声品質，移動端末の価格，携帯端末の実用性，
　　基地局の価格，既存方式との共存性**

ほとんどのヨーロッパ諸国でアナログ方式にまだ割当てが行われていなかった周波数帯（890～915 MHz（端末送信），935～960 MHz（基地局送信））がこの方式に割り当てられた．この際，多くの方式が GSM 方式の候補として提案された．ここでそれらを示しておくのも価値があるだろう．提案された候補方式を表 9.6 にまとめて示す．これらには，すべての多重アクセス方式，すなわち FDMA，TDMA，および CDMA が含まれているのがわかる．ただし，TDMA 方式には自動等化器を用いることが前提となっている．GSM システムは 1990 年に標準化された（フェーズ I）．表 9.7 に GSM 方式の仕様をまとめて示す[45)]．この TDMA 方式はアナログかディジタルか，FDMA か TDMA か，狭帯

表 9.6　GSM に提案された方式

方式	会社	多重アクセス	変調方式	ビット速度	チャネル間隔
S900D	Bosch/Ant/Matra	TDMA	4 レベル FSK	128	250
DMS90	Ericsson	TDMA	GMSK	340	300
SFH900	LCT/TRT	TDMA/CDMA	GMSK	200	150
CD900	SEL/AEG/ATR/SAT/ITALTEL	TDMA/CDMA	QPSK	4 000	6 000
MATS-D	TeKaDe/TRT		QAM	1 218	1 250
			GTFM	19.5	25

表 9.7 GSM システムの要約

周波数帯	890〜915 MHz（移動から基地）
	935〜960 MHz（基地から移動）
チャネル間隔	200 kHz（インターリーブ）
周波数チャネル数	124
多重アクセス	8 チャネル TDMA
	タイムスロット長 577 μs (156.25 bit)
変調方式	GMSK（$B_bT=0.3$）
チャネル速度	270.833 kbps
音声符号化	RPE-LTP（13 kbps, 22.8 kbps with FEC）
ユーザデータ速度	9.6, 4.8, 2.4 kbps
自動等化器	最大 16 マイクロ秒まで対処
周波数ホッピング	217 hops/s
基地局領域（半径）	0.5〜35 km
送信電力	0.8〜20 W（移動），2.5〜320 W（基地）

域 TDMA か広帯域 TDMA か，などの比較評価の結果，選定された。音声符号化方式としては符号化速度 13 kbps の RPE-LTP（regular pulse exited predictive coding with long-term prediction）が採用され，ディジタル変調方式としては DPM（digital phase modulation）が暫定的に決まっていたが，その後，ビット速度（$1/T$）で規格化された 3 dB 帯域，BbT が 0.3 の GMSK に決まった。この変調方式は定包絡線変調方式であり，米国および日本の自動車電話で用いられている線形変調方式ではない。線形変調が候補として議論されたかどうかは不明である。ディジタル移動通信における線形変調方式の提案は 1987 年に行われている[68]。TDMA フレーム構造を図 9.14 に示す。

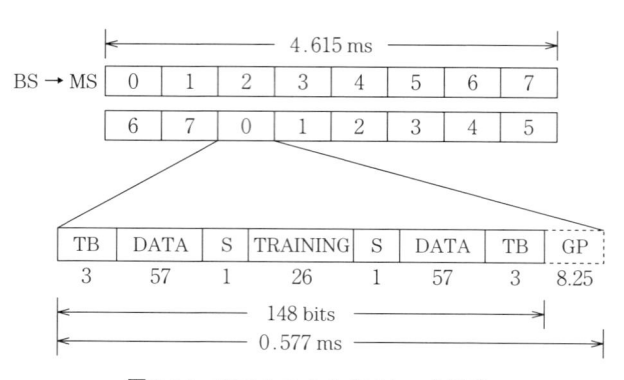

図 9.14 GSM システムのフレーム構成

9.7 ディジタル移動電話システム

一つの TDMA は八つの時間スロットからなる。上り回線（端末から基地局へ）の時間スロットは下り回線のそれとは意図的に遅らせてある。これは，送受信共用において，共用フィルタの代わりにスイッチを使用するためである。八つの符号化した時間スロットを収容するために，伝送速度は 270.833 kbps になる。自動等化器を使用しなければ，自動車電話においてこの伝送速度を得ることはできない。等化器の標準性能として遅延広がり 16 μs（delay spread, 4.4 節）に対処できなければならない。等化器の標準化は必要でない。どのような等化器を用いるかは装置製造者の選択に任されており，通常ビタビ等化器や判定帰還等化器（7.3 節）が用いられている。

等化器のトレーニングのため**表 9.8** に示す 26 ビットの参照信号を設けている。この信号の自己相関関数を**図 9.15** に示す。これは符号の 0 を -1 としたのち，参照信号とその中央の 16 ビットの相関をとったものである。自己相関関数は中央に鋭い尖頭値を示し，±5 シンボルの範囲で零となる。これより，この符号により ±5 シンボル区間の伝送路インパルス応答が測定できる。

表 9.8 GSM システムにおける参照信号の符号

トレーニング信号系列 NO.	Values
1	00100101110000100010010111
2	00101101110111100010110111
3	01000011101110100100001110
4	01000111011010001000111110
5	00011010111001000001101011
6	01001110101100000100111010
7	10100111101100010100111111
8	11101111000100101110111100

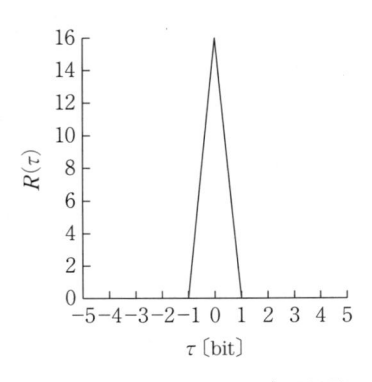

図 9.15 GSM システムの参照信号の自己相関特性

GSM の送受信機は，二つの目的のため周波数が可変でなければならない。一つは，送信と受信を含む 4.6 ms 長のフレームの中で，移動機が他の周波数の一つのチャネルを観測するためである。もう一つは，同一チャネル干渉を乱雑（ランダム）化するためである。基地局は毎フレームごとに，したがって，

217回/秒で周波数を切り替える。

　回線は論理的にトラフィック回線（TCH）と制御回線に分けられる。TCHは情報を運ぶ回線である。制御回線はつぎのようなものがある。

(1) BCCH（broadcast control channels，放送制御回線）

　　すべての移動機に対してシステム情報を放送する回線。

(2) FCCH（frequency correction channels，周波数補正回線）

　　移動機が基地局から送信される安定な周波数に，自身の周波数を合わせるための回線。

(3) PCH（paging channel，呼出し回線）

　　移動機を呼び出すための回線。

(4) RACH（random access channels）

　　上り回線であり，移動機がランダムにアクセスし，制御情報（例えば，移動機から発呼するための回線要求）を送信する。

(5) SACCH（slow associated control channels，低速付随制御回線）

　　情報信号に付随して低速の制御信号を送信する回線。

(6) FACCH（fast associated control channels，高速付随制御回線）

　　ハンドオフなどの高速制御を必要とするときに，情報トラフィックに割り当てている時間スロットを横取りして使う。

　GSM通信網を図9.16に示す。いくつかの基地局制御局が一つの移動交換機につながっている。この制御局に基地（送受信）局が接続され，呼出しやハンドオフなどのため，無線回線の使用を制御している。加入者証明カードを用いることで，一つの移動機を複数の人々が使用できるようになっている。移動交換局は自局位置登録，訪問先位置登録，および端末認証登録などのファイルを有している。音声サービスに加えて，多数のデータサービスが標準化されている。その説明はここでは省略する。1993年6月には第2フェーズの仕様が作定された。新しいサービスが付加されるとともに，第1フェーズの周波数帯の下部に，新しく10 MHzが増設された。これとともに，1 800 MHz帯でのシステム（DCS1800）がPCN（personal communication networks）として標準化さ

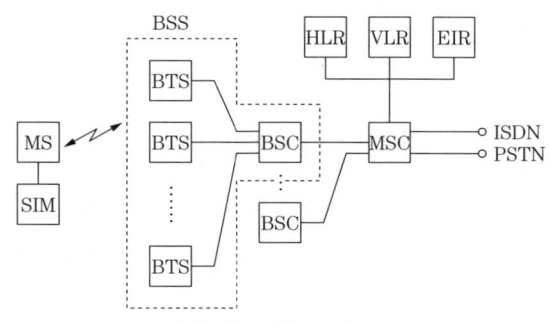

9.7 ディジタル移動電話システム　　　567

```
            BSS
        ┌─────────┐      ┌HLR┐ ┌VLR┐ ┌EIR┐
        │  BTS    │      └─┬─┘ └─┬─┘ └─┬─┘
        │   │     │        └─────┼─────┘
 ┌──┐   │  BTS────BSC──────────MSC ──○ ISDN
 │MS│~~~│   │     │              │   ○ PSTN
 └┬─┘   │   ⋮     │              │
 ┌┴─┐   │         │
 │SIM│  │  BSC────┤
 └──┘   │   │     │
        │  BTS    │
        └─────────┘
```

　MSC ：移動通信交換センター
　HLR ：ホーム位置登録
　VLR ：訪問位置登録
　EIR ：装置 ID 登録
　BSS ：基地局システム（BTS＋BSC）
　BSC ：基地局制御
　BTS ：基地送受信局
　MS　：移　動　局
　SIM ：加入者識別モジュール
　ISDN：統合サービスディジタル通信網
　PSTN：公衆対象電話網

図 9.16　GSM ネットワークの構成

れた．1995 年にはハーフレートの音声符号化も標準化された．これは，TDMA フレームを一つおきに使うものである．1988 年には GSM は，European Telecommunications Standard Institute（ETSI）の一つとして，Special Mobile Group（SMG）という名称の技術委員会となった．GSM は，後のほうの名称が示すとおり，全世界に広く導入されている．

9.7.2　北米におけるディジタルセルラーシステム

　米国では，加入者数の増加に伴い，既存のアナログ方式（AMPS）の容量が，特にニューヨーク，シカゴ，ロサンゼルスなどの大都市で不足すると予測されていた．これに対処するため，大容量方式の検討が開始された．このとき，新しい周波数の割当ては行わずに，AMPS システムを徐々に新方式に移行するという条件が付いていた．新方式の標準化を進める団体 TIA（Teleommunication

Industry Association）は，1990年にTDMA方式を採用することに決定し，1991年に標準方式（IS-54）を策定した。徐々に置き換えるという制約のため，アナログとディジタルのデュアルモード方式が考えられた。

方式仕様を表9.9にまとめて示す[45]。30 kHz間隔のインターリーブチャネル配置は，デュアルモード動作を容易にするため，AMPS方式と同じである。六つの時間スロットの3チャネルTDMA方式が用いられている。フレーム構成を図9.17に示す。一つの音声信号は，スロット0と3，1と4，2と5のいずれかを使用する。もし，音声符号化速度が半分になれば，これを6チャネルのTDMA方式とするように意図している。音声符号化方式としてはVSELPが用いられ，符号化速度は7.95 kbpsであり，誤り訂正符号を含めると13.5 kbpsである。ディジタル変調方式は$\pi/4$シフトQPSKであり，これはセルラー方式に導入された初めての線形変調方式である。無線回線では最大で40 μsの伝搬遅延時間差を，自動等化器で対処できなければならない。スロットが6.7 msと長いため，高速フェージング下においては1バースト区間の中で伝送路特性がかなり変化することになるので，自動等化器は高速に追随しなければならない。

表9.9 米国ディジタルセルラー（IS-54）方式の要約

周 波 数 帯	869～894 MHz（BSS to MS）
	824～849 MHz（MS to BSS）
チャネル間隔	30 kHz（インターリーブ）
周波数チャネル数	832
多重アクセス	3チャネル/6時間スロット TDMA
時間スロット長	40/6 ms
変 調 方 式	$\pi/4$ シフト QPSK
チャネル速度	48.6 kbps
音声符号化	VSELP（7.95 kbps，13 kbps：FECのとき）
自 動 等 化	40マイクロ秒の遅延差に対処
基地局エリア（半径）	0.5～40 km
送 信 電 力	0.6～4 W（移動）

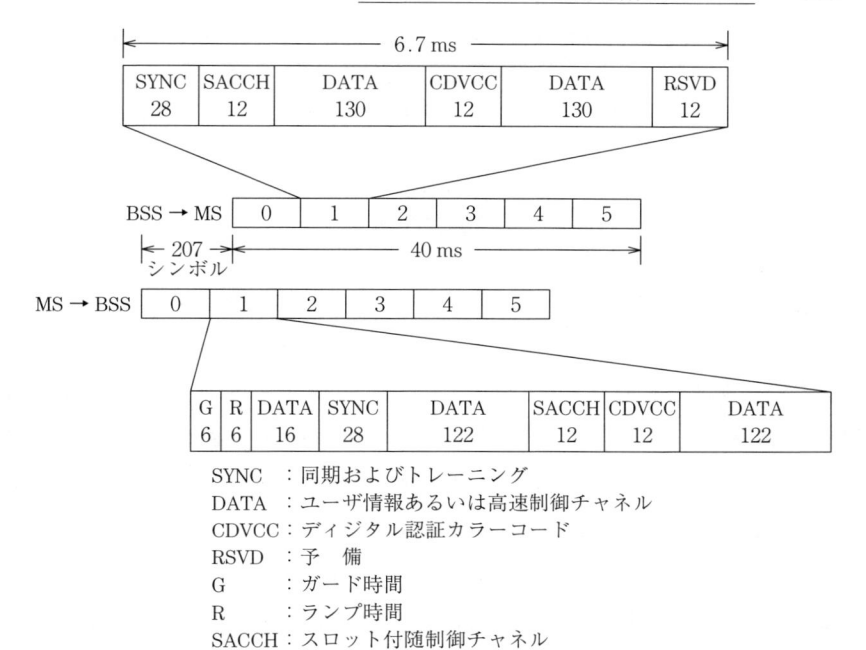

9.7 ディジタル移動電話システム

```
|←――――――― 6.7 ms ―――――――→|
| SYNC | SACCH | DATA | CDVCC | DATA | RSVD |
|  28  |  12   | 130  |  12   | 130  |  12  |
```

BSS → MS | 0 | 1 | 2 | 3 | 4 | 5 |

|← 207 →|←―――――― 40 ms ――――――→|
  シンボル

MS → BSS | 0 | 1 | 2 | 3 | 4 | 5 |

| G | R | DATA | SYNC | DATA | SACCH | CDVCC | DATA |
| 6 | 6 | 16 | 28 | 122 | 12 | 12 | 122 |

SYNC　：同期およびトレーニング
DATA　：ユーザ情報あるいは高速制御チャネル
CDVCC：ディジタル認証カラーコード
RSVD　：予　備
G　　　：ガード時間
R　　　：ランプ時間
SACCH：スロット付随制御チャネル

図9.17 米国ディジタルセルラーシステム（IS-54）の信号フレーム構成

チャネル再利用距離が同じとすれば，IS-54 システムは AMPS システムの3倍の容量を有する．再利用距離は，同一チャネル干渉に対する保護比，信号対雑音電力がしきい値よりも下がる確率，および同一チャネル干渉とフェージング条件下におけるディジタル音声品質に依存するので，これを一般的に論じるのは困難である．アナログ FM 方式も含めて，異なる音符号化方式の音質の比較を行うためには，実際の通信回線状況で，多数のユーザの主観評価実験を行わなければならない．

IS-54 TDMA 方式の標準化の後で，CDMA 方式を用いたシステムがクァルコム社（Qualcom Inc.）より提案された[69]．この方式も他の標準方式（IS-95）として採用された．仕様を**表9.10**にまとめて示す．多重アクセス方式は直接拡散 CDMA であり，セルラー方式に初めて標準化されたスペクトル拡散方式である．拡散係数は128，拡散符号は PN（擬似乱数）符号とウォルシュ符号

570   9. ディジタル移動無線通信システム

表 9.10 CDMA ディジタルセルラー方式 (IS-95) の概要

スペクトル拡散	直接拡散
チップ速度	1.228 8 MHz
データ速度	9 600 bps
拡 散 率	128
変 調 方 式	QPSK
帯　　域	1.23 MHz
音声符号化	QCELP (8 kbps)
誤 り 訂 正	たたみ込み符号/ビタビ復号
送信電力制御 （移動局）	ダイナミックレンジ 85 dB ステップサイズ 0.5〜1 dB

の組合せである．このウォルシュ符号の長さは 64 ビットであるから，1 基地局当り 64 個の直交チャネルを提供できる．基地局の間で異なる PN 符合を用いることにより，同一の周波数を各基地局で使用する．言い換えれば，再利用係数あるいはセルグループの数は 1 である．

周波数利用効率は AMPS システムに比べて 10 倍程度といわれている．この結果は，1 周波数再利用に加えて，高速自動送信電力制御，ソフトハンドオフ（あるいはマクロダイバーシチ），音声駆動送信，セルのセクタ化などを用いて得られている．基地局で受信される信号強度を与えられた範囲に保持する自動送信電力制御は，CDMA システムにとって，遠近問題に対処して周波数効率を高くするために必要である．ソフトハンドオフは，ハンドオフを頻繁に行うことを意味しており，基地局間のマクロダイバーシチと同じである．この技法はシャドウフェージング環境下で有効である．ソフトハンドオフを行うためには，いくつかの回線を予備的にとっておかなければならない．回線は拡散符号によって変えるので，その切替は，周波数切替に比べて高速にできる．

音声駆動送信は，搬送波信号を音声が検出されたときのみ送信するものであり，全音声期間に対する無音声区間の比だけ同一チャネル干渉量を低減する．この方式では，セクタ化したセルを考えている．セクタの数を N とすれば，サービス領域を $1/N$ に狭くするので，周波数スペクトル効率を N 倍に改善できる．異なる搬送波周波数の間にはガード帯域を設ける必要がある．これにより周波数効率は落ちる．このように，CDMA システムの高い容量（周波数利

用効率）は，多数の先進的な技術により達成されている。CDMA システムの容量を検証することは，困難である。それは，原理的にすべての端末を実験に参加させなければならないからである。これに対し，TDMA システムや FDMA システムにおいては，一つのチャネルと干渉するのは同一チャネルを使用する少数の移動端末であるから，実験は容易である。

9.7.3 日本におけるディジタルセルラーシステム

日本のディジタル自動車電話の仕様は，RCR（Research & Development Center for Radio Systems）が 1991 年の 4 月に策定した。このシステムはその後，PDC と呼ばれた。仕様の要約を表 9.11 に示す[70]。800/900 MHz と 1.5 GHz 帯に新しい帯域が与えられた。25 kHz のキャリア周波数間隔は，米国の IS-54 システムの 30 kHz に比べて少し狭い。これは，音声符号化速度を 11.2 kbps と下げることにより達成している。変調方式および多重アクセス方式は，米国の IS-54 システムと同じである。ハーフレートの音声符号化も標準化されている。PSI-CELP（7.7.6 項）方式であり，符号化速度は，誤り訂正無しで 3.4 kbps，有りで 5.6 kbps となっている。

表 9.11　日本ディジタルセルラー方式（PDC）の概要

周波数帯	810～826 MHz（BSS→MS）
	940～956 MHz（MS→BSS）
	1 477～1 489 MHz（BSS→MS）
	1 429～1 441 MHz（MS→BSS）
	1 501～1 513 MHz（BSS→MS）
	1 453～1 465 MHz（MS→BSS）
チャネル間隔	25 kHz（インターリーブ）
変調方式	$\pi/4$ シフト QPSK
多重アクセス	3 チャネル TDMA（フルレート）
	6 チャネル TDMA（ハーフレート）
チャネル速度	42 kbps
音声符号化	VCELP（6.7 kbps, 11.2 kbps：誤り訂正を含めて）
	PSI-CELP（3.45 kbps, 5.6 kbps：誤り訂正を含めて）
自動等化	（オプション）
ダイバーシチ	（オプション）

自動等化器とダイバーシチの使用は任意である。ダイバーシチ受信はフラットフェージングのみならず周波数選択性フェージングにも強いので，遅延広がりがさほど大きくない限り，自動等化器は必要ないだろう。レイリーフェージングの下で，ダイバーシチ方式では，ビット誤り率が 2×10^{-2} に対して平均信号対干渉雑音電力比（CIR）は 11 dB である。この誤り率はシステムのしきい値とされている。もし，ダイバーシチを用いなければ，CIR の値は 16 dB が必要である。

PDC は，基地局における共通増幅器の導入による小型化低価格化が進んだことと，新しいデータサービスの成功により，事業として大成功を収めた。その後，W-CDMA システムの導入により加入者が減少し，2008 年 11 月に新規受付を停止し，2012 年 3 月にはサービスを終了した。

9.7.4 第 2 世代システムの進化

第 2 世代システムは世界中で成功を収めた。その理由の一つとして，ディジタル化されることによって，音声のみならずデータ通信サービスを提供できることになったことが挙げられる。携帯端末により，電子メールの送受信，インターネットへのアクセスが可能である。特に NTT ドコモが展開した PDC システムにおけるインターネット接続サービスである「i モード」は，有線回線でインターネットへ接続した経験のない人々をも夢中にさせ，巧妙なビジネスモデルにより，ビジネスとしても大きな成功を収めた。

GSM システムはフェーズ 2+ に進化した。これには，四つの時間スロットを束ねて使用し，最大 57.6 kbps の回線交換データサービス（HSCSD），および最大 115.2 kbps で IP（internet protocol）を提供する GPRS（general packet radio service）などを含んでいる。GSM システムを第 3 世代に進化させるために，EDGE（enhanced data rates for global evolution）が制定された。ここでは変調方式として，従来の GMSK に代わって 8 相 PSK が採用された。最大データ速度は 384 kbps である。EDGE をさらに高速化するために EDGE Evolution が標準化団体 3GPP のリリース 7 で追加された。タイムスロットは，2 周波を

9.7 ディジタル移動電話システム　　573

用いて最大で10までに拡大された．その他，変調方式としてQPSK，16QAM，32QAMが用いられる．ターボ符号の導入，伝送遅延時間の減少（100 ms），端末でのダイバーシティ受信が行われた．最大伝送速度は下り回線で1.3 Mbps，上り回線で653 kbpsである．

　IS-54システムはIS-136へ進化した．主要な点は，電池寿命の延長，800 MHzとともに1 900 MHzの使用，ディジタル制御チャネル（digital control channel）の導入，などである．音声符号化は，従来のVSELPに加えて，ACELP（algebraic code excited linear predictive）符号化（7.7.6項）を用いたIS-641EFR（enhanced full rate）が追加された．これは，有線のADPCM並みの音質を有している．IS-136システムはGSMに置き換えられ，2007年から2008年にかけてそのサービスを終了した．

　IS-95システムは，CDMA OneあるいはcdmaOneとも称される．IS-95は，まずIS-95Aとして進化し，データ速度は14.4 kbpsに高まった．さらに，IS-95Bにおいては，データ回線を8個束ねることにより，115.2 kbpsとなった．

9.7.5　第3世代システム

　第2世代システムの成功を受けて，これをさらに進化させるべく次世代システムの検討が，1980年代半ばごろよりITUの下で，FPLMTSの名の下に開始された．この名称は後にIMT-2 000（international mobile telecommunications）と変わった．その基本概念は，種々の無線伝送環境において，有線通信と同程度の品質で種々のサービスを提供することができ，異なる無線システムを切れ目なく統合した無線インフラをつくることである．具体的には，伝送速度が高速になることで，移動テレビ電話や高速インターネットアクセスなどが可能になり，またシステムが切れ目なくつながることで，利用者が世界のどこに移動してもサービスが受けられる（国際ローミング）ことである．周波数帯は1 885〜2 025 MHzと2 110〜2 200 MHzである．また，衛星通信用として，1 980〜2 010 MHzと2 170〜2 200 MHzが割り当てられている．最低限のユーザ伝送速度がつぎのように規定された．

移動体環境：144 kbps
歩 行 環 境：384 kbps
屋 内 環 境：2.048 Mbps
衛 星 環 境：9.6 Mbps

米国，欧州，日本，韓国，中国より合計で 10 のシステムが提案された。3G システムとして標準化されたシステムの一覧を**表 9.12** に示す。これらは CDMA 方式を広帯域にしたもの，従来の TDMA を発展させたもの，CDMA と TDMA を組み合わせたものに分類できる。CDMA 方式は一つの搬送波を用いる方式（IMT-DS, direct spreading）と cdmaOne を三つの搬送波を用いるなどに拡張した方式（IMT-MC, multi-carrier）に分かれる。前者は新規システムとして広帯域性の利点を追求しているのに対して，後者はこれまでのシステムの資産継承を意図している。IMT-DS と IMT-MC は，それぞれ 3GPP および 3GPP2 と呼ばれるグループによりまとめられた。IMT-DS は，5 MHz 幅の直接拡散方式である。IMT-DS は，日本から W-CDMA として，欧州から UTRA-FDD として提案された。その主要規格を**表 9.13** に示す。

表 9.12 IMT2000 システム

勧 告 名	提 案 名	多元接続方式
IMT-DS	W-CDMA UTRA-FDD	CDMA
IMT-MC	cdma2000	CDMA
IMT-TC	UTRA-TDD TD-SCDMA	CDMA TDMA
IMT-SC	UWC-136 （EDGE）	TDMA
IMT-FT	DECT	TDMA FDMA

拡散帯域幅を 5 MHz と広くすることによって，通信速度，高時間分解能による RAKE 受信効果，および多重数が上がることによる統計的多重効果，を高めることができる。基地局間の時間同期は，非同期モードと同期モードが選択できるようになっている。非同期モードは，セル配置などの自由度が上が

9.7 ディジタル移動電話システム

表 9.13 W-CDMA の主要規格

周 波 数	上り 1 920～1 980 MHz, 下り 2 110～2 170 MHz
アクセス方式	DS-CDMA
通 信 方 式	FDD
拡散帯域幅	5 MHz
チップレート	3.84 Mチップ/秒
キャリア間隔	200 kHz
データ伝送速度	最大 2 Mビット/秒
フレーム長	10, 20, 40, 80 ミリ秒
誤り訂正符号	ターボ符号, たたみ込み符号
データ変調方式	上り BPSK, 下り QPSK
拡 散 変 調	上り HPSK, 下り QPSK
基地局間同期	非同期モードと同期モードが選択可能
音声符号化方式	AMR (1.95～12.2 kビット/秒)

り，柔軟なシステム展開を容易にする．その他にも，適応アレーアンテナの導入を意図して時間軸上の個別パイロット信号を用いた同期検波，移動機を複雑にしないで信号伝送の高信頼性を確保するための基地局送信ダイバーシチ，などが採用されている．

データ変調方式は，BPSK（上り回線）と QPSK（下り回線）である．スペクトル拡散は HPSK（上り），QPSK（下り）であり，チップ速度は 3.84 Mchip/秒である．ここで，H (hybrid) PSK は，次式で表現される[71]．$C_{long}(i) = C_{long,1}(i)(1 + j(-1)^i C_{long,2}(2\lfloor i/2 \rfloor))$ ($i = 0, 1, 2, 3, \cdots$) ここで，$C_{long,1}(i)$ と $C_{long,2}(i)$ は ±1 をとる乱数（拡散）系列であり，記号 $\lfloor i \rfloor$ は i を越えない整数を示す．偶数時刻と奇数時刻で，QPSK と π/2 シフト BPSK を交互に切り替える変調方式である．これにより，信号軌跡が原点を通過する確率が半分になり，信号のピーク対平均電力が低くなり，端末側の電力増幅が楽になる．チップ波形は，レイズド余弦（raised cosine）特性の平方根の特性を有するフィルタのインパルス応答となっている．

誤り訂正はターボ符号（たたみ込み）である．音声符号化は符号化速度が 1.95～12.2 kbps の間で適応的に変化する AMR (adaptive multi rate)（7.7.6

項）が用いられている。

IMT-MC は，cdmaOne（IS-95）に対して三つの搬送波を同時に用いるように拡張したものであり，CDMA2000 とも称される。CDMA2000 のサブセットとして，キャリアを N 個（$N=1, 3$）使うものを CDMA2000 Nx RTT（RTT は radio transmission technologies の略）と呼ぶ。通常は CDMA2000 Nx と記されることが多い。実際には，$N=1$ だけが商用化された。CDMA2000 1x は cdmaOne（IS-95）と後方互換性を保ちながら最大伝送速度が上り・下り回線とも 153 kbps に高められた。

IMT-TC（time-code）は，欧州が提案した UTRA-TDD と，中国が提案した TD-SCDMA を含んでいる。これらは，いずれも時分割により送受信多重を行う TDD（time-division-duplex）方式である。TDD 方式は，基地局のみに複数のアンテナを用いたダイバーシチ通信，および上下回線のトラフィックの不平衡に対処しやすいという特長がある。多重アクセス方式は，信号フレームをスロットに分割し，スロットごとに符号多重する，TDMA と CDMA を組み合わせたものとなっている。

IMT-SC（single-carrier）は，TDMA 方式である IS-136 の発展型である UWC-136 と，これと同一の仕様であり GSM の発展型である EDGE を第 3 世代用に変更したものである。IMT-FT（frequency-time）は欧州の DECT システムの第 3 世代版である。

第 3 世代システムの免許の割当ては，第 2 世代システムのビジネスの成功と，いわゆる IT バブルにより，多数の事業者が望むところとなった。欧州では，免許入札制を採用したため，免許を受けるための価格が高騰した。IT バブルの崩壊の影響もあって，第 3 世代システムの本格的な導入は当初の予定であった 2000 年よりも遅れた。日本では，NTT ドコモが世界の先陣を切って W-CDMA システムを FOMA の名称で商用化した。ただし，携帯端末の完成度が不十分なこともあって，初期の普及速度は遅かった。その後，KDDI 傘下の AU は cdma2000 を第 2 世代の周波数帯で商用化し，2004 年ごろになって本格的な普及に移った。FOMA と cdma2000 が熾烈な競争を行った。

IMT-2000 の周波数帯は，2000 年 5 月～6 月に開催された WRC-2000（World Radiocommunication Conference）において，800 MHz 帯（806～960 MHz），1.7 GHz 帯（1 710～1 885 MHz）および 2 GHz 帯（2 500～2 690 MHz）が追加配分された．

9.7.6　3G システムの進化 [13],[43]

　標準化された第 3 世代システムのうち，商用化の中心となったのは，標準化団体 3GPP（3rd Generation Partnership Project）が検討した W-CDMA 方式と，3GPP2（3rd Generation Partnership Project 2）がまとめた cdma2000 である．これらのシステムでは，パケット信号伝送をより高速に行うために，つぎに述べるような拡張が行われた．

　先鞭をつけたのが cdma2000 である．cdma2000 1x の発展型は CDMA2000 1X EV（EV は evolution の略）と呼ばれる．これには，CDMA2000 1X EV-DO（DO は data only あるいは data optimized の略）と CDMA2000 1X EV-DV（DV は data and voice の略）がある．前者は一つのキャリアをデータに特化して伝送するのに対して，後者はデータと音声を同時に伝送する．実用化されたのは前者のみのようである．CDMA2000 1X EV-DO は Qualcomm 社が開発した HDR（high data rate）システム[35],[36]を基にしている．この方式においては，高速データと低速データ（音声）を別々の周波数チャネルで分離して伝送する．その理由は，音声とデータでは要求される伝送特性（速度，遅延，誤り率）が異なるので，それぞれに特化して伝送方式を変えると回線利用効率が上がるからである．

　HDR（下り）回線においては，送信電力制御は行わないで，すべての端末に対して全電力で送信を行う．各端末への信号の多重伝送は，符号多重ではなく時間多重である．さらに，変調方式（QPSK，8PSK，16QAM），誤り訂正符号化率，パケット長を回線品質に応じて変化させている．これにより，高品質回線の端末に対しては，最高で約 2.5 Mbps，低品質回線の端末には最低で約 38 kbps での伝送速度となる．回線品質は，下り回線のパイロット信号を端末

が受信して測定する。その結果を上り回線によって基地局に通知する。

　異なる品質の回線状態にあるデータ端末に対して，どのように送信機会を与えるか（スケジューリング）はシステム設計の重要な課題である。勘案すべきことは，システム全体での平均伝送速度（スループット）と各端末の送信機会の公平性である。スループットに重きを置けば，品質のよい回線の端末により優先的に送信させればよい。しかし，品質の悪い回線の端末は送信機会が減り，結果としてデータを送り終わるまでの時間（latency）が長くなり，不公平性が大きくなる。HDR システムでは，各端末に対して，現時点の信号品質によって決まる伝送速度と，これまでの平均のスループットの比を評価値として定め，これの最も大きい端末に送信権利を与える方法（proportional fair scheduling[39]，9.1.3項）をとっている。この方法では，これまでの平均のスループットが同じであれば，現時点での信号品質が高いユーザを選択するので，フェージング回線においてマルチユーザダイバーシチ効果（7.1節）[40],[41]が得られ，システム全体の伝送速度が上がる。

　データ伝送では，比較的に長い時間遅延が許容されるので，誤り検出自動再送（ARQ）が導入されている。同じ理由により，時間遅延は大きくなるものの，誤り訂正能力が高いインターリーブと反復復号を行うターボ符号が用いられている。

　W-CDMA 方式においては，HSDPA（high speed down link packet access）がまず制定された。最も大きな変更は，HDR システムと同様に，一つのチャネルをユーザごとに時分割で共有して伝送する HS-DSCH（high-speed downlink shared channel）が策定されたことである。時分割スロット長は，伝送路の変動に追随させるために 2 ms と短い。信号の拡散は，符号長が 16 の符号で行われる。符号の数は，1〜15 までは一人のユーザにより使用され，残り一つは回線制御などに用いられる。ユーザへのチャネル割当て（スケジューリング）は HDR と同様に，チャネルの状況に応じて行われる。変調方式として 16QAM が追加され，QPSK との間で適応的に選択される。下り回線の最大伝送速度は 14.4 Mbps となった。誤り対策としては，誤り訂正と再送を併用するハイブ

リッドARQが採用された.再送が行われる場合には,先に受信したデータブロックを保存しておき,つぎの受信データブロックとで軟合成する手法がとられる.また,再送符号を先の符号とは異ならせる,いわゆるIR (incremental redundancy) 方式 (7.4.8項) を用いる.

上り回線では,HSUPA (high speed up link packet access) が制定された.HSDPAと同様に,高速スケジューリングと軟合成ハイブリッドARQが用いられる.伝送チャネルとして,E-DCH (enhanced dedicated channel) が制定された.時分割スロット長はHS-DSCHと同じく2 ms である.上り回線は,(1) 送信電力が低いこと,(2) ユーザ間で信号の直交性がとれないこと,(3) 受信側として複数の基地局が関与する(ソフトハンドオフ),ことが下り回線と異なる.そのため.一つの時間スロットに複数のユーザを多重すること,適応送信電力を用いること,ハイブリッドARQを実装する方法,などが異なる.伝送速度は5.76 Mbpsとなった.HSDPAとHSUPAとを合わせてHSPA (high speed packet access) と称される.

3GPPシステムにおけるその後の進化は,異なる二つに分けられる.一つは,これまでの延長上にあるHSPA-Evolution(または,HSPA+)であり,他方は,LTE (long-term evolution) である.HSPA-EvolutionはW-CDMAを基本とするHSPAと(後方)互換性を有するのに対して,LTEは互換性を放棄した新しいシステムである.とはいえ,両者は同じ時期に並行して標準化作業が行われたので,MIMO伝送などの新技術などは両者で採用されている.また,HSPA-EvolutionとLTEの導入を円滑にするために,有線(核)ネットワークEvolved Packet Core System Architecture Evolutionが策定された.

HSPA-Evolutionにおける下り回線MIMO伝送では,送信2本,受信2本のアンテナを用いる.ただし,ユーザ端末では,従来システムとの互換性のために,MIOMOシステムの実装は任意である.基地局においても,アンテナ重み(プリコーディング)および共通パイロット信号は互換性がとれるように設計されている.一つのデータストリームに対するアンテナ重みは,従来の閉ループ送信ダイバーシチと同じである.すなわち

$$w_{11} = \frac{1}{\sqrt{2}}, \quad w_{21} = \left(\frac{1+j}{2}, \frac{1-j}{2}, \frac{-1+j}{2}, \frac{-1-j}{2} \right)$$

である。他方のデータストリームに対するアンテナ重み w_{12}, w_{22} は，ベクトル (w_{11}, w_{21}) と直交するように決められる。すなわち

$$(w_{11}, w_{21})(w_{12}^*, w_{22}^*)^T = 0 \quad (T：転置)$$

この重みづけは，7.2.3 項〔3〕で説明した固有ビーム空間分割多重伝送の原理に基づいている。ただし，ここでは，固有ベクトルの近似値が用いられているとともに係数 w_{11} を固定したので，実際の固有ベクトルとは定数値だけ異なる。データストリームが一つの場合には，送受信最大比合成ダイバーシチ伝送となる (7.2.1 項〔3〕)。

MIMO 伝送を用いた下り回線最大伝送速度は，回線の状態に応じて 23.4 Mbps から 28 Mbps である。MIMO 伝送を実装していない端末，あるいは MIMO 伝送が効果的でない見通し内回線 (7.2.3 項) に対して，伝送速度を高める手段として，下り回線において 64QAM，上り回線において 16QAM が追加された。このときの最大伝送速度は，それぞれ 21 Mbps と 11 Mbps である。伝送遅延時間は 50 ミリ秒以下に短縮されている。

LTE システムは，従来の W-CDMA，HSPA との互換性を放棄して，システムの進化を最大にすることを狙いとしている。前提条件は，信号伝送はすべて IP 伝送とする，使用する周波数幅を柔軟にする，セル端の端末への通信性能を重視する，などである。IP 伝送は，データはもちろん音声に対しても，VoIP (voice over IP) として行われる。これにより，従来の ISDN に依存することなく通信網を構築できる。周波数幅は，1.4, 3, 5, 10, 20 MHz が決められた。送受信多重方式としては，FDD と TDD の双方が策定された。システムの要求条件を**表 9.14** に示す。

多重伝送方式として，下りはマルチキャリア OFDM，上りは単一キャリア FDMA が用いられる。OFDM が採用された理由は，高速（広帯域）伝送における符号間干渉の影響を簡単に回避するためである (6.5.1 項)。上り回線で単一キャリア伝送が採用されたのは，端末の電力増幅器の効率を重視してピー

9.7 ディジタル移動電話システム

表 9.14 LTE システムへの要求条件

最大伝送速度	100 Mbps（下り），50 Mbps（上り）
無線伝送遅延（片方向）	5 ミリ秒以下
ユーザ伝送速度	
セル端	2～3 倍（下り），2～3 倍（上り）
平　均	3～4 倍（下り），2～3 倍（上り）
周波数利用効率	3～4 倍（下り），2～3 倍（上り）

〔注〕 伝送速度および周波数利用効率は HSPA/HSUPA（Rel. 6）に対して。

ク対平均電力の比を低減するためである．符号間干渉は，基地局での周波数領域等化（7.3.7 項）などの信号処理により対処する．

　OFDM のサブキャリア間隔は 15 kHz であり，12 個の連続したサブキャリアを一つのブロック（180 kHz）として使用する．帯域の中心（DC）のサブキャリアは，信号伝送には使用しないで搬送波のみとする．その理由は，この DC のサブキャリアと同じ，局部発信信号を用いて直交検波を行い，同相・直交ベースバンド信号を取り出すのを容易にするためである．使用する周波数ブロックの数は 6 から 100 以上まで変化させることができる．これにより，使用帯域が 1 MHz から 20 MHz まで設定できる．

　時間軸上においては，10 ミリ秒のフレームが用いられる．一つのフレームは時間長が 1 ミリ秒の 10 個のサブフレームに分割される．一つのサブフレームは二つの 0.5 ミリ秒のスロットで構成される．これらのフレーム構造は FDD システムにおいては，上下回線で共通である．TDD システムにおいては，サブフレームを上り・下り回線に割り当てて使用することを除いて，同様のフレーム構成である．

　下り OFDM 回線においては，一つのスロットを七つのシンボルに分割し，これらに，4.7 マイクロ秒の CP（cyclic prefix）を付加して伝送する場合と，CP を 16.7 マイクロ秒と長くして 6 シンボルを伝送する二つのモードが用意されている．CP を長くするとより大きな遅延広がりに対処できる．

　変調方式は，QPSK，16QAM，64OAM が用いられる．下り回線では，各ユーザ当り四つのデータを並列に伝送する MIMO 多重伝送が行われる．ただし，

上り回線では多重伝送は行わない。これらの技術により，最高速度は下りで300 Mbps，上りで75 Mbpsが達成される。周波数利用効率はそれぞれ，15 bps/Hz，3.75 bps/Hzとなる。

回線品質に応じたスケジューリングや伝送速度の変更，軟合成ハイブリッドARQは，従来と同じように採用されている。複数の基地局から同一の信号を同期して送信するマルチキャスト/放送単一周波数ネットワークも，OFDM伝送の利点を生かして提供される。LTEに対する要求条件を満足できた主な理由は，つぎの技術にある。

① セル内直交マルチアクセス（OFDMA，SC-FDMA）。
② 周波数領域スケジューリングの適用。
③ 変調多値数の増大（下り：64QAM，上り：16QAM）。
④ 送受信アンテナ数の増大（下り：最大4×4，上り：最大1×4）。

最大伝送速度の向上に寄与しているのは，送受信アンテナ数の増大（MIMO多重）と変調多値数の増大が主である。ユーザ伝送速度（セル平均，セル端），および周波数有効利用率の向上については，これらの技術が総合的に効果を出しているであろう。

LTEシステムの進化はさらに続いている。ITU-RにIMT-Advancedシステムの開発目標が定められたのを受けて，3GPPはLTEの進化版であるLTE-Advancedの標準化を開始した。IMT-Advancedの目標性能は，最大伝送速度が1 Gbps，そのときの周波数効率は6.75 bps/Hzである。LTE-Advancedでは，下りが1 Gbps，上りが500 Mbpsである。これらに対応して，周波数効率は，それぞれ30 bps/Hz，15 bps/Hzである。これらの高速高効率伝送は，帯域を70 MHz程度に拡大したことと，4×4 MIMO伝送の導入により達成する。帯域はLTEの複数の搬送波を集める（carrier aggregation）ことにより確保する。LTE-AdvancedはLTEと互換性を有する。

セル端における性能を改善するために，複数の基地局（セル）が協調して送信/受信を行うCoMP（coordinated multi-point）[42]方式が用いられる。下り回線においては，複数のセルから一つの端末に対して同時にあるいは高速に切り

9.7 ディジタル移動電話システム   583

替えて伝送したり，セル端にある端末へ送信する際に隣のセルに接続されている端末への干渉を軽減するためにスケジューリングを行ったり，アンテナの指向性を制御するビームフォーミングを行ったりする．上り回線においては，一つの端末からの信号を複数のセルで受信することで対応する．セル端での性能を改善するためには，中継局を設置する方法もある．これについても標準化が行われた．その他の方法として，トラフィックの多い場所に送信電力が低くカバーする領域が狭い，いわゆるピコセルを設定することが有効である．その際に問題となるマイクロセルとの干渉を避ける，回線割当てスケジューリング法などが検討されている．

9.7.7　WiMAX

標準化団体 3GPP, 3GPP2 以外にも，IEEE 802 が無線システムの標準化を行っている．その中でも，IEEE 802.16 に準拠した WiMAX (worldwide interoperability for microwave access) が有名である．本書執筆時点での最新版は 802.16e である．多重伝送方式は LTE と同様に OFDM, サブキャリア周波数間隔は 10.94 kHz となっている．ただし，上り回線でも OFDM 伝送を用いている．帯域幅は 5, 7, 8.75, 10 MHz で，最高伝送速度は上り・下り共に 70 Mbps である．変調方式は QPSK, 16QAM, 64QAM である．誤り訂正符号は，たたみ込み（ターボ）符号，ブロックターボ符号，LDPC が用いられ，送受信多重は，TDD, FDD に加えて，半二重 FDD が用意されている．複数アンテナを用いる方法として，ビーム形成，空間時間符号化 (space-time coding), MIMO 空間多重伝送がある．

802.16 システムを IMT-Advanced に適合させるために，802.16 m が策定されている．20 MHz 以上の伝送に対処するために，複数の帯域を集めて使うなど，LTE-Advanced と同様な仕様が検討されている．

9.8 無線 LAN

IEEE (Institute of Electrical and Electronics Engineers) は，米国に本部を置く電気電子関係分野の最大の学会である。IEEE802 委員会はその下部組織の一つであり，正式名称は IEEE 802 LAN/MAN Standard Committee と呼ばれる。1980 年 2 月に発足したので「802」という数字が用いられているそうである。この委員会は多数の作業部会（working group，WG）を有している。有線において有名な「イーサネット」は 802.3 と呼ばれる作業部会で標準化されたものである。無線分野においては，802.11, 802.15, 801.16, 802.20 などの作業部会が設置されている。この節においては，これらの委員会で標準化された（あるいはその作業中）システムについて紹介する。

無線 LAN は IEEE 802.11 作業グループにより，1997 年に初めて標準化されて以来，急速に普及してきた。この 802.11 はその後発展し，802.11a～802.11n の作業グループが発足した。

そのシリーズのうち，物理層方式を扱ったものの仕様を表 9.15 に示す。通信距離は数十 m，最大回線速度は 1 Mbps, 2 Mbps, 11 Mbps, 54 Mbps, 100～200 Mbps であり，無線周波数帯は 2.4 GHz および 5 GHz 帯である。

802.11 のフレーム形式を図 9.18 に示す。データ本体部（frame body）および誤り検出（frame check sequence, FCS）に MAC（media access control）用のヘッダ部を加えることによって構成される。MAC 層としては，有線 LAN で

表 9.15 802.11 シリーズ

	（最大）伝送速度〔Mbps〕	変調方式	周波数
802.11	1, 2	DSSS, FHSS, IrDA	2.4 GHz, 赤外線
802.11b	5.5, 11	CCK	2.4 GHz
802.11a	54, 48, 36, 24, 18, 12, 9, 6	OFDM	5 GHz
802.11g	(54)	OFDM	2.4 GHz
802.11n	(142)	MIMO	2.4 GHz

9.8 無線LAN

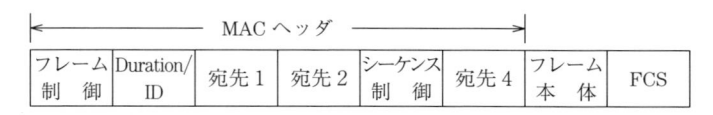

フレーム制御	Duration/ID	宛先1	宛先2	シーケンス制御	宛先4	フレーム本体	FCS

← MACヘッダ →

図 9.18 IEEE 802.11 のフレーム構成

よく用いられる自律分散制御方式である CSMA/CA（carrier sense multiple access/collision avoidance）を基本としている．オプションとして親局からポーリング方式も採用されている．802.11 では，物理層方式として 2.4 GHz の免許不要の周波数帯（industry, science, medical band, ISM バンド）を用いる直接スペクトル拡散（direct sequence spread spectrum, DSSS）と，周波数ホッピングスペクトル拡散（frequency hopping spread spectrum, FHSS），および赤外線通信が用いられる．

周波数チャネルの間隔は 25 MHz であり，割り当てられた帯域内では 3～4 個の周波数しか同時に扱えない．したがって，普及が進むとシステム間の干渉が避けられなくなり，実効伝送速度は低下するものと考えられる．

DSSS 方式の変調方式は，伝達速度が 1 Mbps モードでは BPSK を，2 Mpbs モードでは QPSK を用いている．スペクトル拡散は，いずれの変調方式に対しても，1 シンボルの信号を符号長が 11 チップの，したがってチップ速度が 11 Mchip/s のバーカ（Barker）符号により行っている．DSSS 方式の信号形式を図 9.19 に示す．MAC 層より供給される信号である MPDU（図 9.18）に，PLCP（physical layer convergence procedure）用のプリアンブルとヘッダが付け加えられたものとなっている．これらは，MPDU 信号を物理層で受信するために用いられる．すなわち，Sync は送受信の同期をとるために用いられる．SFD（signal frame delimiter）は PLCP のヘッダの始まり位置を，Signal は変

Sync 128ビット	SFD 16ビット	Signal 8ビット	サービス 8ビット	長さ 16ビット	CRC 16ビット	MPDU

← PLCPプリアンブル → ← PLCPヘッダ →

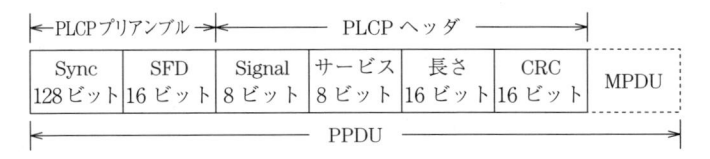

← PPDU →

図 9.19 IEEE 802.11 DSSS 方式の信号形式

調方式などの情報を示し，サービスはユーザの使用に用意されている。長さはMPDU信号の長さを表しており，CRCはヘッダ情報の誤り検出に用いられる。プリアンブルおよびヘッダは1MbpsのDBPSKで，MPDU部は1MbpsのDPSK，あるいは2MbpsのDQPSKで送信される。

802.11の伝送速度を向上させるためにまず登場したのが802.11bである（1999年に標準化）。この方式の二つの信号フォーマットを図9.20に示す。プリアンブルおよびヘッダ部は802.11と同じ信号方式を用いている。長いプリアンブルを用いる形式（図(a)）では，データ部分の変調方式も802.11と同じにすることにより，802.11と互換性を確保できる。短いプリアンブルを用いる形式（図(b)）は，同期語（sync）を短くするとともに，PLCPヘッダ部に2MbpsのDQPSKを用いることによりこれらの部分の送信時間を短縮している。データ部の伝送速度を高める変調方式としてCCK（complementary code keying）が採用された。CCKは，拡散符号を複数個用意しておき，伝送

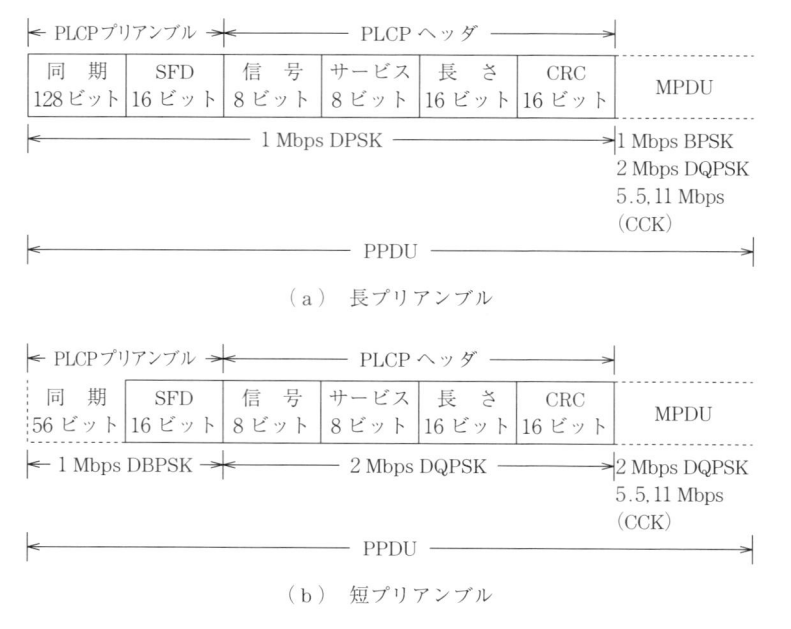

(a) 長プリアンブル

(b) 短プリアンブル

図9.20　IEEE 802.11b DSSS方式の信号形式

信号に応じてそのうちの一つを送信する方式である（**図 9.21**）。もし，m〔bit/シンボル〕の変調方式に対して 2^n 個の拡散符号を用いれば，拡散符号のみで n ビットを表現できるので，チップ速度を同じにしておけば，同じ帯域において伝送速度を $(1+n/m)$ 倍に高めることができる。その代償として，受信機側において，使用されている拡散符号を特定する必要があり，信号処理量の増加が避けられない。

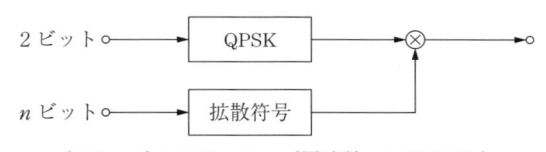

```
2 ビット ○─→│ QPSK │─→⊗─→
                          ↑
n ビット ○─→│ 拡散符号 │──┘
```

(8 チップの CCK，チップ周波数：1.375 MHz)

図 9.21 802.11b における CCK 変調方式

802.11b では，つぎのように与えられる複素 8 チップからなる相補（コンプリメンタリ）符号の組みを用いている。

$$c = \{e^{j(\phi_1+\phi_2+\phi_3+\phi_4)}, e^{j(\phi_1+\phi_3+\phi_4)}, e^{j(\phi_1+\phi_2+\phi_4)}, -e^{j(\phi_1+\phi_4)}, e^{j(\phi_1+\phi_2+\phi_3)}, e^{j(\phi_1+\phi_3)}, -e^{j(\phi_1+\phi_2)}, e^{j\phi_1}\}$$

シンボル周波数を 1.375 MHz とすることにより，チップ速度は 11 Mbps となり，802.11 と同じになる。これによりアナログ回路を 802.11 と共用できる。位相 $\phi_1 \sim \phi_4$ はおのおの 2 ビットで表現されている。したがって，全体で 8 ビットの信号を表現できる。このうち，ϕ_1 はシンボル全体の位相回転を与えるもので，情報伝送には寄与せず，遅延検波などを目的とした差動符号化に対応したものである。$\phi_2 \sim \phi_4$ が情報信号に対応するので，6 ビットの情報を 64 個の拡散符号を用いて表現できる。これと QPSK 変調による情報（2 ビット）により，伝送速度は 11 Mbps となる。5.5 Mbps の伝送モードにおいては $\phi_2 \sim \phi_4$ に対して 2 ビットを割り当てる。

802.11 の 2 番目の発展型は 802.11a と呼ばれている（1999 年に標準化）。その特徴の一つは，免許不要の 5 GHz 帯の周波数が割り当てられたことである。米国では，5.15～5.35 GHz，5.725～5.825 GHz が割り当てられ，U-NII 帯

(unlicensed national information infrastructure)と呼ばれている．その他の特徴は，変調方式としてOFDM (orthogonal frequency division multiplexing)が採択されたことである．OFDMは複数の搬送波を用いた並列伝送を行うマルチキャリア伝送の一方式である．マルチキャリア伝送方式に共通の利点として，マルチパス伝搬におけるパス間遅延時間差による符号間干渉の影響を軽減できることが挙げられる．標準化されたOFDM方式においては，パルス波形を方形状とするとともに，シンボル区間の間にガード時間を挿入することにより，遅延時間差がガード時間内であれば，波形歪みをまったく受けないで受信することが可能となる．ガード区間には信号の後部をコピーして付加している．これにより，FFT (高速DFT)において問題となる信号の不連続性の問題を解消している．

この方式を図9.22に示す．信号フレームがPLCPプリアンブル，PLCPヘッダとデータ部より構成されることは，802.11と同じである．しかし，その内容は802.11とは異なっており，したがって両者の間の互換性はない．

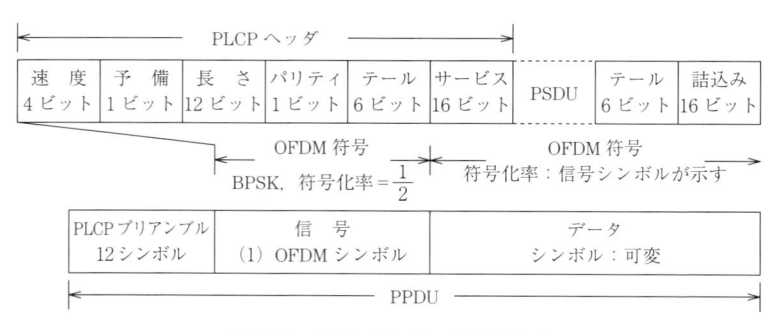

図9.22 IEEE 802.11aの信号形式

プリアンブルの時間長は16 msであり，短シンボル部と長シンボル部の等時間の二つの区間に分割されている．短シンボル部は，受信機のAGC (自動利得調整)および伝送路特性の粗い推定に使用される．長シンボル部およびAGC，ならびに伝送路の粗い推定結果を用いて，伝送路特性の詳細推定を行う．短シンボルは12の，長いシンボル部は53のサブキャリアで伝送され，い

ずれも 6 Mbps の BPSK 変調が用いられる．

　ヘッダ部のうちシグナル（signal）部は，データ部（PSDU）伝送速度と長さに関する 24 ビットの情報を表している．シグナル部とデータ部は，たたみ込み符号化された信号を 48 個のデータサブキャリアと 4 個のパイロットサブキャリアで伝送する．シグナル部では符号化率が 1/2，変調方式が BPSK，速度が 6 Mbps で伝送される．データ部は符号化率が 1/2, 2/3, 3/4，変調方式が BPSK, QPSK, 16-QAM, 64-QAM の組合せにより，伝送速度 6, 9, 12, 18, 24, 36, 48, 54 Mbps が実現される．

　IEEE 802.11b の普及を受けて，これのさらなる高速化を目的として，2003 年に標準化されたのが 802.11g である．周波数帯は 802.11b と同じく 2.4 GHz であり，変調方式は 802.11b の CCK と 802.11a の OFDM の双方を必須としている．伝送速度は 11b では 1, 2, 5.5, 11 Mbps，11a では 12, 24 Mbps を必須としており，その他のオプションとして，9, 18, 36, 48, 54 Mbps も可能である．802.11g は 11b との整合（compatibility）がとられている．

　802.11 シリーズの最新版は 802.11n と呼ばれる．その主要な特徴は，伝送速度を 100 Mbps と高速化し，周波数は 2.4 GHz および 5 GHz 帯で 802.11a, 802.11b, 802.11g との間で物理層および MAC 層で整合をとっていることである．高速化の手法は，二つ以上の周波数帯域をまとめて使うこと，より多値レベルの変調方式を用いること，および複数のアンテナを用いて空間多重並列伝送を行う MIMO（multiple input multiple output）の導入である．

　IEEE 802.15 シリーズでは，通信距離半径が 10 m 程度のいわゆる PAN（personal area network）を扱っている．

　IEEE 802.15.1 はブルートゥース（bluetooth）と呼ばれるシステムに関する．このシステムは，もともとエリクソン，ノキア，モトローラ，インテル，東芝の 5 社が団体を組んで，1998 年から開発，仕様化を進めたものである．その後，IEEE 802.15.1 に移され，2002 年にバージョン 1.1 が標準化された．その後のバージョンを含めて**表 9.16** にその仕様をまとめて示している．マイクとヘッドホンを使って携帯電話を手にすることなく利用するハンズフリー

表 9.16 Bluetooth の主な仕様

周波数帯域	2.4 GHz ISM バンド
出力（送信電力）	1 mW（半径約 10 m）〜100 mW（半径約 100 m）
変 調 方 式	GFSK/FHSS（1 次/2 次） ホッピング速度（1 600 ホップ/秒）
データ転送速度	（バージョン 1.1/1.2） 最大伝送速度：1 Mbps （バージョン 2.0＋EDR） 最大伝送速度：2 Mbps または 3 Mbps
チャネル間隔	1 MHz
同時送信端末数	1 対 n，8 台/ch，32 ch

や，携帯電話にコードレス電話機能を持たせる手段，あるいはノート PC に実装されるなどして，次第に普及が進んでいる．

変調方式は基本レート（必須）と EDR（enhanced data rate）（オプション）が定義されており，シンボルレートはいずれの場合にも 1 M シンボル/s である．基本レートでは，電源効率に優れ，定包絡線変調方式の一つである GFSK（Gaussian filtered FSK）を用いている．EDR では，2 Mbps では $\pi/4$ シフト DQPSK，3 Mbps では 8-DPSK を用いる．他のシステムとの電波干渉の影響を軽減するために，FH を用いている．FH は干渉の大きな周波数チャネルを使用しないという，適応的な手法も用いている．

UWB（ultra wide band）と呼ばれているシステムは，もともと超広帯域，したがって幅の狭いパルス信号を（変調を行うことなく）そのまま送受信する方式（インパルス無線）である．米軍で研究されていた技術であり，その高時間分解能力を生かして，障害物の向こうにある人および物体の認識を行うレーダに用いられていた．超広帯域であるので放射電力スペクトル密度 [W/Hz] が低くなり，他の無線システムへ与える影響が少ないという特徴がある．また，変調を行わないので，変復調回路が不要になる利点もある．

IEEE 802.15.3a では，UWB について表 9.17 に示すような二つの方式を検討していたが，標準化案がまとまらず 2006 年に WG グループを解散した．標準化には失敗したが，二つの方式が，共にコンピュータの有線インタフェー

表9.17 IEEE 802.15.3a で審議された UWB の2方式

	DS-UWB 方式 (直接拡散 UWB)	MB-OFDM 方式 (マルチバンド OFDM)
周波数帯	3.1〜5.15 GHz (ローバンド) 5.825〜10.6 GHz (ハイバンド)	3.168〜5.820 GHz (ローバンド) 5.544〜10.296 GHz (ハイバンド)
周波数チャネル数	2 チャネル	13 チャネル
占有帯域幅	1.368 GHz (ローバンド) 2.736 GHz (ハイバンド)	528 MHz
伝送速度	25〜450 Mbps (ローバンド) 25〜900 Mbps (ハイバンド) 〜1 350 Mbps (マルチバンド)	55 〜 480 Mbps
無線アクセス方式	TDMA-TDD	
変調方式	DS-SS (BPSK, QPSK, M-BOK)	MB-OFDM (BPSK, QPSK)

表9.18 ZigBee の無線方式の仕様

周波数	2.4 GHz (世界で使用可能)	915 MHz (米国で使用可能)	868 MHz (欧州で使用可能)
チャネル数	16	10	1
変調方式	OQPSK	BPSK	BPSK
拡散方式	DS-SS	DS-SS	DS-SS
チップレート [kchip/s]	2 000	600	300
シンボルレート [sps]	62.5	40	20
データレート [kbps]	250	40	20
送信電力	−3 dBm 以上 (最大値は各国の法律で規制された値)		

スである USB (universal serial bus) を無線化する方式を検討している。IEEE 802.15.3c では 57〜64 GHz 帯を用いる UWB の規格を審議している。

ジグビー (ZigBee) は家庭あるいは工場での自動化 (HA, FA) に応用することを目的とし，IEEE 802.15.4 で 2005 年に標準化された。無線方式の仕様を表9.18 に示す。低価格，低消費電力という特徴を生かして，センサネットワークを介したシステムへの適用が考えられる。

IEEE 802.16 シリーズは，サービスエリアを広域にした，いわゆる無線 MAN (metropolitan area network) を扱っている。別名として BWN (broadband wireless access) とも呼ばれていた。802.16 シリーズの上位レイヤの仕様を定

表 9.19 IEEE 802.16 シリーズの主な仕様

規格 項目	802.16	802.16a	802.16-2004	802.16e
周波数帯	10〜66 GHz	2〜11 GHz (免許不要帯を含む)	〜11 GHz (免許不要帯を含む)	〜6 GHz
利用形態	固定	固定	ノマディック,固定	モバイル,ポータブル,ノマディック,固定
伝搬環境	LOS	NLOS	NLOS	NLOS
チャネル帯域	20, 25, 28 GHz	1.25〜20 MHz	1.25〜20 MHz, 25, 28 GHz	1.25〜20 MHz
PHY (物理層) 方式	SC	SC,OFDM, OFDMA	SC,OFDM, OFDMA	SC,OFDM, OFDMA
伝送速度	最大 135 Mbps (28 MHz 帯域の場合)		最大 75 Mbps (20 MHz 帯域の場合)	
規定時期	2001 年 12 月	2003 年 3 月	2004 年 6 月	2005 年 12 月

〔注〕 LOS:line of sight(見通し内通信),NLOS:non line of sight(見通し外通信)

めるために結成された団体にちなんで,最近では WiMAX として知られている。このシリーズの標準規格を**表 9.19** に示す。

802.16 は見通し内固定通信を想定している。変調方式は単一搬送波(single carrier,SC)方式を用いている。802.16a は,見通し外回線も考慮して,マルチパス搬送波に対応するため,変調方式として SC,OFDM,および OFDMA を採用している。802.16-2004 は 802.16 と 2〜11 GHz を使用する 802.16a とを合わせた仕様となっており,固定 WiMAX と呼ばれているこれに対して,802.16e はモバイル WiMAX と呼ばれる。これは 802.16-2004 の規格を基にして,移動通信環境にも対応するために,ハンドオーバなどの仕様が定められている。このシステムについては,9.7.7 項で説明している。

IEEE802.20 は,最初から,高速広域移動環境において高速かつ高い周波数利用効率の無線システム MBMA(mobile broadband wireless access)を実現することを目的として,2002 年に始動した[70]。2004 年にはこのプロジェクトに対する要求を文書化した。その主な仕様は**表 9.20** のとおりである。

2005 年 9 月の時点で,つぎの三つのモードのシステムが提案されている。

9.8 無線 LAN

表 9.20 IEEE 802.20 の仕様

移動速度	最大時速 250 km
周波数利用効率	1 (bps/Hz)/セル 以上
最大ユーザ速度	下り：1 Mbps 以上 上り：300 kbps 以上
セル当り最大伝送速度	下り：4 Mbps 以上 上り：800 kbps 以上
MAC フレーム往復時間	10 ms 以下
最大運用周波数	3.5 GHz 以下
復信方式	FDD あるいは TDD
周波数割当て	免許周波数帯

TDD 複信方式としては，625 kHz 間隔の複数キャリアを用いる 625k-MC モードと，OFDMA に周波数ホッピングを導入した（フラッシュ OFDM）広帯域モードがある。FDD 方式は TDD における広帯域モードを FDD としたものとなっている。高速かつ高い周波数利用効率を実現するために，適応アレーアンテナ（MIMO も含む）および周波数ホッピングが用いられている。

付　　　録

付録 2.1　ディリクレ型のデルタ関数 $\lim_{\Omega \to \infty} (\sin \Omega t / \pi t) = \delta(t)$

次式が成立することを示せばよい。

$$\lim_{\Omega \to \infty} \int_{-\infty}^{\infty} f(t) \frac{\sin \Omega t}{\pi t} dt = f(0) \tag{A2.1}$$

積分区間を三つに分割する。

$$\int_{-\infty}^{-\varepsilon} + \int_{-\varepsilon}^{\varepsilon} + \int_{\varepsilon}^{\infty} f(t) \frac{\sin \Omega t}{\pi t} dt \qquad (0 < \varepsilon \ll 1)$$

2番目の積分は

$$\lim_{\Omega \to \infty} \int_{-\varepsilon}^{\varepsilon} f(t) \frac{\sin \Omega t}{\pi t} dt = f(0) \lim_{\Omega \to \infty} \int_{-\varepsilon}^{\varepsilon} f(t) \frac{\sin \Omega t}{\pi t} dt = f(0) \qquad (\varepsilon \to 0)$$

となる。$x = \Omega t$ とおけば

$$\lim_{\Omega \to \infty} \int_{-\varepsilon}^{\varepsilon} \frac{\sin \Omega t}{\pi t} dt = \lim_{\Omega \to \infty} \int_{-\Omega\varepsilon}^{\Omega\varepsilon} \frac{\sin \Omega x}{\pi x} dx = 1$$

となるからである。ここで，公式 $\int_{-\infty}^{\infty} \sin x / x \, dx = \pi$ を用いた。したがって，2番目の積分は $f(0)$ となる。$f(t)$ が $t=0$ において不連続な場合には，$\int_{0}^{\infty} \sin x/x dx = \int_{-\infty}^{0} \sin x/x dx = \pi/2$ であるから，この積分は $[f(0)^+ + f(0)^-]/2$ となる。ここで，$f(0^+)$, $f(0^-)$ はそれぞれ右側および左側の極限値である。

3番目の積分を $\lim_{T, \Omega \to \infty} \int_{\varepsilon}^{T} g(t) \sin \Omega t dt$ と書き直す。ここで，$g(t) = f(t)/\pi t$ とおいた。この積分は $g(t)$，したがって $f(t)$ に対して，付録 2.2 に示す条件を満たせば零になる。ただし，付録 2.2 で $\varepsilon > 0$ とする。1番目の積分も同様にして零になる。

上記の議論において，$\sin \Omega t$ の代わりに $\cos \Omega t$ を考えてみよう。このとき，$\lim_{\Omega \to \infty} \int_{-\infty}^{\infty} f(t) \cos \Omega t / \pi t dt = 0$ となることがわかる。これより，次式が得られる。

$$\lim_{\Omega \to \infty} \frac{e^{j\Omega t}}{j\pi t} = \delta(t) \tag{A2.2}$$

付録 2.2　デルタ関数に対する試験関数の条件 $\lim_{T, \Omega \to \infty} \int_{\varepsilon}^{T} g(t) \sin \Omega t dt = 0$

$\int_{\varepsilon}^{T} |g(t)| dt < 0$ のとき，上式が成立することは，リーマン・ルーベック（Riemann-

Lebesgue) の定理として知られている[4]。ここでは，その他の十分条件を求める。$e^{j\Omega t} \equiv \cos \Omega t + j \sin \Omega t$ であるから，$\lim_{T, \Omega \to \infty} \int_\varepsilon^T g(t) e^{j\Omega t} dt = 0$ を示せば十分である。部分積分を行う。

$$\int_\varepsilon^T g(t) e^{j\Omega t} dt = \frac{1}{j\Omega} [g(t) e^{j\Omega t}]_\varepsilon^T - \frac{1}{j\Omega} \int_\varepsilon^T g'(t) e^{j\Omega t} dt$$

$g(t)$ が有界であれば（条件(i)），右辺の第1項は $|\Omega| \to \infty$ のとき零になる。

$$\int_\varepsilon^T g'(t) e^{j\Omega t} dt \leq \int_\varepsilon^T |g'(t)| dt$$

であるから，$\int_\varepsilon^T |g'(t)| dt < \infty \ (T \to \infty)$ であれば（$g'(t)$ が絶対可積分，条件(ii)）第2項は，$|\Omega| \to \infty$ のとき零となる。

その他にも，$g'(t)$ が有界（$< M$）であれば（条件(iii)）

$$\int_\varepsilon^T g'(t) e^{j\Omega t} dt \leq \int_\varepsilon^T M dt = M(T - \varepsilon)$$

であるから，T が有限のとき，第2項は零になる。$T \to \infty$ の場合にも，もし T と Ω を無限大に移行させるときに $\lim_{T, \Omega \to \infty} T/\Omega = 0$ と限定すれば，第2項は $\lim_{T, \Omega \to \infty} M(T - \varepsilon)/\Omega$ で上限を抑えられるので零になる。

上の議論は $\varepsilon = -T$ としても成り立つ。したがって

$$\lim_{\Omega \to \pm\infty} \int_{-T}^T g(t) e^{j\Omega t} dt = 0 \tag{A2.3}$$

このような一般化極限という意味で

$$\lim_{\Omega \to \pm\infty} e^{j\Omega t} = \lim_{\Omega \to \pm\infty} \cos \Omega t = \lim_{\Omega \to \pm\infty} \sin \Omega t = 0 \tag{A2.4}$$

となる。同様に，$\lim_{T \to \pm\infty} \int G(\omega) e^{j\omega T} d\omega = 0$ となる意味で，つぎの結果を得る。

$$\lim_{T \to \pm\infty} e^{j\omega T} = \lim_{T \to \pm\infty} \cos \omega T = \lim_{T \to \pm\infty} \sin \omega T = 0 \tag{A2.5}$$

条件(i)～(iii)を満足しない関数の例として，積分範囲が0を含むときの $g(t) = 1/t$ が挙げられる。この場合には，$\lim_{\Omega \to \pm\infty} e^{j\Omega t}/t = \pm j\pi\delta(t)$，$\lim_{\Omega \to \pm\infty} \sin \Omega t/t = \pm \pi \delta(t)$，$\lim_{\Omega \to \pm\infty} \cos \Omega t/t = 0$ となる。

式(A.2.3)は $g(t)$ のフーリエ変換 $G(\omega)$ を表しており，$G(\pm\infty) = 0$，すなわち無限大の周波数成分が零になることを表している。

付録2.3 三角関数の公式

$\sin(A \pm B) = \sin A \cos B \pm \cos A \sin B$, $\quad \cos(A \pm B) = \cos A \cos B \mp \sin A \sin B$,
$\tan(A \pm B) = \dfrac{\tan A \pm \tan B}{1 \mp \tan A \tan B}$.

$$\sin 2\theta = 2\sin\theta\cos\theta, \quad \cos 2\theta = 2\cos^2\theta - 1.$$

$$\sin^2\theta = \frac{1-\cos 2\theta}{2}, \quad \cos^2\theta = \frac{1+\cos 2\theta}{2}.$$

$$\sin A \sin B = -\frac{1}{2}\bigl[\cos(A+B) - \cos(A-B)\bigr],$$

$$\sin A \cos B = \frac{1}{2}\bigl[\sin(A+B) + \sin(A-B)\bigr],$$

$$\cos A \cos B = \frac{1}{2}\bigl[\cos(A+B) + \cos(A-B)\bigr].$$

付録 4.1　電波伝搬公式

　自由空間の電波伝搬における，フリスの伝搬公式 $P_r = (\lambda/(4\pi d))^2 G_r G_t P_t$ の導出は，微小ダイポールアンテナと任意の線状アンテナに対して，等価（ベクトル）実効長を仮定して行われていることが多い。ここでは，次式に示すキルヒホッフ・ホイヘンスの近似を用いた直感的な理解が容易な方法を示す。

$$E_r \approx \frac{jk}{4\pi} \frac{e^{-jkr}}{r}(1+\cos\theta)\int_S E_t e^{jk\boldsymbol{\rho}\cdot\boldsymbol{r}} dS$$

ここで，受信点は送信点から十分遠方にあるとしている。E_r は受信点の電界，E_t は送信点の電界，S は送信の空間領域，$\boldsymbol{\rho}$ は送信領域における位置ベクトル，$\boldsymbol{r}$ は送信点と受信点を結ぶベクトル，r はその距離，θ は $\boldsymbol{\rho}$ に対する法線方向からの角度，k は伝搬定数である。送信アンテナから十分遠方においては，受信アンテナ近傍の電磁界は送信アンテナのいかんにかかわらず，平面波で近似できる。いま，送信電力 P_t の送信アンテナの近傍で送信された電界は，平面波のうち，面積が σ_t のある領域（進行方向に垂直）内のみで一定の値 E_t をとり，その領域外では零となるような，特殊な（架空）アンテナを考える。このようなアンテナは，大口径の開口面アンテナで近似的に実現できる（このアンテナに電界の強さ E_t の平面波を入射すると，得られる電力は，可逆性により，P_t となる）。

　このアンテナから開口面に対して垂直方向（$\theta=0$，したがって $\boldsymbol{\rho}\cdot\boldsymbol{r}=0$）に送信された電磁波（平面波）の距離 $r=d$ においた受信アンテナにおける電界を E_r とすれば，キルヒホッフ・ホイヘンスの式より，次式を得る。

$$E_r \approx \frac{jk}{2\pi}\frac{e^{-jkd}}{d}E_t\sigma_t \quad \text{したがって} \quad |E_r| = \frac{\sigma_t}{\lambda d}|E_t| \tag{A4.1}$$

ここで，$\lambda = 2\pi/k$ は電波の波長である。

　送信アンテナの開口 σ_t 上の電力密度〔W/m²〕は，波動インピーダンスを Z_0 として

$$P_{t0} = \frac{|E_t|^2}{Z_0} \tag{A4.2}$$

送信電力は

$$P_t = \sigma_t P_{t0} \tag{A4.3}$$

受信アンテナにおける電力密度は，電力保存則と利得の定義により

$$\frac{|E_r|^2}{Z_0} = \frac{P_t G_t}{4\pi d^2} \tag{A4.4}$$

式(A4.1)〜(A4.4)より，次式を得る．

$$\sigma_t = \frac{\lambda^2}{4\pi} G_t \tag{A4.5}$$

受信アンテナの等価受信断面積をつぎの式で定義する．

$$\sigma_r = \frac{P_r}{P_{r0}} \tag{A4.6}$$

ここで，P_{r0} 受信電力密度であり，つぎのように表される．

$$P_{r0} = \frac{|E_r|^2}{Z_0} \tag{A4.7}$$

式(A4.4), (A4.6), (A4.7)より

$$P_r = \sigma_r P_{r0} = \frac{\sigma_r G_t P_t}{4\pi d^2} \tag{A4.8}$$

以上において送受信を逆にすると，2開口回路とみたときの可逆性により

$$P_{12} = \frac{\sigma_2 G_1 P_0}{4\pi d^2} = P_{21} = \frac{\sigma_1 G_2 P_0}{4\pi d^2}$$

これより

$$\sigma_2 G_1 = \sigma_1 G_2 \tag{A4.9}$$

この式と式(A4.5)より

$$\sigma_r = \frac{\lambda^2}{4\pi} G_r \tag{A4.10}$$

これを式(A4.8)に代入することにより，$P_r = (\lambda/(4\pi d))^2 G_r G_t P_t$ を得る．

　等価送信アンテナ（等価送信断面積）および等価受信断面積は，いずれも実際のアンテナおよび実際の断面積ではなく，等価というだけであり架空の概念であるから，上記の結論は任意のアンテナに適用できる．これは，線状アンテナにおける等価（ベクトル）アンテナ長と同様の概念である．

　式(A4.8)の表現によれば，受信電力は，等価受信断面積が同じであれば波長には依存しないことがわかる．また，式(A4.10)を書き換えた $G_r = 4\pi(\sigma_r/\lambda^2)$ から，利得

は波長の2乗で規格化した等価受信断面積に比例することがわかる。したがって，受信電力を同じにするために等価受信断面積を同じにすると，利得が波長の2乗に反比例することになる。利得が高過ぎると指向性が強くなり，実際に使ううえで不便になることがある。

付録 4.2 式(4.24)の導出

希望信号と干渉信号レベルをデシベルで表して，x_1 と x_2 と記す。このとき，x_1 と x_2 の確率密度関数は式(4.7)より

$$p_1(x_1) = \frac{1}{\sqrt{2\pi}\,\sigma} e^{-\frac{(x_1-x_{1m})^2}{2\sigma^2}}, \quad p_2(x_2) = \frac{1}{\sqrt{2\pi}\,\sigma} e^{-\frac{(x_2-x_{2m})^2}{2\sigma^2}} \quad (-\infty < x_1, x_2 < \infty) \tag{A4.11}$$

いま，新しい変数 $z = x_1 - x_2$ を導入しよう。このとき

$$P_{CS} = \mathrm{Prob}(z \leq \beta) \tag{A4.12}$$

となる。z の確率密度関数はつぎで与えられる。

$$p(z) = \int_{-\infty}^{\infty} p_1(z+x_2) p_2(x_2) dx_2 \quad (-\infty < z < \infty) \tag{A4.13}$$

式(A4.11)の第1式と第2式より

$$p(z) = \frac{1}{2\pi\sigma^2} \int_{-\infty}^{\infty} e^{-\frac{(z+x_2-x_{1m})^2 - (x_2-x_{2m})^2}{2\sigma^2}} dx_2$$

$$= \frac{1}{2\pi\sigma^2} \int_{-\infty}^{\infty} e^{-\frac{\left(x_2 + \frac{z-x_{1m}-x_{2m}}{2}\right)^2}{\sigma^2}} e^{-\frac{(z-x_{1m}+x_{2m})^2}{4\sigma^2}} dx_2 \tag{A4.14}$$

を得る。

x_2 に関して積分を行い，$\int_{-\infty}^{\infty} e^{-x^2} dx = \sqrt{\pi}$ を使えば

$$p(z) = \frac{1}{2\sqrt{\pi}\,\sigma} e^{-\frac{(z-x_{1m}+x_{2m})^2}{4\sigma^2}} \tag{A4.15}$$

を得る。これより

$$P_{CS} = \frac{1}{2\sqrt{\pi}\,\sigma} \int_{-\infty}^{\beta} e^{-\frac{(z-x_{1m}+x_{2m})^2}{4\sigma^2}} dz = \frac{1}{\sqrt{\pi}} \int_{(x_{1m}-x_{2m}-\beta)/2\sigma}^{\infty} e^{-u^2} du \tag{A4.16}$$

となる。

付録 4.3 式(4.27)の導出

式(4.25)と式(4.26)より

$$P_{CF\&S} = \int_0^\infty \left[\int_{-\infty}^\infty \frac{r_1}{b_1} e^{-\frac{r_1^2}{2b_1}} \frac{1}{\sqrt{2\pi}\,\sigma} e^{-\frac{(x_1-x_{1m})^2}{2\sigma^2}} dx_1 \right.$$
$$\left. \times \int_{r_1/\gamma}^\infty \int_{-\infty}^\infty \frac{r_2}{b_2} e^{-\frac{r_2^2}{2b_2}} \frac{1}{\sqrt{2\pi}\,\sigma} e^{-\frac{(x_2-x_{2m})^2}{2\sigma^2}} dx_2 dr_2 \right] dr_1 \quad (\text{A4.17})$$

を得る。r_2 に関する積分を計算して

$$P_{CF\&S} = \int_{-\infty}^\infty \left[\int_{-\infty}^\infty \frac{r_1}{b_1} e^{-\frac{b_1\gamma^{-2}+b_2}{b_1 b_2}\frac{r_1^2}{2}} \frac{1}{\sqrt{2\pi}\,\sigma} e^{-\frac{(x_1-x_{1m})^2}{2\sigma^2}} dx_1 \int_{-\infty}^\infty \frac{1}{\sqrt{2\pi}\,\sigma} e^{-\frac{(x_2-x_{2m})^2}{2\sigma^2}} dx_2 \right] dr_1 \quad (\text{A4.18})$$

となる。r_1 に関して積分を行って

$$P_{CF\&S} = \frac{1}{2\pi\sigma^2} \int_{-\infty}^\infty \int_{-\infty}^\infty \frac{1}{1+\gamma^{-2}b_1/b_2} e^{-\frac{(x_1-x_{1m})^2+(x_2-x_{2m})^2}{2\sigma^2}} dx_1 dx_2 \quad (\text{A4.19})$$

となる。

新しい変数 $y_1 = x_1 - x_{1m}$, $y_2 = x_2 - x_{2m}$ を使い, $b_1 = 10^{x_1/10}$, $b_2 = 10^{x_2/10}$ と表せば, 式 (A4.19) はつぎのように書き換えられる。

$$P_{CF\&S} = \frac{1}{2\pi\sigma^2} \int_{-\infty}^\infty \int_{-\infty}^\infty \frac{1}{1+10^{(y_1-y_2+x_{1m}-x_{2m}-R)/10}} e^{-\frac{(y_1+y_2)^2+(y_1-y_2)^2}{4\sigma^2}} dy_1 dy_2 \quad (\text{A4.20})$$

新変数 $y_1 + y_2 = \sqrt{2}\,t_1$, $y_1 - y_2 = \sqrt{2}\,t_2$ を使い, t_1 に関して積分を行えば, つぎのような単積分の式を得る。

$$P_{CF\&S} = \frac{1}{\sqrt{2\pi}\,\sigma} \int_{-\infty}^\infty \frac{1}{1+10^{(x_{1m}-x_{2m}-R+\sqrt{2}\,t_2)/10}} e^{-\frac{t_2^2}{2\sigma^2}} dt_2 \quad (\text{A4.21})$$

$u = t_2/\sqrt{2}\,\sigma$ とすれば, 式 (4.27) を得る。

付録5.1 非線形回路における変調信号の歪み

非線形回路の入出力関係を級数によりつぎのように表現しよう。

$$z(t) = a_1 y(t) + a_2 y^2(t) + a_3 y^3(t) + \cdots \quad (\text{A5.1})$$

ここで, $y(t)$ と $z(t)$ はそれぞれ入力と出力の信号波形である。歪みは高次成分で表される。線形変調については

$$y(t) = A(t)\cos(\omega_c t)$$

となり, 定包絡線変調については

$$y(t) = A_0 \cos\{\omega_c t + \varphi(t)\}$$

となる。変調入力信号の帯域が搬送波周波数 ω_c よりも十分小さいと仮定する。この仮定により, 高次(搬送波)歪み信号のスペクトルがたがいに重ならないとしてい

る。式(A5.1)と$(\cos\omega_c t)^{2n}$が$\cos\omega_c t$の成分を有しないことから，偶数次の歪みは入力信号$y(t)$の周波数成分をもたない。これより，入力信号に同調した帯域通過フィルタを用いて，偶数次歪み成分は除去できる。

定包絡線変調信号に対して，搬送波周波数成分$z_{\omega_c}(t)$はつぎのようになる。

$$z_{\omega_c}(t) = A_0' \cos\{\omega_c t + \varphi(t)\}$$

ここで

$$A_0' = a_1 A_0 + \frac{3}{4} a_3 A_0^3 + \frac{10}{16} a_5 A_0^5 + \cdots$$

これより，帯域通過フィルタの出力で，歪みがない信号を得ることができる。

線形変調信号については

$$z_{\omega_c}(t) = A'(t) \cos(\omega_c t)$$

ここで

$$A'(t) = a_1 A(t) + \frac{3}{4} a_3 A^3(t) + \frac{10}{16} a_5 A^5(t) + \cdots$$

信号は奇数次の成分により歪むことになる。信号$A^n(t)$のスペクトルは$A(t)$のスペクトルをn回たたみ込み積分を行うことにより求まる。これより，信号スペクトルは入力の信号のそれのn倍に広がる。

付録5.2 周波数弁別におけるガウス雑音電力の期待値の導出

$a(t) = 1/A(t)$,
$b(t) = n_y(t) \cos\varphi(t) - n_x(t) \sin\varphi(t)$ (A5.2)

とおけば，式(5.39)より復調雑音は

$c(t) = a(t) b(t)$

と表される。搬送後フィルタの雑音電力はつぎのようになる。

$$\langle N_g(t) \rangle = \left\langle \left\{ \int_{-\infty}^{\infty} h_d(t-s) c(s) ds \right\}^2 \right\rangle$$

$$= \int_{-\infty}^{\infty} \int_{-\infty}^{\infty} h_d(t-s_1) h_d(t-s_2) \langle c(s_1) c(s_2) \rangle ds_1 ds_2$$

$$= \int_{-\infty}^{\infty} \int_{-\infty}^{\infty} h_d(t-s_1) h_d(t-s_2) a(s_1) a(s_2) \langle b(s_1) b(s_2) \rangle ds_1 ds_2 \quad \text{(A5.3)}$$

ここで，$h_d(t)$は微分回路と検波後フィルタの直列回路全体のインパルス応答である。式(A5.2), (2.74)の関係より，次式を得る。

$$\langle b(s_1) b(s_2) \rangle = N_0 \int_{-\infty}^{\infty} g(s_1-\tau) g(s_2-\tau) \cdot \{\cos\varphi(s_1) \cos\varphi(s_2) + \sin\varphi(s_1) \sin\varphi(s_2)\} d\tau$$
(A5.4)

式(A5.3)と式(A5.4)より

$$\langle N_g(t) \rangle = N_0 \int_{-\infty}^{\infty} \left[\left\{ \int_{-\infty}^{\infty} h_d(t-s) g(s-\tau) a(s) \cos\varphi(s) \, ds \right\}^2 \right.$$
$$\left. + \left\{ \int_{-\infty}^{\infty} h_d(t-s) g(s-\tau) a(s) \sin\varphi(s) \, ds \right\}^2 \right] d\tau$$
$$= N_0 \int_{-\infty}^{\infty} \left[\left\{ h_d(t) * [g(t-\tau) a(t) \cos\varphi(t)] \right\}^2 \right.$$
$$\left. + \left\{ h_d(t) * [g(t-\tau) a(t) \sin\varphi(t)] \right\}^2 \right] d\tau$$

付録5.3　M系列発生回路

段数 n	周期 2^n-1	$a_0, a_1, \ldots, a_n$
2	3	111
3	7	1011
4	15	10011
5	31	100101
6	63	1000011
7	127	10001001
8	255	100011101
9	511	1000010001
10	1 023	10000001001
11	2 047	1000001010011
12	4 095	1000001010011
13	8 191	10000000011011
14	16 383	100010001000011
15	32 767	1000000000000011

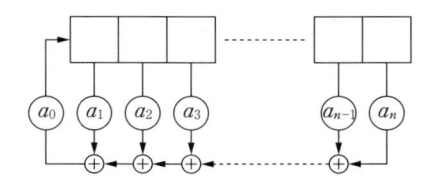

付録6.1　直交周波数分割多重方式（OFDM）

複素形式で表した二つの変調信号を考えよう。
$$z_1(t) = [a_1 x_1(t) + j b_1 y_1(t)] e^{j\omega_1 t}, \quad z_2(t) = [a_2 x_2(t) + j b_2 y_2(t)] e^{j\omega_2 t}$$

ここで，a_i, b_i は情報を示す信号，$x_i(t)$ と $y_i(t)$ は波形，ω_i は搬送波周波数，$i=1,2$ である。これらの値はすべて実数である。実際の信号は $z_i(t)$ の実数部で表される。これら二つの信号は足し合わされてから伝送路に送信される。この二つの信号が別個に受信できるための（直交）条件を求めよう。信号の復調はベースバンド信号への周波数変換および帯域制限で行われる。$z(t) = z_1(t) + z_2(t)$ とおけば，a_i および b_i を含む項はそれぞれ

$$\text{Re}\left[\int_{-\infty}^{\infty} z(t)e^{-j\omega_i t} x_i(t) dt\right], \quad \text{Im}\left[\int_{-\infty}^{\infty} z(t)e^{-j\omega_i t} y_i(t) dt\right]$$

で与えられる．ここで，整合フィルタの代わりに相関受信を仮定しよう（相関受信と整合フィルタは等価である．3.3節）．いかなる a_i と b_i に対しても受信側でチャネル間の干渉なしに分離できるための条件は

$$\int_{-\infty}^{\infty} x_1(t) x_2(t) \cos \Delta\omega t\, dt = 0, \quad \int_{-\infty}^{\infty} y_1(t) y_2(t) \cos \Delta\omega t\, dt = 0,$$

$$\int_{-\infty}^{\infty} x_1(t) y_2(t) \sin \Delta\omega t\, dt = 0, \quad \int_{-\infty}^{\infty} y_1(t) x_2(t) \sin \Delta\omega t\, dt = 0 \quad (A6.1)$$

ここで，$\Delta\omega = \omega_2 - \omega_1$

式(A6.1)第1式より次式を得る．

$$X_1(\Delta\omega) * X_2(\Delta\omega) + X_1(-\Delta\omega) * X_2(-\Delta\omega)$$
$$= X_1(\Delta\omega) * X_2(\Delta\omega) + X_1^*(\Delta\omega) * X_2^*(\Delta\omega)$$
$$= 2\text{Re}[X_1(\Delta\omega) * X_2(\Delta\omega)] = 0 \quad (A6.2)$$

ここで，$x_i(t) \leftrightarrow X_i(\omega)$，$*$ はたたみ込み積分を意味する．また実数 $x(t)$ に対して $X(-\omega) = X^*(\omega)$ を用いた．

同様に

$$Y_1(\Delta\omega) * Y_2(\Delta\omega) + Y_1(-\Delta\omega) * Y_2(-\Delta\omega) = 2\text{Re}[Y_1(\Delta\omega) * Y_2(\Delta\omega)] = 0,$$
$$X_1(\Delta\omega) * Y_2(\Delta\omega) - X_1^*(\Delta\omega) * Y_2^*(\Delta\omega) = 2\text{Im}[X_1(\Delta\omega) * Y_2(\Delta\omega)] = 0,$$
$$Y_1(\Delta\omega) * X_2(\Delta\omega) - Y_1^*(\Delta\omega) * X_2^*(\Delta\omega) = 2\text{Im}[Y_1(\Delta\omega) * X_2(\Delta\omega)] = 0 \quad (A6.2)'$$

この直交条件を異なる場合について解析しよう．

（i） 帯域が制限されている場合

<u>スペクトルの重なりがない場合</u>：つぎのように帯域制限されている信号を仮定しよう．

$$X_i(\omega) = 0, \quad Y_i(\omega) = 0 \quad (|\omega| \geq \omega_{im}, \ i = 1, 2)$$

このとき，式(A6.2)と式(A6.2)$'$ は，$\Delta\omega \geq \omega_{1m} + \omega_{2m}$ のとき成立する．

<u>スペクトルの重なりがある場合</u>：シンボル周期を T として，つぎのように帯域が制限されており

$$X_i(\omega) = 0, \quad Y_i(\omega) = 0 \quad \left(|\omega| \geq \frac{2\pi}{T}, \ i = 1, 2\right)$$

かつ，ナイキストの第1基準の平方根の特性である場合を考えよう．これは，白色ガウス雑音下での最適伝送系である（3.3.4項）．もし，ロールオフ係数が零であれば（長方形伝達関数），$\Delta\omega = 2\pi/T$ のときのスペクトルの重なりがなく，どのようなQAM信号も直交周波数軸多重が可能である．これと同じ周波数間隔 $\Delta\omega = 2\pi/T$ に対して，ロールオフ係数が零でなく，したがってスペクトルの重なりがある場合を考

える．
　もし
$$x_2(t)=x_1(t+T/2), \qquad y_2(t)=y_1(t-T/2) \tag{A6.3}$$
であるとして，$x_i(t)$ と $y_i(t)$ が t についての偶関数とし，$\Delta\omega=2\pi/T$ とおけば，式(A6.1)の第1式と第2式がつぎのように成立するのがわかる．
　$t'=t+T/4$ とおいて
$$\int_{-\infty}^{\infty}x_1(t)x_2(t)\cos\Delta\omega t\, dt = -\int_{-\infty}^{\infty}x_1(t'+T/4)x_1(t'-T/4)\sin\Delta\omega t'dt'=0$$
$t'=t-T/4$ とおいて
$$\int_{-\infty}^{\infty}y_1(t)y_2(t)\cos\Delta\omega t\, dt = -\int_{-\infty}^{\infty}y_1(t'+T/4)y_1(t'-T/4)\sin\Delta\omega t'dt'=0$$
もし
$$x_1(t)=y_2(t), \qquad y_1(t)=x_2(t) \tag{A6.4}$$
とすれば，同様にして，式(A6.1)の第3式と第4式が成立することが確かめられる．式(A6.3)と式(A6.4)より，次式を得る．
$$x_2(t)=y_1(t)=x_1(t+T/2), \qquad y_2(t)=x_1(t)=x_2(t-T/2)$$
同様にして
$$x_3(t)=x_2(t-T/2), \qquad y_3(t)=x_3(t+T/2)$$
とすれば，第3番目の副搬送波との間の干渉がなくなる．これはオフセット QAM で同相・直交成分の時間オフセットを隣の副搬送波ごとに，交互に入れ替えたものとなる．$x_2(t)$ と $y_2(t)$ を n シンボル遅らせた信号を考えても，隣の副搬送波の間で干渉が生じないことを同様に示すことができる．$x_i(t)$ と $y_i(t)$ は $|\omega|\leq 2\pi/T$ 以内に帯域制限されているので，周波数差 $\Delta\omega$ が $2\pi/T$ 以上になると，スペクトルの重なりがないので，チャネル間干渉は生じない．したがって，N 個のチャネルを図6.64に示すように直交多重できる．送受信機の構成はすでに図6.65に示している．$X_i(\omega)$ と $Y_i(\omega)$ はナイキストⅠ特性を有しているので，この系は符号間の干渉もチャネル間の干渉もない．$x_i(t)$ も $y_i(t)$ も t の偶関数とした仮定は，因果律を満たさないので成立しない．実際には，時間原点を t_0 だけ動かして，例えば，$x_i(\tau)=x_i(-\tau)$，$\tau=t'-t_0$ とする．

　（ⅱ）**帯域制限を行わない場合**　$x_i(t)$ と $y_i(t)$ $(i=1, 2)$ がすべて同じだと仮定しよう．このとき，もし $X_i(\omega)*Y_i(\omega)=X_i(\omega)*X_i(\omega)$ が $\omega=n\omega_0$ $(n\neq 0)$ で零になれば，式(A6.2)が成立するので N 個のチャネルが直交周波数多重できる．
$$G(\omega)=X_i(\omega)*X_i(\omega)$$
とおこう．直交多重のためには

$$G(n\omega_0) = \begin{cases} C & (n=0) \\ 0 & (n \neq 0) \end{cases}$$

が必要である（Cは定数）。

上式はつぎのように書ける。

$$G(\omega) \sum_{n=-\infty}^{\infty} \delta(\omega - n\omega_0) = C\delta(\omega)$$

上式のフーリエ逆変換をとることにより

$$g(t) * \frac{1}{\omega_0} \sum_{n=-\infty}^{\infty} \delta(t - nT) = \frac{C}{2\pi} \tag{A6.5}$$

を得る。ここで

$$g(t) = x_i^2(t) \leftrightarrow G(\omega)$$

式(A6.5)は

$$\sum_{n=-\infty}^{\infty} x_i^2(t - nT) = \frac{C}{T} \tag{A6.6}$$

となる。

波形 $x_i(t)$ は帯域制限されている必要はない。式(A6.6)を満足する波形として，例えば

$$x_i(t) = \begin{cases} 1 & (0 \leq t \leq T) \\ 0 & (その他) \end{cases}$$

がある。これは，方形パルスであり，狭義のOFDMを表している。あるいは

$$x_i(t) = \begin{cases} \cos\left(\frac{\pi}{2T}t\right) & (-T \leq t \leq T) \\ 0 & (その他) \end{cases}$$

がある。ただし，このパルス波形はナイキスト第1基準を満足しない。

直交周波数多重方式について，これ以上の議論は文献82)を参照されたい。

付録7.1　同期検波を適用した場合の最大比合成ダイバーシチの平均誤り率

平均誤り率は式(7.13)によりつぎのように与えられる。

$$\langle P_e \rangle = \int_0^\infty \frac{1}{2} \mathrm{erfc}(\sqrt{\alpha\gamma}) \frac{\gamma^{M-1}}{(M-1)!} \frac{1}{\gamma_0^M} e^{-\gamma/\gamma_0} d\gamma$$

部分積分を行って

$$\langle P_e \rangle = \left[\frac{1}{2}\mathrm{erfc}(\sqrt{\alpha\gamma}) I_M(\gamma)\right]_0^\infty - \int_0^\infty \frac{d}{d\gamma}\left(\frac{1}{2}\mathrm{erfc}(\sqrt{\alpha\gamma})\right) I_M(\gamma) d\gamma \tag{A7.1}$$

を得る。ここで

$$I_M(\gamma) = \int \frac{\gamma^{M-1}}{(M-1)!\gamma_0^M} e^{-\gamma/\gamma_0} d\gamma = -\sum_{m=0}^{M-1} \frac{\gamma^m}{m!\gamma_0^m} e^{-\gamma/\gamma_0} \tag{A7.2}$$

つぎの関係が確かめられる。

$$\left[\frac{1}{2}\mathrm{erfc}\left(\sqrt{\alpha\gamma}\right) I_M(\gamma)\right]_0^\infty = \frac{1}{2} \qquad (M \geq 1) \tag{A7.3}$$

$$\frac{d}{d\gamma}\left(\frac{1}{2}\mathrm{erfc}\left(\sqrt{\alpha\gamma}\right)\right) = -\frac{1}{2}\sqrt{\frac{\alpha}{\pi}}\frac{1}{\sqrt{\gamma}} e^{-\alpha\gamma} \tag{A7.4}$$

を用いると式(A7.1)の右辺の第2項は,式(A7.3)と式(A7.4)より

$$\int_0^\infty \frac{d}{d\gamma}\left(\frac{1}{2}\mathrm{erfc}\left(\sqrt{\alpha\gamma}\right)\right) I_M(\gamma) d\gamma = -\frac{1}{2}\sqrt{\frac{\alpha}{\pi}}\sum_{m=0}^{M-1} J_m \tag{A7.5}$$

となる。ここで

$$J_m = \int_0^\infty \frac{\gamma^m}{m!\gamma_0^m}\frac{1}{\sqrt{\gamma}} \varepsilon^{-(\alpha+1/\gamma_0)\gamma} d\gamma \tag{A7.6}$$

この式を部分積分して,$m \geq 1$ に対して

$$J_m = \frac{(2m-1)/2m}{\beta\gamma_0} J_{m-1}$$

となる。ここで,$\beta = \alpha + 1/\gamma_0$ である。

つぎの関係式

$$\int_0^\infty \frac{1}{\sqrt{\gamma}} \varepsilon^{-\beta\gamma} d\gamma = \sqrt{\frac{\pi}{\beta}}$$

を用いて $J_0 = \sqrt{\pi/\beta}$ を得る。これより

$$J_m = \frac{(2m-1)!!}{(2m)!!}\frac{1}{(\beta\gamma_0)^m}\sqrt{\frac{\pi}{\beta}} \tag{A7.7}$$

となる。式(A7.7),(A7.5),(A7.3)を用いて,式(A7.1)はつぎのようになる。

$$\langle P_e \rangle = \frac{1}{2} - \frac{1}{2}\sqrt{\frac{\alpha}{\pi}}\left(J_0 + \sum_{m=1}^{M-1} J_m\right)$$

$$= \frac{1}{2} - \frac{1}{2}\frac{1}{\sqrt{1+1/(\alpha\gamma_0)}}\left[1 + \sum_{m=1}^{M-1}\frac{(2m-1)!!/(2m)!!}{(1+\alpha\gamma_0)^m}\right]$$

付録7.2 近似確率密度関数を適用した場合の最大比合成ダイバーシチの平均誤り率

誤り率はつぎのように与えられる。

$$\langle P_e \rangle = \int_0^\infty \frac{1}{2}\mathrm{erfc}(\sqrt{\alpha\gamma})\frac{1}{(M-1)!}\frac{\gamma^{M-1}}{\gamma_0^M}d\gamma$$

部分積分を行って

$$\langle P_e \rangle = \left[\frac{1}{2}\mathrm{erfc}(\sqrt{\alpha\gamma})\frac{1}{M!}\frac{\gamma^M}{\gamma_0^M}\right]_0^\infty - \int_0^\infty \frac{d}{d\gamma}\left(\frac{1}{2}\mathrm{erfc}(\sqrt{\alpha\gamma})\right)\frac{1}{M!}\frac{\gamma^M}{\gamma_0^M}d\gamma$$

$$= \frac{1}{2}\sqrt{\frac{\alpha}{\pi}}\int_0^\infty \frac{1}{\sqrt{\gamma}}e^{-\alpha\gamma}\frac{1}{M!}\frac{\gamma^M}{\gamma_0^M}d\gamma$$

これと,式(A7.6)と式(A7.7)とを比較して,次式を得る.

$$\langle P_e \rangle = \frac{1}{2}\frac{(2M-1)!!}{(2M)!!}\frac{1}{(\alpha\gamma_0)^M}$$

付録8.1 1/4波長線路

分布定数線路の特性は,電界と磁界が進行方向成分を有しない TEM(transverse electric and magnetic)モードで境界条件を与えてマクスウェル方程式を解くか,微小区間に分けた回路モデルで回路方程式を解いて得られる.位置 x における電圧と電流はつぎのように与えられる.

$$V(x) = V_i e^{-j\beta x} + V_r e^{j\beta x}, \quad I(x) = \frac{1}{Z_0}(V_i e^{-j\beta x} - V_r e^{j\beta x}) \tag{A8.1}$$

ここで,$\beta = 2\pi/\lambda$(β:伝搬定数,λ:波長),Z_0 は特性インピーダンスと呼ばれる.時間因子を $e^{j\omega t}$ とすれば,$e^{\pm j\beta x}e^{j\omega t} = e^{j(\pm\beta x + \omega t)}$ となるので,$V_i e^{-j\beta x}$ は x の増加する方向(入射波),$V_r e^{j\beta x}$ は x の減少する方向(反射波)に進行する波を表す.$x = \lambda/4$ の位置に負荷 Z_l を接続すると,式(A8.1)より

$$\left.\frac{V}{I}\right|_{x=\lambda/4} = Z_0\frac{1-\Gamma}{1+\Gamma} = Z_l \quad \left(\Gamma = \frac{V_r}{V_i}:電圧反射係数\right) \tag{A8.2}$$

となる.$x = 0$ において,線路側を見込んだインピーダンス Z_i は,つぎのようになる.

$$Z_i = \left.\frac{V}{I}\right|_{x=0} = Z_0\frac{1+\Gamma}{1-\Gamma} \tag{A8.3}$$

式(A8.2),(A8.3)より,$Z_i = Z_0^2/Z_l$ が得られる.これより,1/4波長線路はインピーダンス変換回路としてよく用いられる.

付録9.1 ポアソン到着率

ランダムに発生する事象に対して,発生率は以下のようにして計算できる.時間幅 t を考え,これを n 個の小さな区間 Δt($t = n\Delta t$)に分割する.ここで,この区間は,

たかだか単一の事象しか発生できないような，十分短いのもとする．事象の到着率を λ としよう．このとき，この微小区間に一つの事象が発生する確率は $\lambda \Delta t$ となる．ランダム事象は独立に発生するので，時間幅 t の間に k 個の呼が発生する確率はつぎのように表される．

$$v_k(t) = \lim_{\Delta t \to 0} \binom{n}{k} (\lambda \Delta t)^k (1-\lambda \Delta t)^{n-k} = \frac{(\lambda t)^k}{k!} \lim_{n \to \infty} \left(1 - \lambda \frac{t}{n}\right)^n$$

ここで

$$\binom{n}{k} = \frac{n!}{(n-k)!k!}$$

である．$\lim_{n \to \infty}(1+x/n)^n = e^x$ を使って

$$v_k(t) = \frac{(\lambda t)^k}{k!} e^{-\lambda t}$$

となる．ここでの確率過程はポアソン（Poisson）到着過程と呼ばれる．

引用・参考文献

2章
1) ディラック：「量子力学」，岩波書店（1969）
2) 垣田高夫：「シュワルツ超関数入門」，日本評論社（2000）
3) A. パポリス：「工学のための応用フーリエ積分」，オーム社（1980）
4) A. Papoulis：*The Fourier Integral and Its Application*，McGraw-Hill，New York（1962）
5) A. Papoulis：*Probability, Random Variables and Stochastic Process*，McGraw-Hill，New York（1965）
6) H.F. Harmuth：*Transmission of Information by Orthogonal Functions*，Springer-Verlag，New York（1970）
7) J.M. Wozencraft and I.M. Jacobs：*Principles of Communication Engineering*，Wiley，New York（1965）
8) B.P. Lathi：*Modern digital and analog communication systems*，Holt, Rinehart and Winston，New York（1983）
9) M. Schetzen：*The Volterra and Wiener Theories of Nonlinear Systems*，Krieger Publishing Company（2006）

3章
1) W.R. Bennett and J.R. Davey：*Data Transmission*，McGraw-Hill，New York（1965）
2) M. Schwartz, W.R. Bennett and S. Stein：*Communication Systems and Techniques*，McGraw-Hill，New York（1966）
3) R.W. Lucky, J. Saltz and E.J. Weldon, Jr.：*Principles of Data Communication*，McGraw-Hill，New York（1968）
4) B.P. Lathi：*Modern Digital and Analog Communication Systems*，in HRW Series in *Electrical and Computer Engineering*，Holt, Rinehart and Winston，New York（1983）
5) J.G. Proakis：*Digital Communications*，3rd ed.，McGraw-Hill，New York（1995）

6) J.G. Proakis and M. Salehi : *Communication Systems Engineering*, Prentice-Hall, Englewood Cliffs, N. J. (1994)
7) E.A. Lee and D.G. Messerschmitt : *Digital Communication*, Kluwer Academic Publishers, Norwell, Mass. (1994)
8) S. Haykin : *Communication systems*, 3rd ed., Wiley, New York (1994)
9) J.M. Wozencraft and I.M. Jacobs : *Principles of Communication Engineering*, Wiley, New York (1965)
10) W.B. Davenport, Jr. and W.L. Root : *An Introduction to the Theory of Random Signals and Noise*, IEEE Press, New York (1987)
11) A.S. Tannenbaum : *Computer Networks*, Prentice-Hall, Englewood Cliffs, N. J. (1981)
12) C.E. Shannon and W. Weaver : *The mathematical Theory of Communication*, University of Illinois Press (1963)
13) M. Schwartz : *Information Transmission, Modulation and Noise*, McGraw-Hill (1980)
14) T.J. Richardson, M.A. Shokrollahi and R.L. Urbanke : "Design of Capacity-Approaching Irregular Low-Density Parity-Check Codes", *IEEE Trans. Info. Theory*, Vol.47, No.2, pp.619-637 (Feb. 2001)

4章

1) Y. Okumura et al. : "Field strength and its variability in UHF and VHF land-mobile radio service", *Review of Electrical Communication Laboratory*, 16 (1968)
2) M. Hata : "Empirical formula for propagation loss in land mobile radio services", *IEEE Trans. Vehicular Technology*, VT-29, 317-325 (Aug. 1980)
3) W.C. Jakes, ed. : *Microwave Mobile Communications*, Wiley, New York (1974)
4) W.C.Y. Lee : *Mobile Communications Engineering*, McGraw-Hill, New York (1982)
5) CCIR Recommendation 478-2
6) R.L. Mitchel : "Performance of the log-normal distribution", *Journal of the Optical Society of America*, 58, 1267-1272 (Sep. 1968)

5章

1) B.P. Lathi：*Modern digital and analog communication systems*, Holt, Reinhart and Winston, New York (1983)
2) J.G. Proakis：*Digital communication*, 3rd ed., McGraw-Hill, New York (1995)
3) M. Schwartz：*Information transmission, modulation and noise*, 3rd ed., McGraw-Hill, New York (1980)
4) R.W. Lucky, J. Saltz and E.J. Weldon, Jr.：*Principles of data communication*, McGraw-Hill, New York (1968)
5) W.R. Bennet and J.R. Davey：*Data transmission*, McGraw-Hill, New York (1965)
6) M. Schwartz, W.R. Bennet and S. Stein：*Communication systems and techniques*, McGraw-Hill, New York (1966)
7) J.B. Anderson, T. Aulin and C.-E. Sundberg：*Digital phase modulation*, Plenum Press, New York (1986)
8) K. Fahrer：*Digital communications, satellite/earth engineering*, Prentice-Hall, Englewood Cliffs, N.J. (1983)
9) P.A. Baker："Phase-modulation data sets for serial transmission at 2000 and 2499 bits per second", *AIEEE Trans.*, Part I (Commun. Electro.), 166-171 (Jul. 1962)
10) F.G. Jenks, P. D. Morgan and C.S. Warren："Use of four-level phase modulation for digital mobile radio", *IEEE Trans. Electromag. Compat.*, EMC-14, 113-128 (Nov. 1972)
11) K. Miyauchi, K. Izumi, S. Seki and N. Ishida："Characteristics of an experimental guided millimeter-wave transmission system", *IEEE Trans. Communications*, COM-20, 808-813 (Aug. 1972)
12) T. Aulin and C.E. Sundberg："An easy way to calculate power spectra for digital FM", *IEEE Proceedings*, 130, part F, 519-525 (Oct. 1983)
13) J. Namiki："Block demodulation for short radio packet", *Trans. IECE*, 67-B, 54-61 (Jan. 1984) [translated to English in *Electonics and Communications* in Japan, 67-B, 47-56 (1984)]
14) R.F. Pawula, S.O. Rice and J.H. Roberts："Distribution of the phase angle between two vectors perturbed by Gaussian noise", *IEEE Transactions on Communications*, COM-30, 1828-1841 (Aug. 1982)
15) R.F. Pawula："Asymptotics and error rate bounds for M-ary DPSK", *IEEE*

Trans. on Communications, COM-32, 93-94 (Jan. 1984)

16) S.O. Rice：*"Noise in FM receivers"*, in *Time Series Analysis*, M. Rosenblatt(ed.), Wiley, New York (1963)

17) J.E. Mazo and J. Saltz："Theory of error rates for digital FM", *Bell Syst. Tech. J.*, 45, 1511-1535 (Nov. 1966)

18) T.T. Tjhung and P.H. Wittke："Carrier transmission of binary data in a restricted band", *IEEE Trans. Communications Tech.*, COM-18, 295-304 (Aug. 1970)

19) R.F. Pawula："On the theory of error rates for narrow-band digital FM", *IEEE Trans. Communications*, COM-29, 1634-1643 (Nov. 1981)

20) D.L. Schilling, E. Hoffman and E.A. Nelson："Error rates for digital signals demodulated by an FM discriminator", *IEEE Trans. Communications. Tech.*, COM-15, 507-517 (Aug. 1967)

21) Y. Akaiwa and E. Okamoto："An analysis of error rates for Nyquist — and partial response — baseband-filtered digital FM with discriminator detection", *Trans. IECE*, J66-B, 534-541 (Apr. 1983)

22) R.F. Pawula："Refinements to the theory of error rates for narrow-band digital FM", *IEEE Trans. Communications*, COM-36, 509-513 (Apr. 1988)

23) W.C. Jakes(ed.)：*Microwave Mobile Communications*, John Wiley, New York (1974)

24) P.A. Bello and B.D. Nelin："The effect of frequency selective fading on the binary error probabilities of incoherent and differentially coherent matched filter receivers", *IEEE Trans. Communications Systems*, CS-11, 170-186 (Jun. 1963) [See also Corrections, *IEEE Trans. Communications Technology*, COM-12, 230 (Dec. 1964)]

25) C.C. Bailey and J.C. Lindenlaub："Further results concerning the effect of frequency-selective fading on differentially coherent matched filter receivers", *IEEE Trans. Communications Technology*, COM-16, 749-751 (Oct. 1968)

26) K. Hirade, M. Ishizuka and F. Adachi："Error-rate performance of digital FM with discriminator-detection in the presence of co-channel interference under fast Rayleigh fading environment", *Trans. IECE*, E61, 704-709 (Sep. 1978)

27) K. Hirade, M. Ishizuka, F. Adachi and K. Ohtani："Error-rate performance of

digital FM with differential detection in land mobile radio channels", *IEEE Trans. Vehicular Technology*, VT-28, 204-212 (Aug. 1979)

28) F. Adachi and J.D. Parsons : "Error rate performance of digital FM mobile radio with postdetection diversity", *IEEE Trans. Communications*, 37, pp.200-210 (Mar. 1989)

29) F. Adachi and K. Ohono : "BER performance of QDPSK with postdetection diversity reception in mobile radio channels", *IEEE Trans. Vehicular Technology*, 40, 237-249 (Feb. 1991)

30) 金子尚志:「PCM 通信技術」, 産報 (1976)

6章

1) CCITT V-series Recommendation
2) R. Debuda : "Coherent demodulation of frequency shift keying with low deviation ratio", *IEEE Trans. Communications*, COM-20, 429-435 (Jun. 1972)
3) S. Pasupathy : "Minimum shift keying : a spectrally efficient modulation", *IEEE Communication Magazine*, 14-22 (Jul. 1979)
4) K. Murota and K. Hirade : "GMSK modulation for digital mobile radio telephony", *IEEE Trans. Communications*, COM-29, 1044-1050 (Jul. 1981)
5) M. Ishizuka and K. Hirade : "Optimum Gaussian filter and deviated-frequency-locking scheme for coherent detection of MSK", *IEEE Trans. Communications*, COM-28, 850-857 (Jun. 1980)
6) G.K. Kaleh : "A differentially coherent receiver for minimum shift keying", *IEEE Journal on Selected Areas in Communications*, 7, 99-106 (Jan. 1989)
7) T. Masamura, S. Samejima, Y. Morihiro and F. Fuketa : "Differential detection of MSK with nonredundant error correction", *IEEE Trans. Communications*, COM-27, 912-918 (Jun. 1979)
8) M.K. Simon and C.C. Wang : "Differential versus limiter-discriminator detection of narrow-band FM", *IEEE Trans. Communications*, COM-31, 1227-1234 (Jun. 1983)
9) F. Amoroso : "Pulse and spectrum manipulation in the minimum (frequency) shift keying (MSK) format", *IEEE Trans. Communications*, COM-24, 381-384 (Mar. 1976)

10) M.K. Simon : "A generalization of minimum-shift-keying (MSK)-type signaling based upon input data symbol pulse shaping", *IEEE Trans. Communications*, COM-24, 845-856 (Aug. 1976)
11) N. Rabzel and S. Pasupathy : "Spectral shaping in minimum shift keying (MSK)-type signals", *IEEE Trans. Communications*, COM-26, 189-195 (Aug. 1978)
12) A. Lender : "The duobinary techniques for high-speed data transmission", *IEEE Trans. Commun. and Electron.*, 214-218 (May 1963)
13) F. de Jager and C.B. Dekker : "Tamed frequency modulation, a novel method to achieve spectrum economy in digital transmission", *IEEE Trans. Communications*, COM-26, 534-542 (Aug. 1978)
14) S. Elnoubi and S.C. Gupta : "Error rate performance of noncoherent detection of duobinary coded MSK and TFM in mobile radio communication systems", *IEEE Trans. Vehicular Technology*, VT-30, 62-72 (May 1981)
15) M.S. El-Tanany and S.A. Mahmoud : "Mean-square error optimization of quadrature receivers for CPM with modulation index $1/2$", *IEEE Journal on Selected Areas in Communications*, SAC-5, 896-905 (Jun. 1987)
16) C.B. Dekker : "The application of tamed frequency modulation to digital transmission via radio", *Proc. IEEE National Telecommunication Conference*, 55.3.1-55.3.7 (1979)
17) D. Muilwijk : "Tamed frequency modulation — a bandwidth — saving digital modulation method, suited for mobile radio", *Philips Telecommunication Review*, 37, 35-49 (Mar. 1979)
18) D. Muilwijk : "Correlative phase shift keying — a class of constant envelope modulation techniques", *IEEE Trans. Communications*, COM-29, 226-236 (Mar. 1981)
19) K. Chung : "Generalized tamed frequency modulation and its application for mobile radio communications", *IEEE Trans. Vehicular Technology*, VT-33, 103-113 (Aug. 1984)
20) K. Chung : "Discriminator — MLSE detection of a GTFM signal in the presence of fast Rayleigh fading", *IEEE Trans. Communications*, COM-35, 1374-1376 (Dec. 1987)
21) K. Hirade and K. Murota : "A study of modulation for digital mobile telephony", *Proc. IEEE Vehicular Technology Conference*, 13-19 (Mar. 1979)

22) K. Murota and K. Hirade："GMSK modulation for digital mobile radio telephony", *IEEE Trans. Communications*, COM-29, 1044-1050（Jul. 1981）

23) K. Murota and K. Hirade："Transmission performance of GMSK modulation", *Trans. IECE Japan*, J64-B, 1123-1130（Oct. 1981）

24) H. Suzuki："Error-rate performance of GMSK modulation with differential detection", *TECE Technical Report*, CS79-129, 23-30（1979）

25) S. Ogose and K. Murota："Experimental studies on differentially-encoded GMSK with differential-detection", *TECE Technical Report*, CS79-130, 31-38（1979）

26) S. Ogose and K. Murota："Differentially encoded GMSK with 2-bit differential detection", *Trans. IECE*, J64-B, 248-254（Apr. 1981）

27) S. Ogose："Error-rate performance of differentially encoded GMSK with 2-bit differential detection", *Trans IECE*, J65-B, 1253-1259（Oct. 1982）

28) H. Suzuki："Optimum Gaussian filter differential detection of MSK", *IEEE Trans. Communications*, COM-29, 916-918（Jun. 1981）

29) S. Ogose："Optimum Gaussian filter for MSK with 2-bit differential detection", *Trans. IECE Japan*, E-66, 459-460（Jul. 1983）

30) M.K. Simon and C.C. Wang："Differential detection of Gaussian MSK in a mobile radio environment", *IEEE Trans. Vehicular Technology*, VT-33, 302-320（Nov. 1984）

31) A. Yongacoglu, D. Makrakis and K. Feher："Differential detection of FMSK using decision feedback", *IEEE Trans. Communications*, COM-36, 641-649（Jun. 1988）

32) M. Hirono, T. Miki and K. Murota："Multilevel decision method for band-limited digital FM with limiter-iscriminator detection", *IEEE Trans. Vehicular Technology*, VT-33, 114-122（Aug. 1984）

33) K. Ohono and F. Adachi："Half-bit offset decision frequency detection of differentially encoded GMSK signals", *Electronics Letters*, 23, 1311-1312（Nov. 1987）

34) S.M. Elnoubi："Analysis of GMSK with discriminator detection in mobile radio channels", *IEEE Trans. Vehicular Technology*, VT-35, 71-76（May 1986）

35) S.M. Elnoubi："Predetection filtering on the probability of error of GMSK with discriminator detection in mobile radio channels", *IEEE Trans. Vehicular*

Technology, VT-37, 104-107 (May 1988)

36) N.A.B. Svenson and C.E.W. Sundberg : "Performance evaluation of differential and discriminator detection of continuous phase modulation", *IEEE Trans. Vehicular Technology*, VT-35, 106-117 (Aug. 1986)

37) K. Murota : "Spectrum efficiency of GMSK land mobile radio", *IEEE Trans. Vehicular Technology*, VT-34, 69-75 (Aug. 1985)

38) T. Okai, F. Sugiyama, S. Asakawa and Y. Okamura : "Narrow band constant envelope digital phase modulation system", *IECE Technical Report*, CS79-133, 55-62 (1979)

39) S. Asakawa and F. Sugiyama : "A compact spectrum constant envelope digital phase modulation", *IEEE Trans. Vehicular Technology*, VT-3, 102-111 (Aug. 1981)

40) F. Muratore and V. Palestini : "Features and performance of 12PM3 modulation methods for digital land mobile radio", *IEEE Journal on Selected Areas in Communications*, SAC-5, 906-914 (Jun. 1987)

41) T. Maseng : "Digitally phase modulated (DPM) signals", *IEEE Trans. Communications*, COM-33, 911-918 (Sep. 1985)

42) T. Aulin and C.-E.W. Sundberg : "Continuous phase modulation — part I : full response signaling", *IEEE Trans. Communications*, COM-29, 196-209 (Mar. 1981)

43) T. Aulin, N. Rydbeck and C.-E.W. Sundberg : "Continuous phase modulation — part II : partial response signaling", *IEEE Trans. Communications*, COM-29, 210-225 (Mar. 1981)

44) J.B. Anderson, T. Aulin and C.E. Sundberg : *Digital Phase Modulation*, Plenum Press, New York (1986)

45) Y. Akaiwa, I.Takase, M. Ikoma and N. Saegusa : "An FM modulation-demodulation scheme for narrow-band digital communication", *IECE Technical Report*, CS79-132, 47-54 (1979)

46) Y. Akaiwa, I. Takase, S. Kojima, M. Ikoma and N. Saegusa : "Performance of baseband-bandlimited multilevel FM with discriminator detection for digital mobile telephony", *Trans. IECE*, E64, 463-469 (Jul. 1981)

47) Y. Akaiwa and S. Kojima : "Performance of baseband bandlimited 4-level FM with coherent and differential detection", *Proc. IECE National Convention on Communication*, No.475 (1980)

48) K. Honma, E. Murata and Y. Tatsuzawa : "A study of digital mobile radio

communication method using PLL", *IECE Technical Report*, CS79-134 (1979)

49) K. Honma, E. Murata and Y. Rikou : "On a method of constant envelope modulation for digital mobile radio communication", *Proc. IEEE International Conference on Communication*, 24.1.1-24.1.5 (1980)

50) K. Takagi and B. Yamamoto : "Performance of narrow band digital transmission system with a duobinary filter", *Proc. 1981 IECE National Convention*, No.2169 (1981)

51) K. Takagi and B. Yamamoto : "Narrow band digital FM scheme using duobinary filter", *Proc. IEEE National Telecommunication Conference*, B.8.5.1-B8.5.5 (1981)

52) Y. Akaiwa and E. Okamoto : "An analysis of error rates for Nyquist-and partial response-baseband-filtered digital FM with discriminator detection", *Trans. IECE*, J66-B, 534-541 (Apr. 1983)

53) F.G. Jenks, P.D. Morgan and C.S. Warren : "Use of four level phase modulation for digital mobile radio", *IEEE Trans. Electromag. Compati.*, EMC-14, 113-128 (Nov. 1972)

54) Y. Akaiwa and Y. Nagata : "A linear modulation method for digital mobile radio communication", *Proc. 1985 National Convention, IECE*, No.2384 ; Y. Nagata and Y. Akaiwa : "Characteristics of a linear modulation method for digital mobile radio communications", *ibid.*, No.2385

55) Y. Akaiwa and Y. Nagata : "Highly efficient digital mobile radio communications with a linear modulation method", *IEEE Journal on Selected Area in Communications*, SAC-5, 890-895 (Jun. 1987)

56) J.A. Tarralo and G.I. Zysman : "Modulation techniques for digital cellular systems", *Proc. IEEE Vehicular, Technology Confenence*, 245-248 (1988)

57) C. Liu and K. Feher : "Noncoherent detection of $\pi/4$-QPSK systems in a CCI-AWGN combined interference environment", *Proc. IEEE Vehicular, Technology Confenence*, 83-94 (1989)

58) F. Adachi, M. Mori and T. Ooi : "Radio channel structure for QPSK digital mobile radio", *Proc. IEEE Vehicular Technology Confenence*, 220-223 (1989)

59) K. Raith, B. Hedberg, G. Larsson and R. Kahre : "Performance of a digital cellular experiment test bed", *Proc. IEEE Vehicular Technology Confenence*, 175-177 (1989)

60) S. Tomisato and H. Suzuki : "Envelope controlled digital modulation improving power efficiency of transmitter amplification — an application to trellis-coded 8PSK for mobile radio", *Trans., IEICE*, J75-B-II, 918-928 (Dec. 1992)

61) P.M. Martin, A. Bateman, J.P. McGeehan and J.D. Marvil : "The implementation of a 16-QAM mobile data system using TTIB-based fading correction techniques", *Proc. IEEE Vehicular Technology Confenence*, 71-76 (1988)

62) S. Sampei and T. Sunaga : "Rayleigh fading compensation method for 16-QAM in digital land mobile radio channels", *Proc. IEEE Vehicular Technology Confenence*, 640-646 (1989)

63) M. Yokoyama : "BPSK system with sounder to combat Rayleigh fading in mobile radio communications", *IEEE Trans. Vehicular Technology*, VT-34, 35-40 (Feb. 1985)

64) M.K. Simon : "Dual-pilot tone calibration technique", *IEEE Trans. Vehicular Technology*, VT-35, 63-70 (May 1986)

65) N. Kinoshita et al. : "Field experiments on 16QAM/TDMA and trellis coded 16QAM/TDMA systems for digital land mobile radio communications", *IEICE Trans. Communications*, E77-B, 911-920 (Jul. 1994)

66) H. Miyakawa, H. Harashima and Y. Tanaka : "A new digital modulation scheme, multimode binary CPFSK", *Proceedings of Third International Conference on Digital Satellite Communication*, Kyoto, 105-112 (Nov. 1975)

67) R.C. Dixon : *Speed Spectrum System*, 2nd ed., Wiley-Interscience, New York (1984)

68) M.K. Simon, J.K. Omura, R.A. Scholtz and B.K. Levitt : Spread Spectrum Communications, Vols. I, II, III, Computer Science Press, Rockville, Md. (1985)

69) R.W. Chang : "Synthesis of band-limited orthogonal signals for multichannel data transmission", *Bell System Tech. J.*, 45, 1775-1796 (Dec. 1966)

70) D.A. Shmidman : "A generalized Nyquist criterion and an optimum linear receiver for a pulse modulation system.", *Bell System Tech. J.*, 46, 2163-2177 (Nov. 1967)

71) B.R. Saltberg : "Performance of an efficient parallel data transmission system", *IEEE Trans. Commun. Technol.*, COM-15, 805-811 (Dec. 1967)

72) B. Hirosaki : "An orthogonally multiplexed QAM system using the discrete

Fourier transform", *IEEE Trans. Communi*, Vol.COM-29, pp.982-989, (Jul. 1981)

73) J. Horikoshi : "Error performance considerations of $\pi/2$-TFSK under the multipath interfering environment", Trans. IECE, E67, 40-46 (Jan. 1984)

74) S. Yoshida, S. Ariyavisitakul, F. Ikegami and T. Takeuchi : "A novel anti-multipath modulation technique DSK", Proc. IEEE Globecom, 36.4.1-36.4.5 (1985)

75) S. Yoshida, S. Ariyavisitakul, F. Ikegami and T. Takeuchi : "A power-efficient linear digital modulation and its application to anti-multipath modulation PSK-RZ scheme", *Proc. IEEE Vehicular Technology Conference*, Tampa, 66-71 (Jun. 1987)

76) S. Yoshida and F. Ikegami : "Anti-multipath modulation technique-Manchester-coded DPSK and its generalization", *IEICE Technical Report*, CS86-47 (1986)

77) H. Takai : "BER performance of anti-multipath modulation PSK-VP and its optimum phase-waveform", *Proc. IEEE Vehicular Technology Conference*, 412-419 (1990)

78) M. Alard and R. Lassalle : "Principles of modulation and channel coding for digital broadcasting for mobile receivers", *EBU Review-Technical*, No.224, 168-190 (Aug. 1987)

79) B. Hirosaki and H. Aoyagi : "A highly efficient HF modem with adaptive fading control algorithm", *Proc. IEEE Globecom*, 48.3.1-48.3.5 (1984)

80) L.J. Cimini : "Analysis and simulation of a digital mobile channel using orthogonal frequency division multiplexing", IEEE Trans. Communications, Vol.COM-33, No.7, pp.665-675 (Jul. 1985)

81) S.B. Weinstein : "The history of orthogonal frequency-division multiplexing", IEEE Commnunications Magazine, pp.26-35 (Nov. 2009)

82) L. Hanzo, M. Munster, B.J. Choi and T. Keller : "OFDM and MC-CDMA", *IEEE Press* (2003)

83) R. Maruta and A. Tomozawa : "An improved method for digital SSB-FDM modulation and demodulation", *IEEE Trans. Commun.*, Vol.COM-26, No.5, pp.720-725 (May 1978)

84) H. Myung, J. Lim and D. Goodman : "Single carrier FDMA for uplink wireless transmission", *IEEE Vehicular Magazine*, pp.30-38 (Sep. 2006)

7章

1) M. Schwartz, W.R. Benett and S. Stein : *Communication Systems and Techniques*, McGraw-Hill, New York (1966)
2) W.C. Jakes(ed.) : *Microwave Mobile Communications*, Wiley, New York (1974)
3) F. Adachi and K. Oono : "BER performance of QDPSK with postdetection diversity reception in mobile ratio channels", *IEEE Trans. Vehicular Technology*, 40, 237-249 (Feb. 1991)
4) T. Hattori and K. Hirade : "Multitransmitter digital signal transmission by using offset frequency strategy in a land mobile telephone system", *IEEE Trans. Vehicular Technology*, VT-27, 231-238 (Nov. 1978)
5) T. Hattori and S. Ogose : "A new modulation scheme for multitransmitter simulcast digital mobile radio communication", *Proc. IEEE Vehicular Technology Conference*, 83-88 (Mar. 1979)
6) F. Adachi : "Transmitter diversity for a digital FM paging system", *IEEE Trans. Vehicular Technology*, VT-28, 333-338 (Nov. 1979)
7) A. Afrasteh and D. Chukurov : "Performance of a novel selection technique in an experimental TDMA system for digital portable radio communications", *Proc. IEEE Globecom*, 810-814 (Nov. 1988)
8) Y. Akaiwa : "Antenna selection diversity for framed digital signal transmission in mobile radio channel", *Proc. IEEE Vehicular Technology Conference*, 470-473 (May 1989)
9) J.H. Barnard and C.K. Pauw : "Probability of error for selection diversity as a function of dwell time", *IEEE Trans. Communications*, COM-37, 800-803 (Aug. 1989)
10) J.G. Proakis : *Digital Communications*, 3rd ed., McGraw-Hill, New York (1983)
11) Y. Sato : *Theory of Linear Equalization, Adaptive Digital Signal Processing*, Maruzen, Tokyo (1990) [in Japanese]
12) R.W. Lucky : "Automatic equalization for digital communication", *BSTJ*, 44, 547-588 (Apr. 1965)
13) Y. Sato : "Blind equalization and blind sequence estimation", *IEICE Trans. Communications*, E77-B, 545-556 (May 1994)
14) B. Widrow and S.D. Stearns : *Adaptive Signal Processing*, Prentice-Hall, Englewood Cliffs, N.J. (1985)

15) S. Haykin : *Introduction to Adaptive Filters*, Macmillan, New York (1984)
16) M. Hata and T. Miki : "Performance of MSK high-speed digital transmission in land mobile radio channels", *Proc. Globecom '84*, 518-524 (Nov. 1984)
17) K. Raith, J.-E. Stjernvall and J. Uddenfeldt : "Multi-path equalization for digital cellular radio operating at 300 kbits/s", *Proc. IEEE Vehicular Technology Conference*, 268-272 (1986)
18) J.-E. Stjernvall, B. Hedberg and S. Ekemark : "Radio test performance of a narrowband TDMA system", *Proc. IEEE Vehicular Technology Conference*, 293-299 (1987)
19) M. Nakajima and S. Sampei : "Performance of a decision feedback equalizer under frequency selective fading in land mobile communications", *Trans. IEICE*, 72-B-II, 515-523 (Oct. 1989)
20) K. Honma, M. Uesugi and K. Tsubaki : "Adaptive equalization in TDMA digital mobile radio", *Trans. IEICE*, J72-B-II, 587-594 (Nov. 1989)
21) S. Ariyavisitakul : "Performance bounds for a decision feedback equalizer with a time-reversal structure", *Proc. Fourth Nordic Seminar on Digital Mobile Radio Communications*, 10.a (Jun. 1990)
22) A. Higashi and H. Suzuki : "Dual-mode equalization for digital mobile radio", *Trans. IEICE*, J74-B-II, 91-100 (Mar. 1991)
23) T. Maseng : "Digitally modulated (DPM) signals", *IEEE Trans. Communications*, COM-33, 911-918 (Sep. 1985)
24) R. D'Avella, L. Moreno and M. Sant'Agostino : "Adaptive equalization in TDMA mobile radio systems", *Proc. IEEE Vehicular Technology Conference*, 385-392 (May 1987)
25) L. Moreno and R. D'Arella : "Maximum likelihood adaptive techniques in the digital mobile radio environment", *Proc. Int. Conf. on Digital Land Mobile Radio Communications*, 227-236 (Jun. 1987)
26) J.E. Stjernvall, B. Hedberg, K. Raith, T. Backstrom and R.Löfdahl : "Radio test performance of a narrowband TDMA system-DMS90", *Proc. Int. Conf. on Digital Land Mobile Radio Communications*, 310-318 (Jun. 1987)
27) R. D'Avella, L. Moreno and M. Sant'Agostino : "An adaptive MLSE receiver for TDMA digital mobile radio", *IEEE, Journal on Selected Areas in Communications*, 7, 122-129 (Jan. 1989)
28) K. Okanoue, Y. Nagata and Y. Furuya : "An adaptive MLSE receiver with carrier frequency estimator for TDMA digital mobile radio", *Proc. Fourth*

Nordic Seminar on Digital Mobile Radio Communications, 10.2 (Jun. 1990)

29) K. Okanoue, A. Ushirokawa, H. Tomita and Y. Furuya : "New MLSE receiver free from sample timing and input level controls", *Proc. IEEE Vehicular Technology Conference*, 408-411 (May 1993)

30) G. Larsson, B. Gudmundson and K. Raith : "Receiver performance for the north American digital cellular system", *Proc. IEEE Vehicular Technology Conference*, 1-6 (May 1991)

31) T. Kohama, H. Kondoh and Y. Akaiwa : "An adaptive equalizer for frequency-selective mobile radio channels with noncoherent demodulation", *Proc. IEEE Vehicular Technology Conference*, 770-775 (May 1990)

32) D. Bertsekas and R. Gallager : *Data Networks*, 2nd ed., Prentice-Hall, Englewood Cliffs, N.J. (1992)

33) Y. Yamao and Y. Nagao : "Predictive antenna selection diversity (PASD) for TDMA mobile radio", *Trans. IEICE*, E77-B, 641-646 (May 1994)

34) W.W. Peterson and E.J. Weldon, Jr. : *Error-Correcting Codes*, 2nd ed., MIT Press, Cambridge, Mass. (1972)

35) S. Lin and D.J. Costello, Jr. : *Error-Control Coding*, Prentice-Hall, Englewood Cliffs, N.J. (1983)

36) B.P. Lathi : *Modern Digital and Analog Communication Systems*, Holt, Rinehart and Winston, New York (1983)

37) T. Sato, M. Kawabe, T. Kato and A. Fukusawa : "Composition of robust error control scheme using adaptive coding and its effect on data communication", *Trans. IEICE Japan*, J72-B-I, 438-445 (May 1989)

38) G. Ungerboeck : "Trellis-coded modulation with redundant signal sets, Part I : Introduction", *IEEE Communication Magazine*, 25, 5-11 (Feb. 1987)

39) G. Ungerboeck : "Trellis-coded modulation with redundant signal sets, Part II : State of the Art", *IEEE Communications Magazine*, 25, 12-21 (Feb. 1987)

40) D. Divsalar and M.K. Simon : "The design of trellis coded MPSK for fading channels : Performance criteria", *IEEE Trans. Communications*, 36, 1004-1012 (Sep. 1988)

41) D. Divsalar and M.K. Simon : "Set partitioning for optimum code design", *IEEE Trans. Communications.*, 36, 1013-1021 (Sep. 1988)

42) S. Sampei and Y. Kamio : "Performance of trellis coded 16QAM/TDMA system

for land mobile communications", *Trans. IEICE*, J73-B-II, 630-638 (Nov. 1990)

43) S. Tomisato and H. Suzuki : "Envelope controlled digital modulation improving power efficiency of transmitter amplification-Application to trellis-coded 8PSK for mobile radio", *Trans. IEICE*, J75-B-II, 918-928 (Dec. 1992)

44) R.T. Compton, Jr. : *Adaptive Antennas-Concept and Performance*, Prentice-Hall, Englewood Cliffs, N.J. (1988)

45) H. Yoshino, K. Fukawa and H. Suzuki : "Adaptive interference canceller based upon RLS-MLSE", *Trans. IEICE*, J77-B-II, 74-84 (Feb. 1994)

46) K. Fukawa and H. Suzuki : "Recursive least squares adaptive algorithm maximum likelihood sequence estimation : RLS-MLSE-an application of maximum likelihood estimation theory to mobile radio", *Trans. IEICE*, J76-B-II, 202-214 (Apr. 1993)

47) H. Murata, S. Yoshida and T. Takeuchi : "Trellis-coded co-channel interference canceller for mobile communication", *Technical Report of IEICE*, RCS93-75, 39-46 (Nov. 1993)

48) K. Hamaguchi and H. Sasaoka : "Block coded FH-16QAM/TDMA system", *Technical Report of IEICE*, RCS93-90, 33-39 (Feb. 1994)

49) R. Kohno, H. Imai, M. Hotori and S. Pasupathy : "Combination of an adaptive array antenna and a canceller of interference for direct-sequence spread-spectrum multiple-access system", *IEEE Journal on Selected Areas in Communications*, 8, 675-682 (May 1990)

50) R. Kohno, H. Imai, M. Hotori and S. Pasupathy : "An adaptive canceller of cochannel interference for spread-spectrum multiple-access communication networks in a power line", *IEEE Journal on Selected Areas in Communications*, 8, 691-699 (May 1990)

51) Z. Xie, R.T. Short and C.T. Rushforth : "A family of suboptimum detectors for coherent multiuser communications", *IEEE Journal on Selected Areas in Communications*, 8, 683-690 (May 1990)

52) M.K. Varanasi and B. Aazhang : "Multistage detection in asynchronous code-division multiple-access communications", *IEEE Trans. Communications*, COM-38, 509-519 (Apr. 1990)

53) Y.C. Yoon, R. Kohno and H. Imai : "A spread-spectrum multiaccess system with cochannel interference cancellation for multipath fading channels", *IEEE Journal on Selected Areas in Communications*, 11, 1067-1075 (Sep.

1993)

54) M. Abdulrahman, D.D. Falconer and A.U.H. Sheikh : "Equalization for interference cancellation in spread spectrum multiple access systems", *Proc. IEEE Vehicular Technology Conference*, 71-74 (May 1992)

55) U. Madhow and M. Honig : "Minimum mean squared error interference suppression for direct-sequence spread-spectrum code division multiple-access", *Proc. First International Conference on Universal Personal Communication*, 273-277 (Sep. 1992)

56) S. Yoshida, A. Ushirokawa, S. Yanagi and Y. Furuya : "DS/CDMA adaptive interference canceller in mobile radio environments", *Technical Report of IEICE*, RCS93-76, 47-54 (Nov. 1993)

57) K. Fukawa and H. Suzuki : "A reception scheme utilizing matched filter with interference canncelling-optimum detection for DS-CDMA mobile communication", *Proc. Spring Conference of IEICE*, 1.467-1.468 (Mar. 1994)

58) K. Ozawa and T. Miyano : *Efficient Voice Codings for Digital Mobile Communication*, Triceps, Tokyo (1992) [in Japanese]

59) B.P. Lathi : *Modern Digital and Analog Communication Systems*, Holt, Rinehart and Winston, New York (1983)

60) J.L. Flanagan : *Speech Analysis and Perception*, 2nd ed., Springer-Verlag, New York (1972)

61) N.S. Jayant and P. Noll : *Digital Coding of Waveforms : Principles and Applications to Speech and Video*, Prentice-Hall, Englewood Clitts, N.J. (1984)

62) P. Vary et al. : "Speech codec for the European mobile ratio system", *Proc. ICASSP*, 227-230 (1988)

63) I.A. Gerson and M.A. Jasiuk : "Vector sum excited linear prediction (VSELP) speech coding at 8 kbps", *IEEE, Proc. ICASSP*, 461-464 (1990)

64) I.A. Gerson, M.A. Jasiuk, M.J. McLaughlin and E.H. Winter : "Combined speech and channel coding at 11.2 kbps", Signal Processing V : Theories and Applications, L. Torres, E. Masgrau and M.A. Lagnus(eds.), 1339-1342, *Elsevier Science Publishers B.V.*, Amsterdam (1990)

65) T. Ohya, H. Suda and T. Miki : "Pitch synchronous innovation CELP (PSI-CELP)— PDC half-rate speech CODEC", *IEICE Technical Report*, RCS 93-78, 63-70 (Nov. 1993) [in Japanese] ; also R.V. Cox : "Speech coding

standards", in Speech Coding and Synthesis, W.B Kleijn and K.K. Paliwal (eds.), 49-78, *Elsevier Science B.V.*, Amsterdam (1995)

66) O. Nakamura, A. Dobashi, K. Seki, S. Kubota and S. Kato : "Improved ADPCM voice transmission for TDMA-TDD systems", *Proc. Vehicular Technology Conference*, 301-304 (May 1993)

67) S. Kubota, A. Dobashi, T. Hasumi, M. Suzuki and S. Kato : "Improved ADPCM voice transmission employing click noise detection scheme for TDMA-TDD systems", *Proc. Fourth Int. Conf. Personal, Indoor and Mobile Radio Communications*, 613-617 (Sep. 1993)

68) I. Matsumoto, S. Sasaki, M. Horoguchi and K. Urabe : "Enhancement of speech coding for digital cordless telephone systems", *Proc. Fourth Int. Conf. Personal, Indoor and Mobile Radio Communications*, 618-621 (Sep. 1993)

69) H. Suda and T. Miki : "An error protected 16 kbits/s voice transmission for land mobile radio", *IEEE Journal on Selected Areas in Communications*, SAC-6, 346-352 (1988)

70) GSM Recommendation 06.32, *Voice activity detection*

71) GSM Recommendation 06.12, *Comfort noise aspects for full rate speech traffic channels*

72) J.H. Winter : "Optimum combining in digital mobile radio with cochannel interference", *IEEE Journal on Selected Areas in Communication*, SAC-2, 538-539 (Jul. 1984)

73) H. Suzuki : "Signal transmission characteristics of diversity reception with least-quares combining — Relationship between desired signal combining and interference cancelling", *Trans. IEICE*, J75-B-II, 524-534 (Aug. 1992)

74) 大鐘武雄, 小川恭孝:「MIMOシステム技術」: オーム社 (2008)

75) 柳井晴夫, 竹内 啓:「射影行列・一般行列・特異値分解」, 東京大学出版会 (1983)

76) S.A. Alamamouti : "A simple transmit diversity technique for wireless communications", *IEEE J. Select. Areas Commun.*, Vol.16, No.8, pp.1451-1458 (Oct. 1998)

77) V. Tarokh, N. Sesgadri and A.R. Calderbank : "Space-time codes for high data rate wireless communication : performance criterion and code construction", *IEEE Trans. Inform. Theory*, Vol.44, No.2, pp.744-765 (Mar. 1998)

78) H. Wang and X.G. Xia : "Upper bounds of rates of complex orthogonal space-

time block codes", *IEEE Trans. Inform. Theory*, Vol.49, No.10, pp.2788-2796 (Oct. 2003)

79) G. Proakis : *Digital communications*, 3rd ed., McGraw-Hill (1995)

80) S. Sampei : "Application of Digital Wireless Technological to Global Wireless Communications", Prentice Hall (1997)

81) E. Viterbo and J. Boutros : "A universal lattice code decoder for fading channels", *IEEE Trans. Inform. Theory*, Vol.45, No.5, pp.1639-1642 (Jul. 1999)

82) K.J. Kim and J. Yue : "Joint channel estimation and data detection algorithms for MIMO-OFDM systems", *Proc. 36th Asilomar Conference on Signals, Systems and Computers*, Vol.2, pp.1857-1861 (Nov. 2002)

83) 小林岳彦，矢野 隆，増井裕也：'MIMO-MLD の演算量削減技術'，日立国際電気技報 2007 年度版，No.8, pp.58-63

84) M.H.M. Costa : "Writing on dirty paper", *IEEE Trans. Inform. Theory*, Vol. IT-29, No.3, pp.439-441 (May 1983)

85) H. Harashima and H. Miyakawa : "Matched-transmission technique for channels with Intersymbol Interference", *IEEE Trans. Commun.*, Vol. COM-20, pp.774-780 (Aug. 1972)

86) M. Tomlinson : "New Automatic Equalizer Employing Modulo Arithmetic", *Electronics Letters*, Vol.7, Nos.5/6, pp.138-139 (Mar. 1971)

87) C. Windpassinger, R.F.H. Fisher, T. Vencel and J.B. Huber : "Precoding in Multiantenna and Multiuser Communications", *IEEE Trans. Wireless Commun.*, Vol.3, No.4, pp.1305-1319 (Jul. 2004)

88) S. Kasturia, J. Aslanis and J. Cioffi : "Vector coding for partial response channels", *IEEE Trans. Information Theory*, Vol.36., No.4, pp.741-762 (Jul. 1990)

89) D. Falconer, S.L. Ariyavisitakul, A. Benyamin-Seeyar and B. Eidson : "Frequency domain equalization for single-carrier broadband wireless systems," *IEEE Communications Magazine*, Vol.40, pp.58-66 (Apr. 2002)

90) C. Douilard et al. : "*Iterative correction of intersymbol interference : turbo-equalization*", *European Transactions on Telecommunications and Related Technologies*, Vol.6, No.5, pp.507-511 (Sept.-Oct. 1995)

91) M. Tüchler, R. Koetter and A.C. Singer : "Turbo Equalization : Principles and New Results", *IEEE Transactions on Communications*, Vol.50, No.5, pp.754-767 (May 2002)

92) R. Koetter, A. Singer and M. Tuchler: "Turbo equalization", *IEEE Signal Processing Magazine*, pp.67-80 (Jan. 2004)
93) N. Nefedov, M. Pukkila, R. Visoz and A.O. Berthet: "Iterative data detection and channel estimation for advanced TDMA systems", *IEEE Trans. on Commun.*, Vol.51, No.2, pp.141-144 (Feb. 2003)
94) 並木淳治:"無線短パケット用蓄積一括復調方式",電子情報通信学会論文誌B, Vol.J67-B, No.1, pp.54-6 (Jan. 1948)
95) C. Berrou, A. Glavieux and P. Thitimajhima: 'Near Shannon Limit Error-correcting Coding and Decoding: Turbo-Codes', *Proc. ICC'93*, pp.1064-1070 (May 1993)
96) C. Berrou and A. Glavieux: "Near optimum error correcting coding and decoding: turbo-codes", *IEEE Trans. Comm.*, Vol.44, no.10, pp.1261-1271 (Oct. 1996)
97) 荻原春生:「ターボ符号の基礎」,トリケップス社 (2008)
98) L. Hanzo, T.H. Liew and B.L. Yeap: *Turbo Coding, Turbo Equalization and Space-Time Coding for Transmission over Fading Channels*, IEEE Press, John Wiley & Sons (2002)
99) L.R. Bahl, J. Cocke, F-Jelinek and J. Raviv: "Optimal decoding of linear codes for minimizing symbol error rate", *IEEE Trans. Info. Theory*, pp.284-287 (Mar. 1974)
100) 3GPP TS25.222 (3rd Generation Partnership Project: Technical Specification Group Radio Access Network; Multiplexing and channel coding (TDD))
101) R.G. Gallager: *Low density parity check code*, in Research Monograph series, MTT Press, Cambridge (1963)
102) D.J.C. Mackay: "Good error-correcting codes based on very sparse matrices", *IEEE Trans. Inform. Theory*, Vol.45, pp.399-431 (1999)
103) R.M. Tanner: "A recursive approach to low complexity codes", *IEEE Trans. Inform. Theory*, Vol.27, pp.533-547 (1981)
104) D. Divsalar, S. Dolinar and F. Pollara: "Iterative turbo decoder analysis based on density evolution", *IEEE J. Select. Area in Commun.*, Vol.19, No.5, pp.891-907 (May 2001)
105) H. El Gamal and A.R. Hammons: "Analyzing the turbo decoder using the Gaussian approximation", *IEEE Trans. Info. Theory*, Vol.47, No.2, pp.671-686 (Feb. 2001)
106) T.J. Richardson, M.A. Shokrollahi and R.L. Urbanke: "Design of capacity-

approaching irregular low-density parity-check codes", *IEEE Trans. Info. Theory*, Vol.47, No.2, pp.619-637 (Feb. 2001)

107) E. Dahlman, S. Parkvall, J. Skold and P. Beming : *3G Evolution HSPA and LTE for Mobile Broadband*, Academic Press (2007)

108) TIA/ETA/IT-641 : "Enhanced variable bit rate codec : speech service option 3 for wide spread spectrum digital systems" (Jan. 1997)

109) N. Naka et.al : "Special article on mobile multimedia signal processing technologies, Speech coding technology", *NTT DoCoMo Technical Journal*, Vol.2, No.4, pp.23-32

8章

1) S. Saitoh et al. : "Basestation equipment; new technical report on digital mobile communication system", *NTT DoCoMo Technical Journal*, 1, 33-38 (Jul. 1993)

2) K. Murota et al. : "Mobile station equipment", *NTT DoCoMo Technical Journal*, 1, 43-46 (Jul. 1993)

3) N. Tokuhiro et al. : "Portable telephone for personal digital cellular system", *Proc. 43th Vehicular Technology Conference*, 718-721 (1993)

4) Y. Tarusawa and T. Nojima : "Frequency synthesizer; new technical report on fundamental technologies on mobile communications", *NTT DoCoMo Technical Journal*, 1, 31-36 (Jan. 1994)

5) S. Saito, Y. Taruzawa and H. Suzuki : "State-preserving intermittently locked loop (SPILL) frequency synthesizer for portable radio", *IEEE Trans. Microwave Theory and Techniques*, MTT-37, 1898-1903 (Dec. 1989)

6) C.B. Dekker : "The application of tamed frequency modulation to digital transmission via radio", *Proc. IEEE National Telecommunication Conference*, 55.3.1-55.3.7 (1979)

7) K. Kobayashi, Y. Matsumoto, T. Sakata, K. Seki and S. Kato : "High-Speed QPSK/OQPSK burst modem VLSIC", *Proc. IEEE International Conference on Communications*, 1735-1739 (May 1993)

8) W. Gosling, J.P. McGeehan and P.G. Holland : "Receivers for the Wolfson single-sideband V.H.F. land mobile radio systems", *Electronics Engineer*, 49, 231-235 (May 1979)

9) L.R. Kahn : "Single-sideband transmission by envelope elimination and restoration", *Proc. I.R.E.*, 40, 803-806 (Jul. 1952)

10) V. Petrovic : "Reduction of spurious emission from radio transmitters by means of modulation feedback", *IEEE Conference on Radio Spectrum Conservation Techniques*, 44-49 (Sep. 1983)

11) V. Petrovic and W. Gosling : "Polar-loop transmitter", *Electronics Letters*, 15, 286-288 (May 1979)

12) Y. Akaiwa and Y. Nagata : "Highly efficient digital mobile radio communications with a linear modulation method", *IEEE Journal on Selected Area in Communications*, SAC-5, 890-895 (Jun. 1987)

13) S. Ono, N. Kondoh and Y. Shimazaki : "Digital cellular system with linear modulation", *Proc. IEEE Vehicular Technology Confenence*, 44-49 (1989)

14) H. Tomita : "Polar loop linearlizer to $\pi/4$ shift QPSK", *Proc. Autumn National Convention of IEICE*, No.B-540 (1989)

15) M.J. Kosh and R.F. Fisher : "A high efficiency 835MHz linear power amplifier for digital cellular telephony", *Proc. IEEE Vehicular Technology Confenence*, 17-18 (1989)

16) S. Uebayashi, K. Ohno, T. Nojima, M. Murata and Y. Yamada : "Base station equipment technologies for digital cellular systems", *NTT Review*, 4, 55-63 (Jan. 1992)

17) D.C. Cox : "Linear amplification with nonlinear components", *IEEE Trans. Communications*, COM-22, 1942-1945 (Dec. 1974)

18) Y. Nagata : "Linear amplification technique for digital mobile communications", *Proc. IEEE Vehicular Technology Confenence*, 159-164 (1989)

19) J.K. Cavers : "A linearizing predistorter with fast adaptation", *Proc. IEEE Vehicular Technology Confenence*, 41-47 (May 1990)

20) T. Akasaki, M. Iwata and Y. Akaiwa : "A mathematical expression of nonlinear distortion in RF power amplifier", *Proc. IEEE 64th Vehicular Technology Conference*, VTC2004-Fall, pp.4217-4220 (2004)

21) L. Ding and G.T. Zhou : "Effects of even-order nonlinear terms on predistortion", *Proc. 10th IEEE DSP Workshop*, pp.1-6 (Oct. 2002)

22) J. Vuolevi and T. Rahkonen : *Distortion in RF power amplifiers*, Artech House (2003)

23) F. Ghannouchi and O. Hammi : "Behavioral modeling and Predistortion", *IEEE Microwave Magazine*, pp.52-64 (Dec. 2009)

24) J. Kim and K. Konstantinuous : "Digital predistortion of wideband signals

based on power amplifier model with memory", *Electronics Letters*, Vol.37, Issue23, pp.1417-1418 (Nov. 2001)

25) D. Morgan, Z. Ma, J. Kim, M. Zierdt and J. Pastalan : "A generalized memory polynomial model for digital predistortion of RF power amplifiers", *IEEE Trans. Signal Process.*, Vol.54, pp.3852-3960 (Oct. 2006)

26) F. Antonio et al. : "A novel adaptive predistortion techniques for power amplifiers", *Proc. of IEEE Veh. Tech. Conf.*, pp.1505-1509 (May 1999)

27) L. Ding et al. : "Arobust digital baseband predisorter constructed using memory polynomials", *IEEE Trans. Commun.*, Vol.52, No.1, pp.159-165 (Jan. 2004)

28) S. Koike : "A set of orthogonal polynomials for use in appproximation of nonlinearities in digital QAM systems", *IEICE Trans. Fundamentals*, Vol. E86-A, No.3 (Mar. 2003)

29) S. Han and J. Lee : "An overview of peak-to-average power ratio reduction techniques for multicarrier transmission", *IEEE Wireless Communications*, pp.56-65 (Apr. 2005)

30) T. Takada, O. Muta and Y. Akaiwa : "Peak power suppression with parity carrier for multi-carrier transmission", *Proc. of IEEE Vef. Tech. Conf.*, pp.2903-2907 (1999)

31) W. Doherty : "A new high efficiency power amplifier for modulated waves", *Pro. of IRE*, Vol.24, No.9, pp.1163-1182 (Sep. 1936)

32) Y. Akaiwa and H. Koga : "Automatic power control for mobile communication channel", *Proc. International Symposium on Information Theory & its Applications*, 1, 487-491 (Nov. 1994)

33) J. Zander : "Distributed cochannel interference control in cellular radio systems", *IEEE Trans. Vehicular Technology*, 41, 305-311 (Aug. 1992)

34) M. Almgren, H. Andersson and K. Wallstedt : "Power control in a cellular system", *Proc. IEEE Vehicular Technology Conference*, 833-837 (Jun. 1994)

35) K. Okanoue, A. Ushirokawa, H. Tomita and Y. Furuya : "New MLSE receiver free from sample timing and input level controls", *Proc. Vehicular Technology Conference*, 408-411 (May 1993) ; also in "A fast tracking adaptive MLSE for TOMA digital cellular systems", *IEICE Trans. Communications*, E77-B, 557-565 (May 1994)

36) K. Murota and K. Hirade : "Transmission performance of GMSK modulation",

Trans. IECE, J64-B, 1123-1130 (Oct. 1981)

37) C.P. LaRosa and M.J. Carney : "A fully digital hardware detector for $\pi/4$ QPSK", *Proc. Vehicular Technology Conference*, pp.293-297 (May 1992)

38) M. Ikura, K. Ohno and F. Adachi : "Baseband processing frequency-drift-compensation for QDPSK signal transmission", *Electronics Letters*, 27, 1521-1523 (Aug. 1991)

39) I.A.W. Vance : "Fully integrated radio paging receiver", *IEEE Proc.*, 129, Part F, 2-6 (Feb. 1982)

40) I.A.W. Vance : "Radio receiver for FSK signals", *UK Patent Application*, GB 2057820 A, filed 4 (Sep. 1979)

41) Y. Akaiwa : "Demodulator for digital FM signals", *US Patent*, No.4651, 107

42) M. Hasegawa, M. Mimura, K. Takahashi and M. Makimoto : "A direct conversion receiver employing a frequency multiplied digital phase-shifting demodulator", *Trans. IEICE*, J76-C-I, 462-469 (Nov. 1993)

43) K. Kage, Y. Sasaki, M. Ichihara and T. Sato : "The feasibility study of the Nyquist baseband filtered 4-level FM for digital mobile communications", *Proc. Vehicular Technology Conference*, 200-204 (May 1985)

44) Y. Nakamura and Y. Saito : "Discriminator with partial response detection of NRZ-FSK signals", *Trans. IEICE*, J67-B, 607-614 (Jun. 1984)

45) Y. Akaiwa and T. Konishi : "An application of the Viterbi decoding to differential detection of frequency-discriminator demodulated FSK signal", *Proc. 4th International Symposium on Personal, Indoor and Mobile Radio Communications*, 210-213 (Sep. 1993)

46) S. Sampei and K. Feher : "Adaptive dc-offset compensation algorithm for burst mode operated direct conversion receivers", *Proc. Vehicular Technology Conference*, 93-96 (May 1992)

47) Special issue on software radio, *IEEE Communications Magazine*, 33, No.5 (May 1995)

48) S. Saito and H. Suzuki : "Fast carrier-tracking coherent detection with dual-mode carrier recovery circuit for digital land mobile radio transmission", *IEEE Journal on Selected Areas in Communications*, 7, 130-139 (Jan. 1989)

9章

1) Y. Nagata and Y. Akaiwa : "Analysis for spectrum efficiency in single cell

trunked and cellular mobile radio", *IEEE Trans. Vehicular Technology*, VT-36, 100-113 (Aug. 1987)

2) W.C. Jakes(ed.) : *Microwave Mobile Communications*, Wiley, New York (1974)

3) J.E. Stjernvall : "Calculation of capacity and cochannel interference in a cellular system", *Proc. First Nordic Seminar on Digital Land Mobile Radio Communication*, 209-217 (1985)

4) T. Kanai : "Channel assignment for sector cell layout", *Trans. IEICE*, J73-B-Ⅱ, 595-601 (Nov. 1990)

5) Y. Yamada, Y. Ebine and K. Tsunekawa : "Base and mobile station antennas for land mobile radio systems", *Trans. IEICE*, E74, 1547-1555 (Jun. 1991)

6) F. Tong and Y. Akaiwa : "Effect of beam tilting on bit-rate selection in mobile multipath channel", *Proc. 3rd International Conference on Universal Personal Communications*, 225-229 (Sep.-Oct. 1994)

7) S.W. Halpern : "Reuse partitioning in cellular systems", *Proc. IEEE Vehicular Technology Conference*, 322-327 (May 1983)

8) J.J. Mikulski : "DynaT∗A∗C cellular portable telephone system experience in the U.S. and the UK", *IEEE Communication Magazine*, 24, 40-46 (Feb. 1986)

9) L. Lathin : "Radio network structures for high traffic density areas", *Proc. Third Nordic Seminar on Digital Land Mobile Radio Communication*, No.14.10 (1988)

10) J. Worsham and J. Avery : "A cellular band personal communications systems", *Proc. Second International Conference on Universal Personal Communications*, 254-257 (1993)

11) Y. Kinoshita, Tsuchiya and Ohnuki : "Common air interface between wide-area cordless telephone and urban cellular radio: frequency channel doubly reased cellular systems", *Trans. IEICE*, J76-B-Ⅱ, 487-495 (Jun. 1993)

12) H. Furukawa and Y. Akaiwa : "A microcell overlaid with umbrella cell system", *Proc. IEEE Vehicular Technology Conference*, 1455-1459 (Jun. 1994)

13) E. Dahlman, S. Parkvall and L. Skold : *LTE/LTE-Advanced for mobile Broadband*, Academic Press (2011)

14) N. Nakajima : "Evolution of cell layout techniques-toward microcell systems", *NTT DoCoMo Technical Journal*, 1, 21-29 (Oct. 1993)

15) M. Taketsugu and Y. Ohteru : "Holonic location registration/paging procedure in microcellular systems", *IEICE Trans. Fundamentals*, E75-A, 1652-1659 (Dec. 1992)
16) J.Z. Wang : "A fully distributed location registration strategy for universal personal communication systems", *IEEE Journal on Selected Areas in Communications*, 11, 850-860 (Aug. 1993)
17) A.S. Tanenbaum : *Computer Networks*, Prentice-Hall, Englewood Cliffs, N.J. (1981)
18) J.L. Hammond and P.J. O'Reilly : *Performance Analysis of Local Computer Networks*, Addison-Wesley, Reading, Mass. (1986)
19) Y. Akaiwa, Y. Furuya and K. Kobasyshi : "Method of determining optimal transmission channel in multi-station communications system", US Patent, No.4, 747, 101
20) Y. Furuya and Y. Akaiwa : "Channel segregation, a distributed adaptive channel allocation scheme for mobile communication systems", *Proc. Second Nordic Seminar on Digital Land Mobile Radio Communication*, Stockholm (Oct. 1986) ; also in *IEICE Trans.*, E-74, 1531-1537 (Jun. 1991)
21) Y. Akaiwa and H. Andoh : "Channel segregation — a self-organized dynamic channel allocation method: application to TDMA/FDMA microcellular system", *IEEE Journal on Selected Areas in Communications*, 11, 949-954 (Aug. 1993)
22) Y. Akaiwa and H. Furukawa : "Application of channel segregation for automatic channel selection free from intermodulation interference", *Proc. Seventh IEEE International Symposium on Personal, Indoor and Mobile Radio Communication*, 1235-1236 (Oct. 1996)
23) T. Kanai : "Autonomous reuse partitioning in cellular systems", *Proc. IEEE Vehicular Technology Conference*, 782-785 (May 1992)
24) H. Furukawa and Y. Akaiwa : "Self-organized reuse partitioning a dynamic channel assignment method in cellular system", *Proc. IEEE Vehicular Technology Conference*, 524-527 (May 1993)
25) N. Kataoka, M. Miyabe and T. Fujino : "A distributed dynamic channel assignment scheme using information of received signal level", *IEICE Technical Report*, RCS-93-70, 1-7 (Nov. 1993)
26) H. Furukawa and Y. Akaiwa : "Self-organized reuse partitioning (SORP), a distributed dynamic channel assignment method", *Technical Report of*

IEICE, RCS-92-126, 61-66 (Jan. 1993)
27) D.J. Goodman, R.A. Valenzuela, K.T. Gayliard and B. Ramamurthi : "Packet reservation multiple access for local wireless communications", *IEEE Trans. Communications*, COM-37, 885-890 (Aug. 1989)
28) K. Feher(ed.) : *Advanced digital communications*, Prentice-Hall, Englewood Cliffs (1987)
29) M. Frullone, G. Riva, P. Grazioso and C. Crciofi : "Self-adaptive channel allocation strategies in cellular environments with PRMA", *Proc. IEEE Vehicular Technology Conference*, 819-823 (Jun. 1994)
30) R. Beck and H. Panzer : "Strategies for handover and dynamic channel allocation in micro-cellular mobile radio systems", *Proc. IEEE Vehicular Technology Conference*, 178-185 (May 1989)
31) M. Yokayama : "Decentralization and distribution in network control of mobile radio communications", *Trans. IEICE*, E73, 1579-1586 (Oct. 1990)
32) I. Katzela and M. Naghshineh : "Channel assignment schemes for cellular mobile telecommunication systems: a comprehensive survey", *IEEE Personal Communications*, 10-31 (Jun. 1996)
33) N. Amitay : "Distributed switching and control with fast resource assignment/handoff for personal communications systems", *IEEE Journal on selected Areas in Communications*, 11, 842-849 (Aug. 1993)
34) J.C.-I. Chung : "Performance issues and algorithms for dynamic channel assignment", *iIEEE Journal on Selected Areas in Communications*, 11, 955-963 (Aug. 1993)
35) P. Bender et al. : "CDMA/HDR: A Bandwidth-Efficient High-Speed Wireless Data Service for Nomadic Users", *IEEE Communications Magazine*, Vol.38, pp.70-77 (Jul. 2000)
36) A. Jalali, R. Padovani and R. Pankaj : "Data throughput of CDMA-HDR a high efficiency-high data rate personal communication wireless system", *Proc. IEEE Veh. Tech. Conf.*, pp.1854-1858 (2000)
37) F. Kelly : "Charging and rate control for elastic traffic", *European Transactions on Telecommunications*, Vol.8, pp.33-37 (1997)
38) H.J. Kushner and P.A. Whiting : "Convergence of proportional-fair sharing algorithms under general conditions", *IEEE Trans. Wireless Communications*, Vol.3, No.4, pp.1250-1259 (Jul. 2004)
39) V.K.N. Lau : "Proportional fair space-time scheduling for wireless

communications", *IEEE Trans. Communications*, Vol.53, No.8, pp.1353-1360 (Aug. 2005)

40) P. Viswanath, D.N.C. Tse and R. Laroia : "Opportunistic beamforming using dumb antennas", *IEEE Trans. Inf. Theory*, Vol.48, No.6, pp.1277-1294 (Jun. 2002)

41) R. Knopp and P.A. Humblet : "Information capacity and power control in single-cell multiuser communications", *Proc. IEEE ICC*, pp.331-335 (1995)

42) M. Sawahasi et al. : "Coordinated multipoint transmission/reception techniques for LTE advanced", *IEEE Wireless Communications*, pp.26-34 (Jun. 2010)

43) E. Dahlman et al. : *3G Evolution, HSPA and LTE for Mobile Broad*, Academic Press (2007)

44) M. Kuwabara(ed.) : *Car telephone*, IEICE, Tokyo (1985)

45) Y. Yasuda(ed.) : *Mobile Communications in ISDN Era*, OHM, Tokyo (1992)

46) A. Alshamali and R. Macario : "Technical features of the planned European radio messaging system-ERMES", *IEEE Vehicular Technology Society News*, 22-25 (Aug. 1994)

47) T. Nakanishi, E. Murata, K. Honma and Y. Rikou : "Digital voice processing land mobile radio", *Proc. 1980 International Conference on Security through Science and Engineering*, 58-62 (Sep. 1980)

48) M. Ikoma, K. Kimura, N. Saegusa, Y. Akaiwa and I. Takase : "Narrow-band digital mobile radio equipment", *Proc. IEEE International Conference on Communication*, 23.3.1-23.3.5 (1981)

49) T. Hiyama, A. Yotsutani, K. Kage and M. Ichihara : "4-level FM digital mobile radio equipment", *NEC Research and Development*, No.71, 20-26 (Oct. 1983)

50) M. Nakajima, T. Watanabe, S. Saka, H. Nogami and T. Karasawa : "A narrow band digital portable radio using 8kbps speech CODEC", *Proc. Fall National Convention of IEICE*, No.B-273 (1990)

51) E. Lycksell : "MOBITEX, a new radio communication system for dispatch traffic", *TELE*, 68-75 (Jan. 1983)

52) M. Khan and J. Kilpatrick : "MOBITEX and mobile data standards", *IEEE Communications Magazine*, Vol.33, No.3, 96-101 (Mar. 1995)

53) T. Miyamoto, H. Tatsumi and H. Orikasa : "Tele-terminal system (mobile data communications", *Proc. First International Workshop on Mobile*

Multimedia Communications, A.1.5-1-A.1.5-8（Dec. 1993）
54) T. Harris："Data services over cellular radio", in *Cellular Radio systems*, D.M. Balston and R.C.V. Macario(eds.), chap.12, Artech House, Boston（1993）
55) N.J. Muller：*Wireless data networking*, Artech House, Boston（1995）
56) K. Kinoshita, M. Hata and K. Hirade：Digital mobile telephone system using TD/FDMA scheme, *IEEE Trans. Vehicular Technology*, VT-31, 153-157（Nov. 1982）
57) D.M. Balston and R.C.V. Macario(ed.)：*Cellular radio systems*, Artech House, Boston（1993）
58) W.C.Y. Lee：*Mobile Cellular Telecommunications*, 2nd ed., McGraw-Hill, New York（1995）
59) W.C.Y. Lee：*Mobile Communications Design Fundamentals*, 2nd ed., JohnWiley & Sons, New York（1993）
60) G.L. Stüber：*Principles of Mobile Communciation*, Kluwer Academic Publishers, Boston（1996）
61) T.S. Rappaport：*Wireless Communications, Principles and Practice*, Prentice-Hall PTR, Englewood Cliffs, N.J.（1996）
62) R. Steal(ed.)：*Mobile Radio Communications*, Pentech Press Publishers, London and IEEE Press, New York（1992）
63) M.D. Yacoub：*Foundations of Mobile Radio Engineering*, CRC Press, Boca Raton, Fla.（1993）
64) G.C. Hess：*Land-Mobile Radio System Engineering*, Artech House, Boston（1993）
65) D.M. Balston and R.C.V. Macario(eds.)：*Cellular Radio Systems*, Artech House, Boston（1993）
66) K. Pahlavan and A.H. Levesque：*Wireless Infromation Networks*, Wiley, New York（1995）
67) J.D. Gibson(eds.)：*The Mobile Communications Handbook*, CRC Press, Boca Raton and IEEE Press, New York（1996）
68) Y. Akaiwa and Y. Nagata："A linear modulation scheme for spectrum efficient digital mobile telephone systems", *Proc. International Conference on Digital Land Mobile Radio Communications*, Venice, 218-226（1987）
69) K.S. Gilhousen, I.M. Jacobs, R. Padovani, A.J. Viterbi, L.A. Weaver, Jr. and C.E. Wheatley Ⅲ："On the capacity of a cellular CDMA system", *IEEE*

Transactions on Vehicular Technology, VT-40, 303-312 (May 1991)

70) N. Kakajima : "Japanese digital cellular radio", in *Cellular Radio systems*, D.M. Balston and R.C.V. Macario(eds.), Chap.10, Artech House, Boston (1993)

71) K. Laird, N. Whinnett and S. Buljore : "A peak-to-average power reduction method for third generation CDMA reverse links", *Proc. of IEEE 49th Vehicular Tech. Conf.*, pp.551-555 (1999)

72) W. Bolton, Y. Xiao and M. Guizani : "IEEE 802.20 : mobile broadband wireless access", *IEEE Wireles Communications*, pp.84-95 (Feb. 2007)

索引

【あ】

アイパターン　135
赤　岩　301, 308
アップサンプリング　103
アナログFM通信　277
アナログコードレス電話　560
誤り訂正　418
誤り率　245
安定性　58
アンテナ選択ダイバーシチ
　方式　360

【い】

イエーガー　276
異種ネットワーク　535
位相検出器　521
位相推移法　487
位相特性　56
位相比較検波　243
位相不確定性　234
位相偏移変調　217
位相偏移変調信号　218
位相連続FSK　222
一次低域通過フィルタ　66
位置登録　536
一般化Tamed FM　293
一般化パーシャルレスポ
　ンス方式　149

移動積分回路　102
移動平均　69
イメージ周波数　484
イメージ抑圧受信方式　486
因果性　89
インターリーブ　418
陰的ダイバーシチ　345
インパルス応答　54
インプリシットダイバー
　シチ　345

【う】

ウォルシュ関数　30

【え】

エキシプリシットダイバー
　シチ　345
エネルギー　27
エネルギースペクトル密度
　　28
エネルギー対雑音電力
　密度比　156
遠近問題　211

【お】

奥村カーブ　197
オフセットQPSK　220
オムニセル　531
折返し　99

オン・オフ符号　143
音声駆動送信　480, 483
音声スクランブル　7
音声符号化　463

【か】

回線交換　538
回線交換方式　538
回線割当て　541
回線割当て計画法　545
確率分布関数　42
確率密度関数　42
カーソン帯域　224
ガード区間　326
加法的白色ガウス雑音　42
カールネ・ルウブ級数展開
　　172

【き】

逆z変換　82
逆回路　72, 106
逆行列の補助定理　130
逆離散時間フーリエ変換　82
逆離散フーリエ変換　110
球復号　390
鏡像周波数　484
狭帯域帯域通過信号　38
極　60
極性符号　143

キルヒホッフ・ホイヘンスの近似	596	【さ】		時間間引き法	113
				時空間符号	375
【く】		再帰最小二乗アルゴリズム	127	ジグビー	591
空間ダイバーシチ	344	最急降下法	125	指向性ダイバーシチ	344
空間フィルタリング	388	最小二乗平均アルゴリズム	126	自己相関関数	29
空間分割多重伝送	365	最小平均二乗誤差基準	388	自己組織化再利用分割方式	544
熊手受信機	167	最小平均二乗誤差法	116, 388	自己同期型	187
クラスIIパーシャルレスポンス符号	154	最小偏移変調	278	二乗平均アルゴリズム	398
クラスIパーシャルレスポンス符号	149	最大事後確率アルゴリズム	431	システム関数	55
クリック	250	最大スループット	545	システム推定	121
クリック雑音	256	最大スループット法	547	システム同定	121
グレイ符号	145	最大比合成	344, 347, 348	システムレベルシミュレーション	275
群遅延特性	56	最適受信機	172	事前確率	161
群復調器	526	最適変調指数	261	事前確率情報	446
群変調器	526	最尤系列推定	294	自動再送要求	449
		最尤検出	389	自動等化器	394
【こ】		最尤受信機	178	時不変システム	54
公開鍵暗号	189	再利用分割	532	時不変性	89
高速フーリエ変換	112	雑 音	40	時分割多重	33, 191
後方帰還	65	――の自己相関関数	45	時分割多重接続	550
交流理論	63	雑音指数	41	時分割多重方式	489
誤差補関数	43	差動検波	243	シャドウイング損	199
コーシー・シュワルツの不等式	367	差動同期検波	243	重 根	60
コスタスループ復調器	232	差動符号化	155	縦属接続	62
コードブック	472	サブキャリア	325	周波数応答	55
コヒーレント帯域	209	サブサンプリング	104	周波数合成器	490
固有関数	55, 173	差分方程式	96	周波数シンセサイザ	490
固有値	55, 173	サンプリング関数	21	周波数ダイバーシチ	344
固有ビーム空間分割多重伝送	381	三 瓶	315	周波数標本化定理	78
コンフォート雑音	480			周波数分割多重	33
		【し】		周波数分割多重接続	550
		時間ダイバーシチ	344	周波数偏移変調	217
				周波数弁別検波	248
				周波数ホッピング	315

周波数ホッピングスペクトル拡散	585	ゼロフォースアルゴリズム	400	多重アクセス	537
周波数間引き法	114	ゼロフォース法	388	多重化	2
周波数領域等化	412	線形システム	53	多重伝送	191
受信ダイバーシチ	344	線形時変システム	56	たたみ込み	88
シュワルツの不等式	165	線形性	89	たたみ込み積	83
純 ALOHA	539	線形電力増幅器	496	たたみ込み積分	24
巡回符号	422	線形ブロック符号	420	たたみ込み符号	424
自律的再利用分割	543	線形変調	217, 306	多段階適応キャンセラ	460
信　号	27	選択合成	344, 348	多値符号	144
信号対雑音電力比	40, 156	選択ダイバーシチ	346	タナーグラフ	443
振幅特性	56	選択的マッピング	511	束効果	543
振幅偏移変調	217	尖頭値対平均電力比	511	ダブルコンバージョン法	487
信頼度情報	427	前方誤り訂正	418	ターボ等化器	413
		前方帰還	64	多ユーザ検出器	460

【す】

		前方帰還回路	65	単一搬送波周波数分割変調	340
スイッチ合成	344	線路符号	143	単極性符号	143
スクランブル	2, 186			単側波帯信号	70
スケジューリング	578				

【そ】

スーパーヘテロダイン受信機	483	双1次z変換	100		

【ち】

		相関位相変移変調	299	遅延検波	243
スペクトル拡散	315	相関関数	28	遅延線	68
スペクトル密度	20	相関受信機	169	遅延広がり	208
スループット	538	相関符号化	148	遅延プロフィール	207
スロット付き ALOHA	539	送受信デュープレクサ	481	チャネル棲分け方式	542
		送信ダイバーシチ	344	中継伝送方式	553

【せ】

		送信電力制御	516	超関数	13
正規化 LMS	127	送信電力の割当て	383	直接拡散	315
整合フィルタ	164	ゾーン	529	直接スペクトル拡散	585
積分放電フィルタ	68			直接変換受信	485

【た】

セクタセル	531	帯域通過フィルタ	61	直線位相回路	102
セ　ル	529	対数正規分布	199	直流オフセット対策	527
セルラー方式	529	対数尤度比	160, 429	直流遮断伝送路	527
ゼロ IF 信号	37	ダイバーシチ通信	343	直列接続	62
ゼロ中間周波数信号	37	ダウンサンプリング	103	直交級数展開	510

直交周波数分割多重　　324
直交信号　　　　　　　30
直交振幅変調　37, 217, 226

【つ】

通信路容量　　　　　193

【て】

ディジタル FM　　　228
ディジタル FM・周波数
　　検出方式　　　　　301
ディジタル位相変調　 299
ディジタル周波数変調　228
ディジタル署名　　　　191
ディジタルフィルタ　　98
ディジタル復調　　　　216
ディジタル変調　　　　216
　──の効率　　　　　7
定振幅変調　　　　　217
定包絡線変調　　　　217
定包絡線 PSK　　　　225
低密度パリティ検査符号
　　　　　　　　　　441
ディラック型　　　　　11
ディリクレ積分型　　　12
適応干渉キャンセル　 455
適応差動パルス符号化　122
適応差分 PCM　　　 466
適応差分変調　　　　　8
適応デルタ変調　　　 466
適応等化　　　　　　394
適応予測符号化　　　 468
デッカー　　　　　　276
デュオカテナリ符号　 153
デュオバイナリ FM
　　　　　　　289, 300

デュオバイナリ符号　 149
デルタ関数　　　　　　10
デルタ変調　　　　　465
テレターミナルシステム 558
電圧制御発信器　　　 232
伝送路符号化　　　　　2
伝達関数　　　　　　55
伝搬損特性　　　　　198
電　力　　　　　　　27
電力スペクトル密度 28, 226
電力伝達関数　　　　　55

【と】

同一チャネル干渉　　 212
等価雑音温度　　　　　41
等価受信断面積　　　 597
等価送信断面積　　　 597
等価ベースバンド複素表現
　　　　　　　　　　38
同　期　　　　　　　183
同期 FSK 符号　　　 147
同期型　　　　　　　187
同期検波　　　　　　230
同期検波回路　　　　 522
同期周波数偏移変調符号 147
等利得合成　　　344, 347
特異値分解　　　　　374
特性関数　　　　　　173
特性値　　　　　　　173
トークンパッシング　 537
ドップラー周波数　　 201
ドハーティ　　　　　512
ドハーティ電力増幅器　512
トムリンソン・原島の
　　予等化　　　　　405

トムリンソン・原島の
　　予符号化　　　　　392
トランスバーサル等化器
　　　　　　　　　　396
トランスバーサルフィルタ
　　　　　　　　　　101
トレリス符号化変調　 452

【な】

ナイキストⅠ信号方式　163
ナイキスト帯域制限多値
　　FM　　　　　　　301
ナイキスト第2基準フィ
　　ルタ　　　　　　140
ナイキストの第1基準　136
ナイキストの第3基準　141
永　田　　　　　　　308

【ね】

ネットワークアナライザ　55
ネットワーク符号化　 554

【は】

ハイブリッド ARQ　　418
バイポーラ符号　　　 153
白色雑音　　　　　　　41
パケット交換方式　　 538
パケット予約多重アクセス
　　　　　　　　　　544
パーシャルレスポンス
　　ディジタル FM　 289
パーシャルレスポンス符号
　　　　　　　　　　148
はずみ車効果　　　　186
パスメトリック　　　 180
パーセバルの式　　　　25

索引　641

秦	197	
ハミング窓	107	
パルス整形回路	134	
パルスデューティ比	142	
パルス符号変調	464	
半二重通信方式	489	
搬送波対雑音電力比	156	
搬送波再生	231	
判定帰還等化器	402	
ハンドオーバ	535	
ハンドオフ	535	
反復最小二乗アルゴリズム	404	
反復ターボ復号化	437	

【ひ】

比較器	521
ピーククリッピング・フィルタリング法	512
ピーク対平均電力比	511
ピーク歪み基準	400
ピコセル	533
非線形システム	38
非線形時不変システム	56
非線形時変システム	57
ビタビアルゴリズム	178
ビタビ等化器	403
ビット誤り率	157
秘密鍵	190
ビーム傾斜	532
表参照	492
表示付無線呼出し端末	6
標本化	75, 76
標本化定理	76
平出	294
ヒルベルト変換回路	69

比例公平共用	545
比例的公平基準	545, 546

【ふ】

フィードフォワード AGC 回路	519
フィードフォワード法	499
フェルマーの定理	191
負帰還回路	70
負帰還増幅器	496
複数基地局送信ダイバーシチ	356
複素振幅信号	37
符号化	75
符号間干渉	136
符号分割多重	33, 192
符号分割多重接続	550
符号励振 LPC	472
ブランチメトリック	180
フーリエ級数	16
フーリエ級数展開	16
フーリエ積分	18
フーリエ変換	19
——の性質	23
プリコーディング	151
フリスの式	196
ブルートゥース	589
プレディストータ	501
フレーム化	2
フレーム同期	185
分析合成法	471

【へ】

平均二乗誤差	117
平衡型増幅器	513
ベイズの混合規則	175

ベイズの定理	432
並列接続	62
ベクトル符号化	407
ベクトル量子化	472
ページング	6, 555
ベースバンド同期 FSK 符号	147
ヘテロジニアス	535
ヘムトセル	535
変調	2
変調指数	225
偏波ダイバーシチ	344

【ほ】

ポアソン到着率	606
包絡線検波	243
ホモダイン受信	485
ポーリング方式	537
補累積分布関数	330
ボルテラ級数	39

【ま】

マイクロセル	533
マイクロダイバーシチ	344
窓関数	107
マルチキャリア伝送	324
マルチパルス符号化	469
マルチユーザ受信機	388
マルチユーザダイバーシチ効果	345, 578
マンチェスター符号	146

【む】

無線 LAN	584
無線 MAN	591
無線呼出し	555

【め】

室田	294
メトリック	179
メモリ回路	39
メモリ効果	504

【も】

目的関数	116
モデュロ演算	73

【よ】

要求予約方式	537
陽的ダイバーシチ	345
汚れ紙符号化	392
予符号化	391

【ら】

ラグランジェの未定乗数法	118
ラップアラウンド処理	274
ランダムFM	205
ランダムFM効果	264

【り】

離散時間信号	75
離散時間フーリエ変換	80
離散フーリエ変換	110
リーマン・ルーベックの定理	594
量子化	75
量子化雑音電力	463
隣接チャネル干渉	212

【る】

ルートナイキストIフィルタ	414

【れ】

レイズドコサイン波形	142
レイズドコサインロールオフフィルタ	138
レイリーフェージング	200
レイリー分布	47
連接符号	426
連続位相変調	300
連続時間信号	76

【わ】

和・積法	445

索引

【A】

A-b-S 法	471
ACELP	474
ADM	8, 466
ADPCM	122, 466
AF	553
AGC 回路	518
ALC 回路	527
ALOHA 方式	539
AM-AM 変換	271
AMI 符号	153
AM-PM 変換	271
AMPS	554, 567
APC 方式	469
ARP	543
ARQ	4, 418, 449
ASK	217
AWGN	42
A 法則	464

【B】

Berrou	426
BPSK	218, 235
BPSK 信号	219
BWN	591

【C】

C.E. シャノン	193
carrier aggregation	582
CCDF	330
CCK	586
CCPSK	298
CDLC	559
CDM	192
CDMA	33, 192, 550
CDMA One	573
cdma2000	576
CDMA2000 1x	576
cdma2000 1x	577
cdmaOne	573, 576
CDMA 方式	552
CDPD	559
CELP	472
Chernoff bound	386
C/N	156
CoMP	582
CORPSK	299
CP	326
CPFSK	222
CPM	300
CSMA/CA	585
CSMA 方式	540
CT-2	560

【D】

DECT	561
DES 方式	187
DF	553
DFT	110
dirty paper coding	392
DPM	299
DS	315
DSI	544
DSSS	585
DTFT	81

【E】

E_b/N_0	156
EDGE	572
EDGE Evolution	572
EDR	590
ERMES	556
E-SDM	381
ETSI	556

【F】

FDMA	33, 192, 550
FDMA 方式	550
FEC	418
FFT	112
FH	315, 590
FHSS	585
FIR	65
FIR システム	65
FIR フィルタ	101
FLEX	556
FOMA	576
FPLMTS	476, 573
FSK	217

【G】

G.729	475
Gallager	441
GI	326
Glavieux	426
GMSK	294
Go Back N ARQ	449
GPRS	572
GSM	563

【H】

HDR	577
HDRシステム	545
HPSK	575
HSCSD	572
HSDPA	578
HS-DSCH	578
HSPA	579
HSPA-Evolution	579
HSUPA	579

【I】

IDFT	110
IEEE 802.15	589
IEEE 802.15.4	591
IEEE 802.16	591
IEEE 802.20	592
IEEE 802	584
IIR	65
IIRフィルタ	103
IMT-2000	573
IMT-DS	574
IMT-FT	576
IMT-MC	574
IMT-SC	576
IMT-TC	576
IS-54	568
IS-95	569, 576
ISMバンド	585
iモード	572

【L】

LDPC符号	441
LINC増幅器	501
LINC方式	501
LLR	429
LMSアルゴリズム	126
LPC分析	468
LPCボコーダ	477
LTE	579
LTE-Advanced	582

【M】

MAPアルゴリズム	431
Maseng	299
Max-Log-MAPアルゴリズム	438
MBMA	592
MCA	554
MIMOシステム	365
MLD	389
MLSE	294
MMSE基準	388
MMSE法	388
MOBITEX	558
MSK	278
MT	545
Mアルゴリズム	390
M系列発生回路	601
M系列発生器	270
M値PSK	222, 239

【N】

NF	41
NMT	554
NRZ信号	142

【O】

OFDM	324
OQPSK	309

【P】

PAPR	330, 511
PCM	464
PCN	566
PD	501
PDC	482, 571
PF	545
PFS	545
PFS法	547
PHP	561
PHS	561
PLL-QPSK	304
POCSAG方式	555
PRMA	544
PSD	226
PSI-CELP	474
PSK	217
PSK信号	218
PTS	512

【Q】

QAM	37, 217, 226
QPSK	218, 237, 309
QPSK信号	219
QR分解	389

【R】

RCR	571
RLSアルゴリズム	127, 404
Round-Robin	547
RPE-LPC/LTP	471
RR	545
RSA暗号	189
RSSI	519
RZ信号	142

【S】

S.O. Rice	250
SDM	365
selective repeat	449
SIMO	366
SLM	511
S/N	156
SNR	40
SORP	544
SPILL	491
SS	315
SSB 信号	70
STBC	375
stop and wait	449
STTC	375

【T】

Tamed FM	289
Tamed FSK	291
TDD 方式	489
TDM	191
TDMA	33, 192, 550
TDMA 方式	551
TFM	289
Thitimajashima	426

【U】

U-NII 帯	587
UWB	590

【V】

VCO	232, 494
VOX	480, 483
VSELP	472

【W】

WiMAX	583

【Z】

z 変換	82

【数字・ギリシャ文字】

1/4 波長線路	515, 606
16QAM	240, 314
2 値 PSK	218
2 パスモデル	207
3GPP	577
3GPP2	577
4 値 FM	301
4 値 PSK	218
802.11	584
8PSK	218
8 値 PSK	218
μ 法則	464
$\pi/2$ シフト BPSK 信号	219
$\pi/4$ シフト QPSK	221, 309

―― 著者略歴 ――

1968 年　九州大学工学部電子工学科卒業
1968 年
〜88 年　日本電気株式会社勤務
1979 年　工学博士（九州大学）
1988 年
〜96 年　九州工業大学教授
1996 年
〜
2009 年　九州大学教授
2009 年　電気通信大学特任教授
　　　　　現在に至る

ディジタル移動通信技術のすべて
All about Digital Mobile Radio Communication Technology

© Yoshihiko Akaiwa 2013

2013 年 3 月 26 日　初版第 1 刷発行　　　　　　　　　　★

検印省略	著　者	赤　岩　芳　彦
	発行者	株式会社　コロナ社
	代表者	牛来真也
	印刷所	新日本印刷株式会社

112-0011　東京都文京区千石 4-46-10

発行所　株式会社　コロナ社
CORONA PUBLISHING CO., LTD.
Tokyo Japan

振替 00140-8-14844・電話 (03) 3941-3131 (代)
ホームページ　http://www.coronasha.co.jp

ISBN 978-4-339-00846-3　　（金）　　（製本：牧製本印刷）
Printed in Japan

本書のコピー，スキャン，デジタル化等の無断複製・転載は著作権法上での例外を除き禁じられております。購入者以外の第三者による本書の電子データ化及び電子書籍化は，いかなる場合も認めておりません。

落丁・乱丁本はお取替えいたします

コンピュータサイエンス教科書シリーズ

(各巻A5判)

■編集委員長　曽和将容
■編集委員　　岩田　彰・富田悦次

配本順		著者	頁	定価
1.（8回）	情報リテラシー	立花康夫／曽和将容／春日秀雄 共著	234	2940円
4.（7回）	プログラミング言語論	大山口通夫／五味弘 共著	238	3045円
6.（1回）	コンピュータアーキテクチャ	曽和将容 著	232	2940円
7.（9回）	オペレーティングシステム	大澤範高 著	240	3045円
8.（3回）	コンパイラ	中田育男 監修／中井央 著	206	2625円
10.（13回）	インターネット	加藤聰彦 著	240	3150円
11.（4回）	ディジタル通信	岩波保則 著	232	2940円
13.（10回）	ディジタルシグナルプロセッシング	岩田彰 編著	190	2625円
15.（2回）	離散数学 ─CD-ROM付─	牛島和夫 編著／相利民／朝廣雄一 共著	224	3150円
16.（5回）	計算論	小林孝次郎 著	214	2730円
18.（11回）	数理論理学	古川康一／向井国昭 共著	234	2940円
19.（6回）	数理計画法	加藤直樹 著	232	2940円
20.（12回）	数値計算	加古孝 著	188	2520円

以下続刊

- 2．データ構造とアルゴリズム　伊藤大雄 著
- 3．形式言語とオートマトン　町田元 著
- 5．論理回路　渋沢・曽和 共著
- 9．ヒューマンコンピュータインタラクション　田野俊一 著
- 12．人工知能原理　嶋田・加納 共著
- 14．情報代数と符号理論　山口和彦 著
- 17．確率論と情報理論　川端勉 著

定価は本体価格＋税5％です。
定価は変更されることがありますのでご了承下さい。

図書目録進呈◆

電子情報通信レクチャーシリーズ

■電子情報通信学会編　　　（各巻B5判）

共　通

記号	配本順	書名	著者	頁	定価
A-1		電子情報通信と産業	西村吉雄著		
A-2	（第14回）	電子情報通信技術史 ―おもに日本を中心としたマイルストーン―	「技術と歴史」研究会編	276	4935円
A-3	（第26回）	情報社会・セキュリティ・倫理	辻井重男著	172	3150円
A-4		メディアと人間	原島博　北川高嗣 共著		
A-5	（第6回）	情報リテラシーとプレゼンテーション	青木由直著	216	3570円
A-6		コンピュータと情報処理	村岡洋一著		
A-7	（第19回）	情報通信ネットワーク	水澤純一著	192	3150円
A-8		マイクロエレクトロニクス	亀山充隆著		
A-9		電子物性とデバイス	益川一修　天川哉平 共著		

基　礎

記号	配本順	書名	著者	頁	定価
B-1		電気電子基礎数学	大石進一著		
B-2		基礎電気回路	篠田庄司著		
B-3		信号とシステム	荒川薫著		
B-5		論理回路	安浦寛人著		
B-6	（第9回）	オートマトン・言語と計算理論	岩間一雄著	186	3150円
B-7		コンピュータプログラミング	富樫敦著		
B-8		データ構造とアルゴリズム	岩沼宏治著		
B-9		ネットワーク工学	仙石正和　田村裕　中野敬介 共著		
B-10	（第1回）	電磁気学	後藤尚久著	186	3045円
B-11	（第20回）	基礎電子物性工学 ―量子力学の基本と応用―	阿部正紀著	154	2835円
B-12	（第4回）	波動解析基礎	小柴正則著	162	2730円
B-13	（第2回）	電磁気計測	岩﨑俊著	182	3045円

基　盤

記号	配本順	書名	著者	頁	定価
C-1	（第13回）	情報・符号・暗号の理論	今井秀樹著	220	3675円
C-2		ディジタル信号処理	西原明法著		
C-3	（第25回）	電子回路	関根慶太郎著	190	3465円
C-4	（第21回）	数理計画法	山下信雄　福島雅夫 共著	192	3150円
C-5		通信システム工学	三木哲也著		
C-6	（第17回）	インターネット工学	後藤滋樹　外山勝保 共著	162	2940円
C-7	（第3回）	画像・メディア工学	吹抜敬彦著	182	3045円
C-8		音声・言語処理	広瀬啓吉著		
C-9	（第11回）	コンピュータアーキテクチャ	坂井修一著	158	2835円

配本順				頁	定価
C-10		オペレーティングシステム	徳田英幸著		
C-11		ソフトウェア基礎	外山芳人著		
C-12		データベース	田中克己著		
C-13		集積回路設計	浅田邦博著		
C-14		電子デバイス	和保孝夫著	近刊	
C-15	(第8回)	光・電磁波工学	鹿子嶋憲一著	200	3465円
C-16		電子物性工学	奥村次徳著		

展開

配本順				頁	定価
D-1		量子情報工学	山崎浩一著		
D-2		複雑性科学	松本隆編著		
D-3	(第22回)	非線形理論	香田徹著	208	3780円
D-4		ソフトコンピューティング	山川尾堀恵烈二共著		
D-5	(第23回)	モバイルコミュニケーション	中大川槻正知雄明共著	176	3150円
D-6		モバイルコンピューティング	中島達夫著		
D-7		データ圧縮	谷本正幸著		
D-8	(第12回)	現代暗号の基礎数理	黒澤尾形馨わかは共著	198	3255円
D-10		ヒューマンインタフェース	西加田藤正博吾二共著		
D-11	(第18回)	結像光学の基礎	本田捷夫著	174	3150円
D-12		コンピュータグラフィックス	山本強著		
D-13		自然言語処理	松本裕治著		
D-14	(第5回)	並列分散処理	谷口秀夫著	148	2415円
D-15		電波システム工学	唐沢好威男生共著		
D-16		電磁環境工学	徳田正満著		
D-17	(第16回)	ＶＬＳＩ工学 ―基礎・設計編―	岩田穆著	182	3255円
D-18	(第10回)	超高速エレクトロニクス	中三村島友徹義共著	158	2730円
D-19		量子効果エレクトロニクス	荒川泰彦著		
D-20		先端光エレクトロニクス	大津元一著		
D-21		先端マイクロエレクトロニクス	小柳田中光正徹共著		
D-22		ゲノム情報処理	高木利久小池麻久子編著		
D-23	(第24回)	バイオ情報学 ―パーソナルゲノム解析から生体シミュレーションまで―	小長谷明彦著	172	3150円
D-24	(第7回)	脳工学	武田常広著	240	3990円
D-25		生体・福祉工学	伊福部達著		
D-26		医用工学	菊地眞編著		
D-27	(第15回)	ＶＬＳＩ工学 ―製造プロセス編―	角南英夫著	204	3465円

定価は本体価格+税5％です。
定価は変更されることがありますのでご了承下さい。

図書目録進呈◆

電子情報通信学会 大学シリーズ

（各巻A5判，欠番は品切です）

■電子情報通信学会編

記号	配本順	書名	著者	頁	定価
A-1	（40回）	応用代数	伊藤 理重/正夫/悟 共著	242	3150円
A-2	（38回）	応用解析	堀内 和夫 著	340	4305円
A-3	（10回）	応用ベクトル解析	宮崎 保光 著	234	3045円
A-4	（5回）	数値計算法	戸川 隼人 著	196	2520円
A-5	（33回）	情報数学	廣瀬 健 著	254	3045円
A-6	（7回）	応用確率論	砂原 善文 著	220	2625円
B-1	（57回）	改訂 電磁理論	熊谷 信昭 著	340	4305円
B-2	（46回）	改訂 電磁気計測	菅野 允 著	232	2940円
B-3	（56回）	電子計測（改訂版）	都築 泰雄 著	214	2730円
C-1	（34回）	回路基礎論	岸 源也 著	290	3465円
C-2	（6回）	回路の応答	武部 幹 著	220	2835円
C-3	（11回）	回路の合成	古賀 利郎 著	220	2835円
C-4	（41回）	基礎アナログ電子回路	平野 浩太郎 著	236	3045円
C-5	（51回）	アナログ集積電子回路	柳沢 健 著	224	2835円
C-6	（42回）	パルス回路	内山 明彦 著	186	2415円
D-2	（26回）	固体電子工学	佐々木 昭夫 著	238	3045円
D-3	（1回）	電子物性	大坂 之雄 著	180	2205円
D-4	（23回）	物質の構造	高橋 清 著	238	3045円
D-5	（58回）	光・電磁物性	多田 邦雄/松本 俊 共著	232	2940円
D-6	（13回）	電子材料・部品と計測	川端 昭 著	248	3150円
D-7	（21回）	電子デバイスプロセス	西永 頌 著	202	2625円
E-1	（18回）	半導体デバイス	古川 静二郎 著	248	3150円
E-2	（27回）	電子管・超高周波デバイス	柴田 幸男 著	234	3045円
E-3	（48回）	センサデバイス	浜川 圭弘 著	200	2520円
E-4	（36回）	新版 光デバイス	末松 安晴 著	240	3150円
E-5	（53回）	半導体集積回路	菅野 卓雄 著	164	2100円
F-1	（50回）	通信工学通論	畔柳 功芳/塩谷 光 共著	280	3570円
F-2	（20回）	伝送回路	辻井 重男 著	186	2415円

記号	回	書名	著者	頁	価格
F-4	(30回)	通信方式	平松 啓二 著	248	3150円
F-5	(12回)	通信伝送工学	丸林 元 著	232	2940円
F-7	(8回)	通信網工学	秋山 稔 著	252	3255円
F-8	(24回)	電磁波工学	安達 三郎 著	206	2625円
F-9	(37回)	マイクロ波・ミリ波工学	内藤 喜之 著	218	2835円
F-10	(17回)	光エレクトロニクス	大越 孝敬 著	238	3045円
F-11	(32回)	応用電波工学	池上 文夫 著	218	2835円
F-12	(19回)	音響工学	城戸 健一 著	196	2520円
G-1	(4回)	情報理論	磯 道義典 著	184	2415円
G-2	(35回)	スイッチング回路理論	当麻 喜弘 著	208	2625円
G-3	(16回)	ディジタル回路	斉藤 忠夫 著	218	2835円
G-4	(54回)	データ構造とアルゴリズム	斎藤 信男・西原 清一 共著	232	2940円
H-1	(14回)	プログラミング	有田 五次郎 著	234	2205円
H-2	(39回)	情報処理と電子計算機（「情報処理通論」改題新版）	有澤 誠 著	178	2310円
H-4	(55回)	改訂 電子計算機 II ―構成と制御―	飯塚 肇 著	258	3255円
H-5	(31回)	計算機方式	高橋 義造 著	234	3045円
H-7	(28回)	オペレーティングシステム論	池田 克夫 著	206	2625円
I-3	(49回)	シミュレーション	中西 俊男 著	216	2730円
I-4	(22回)	パターン情報処理	長尾 真 著	200	2520円
J-1	(52回)	電気エネルギー工学	鬼頭 幸生 著	312	3990円
J-4	(29回)	生体工学	斎藤 正男 著	244	3150円
J-5	(59回)	新版 画像工学	長谷川 伸 著	254	3255円

以下続刊

C-7	制御理論		D-1	量子力学
F-3	信号理論		F-6	交換工学
G-5	形式言語とオートマトン		G-6	計算とアルゴリズム
J-2	電気機器通論			

定価は本体価格+税5％です。
定価は変更されることがありますのでご了承下さい。

図書目録進呈◆

電気・電子系教科書シリーズ

（各巻A5判）

- ■編集委員長　高橋　寛
- ■幹　　　事　湯田幸八
- ■編集委員　　江間　敏・竹下鉄夫・多田泰芳
- 　　　　　　　中澤達夫・西山明彦

	配本順	書名	著者	頁	定価
1.	(16回)	電気基礎	柴田尚志・皆藤新一・多田泰芳 共著	252	3150円
2.	(14回)	電磁気学	田田田 共著	304	3780円
3.	(21回)	電気回路Ⅰ	柴田尚志 著	248	3150円
4.	(3回)	電気回路Ⅱ	遠藤・鈴木・西山 共著	208	2730円
5.		電気・電子計測工学	吉沢・山沢・西平・奥木・下堀・青西 共著		
6.	(8回)	制御工学	明昌二鎮俊俊 共著	216	2730円
7.	(18回)	ディジタル制御	彦純郎正立幸次 共著	202	2625円
8.	(25回)	ロボット工学	白水俊次 著	240	3150円
9.	(1回)	電子工学基礎	中澤・藤原 共著	174	2310円
10.	(6回)	半導体工学	渡辺英夫 著	160	2100円
11.	(15回)	電気・電子材料	中澤・押田・森田・須田・土原・伊海・若沢・吉賀・室下・山 共著	208	2625円
12.	(13回)	電子回路	服部健二 共著	238	2940円
13.	(2回)	ディジタル回路	英充昌進博夫純也巌 共著	240	2940円
14.	(11回)	情報リテラシー入門		176	2310円
15.	(19回)	C++プログラミング入門	湯田幸八 著	256	2940円
16.	(22回)	マイクロコンピュータ制御プログラミング入門	柚賀・千代谷 正光慶 共著	244	3150円
17.	(17回)	計算機システム	春日泉田雄健治 共著	240	2940円
18.	(10回)	アルゴリズムとデータ構造	舘湯伊原前江高田原田谷橋新間・雷幸邦八博勉弘勤 共著	252	3150円
19.	(7回)	電気機器工学		222	2835円
20.	(9回)	パワーエレクトロニクス	江間敏・高橋勲 共著	202	2625円
21.	(12回)	電力工学	甲斐隆章・江間敏・三木彦機 共著	260	3045円
22.	(5回)	情報理論	吉竹成英 共著	216	2730円
23.	(26回)	通信工学	下田鉄英克稔幸正 共著	198	2625円
24.	(24回)	電波工学	松宮南岡桑植原月原松 共著	238	2940円
25.	(23回)	情報通信システム（改訂版）	裕孝唯正史夫志 共著	206	2625円
26.	(20回)	高電圧工学	箕	216	2940円

定価は本体価格＋税5％です。
定価は変更されることがありますのでご了承下さい。

図書目録進呈◆

大学講義シリーズ

(各巻A5判，欠番は品切です)

配本順			頁	定価
(2回)	通信網・交換工学	雁部 顯一著	274	3150円
(3回)	伝 送 回 路	古賀利郎著	216	2625円
(4回)	基礎システム理論	古田・佐野共著	206	2625円
(6回)	電力系統工学	関根泰次他著	230	2415円
(7回)	音響振動工学	西山静男他著	270	2730円
(10回)	基礎電子物性工学	川辺和夫他著	264	2625円
(11回)	電 磁 気 学	岡本允夫著	384	3990円
(12回)	高 電 圧 工 学	升谷・中田共著	192	2310円
(14回)	電波伝送工学	安達・米山共著	304	3360円
(15回)	数 値 解 析（1）	有本 卓著	234	2940円
(16回)	電 子 工 学 概 論	奥田孝美著	224	2835円
(17回)	基礎電気回路（1）	羽鳥孝三著	216	2625円
(18回)	電 力 伝 送 工 学	木下仁志他著	318	3570円
(19回)	基礎電気回路（2）	羽鳥孝三著	292	3150円
(20回)	基 礎 電 子 回 路	原田耕介他著	260	2835円
(21回)	計算機ソフトウェア	手塚・海尻共著	198	2520円
(22回)	原 子 工 学 概 論	都甲・岡共著	168	2310円
(23回)	基礎ディジタル制御	美多勉他著	216	2520円
(24回)	新 電 磁 気 計 測	大照完他著	210	2625円
(25回)	基 礎 電 子 計 算 機	鈴木久喜他著	260	2835円
(26回)	電子デバイス工学	藤井忠邦著	274	3360円
(27回)	マイクロ波・光工学	宮内一洋他著	228	2625円
(28回)	半導体デバイス工学	石原宏著	264	2940円
(29回)	量 子 力 学 概 論	権藤靖夫著	164	2100円
(30回)	光・量子エレクトロニクス	藤岡・小原 齊藤 共著	180	2310円
(31回)	ディジタル回路	高橋寛他著	178	2415円
(32回)	改訂 回 路 理 論（1）	石井順也著	200	2625円
(33回)	改訂 回 路 理 論（2）	石井順也著	210	2835円
(34回)	制 御 工 学	森 泰親著	234	2940円
(35回)	新版 集積回路工学（1） ─プロセス・デバイス技術編─	永田・柳井共著	270	3360円
(36回)	新版 集積回路工学（2） ─回路技術編─	永田・柳井共著	300	3675円

以下続刊

電 気 機 器 学	中西・正田・村上共著	電 気・電 子 材 料	水谷照吉他著
半 導 体 物 性 工 学	長谷川英機他著	情報システム理論	長谷川・高橋・笠原共著
数 値 解 析（2）	有本 卓著	現代システム理論	神山真一著

定価は本体価格＋税5％です。
定価は変更されることがありますのでご了承下さい。

図書目録進呈◆

ディジタル信号処理ライブラリー

（各巻A5判）

■企画・編集責任者　谷萩隆嗣

配本順		著者	頁	定価
1.（1回）	ディジタル信号処理と基礎理論	谷萩隆嗣著	276	3675円
2.（8回）	ディジタルフィルタと信号処理	谷萩隆嗣著	244	3675円
3.（2回）	音声と画像のディジタル信号処理	谷萩隆嗣編著	264	3780円
4.（7回）	高速アルゴリズムと並列信号処理	谷萩隆嗣編著	268	3990円
5.（9回）	カルマンフィルタと適応信号処理	谷萩隆嗣著	294	4515円
6.（10回）	ARMAシステムとディジタル信号処理	谷萩隆嗣著	238	3780円
7.（3回）	VLSIとディジタル信号処理	谷萩隆嗣編	288	3990円
8.（6回）	情報通信とディジタル信号処理	谷萩隆嗣編著	314	4620円
9.（5回）	ニューラルネットワークとファジィ信号処理	谷萩隆嗣編著・萩原将文・山口亨 共著	236	3465円
10.（4回）	マルチメディアとディジタル信号処理	谷萩隆嗣編著	332	4620円

テレビジョン学会教科書シリーズ

（各巻A5判，欠番は品切です）

■映像情報メディア学会編

配本順		著者	頁	定価
1.（8回）	画像工学（増補）―画像のエレクトロニクス―	南敏・中村納 共著	244	2940円
2.（9回）	基礎光学―光の古典論から量子論まで―	大頭仁・高木康博 共著	252	3465円
4.（10回）	誤り訂正符号と暗号の基礎数理	笠原正雄・佐竹賢治 共著	158	2205円
8.（6回）	信号処理工学―信号・システムの理論と処理技術―	今井聖著	214	2940円
9.（5回）	認識工学―パターン認識とその応用―	鳥脇純一郎著	238	3045円
11.（7回）	人間情報工学―バイオニクスからロボットまで―	中野馨著	280	3675円

定価は本体価格＋税5％です。
定価は変更されることがありますのでご了承下さい。

図書目録進呈◆